普通高等教育“十一五”国家级规划教材

（高职高专教材）

有机化学

（三年制）

第三版

张法庆　主编

高鸿宾　主审

化学工业出版社

·北京·

该书突出职业教育的特点，从培养应用型技术人才的目的出发，贯彻“少而精”的原则，强调内容“必需”和“够用”为度，加强应用性和实践性。

该书内容包括：烃、卤代烃、醇、酚、醚、醛、酮、羧酸及其衍生物、含氮化合物、杂环化合物等的命名、结构、性质和相互转化的基本规律，以及重要有机化合物的工业来源、制备方法和用途等。从知识性、趣味性角度出发，更新了部分阅读材料。为方便学生自学，章后有“本章小结”，最后一章为有机化学学习指导。

本书为高职高专化学化工类专业教材，也可供高职高专其他专业开设有机化学课选用。

图书在版编目（CIP）数据

有机化学（三年制）/张法庆主编．—3版．—北京：化学工业出版社，2012.6（2020.1重印）

普通高等教育“十一五”国家级规划教材．

高职高专教材

ISBN 978-7-122-13999-3

Ⅰ．有…　Ⅱ．张…　Ⅲ．有机化学-高等职业教育-教材　Ⅳ．O62

中国版本图书馆CIP数据核字（2012）第071851号

责任编辑：陈有华　刘心怡　　　文字编辑：向　东

责任校对：边　涛　　　装帧设计：杨　北

出版发行：化学工业出版社（北京市东城区青年湖南街13号　邮政编码100011）

印　　装：大厂聚鑫印刷有限责任公司

787mm×1092mm　1/16　印张18¼　字数450千字　2020年1月北京第3版第11次印刷

购书咨询：010-64518888　　　售后服务：010-64518899

网　　址：http://www.cip.com.cn

凡购买本书，如有缺损质量问题，本社销售中心负责调换。

定　　价：42.00元

前言

随着教学改革向更深层次发展，对教材提出了新的要求。在认真听取兄弟院校教师提出的宝贵意见和建议的基础上，并结合我校在使用本书的过程中发现的问题，对《有机化学（三年制）》第二版进行了修订，以满足教学的需要。该书可供高职院校化学化工类专业使用，也可供开设有机化学课程的其他专业选用。

本次修订的指导思想是：从高等职业教育的教学实际出发，进一步精选内容，加大教材的信息量，注重理论联系实际，以适应高职高专人才培养的需要。与第二版相比主要作了如下变动：对全书的练习题和习题进行了全面的修订，以期较为全面地和教材内容相衔接，覆盖所有重要的知识点，并适当提高了习题的难度；对阅读材料进行了更新；删除了难度较大的“乙酰乙酸乙酯和丙二酸二乙酯在合成中的应用”；对文字叙述、内容前后衔接等方面作了进一步修改与优化。

本书由张法庆主编，苏静修订了第五、六、十一、十二章，田晶和李陇梅参与修订了部分内容，其余内容由张法庆修订并负责全书统稿。

本书承蒙天津大学高鸿宾教授审阅，提出许多宝贵意见和建议，在此谨向高鸿宾教授表示衷心的感谢。

张燕明为本书的修订提供了大量的资料，一并表示感谢。

本教材虽经修订，但限于编者水平，不足之处在所难免，欢迎兄弟院校的师生和读者批评指正，在此我们致以最诚挚的谢意。

编者

2012 年 3 月

第一版前言

随着高等职业教育的迅猛发展，需要一些与之相适应的教材或教学参考书。本书是根据国家教委审定的高等学校工程专科有机化学基本要求和高等职业院校的特点编写的。本书既可作为高职院校化学化工类各专业的教材，也可作为专科层次相关专业的教材或参考书。

在编写中，从培养技术应用型人才的目的出发，力争做到理论和实际相结合，理论以“必需”和“够用”为度，对复杂的反应机理和推导进行简化处理，力求少而精，加强实用性，注重基本概念、基本知识的阐述，把知识的传授与启发和培养思维能力结合起来，力图把本书编写成为有高等职业教育特色的教材。本书中每章内容包括学习要求、基本知识、练习、习题、本章小结；并结合每章内容选录了反映有机化学及相关学科发展的新知识作为阅读材料；新增加了有机化合物合成方法一章，将有机化合物的制备方法、鉴别、合成和推导结构等方面的内容分别进行了归纳总结，这对读者总结复习所学内容、培养自学能力、提高分析问题和解决问题的能力是有帮助的。

本书分为十七章，按照官能团体系，采用脂肪族和芳香族混编而成。考虑到许多学校设有专门的仪器分析课程，本书未编入波谱学的有关内容。

本书由张法庆（天津职业大学）主编，并编写了第一至第六章和十一、十二、十三、十四和十七章；李振华（辽宁石化职业技术学院）编写第七至第十章；文晖（兰州石化职业技术学院）编写第十五和十六章。

本书承蒙天津大学高鸿宾教授审阅，提出许多宝贵意见和建议，并在修改后又作了复审，在此谨向高鸿宾教授表示衷心的感谢。

天津职业大学刘云生、孙晓梅同志为本书的编写提供了大量的资料，一并表示感谢。

限于编者水平，衷心希望使用本书的各校师生和读者，发现书中的不妥之处，请批评指正，在此我们预先致以最诚挚的谢意。

编者

2001 年 12 月

第二版前言

本书自第一版出版以来已过六载，随着高等职业教育教学改革的不断深化，我们在深入研究国内外近年来的有机化学教材并在多年教学实践的基础上，对《有机化学（三年制）》第一版进行了修订，以供高等职业院校化学化工类各专业继续作为教材使用，也可供专科层次相关专业作为教材或参考书。

这次教材修订的指导思想是：(1) 继续贯彻“少而精”的原则，理论以“必需”和“够用”为度，加强实用性，注重基本概念、基本知识的阐述，把知识的传授与启发和培养学生的能力结合起来。(2) 教材内容仍按官能团体系，采用脂肪族、芳香族化合物混合编排方式进行修订。(3) 重点内容以重要反应为主线，着重分析各类反应的规律性、系统性及其应用。(4) 适当提高了练习题与习题的难度，以加强学生思维能力的培养。

第二版的主要变动是：增加了“诱导效应”和“有机酸碱概念”的介绍；删除了使用较少的“衍生物命名法”；将“多官能团化合物的命名”后移到醛酮一章；将“乙酰乙酸乙酯和丙二酸二乙酯”一章删除，其相关内容经删减后合并到羧酸及其衍生物一章；将最后一章改为“有机化学学习指导”，并增加了“有机化合物的命名”、“有机化合物的鉴别”、“有机化合物的结构推导”三节内容，以便于学生自学。该教材有配套的电子教案。

本书由张法庆主编，苏静修订了第五、六、十一、十二章，朱华静和史文玉参与修订了部分内容，其余部分内容由张法庆修订并负责全书统稿。

本书承蒙天津大学高鸿宾教授审阅，提出许多宝贵意见和建议，在此谨向高鸿宾教授表示衷心的感谢。

本教材虽经反复修订，但限于编者水平，缺点和不足在所难免，欢迎批评指正。

编者

2008 年 3 月

目 录

第一章 绪 论

学习目标

1. 了解有机化合物和有机化学的涵义，掌握有机化合物的特性；
2. 理解有机化合物的特点，弄清与无机化合物的主要区别；
3. 掌握共价键理论的要点；
4. 掌握有机化合物的分类原则，能够识别常见的官能团。

第一节 有机化学与有机化合物

有机化学（organic chemistry）是化学的一个重要分支，是研究有机化合物的组成、结构、性质、合成及应用的一门科学。

有机化学作为一门科学是在19世纪中叶形成的。当化学作为一门学科刚刚问世的时候，人们把矿石、金属、食盐和水等物质称为无机物，而把来源于动植物有机体的物质，如酒精、醋、蔗糖、油脂、尿素、柠檬酸、吗啡等称为有机物。有机（organic）一词来源于有机体（organism），即“有生机的物质”，以区别于矿物质等无机物。

法国化学家拉瓦锡（A. Lavoisier）首先将从动植物体内来源的化合物定义为“有机化合物”。1806年，瑞典化学大师贝采利乌斯（J. Berzelius）把有机化合物和有机化学定义为“从有生命的动植物体内得到的化合物为有机化合物，研究这些化合物的化学称为有机化学”，并认为“在动植物体内的生命力影响下才能形成有机化合物，在实验室内是无法合成有机化合物的。”

1828年，德国化学家乌勒（F. Wöhler）在蒸馏由无机物氰酸和氨水制成的氰酸铵水溶液时，得到了当时被公认为是有机物的尿素：

$$NH_4OCN \xrightarrow{\triangle} H_2N-\underset{\underset{\displaystyle O}{\|}}{C}-NH_2$$

接着，1845年德国化学家柯尔柏（H. Kolber）合成了醋酸，1854年法国化学家贝特洛（M. Berthelot）合成了油脂等。这些都证明了人工合成有机物是完全可能的。从而彻底否定了“生命力”学说，开创了有机化合物合成的新时代。随后，成千上万种有机化合物陆续被合成出来。但历史上遗留下来的“有机化学”和“有机物”这些名词仍沿用下来，不过它的涵义已经发生了变化。

什么是有机化合物呢？

有机化合物都含有碳，绝大多数有机物还含有氢，有时还含有氧、氮、硫及卤素等元素。因此把“碳氢化合物”定义为有机化合物，而把含碳氢以外的其他元素的化合物定义为“碳氢化合物的衍生物”。也可以把有机化合物定义为“含碳化合物”，而有机化学是研究含碳化合物的化学。

有些简单的含碳化合物，如二氧化碳、碳酸、碳酸盐等，由于它们的结构和性质与一般无机物相似，习惯上将它们放在无机化合物中。

至今，有机化学已发展成包括有机天然物化学、量子有机化学和有机合成化学等成熟的分支学科。同时有机化学与数学、物理学和生物学等相互渗透和交叉，孕育并形成着新的学科，如金属有机化学、物理有机化学、有机催化化学、生物有机化学和计算化学等。以有机化学为基础建立起来的、庞大的有机化学工业为我们提供了高品质的各种化工原料，性能优良的合成材料、涂料、染料、农药、医药以及食品添加剂等，对科技进步、美化环境与提高健康水平等起着重要的作用。有机化学的研究还推动着生命科学的发展，一些具有重要生理活性的物质已被合成出来，例如叶绿素、胰岛素等；对核酸的研究正在分子水平上探讨生命遗传的奥秘。蓬勃发展的有机化学工业确实给人类带来了繁荣，但由此而带来的“三废”（废水、废气、废渣）也构成了对环境的污染和对人体健康的危害。有机化学需要对这一重要课题给以足够的重视和研究，努力实现绿色化学，从而保护生态环境。有机化学课程是许多相应学科的基础，学好这门课程是十分重要的。

第二节 有机化合物的特点

一、结构上的特点

1. 数目庞大

有机化合物除少量存在于自然界外，绝大多数是人工合成的。2011 年 5 月 23 日，美国化学文摘社（CAS）宣布：“CAS REGISTRYSM（化学物质数据库）继收录第 5000 万种物质之后，在仅仅不到两年的时间里再一次取得里程碑式的突破，将一种具有潜在治疗活性的化合物收录为其第 6000 万种物质。该物质正在中国国家知识产权局（SIPO）进行专利申请，它是由中国的一家权威药物研究机构——中国科学院药物研究所发现。这也充分表明了全球化学与科学研究成果持续增长的态势”。这 6000 万种物质中绝大多数是有机化合物，而无机化合物虽然由多达 100 多种元素组成，但总数远不能和有机化合物相比，两者差距十分悬殊。

2. 结构复杂，种类繁多

如何以少数几种元素就组成了如此众多的有机化合物呢？这和它们的结构有密切的关系。

有机化合物是以碳原子为骨架的化合物。碳原子位于元素周期表的第 2 周期第Ⅳ主族，碳原子的最外层有四个电子，正好处于金属元素和非金属元素之间。碳在元素周期表中的特殊位置，决定了它既不易得到也不易失去电子，而是通过共用电子对形成共价键化合物。碳原子之间结合力很强，而碳原子间的连接方式又是多种多样的。它们之间既可以连接成链状（包括支链），又可以连接成环状。两个碳原子间既可形成一个共价键，也可形成两个或三个共价键。而当分子中再含有除碳、氢以外的其他原子如氧、氮、硫、卤素、磷和金属时，情况就更复杂了。即使同样连接成链状，各原子间的连接次序也可能不一样。例如，分子式同为 C_2H_6O，就可以是乙醇和甲醚两种结构不同、而性质也不同的化合物。

$CH_3CH_2—OH$　　$CH_3—O—CH_3$

乙醇　　甲醚

分子式同为 C_3H_6O，就可以是丙醛、丙酮和丙烯醇三种结构不同、而性质也不同的化合物。

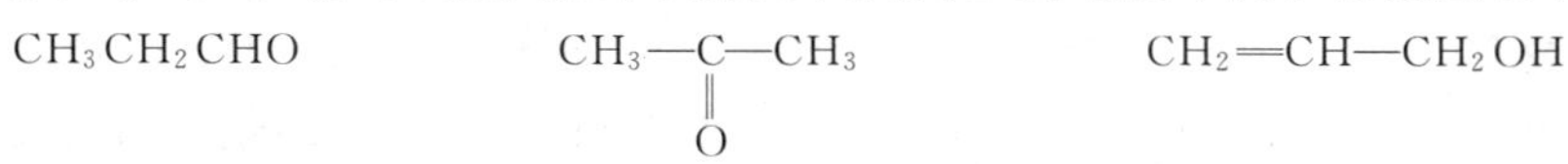

丙醛　　丙酮　　丙烯醇

这种分子式相同而结构不同的现象，称为同分异构现象，这些化合物互称为同分异构体。有机化合物含有的碳原子数和原子种类越多，它的同分异构体也就越多。例如，分子式为 C_9H_{20} 的同分异构体可达 35 个，而分子式为 $C_{10}H_{22}$ 的同分异构体可达 75 个。正因为同分异构现象的存在，使有机化合物的数量大增。

无机化合物多数只由几个原子所组成，而有机化合物则复杂得多。如维生素 B_{12} 的分子式为 $C_{63}H_{90}CoN_{14}O_{14}P$；20 世纪 80 年代从海洋生物中得到的一个沙海葵毒素（palytoxin）的分子式为 $C_{129}H_{221}N_3O_{53}$，即便知道了这 400 多个原子之间是以怎样的次序相结合，但仅仅由于原子在空间取向的不同就有可能形成 2×10^{21} 种立体异构体。这个数目几乎接近阿伏加德罗常数，而其中只有一个才是该化合物的真正结构。

二、性质上的特点

与无机化合物比较起来，有机化合物一般具有以下特点。

1. 大多数都容易燃烧

由于有机化合物含有碳、氢等可燃元素，故绝大部分的有机化合物都可以燃烧。有些有机化合物挥发性很大，闪点低，在处理有机化合物时要注意安全。同时，这个特点也可以较简单地区别有机化合物和无机化合物，因为大多数无机化合物一般都不易燃烧，而大多数有机化合物可以最终烧尽且不留或仅留有很少的残余物。

2. 大多数熔点、沸点较低

无机化合物的结晶是以离子为结构单位排列而成的，分子间的排列靠的是强极性的静电引力。只有在极高的温度下，才能克服这种强有力的静电引力。因此，无机物的熔点一般很高。而有机化合物组成的单位是分子，其聚集状态主要取决于分子间力，它比无机物离子间或原子间的作用力要弱得多，这就使固态有机物熔化或液态有机物汽化所需要的能量较低，所以熔点、沸点较低。

熔点数值是有机化合物非常重要的物理常数，纯净的有机物有固定的熔点和很窄的熔点范围（或熔距），但也有少数有机化合物到达某一温度时会分解或碳化而没有固定的熔点。某些有机化合物则有一段处于液态和固态之间的液晶相。

3. 一般难溶于水而易溶于有机溶剂

化合物的溶解性通常遵循“相似相溶”规律，水是极性分子，对于强极性的无机物，水是很好的溶剂。而有机物多是弱极性或非极性分子，不溶或难溶于水，而易溶于有机溶剂。当然，极性较大的有机物，如乙醇、乙酸等则易溶于水，甚至可以任何比例与水互溶。

4. 反应速率慢且副反应多

由于有机化合物中的共价键，在反应时不像无机物分子中的离子键那样容易离解，因此反应速率比较慢，完成反应常常需要几个到几十个小时。为了加速反应，需要加热、搅拌、加催化剂等手段以促进反应的进行。有些反应易受水和氧气的影响，需在无水无氧的条件下进行。反应时，有机分子中的各个部位均会受到影响，这使得有机反应常常不是局限在一个特定部位，从而导致产物的多样化，副反应多，产率较低。随着人们对分子结构和反应过程的深入了解，现在已经发现了一些产物专一、产率可达 95％甚至 100％的有机反应，但毕竟还不多见。提高反应产率、遏制不需要的副反应仍是有机化学家们一直在努力的目标。

第三节 有机化合物的共价键

一、共价键的属性

1. 键长

形成共价键的两个原子核之间的距离称为键长（键距）。不同的共价键有不同的键长，即使是同一类型的共价键，在不同化合物分子中受其他部分的影响，键长也是不同的。常见共价键的平均键长见表 1-1。

表 1-1 常见共价键的平均键长

键型	键长/nm	键型	键长/nm
C—C	0.154	C—F	0.142
C—H	0.110	C—Cl	0.178
C—N	0.147	C—Br	0.191
C—O	0.143	C—I	0.213
N—H	0.103	O—H	0.097

2. 键角

共价键有方向性，任何一个两价以上的原子，在与其他原子所形成的两个共价键之间都有一个夹角，这个夹角称为键角。例如，甲烷分子中的 H—C—H 键间的夹角都是 109.5°。

3. 键能

原子结合为分子时，键的形成有能量放出。反之，键断裂时必须要吸收能量。双原子分子共价键的形成所放出的能量或共价键的断裂所吸收的能量均称为键的离解能，又称键能。但应注意，对于多原子分子来说，分子内包含有多个共价键，每个共价键断裂所需的能量是不同的，因而键能不等于键的离解能。键的离解能是指断裂分子中某一个键所需的能量，而键能是指多原子分子中几个同类型键的离解能的平均值。如甲烷分子中有四个 C—H 键，离解能分别为：

$$CH_4 \longrightarrow \cdot CH_3 + H\cdot \qquad \Delta H = +435kJ/mol$$

$$\cdot CH_3 \longrightarrow \cdot CH_2\cdot + H\cdot \qquad \Delta H = +443kJ/mol$$

$$\cdot CH_2\cdot \longrightarrow \cdot \dot{C}H\cdot + H\cdot \qquad \Delta H = +443kJ/mol$$

$$\cdot \dot{C}H\cdot \longrightarrow \cdot \dot{\underset{\cdot}{C}}\cdot + H\cdot \qquad \Delta H = +340kJ/mol$$

所以，甲烷分子中的 C—H 的键能为：

$$(435+443+443+340)/4=415kJ/mol$$

常见共价键的键能列于表 1-2。

表 1-2 常见共价键的键能

键型	键能/(kJ/mol)	键型	键能/(kJ/mol)	键型	键能/(kJ/mol)
C—C	347	C—N	305	O—H	464
C═C	611	C—F	485	N—H	389
C≡C	837	C—Cl	339	H—H	435
C—H	415	C—Br	285	S—H	377
C—O	360	C—I	218	C—S	272

4. 键的极性和诱导效应

(1) 键的极性　两个相同原子形成的共价键，例如 H—H、Cl—Cl，成键电子云对称地分布于两个成键的原子之间，这种正负电荷重心相互重合的共价键没有极性，这种共价键称为非极性共价键。两个电负性不同的原子形成的共价键，由于成键的两个原子对价电子的吸引力不同，成键电子云不是对称地分布于两个原子周围，而是偏向电负性较大的一方，这种共价键称为极性共价键。可以用箭头来表示这种极性键，也可以用 δ^+ 或 δ^- 来表示构成极性共价键的原子的带电情况。δ^+ 表示带有部分正电荷，δ^- 表示带有部分负电荷。例如：

$$\overset{\delta^+}{H} \longrightarrow \overset{\delta^-}{Cl} \qquad \overset{\delta^+}{CH_3} \longrightarrow \overset{\delta^-}{Cl}$$

元素吸引电子的能力，叫做元素的电负性。电负性值大的原子其吸引电子的能力强。电负性值相差越大，共价键的极性也越大。表 1-3 列出了有机化合物中常见元素的电负性。

表 1-3　有机化合物中常见元素的电负性

H	C	N	O	S	F	Cl	Br	I
2.1	2.5	3.0	3.5	2.5	4.0	3.0	2.8	2.6

（2）诱导效应　在双原子分子中，由于成键原子电负性的不同，两个原子间的电子云分布是不平均的，它们形成的是极性键。在多原子分子中，这种极性不仅存在于两个相互结合的原子之间，而且还影响着不直接结合的部分，能沿着分子链传递，引起邻近价键电荷的偏移。例如：

$$\underset{3}{\overset{\delta\delta\delta^+}{CH_3}} - \underset{2}{\overset{\delta\delta^+}{CH_2}} - \underset{1}{\overset{\delta^+}{CH_2}} \rightarrow \overset{\delta^-}{Cl}$$

氯丙烷中由于氯原子的电负性大于碳原子，使得 C—Cl 键的共用电子对不能均匀分布，而是向氯原子偏移，用→表示电子偏移的方向，于是氯原子带有部分负电荷，以 δ^- 表示；C1 带有部分正电荷，以 δ^+ 表示。C1 又通过静电作用使得 C2—C3 键的共用电子对向 C_1 偏移，这样 C2 也带有部分正电荷（$\delta\delta^+$），C3 带有更小的正电荷（$\delta\delta\delta^+$）。

这种因某一原子或基团的极性而引起电子沿着分子链向某一方向移动的效应，称为诱导效应（inductive effect），常用 I 表示。以 $-I$ 表示吸电子诱导效应，即一个原子或原子团与碳原子成键后电子云偏离碳原子，反之就是 $+I$ 效应，即供电子诱导效应。例如：

$$\overset{\delta^+}{Y} \underset{+I}{\longrightarrow} \overset{\delta^-}{C} \qquad \overset{\delta^+}{C} \underset{-I}{\longrightarrow} \overset{\delta^-}{X}$$

诱导效应的传递随着链的增长而迅速减弱或消失，超过三个原子以后，影响就极弱了，可忽略不计。

对同族元素来说，相对原子质量越大其电负性越小，因此吸电子能力越弱，故 $-I$ 效应随相对原子质量增大而减小。例如：

$$—F > —Cl > —Br > —I$$

对同周期元素来说，由于元素 C、N、O、F 的电负性依次增加，所以这些原子或基团的—I 效应逐渐增大。例如：

$$—F > —OH > —NH_2 > —CH_3$$

对不同杂化状态的碳原子来说，s 成分多，吸电子能力强。例如：

$$—C{\equiv}CH > —CH{=}CH_2 > —CH_2—CH_3$$

具有 $+I$ 效应的基团主要是烷基，其相对强度如下：

$$(CH_3)_3C— > (CH_3)_2CH— > CH_3CH_2— > CH_3—$$

烷基只有与不饱和碳相连时才呈 $+I$ 效应，并且烷基间的 $+I$ 效应差别比较小，烷基的诱导效应的方向决定于烷基与什么样原子或原子团相连，即当与电负性比烷基强的原子或原子团相连时，则为供电子的诱导效应。

诱导效应又可分为静态诱导效应和动态诱导效应两种。静态诱导效应指未反应时分子本身存在的诱导效应，它与键的极性密切相关，始终存在于分子中，不会引起化学反应。动态诱导效应指分子的反应中心如果受到极性试剂的进攻，则键的电子云分布将受试剂电场的影响而发生变化的效应，只有在进行化学反应的瞬间才表现出来，可引起化学变化。

二、共价键的断裂和有机反应的类型

化学反应是旧键的断裂和新键的形成过程，有机化合物多为共价键化合物，其反应不同于无机物的离子反应。共价键的断裂有均裂和异裂两种形式。

1. 均裂

一个共价键断裂时，组成该键的两个原子各保留一个电子。

$$A:B \xrightarrow{\text{均裂}} A\cdot + B\cdot$$

按这种方式断裂产生的带单电子的原子（原子团）叫做自由基，这种反应为自由基反应。

2. 异裂

一个共价键断裂时，组成该键的一对电子完全转移到一个原子上。

$$A:B \xrightarrow{\text{异裂}} A^+ + :B^-$$

$$A:B \xrightarrow{\text{异裂}} :A^- + B^+$$

异裂产生的是离子，这种反应为离子型反应。它不同于无机化合物的离子反应，这种反应是通过共价键的异裂形成一个离子型的中间体来完成的。

在离子型反应中，试剂分为亲电试剂和亲核试剂两类。亲电试剂，有机化合物分子中与它发生反应的那个原子接收电子对，而与之共有。例如，H^+、Cl^+（反应中瞬间产生的）、BF_3 等都是亲电试剂。有机化合物与亲电试剂的反应，称为亲电反应。例如，乙烯和 HBr 生成溴乙烷的反应为亲电加成反应。

$$CH_3—CH═CH_2 \xrightarrow{H^+} CH_3—\overset{+}{C}H—CH_3 \xrightarrow{Br^-} CH_3—\underset{\substack{|\\Br}}{CH}—CH_3$$

在铁粉或氯化铁的催化作用下，苯环上的氢被氯原子取代，生成氯苯，并放出卤化氢的反应为亲电取代反应。

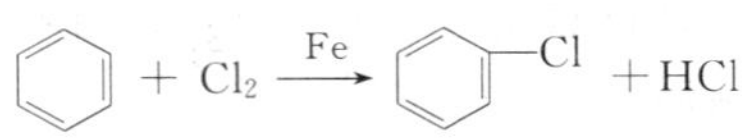

亲核试剂，反应时把它的孤对电子作用于有机化合物分子中与它发生反应的那个原子，而与之共有。例如，OH^-、CN^-、Cl^-、$H_2O:$、$:NH_3$ 等都是亲核试剂，有机化合物与亲核试剂的反应，称为亲核反应。例如，溴乙烷碱性水解生成乙醇的反应，称为亲核取代反应。

$$HO^-: + CH_3CH_2—Br \longrightarrow CH_3CH_2—OH + :Br^-$$

在碱催化下，醛或酮与氢氰酸加成生成氰醇的反应，称为亲核加成反应。

$$CH_3CH_2\overset{\substack{H\\|}}{C}═O + HCN \xrightleftharpoons{OH^-} CH_3CH_2\overset{\substack{CN\\|}}{C}H—OH$$

第四节　有机酸碱的概念

酸碱理论对解释有机化学反应机理、结构与性质之间的关系等方面都有重要的用途。为此，在无机化学已学内容的基础上再做一些简单叙述。

1889年，瑞典科学家阿伦尼乌斯（S. Arrhenius）根据他的电离学说，提出酸碱的离子论。在水溶液中能电离出氢质子的为酸，如盐酸、硫酸、硝酸等这些最常用的酸电离出氢质子：

$$HCl \longrightarrow H^+ + Cl^-$$
$$H_2SO_4 \longrightarrow 2H^+ + SO_4^{2-}$$
$$HNO_3 \longrightarrow H^+ + NO_3^-$$

在水溶液中能电离出氢氧根离子的为碱。如氢氧化钠、氢氧化钙等电离出氢氧根离子：

$$NaOH \longrightarrow Na^+ + OH^-$$
$$Ca(OH)_2 \longrightarrow Ca^{2+} + OH^-$$

在水中产生质子的有机化合物有羧酸、磺酸、酚类化合物等，能产生氢氧负离子的主要是胺类化合物。例如：

$$CH_3COOH \xrightleftharpoons{H_2O} CH_3COO^- + H^+ \qquad \text{酸}$$
$$CH_3CH_2NH_2 \xrightleftharpoons{H_2O} CH_3CH_2\overset{+}{N}H_3 + OH^- \qquad \text{碱}$$

其他化合物，如各种烃、卤代烃、醇、醚、醛、酮和酰胺等都是中性化合物。

阿伦尼乌斯酸碱理论也有一定局限性。仅把酸碱反应定义为水溶液中的氢质子与氢氧根离子的反应，不能解释在非水溶剂中，不含氢质子与氢氧根离子的物质也会表现出酸碱性。例如，乙醇钠溶于乙醇，其碱性离子是 $C_2H_5O^-$，而不是 OH^-。将金属钠溶于液氨中，其碱性离子是 H_2N^-：

$$2Na + 2NH_3 \rightleftharpoons 2Na^+ + 2H_2N^- + H_2$$

阿伦尼乌斯电离理论以后又有两个关于酸碱的理论为化学家所广泛应用。

一、质子酸碱理论

勃朗斯德（J. N. Brønsted）于1923年提出，能放出质子的物质称为酸，能与质子结合的物质称为碱，有机化学中的酸和碱一般指勃朗斯德所定义的酸和碱。

酸放出质子后产生的酸根，即形成该酸的共轭碱。同样，碱与质子结合后形成的质子化物，即为该碱的共轭酸。例如：

$$\text{酸} + \text{碱} \rightleftharpoons \text{共轭碱} + \text{共轭酸}$$
$$CH_3COOH + H_2O \rightleftharpoons CH_3COO^- + H_3O^+$$
$$H_2SO_4 + H_2O \rightleftharpoons HSO_4^- + H_3O^+$$

从质子论可以看出，一个化合物是酸还是碱实际上是相对而言的，视反应对象不同而不同。例如，甲醇在浓酸中接受质子，属于碱；但它与强碱作用放出质子，又属于酸了。许多含氧、氯、硫等的有机化合物都像水一样可以作为碱接受质子。

$$CH_3ONa \xleftarrow{NaNH_2} CH_3OH \xrightarrow{H_2SO_4} CH_3\overset{+}{O}H_2\,HSO_4^-$$

根据质子论的定义，酸的强度就是它给出质子倾向的大小，碱的强度就是它接受质子倾向的大小。因此，一个酸越强，它的共轭碱越弱，不同强度的酸碱之间可以发生反应。酸碱反应是酸中的质子转移给碱，反应方向是质子从弱碱转移到强碱。

按此理论，除无机酸外，含O—H、S—H、N—H、C—H的有机化合物都可以看作是酸，它们在适当碱的存在下都可给出质子。除负离子可作碱外，具有未共用电子对的中性分子亦可作为碱。

二、电子酸碱理论

路易斯（Lewis）是从化学键理论出发考虑酸碱理论的。它以接受或放出电子对作为判别标准：酸是电子的接受体，而碱是电子的给予体，所以路易斯酸碱理论亦称酸碱的电子论。酸碱反应实际上是酸从碱接受一对电子，形成配合物。或者路易斯酸是亲电试剂，而路易斯碱是亲核试剂。

$$H_3\ddot{N} + BF_3 \rightleftharpoons H_3\overset{+}{N}\overset{-}{B}F_3$$

碱　　酸　　酸碱配合物

路易斯酸具有下列几种类型：可以接受电子的分子，如 BF_3、$AlCl_3$、$ZnCl_2$、$SnCl_4$ 和 $FeCl_3$；金属离子，如 Li^+、Ag^+、Cu^{2+}；正离子，如 R^+、Br^+、H^+。

路易斯碱具有下列几种类型：具有未共用电子对的化合物，如 RNH_2、ROH、ROR、RCHO、$R_2C{=}O$、$—C{\equiv}N$ 等；负离子，如 R^-、X^-；一些富电子的双键如烯烃、芳烃等。

路易斯酸碱理论把更多的物质用酸碱概念联系起来了。由于大部分反应，尤其是极性反应都可以看作是电子供体和电子受体的结合，所以有机反应也都可纳入酸碱反应来加以研究讨论。

第五节　有机化合物的分类

由于有机化合物数目庞大，为了研究和学习的方便，把有机化合物按照结构分成若干类。一般的分类方法有以下两种。

一、按碳骨架分类

1. 开链化合物

这类化合物中的碳链两端不相连，是打开的，碳链可长可短，碳碳之间的键可以是单键或双键、三键等不饱和键。由于它们最早是从脂肪中发现的，故又称为脂肪族化合物。例如：

CH_3CH_3	$CH_2{=}CH_2$	$CH{\equiv}CH$	CH_3CH_2OH	CH_3COOH
乙烷	乙烯	乙炔	乙醇	乙酸

2. 脂环族化合物

这类环状化合物的结构和性质与脂肪族化合物有相似之处，故称为脂环族化合物。例如：

环己烷

环戊二烯

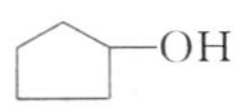

环戊醇

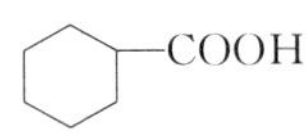

环己基甲酸

3. 芳香族化合物

一般指分子中含有一个或多个苯环的化合物。例如：

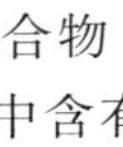
苯

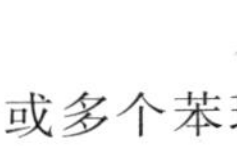
萘

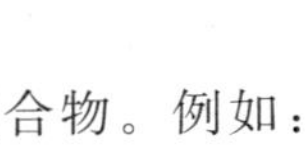
蒽

联苯

4. 杂环化合物

组成环的原子除碳原子外，还有 O、N、S 等杂原子，这样的环状化合物称为杂环化合物。例如：

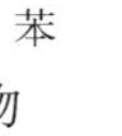

呋喃

噻吩

吡啶

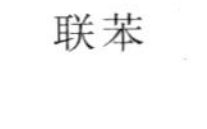

喹啉

二、按官能团分类

分子中比较活泼、容易发生化学反应的原子或原子团，叫做官能团。官能团对一类有机化合物的性质起着重要的作用。表 1-4 列出一些常见的官能团。

表 1-4　一些常见的官能团

类　别	通式或表达式	官　能　团	名　　称	化合物举例
烷烃	C_nH_{2n+2}	无		乙烷
烯烃	C_nH_{2n}	$>C=C<$	双键	乙烯
炔烃	C_nH_{2n-2}	$-C\equiv C-$	三键	乙炔
卤代烃	R—X	—X	卤原子	氯乙烷
醇	R—OH	—OH	羟基	乙醇
酚	Ar—OH	—OH	酚羟基	苯酚
醚	R—O—R	—O—	醚键	乙醚
醛	R—CHO	—CHO	醛基(甲酰基)	乙醛
酮	$R-\overset{\overset{O}{\Vert}}{C}-R$	$>C=O$	羰基	丙酮
羧酸	R—COOH	—COOH	羧基	乙酸
酰卤	R—COX	—COX	卤代甲酰基	乙酰氯
酰胺	$R-CONH_2$	$-CONH_2$	氨基甲酰基	乙酰胺
胺	$R-NH_2$	$-NH_2$	氨基	乙胺
腈	R—CN	—CN	氰基	乙腈
磺酸	$Ar-SO_3H$	$-SO_3H$	磺基	苯磺酸
硫醇	R—SH	—SH	巯基	乙硫醇
偶氮化合物	Ar—N═N—Ar	—N═N—	偶氮基	偶氮苯

一般常把这两种方法结合起来使用。

第六节　学习有机化学的方法

1. 在理解的基础上进行记忆

由于有机化合物数量庞大、种类繁多、结构复杂、反应也很多，在开始学习有机化学的时候，要像学习外文单词那样反复强化记忆，多看、多写、多练习，给自己多问几个为什么，以此培养自己的科学思维能力。随着有机化学课程内容的延续、脑海中知识的积累，在掌握了有机化合物结构与性质之间的辩证关系后，就会由机械记忆上升为理解记忆。如不饱和烃的亲电加成反应，反应很多，记忆起来比较困难，但掌握了马尔科夫尼科夫加成规则，在理解的基础上进行记忆就容易多了。记忆和理解是相辅相成的，记忆的内容越多越帮助理解，而理解了的知识会记忆得更为牢固。尤其是对开始几章的内容掌握（不是死记硬背，而是理解）之后，以后一些相关的内容就容易掌握了。

2. 做好课前预习

预习是把将要在课堂上学习的内容提前浏览一下，对基本内容、重点、难点等有所了解，以便在课堂上有针对性地听课，提高听课效果。哪怕在上课前十分钟翻阅一下教材，看个大概，也是有益的。

我们发现学生在听课时，常常把教师讲课的内容一字不落地记下来而忽略教师的讲解，或者是走向另一个极端，这样会大大降低听课效果。而提前预习、带着问题有针对性地去听课，会起到事半功倍的效果。

3. 认真听课，疑难问题及时解决

认真听课是重要的学习环节，在课堂上不但要注意力集中、积极思考，还应主动配合教师形成互动式教与学，对教师讲述的重点内容以及在听课中产生的问题做提纲式记录是十分必要的，这有助于在听课过程中逐步地形成知识主线，要点明确，重点突出，有利于课后复习。有机化学的系统性很强，前后内容是一个整体，遇到疑难问题要及时解决，切忌“夹生饭”，不求甚解。问题积累多了得不到解决，会对有机化学产生畏难情绪和厌烦心理。

4. 认真做练习题，独立完成作业

认真做练习题是学好有机化学的重要环节，对理解和巩固所学知识是非常重要的。要在系统复习的基础上进行，切不可下课后匆匆忙忙为完成任务而做习题，这有百害而无一利。

独立完成作业指的是不应该在遇到不会做的题目时，直接抄写答案，应该带着问题重新学习教材中的相关内容，也可以与同学进行讨论，还可以看看学习指导书或其他教科书对这个问题是怎样讲述的，问题搞懂了，弄清楚了给出的答案的道理，再来完成这个题目，收获会更大、印象会更深刻。这也是再学习、不断提高的过程，也有助于培养良好的学习习惯和钻研精神。

5. 善于归纳总结，培养自学能力

归纳和总结也是学好有机化学的重要环节。众多的有机化合物的命名、反应与合成是有一定规律的。要学会揭示各类化合物之间的内在联系，找出它们的共性和不同官能团化合物的个性之间的关系，从而举一反三。有机化合物的合成是有机化学的重点，也是学生学习的难点。只有勤于思考，善于归纳总结，培养自学能力，不断提高分析问题和解决问题的能力，熟练掌握化合物的性质和相互转化规律，一切问题都会迎刃而解。

有机化学的学习方法因人而异，但共同点是理解、记忆、应用，三者缺一不可。要开动脑筋，努力学习，极大限度地调动人的主观能动性，只有这样才能将知识学到手。

阅读材料

21 世纪的有机化学

从 1828 年德国化学家乌勒首次发现尿素以来，至今有机化学从实验方法到基础理论都有了巨大的进展。大量的有机化合物因其所具有的特殊功能而用于材料、能源、医药、农业、石油化工、环境科学、生命科学、国防等与人类生活密切相关的各行各业中。有机化学的迅速发展产生了不少分支学科，如有机合成、元素有机、天然有机、物理有机、生物有机、有机分析、有机催化、有机立体化学等。展望 21 世纪，人们面对有机物对生态、环境和人体的影响，将不断改进有机化学反应的方法和手段。

有机合成化学是有机化学最重要的学科之一，是创造新有机化合物的主要手段。它关注的是：化学区域选择性、立体选择性、对映选择性等有机合成的高选择性；选择反应速率快、反应时间短、产率高、工艺简便的合成路线，减少合成步骤、使用物美价廉的原料、平和的生产条件，从而提高生产效率；减少对环境的影响。天然复杂有机化合物的合成、不对称合成将有快速的发展。

天然有机化学是研究来自动植物体内有机化合物的化学。发掘自然界的这一丰富资源，是人类生存和发展的需要，是有机化学的主要研究任务之一。在 21 世纪将是一个会得到国家大力资助和投入的研究领域。它关注的是：天然产物的快速分离和结构鉴定；传统中草药的药效、药理及有效成分与药效、药理之间的关系；天然产物及其衍生物的药物合成；基因工程、细胞工程、酶工程等生物技术的利用。

生物有机化学的主要研究对象是核酸、蛋白质和多糖三类主要生物大分子及参与生命过程的其他大分子。近期的发展动向是：生物大分子的序列分析方法的研究；多种构象分析方法，如 NMR 多维谱、激光拉曼光谱的研究；生物大分子的合成及应用；生物膜化学和生物催化体系；光合作用中的化学问题。

有机催化是有机化学研究中永久的课题。通过物理和化学的方法，如加热、加催化剂、光照等，促进有机反应，提高反应速率。近年来又有了电解催化、超声波催化、微波催化、酶催化和模拟酶催化等。

习　　题

1. 简单解释下列名词：

（1）有机化合物　（2）共价键　（3）键能　（4）极性键

（5）官能团　（6）异裂　（7）诱导效应

2. 你认为可以用哪种最简便的方法鉴别无机物和有机物？

3. 下列化合物中哪些是无机物，哪些是有机物？

（1）C_2H_5OH　（2）NaCN　（3）CH_3COOH　（4）Na_2CO_3

（5）CO_2　（6）KSCN　（7）H_2NCONH_2　（8）$CHCl_3$

4. 下列化合物中哪些是极性分子？哪些是非极性分子？

（1）$CHCl_3$　（2）CCl_4　（3）CH_4　（4）NH_3

（5）CF_2Cl_2　（6）CH_3OH　（7）CH_3OCH_3　（8）CH_3CH_3

5. 将下列各组共价键，按极性由大到小的顺序进行排列：

（1）C—H、O—H、N—H、F—H、C—N

（2）C—O、C—Br、C—Cl、C—I、C—F

6. 指出下列化合物所含官能团的名称和化合物类别：

（1）$CH_2{=}CH{-}CH{=}CH_2$　（2）$CH_3CH_2C{\equiv}CH$　（3）$CH_3OCH_2CH_3$　（4）CH_3CH_2I

（5）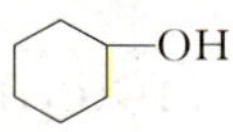　（6）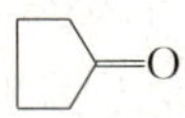　（7）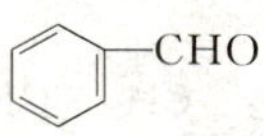　（8）$CH_3COOCH_2CH_3$

（9）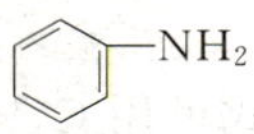　（10）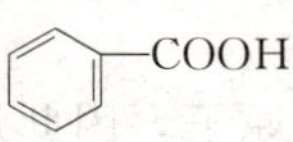　（11）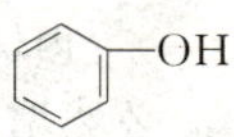　（12）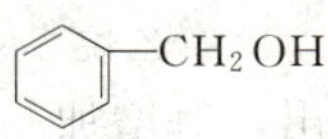

（13）$CH_2{=}CHCN$　（14）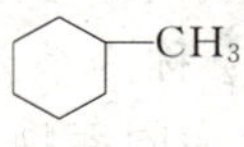　（15）$\underset{\displaystyle NH_2}{CH_3\underset{|}{C}HCH_2COOH}$

7. 写出含有下列官能团（不包括多官能团）的三碳化合物的构造式：

（1）$>C{=}C<$　（2）—Cl　（3）—C≡C—　（4）—OH　（5）—O—

（6）—CHO　（7）$>C{=}O$　（8）—COOH　（9）—C≡N　（10）$-NH_2$

8. 写出下列类别中含碳原子数最少的化合物：

（1）胺　（2）醚　（3）烯醇　（4）酸　（5）二烯烃

（6）烯醛　（7）环醇　（8）酰胺　（9）烯酸　（10）环醚

第二章　烷　烃

学习目标

1. 理解同系列、同分异构、构造异构等概念；
2. 了解碳原子正四面体的概念、sp^3 杂化和 σ 键的特点；
3. 掌握烷烃的命名法、常见烷基的名称；
4. 了解烷烃的构造异构，正确书写烷烃的构造式；
5. 掌握烷烃的取代、氧化和裂化反应。

仅有碳氢两种元素的有机化合物称为碳氢化合物，简称烃。烃虽然只有两种元素组成，但其数目庞大。从结构来分，可有脂肪烃、脂环烃和芳香烃三类。脂肪烃又分为烷烃、烯烃和炔烃。其中烷烃称为饱和烃，而烯烃和炔烃又称为不饱和烃。烃分子中的氢换成不同的官能团，就构成了烃的各种衍生物。

第一节　烷烃的通式、同系列和构造异构

一、烷烃的通式和同系列

由碳氢两种元素组成，完全以单键相连的烃，称为烷烃，也称饱和烃。烷烃广泛地存在于自然界中，其主要来源为石油和天然气。作为工业原料的资源是很丰富的，如天然气的主要成分：

CH_4	$CH_3—CH_3(C_2H_6)$	$CH_3—CH_2—CH_3(C_3H_8)$	$CH_3—CH_2—CH_2—CH_3(C_4H_{10})$
甲烷	乙烷	丙烷	丁烷

不难看出，每增加一个碳原子，必然增加两个氢原子，因此烷烃的通式可用 C_nH_{2n+2} 表示。相邻的两个烷烃在组成上都相差一个 CH_2，CH_2 称为系差。在组成上相差一个或几个系差的化合物称为同系列。同系列中的各个化合物称为同系物。

由于同系物结构上的相似性，使得它们性质也相类似。一般随碳原子数目的增加，在性质上表现出一些量变的规律。

二、烷烃的构造异构

在甲烷、乙烷和丙烷分子中，碳原子只有一种连接方式，因此没有构造异构体。从丁烷开始，碳原子之间不止一种连接方式，出现了构造异构体，这种由于碳原子间的连接方式不同而形成的构造异构，称为碳链异构，是同分异构现象中的一种。

如丁烷有两种构造异构体：

$CH_3—CH_2—CH_2—CH_3$

正丁烷

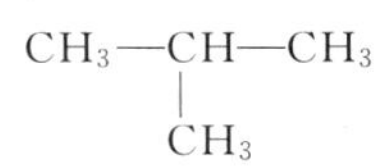

异丁烷

而戊烷有三种构造异构体：

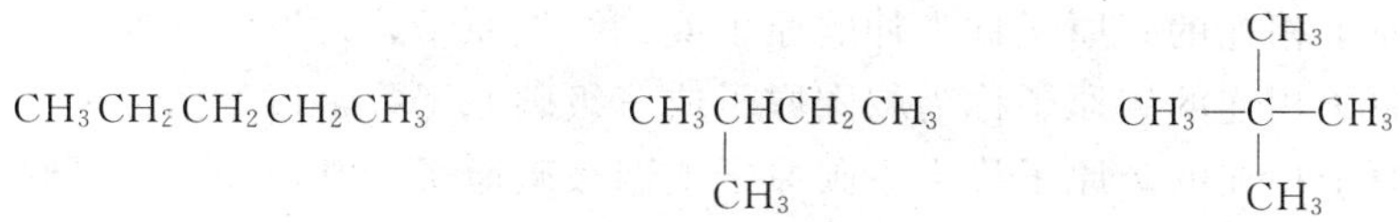

正戊烷　　　　异戊烷　　　　新戊烷

随着分子中碳原子数目的增多，构造异构体的数目将迅速增多。表 2-1 列出了部分烷烃构造异构体的数目。

表 2-1　烷烃构造异构体的数目

碳原子数	异构体数	碳原子数	异构体数
1～3	1	9	35
4	2	10	75
5	3	11	159
6	5	12	355
7	9	15	4374
8	18	20	366319

目前，人们已经制备或分离得到了所有 10 个碳以下的烷烃异构体。

根据国际纯粹与应用化学联合会（International Union of Pure and Applied Chemistry，IUPAC）的建议，把分子中原子互相连接的次序和方式称为构造（constitution）。以往也称为“结构”（structure），但现在人们都接受了 IUPAC 的建议，认为结构一词有更严格和普遍的意义，像晶体结构、物质结构、电子结构等。而分子的结构，应该包括构造、构型和构象三大要素。化学界对常用的专用名词都已经有了专门的定义和应用范围，我们必须遵循并熟练掌握应用。

异构现象的存在表明同一个分子式可以代表不同的化合物。所以有机化合物不能简单地用分子式而只能用构造式表示。不同的有机化合物可以有相同的分子式，但具有不同的构造式。

同分异构可以分为构造异构和立体异构两大类。

1. 构造异构

分子中由于原子互相连接的方式和次序不同而产生的同分异构体。它又可以分为以下三种。

（1）碳链异构　如正丁烷和异丁烷。

（2）官能团位置异构　如正丙醇和异丙醇。

（3）官能团异构　如乙醇和甲醚。互变异构中的酮式和烯醇式也是官能团异构的一种。

2. 立体异构

分子的构造相同，但由于分子中原子在空间的排列方式不同而引起的同分异构体。它又可以分为构象异构和构型异构两种。

（1）构象异构　通过单键的旋转或环的翻转而造成原子在空间的不同排列方式，如乙烷的重叠式和交叉式、环己烷的椅式和船式等。

（2）构型异构　构型也是指有一定构造的分子中原子在空间的不同排列状况，但不同构型之间的转化要经过断键和再成键的过程。构型异构又分为顺反异构和光学异构两种。

三、伯、仲、叔、季碳原子和伯、仲、叔氢原子

按照碳原子在分子中所处位置的不同而分为四类：

与一个碳原子相连的碳原子称为伯碳原子或一级碳原子，常以1°表示；
与二个碳原子相连的碳原子称为仲碳原子或二级碳原子，常以2°表示；
与三个碳原子相连的碳原子称为叔碳原子或三级碳原子，常以3°表示；
与四个碳原子相连的碳原子称为季碳原子或四级碳原子，常以4°表示。

例如：

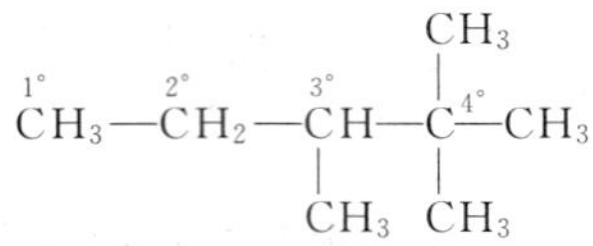

与伯、仲、叔碳原子所连接的氢原子则分别称为伯、仲、叔氢原子。

练习

2-1 写出己烷的构造异构体，并指出每个异构体中各个碳原子的类型。

第二节 烷烃的结构

一、碳原子的 sp³ 杂化

从无机化学已了解到，碳原子基态时的核外电子排布为 $1s^2 2s^2 2p^2$，最外层电子为 $2p^2$，按照电子配对法，化合价应为二价，但实际上碳原子主要表现为四价。

为了解决这一矛盾，提出了杂化轨道理论：碳原子在成键时，能量相同或相近的原子轨道，可以重新组合成新的轨道。新轨道同时具有混合前的各轨道成分，但它又和原来的各轨道不同，因此称为“杂化轨道”。

烷烃中的碳原子在成键时，能量相近的2s轨道上的一个电子跃迁到空的2p轨道上，并和三个2p轨道进行杂化，形成四个能量相等、形状相同的新的原子轨道，每一个杂化轨道含有1/4s轨道成分和3/4p轨道成分，称为 sp^3 杂化轨道（碳原子还可以进行其他方式的杂化，将分别在第三章和第四章介绍）。

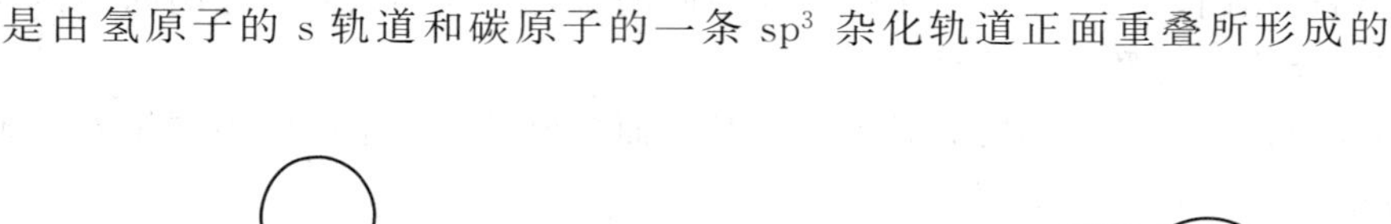

sp^3 杂化轨道的形状（如图2-1所示）偏向一方，这就增强了它与其他原子轨道发生重叠（交盖）的程度。根据轨道重叠原理，重叠越大形成的键越牢固。在烷烃分子中，碳氢键就是由氢原子的s轨道和碳原子的一条 sp^3 杂化轨道正面重叠所形成的（如图2-2所示）。

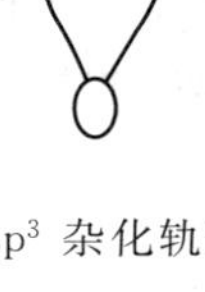

图2-1 sp^3 杂化轨道的形状

图2-2 碳氢键的形成

四个 sp^3 杂化轨道在空间的排布，是以碳原子为中心，四个轨道轴的空间取向相当于正四面体中心到四个顶点的连线方向，使 sp^3 杂化轨道具有方向性。为了使成键电子之间达到最大的距离，从而使排斥力最小、体系最稳定，碳原子的四条 sp^3 杂化轨道对称地分布在碳原子核的四周，每两个轨道对称轴之间的夹角（键角）均为 109.5°。

以甲烷为例。甲烷由一个碳原子和四个氢原子结合而成。在甲烷分子中，碳原子的四条 sp^3 杂化轨道与四个氢原子的 s 轨道相互沿轨道对称轴正面重叠，形成四条完全相等的 C—H 键。

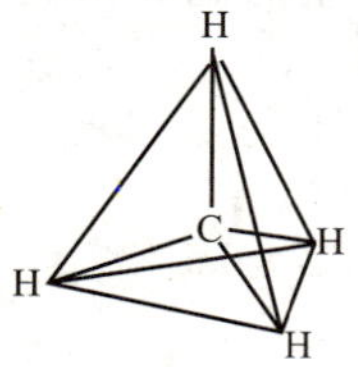

图 2-3 甲烷的正四面体结构

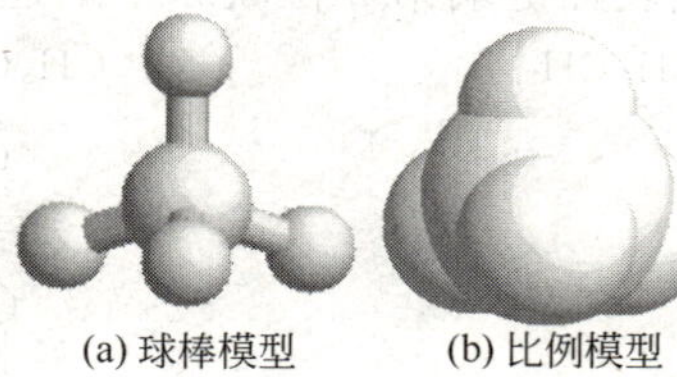

图 2-4 甲烷的立体模型

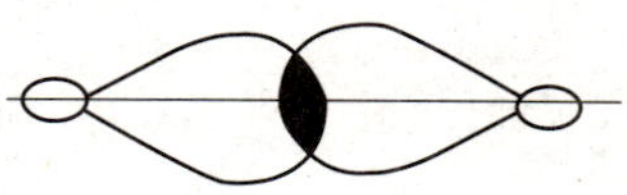

图 2-5 C—Cσ 键

甲烷分子的结构为正四面体结构（如图 2-3 所示），碳原子位于正四面体的中心，四个氢位于正四面体的四个顶点，任意两个 C—H 键夹角都是 109.5°，四个夹角完全相等。这一解释与甲烷分子的实测结果是相符的。为了更形象地表明分子的立体结构，常采用立体模型。常用的模型有两种：球棒模型（Kekulé 模型）和比例模型（Stuart 模型）。甲烷的立体模型见图 2-4。

二、σ 键的形成及其特性

在甲烷分子中，由氢原子的 s 轨道和碳原子的一条 sp^3 杂化轨道正面重叠所形成的键，称为碳氢 σ 键。从乙烷开始，分子中至少有两个碳原子，这些碳原子也是 sp^3 杂化。因此，烷烃分子中除 C—Hσ 键外，还有由两个碳原子的两条 sp^3 杂化轨道沿轨道对称轴正面重叠形成的 C—Cσ 键（如图 2-5 所示）。例如在乙烷分子中，有一条 C—Cσ 键和六条 C—Hσ 键，其键角都是 109.5°。

σ 键的最大特点是成键的电子云沿键轴的方向呈圆柱形的分布，沿键轴旋转任何角度，电子云的重叠不会发生任何变化，因此 σ 键可以自由旋转，而键不会断裂。乙烷的球棒模型见图 2-6。

随着碳原子数的增加，碳链不是一条直线而呈锯齿形，如图 2-7 所示。

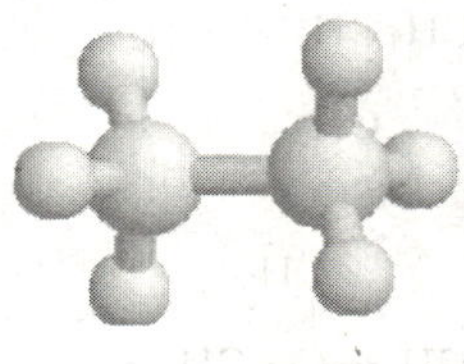

图 2-6 乙烷的球棒模型

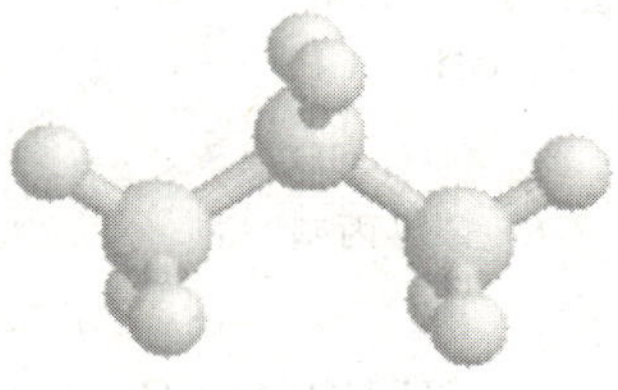

图 2-7 丙烷的球棒模型

第三节 烷烃的命名

有机化合物种类繁多、结构复杂，又存在多种同分异构现象，必须有一个完善的命名方法才能将它们区分开来。因此，掌握有机化合物的命名是学好有机化学一个重要的基本功。

烷烃常见的命名法有两种，即普通命名法和系统命名法。

一、普通命名法

普通命名法又称为习惯命名法。用于结构比较简单的烷烃的命名。按分子中所含碳原子数命名为“某烷”。碳原子数在十以内的，以甲、乙、丙、丁、戊、己、庚、辛、壬、癸来命名；碳原子数在十一碳以上的，用十一、十二……中文数字来命名。再冠以表示碳链结构的正、异、新即可。“正”代表直链（即不带有支链）烷烃；“异”代表在链端第 2 位碳原子上连有一个甲基的烷烃；“新”代表在链端第 2 位碳原子上连有两个甲基的烷烃。例如：

$CH_3CH_2CH_2CH_2CH_3$

正戊烷

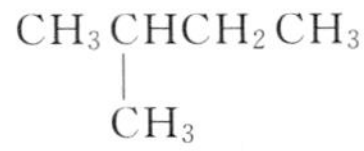

异戊烷

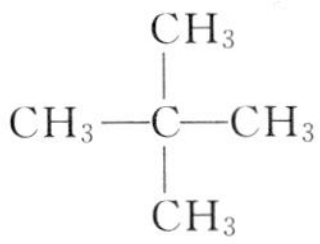

新戊烷

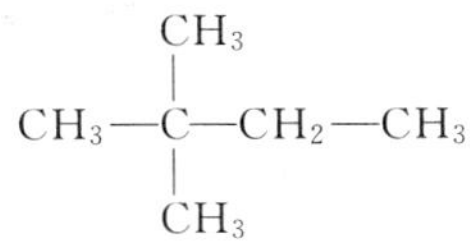

新己烷

石油工业上用于测定汽油辛烷值的基准物——异辛烷，是一个俗名，不属于普通命名法。

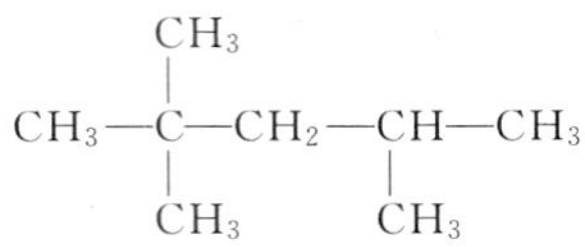

异辛烷

显然，这样的命名方法对于碳原子数不多的烷烃还可以，但随着碳原子数的增加，单靠词首加一个字已不能区分所有的异构体。

二、烷基的命名

烃分子中去掉一个氢原子后的剩余基团称为烃基。烷烃分子中去掉一个氢原子后的剩余基团称为烷基，常以 R— 表示。由于“基”的命名是由普通命名衍生出来的，所以仍存有普通命名法的名称，如异丙基、异丁基、叔丁基等。为尊重习俗，IUPAC 命名法允许沿用这些基团的名称。例如：

$CH_3CH_2—$

乙基

$CH_3CH_2CH_2—$

丙基

$CH_3CH_2CH_2CH_2—$

丁基

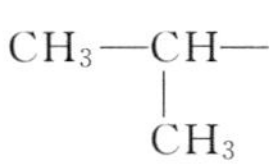

异丙基

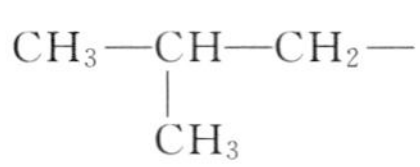

异丁基

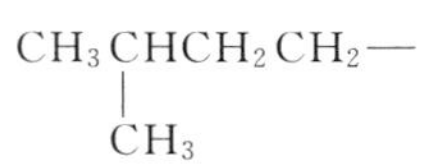

异戊基

仲丁基

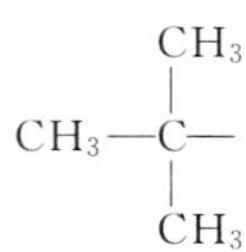

叔丁基

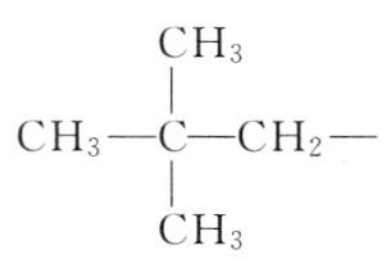

新戊基

烷烃分子去掉两个氢原子后的剩余基团称为亚烷基，去掉三个氢原子后的剩余基团称为次烷基。例如：

$—CH_2—$ 亚甲基

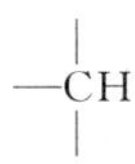

次甲基

三、系统命名法

系统命名法是采用 IUPAC 命名原则，结合我国文字特点而制定的。由中国化学会 1980 年最后一次修订通过的。

根据系统命名法，直链烷烃的命名与普通命名法一致，只是不加“正”字。例如：

$CH_3CH_2CH_2CH_3$	$CH_3CH_2CH_2CH_2CH_3$	$CH_3CH_2CH_2CH_2CH_2CH_3$
丁烷	戊烷	己烷

支链烷烃的命名原则如下。

（1）选择最长的碳链作为主链，按主链碳原子数命名为“某”烷。如果有数条等长的碳链则选取含支链最多的那条碳链作为主链。例如，下列化合物的主链有两种选择：

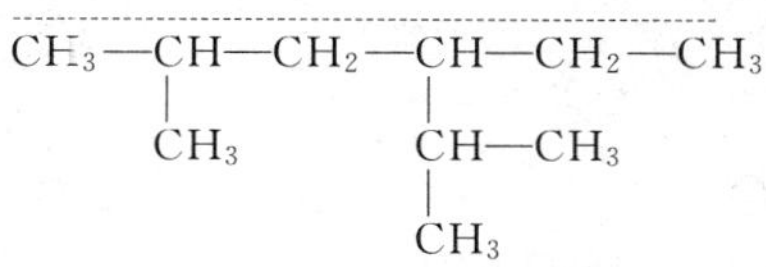

错误

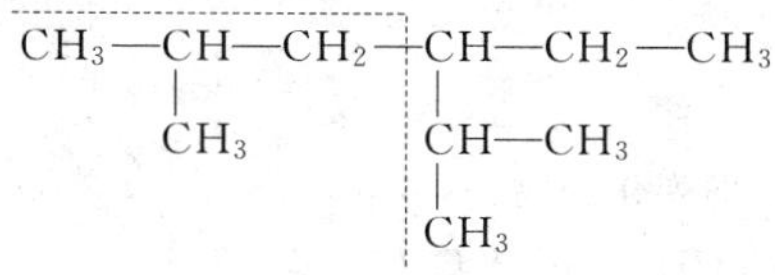

正确

（2）从距离支链最近的一端开始对主链进行编号，标以 1、2、3…若有两种以上的编号方法，则以取代基之和最小为原则。例如：

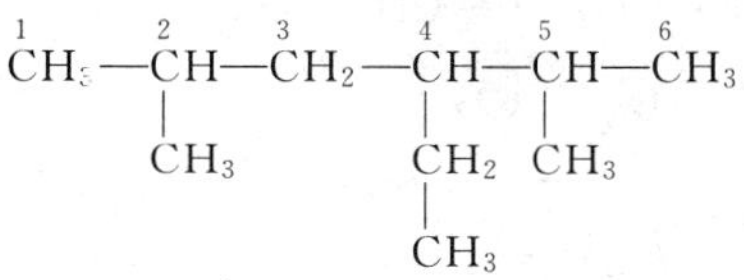

错误

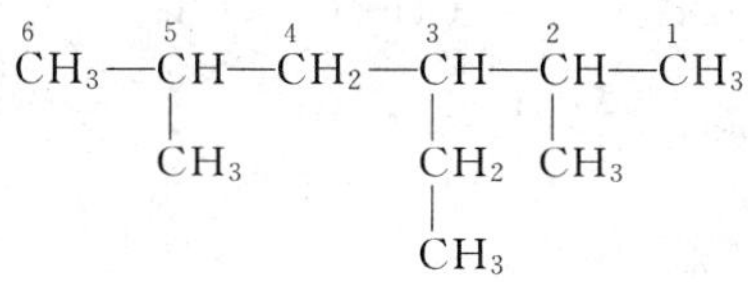

正确

（3）把每个取代基的位次和名称写在主链名称之前，位次号之间用逗号“,”隔开，数字和名称之间用短线“-”隔开。当含有几个不同的取代基时，取代基的排列顺序与衍生物命名一样，按照“次序规则”所规定的“较优”基团后列出。当含有几个相同的取代基时，相同基团合并，在名称前面标以数字“二、三、四……”，以表示它们的数目。例如：

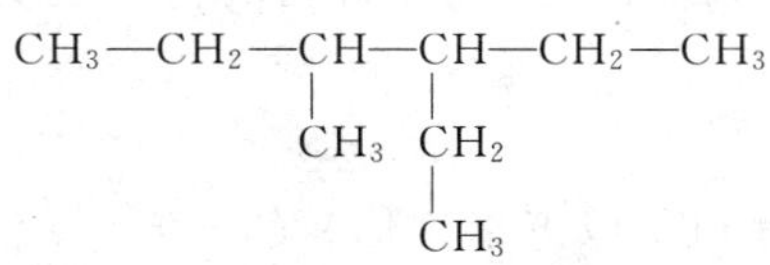

3-甲基-4-乙基己烷

不能称为：4-甲基-3-乙基己烷

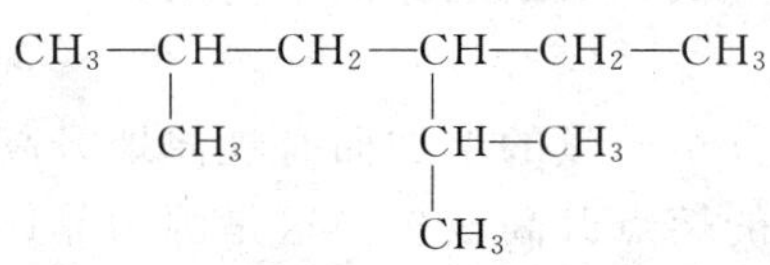

2,5-二甲基-3-乙基己烷

不能称为：2-甲基-4-异丙基己烷

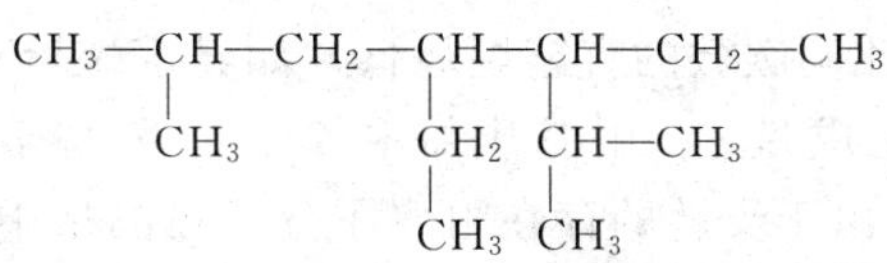

2,6-二甲基-3,4-二乙基庚烷

不能称为：2-甲基-4-乙基-5-异丙基庚烷

如果支链上还连有取代基时，则从与主链相连的碳原子开始，给支链上的每个碳原子编号。可将此支链的全名放在括号内，或者用带撇的数字表示。例如：

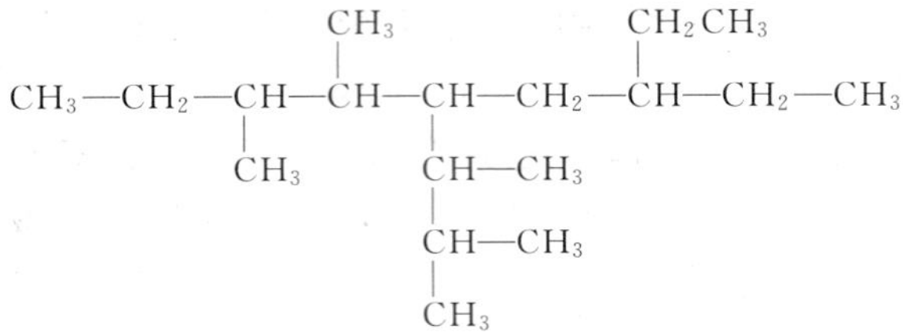

3,4-二甲基-7-乙基-5-(1,2-二甲基丙基)壬烷

或 3,4-二甲基-7-乙基-5-1′,2′-二甲基丙基壬烷

练习

2-2 命名下列化合物：

(1) 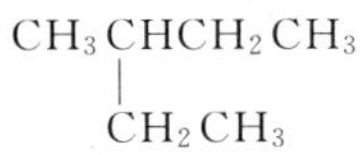

(2) 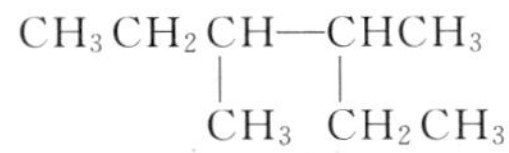

(3) 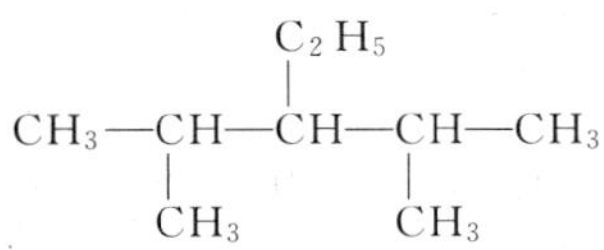

(4) 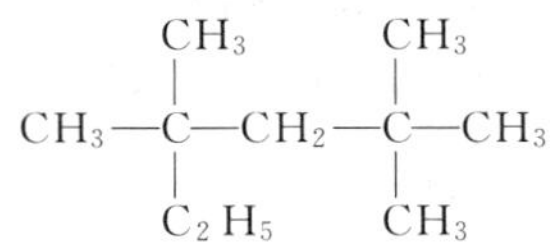

第四节 烷烃的物理性质

有机化合物的物理性质一般指化合物的物态、沸点、熔点、密度和溶解度等。纯物质的物理性质在一定的条件下都有固定的数值，常把这些物理数值称为物理常数。从表 2-2 列出的直链烷烃的物理性质中可以看出，同系列化合物的物理性质是随着相对分子质量的增加而呈现一定的变化规律。

一、物态

在常温和常压下，直链烷烃 C_4 以下是气体，$C_5 \sim C_{17}$ 是液体，C_{18} 以上是固体。高级烷烃即使在较高的温度下，只要在熔点以下，仍是固体。所以含石蜡（高级烷烃）较多的原油从油井喷出时，往往由于温度降低，石蜡从原油中析出，从而造成油井堵塞。

二、熔点

直链烷烃的熔点随着相对分子质量的增加而有规律地升高，但是含偶数碳原子的直链烷烃比含奇数碳原子的直链烷烃的熔点升高较多。这是因为晶体分子间的作用力不仅取决于分子的大小，也取决于晶格的排列情况。由于偶数碳原子的烷烃具有较好的对称性，分子晶格排列更紧密些，所以熔点高。

一般带支链的烷烃熔点比同碳数的直链烷烃低，如异丁烷熔点为－145℃，异戊烷的熔点为－160℃，低于正丁烷和正戊烷。2-甲基戊烷和 2,2-二甲基丁烷的熔点分别为－154℃和－100℃，均低于己烷。这是由于支链的存在阻碍了分子在晶格中的紧密排列，使分子间引力降低。但是，当支链继续增加，引起分子结构向球状过渡且带有高度的对称性时，它们的熔点会随之升高。因为分子越对称，它们在其晶格中的排列也越紧密，分子间的作用力越强。如甲烷和新戊烷分子都接近球状，甲烷的熔点比丙烷高，而新戊烷的熔点比戊烷高 113℃。

表 2-2 直链烷烃的物理性质

名 称	熔点/℃	沸点/℃	相对密度	物 态
甲烷	−182.5	−161.5	0.424	气态
乙烷	−183.3	−88.6	0.546	
丙烷	−187.7	−42.1	0.501	
丁烷	−138.3	−0.5	0.579	
戊烷	−129.8	36.1	0.626	液态
己烷	−94.0	68.7	0.659	
庚烷	−90.6	98.4	0.684	
辛烷	−56.8	125.7	0.703	
壬烷	−53.5	150.8	0.718	
癸烷	−29.7	174.0	0.730	
十一烷	−25.6	195.8	0.740	
十二烷	−9.6	216.3	0.749	
十三烷	−6.0	235.4	0.756	
十四烷	5.5	253.7	0.763	
十五烷	10.0	270.6	0.769	
十六烷	18.2	287.0	0.773	
十七烷	22.0	301.8	0.778	
十八烷	28.2	316.1	0.777	固态
十九烷	32.1	329.0	0.776	
二十烷	36.8	343.0	0.786	

三、沸点

沸点就是化合物的蒸气压与外界压力达到平衡时的温度。化合物的蒸气压与分子间引力的大小有关。烷烃属于非极性分子，分子间的作用力主要是色散力，而色散力的大小又与分子中的共价键数目成正比，所以直链烷烃的沸点也是随着相对分子质量的增加而有规律地升高。

含有支链的烷烃，由于支链的存在，分子的形状趋向球体，分子间的靠近程度不如直链烷烃，分子间的作用力也减弱，所以沸点低于直链烷烃。如正丁烷的沸点为−0.5℃，异丁烷−12℃。正戊烷的沸点36.1℃，异戊烷28℃，而有两个支链的新戊烷的沸点只有9℃。

四、相对密度

烷烃的相对密度都小于1，比水轻。烷烃的相对密度也是随着相对分子质量的增加而逐渐增大，约到0.8时为最大。相对密度的增大是由于分子间力随着相对分子质量的增加而增大，因而分子间的距离相对减小。实际上，绝大多数有机化合物的密度都比水小。密度比水大的有机化合物多含有溴或碘之类重原子或有几个氯原子。

五、溶解度

烷烃几乎不溶于水，而易溶于有机溶剂，如四氯化碳、苯、乙醚等。这是由于结构相似的化合物，它们分子间的作用力也相似，所以彼此互溶。“相似相溶”是较普遍的规律。

第五节 烷烃的化学性质

烷烃分子由C—C和C—Hσ键组成的，这两种键较牢固且极性都很小，所以烷烃的化学性质稳定，尤其是直链烷烃更稳定。在常温下与强酸、强碱、强氧化剂、强还原剂及活泼金属都不反应。所以，烷烃的应用很广。如机械零件常用相对分子质量较大的烷烃——凡士林加以保护，以防生锈。活泼的金属钾、钠常浸泡在煤油中，以防与氧气和水蒸气反应。石油醚常用作有机溶剂，石蜡用作药物基质。供内燃机用的汽油、供柴油机用的柴油及喷气飞机用的航空煤油等，都是不同烷烃的混合物。

但烷烃的稳定性是相对的，在一定条件下 σ 键也能发生断裂。如在高温、光照、过氧化物及催化剂的作用下，烷烃也可以发生卤代等反应；在某些酶的作用下，烷烃还可以变成蛋白质。

一、取代反应

烷烃中的氢原子被其他原子或原子团取代的反应称为取代反应。烷烃中的氢原子被氯原子取代的反应称为氯化反应，也称为氯代反应。

1. 氯化反应

烷烃和氯气在室温和黑暗中不起反应。在强光照射下或加热，则起猛烈的反应，生成氯化氢和炭黑。但这个方法不能用来制造炭黑，工业上是利用天然气和其他烃类经过高温裂化而成。

$$CH_4 + 2Cl_2 \xrightarrow{\text{日光}} 4HCl + C$$

这个反应放出大量的热，属于爆炸性的反应，实用价值不大。

如将甲烷与氯气混合，在漫射光或适当加热的条件下，甲烷分子中的氢原子能逐步被氯原子所取代，得到多种氯甲烷和氯化氢的混合物。

$$CH_4 + Cl_2 \xrightarrow{\text{漫射光}} \underset{\text{一氯甲烷}}{CH_3Cl} + \underset{\text{二氯甲烷}}{CH_2Cl_2} + \underset{\substack{\text{三氯甲烷}\\\text{(氯仿)}}}{CHCl_3} + \underset{\text{四氯化碳}}{CCl_4} + HCl$$

反应很难停留在一个氢原子被取代的阶段，通常是四种氯代烷的混合物。但控制反应物中原料的配比或反应时间，可控制产物中的主要成分。甲烷过量很大时，产物主要是一氯甲烷。反应时间短，有利于得到一氯甲烷。

工业上常利用烷烃的氯化反应来制备氯代烷，作为溶剂使用。另外，氯代烷也是洗涤剂、增塑剂、农药等的原料。例如，沸点范围在 240～360℃ 的液体石蜡，氯化后得到的氯化石蜡，可用作聚氯乙烯、橡胶的增塑剂以及塑料、合成纤维的阻燃剂。

不同的卤素与烷烃的反应活性为：$F_2 > Cl_2 > Br_2 > I_2$。

烷烃和氟反应过于猛烈，难以控制。烷烃和碘反应难以进行，因为反应产生的碘化氢为强还原剂，可把生成的碘代烷再还原成烷烃。一般常用氯或溴。

其他烷烃与氯在一定条件下，也能发生取代反应，但反应产物更复杂。例如，丙烷的一氯代产物有两种。

$$CH_3CH_2CH_3 + Cl_2 \xrightarrow{h\nu} \underset{\substack{\text{1-氯丙烷}\\(55\%)}}{CH_3CH_2CH_2Cl} + \underset{\substack{\text{2-氯丙烷}\\(45\%)}}{CH_3CHClCH_3}$$

大量的实验证明，烷烃不同位置的氢原子被取代的难易程度是不同的。氢原子的反应活性顺序：3°H＞2°H＞1°H。

这是由于自由基的稳定性不同，烷基自由基的稳定性顺序为：$(CH_3)_3C\cdot > (CH_3)_2CH\cdot >$

$CH_3CH_2CH_2\cdot > CH_3\cdot$。

2. 氯化反应的机理——自由基反应

反应机理是指化学反应所经过的途径或过程，也称为反应历程。反应机理是根据大量的实验事实作出的理论假设。

实验证明，甲烷的氯化反应是典型的自由基反应，反应经过以下三步。

（1）链的引发　在光照或高温下，氯分子吸收能量而发生共价键的均裂，产生两个氯自由基而引发反应。

$$Cl_2 \xrightarrow{h\nu} 2Cl\cdot$$

（2）链的增长　氯自由基很活泼，可以夺取甲烷分子中的一个氢原子而生成氯化氢和一个新的自由基——甲基自由基。

$$Cl\cdot + CH_4 \longrightarrow HCl + \cdot CH_3$$

甲基自由基再与氯分子作用，生成一氯甲烷和氯自由基。反应一步步传递下去，逐步生成二氯甲烷、三氯甲烷和四氯化碳。

$$\cdot CH_3 + Cl_2 \longrightarrow CH_3Cl + Cl\cdot$$

$$CH_3Cl + Cl\cdot \longrightarrow CH_2Cl\cdot + HCl$$

$$CH_2Cl\cdot + Cl_2 \longrightarrow CH_2Cl_2 + Cl\cdot$$

……

$$CCl_3\cdot + Cl_2 \longrightarrow CCl_4 + Cl\cdot$$

（3）链的终止　自由基之间相互结合，从而失去活性，反应逐渐终止。

$$Cl\cdot + Cl\cdot \longrightarrow Cl_2$$

$$CH_3\cdot + CH_3\cdot \longrightarrow CH_3CH_3$$

$$CH_3\cdot + Cl\cdot \longrightarrow CH_3Cl$$

由于整个反应是由自由基引发的，故称为自由基取代反应机理。

二、氧化反应

在有机化学中，把有机化合物分子中加入氧或脱去氢的反应，称为氧化反应。把失去氧或加入氢的反应，称为还原反应。

1. 燃烧

在高温下和足够的空气中，烷烃能够燃烧，并放出大量的热。当空气充足时，烷烃全部氧化成二氧化碳和水。若控制氧的供量，使甲烷的燃烧不彻底，能生成可用于橡胶、塑料的填料和黑色油漆及印刷油墨等工业上极为有用的炭黑。

1mol 的烷烃完全燃烧所放出的热量，称为该烷烃的燃烧热。烷烃的燃烧热是随着相对分子质量的增加而有规律地增加的。

$$CH_4 + 2O_2 \longrightarrow CO_2 + 2H_2O + 881kJ/mol$$

从理论上讲，燃烧产物只有二氧化碳和水，实际上燃烧废气总含有少量的一氧化碳、炭黑和其他有机物，造成对空气的严重污染。据统计，现在工业、交通排入大气一氧化碳的70％、烃污染物的55％以上是内燃机排放的。

汽油在燃烧时，往往有爆震现象，这不仅降低引擎的动力，也有损汽缸。不同结构的烷烃有不同的爆震情况，人们把燃料的相对抗震能力以“辛烷值”来表示。经过比较，2,2,4-三甲基戊烷（俗称异辛烷）的燃烧效果较好，将它的抗震性定为100，即辛烷值为100，把燃烧效果最差的正庚烷的辛烷值定为0。

2. 氧化

烷烃的燃烧也是氧化反应，不过这种氧化属于深度氧化。如果在燃点以下氧化，会使碳链断裂，生成比原来烷烃碳原子数少的醇、醛、酮、酸等含氧化合物的混合物。如控制一定的条件，可得到较为单一的产物。例如，高级烷烃混合物组成的石蜡可部分氧化制得高级脂肪酸。

$$RCH_2CH_2R' + O_2 \xrightarrow[120^\circ C]{KMnO_4} RCOOH + R'COOH$$

其中 C_{12}～C_{18} 的脂肪酸直接与氢氧化钠反应，制成高级脂肪酸的钠盐——肥皂。

三、异构化反应

为了提高汽油的辛烷值，必须对汽油馏分进行加工，使直链烷烃变成支链较多的烷烃，这一过程称为异构化。异构化反应是在催化剂作用下，使烷烃碳骨架重新排列的一种化学反应。在石油化学工业中占有重要的位置。例如，工业上用氯化铝和氯化氢作催化剂，可使正丁烷转化为异丁烷。

$$CH_3CH_2CH_2CH_3 \xrightleftharpoons{AlCl_3,HCl} CH_3-\underset{}{\overset{\overset{\large CH_3}{|}}{C}H}-CH_3$$

碳原子数较多的直链烷烃，异构化的产物是许多异构体的混合物。例如：

$$CH_3CH_2CH_2CH_2CH_2CH_3 \xrightleftharpoons[100^\circ C]{AlCl_3,HCl} CH_3-\overset{\overset{\large CH_3}{|}}{C}H-CH_2CH_2CH_3 +$$

$$CH_3CH_2-\overset{\overset{\large CH_3}{|}}{C}H-CH_2CH_3 + CH_3-\overset{\overset{\large CH_3}{|}}{C}H-\overset{\overset{\large CH_3}{|}}{C}H-CH_3 +$$

$$CH_3-\underset{\underset{\large CH_3}{|}}{\overset{\overset{\large CH_3}{|}}{C}}-CH_2CH_3$$

反应条件不同时，异构体的比例也不相同。

四、热裂反应

烷烃在高温和无氧条件下，分子中的碳碳键发生断裂，生成较小的分子，这种反应称为裂化反应。例如：

$$CH_3CH_2CH_2CH_3 \xrightarrow{\triangle} \begin{cases} CH_4 + CH_2{=}CH-CH_3 \\ CH_3-CH_3 + CH_2{=}CH_2 \\ CH_2{=}CHCH_2CH_3 + H_2 \end{cases}$$

裂化反应在石油化学工业中具有非常重要的意义，其目的就是增产汽油。以硅酸铝为催化剂，在450～500℃下裂化石油高沸点馏分（如重柴油），所得到的汽油称为催化裂化汽油。经过催化裂化得到的汽油比原油直接蒸馏得到的汽油辛烷值高，可直接使用。

石油在更高的温度（高于750℃）下的深度裂化，称为裂解。裂解可以得到更多的乙烯、丙烯等低级烯烃。

裂解和裂化就反应过程而言，都是碳碳键或碳氢键的断裂反应。但裂化是以得到汽油、柴油等油品为主要目的；而裂解是以得到乙烯、丙烯等低级烯烃为主要目的。目前，世界上有许多国家采用不同的石油原料进行裂解，以制备乙烯、丙烯等化工原料，并常常以乙烯的产量来衡量一个国家的石油化学工业水平。化工基本原料如三烯（乙烯、丙烯、丁烯）、三苯（苯、甲苯、二甲苯）、一炔（乙炔）、一萘（萘）基本上都是由石油在不同的反应条件下裂解或裂化产生的。

练习

2-3 烷烃高温气相氯化时，烷烃分子中任何一个氢原子都可能被取代生成一氯代烷。写出下列烷烃一元氯化可能生成产物的构造式：

（1）正丁烷　（2）异丁烷　（3）异戊烷　（4）新戊烷

第六节 烷烃的来源与用途

烷烃化合物的主要天然来源是石油及伴随而来的天然气。天然气是制造合成氨、乙炔、甲醇、尿素和炭黑等化工产品的重要原料，也可直接作为燃料。天然气主要包含一些相对分子质量低的、易挥发的烷烃，一般为75%的甲烷、15%的乙烷和5%左右的丙烷以及少量丁烷和戊烷等低级烷烃，有时也含有氮气、二氧化碳和硫化氢等气体。其组成随产地的不同，往往有很大的差别。

煤矿的坑道气中含有20%～30%的甲烷，生物废料发酵产生的沼气也含有大量甲烷。甲烷除作为燃料使用外，还用作生产炭黑、一碳卤代物和合成气。

除天然气外，石油直接蒸馏产生的气体中还含有乙烷。乙烷是生产乙烯和氯乙烯的重要原料。丙烷同样存在于天然气和石油之中，它的一个重要的用途是以液化石油气的形式用作燃料。

从地下开采出来未经加工的石油称为原油。一般为黑褐色的黏稠液体，有特殊气味，比水轻，其相对密度小于1。原油的组成和质量因产地不同而有显著的差异，但主要是各种烃类的混合物，包括烷烃、环烷烃和芳香烃，并含有少量的含硫、含氧、含氮的有机化合物。大多数石油中不含烯烃。由于原油的组成不同，对加工产品的需要也不同，所以在石油炼制过程中，按照一定的温度范围，进行常压和减压蒸馏，把石油分成各种馏分。基本情况见表2-3。但表中所示的温度范围不是绝对的，常因生产情况和对产品质量的要求不同而有一定的变动。

表2-3 石油的分馏产品

馏分	组分	沸点范围/℃	用途
石油气	$C_1 \sim C_4$	30以下	燃料、化工原料
石油醚	$C_5 \sim C_7$	30～90	溶剂
汽油	$C_6 \sim C_{12}$	60～200	内燃机燃料、溶剂
煤油	$C_{11} \sim C_{16}$	175～270	燃料、工业洗涤油
柴油	$C_{15} \sim C_{19}$	250～400	柴油机燃料
润滑油	$C_{16} \sim C_{20}$	300以上	机械润滑
凡士林	$C_{20} \sim C_{24}$	350以上	制药、防锈涂料
石蜡	$C_{20} \sim C_{30}$	350以上	制皂、蜡烛、蜡纸、脂肪酸
沥青		固体	防腐绝缘材料、铺路及建筑材料
石油焦		固体	制电石、炭精棒，用于冶金工业

煤是烷烃潜在的来源，现在正在寻找一些方法使煤经过氢化转变为汽油、燃料油和合成

气，以缓解目前世界上石油资源的紧缺状况。

阅读材料

汽油的标号

汽油是石油产品中消耗量最大的品种，外观为透明液体，主要成分为C_4～C_{12}脂肪烃和环烃类化合物，并含少量芳香烃和硫化物。目前，在我国的大部分地区为了明确汽油的等级，一般采取对汽油进行标号的形式（如在加油站经常可以见到的93号汽油、97号汽油等）加以区分。

汽油标号通常是按辛烷值来划分的。一般而言，当汽油具有较高的辛烷值时，通常具有优良的抗爆性，可用于高压缩比的汽化器式汽油发动机上，提高发动机的功率，减少燃料消耗量；具有良好的蒸发性和燃烧性，能保证发动机运转平稳、燃烧完全、积炭少；具有较好的安定性，在贮运和使用过程中不易出现早期氧化变质，对发动机部件及储油容器无腐蚀性。

汽油辛烷值（抗爆能力）的大小与化学组成有关，带支链的烷烃通常具有优良的抗爆性。异辛烷的抗爆性好，人为规定其辛烷值定为100；正庚烷的抗爆性差，在汽油机上容易发生爆震，其辛烷值则为0。汽油辛烷值的测定就是以异辛烷和正庚烷为标准燃料，当其产生的爆震强度与试样相同时，那么标准燃料中异辛烷所占的体积分数就是试样的辛烷值。所谓的97号汽油，就是汽油样品与97%的异辛烷与3%的正庚烷的标准汽油所产生的爆震强度相同。

虽然汽油的等级（标号）越高，其抗爆能力越好，但也不是标号越高越好，选择合理的汽油标号，还必须注意发动机的压缩比。汽车引擎的运行是由汽缸的“吸气-压缩-燃烧-排气-吸气”这样周而复始的运动所组成，活塞在行程的最远点和最近点时的汽缸体积之比就是压缩比。其实，降低油耗的成本最低、效果最好的方法就是提高发动机的压缩比，压缩比越高，混合油气压缩得越厉害，它燃烧的反作用也越大，燃烧也越充分。但压缩比不是轻易能动的，所以提高压缩比，就必须靠另一个指标配合，它就是我们前面提到的汽油的辛烷值（抗爆性指标），即汽油标号。

通常，压缩比在8.5～9.5之间的中档轿车一般应使用93号汽油；压缩比大于9.5的轿车应使用97号汽油。目前国产轿车的压缩比一般都在9以上，因此93号或97号汽油均可使用。高压缩比的发动机如果选用低标号汽油，会使汽缸温度剧升，汽油燃烧不完全，机器剧烈震动，从而使输出功率下降，机件受损。低压缩比的发动机如要用高标号油，就会出现“滞燃”现象，即压到了头它还不到自燃点，一样会出现燃烧不完全现象，对发动机也没什么好处。

汽油标号不仅要求汽油有一定的辛烷值，同时对汽油中各种化学成分的含量也都有严格的规定，如烯烃含量不应大于35%（体积分数）等。这主要是因为如果汽油中烯烃的含量过高，汽油则不能完全燃烧，从而产生一种胶状物质，积聚在进气歧管及气门导管部位。在发动机处于正常工作温度时，无异常现象，而当发动机熄火冷却一段时间后，这些胶质会把气门粘在气门导管内，这时启动发动机，就会发生顶气门现象。因此，车辆越高档对燃油质量的要求也越高，如果汽油的标号不够，对车辆的影响很快就能表现出来，如加完油后马上出现加速无力的现象；如果汽油杂质过多，对汽车的影响要一段时间后才能反映出来，因为积炭或胶质增多到一定程度才会影响汽车行驶。

本章小结

1. 烷烃的通式：C_nH_{2n+2}。烷烃由于碳骨架的不同而有同分异构体。不同异构体的物理性质也不相同。

2. 烷烃分子中碳原子的杂化轨道是 sp^3。而由 sp^3 杂化轨道所构成的 C—Cσ 键和 C—Hσ 键，是沿轨道对称轴正面重叠形成的，结合得较为牢固；σ 键可以自由旋转，而键不会破裂，因此烷烃的化学性质稳定。

3. 烷烃的系统命名法遵循以下原则：

（1）选择含支链最多的最长碳链作为主链，按主链碳原子数命名为“某”烷；

（2）从距离支链最近的一端对主链进行编号，若有两种以上的编号方法，则以取代基位次和最小为原则；

（3）在烷烃名称之前写明取代基的位次和名称，位次号之间用逗号“,”隔开，数字和名称之间用短线“-”隔开，不同的取代基按次序规则所规定的顺序排列，相同的取代基合并写明数目。

4. 烷烃的化学性质

$$R—H + Cl_2 \xrightarrow{\text{日光}} HCl + C$$

$$CH_4 + Cl_2 \xrightarrow{h\nu} CH_3Cl + CH_2Cl_2 + CHCl_3 + CCl_4 + HCl$$

$$RH + O_2 \xrightarrow{\text{燃烧}} CO_2 + H_2O$$

$$RCH_2CH_2R' + O_2 \xrightarrow{O_2} R'OH + R'CHO + R'COOH$$

$$CH_3CH_2CH_2CH_3 \xrightarrow{\triangle} \begin{cases} CH_4 + CH_2{=}CH—CH_3 \\ CH_3—CH_3 + CH_2{=}CH_2 \\ CH_2{=}CHCH_2CH_3 + H_2 \end{cases}$$

习　　题

1. 写出 C_7H_{16} 所有的构造异构体，并用系统命名法命名。

2. 用系统命名法命名下列化合物，并指出其中（4）中的伯、仲、叔、季碳原子：

（1） 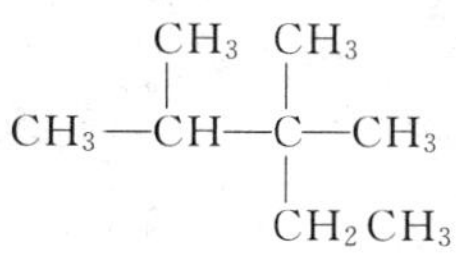

（2） 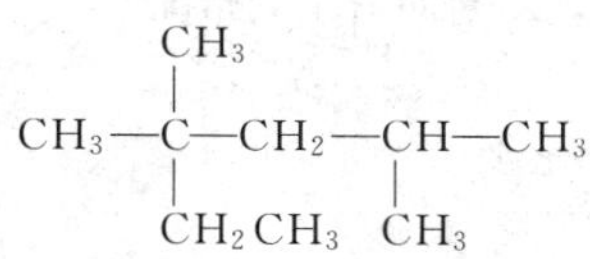

（3） 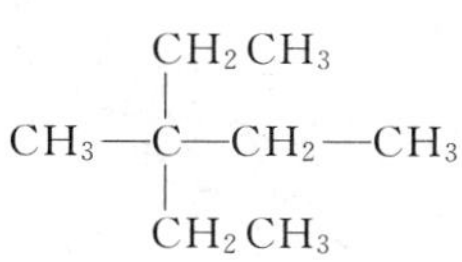

（4） 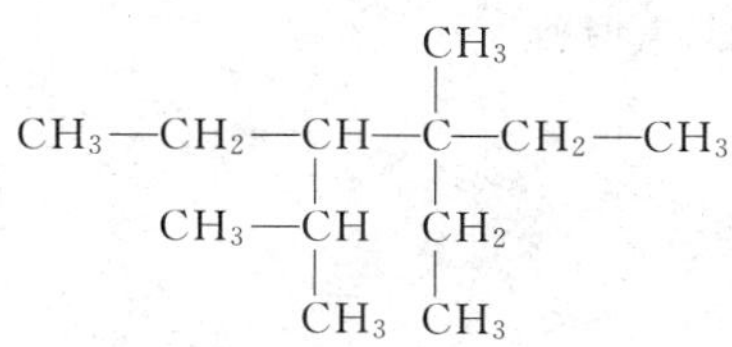

（5） 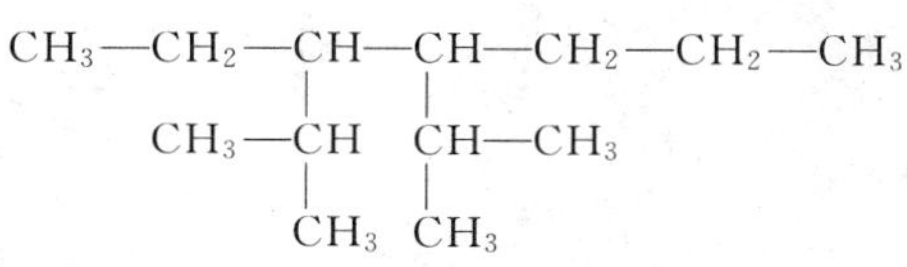

3. 写出下列化合物的构造式：

（1）由一个异丙基和一个仲丁基组成的烷烃

（2）由一个异丁基和一个叔丁基组成的烷烃

(3) 含有四个甲基，相对分子质量为 86 的烷烃

(4) 相对分子质量为 100，同时含有伯、叔、季碳原子的烷烃

4. 下列构造式中，哪些是同一化合物？

(1) $CH_3C(CH_3)_2CH_2CH_3$

(2) 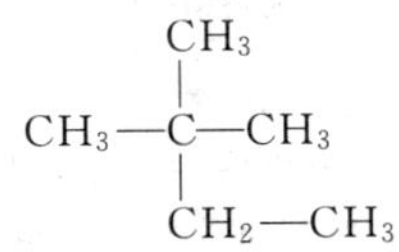

(3) 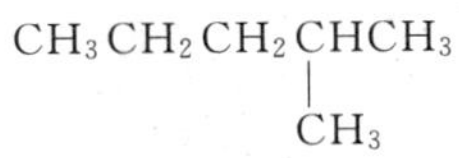

(4) $CH_3CH(CH_3)CH_2CH_2CH_3$

(5) $CH_3CH(CH_3)CH(CH_3)CH_3$

(6) 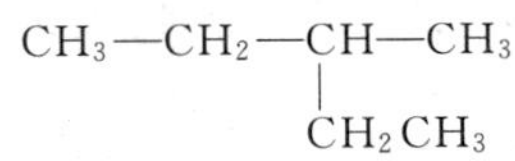

(7) $CH_3CH_2CH(CH_3)CH_2CH_3$

(8) 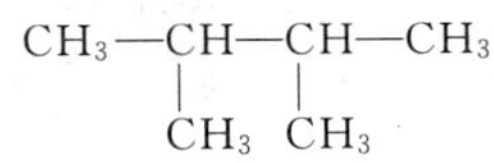

5. 下列化合物的系统命名对吗？如果不对，请加以改正。

(1) 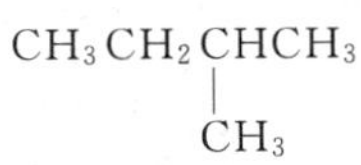

异戊烷

(2) 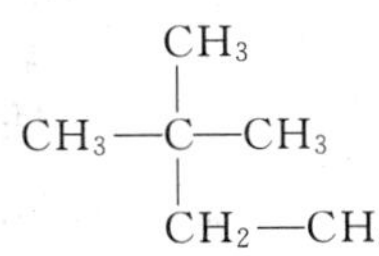

2-甲基-2-乙基丙烷

(3) 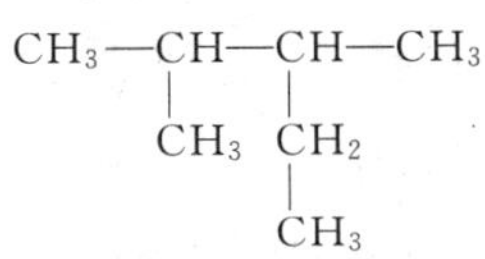

2-甲基-3-乙基丁烷

(4) 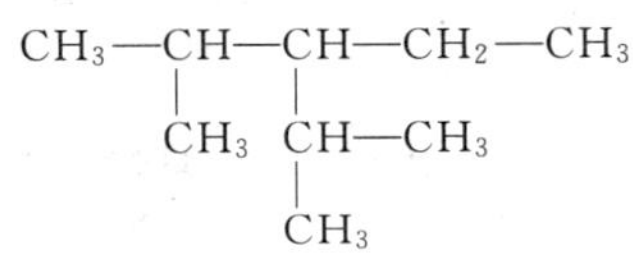

2-甲基-3-异丙基戊烷

(5) 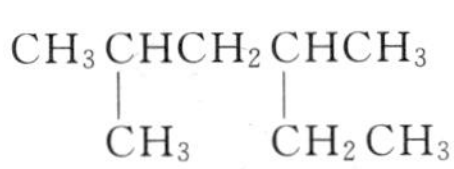

2,4-二甲基己烷

(6) 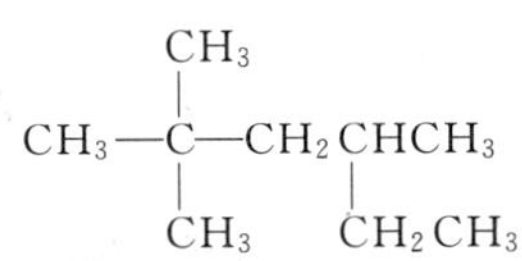

2-乙基-4,4-二甲基戊烷

6. 分子式为 C_5H_{12} 的烷烃，哪一种符合下列情况？

(1) 如果一元氯代烷有三种

(2) 如果一元氯代烷只有一种

(3) 如果一元氯代烷有四种

(4) 如果二元氯代烷有两种

第三章 烯烃和二烯烃

学习目标

1. 熟练掌握烯烃和二烯烃的命名法；

2. 记住次序规则，学会确定化合物的顺反构型，掌握 Z/E 命名法；

3. 理解 sp^2 杂化的特点及 π 键的结构与特性；

4. 掌握烯烃和二烯烃的化学性质及其应用；

5. 了解亲电加成反应的特点，掌握马氏规则及过氧化物效应，能用碳正离子的稳定性解释马氏规则；

6. 掌握共轭二烯烃的结构特点及化学性质，理解共轭效应及产生的原因；

7. 了解烯烃的用途并掌握其制备方法。

相对于饱和烃——烷烃而言，还有一些烃，分子中也只含碳和氢，但氢原子比相同碳原子数的烷烃要少，这些烃被称为不饱和烃。分子中含有碳碳双键（ C═C ）的不饱和烃，称为烯烃。分子中含有两个碳碳双键的不饱和烃，称为二烯烃。

第一节 烯 烃

一、烯烃的通式和异构现象

1. 烯烃的通式

C═C 是烯烃的官能团。正是由于分子中含有 C═C ，因此烯烃与相应的烷烃相比较，分子中少了两个氢原子，故烯烃的通式为 C_nH_{2n}，而二烯烃比烯烃又少两个氢原子，故其通式为 C_nH_{2n-2}。烯烃的同系物之间的系差也是 CH_2。

2. 烯烃的异构现象

乙烯和丙烯无异构体，从丁烯开始，除碳链异构外，还有因双键在碳链中的位置不同而产生的官能团位置异构。此外，由于用双键相连的两个碳原子不能相对自由旋转，还产生了顺反异构。

(1) 碳链异构　烯烃中双键的位置不变，而碳链发生了改变。如：

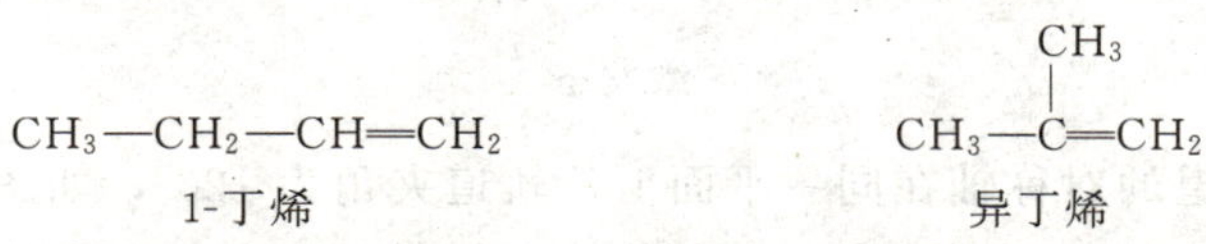

(2) 官能团位置异构　烯烃中碳链的连接方式不变，而双键在碳链中的位置发生了改变。如：

$CH_3—CH_2—CH═CH_2$　　　$CH_3—CH═CH—CH_3$

1-丁烯　　　　　　　　2-丁烯

（3）顺反异构　由于碳碳双键不能自由旋转，因此当双键的两个碳原子上各连有两个不同的原子或原子团时，四个基团在空间上的排列有两种方式。两个相同的基团在双键同侧，称为“顺式”；两个相同的基团在双键异侧，称为“反式”。

顺式　　　　反式

这两种异构体称为顺反异构体，这种现象称为顺反异构现象。这种构造相同，而分子中的原子或原子团在空间的排列方式不同，称为构型异构，表示构型的式子称为构型式。

注意，并不是所有的烯烃都能产生顺反异构体。只要两个双键碳原子中有一个连有两个相同的原子或基团，就不会产生顺反异构体。例如：

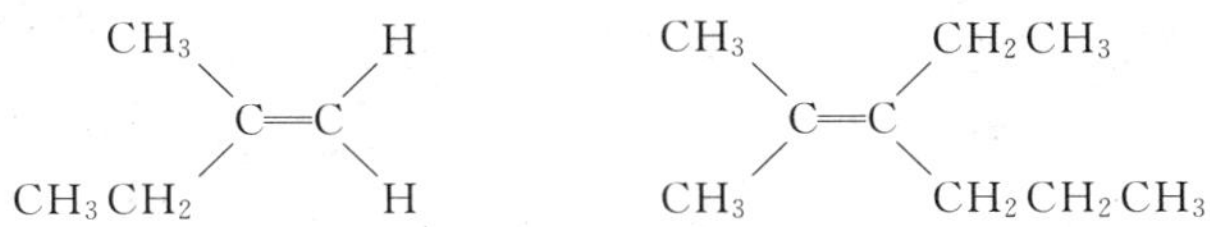

（Ⅰ）　　　　（Ⅱ）

上面两个化合物中，由于Ⅰ中一个碳原子连有两个氢原子，Ⅱ中一个碳原子连有两个甲基，因此无顺反异构体。

练习

3-1　下列化合物中哪个有顺反异构体？

（1）$CH_3CH{=}CHCH_2CH_3$

（2）

（3）

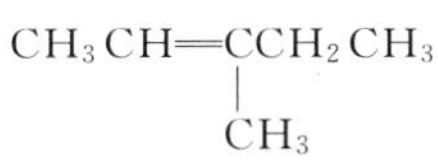

（4）

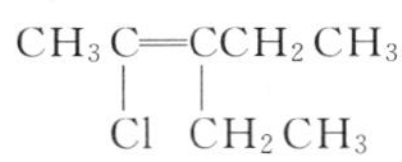

二、烯烃的结构

碳碳双键是烯烃的官能团，也是烯烃结构的特征。下面以乙烯为例来说明烯烃的结构。

烯烃的碳原子在形成双键时，是按另一种杂化方式进行的。碳原子的一个 s 轨道和两个 p 轨道进行杂化，形成三个能量相等、形状相同的新轨道。每个新轨道含有 1/3 的 s 轨道成分和 2/3 的 p 轨道成分，称为 sp^2 杂化轨道。

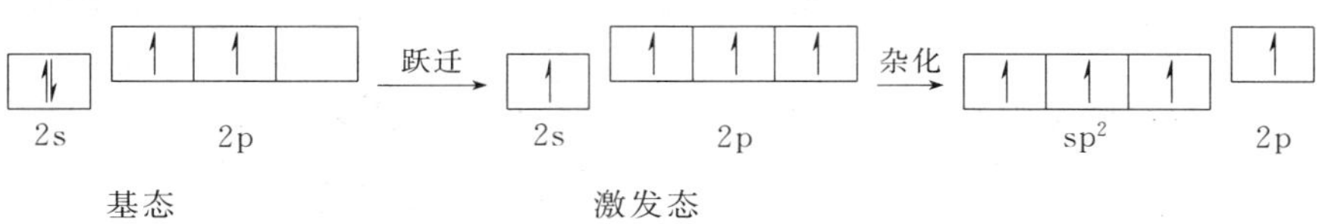

三条 sp^2 杂化轨道的对称轴在同一平面上，轨道夹角为 120°，如图 3-1 所示。

乙烯分子中的两个碳原子的两条 sp^2 杂化轨道，各与两个氢原子的 s 轨道正面重叠，形成了四个 $C_{sp^2}—H_s\sigma$ 键。两个碳原子余下的第三个 sp^2 杂化轨道沿轨道对称轴正面重叠，形成了一个 $C_{sp^2}—C_{sp^2}\ \sigma$ 键。这样就形成了五个 σ 键，其对称轴都在同一平面内，如图 3-2 所示。

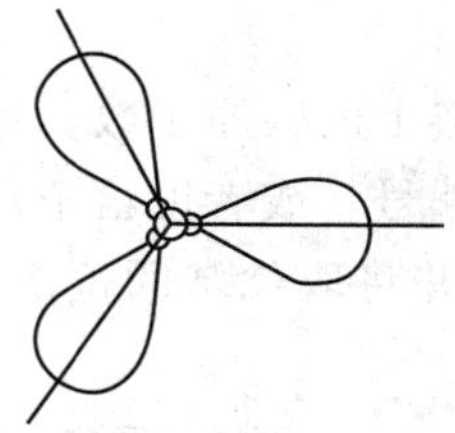

图 3-1　碳原子的 sp^2 杂化轨道

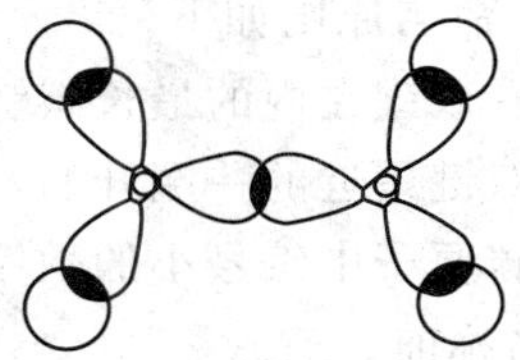

图 3-2　乙烯分子中的五个 σ 键

两个碳原子没有参与杂化的 2p 轨道，保持原来的轨道形状，相互平行，其对称轴垂直于三个 sp^2 杂化轨道所在平面，“8”字形的 p 轨道的两瓣分别处于对称平面的上、下方，侧面平行重叠而形成了另一种共价键，称为 π 键。形成 π 键的电子称为 π 电子。π 键不能自由旋转，否则会破坏 p 轨道的侧面重叠而导致 π 键的断裂。C—Cσ 键和 C—Cπ 键这两个共价键，就构成了烯烃分子中的碳碳双键。乙烯的分子结构如图 3-3 所示。

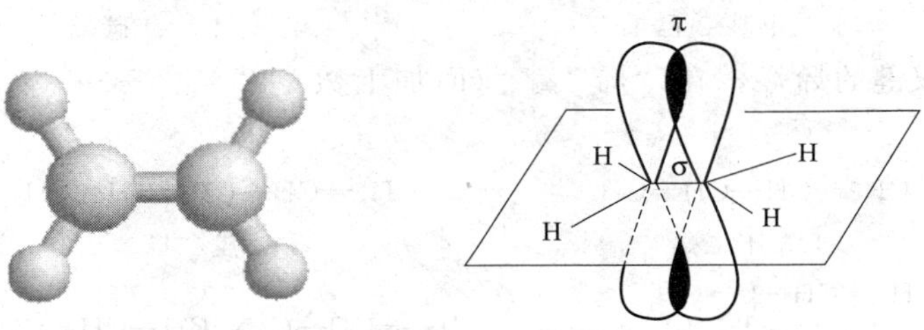

(a) 五个σ键的球棒模型　　(b) 由p轨道侧面重叠形成的π键

图 3-3　乙烯的分子结构

其他烯烃中的碳碳双键，基本上与乙烯的双键相同，都是由一个 σ 键和一个 π 键所组成的。由于碳碳双键是由四个电子组成的，相对单键而言，电子云密度较高，所以碳碳双键的键长（0.133nm）比碳碳单键（0.154nm）短。σ 键是两个杂化轨道沿对称轴正面重叠而成，轨道重叠的电子云在两碳原子核之间，受原子核吸引力大，所以 σ 键的键能高，较稳定，不易断裂。而 π 键是由两个 p 轨道侧面重叠而成的，π 电子距两原子核较远，原子核对 π 电子的束缚力较小，故 π 键较弱，键能低，在外电场作用下易变形。与 σ 键的正面重叠相比，π 键的重叠程度较小，而且构成 π 键的电子云都暴露在烯烃分子所在平面的上、下方，容易被亲电试剂进攻而发生反应，因此 π 键有较大的反应活性，从而使烯烃的反应活性较高。

三、烯烃的命名

从烯烃分子中去掉一个氢原子后的剩余基团，称为烯基。常见的烯基有：

$CH_2{=}CH—$	$CH_3—CH{=}CH—$	$CH_2{=}CH—CH_2—$	$CH_2{=}C(CH_3)—$
乙烯基	丙烯基	烯丙基	异丙烯基

1. 烯烃的命名

少数简单的烯烃常用习惯名称。例如：

$$CH_2{=}C(CH_3)—CH_3$$

异丁烯

烯烃的系统命名法与烷烃相似，但由于烯烃分子中有官能团 $>C=C<$ 存在，因此与烷

烃又有所不同。命名原则如下。

① 选取含有双键在内的最长碳链作为主链，根据主链上的碳原子数，称为某烯。

② 从距离双键最近的一端开始，对主链碳原子进行编号，或者说给予双键最小的编号。

③ 以双键碳原子中编号小的数字标明双键的位次，并将取代基的位次、名称及双键的位次写在烯的名称前。

④ 含 10 个碳以上的烯烃，在“烯”字之前要加一个“碳”字，而烷烃则无。例如：

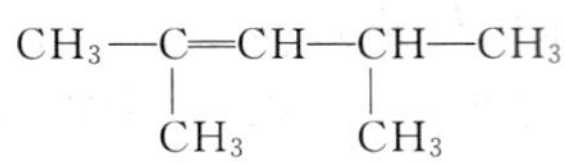

2,4-二甲基-2-戊烯

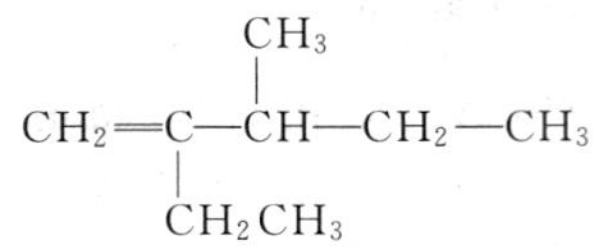

3-甲基-2-乙基-1-戊烯

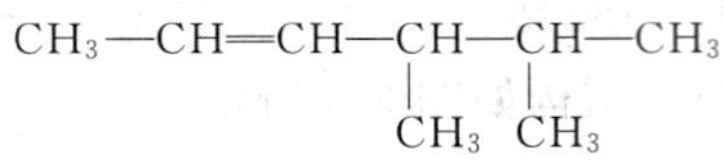

4,5-二甲基-2-己烯

$CH_3(CH_2)_9CH{=}CH_2$

1-十二碳烯

⑤ 含有多个双键的烯烃，在“烯”字前面加上数字“二、三……”，以表明双键的个数。例如：

$CH_2{=}CH{-}CH{=}CH_2$

1,3-丁二烯

$CH_2{=}CH{-}CH{=}CH{-}CH_3$

1,3-戊二烯

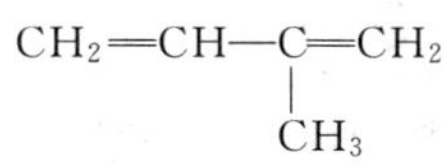

2-甲基-1,3-丁二烯

$CH_2{=}CH{-}CH{=}CH{-}CH{=}CH_2$

1,3,5-己三烯

2. 顺反异构体的命名

(1) 顺反命名法　对于有顺反异构体的烯烃的命名，只需在系统名称之前加一个“顺”字或“反”字。例如：

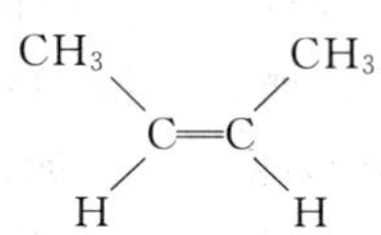

顺-2-丁烯

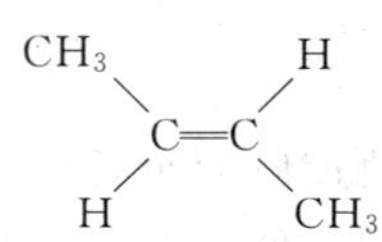

反-2-丁烯

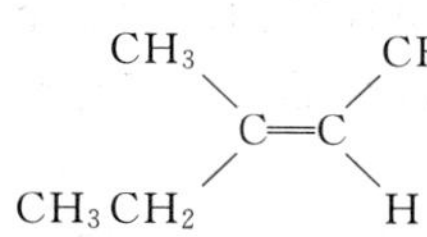

顺-3-甲基-2-戊烯

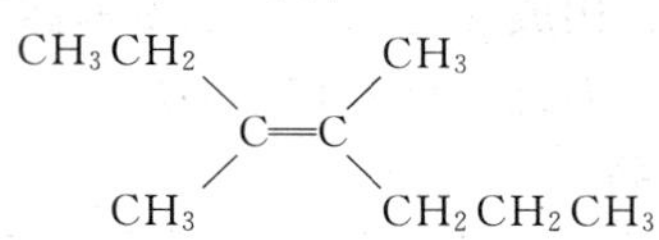

反-3,4-二甲基-3-庚烯

但如果两个双键碳原子上连有四个不同的原子或基团时，如：

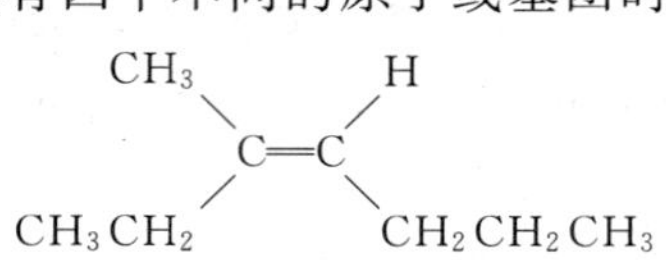

用顺反命名法则无法确定它的构型。为此，国际上作了统一的规定，需用 Z/E 命名法来命名。

(2) Z/E 命名法　字母 Z 和 E 分别是德文 Zusammen 和 Entgegen 的第一个字母，前者的意思是“同一侧”，后者的意思是“相反，相对”。用次序规则决定 Z、E 的构型。次序规则的要点如下。

① 将连接在双键碳原子上的各个原子，按原子序数的大小，由大到小进行排序。例如，有机化合物的几种常见原子的排列次序为：

$$I>Br>Cl>S>F>O>N>C>H$$

原子序数：53　35　17　16　9　8　7　6　1

两个原子序数大的基团在双键的同一侧，称为 Z 式构型。两个原子序数大的基团在双键的异侧，称为 E 式构型。Z、E 写在括号里放在化合物名称的前面。例如：

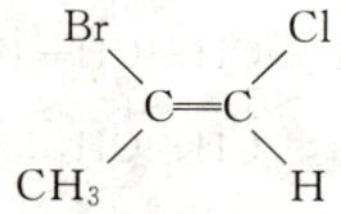

(Z)-1-氯-2-溴丙烯

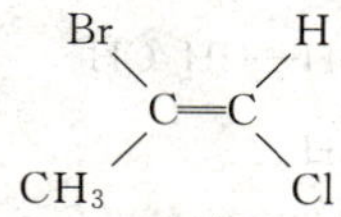

(E)-1-氯-2-溴丙烯

② 如与双键碳原子直接相连的第一个原子相同，则比较第二个原子，如仍相同则比较第三个，依此类推。例如：

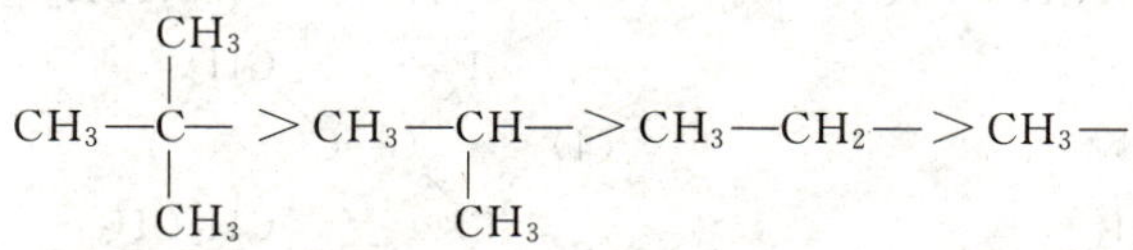

以上四个烷基的第一个原子都是碳原子，则比较第二个原子。叔丁基与第一个碳原子相连的是 C、C、C，异丙基是 C、C、H，乙基是 C、H、H，而甲基则是 H、H、H。由于碳的原子序数大于氢，所以有上述顺序。例如：

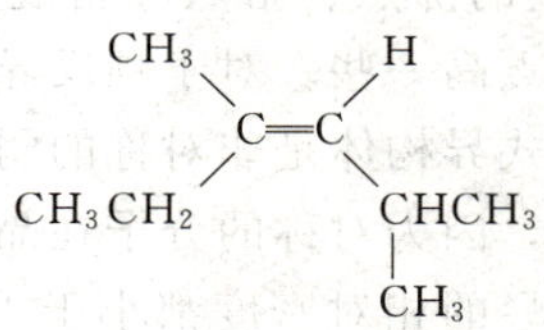

(Z)-2,4-二甲基-3-己烯

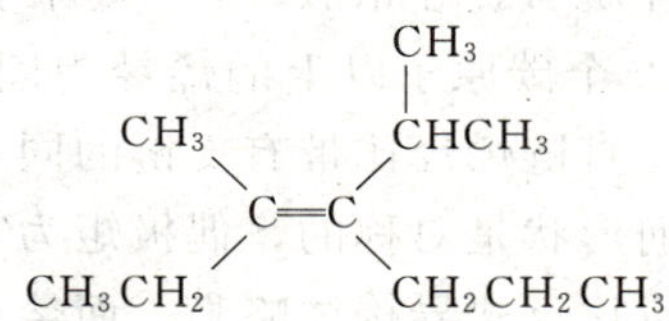

(E)-3-甲基-4-异丙基-3-庚烯

③ 如与双键碳原子直接相连的是含有双键或三键的基团，则把不饱和键看成是单键的重复，即双键连接着两个原子，而三键连接着三个原子。如果每个双键上所连接的基团都有 Z/E 两种构型，则需逐个标明其构型。例如：

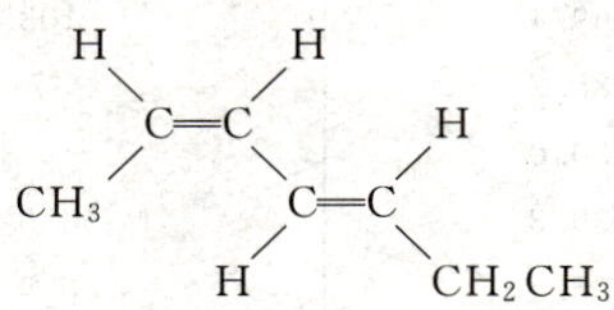

($2Z,4E$)-2,4-庚二烯

根据次序规则，常见烃基排列次序为：

$$—C≡CH>—C(CH_3)_3>—CH{=}CH_2>—CH(CH_3)_2>—CH_2CH_2CH_3>—CH_3$$

应当指出，Z/E 命名法与顺反命名法不是完全对应的。Z 式不一定是顺式，反之，E 式也不一定是反式。例如：

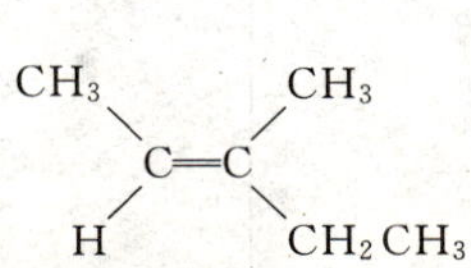

顺-(E)-3-甲基-2-戊烯

练习

3-2 命名下列化合物：

（1）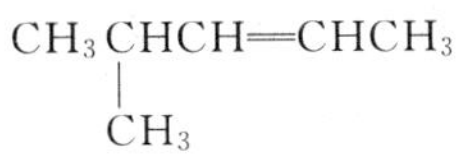

（2）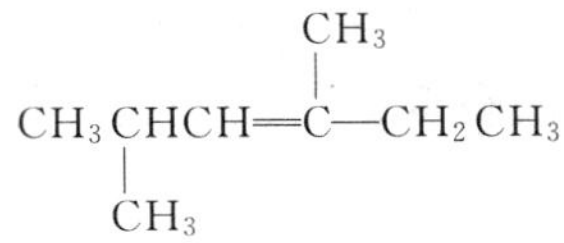

（3）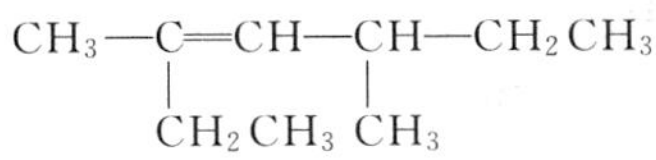

（4）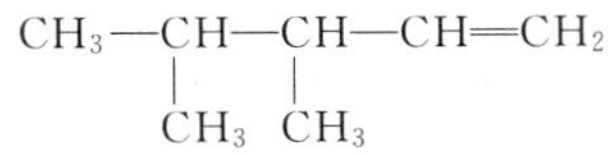

3-3 用 Z/E 命名法命名下列化合物：

（1）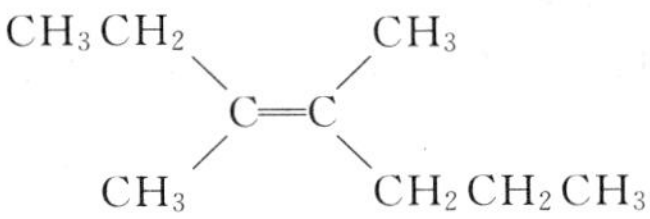

（2）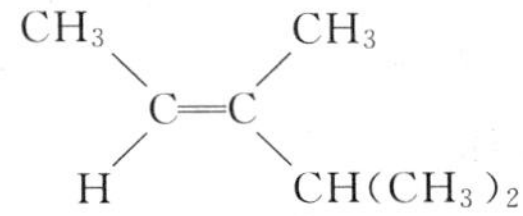

（3）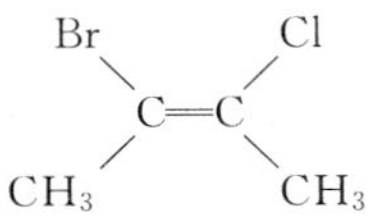

（4）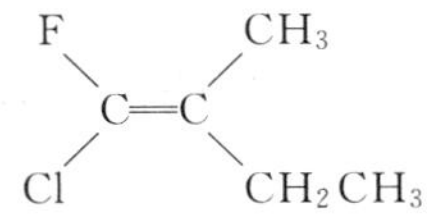

四、烯烃的物理性质

烯烃的物理性质与烷烃相似，4 个碳原子以下的烯烃在常温下是气体，5～18 个碳原子的烯烃是液体，19 个碳原子以上的烯烃为固体。它们的沸点、熔点和密度都随相对分子质量的增加而上升。直链烯烃比带有支链的同系物的沸点高一些。对于顺反异构体来说，由于反式异构体的几何形状是对称的，偶极矩为零，而顺式异构体是非对称的弱极性分子，所以顺式异构体的沸点比反式异构体略高。而熔点则相反，因为对称的分子在晶格中可以排列得比较紧，所以反式异构体的熔点比顺式异构体高。烯烃的相对密度都小于 1，都不溶于水而易溶于有机溶剂，都是无色物质。烯烃的物理常数见表 3-1。

表 3-1 烯烃的物理常数

名　　称	熔点/℃	沸点/℃	相对密度
乙烯	−169.4	−103.9	0.570
丙烯	−185.2	−47.7	0.610
1-丁烯	−130.0	−6.4	0.625
顺-2-丁烯	−139.3	3.5	0.621
反-2-丁烯	−105.5	0.9	0.604
2-甲基丙烯	−140.8	−6.9	0.631
1-戊烯	−166.2	30.1	0.641
顺-2-戊烯	−151.4	37	0.655
反-2-戊烯	−136.0	36	0.648
3-甲基-1-丁烯	−168.5	25	0.648
2-甲基-2-丁烯	−133.8	39	0.662
2-甲基-1-丁烯	−137.6	20.1	0.633
己烯	−139	63.5	0.673
庚烯	−119	93.6	0.697
1-辛烯	−104	122.5	0.716

五、烯烃的化学性质

烯烃中的C═C是由一个 σ 键和一个 π 键组成。由于 π 键的强度较 σ 键弱得多，易被极化而断裂，而且构成 π 键的电子云都暴露在烯烃分子所在平面的上、下方，容易被具有亲电性的试剂进攻而发生反应，因此 π 键有较大的反应活性，从而使烯烃的化学性质活泼。此外，与双键直接相连的 α-碳上的氢原子（α-H）受 π 键的影响，也显示出一定的活性。

烯烃反应的主要部位：

$$R—\underset{\underset{(2)}{H}}{\underset{|}{C}H}—\underset{\uparrow\ (1)}{CH{=\!=}CH_2}$$

（1）双键的反应（加成、氧化、聚合）

（2）α-H 的反应

1. 加成反应

在一定的条件下，烯烃分子中的 π 键断裂，在双键的两个碳原子上各加入一个原子或基团，生成饱和化合物的反应，称为加成反应。

（1）催化加氢　在常温常压下，烯烃与氢气通常不发生反应，但在催化剂的作用下，烯烃与氢发生加成反应而生成烷烃，这个反应称为催化加氢。常用的催化剂是镍、钯、铂等。例如：

$$CH_3—CH{=\!=}CH_2 + H_2 \xrightarrow{Pt} CH_3—CH_2—CH_3$$

反应的温度和压力，随烯烃和催化剂的不同而改变。催化加氢是定量进行的，可以根据氢气消耗的量来确定分子中双键的数目。

催化加氢可提高汽油质量，因为由石油裂化得到的汽油中有少量的烯烃，易受空气氧化，生成的有机酸有腐蚀作用。烯烃还容易聚合成树脂状物质，影响油品质量。加氢后的汽油称为加氢汽油，其化学稳定性得到提高。

（2）加卤素　烯烃和卤素可以发生加成反应。不同的卤素反应活性不同，烯烃与氟的加成非常猛烈，常使烯烃分解。碘和烯烃的加成比较困难。反应一般是加氯和溴，且加氯比加溴快，反应甚至不用催化剂，在室温下即可进行。工业上常用此反应来制备氯代烃。例如：

$$CH_2{=\!=}CH_2 + Cl_2 \longrightarrow \underset{Cl}{\underset{|}{CH_2}}—\underset{Cl}{\underset{|}{CH_2}}$$

1,2-二氯乙烷

1,2-二氯乙烷易挥发，有剧毒。难溶于水，溶于乙醚和乙醇等许多有机溶剂，其蒸气与空气能形成爆炸性混合物。主要用作脂肪、蜡、橡胶等的溶剂。大量用于制造氯乙烯，并用于谷物的气体消毒杀虫剂。

将乙烯或丙烯通入溴的四氯化碳溶液中，溴的红棕色立即消失，生成 1,2-二溴烷烃。实验室中常用此法鉴别碳碳双键的存在。

$$CH_3—CH{=\!=}CH_2 + Br_2 \xrightarrow{CCl_4} CH_3—\underset{Br}{\underset{|}{CH}}—\underset{Br}{\underset{|}{CH_2}}$$

1,2-二溴丙烷

（3）加卤化氢

① 与卤化氢的加成。烯烃能与卤化氢（氯化氢、溴化氢、碘化氢）发生加成反应，生成卤代烷。例如：

$$CH_2{=}CH_2 + HCl \xrightarrow{AlCl_3} CH_3{-}CH_2{-}Cl$$

氯乙烷

这是工业上制备氯乙烷的方法之一。氯乙烷微溶于水，溶于乙醚和乙醇等有机溶剂，其蒸气与空气能形成爆炸性混合物。医药上用于外科手术的麻醉剂（局部麻醉），并用作油脂、树脂、蜡等的溶剂，有机合成的乙基化试剂，制造乙基纤维素等。

乙烯是一个对称分子，无论氯化氢中的氯原子或氢原子加到哪个碳原子上，产物都是相同的。而丙烯是不对称分子，它与氯化氢加成就可能生成两种产物：

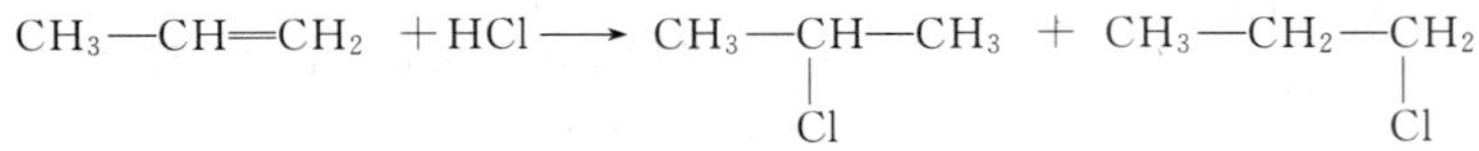

2-氯丙烷　　　　1-氯丙烷

实验证明，丙烯与氯化氢加成的主要产物是 2-氯丙烷。

溴化氢和碘化氢与丙烯发生同样反应，而且更容易进行。

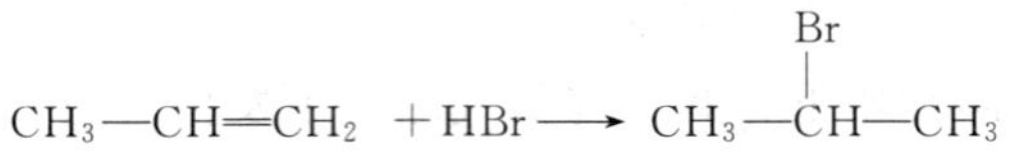

主要产物

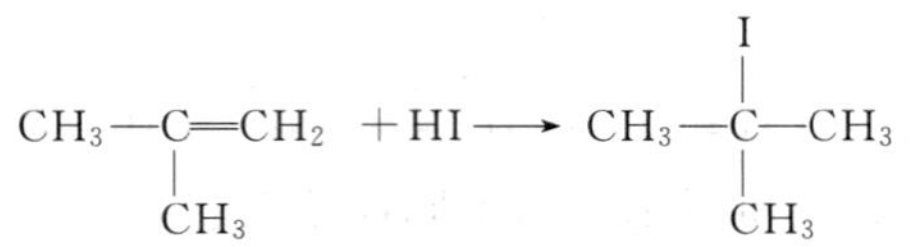

主要产物

1870 年，俄国化学家马尔科夫尼科夫（Markovnikov）根据大量的实验结果总结出一条经验规律：不对称烯烃与卤化氢等极性试剂加成时，氢原子总是加到含氢较多的双键碳原子上，而卤原子（或其他原子和基团）则加到含氢较少的双键碳原子上，此规律称为马尔科夫尼科夫规则，简称马氏规则。

烯烃与卤化氢加成时，烯烃的活性顺序为：

$$(CH_3)_2C{=}CH_2 > CH_3CH{=}CH_2 > CH_2{=}CH_2$$

对卤化氢来说，酸性越强，与烯烃加成反应越容易。其活性顺序为：

$$HI > HBr > HCl$$

要理解马氏加成规则，必须先了解不对称烯烃与卤化氢加成反应的机理。卤化氢与烯烃的加成是分步进行的。首先，反应是由极性分子卤化氢中缺乏电子的 H^+ 首先进攻而开始的，这种缺电子体具有亲电性，称为亲电试剂。由亲电试剂向反应物中电子云密度较高部分进攻而引起的加成反应，称为亲电加成反应。其反应机理表示如下：

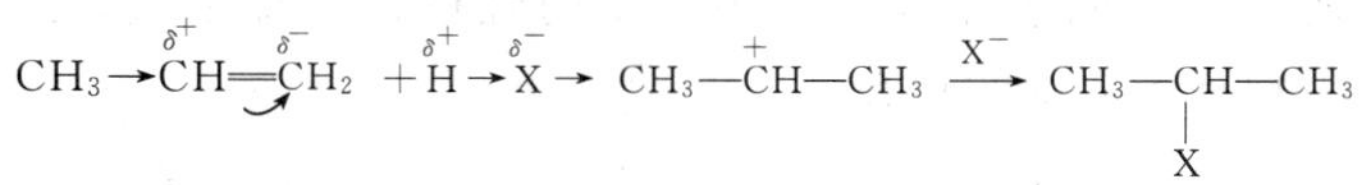

在丙烯分子中，与双键碳原子相连的甲基碳原子是 sp^3 杂化，而双键碳原子是 sp^2 杂化，sp^2 杂化轨道与 sp^3 杂化轨道相比含有更多的 s 轨道成分，因此前者的电负性强。丙烯分子中的电子云沿着碳链传递的结果，使双键的 π 电子云发生极化而偏移，使 C1 上的电子云密度增大而带有部分负电荷（用 δ^- 表示），C2 上的电子云密度相对减小而带有部分正电荷（用 δ^+ 表示）。当丙烯与 HX 加成时，H^+ 带正电荷，是亲电试剂，自然要加到带有部分

负电荷的双键碳原子上，发生马尔科夫尼科夫加成。

丙烯与卤化氢中的质子结合可得到仲和伯两种碳正离子。根据物理学原理，带电体系的稳定性取决于所带电荷的分布情况，而电荷越分散则体系越稳定。碳正离子的稳定性也同样取决于其电荷的分布情况。烷基是一个供电子基团，而碳正离子上连接的烷基越多，则正电荷越分散，从而碳正离子的稳定性就越好，越容易生成。

烷基正离子的稳定性为：叔＞仲＞伯＞甲基正离子。例如：

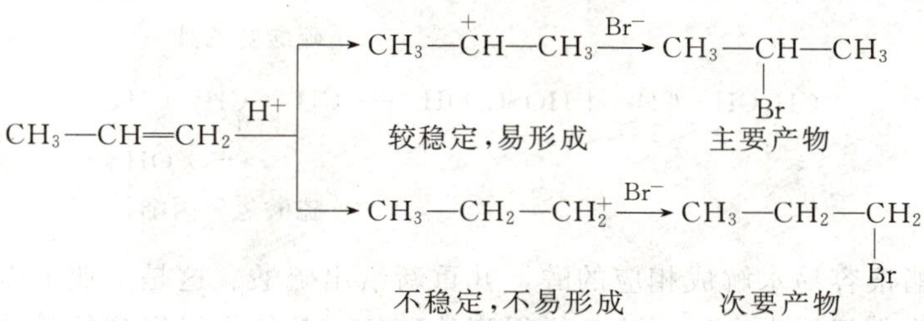

由上面的描述还可以进一步推测，如果双键碳原子上连接有吸电子基团，那么它的亲电加成反应活性应该会有所下降。如，氯有较大的电负性，氯乙烯的反应活性就不如乙烯。

马尔科夫尼科夫规则也可以用另一种方式描述：不对称烯烃与卤化氢等极性试剂加成时，试剂中带正电荷的部分加到含氢较多的双键碳原子上，而带负电荷的部分则加到含氢较少的双键碳原子上。例如：

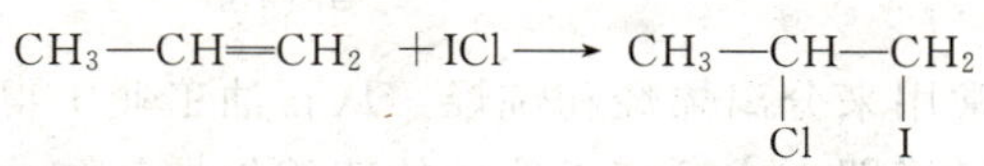

2-氯-1-碘丙烷

② 过氧化物效应。不对称烯烃与卤化氢的加成一般遵从马氏加成规则。但在有过氧化物存在下，不对称烯烃与溴化氢（只有溴化氢）加成时，氢原子是加到双键上含氢较少的碳原子上——反马氏规则。这种现象，称为过氧化物效应。例如：

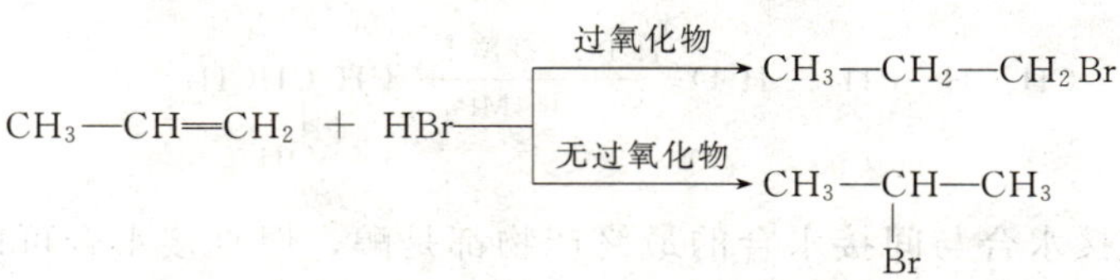

在过氧化物存在下，加成反应的类型由离子型变为自由基型，由于两者的反应机理不同，因此产物不同。

过氧化物效应只对不对称烯烃与溴化氢的加成有影响，而氯化氢和碘化氢与烯烃的加成不存在过氧化物效应。

练习

3-4　比较下列各组化合物与 HBr 进行亲电加成反应的活性顺序：

(1)　$CH_2{=}CH_2$　　$CH_3CH{=}CH_2$　　$CH_2{=}CHCl$

(2)　$CH_3\underset{\displaystyle CH_3}{\underset{|}{C}}{=}CHCH_3$　　$CH_3CH_2CH{=}CH_2$　　$CH_3CH{=}CHCH_3$

(3) $CH_3CH_2\underset{\displaystyle CH_3}{\underset{|}{C}}{=}CH_2$ $CH_3CH{=}\underset{\displaystyle CH_3}{\underset{|}{C}}CH_3$ $CH_3\underset{\displaystyle CH_3}{\underset{|}{C}}{=}CH\underset{\displaystyle CH_3}{\underset{|}{C}H}CH_3$

---

(4) 加硫酸 烯烃与浓硫酸很容易发生加成反应生成硫酸氢烷基酯（酸性硫酸酯），也符合马氏规则。例如：

$$CH_2{=}CH_2 + HOSO_2OH \longrightarrow \underset{\text{硫酸氢乙酯}}{CH_3{-}CH_2{-}OSO_2OH}$$

$$CH_3CH{=}CH_2 + HOSO_2OH \longrightarrow CH_3{-}\underset{\displaystyle OSO_2OH}{\underset{|}{CH}}{-}CH_3$$

硫酸氢异丙酯

硫酸氢烷基酯很容易水解成相应的醇，并重新给出硫酸。这是工业上以烯烃为原料制取各种醇的方法，称为间接水合法。除乙烯得到伯醇外，其他烯烃得到的是仲醇或叔醇。

$$CH_3CH_2{-}OSO_2OH + H_2O \xrightarrow[\triangle]{} \underset{\text{乙醇}}{CH_3CH_2{-}OH} + H_2SO_4$$

$$CH_3{-}\underset{\displaystyle OSO_2OH}{\underset{|}{CH}}{-}CH_3 + H_2O \xrightarrow[\triangle]{} CH_3\underset{\displaystyle OH}{\underset{|}{C}H}CH_3 + H_2SO_4$$

异丙醇

烯烃与硫酸的加成也常用来分离烯烃和烷烃。从石油工业中得到的烷烃中常含有少量的烯烃，将它们通过硫酸，烯烃即生成可溶于硫酸的硫酸氢烷基酯，而烷烃不溶于硫酸，从而达到分离的目的。

(5) 加水 烯烃在酸的催化下，可以和水直接发生水合反应生成醇。例如：

$$CH_2{=}CH_2 + H_2O \xrightarrow[300℃,\ 7MPa]{H_3PO_4/\text{硅藻土}} CH_3{-}CH_2{-}OH$$

$$CH_3CH{=}CH_2 + H_2O \xrightarrow[300℃,\ 4MPa]{H_3PO_4/\text{硅藻土}} CH_3\underset{\displaystyle OH}{\underset{|}{C}H}CH_3$$

尽管烯烃的直接水合与间接水合的最终产物都是醇，但直接水合可以在稀酸介质中进行，因此比间接水合更为方便和经济，是工业上由烯烃制造醇的主要方法。稀硫酸和磷酸是很有效的催化剂，这个反应也称为烯烃的直接水合法。

(6) 加次卤酸 烯烃与氯或溴在水溶液中反应生成卤代醇，相当于次卤酸（HOX）与双键的加成。可以将 HOX 看成 HO^- 和 X^+（相当于 H^+），加成反应也遵循马氏规则。例如：

$$CH_2{=}CH_2 + Cl_2 + H_2O \longrightarrow \underset{\displaystyle Cl}{\underset{|}{CH_2}}{-}\underset{\displaystyle OH}{\underset{|}{CH_2}}$$

2-氯乙醇

$$CH_3CH{=}CH_2 + HOCl \longrightarrow CH_3{-}\underset{\displaystyle OH}{\underset{|}{CH}}{-}\underset{\displaystyle Cl}{\underset{|}{CH_2}}$$

1-氯-2-丙醇（90%）

综上所述，烯烃与卤素、卤化氢、硫酸、水、次卤酸的加成，都是亲电加成反应。都遵循马氏加成规则。

2．氧化反应

烯烃分子中碳碳双键的活泼性还表现为容易被氧化，烯烃的氧化反应较复杂，随烯烃的结构、反应条件、氧化剂和催化剂等条件不同而得到不同的产物。

（1）高锰酸钾氧化　烯烃很容易被高锰酸钾等氧化剂氧化，使高锰酸钾的紫色褪去，生成棕色的二氧化锰沉淀。这是鉴别不饱和键的常用方法之一。

在温和的条件下，如在稀的、冷的高锰酸钾的中性或碱性水溶液中，烯烃 C═C 中的 π 键断裂，双键碳原子各引入一个羟基，生成邻二醇。例如：

$$3CH_3CH{=}CH_2 + 2KMnO_4 + 4H_2O \longrightarrow 3CH_3-\underset{\displaystyle OH}{\underset{|}{CH}}-\underset{\displaystyle OH}{\underset{|}{CH_2}} + 2MnO_2\downarrow + 2KOH$$

1,2-丙二醇

1,2-丙二醇又称为 α-丙二醇，无色黏稠液体，有吸湿性，是油脂、石蜡、树脂、染料和香料等的溶剂，也可用作抗冻剂、润滑剂、脱水剂等。

在加热条件下或在高锰酸钾的酸性溶液中，烯烃双键完全断裂。

$$RCH{=}CH_2 + KMnO_4 \xrightarrow{H^+} \underset{\text{羧酸}}{RCOOH} + HCOOH \longrightarrow CO_2 + H_2O$$

$$R-\underset{\displaystyle R'}{\underset{|}{C}}{=}CH-R'' + KMnO_4 \xrightarrow{H^+} \underset{\text{酮}}{R-\underset{\displaystyle R'}{\underset{|}{C}}{=}O} + R''COOH$$

双键断裂时，由于双键碳原子上连接的烷基不同，氧化产物也不同。双键碳原子上只连有两个氢原子的部分，氧化产物为二氧化碳和水。双键上连有一个烷基的部分，氧化产物为羧酸。双键上连有两个烷基的部分，氧化产物为酮。

由于反应产物是混合物，分离困难，因此在合成上意义不大。但可根据所得产物推测烯烃的构造。例如，某烯烃经高锰酸钾氧化后得到乙酸和二氧化碳，可推测该烯烃为 $CH_3CH{=}CH_2$；某烯烃经高锰酸钾氧化后得到丙酸和丙酮，可推测该烯烃为 $(CH_3)_2C{=}CHCH_2CH_3$。

（2）催化氧化　在催化剂存在下对烯烃进行氧化，相同的反应物随着反应条件的不同，产物也不同。例如，工业上采用银作为催化剂，用空气或氧气氧化，则乙烯 C═C 中的 π 键断裂，生成环氧化合物——环氧乙烷。

$$CH_2{=}CH_2 + O_2 \xrightarrow[250℃]{Ag} \underset{\diagdown\ O\ \diagup}{CH_2-CH_2}$$

环氧乙烷

环氧乙烷又称氧化乙烯，是一种最简单的环醚。沸点 10.7℃，有乙醚的气味，溶于水、乙醇和乙醚等，与空气能形成爆炸性混合物。化学性质非常活泼，能与许多化合物起加成反应。环氧乙烷是重要的有机合成中间体，可用于制备乙二醇、抗冻剂、合成洗涤剂、乳化剂和塑料等。

采用过氧化物作氧化剂，也能将烯烃氧化成环氧化合物。例如，用过氧酸氧化丙烯得到1,2-环氧丙烷。

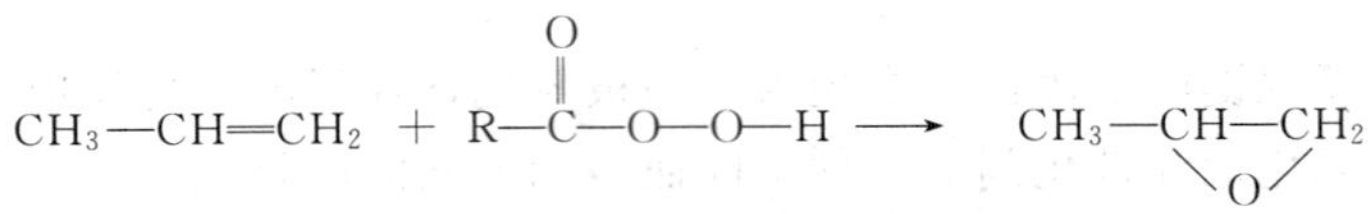

过氧酸　　　1,2-环氧丙烷

1,2-环氧丙烷又称为氧化丙烯，沸点35℃，有醚的气味，主要用于制备1,2-丙二醇和泡沫塑料，也是醋酸纤维素、硝酸纤维素、树脂等的溶剂。

在氯化钯-氯化铜水溶液中，用空气或氧气氧化烯烃，乙烯生成乙醛，丙烯生成丙酮。

$$CH_2=CH_2 + O_2 \xrightarrow[120℃]{PdCl_2\text{-}CuCl_2} \underset{\text{乙醛}}{CH_3CHO}$$

$$CH_3-CH=CH_2 + O_2 \xrightarrow[120℃]{PdCl_2\text{-}CuCl_2} \underset{\text{丙酮}}{CH_3-\overset{\overset{O}{\|}}{C}-CH_3}$$

乙醛沸点20.2℃，有辛辣刺激性的气味，能与水、乙醇、乙醚、氯仿相混溶，易燃、易挥发，蒸气与空气能形成爆炸性混合物。用于制备乙酸、乙酸酐、乙酸乙酯、正丁醇、季戊四醇、合成树脂等。

丙酮是无色易挥发的液体，沸点56.5℃，能与水、乙醇、乙醚、氯仿、吡啶等混溶，蒸气与空气能形成爆炸性的混合物，是制备乙酸酐、氯仿、碘仿、环氧树脂、聚异戊二醇橡胶、甲基丙烯酸甲酯等的重要原料。

练习

3-5 写出异丁烯与下列试剂反应的主要产物：

(1) Br_2/CCl_4　(2) HI　(3) H_2O/H^+　(4) CH_3CO_3H

(5) HOCl　(6) $KMnO_4/H^+$　(7) ICl　(8) 稀、冷 $KMnO_4$ 水溶液

3. α-氢原子的反应

烯烃分子中与C═C直接相连的碳原子称为α-碳原子，α-碳原子上的氢原子称为α-氢原子。由于α-氢原子受C═C的直接影响，具有较活泼的性质。与一般烷烃的氢原子不同，α-氢原子容易发生取代和氧化反应。

(1) α-氢的氯代反应（高温氯代反应）　含有α-氢原子的烯烃，还可以发生α-氢原子被取代的反应。实验证明，温度低时主要发生加成反应，温度高时主要发生取代反应。工业上就是采用这个方法，使干燥的丙烯在约500℃时与氯气反应来制备3-氯丙烯。

$$CH_3-CH=CH_2 + Cl_2 \xrightarrow{500℃} \underset{\underset{Cl}{|}}{CH_2}-CH=CH_2 + HCl$$

3-氯丙烯

3-氯丙烯有令人不愉快的气味，沸点45℃，溶于水，溶于乙醇、乙醚、丙酮、石油醚等，性质活泼，是制备丙烯醇、环氧氯丙烷、甘油、环氧树脂的重要原料。

(2) α-氢的氧化　α-氢原子也容易被氧化。在不同的条件下，氧化产物也不同。前面已经讨论过，丙烯经催化氧化生成丙酮。如果用氧化亚铜作催化剂，丙烯被氧化成丙烯醛。

$$CH_3-CH=CH_2 + O_2 \xrightarrow[350℃]{Cu_2O} \underset{\text{丙烯醛}}{CH_2=CH-CHO}$$

丙烯醛有特别辛辣刺激的气味，溶于水、乙醇和乙醚，可作消毒剂及合成医药和树脂的原料。

如果用磷钼酸铋作催化剂，丙烯被氧化成丙烯酸。

$$CH_3-CH=CH_2 + O_2 \xrightarrow[350℃]{\text{磷钼酸铋}} \underset{\text{丙烯酸}}{CH_2=CH-COOH}$$

丙烯酸的酸性较强，有刺激性气味，有腐蚀性，溶于水、乙醇和乙醚，化学性质活泼，用于制备丙烯酸树脂。

若丙烯的氧化反应在氨的存在下进行，则生成丙烯腈。

$$CH_3-CH=CH_2 + NH_3 + O_2 \xrightarrow[470℃]{\text{磷钼酸铋}} \underset{\text{丙烯腈}}{CH_2=CH-CN}$$

该反应又称为氨氧化反应。丙烯腈微溶于水，易溶于一般有机溶剂，蒸气与空气能形成爆炸性的混合物。水解生成丙烯酸，还原生成丙腈。易聚合，是合成腈纶（人造羊毛）的单体，用于制备丁腈橡胶和其他合成树脂，也用于电解制备己二腈。

练习

3-6　完成下列反应：

$$CH_3CH_2CH=CH_2 + Cl_2 \longrightarrow \begin{cases} \xrightarrow{\text{室温}} \\ \xrightarrow{500℃} \end{cases}$$

4. 聚合反应

在催化剂作用下，烯烃碳碳双键中的π键断裂，分子间互相结合生成长链的大分子或高分子化合物，这种反应称为聚合反应。聚合生成的产物称为聚合物。能进行聚合反应的相对分子质量低的化合物称为单体。聚合反应是烯烃的重要反应之一，是一种特殊的加成反应。

乙烯以有机过氧化物（如过苯甲酸叔丁酯）作为引发剂，在150～160MPa、200℃下聚合成聚乙烯。由于聚合是在高压下进行的，工业上称为高压聚合法，所得聚乙烯称为高压聚乙烯。

$$nCH_2=CH_2 \xrightarrow[\text{温度、压力}]{\text{引发剂}} \underset{\text{聚乙烯}}{\left[CH_2-CH_2\right]_n}$$

高压聚乙烯由于具有支链，故密度较低（0.92g/cm^3）和比较柔软，所以高压聚乙烯又称为低密度聚乙烯或软聚乙烯。它的相对分子质量一般在25000左右，是无味、无臭、无毒的乳白色半透明物质，耐腐蚀，有良好的绝缘性和韧性，广泛用于生产薄膜、编织袋、塑料容器、电缆包皮等。在工业和日常生活用品中有广泛的应用。

乙烯也可通过齐格勒-纳塔（Ziegler-Natta）催化剂［$(CH_3CH_2)_3Al+TiCl_4$］，在常压或1～1.5MPa的压力下，聚合成聚乙烯。这种方法工业上称为低压聚合法，所得聚乙烯称为低压聚乙烯。

$$nCH_2{=}CH_2 \xrightarrow[60\sim75℃]{(CH_3CH_2)_3Al\text{-}TiCl_4} \underset{\text{聚乙烯}}{\left[CH_2-CH_2\right]_n}$$

低压聚乙烯又称为高密度聚乙烯或硬聚乙烯，它的相对分子质量在35000左右。低压聚乙烯的密度较高（0.94g/cm^3），质地较硬，力学性能好，用于制造板、管、桶、箱及各种包装用具，也用于生产薄膜等。

由丙烯聚合而成的聚丙烯也是应用范围很广的高分子材料，也可由低压法生产。聚丙烯的密度为0.90g/cm^3，它的强度高、硬度大、耐磨，耐热性比聚乙烯好。

$$nCH_3-CH{=}CH_2 \xrightarrow[50℃,\ 1MPa]{(CH_3CH_2)_3Al\text{-}TiCl_4} \left[CH_2-\underset{\substack{|\\CH_3}}{CH}\right]_n$$

乙烯和丙烯两种单体，在齐格勒-纳塔催化剂的作用下进行聚合，得到弹性体——乙丙橡胶。这种由不同的单体之间进行的加成聚合反应，称为共聚反应。例如：

$$nCH_2{=}CH_2 + nCH_3-CH{=}CH_2 \longrightarrow \underset{\text{乙丙橡胶}}{\left[CH_2-CH_2-\underset{\substack{|\\CH_3}}{CH}-CH_2\right]_n}$$

乙丙橡胶主要用于电缆、电线及耐高温的橡胶制品。

六、烯烃的来源与制法

1．烯烃的来源

石油是烯烃的主要来源，但原油中一般不含烯烃。在石油炼制过程中产生的炼厂气中含有大量的烯烃，可以从中分离出乙烯、丙烯、丁烯和丁二烯。石油的裂化和裂解也可以获得大量的烯烃（见第二章）。

2．烯烃的制法

（1）醇脱水　在适当的温度和催化剂存在下，醇可以发生分子内脱水生成烯烃。工业上把乙醇的蒸气通过加热至360℃的氧化铝，就能得到乙烯。实验室中常用浓硫酸作脱水剂。

$$CH_3CH_2OH \xrightarrow[\text{或浓}\ H_2SO_4,170℃]{Al_2O_3,360℃} CH_2{=}CH_2$$

（2）卤代烷脱卤化氢　卤代烷与氢氧化钾的乙醇溶液共热，即可脱去一分子卤化氢而得到烯烃。例如：

$$\underset{\text{1-氯丙烷}}{CH_3CH_2CH_2Cl} \xrightarrow[\triangle]{KOH,\text{乙醇}} \underset{\text{丙烯}}{CH_3CH{=}CH_2}$$

$$\underset{\text{2-氯丁烷}}{\mathrm{CH_3CH_2\underset{\substack{|\\ Cl}}{C}HCH_3}} \xrightarrow[\triangle]{\mathrm{KOH},乙醇} \underset{\text{2-丁烯}}{\mathrm{CH_3CH{=\!=}CHCH_3}}$$

该法在工业生产中价值不大，因为卤代烷通常是由相应的醇制备，而醇又可直接脱水制备烯烃。但在有机合成中可作为在分子中形成一个双键的方法。

七、重要的烯烃

1. 乙烯

乙烯是非常重要的基本有机合成原料之一，来源于焦炉气、石油裂解气和炼厂气。不溶于水，略溶于乙醇，溶于乙醚、丙酮、苯中。化学性质活泼，用途非常广泛，是生产乙醇、乙醛、环氧乙烷、聚乙烯、苯乙烯、氯乙烯等重要有机化工产品的原料，用于制造合成纤维、合成橡胶、合成树脂、塑料等，并可代替乙炔用于切割和焊接金属。人们通常用乙烯的产量来衡量一个国家的石油化工发展水平。表 3-2 列举了乙烯的用途。

表 3-2　乙烯的用途

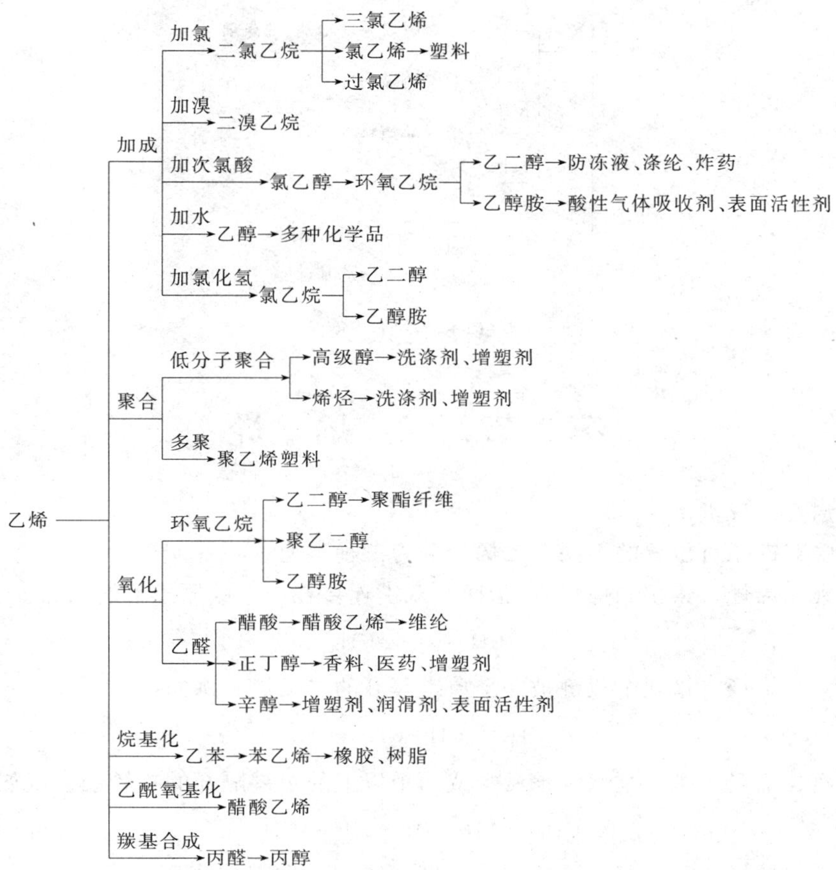

2. 丙烯

丙烯也是非常重要的基本有机合成原料之一，用途非常广泛，是生产丙醇、丙醛、环氧丙烷、聚丙烯、丙烯醛、丙烯酸、甘油等重要有机化工产品的原料。表 3-3 列举了丙烯的用途。

表 3-3　丙烯的用途

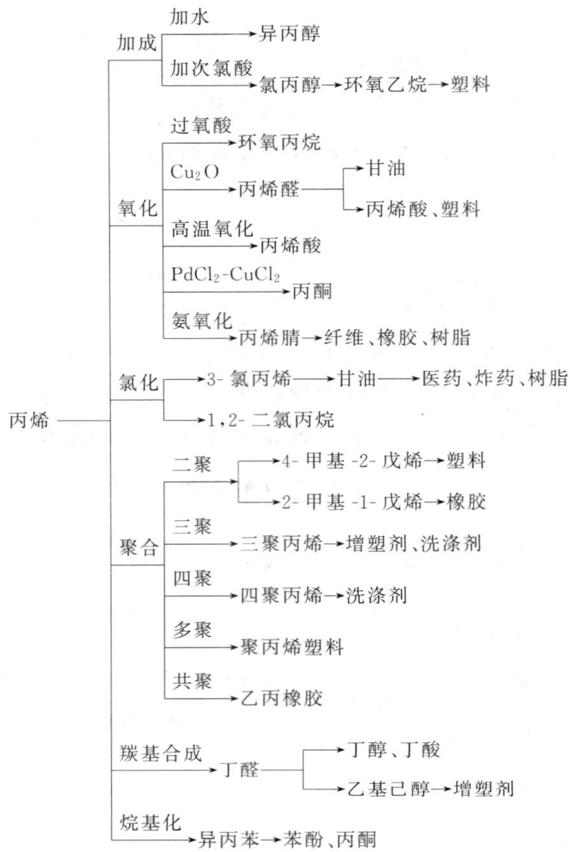

第二节　二　烯　烃

一、二烯烃的分类

按分子中双键相对位置的不同，二烯烃分为三种类型。

（1）聚集二烯烃（累积二烯烃）　指两个双键连接在一个碳原子上的二烯烃。例如：

$$CH_2=C=CH_2$$

（2）共轭二烯烃　指两个双键被一个单键隔开的二烯烃。例如：

$$CH_2=CH-CH=CH_2$$

（3）隔离二烯烃　指两个双键被两个或两个以上的单键隔开的二烯烃。例如：

$$CH_2=CH-CH_2-CH=CH_2$$

由于聚集二烯烃的两个双键连接在一个碳原子上，因此它很不稳定，实际应用也较少。隔离二烯烃的性质与一般烯烃相同，这里不再讨论。共轭二烯烃的结构和性质都很特殊，无论在理论上还是在实际应用上都有比较重要的价值，因此本节作为重点加以讨论。

二、共轭二烯烃的结构与共轭效应

1. 共轭二烯烃的结构

共轭二烯烃中最简单也最重要的是1,3-丁二烯，以它为例说明共轭二烯烃的结构。近代试验方法测定结果表明，1,3-丁二烯分子中的四个碳原子和六个氢原子在同一个平面内，所有键角都接近120°。如图3-4所示。

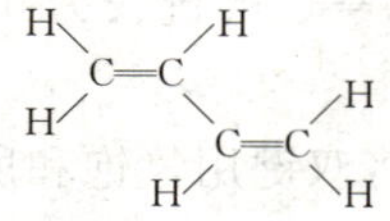

图3-4　1,3-丁二烯的分子结构

这是因为1,3-丁二烯分子中的每个碳原子都是sp^2杂化，相邻的两个碳原子的sp^2杂化轨道相互重叠形成C—C σ键，碳原子的sp^2杂化轨道与氢原子的1s轨道相互重叠形成C—H σ键，这样分子中形成了三个C—C σ键和六个C—Hσ键。每个σ键之间的夹角都接近120°，形成了分子中的所有σ键都在一个平面上的结构。

此外，每个碳原子都有一个未参与杂化的p轨道，处于同一平面的四个碳原子的四条p轨道与杂化轨道的平面相互垂直并彼此平行，除C1与C2之间、C3与C4之间的p轨道侧面重叠形成π键以外，在C2与C3之间的p轨道也会发生一定程度的侧面重叠，使得C2和C3间也具有了部分双键的性质。如图3-5所示。

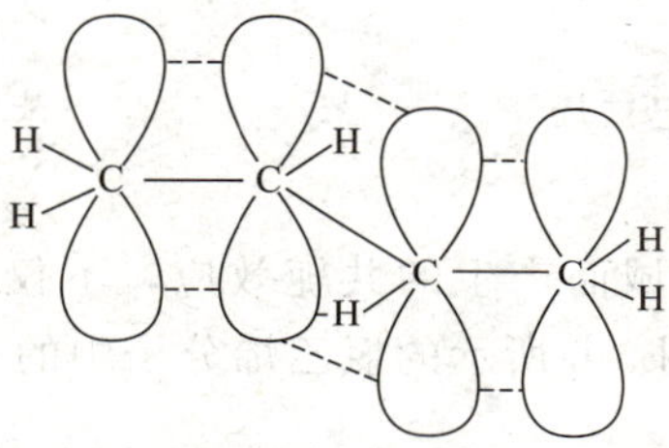

图3-5　1,3-丁二烯分子中的共轭π键

丁二烯分子中的四个π电子不再局限于原来的位置，而是在四个碳原子间运动形成了一个大π键，这个大π键称为共轭体系。在共轭体系中，由于π电子离域的结果，引起电子云的平均化，体系趋于稳定。

像1,3-丁二烯这样，π电子不再局限于两个碳原子间，而是在整个共轭体系中运动，称为π电子的“离域”。相对而言，乙烯或孤立二烯中π电子的运动仅限于两个碳原子间的局部区域，称为π电子的“定域”。

练习

3-7　下列化合物中哪些是共轭烯烃：

(1) $CH_2=CHCH_2CH=CH_2$　　(2) $CH_2=CHCH=CHCH_3$

(3) $CH_2=C=CHCH_3$　　(4) $CH_2=CHCH=CHCH=CH_2$

共轭体系的特点：

(1) 共平面性　为共轭体系的一个重要的特点。共轭效应的产生，是由于共轭体系中的每一个碳原子的sp^2杂化轨道都处于同一平面上，方能使碳原子的p轨道侧面重叠。如果平面发生了偏移，则p轨道重叠不完全或完全不重叠，共轭效应就减弱或完全消失。

(2) 键长平均化　由于电子云密度分布发生改变，共轭体系分子中的C—C和C═C的键长也发生了改变，键长趋于平均化。例如，乙烷C—C的键长为0.154nm，而丁二烯中C—C的键长缩短为0.148nm。乙烯C═C的键长为0.133nm，丁二烯中C═C的键长却增长为0.134nm。

(3) 体系能量降低　从氢化热（将双键用氢饱和所放出的热量）实验得知，共轭二烯烃的氢化热（239kJ）低于两个双键的氢化热（374kJ），说明共轭二烯烃的能量低于孤立二烯烃，因此共轭二烯烃比较稳定。

2. 共轭效应

(1) π-π共轭　像1,3-丁二烯这样的共轭体系，由于电子云密度平均化而引起的键长平均化和体系能量降低的现象，称为共轭效应。由于是两个π键形成的共轭效应，称为π-π共轭效应。π-π共轭体系的结构特征是双键、单键相互交替，如1,3-丁二烯。但不仅仅限于双键，三键也可以（如C═C—C≡C）。组成共轭体系的原子也不仅限于碳原子，如果把羰基（>C═O）或氰基（C≡N）以单键连在C═C上，所得到的C═C—C═O或C═C—C≡N也是一个π-π共轭体系。共轭体系也不仅仅是链状，也可以是环状。例如：

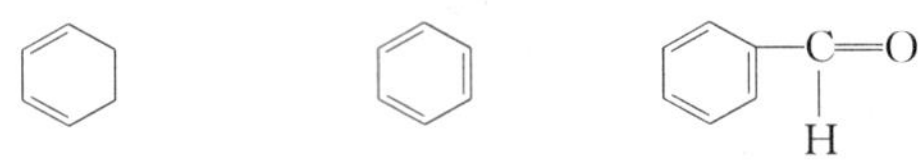

1,3-环己二烯　　苯　　苯甲醛

将在以后的章节中介绍。

(2) p-π共轭　由于电子离域而产生的共轭效应，不仅存在于含有共轭双键的体系中，也存在于其他一些体系中。如图3-6所示的氯乙烯分子中的p-π共轭效应。

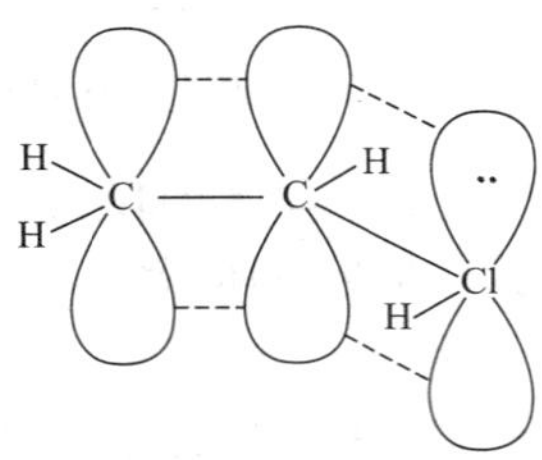

图3-6　氯乙烯分子中的p-π共轭效应

由于氯原子的p轨道上有一对未共用电子对与构成π键的p轨道侧面重叠，产生了电子的离域，这种现象也起着共轭效应的作用。离域的结果，氯原子上的电子对向碳原子偏移。由于是氯原子的p轨道与π轨道发生了共轭，故称为p-π共轭。由于与C═C相连的氯原子的p轨道上带有未共用电子对，因此氯原子与C═C之间所产生的p-π共轭是多电子共轭体系（即电子数多于p轨道数），其共轭效应是推电子共轭效应。电子转移的方向如下所示：

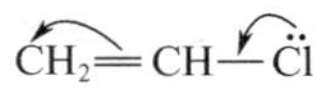

此外，还有少电子p-π共轭（即电子数少于p轨道数），将在以后章节中介绍。

三、共轭二烯烃的化学性质

共轭二烯烃的化学性质与烯烃相似，但由于是共轭双键，其结构的特殊性决定了在化学性质上又有它特有的规律。

1. 1,2-加成和1,4-加成

共轭二烯烃和卤素、氢卤酸都很容易发生亲电加成反应。例如：

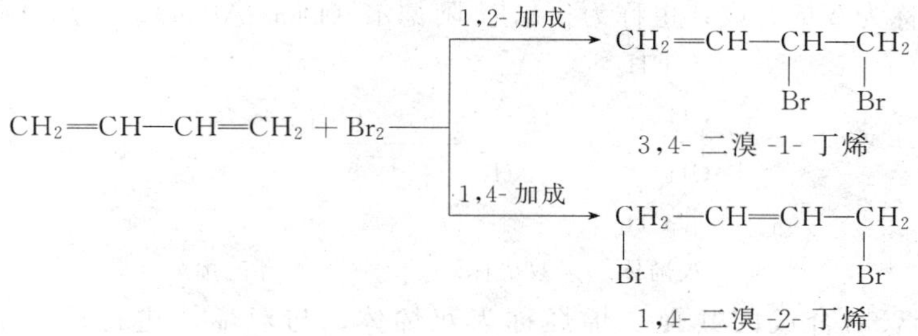

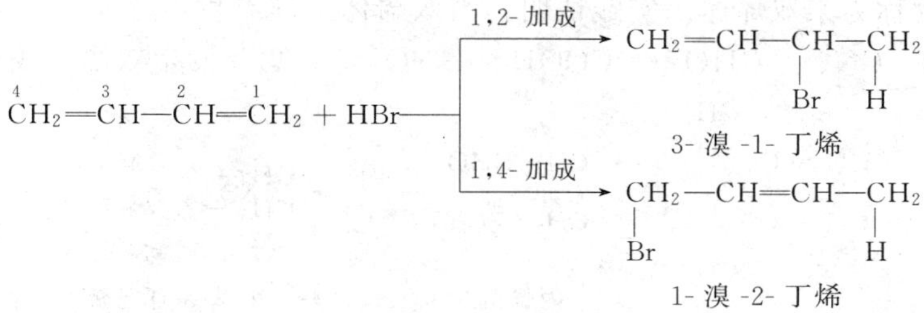

1,2-加成产物是一分子试剂加成到同一个双键的两个碳原子上。1,4-加成产物是一分子试剂加成到共轭双键的两端碳原子上（即C1和C4）。1,4-加成的结果，使共轭烯烃中的两个双键变成了单键，而原来的单键则变成了双键。两种加成反应同时发生，但两种产物的比例与反应温度、溶剂极性有关。在低温下（<0℃），以1,2-加成产物为主；温度升高（如40℃）、溶剂极性增强，则以1,4-加成产物为主。

1,3-丁二烯之所以发生两种加成，与分子中存在的共轭效应有关。共轭体系在正常情况下电子云分布是对称的，但发生反应时，受到外界试剂的影响，就会引起π电子的转移。例如在1,3-丁二烯与HBr的加成中，首先是HBr离解成H^+和Br^-，当带正电荷的H^+接近1,3-丁二烯时，引起1,3-丁二烯分子中π电子云的转移，使C1的电子云密度增高，带有部分负电荷；而使C2的电子云密度降低，带有部分正电荷，带有部分正电荷的C2又要吸引电子，从而影响到C2和C3间的电子云分布情况，使C3带有部分负电荷，而C4呈现缺电子的情况，这样就使共轭体系出现电子云正负交替的情况。当H^+与C1结合后，使C2和C4都带有部分正电荷。

$$\overset{\delta^+}{C}H_2 = \overset{\delta^-}{C}H - \overset{\delta^+}{C}H = \overset{\delta^-}{C}H_2 + H^+ \longrightarrow CH_2 = CH - \overset{+}{C}H - CH_3$$

上式中的碳正离子是仲碳正离子，不同于烷烃的仲碳正离子。它带正电荷的碳原子直接与双键碳原子相连，由于p-π共轭效应，使带正电荷的碳原子的p轨道能与双键的π轨道侧面重叠，产生了电子的离域，结果碳原子上的正电荷得到分散，不仅C2带有部分正电荷，C4也带有部分正电荷。

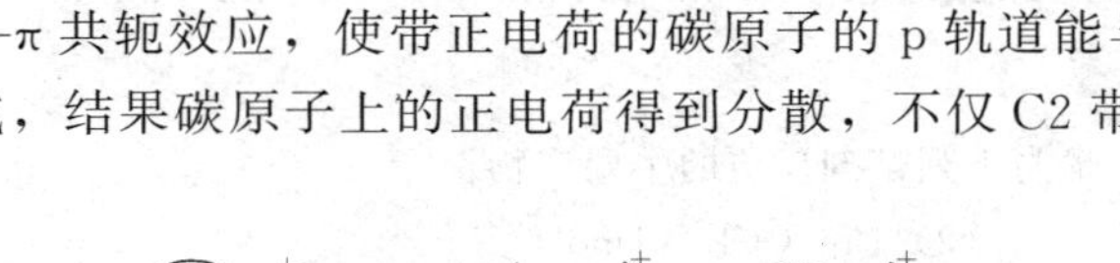

这样Br^-就可以同时向C2或C4进攻，产生了1,2-和1,4-加成两种产物。

应当指出，共轭效应可以沿着共轭链一直传递下去，并不因碳链的增长而减弱。而诱导效应随着碳链的增长明显减弱，三个碳原子以上时诱导效应几乎等于零。

2. 双烯合成

在光或热作用下，共轭二烯烃与含有 $C=C$ 或 $C\equiv C$ 的化合物进行 1,4-加成，生成六元环烯烃的反应，称为双烯合成，也称为狄尔斯-阿德尔（Diels-Alder）反应。例如：

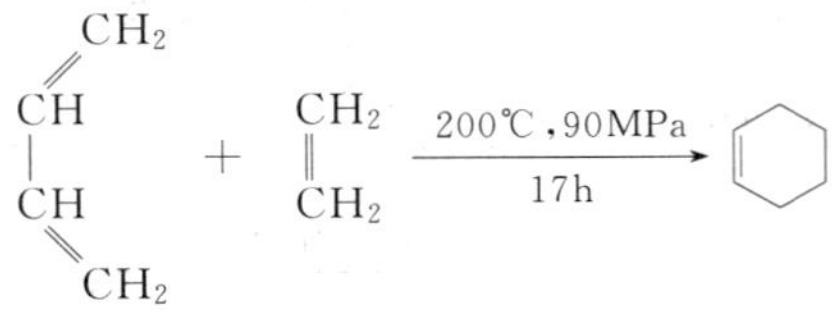

双烯体　亲双烯体　　　环己烯

通常把进行双烯合成的共轭二烯烃称为双烯体，与双烯体进行反应的含有 $C=C$ 或 $C\equiv C$ 的化合物称为亲双烯体。实践证明，当双烯体上连有供电子基团，亲双烯体上连有吸电子基团（如—CN、—CHO、—COOH、—NO_2 等）更易发生双烯合成反应。例如：

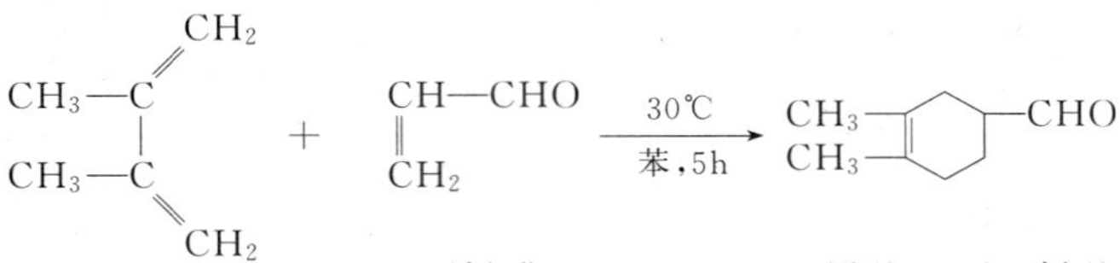

丙烯醛　　　3,4-二甲基-3-环己烯基甲醛

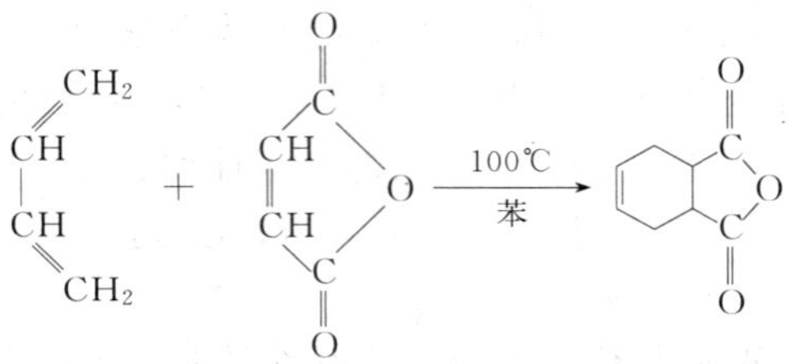

顺丁烯二酸酐　　4-环己烯-1,2-二甲酸酐

双烯合成是共轭二烯烃的特征反应之一。它是协同反应，即旧键的断裂和新键的生成同时进行，又称为周环反应。双烯合成不需要催化剂，一般在加热下就可发生反应。常用于合成六元环状化合物，在有机合成中占有重要的地位。同时，顺丁烯二酸酐与共轭二烯烃的双烯合成产物在上述条件下为固体，所以也可以利用此反应鉴别或提纯共轭二烯烃。

环戊二烯作为双烯体也能进行双烯合成反应。例如：

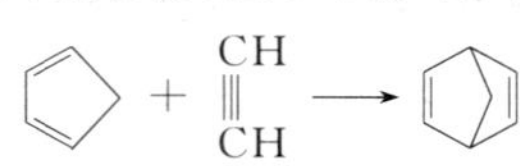

共轭二烯烃自身也能进行双烯合成，以一分子为双烯体，另一分子为亲双烯体。

练习

3-8 写出 2-甲基-1,3-丁二烯与下列试剂反应的主要产物：

(1) H_2/Ni　　(2) Br_2/CCl_4（1mol）

(3) HCl（1mol）　　(4) $KMnO_4/H^+$

3. 聚合与橡胶

在催化剂的存在下，共轭二烯烃可以聚合成高分子化合物——橡胶。与加成反应相似，既可进行 1,2-加成聚合，也可进行 1,4-加成聚合，甚至两种聚合同时进行。反应条件不同，产物也不同。

橡胶是一种具有高弹性的高分子化合物，其重要性是众所周知的，它是工业、农业、交通、国防及日常生活不可缺少的重要物资。橡胶可分为天然橡胶和合成橡胶两类。

(1) 天然橡胶 从橡胶树上割取得到的白色胶乳，加入少量醋酸后凝聚成块，再经过加工压片后就成为天然橡胶，称为生橡胶。

将天然橡胶隔绝空气加热后，得到异戊二烯（2-甲基-1,3-丁二烯）。研究结果表明，天然橡胶是一种线型高分子化合物，相对分子质量为20万～50万，是异戊二烯单体以1,4-加成方式聚合而成的。

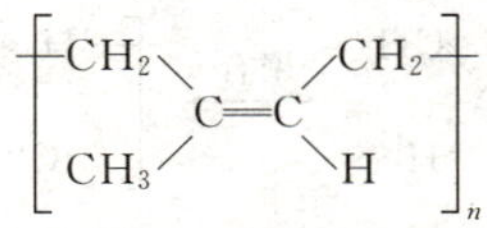

顺-1,4-聚异戊二烯

天然橡胶是柔软的弹性物质，不溶于水而溶于有机溶剂。具有较好的耐曲折性、气密性、防水性和绝缘性。温度稍高即变软变黏，低温时变脆，机械强度和耐磨性较差。长期放置空气中会逐渐被氧化而失去弹性，称为橡胶的“老化”。所以天然橡胶不能直接使用，必须经过硫化处理后才能加工为橡胶制品。所谓“硫化”就是将天然橡胶与一定量的硫黄、炭黑或白土等在一定的温度和压力下反应，使线型高分子碳链中的双键打开，交联成网状结构，以提高它的机械强度和耐磨性。

(2) 合成橡胶 由于橡胶在交通、国防及日常生活中的用量越来越大，天然橡胶的产量和性能早已不能满足需要，为解决天然橡胶的产量受自然条件的限制，并赋予橡胶耐酸、耐油、耐磨、耐高温、耐严寒等特殊性能，从20世纪初开始在天然橡胶结构的基础上发展了各种各样的合成橡胶。它已成为当今世界三大合成材料之一，其产量和性能已远远超过天然橡胶。常用的有顺丁橡胶、异戊橡胶、丁苯橡胶、氯丁橡胶、丁基橡胶等。

① 顺丁橡胶。工业上在齐格勒-纳塔催化剂［$(CH_3CH_2)_3Al+TiCl_4$］的作用下，使1,3-丁二烯单体基本上都按1,4-加成的方式，首尾相连地聚合成顺-1,4- 聚丁二烯橡胶，简称顺丁橡胶。

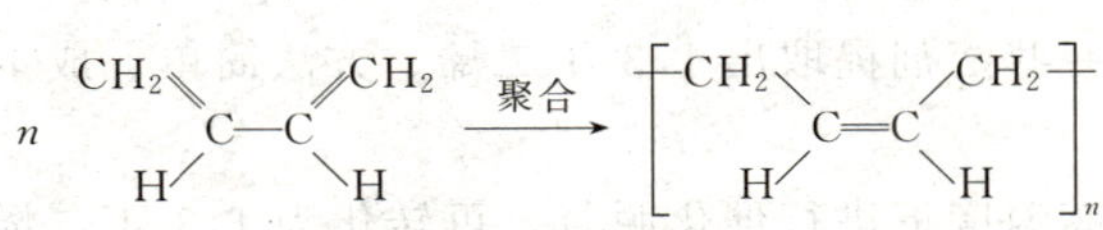

顺-1,4- 聚丁二烯

顺丁橡胶具有耐磨、耐高温、耐老化、弹性好的特点，其性能与天然橡胶接近。顺丁橡胶主要用于制造轮胎、胶管等橡胶制品。轮胎制造业大约消耗顺丁橡胶产量的85%～90%。

② 异戊橡胶。2-甲基-1,3-丁二烯（异戊二烯）在催化剂的作用下，也可以发生以1,4-加成为主的聚合反应，聚合成顺-1,4-聚异戊二烯橡胶。

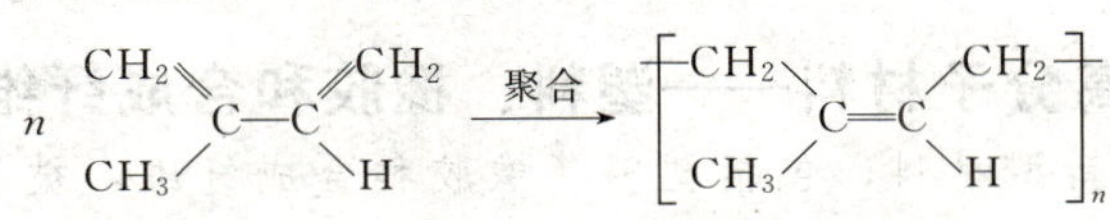

顺-1,4-聚异戊二烯

以异戊二烯为单体合成的顺-1,4-聚异戊二烯橡胶的结构与天然橡胶非常相似，所以异戊橡胶又称为合成天然橡胶。

③ 丁苯橡胶。由1,3-丁二烯和苯乙烯共聚生成的高分子化合物，称为丁苯橡胶。

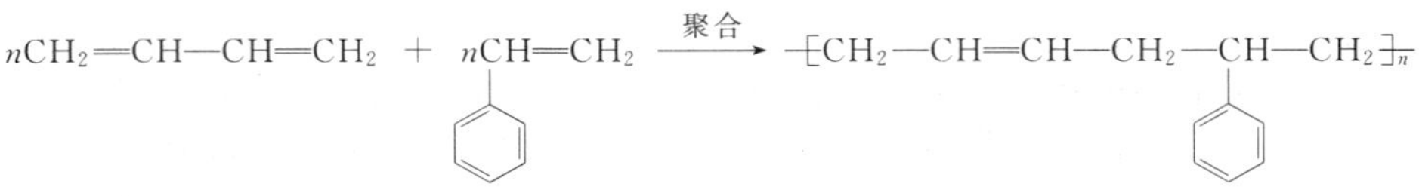

丁苯橡胶

丁苯橡胶主要是耐磨性和抗老化性能较好，主要用于轮胎，是目前产量最大的合成橡胶。

④ 氯丁橡胶。由 2-氯-1,3-丁二烯在催化剂作用下，发生以 1,4-加成为主的聚合反应，生成的聚 2-氯-1,3-丁二烯橡胶，又称为氯丁橡胶。

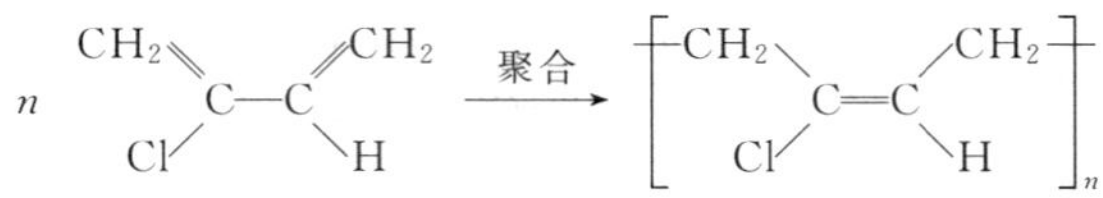

聚 2-氯-1,3-丁二烯

氯丁橡胶的强度和耐磨性与天然橡胶相似，耐臭氧性、耐油性、耐化学品性能良好，但耐寒性较差，用于制造输油软管、输送带、印刷胶辊及油箱衬里等。

⑤ 丁基橡胶。在催化剂的作用下，异丁烯和异戊二烯共聚生成丁基橡胶。

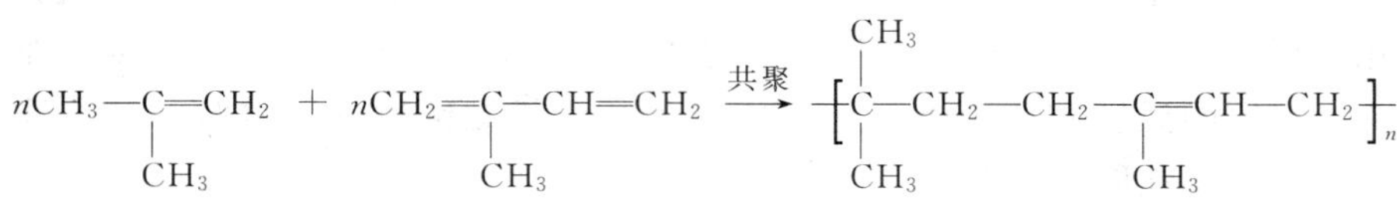

丁基橡胶

丁基橡胶最大的优点是气密性比天然橡胶高 8 倍多，因此丁基橡胶特别适于制造轮胎内胎、探测气球等气密性要求较高的橡胶制品。

四、1,3-丁二烯的制法

由于 1,3-丁二烯是合成橡胶的主要原料，其用量与日俱增。人们一直在研究和探索它的大规模的合成方法。

1. 从石油裂解气中分离

在石油裂解生产乙烯和丙烯时，有大量的含有 1,3-丁二烯的 C_4 馏分，这种馏分在一定的温度和压力下，可用一些溶剂提取出 1,3-丁二烯。方法简单、成本低、原料来源丰富。

2. 丁烷和丁烯脱氢

将丁烷和丁烯在较高温度下进行催化脱氢，可转化为 1,3-丁二烯。

$$\left.\begin{array}{l} CH_3—CH_2—CH_2—CH_3 \\ CH_3—CH_2—CH═CH_2 \\ CH_3—CH═CH—CH_3 \end{array}\right] \xrightarrow{\text{催化剂}} CH_2═CH—CH═CH_2 + H_2$$

阅读材料

高分子材料——塑料、橡胶和合成纤维

高分子材料是一类新型材料，包括塑料、橡胶和合成纤维，被称为三大合成材料。此外，还可用作胶黏剂、涂料以及各种功能材料。由于高分子材料的原料丰富，制造方便，加工成型简单，性能变化万千，所以在工农业生产和尖端科学上是不可缺少的材料，在人们生活中的应用也日益广泛。

高分子材料与我们熟知的水、盐、酒精之类的物质相比，其相对分子质量差别是十分巨

大的。水、盐、酒精之类物质的相对分子质量只有几十、几百，而塑料、橡胶和合成纤维之类物质的相对分子质量可达几千、几万甚至是几百万。前者统称为低分子化合物，后者统称为高分子化合物。

塑料除以合成树脂为主要成分外，通常还或多或少地含有一些添加剂，如填料、增塑剂、着色剂、固化剂、润滑剂、发泡剂等。聚乙烯、聚苯乙烯、有机玻璃等仅含有少量稳定剂、润滑剂、着色剂等，而酚醛塑料、氨基塑料、软聚氯乙烯塑料等则含有较多添加剂，用以改进其物理性能和化学性能。塑料按其性能可分为热塑性和热固性两种。热塑性塑料受热后软化或熔化，冷却后定型，这一过程可以反复。热固性塑料加工成型后，再受热也不软化。

橡胶是具有可逆形变的高弹性聚合物材料。合成橡胶按其用途可分为两类，一类是通用合成橡胶，其性能与天然橡胶相近，主要用于制造各种轮胎、工业制品（如运输带、胶管、电线、电缆等）、日常生活用品（如胶鞋、热水袋等）和医疗卫生用品。另一类是具有耐寒、耐热、耐油、耐腐蚀、耐辐射、耐臭氧等某些特殊性能的特种合成橡胶，用于制造在特定条件下使用的橡胶制品。通用合成橡胶和特种合成橡胶之间并没有严格的界限，有些合成橡胶兼具上述两方面的特点。

纤维是纤细而柔韧的丝状物，根据原料来源可分为天然纤维和化学纤维。常见的天然纤维有棉、羊毛、蚕丝和麻等。化学纤维又可分为人造纤维和合成纤维。合成纤维的强度高、弹性大，优于天然纤维。合成纤维的主要品种是涤纶、锦纶、腈纶、维纶、丙纶和氯纶，最主要的是前三种，它们的产量占世界合成纤维总产量的90%以上，其中涤纶尤居首位。

高分子材料之所以能够迅速发展，一个原因是原料丰富，经济效益高；且不受地域、气候的限制，也不受自然灾害的影响。如一大型合成纤维厂年产合成纤维20万吨，相当于400万亩高产棉田的产量，或相当于4000万头绵羊一年的产毛量，这些合成纤维能织成15亿米化纤布。生产一万吨天然橡胶，需要热带或亚热带的土地十万亩，栽种3000万株橡胶树，需要劳动力5万个，而且从栽树苗至可割胶需6～8年时间。但每年生产等量的合成橡胶，却只需一个拥有150人规模的合成橡胶厂，而且回收投资的时间短、见效快。原因之二是高分子材料具有许多优良性能，如密度小、强度大、弹性高、电绝缘性能好、耐寒、耐热、耐油、耐腐蚀、耐辐射、透明以及其他一些特殊功能。

目前，高分子材料正在部分取代金属和无机非金属材料，有的已经成为工农业生产和某些科学技术领域中不可缺少的重要材料。塑料轴承、塑料齿轮可用于机械工业。各种绝缘零部件已广泛用于电子、电气工业。化学工业普遍采用塑料管道和塑料衬里的储槽。建筑业中，内外墙涂料、排水管道、隔音隔热材料及门窗正在逐步采用高分子材料。在农业上，高分子材料除可制造农机具外，还大量用于制造农用薄膜。在国防和科学技术现代化方面，高分子材料可用于制造火箭、导弹、飞机、原子能设备、大规模集成电路以及轻型军事装备所需要的各种零部件。如宇宙飞船和人造卫星在重返地球时，飞行速度极快，与空气剧烈摩擦，其外壳温度高达5000℃以上。在此温度下，任何金属都会熔化。若将高分子材料覆盖在飞行器的外壳上，一旦遇到高温，它就能气化而吸收大量的热能，从而有效地保护飞行器完好无损地返回地面。

总之，高分子材料的应用已遍及国民经济的各个部门，成为现代工农业生产中不可缺少的材料。

本章小结

1. 烯烃的通式：C_nH_{2n}，二烯烃的通式：C_nH_{2n-2}。烯烃的官能团 C═C，是由 sp^2 杂化轨道所形成的 C—Cσ 键和两个侧面平行重叠的 p 轨道所组成的 C—Cπ 键构成的。sp^2 杂化轨道的键角为 120°，乙烯分子中的所有原子都在同一平面内，π 键处于对称平面的上、下方。

2. 烯烃的同分异构有三种：由于碳骨架的不同而产生的碳链异构；因双键在碳链中的位置不同而产生的位置异构；因双键不能自由旋转而产生的顺反异构。

3. 烯烃系统命名时，要选择含有双键的最长碳链作为主链，从靠近双键一端依次对主链进行编号。含有多个双键的烯烃，在“烯”字前面加上数字“二、三……”，以表明双键的个数。顺反异构体的命名要依据次序规则，使用顺反命名法或 Z/E 命名法。

4. 化学性质

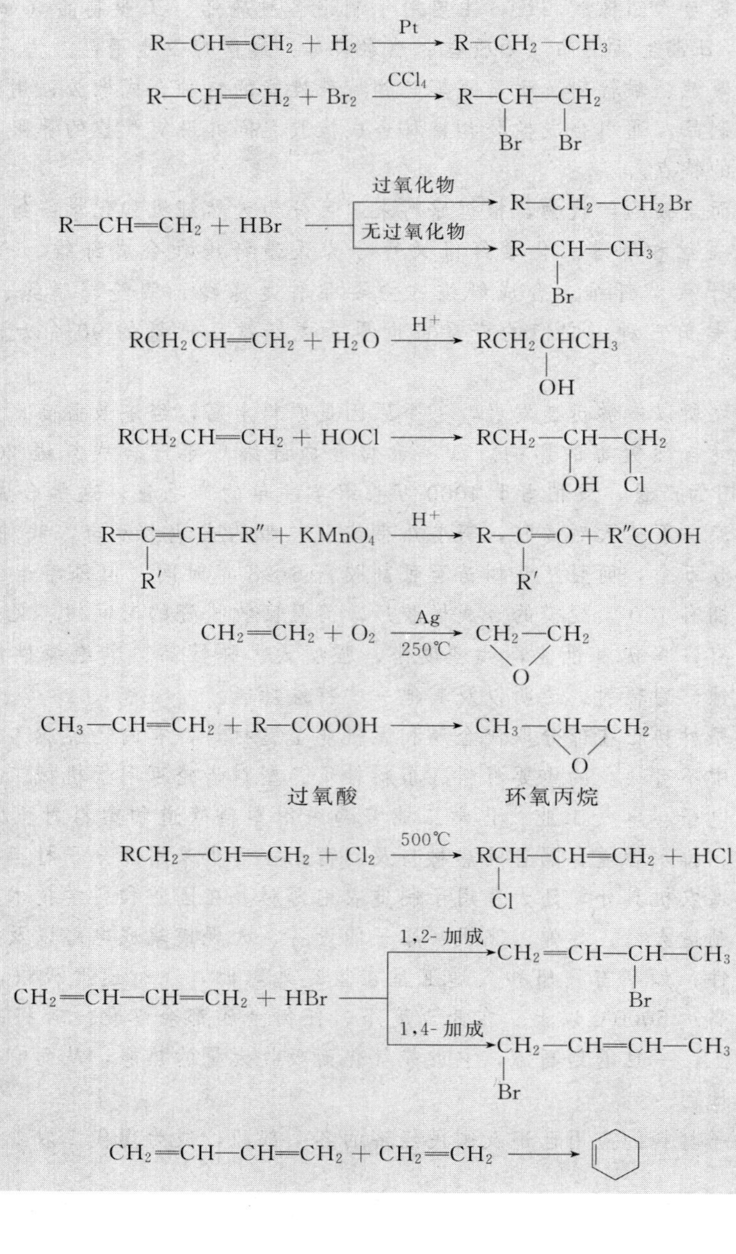

5. 烯烃的制法

$$CH_3CH_2OH \xrightarrow[\text{或浓 } H_2SO_4\text{，}170℃]{Al_2O_3\text{，}360℃} CH_2{=}CH_2$$

$$CH_3CH_2CH_2Cl \xrightarrow[\triangle]{KOH\text{，乙醇}} CH_3CH{=}CH_2$$

习　题

1. 写出分子式为 C_5H_{10} 的烯烃的所有异构体，并用系统命名法命名。

2. 用系统命名法命名下列化合物：

（1）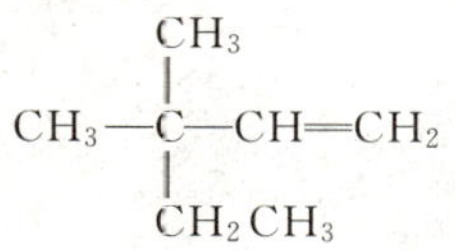　（2）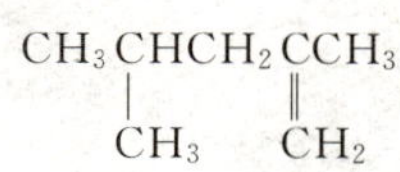

（3）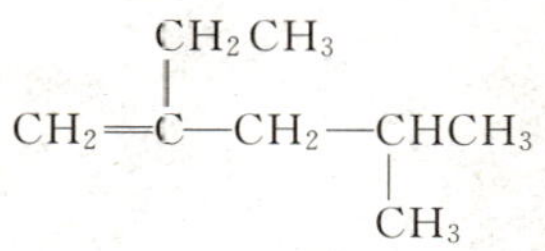　（4）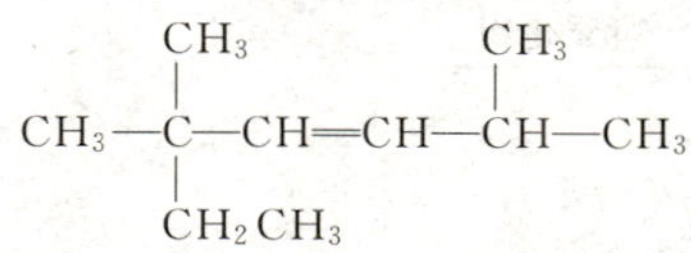

（5）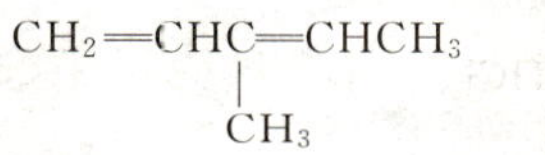　（6）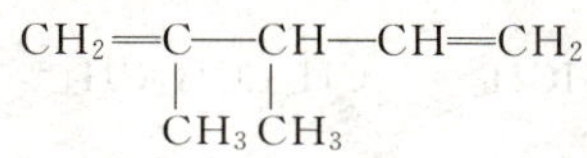

（7）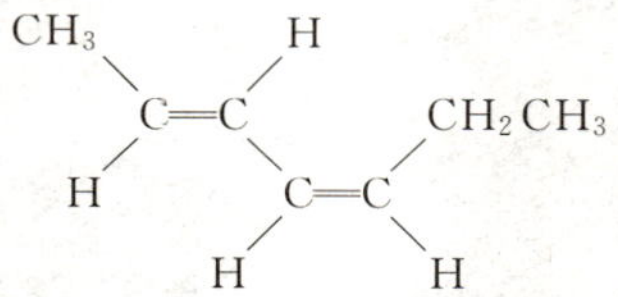　（8）$CH_2{=}CH{-}CH{=}CH{-}CH{=}CH_2$

3. 下列化合物的系统命名对吗？如果不对，请加以改正。

（1）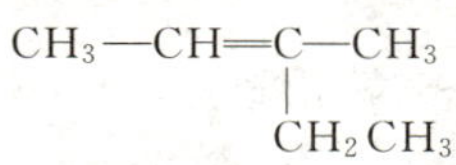

3-乙基-2-丁烯

（2）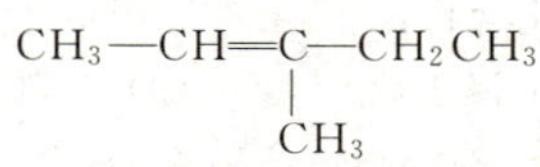

3-甲基-3-戊烯

（3）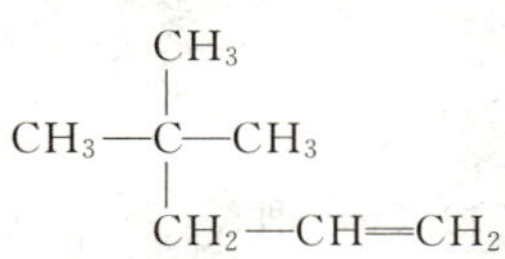

2，2-二甲基-4-戊烯

（4）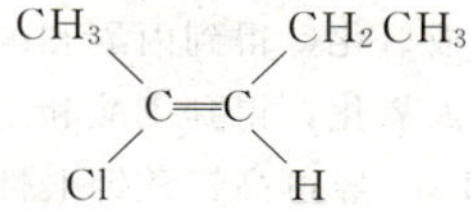

顺-2-氯-2-戊烯

（5）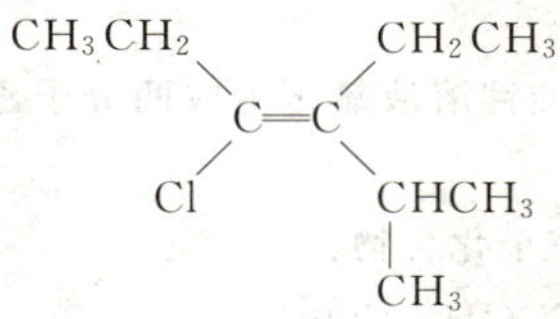

顺-3-氯-4-异丙基-3-己烯

（6）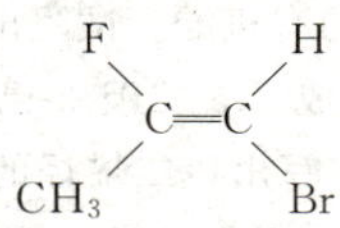

反-1-溴-2-氟丙烯

4. 用 Z/E 法命名下列烯烃：

（1）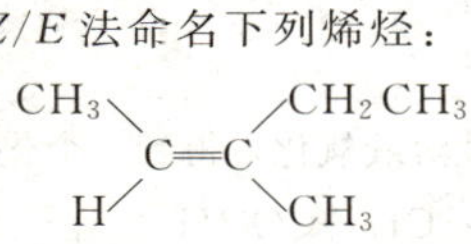　（2）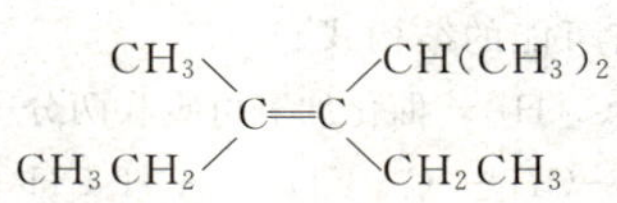

（3）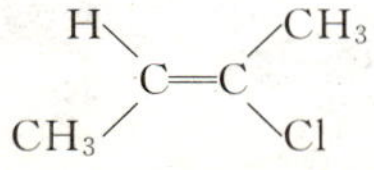　（4）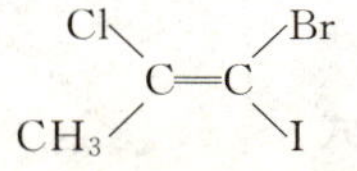

5. 完成下列反应：

(1) $CH_3\underset{\displaystyle CH_3}{\underset{|}{C}}{=}CH-CH_3 + HCl \longrightarrow$

(2) $CH_3\underset{\displaystyle CH_3}{\underset{|}{C}}{=}CH-CH_3 + H_2O \xrightarrow{H^+}$

(3) $CH_3-\underset{\displaystyle CH_3}{\underset{|}{C}}{=}CH_2 + HOCl \longrightarrow$

(4) 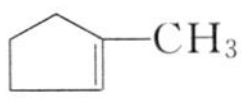 $+ HCl \longrightarrow$

(5) $CF_3-CH{=}CH_2 + HCl \longrightarrow$

(6) $CF_3-CH{=}CH_2 + HOBr \longrightarrow$

(7) 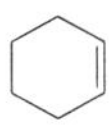 $+ Cl_2 \xrightarrow{500℃}$

(8) $CH_3-\underset{\displaystyle CH_3}{\underset{|}{C}}{=}CH_2 + HBr \xrightarrow{\text{过氧化物}}$

(9) $CH_2{=}\underset{\displaystyle CH_3}{\underset{|}{C}}-CH{=}CH_2 \xrightarrow[H^+]{KMnO_4}$

(10) 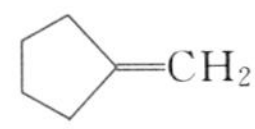 $\xrightarrow[H^+]{H_2O}$

(11) $CH_2{=}CH-CH{=}CH_2 + HOOC-CH{=}CH-COOH \longrightarrow$

(12) $CH_2{=}\underset{\displaystyle CH_3}{\underset{|}{C}}-CH{=}CH_2 + HOOC-C{\equiv}CH \longrightarrow$

(13) 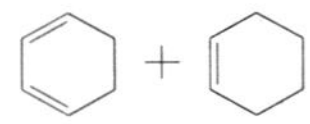 $\longrightarrow$

6. 比较下列正碳离子的稳定性：

(1) $CH_3\underset{\displaystyle CH_3}{\underset{|}{C}H}\overset{+}{C}H_2$　　$CH_3\underset{\displaystyle CH_3}{\underset{|}{C}H}\overset{+}{C}HCH_2$　　$CH_3\underset{\displaystyle CH_3}{\underset{|}{\overset{+}{C}}}CH_2CH_3$　　$CH_3\underset{\displaystyle CH_3}{\underset{|}{C}H}\overset{+}{C}HCl$

(2) $CH_3\overset{+}{C}HCH_2CH{=}CH_2$　　$\overset{+}{C}H_2CH{=}CHCH_2CH_3$

(3) $CH_3\underset{\displaystyle CH_3}{\underset{|}{\overset{+}{C}}}CH{=}CH_2$　　$\overset{+}{C}H_2CH{=}CH_2$　　$CH_3\overset{+}{C}HCH{=}CH_2$

7. 1-丁烯为原料制备下列化合物：

(1) 2-丁醇　　(2) 1-溴丁烷　　(3) 1-氯-2-丁醇　　(4) 1,2,3-三氯丁烷

8. 推测下各烯烃的构造式：

(1) 某烯烃经过高锰酸钾溶液氧化，只得到乙酸。

(2) 某烯烃经过高锰酸钾溶液氧化，得到丙酮和丙酸。

(3) 某烯烃经过高锰酸钾溶液氧化，得到丁酸和二氧化碳。

(4) 某烯烃的分子式为 C_6H_{12}，经过高锰酸钾酸性溶液氧化后，得到的产物只有一种酮。

9. 某化合物的分子式为 C_7H_{14}，能使溴水褪色；能溶于浓硫酸中；催化加氢得 3-甲基己烷；用过量的酸性高锰酸钾溶液氧化，得两种不同的有机酸。试写出该化合物的结构式。

10. 某二烯烃和一分子溴加成后，生成 2,5-二溴-3-己烯。该烯烃经高锰酸钾溶液氧化生成两分子乙酸和一分子乙二酸（HOOC—COOH）。写出该二烯烃的构造式。

11. 某化合物分子式是 C_9H_{16}，经高锰酸钾的酸性溶液氧化，得到以下三个化合物：

$$CH_3-\underset{\displaystyle O}{\underset{\|}{C}}-CH_2-CH_2-COOH \qquad CH_3CH_2COOH \qquad CO_2$$

试写出该化合物所有可能的结构式。

12. 某化合物的分子式是 $C_{12}H_{22}$，催化加氢可吸收两分子的氢，经高锰酸钾的酸性溶液氧化，得到三个化合物：

$$CH_3-CH_2-\underset{\displaystyle O}{\underset{\|}{C}}-CH_3 \qquad CH_3CH_2COOH \qquad HOOC-CH_2-\underset{\displaystyle CH_3}{\underset{|}{C}H}-COOH$$

试写出该化合物所有可能的结构式。

第四章 炔 烃

学习目标

1. 熟练掌握炔烃的命名法；
2. 理解 sp 杂化的特点，掌握碳碳三键的结构与特性；
3. 掌握炔烃的化学性质及其应用；
4. 掌握烷烃、烯烃和炔烃的鉴别方法。

分子中含有碳碳三键（C≡C）的不饱和烃，称为炔烃。例如：

$CH{\equiv}CH$	$CH_3{-}C{\equiv}CH$	$CH_3{-}CH_2{-}C{\equiv}CH$
乙炔	丙炔	1-丁炔

第一节 炔烃的通式与同分异构

由于炔烃分子中含有碳碳三键，因此与碳原子数相同的烯烃相比少两个氢原子，故炔烃的通式为 C_nH_{2n-2}，与二烯烃和环烯烃互为同分异构体。例如，$CH_3CH_2C{\equiv}CH$ 和 $CH_2{=}CHCH{=}CH_2$，它们的分子式同为 C_4H_6，但结构不同、性质各异。

炔烃的异构体比同碳数原子的烯烃少，只有碳链异构和官能团位置异构两种异构现象。例如，丁烯有三个构造异构体，而丁炔只有两个：

$CH_3{-}CH_2{-}C{\equiv}CH$	$CH_3{-}C{\equiv}C{-}CH_3$
1-丁炔	2-丁炔

戊烯有五个构造异构体，而戊炔只有三个：

$CH_3CH_2CH_2C{\equiv}CH$	$CH_3CH_2C{\equiv}CCH_3$	$CH_3{-}\underset{\displaystyle CH_3}{\underset{\vert}{CH}}{-}C{\equiv}CH$
1-戊炔	2-戊炔	3-甲基-1-丁炔

第二节 炔烃的结构

碳碳三键是炔烃的官能团，也是炔烃结构的特征。以乙炔为例来说明炔烃的结构。

乙炔分子中的碳原子成键时，是以一个 2s 轨道和一个 2p 轨道重新组合成两个相同的 sp 杂化轨道，还有两个没有参与杂化的 2p 轨道。

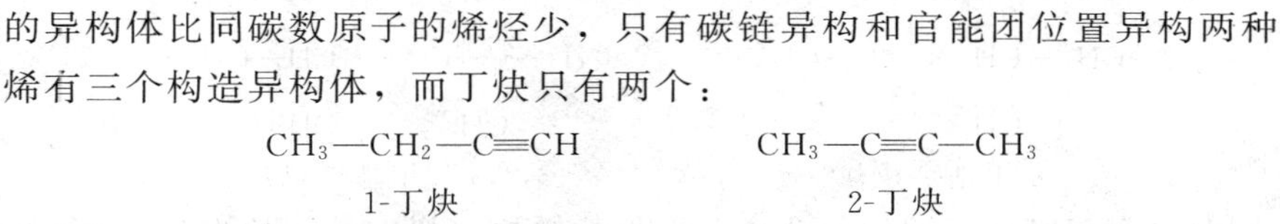

每个 sp 杂化轨道包含有 1/2 s 轨道成分和 1/2 p 轨道成分。每个碳原子各以一个 sp 杂化轨道沿轨道对称轴正面重叠成 C—Cσ 键，另一条 sp 杂化轨道与氢原子的 1s 轨道形成 C—Hσ 键。乙炔分子是直线形结构，键角为 180°（见图 4-1）。

$$H—C\equiv C—H$$

碳原子上没有参与杂化的两个 p 轨道与杂化轨道相互垂直，每个碳原子的两个 p 轨道侧面平行重叠成两个相互垂直的 π 键，这两个 π 键电子云在空间绕 C—Cσ 键呈圆筒状的分布，见图 4-2。

图 4-1　sp 杂化轨道

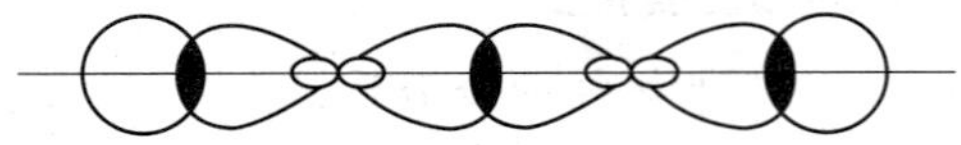
图 4-2　乙炔分子的三个 σ 键

乙炔分子是由一个 σ 键和两个 π 键组成，两个碳原子为 sp 杂化，含 s 轨道的成分最多、电负性最大，增加了对原子间的吸引力，使原子间更加靠近，所以乙炔 C≡C 的键长（0.120nm）比 C—C（0.154nm）和 C═C（0.134nm）的键长短，键能（835kJ/mol）比 C—C 单键和 C═C 双键的键能都大。炔烃中的 π 键比烯烃中的 π 键要强一些，其亲电加成反应活性不如烯烃。

第三节　炔烃的命名

炔烃的命名原则与烯烃的命名相似。即选择含有三键在内的最长碳链作为主链，编号从距离三键最近的一端开始。例如：

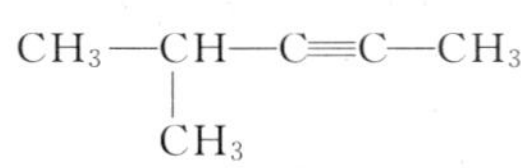
4-甲基-2-戊炔

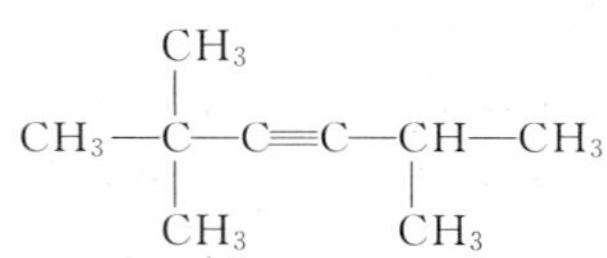
2,2,5-三甲基-3-己炔

分子中同时含有双键和三键的化合物，称为某烯炔（烯在前，炔在后）。碳链的编号以双键和三键的位次和最小为原则。例如：

$CH_3—CH═CH—C\equiv CH$
3-戊烯-1-炔

$CH_3—C\equiv C—CH═CH_2$
1-戊烯-3-炔

$CH_3—C\equiv C—CH═CH—CH_2—CH_3$
4-庚烯-2-炔

$CH_3—C\equiv C—CH_2—CH═CH_2$
1-己烯-4-炔

当双键和三键处于同一位次时，优先给双键以最小的编号。例如：

$CH\equiv C—CH═CH_2$
1-丁烯-3-炔
不叫 3-丁烯-1-炔

$CH\equiv C—CH_2—CH═CH_2$
1-戊烯-4-炔
不叫 4-戊烯-1-炔

练习

4-1　写出分子式为 C_4H_6 的所有可能的构造式。

4-2　命名下列化合物：

(1) 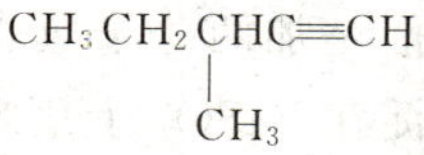　(2) 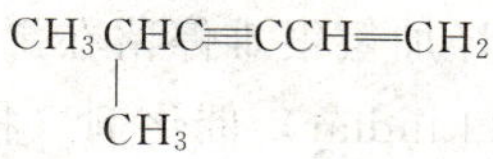

(3) 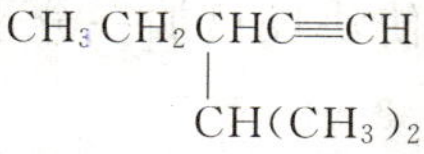　(4) 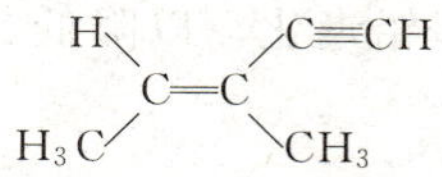

第四节　炔烃的物理性质

炔烃的物理性质与烷烃、烯烃基本相似。四个碳原子以下的炔烃在常温常压下是气体，五个碳原子以上的是液体，高级炔烃是固体。炔烃的物理常数也随着相对分子质量的增加而呈现出规律性的变化。低级炔烃的熔点、沸点、相对密度比相应的烷烃、烯烃都高一些。炔烃不溶于水，比水轻，而易溶于极性小的有机溶剂，如石油醚、苯、乙醚、丙酮、四氯化碳等。一些常见炔烃的物理常数见表 4-1。

表 4-1　常见炔烃的物理常数

名 称	熔点/℃	沸点/℃	相对密度	名 称	熔点/℃	沸点/℃	相对密度
乙炔	−80.8	−75.0	0.618(−32℃)	2-己炔	−89.5	84.0	0.732
丙炔	−101.5	−23.2	0.706(−50℃)	3-己炔	−103.0	81.5	0.723
1-丁炔	−122.7	8.1	0.678	1-庚炔	−81.0	99.7	0.733
2-丁炔	−32.3	27.0	0.691	1-辛炔	−79.3	125.2	0.747
1-戊炔	−90.0	40.2	0.690	1-壬炔	−50.0	150.8	0.760
2-戊炔	−101.0	56.1	0.710	1-癸炔	−36.0	174.0	0.765
1-己炔	−132.0	71.3	0.716				

第五节　炔烃的化学性质

炔烃也含有不饱和键，具有与烯烃相似的化学性质，都能发生加成、氧化、聚合等反应。但它们碳原子的杂化方式不同、不饱和程度不同，这就使得二者 π 键的稳定性和加成反应的难易程度又不完全相同。由于炔烃碳原子是 sp 杂化，碳原子的电负性大，所以炔烃虽然不饱和度高，但其亲电加成反应的活性比烯烃低，三键碳原子上的氢原子具有弱酸性，容易被金属取代而生成金属炔化物。

炔烃反应的部位如下：

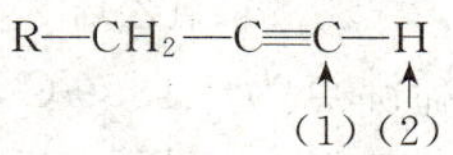

(1) 三键上的反应

(2) 活泼氢的反应

一、加成反应

1. 催化加氢

由于炔烃分子中含有两个 π 键，所以炔烃既可以加一分子的氢，也可以加两分子的氢，生成相应的烯烃和烷烃。例如：

$$CH_3—C≡CH + H_2 \xrightarrow{催化剂} CH_3—CH═CH_2 \xrightarrow[催化剂]{H_2} CH_3—CH_2—CH_3$$

催化剂为 Ni、Pt、Pd 时，炔烃加氢很难停留在烯烃阶段，一般是加两分子氢直接生成烷烃。而采用活性较低的林德勒（Lindlar）催化剂（将金属 Pd 沉淀在 $BaSO_4$ 上用喹啉毒化或将金属 Pd 沉淀在 $CaCO_3$ 上用醋酸铅毒化，以降低其活性），可使炔烃只加一分子氢，加成反应停留在烯烃阶段。例如：

$$CH_3—C≡CH + H_2 \xrightarrow{Pd\text{-}BaSO_4/\text{喹啉}} CH_3—CH═CH_2$$

$$CH_2═CH—CH_2—C≡CH + H_2 \xrightarrow{Pd\text{-}BaSO_4/\text{喹啉}} CH_2═CH—CH_2—CH═CH_2$$

工业上，利用这个反应可以除去乙烯中含有的少量乙炔，来提高乙烯的纯度。

2. 加卤素

炔烃与卤素（氯或溴）进行加成时，先加一分子卤素，生成邻二卤代物，在过量的卤素存在下，可再继续进行加成反应，生成四卤代物。例如：

$$HC≡CH \xrightarrow{Cl_2} Cl—CH═CH—Cl \xrightarrow{Cl_2} Cl—\underset{\large Cl}{\underset{|}{CH}}—\underset{\large Cl}{\underset{|}{CH}}—Cl$$

1,2-二氯乙烯 1,1,2,2-四氯乙烷

由于 1,2-二氯乙烯在双键上连接两个吸电子的氯原子，使双键活性降低，所以控制条件可使加成停留在加一分子氯的阶段。

炔烃也可以与溴发生加成反应，生成二溴代物或四溴代物。炔烃与溴加成后，溴的红棕色消失，因此可通过溴的四氯化碳溶液颜色的褪色来检验炔烃。

炔烃与氯或溴的加成也是亲电加成反应，但三键的反应活性比双键低，因此当含有三键和双键的烯炔反应时，在氯或溴不过量的情况下，只有双键加成而三键保留。例如：

$$CH_2═CH—CH_2—C≡CH + Br_2 \xrightarrow{CCl_4} \underset{\large Br}{\underset{|}{CH_2}}—\underset{\large Br}{\underset{|}{CH}}—CH_2—C≡CH$$

4,5-二溴-1-戊炔

这是因为三键的键较短，p 轨道之间的重叠程度较大，所以炔烃中的 π 键比烯烃中的 π 键稳定，亲电反应也就要难一些。

3. 加卤化氢

炔烃与卤化氢加成比烯烃困难，要在催化剂 $HgCl_2$ 或 $HgSO_4$ 的作用下，才能顺利进行。例如：

$$HC≡CH + HCl \xrightarrow[150\sim160℃]{HgCl_2} \underset{\large Cl}{\underset{|}{CH}}═CH_2$$

氯乙烯

这是工业上生产氯乙烯的一个方法。氯乙烯沸点为−13.9℃，难溶于水，溶于乙醇、乙醚、丙酮和二氯乙烷。易聚合，也能与丁二烯、乙烯、丙烯、丙烯腈、醋酸乙烯酯、丙烯酸酯等共聚，是高分子化合物聚氯乙烯的单体。

氯乙烯可以进一步与氯化氢反应，主要生成 1,1-二氯乙烷。

$$CH_2═CH—Cl + HCl \xrightarrow{HgCl_2} CH_3—\underset{\large Cl}{\underset{|}{CH}}—Cl$$

不对称炔烃与卤化氢的加成同样遵守马氏加成规则，也只有在过氧化物存在或光照下与

HBr 加成，得到的是反马氏加成规则的产物。例如：

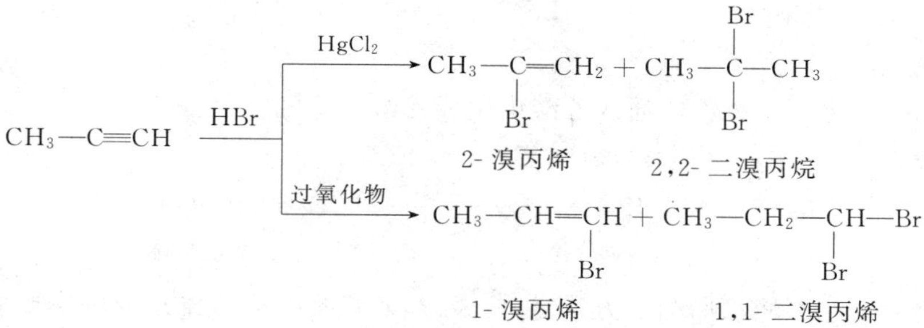

4. 加水

在硫酸汞的稀硫酸溶液催化下，炔烃可以和水进行加成，首先生成在双键碳原子上连有羟基的烯醇式化合物，烯醇式化合物一般不稳定，羟基上的氢原子转移到另一个双键碳原子上。与此同时，电子也发生了转移，使碳碳双键变成单键，而碳氧单键则变成双键，最后得到稳定的羰基化合物。例如：

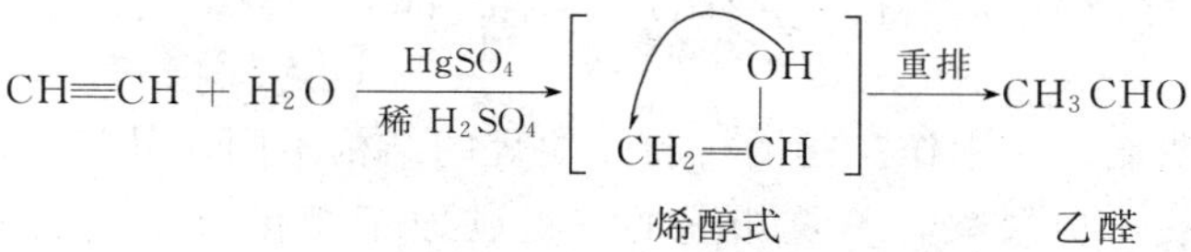

这是工业上制乙醛的一个方法。乙醛沸点为 20.2℃，能与水、乙醇、乙醚、氯仿相混溶，易燃，易挥发，用于制造乙酸、乙酸酐、乙酸乙酯、正丁醇、季戊四醇、合成树脂等。

烯醇式和羰基化合物之间这种结构互相转变的现象，称为互变异构现象，它们是互变异构体。

不对称炔烃与水的反应也遵循马氏加成规则。例如：

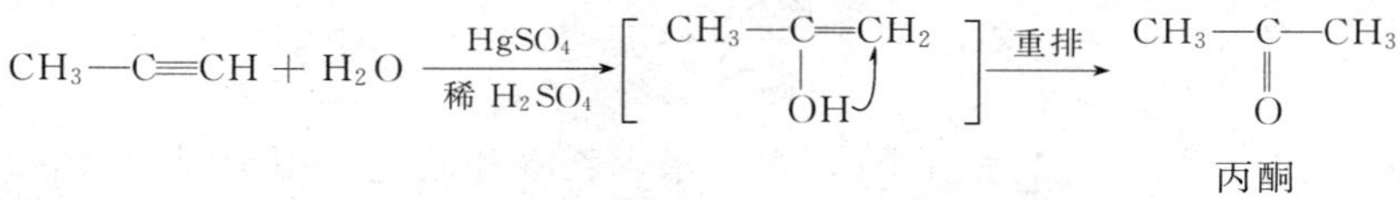

丙酮沸点为 56.5℃，能与水、甲醇、乙醇、乙醚、氯仿、吡啶相混溶。能溶解脂肪、树脂和橡胶。化学性质比较活泼，是制造乙酸酐、氯仿、碘仿、环氧树脂、聚异戊二烯橡胶、甲基丙烯酸甲酯等的重要原料。在无烟火药、醋酯纤维、喷漆等工业中用作溶剂，在油脂等工业中用作提取剂。

练习

4-3 炔烃比烯烃的不饱和程度大，但炔烃比烯烃的亲电加成反应却困难得多，为什么？

4-4 写出下列炔烃的水合产物：

（1）1-戊炔　　（2）3-己炔

5. 加醇

在碱的催化下，炔烃可以与醇发生加成反应，生成乙烯基醚。例如：

$$CH\equiv CH + CH_3OH \xrightarrow[160℃]{20\%NaOH} \underset{\text{甲基乙烯基醚}}{CH_2=CH-O-CH_3}$$

甲基乙烯基醚是一个重要的单体，聚合后生成高分子化合物，可作为涂料、胶黏剂、增塑剂的原料。

6. 加羧酸

在醋酸锌的催化下，将乙炔通入乙酸中生成乙酸乙烯酯。

$$CH\equiv CH + CH_3\overset{O}{\overset{\|}{C}}—OH \xrightarrow[170\sim230℃]{醋酸锌} CH_2=CH—O—\overset{O}{\overset{\|}{C}}CH_3$$

乙酸乙烯酯

这是工业上生产乙酸乙烯酯的方法之一。乙酸乙烯酯是合成维尼龙的主要原料，也用于制造橡胶、涂料、胶黏剂等。

应当注意，炔烃与羧酸、醇的加成反应不是亲电加成反应，而是亲核加成反应（亲核加成的反应机理见醛、酮一章），烯烃不发生类似的反应。

二、氧化反应

与烯烃的 C═C 相似，炔烃的 C≡C 也很容易被氧化剂氧化。例如：

$$CH\equiv CH + KMnO_4 + H_2O \longrightarrow HCOOH + MnO_2\downarrow + KOH$$
$$HCOOH \longrightarrow CO_2\uparrow$$

反应现象十分明显，可用作三键的检验。炔烃的结构不同，其氧化产物也不同，与烷基相连的三键碳原子氧化成羧酸，与氢相连的三键碳原子氧化成二氧化碳，因此通过氧化产物，可以确定炔烃中的三键位置，进而确定炔烃的结构。例如：

$$CH_3—C\equiv CH \xrightarrow[H_2O]{KMnO_4} CH_3COOH + CO_2\uparrow$$

醋酸

$$CH_3—C\equiv C—CH_3 \xrightarrow[H_2O]{KMnO_4} 2CH_3COOH$$

$$CH_3—C\equiv C—CH_2CH_3 \xrightarrow[H_2O]{KMnO_4} CH_3COOH + CH_3CH_2COOH$$

丙酸

醋酸熔点为 16.7℃，沸点为 118℃，溶于水、乙醇和乙醚。用于制造醋酸纤维素、醋酸酐、醋酸盐、颜料和药物等，也是制造橡胶、塑料、染料等的溶剂。丙酸熔点为－20.8℃，沸点为 140.7℃，溶于水、乙醇、乙醚和氯仿。用于制造香料用丙酸酯，并用作硝酸纤维素溶剂和增塑剂。

三、炔氢的反应——金属炔化物的生成

在炔烃分子中，连接在三键碳原子上的氢原子，比连在双键和饱和碳原子上的氢原子都要活泼，通常把它称为活泼氢，也叫炔氢。

由于炔烃中的三键碳原子为 sp 杂化，而 sp 杂化碳原子比 sp^2 和 sp^3 杂化碳原子的电负性强，所以与三键碳原子相连的炔氢，与相应的烷烃、烯烃中的氢原子相比有一定的弱酸性，能与碱金属（如钠和钾）或强碱（如氨基钠）等反应，生成金属炔化物，并放出氢气。例如：

$$CH\equiv CH + Na \xrightarrow{液氨} CH\equiv CNa + H_2\uparrow$$

乙炔钠

$$R—C\equiv CH + \underset{或\ NaNH_2}{Na} \xrightarrow{液氨} R—C\equiv CNa + H_2\uparrow$$

炔钠是有机合成的中间体，性质非常活泼，可与卤代烃反应，从而增长碳链得到较高级的炔

烃。例如：

$$CH_3—C\equiv CNa + CH_3CH_2Br \longrightarrow CH_3—C\equiv C—CH_2CH_3$$

这是有机合成中常用的增碳反应之一。

乙炔和三键在端位的炔烃分子中的炔氢，还可以被 Ag^+ 或 Cu^+ 取代，分别生成炔银和炔亚铜。例如，将乙炔通入硝酸银的氨溶液或氯化亚铜的氨溶液中，则迅速生成白色的乙炔银或红棕色的乙炔亚铜沉淀。

$$CH\equiv CH + 2Ag(NH_3)_2NO_3 \longrightarrow \underset{\text{乙炔银(白色)}}{AgC\equiv CAg\downarrow} + 2NH_4NO_3 + 2NH_3\uparrow$$

$$CH\equiv CH + 2Cu(NH_3)_2Cl \longrightarrow \underset{\text{乙炔亚铜(红棕色)}}{CuC\equiv CCu\downarrow} + 2NH_4Cl + 2NH_3\uparrow$$

$$R—C\equiv CH + Ag(NH_3)_2NO_3 \longrightarrow R—C\equiv CAg\downarrow$$

$$R—C\equiv CH + Cu(NH_3)_2Cl \longrightarrow R—C\equiv CCu\downarrow$$

反应十分灵敏，现象也十分明显，因此常用作乙炔和—C≡CH 型炔烃的鉴定。

炔银和炔亚铜等重金属炔化物，潮湿时比较稳定，干燥时遇热或受撞击容易发生爆炸，生成金属和炭。

$$AgC\equiv CAg \xrightarrow[\triangle]{} 2Ag + 2C + 365kJ/mol$$

因此，必须将不再使用的金属炔化物，用稀硝酸或稀盐酸处理，使之分解，以免发生危险。

$$AgC\equiv CAg + 2HCl \longrightarrow CH\equiv CH + 2AgCl$$

$$CuC\equiv CCu + 2HCl \longrightarrow CH\equiv CH + CuCl$$

利用金属炔化物遇酸容易分解为原来的炔烃这一性质，可以用来分离和提纯端位炔烃。

四、聚合反应

乙炔与乙烯相似，也能以自身加成的方式发生聚合反应。随着反应条件的不同，反应产物不同。例如，将乙炔通入氯化亚铜和氯化铵的强酸溶液中，立即发生聚合反应而生成乙烯基乙炔。

$$CH\equiv CH + CH\equiv CH \xrightarrow[H^+]{CuCl\text{-}NH_4Cl} \underset{\text{乙烯基乙炔}}{CH_2=CH—C\equiv CH}$$

乙烯基乙炔是制造氯丁橡胶的单体 2-氯-1,3-丁二烯的重要原料。

$$CH_2=CH—C\equiv CH + HCl \xrightarrow{CuCl\text{-}NH_4Cl} \underset{\text{2-氯-1,3-丁二烯}}{CH_2=CH—\underset{\displaystyle Cl}{\overset{|}{C}}=CH_2}$$

乙炔在高温下，可以发生环状聚合反应生成苯。

$$3CH\equiv CH \xrightarrow{500℃}$$ 

此反应产率不高，无工业生产价值，但说明了开链化合物可以转变为芳香族化合物。

第六节 炔烃的制法与用途

一、乙炔的制法和用途

乙炔是有机化工生产的重要原料之一。自然界中没有乙炔存在，目前工业上生产乙炔的方法主要有两种。

1. 电石法

此法是生产乙炔较为古老的方法。将石灰和焦炭在电弧高温炉中加热至 2300℃，生成碳化钙（俗称电石），碳化钙遇水立即生成乙炔。

$$CaO + 3C \xrightarrow{2300℃} CaC_2 + CO\uparrow$$

$$CaC_2 + 2H_2O \longrightarrow HC{\equiv}CH + Ca(OH)_2$$

该方法耗电量大，成本高，但技术成熟，乙炔含量较高，生产工艺流程简单，应用较普遍。随着石油工业的飞速发展，利用天然气为原料通过裂解来生产乙炔已成为发展方向。

2. 甲烷部分氧化法

天然气的主要成分是甲烷，将甲烷在 1500～1600℃的高温下部分氧化裂解可以得到乙炔、氢和一氧化碳（俗称水煤气）。

$$5CH_4 + 3O_2 \xrightarrow{1500\sim1600℃} HC{\equiv}CH + 3CO + 6H_2 + 3H_2O$$

为避免乙炔在高温下分解，要迅速将生成的乙炔用水冷却。该法成本较低，适合于大规模生产，还可得到合成氨的原料水煤气。但乙炔含量较低（8%～9%），需要用溶剂提取浓缩。纯乙炔是无色无臭的气体，但由碳化钙法制得的乙炔往往混有磷化氢、硫化氢等杂质，使气体有臭味。乙炔与一定比例的空气混合后，可形成爆炸性的混合物，其爆炸极限为 3%～80%（体积分数）。乙炔在加压下不稳定，液态乙炔受到振动会爆炸，因此使用时必须注意安全。乙炔在丙酮中的溶解度很大，尤其在加压下。为避免爆炸危险，一般用浸有丙酮的多孔物质（如石棉、活性炭等）吸收乙炔后，一起储存在钢瓶中，这样可安全地储存和运输。

3. 乙炔的用途

乙炔的重要用途之一是燃烧时所形成的氧炔焰的最高温度可达 3500℃，用来焊接或切割金属。但乙炔最主要的用途是用作有机合成的原料。表 4-2 列举了乙炔的主要用途。

表 4-2　乙炔的主要用途

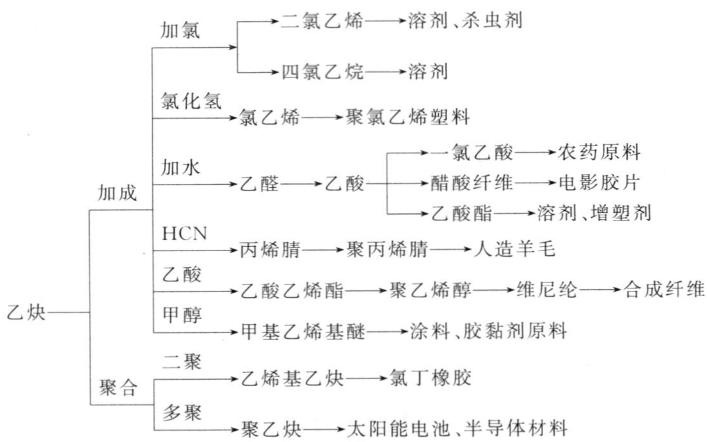

二、其他炔烃的制备

1. 由二卤代烷制备

与卤代烷脱卤化氢制烯烃相似，在类似的条件下，卤代烷也可以脱去两分子的卤化氢生成炔烃。例如：

$$\underset{\text{2,3-二氯丁烷}}{CH_3-\underset{Cl}{\underset{|}{CH}}-\underset{Cl}{\underset{|}{CH}}-CH_3} + 2KOH \xrightarrow{醇} CH_3-C\equiv C-CH_3 + 2KCl + 2H_2O$$

$$\underset{\text{2,2-二氯戊烷}}{CH_3CH_2CH_2\overset{Cl}{\overset{|}{\underset{Cl}{\underset{|}{C}}}}CH_3} + KOH \xrightarrow{醇} CH_3CH_2C\equiv CCH_3 + 2KCl + 2H_2O$$

2. 由炔钠和卤代烃制备（见炔烃的性质）

$$R-C\equiv CNa + CH_3CH_2Br \longrightarrow R-C\equiv C-CH_2CH_3$$

阅读材料

碳 足 迹

碳足迹（carbon footprint）指的是由企业机构活动、产品或个人引起的温室气体排放的集合。温室气体排放渠道主要有：交通运输、食品生产和消费、能源使用以及各类生产过程。碳足迹标示一个人或者团体的“碳耗用量”。“碳”，就是石油、煤炭、木材等由碳元素构成的自然资源。“碳”耗用得多，导致地球暖化的元凶“二氧化碳”也制造得多，“碳足迹”就大，反之“碳足迹”就小。

每个人都有自己的碳足迹，它指每个人的温室气体排放量，以二氧化碳为标准计算。这个概念以形象的“足迹”为比喻，说明了我们每个人都在天空不断增多的温室气体中留下了自己的痕迹。一个人的碳足迹可以分为第一碳足迹和第二碳足迹。第一碳足迹是因使用化石能源而直接排放的二氧化碳，比如一个经常坐飞机出行的人会有较多的第一碳足迹，因为飞机飞行会消耗大量燃油，排出大量二氧化碳。第二碳足迹是因使用各种产品而间接排放的二氧化碳，比如消费一瓶普通的瓶装水，会因它的生产和运输过程中产生的排放而带来第二碳足迹。由此可见，碳足迹涉及许多因素，根据不同的个人也会有不同的变数。不过，计算碳足迹并不难，许多网站提供了专门的“碳足迹计算器”，只要输入相关情况，就可以计算你某种活动的碳足迹，也可以计算你全年的碳足迹总量。碳足迹越大，说明你对全球变暖所要负的责任越大。

一旦你明白你所产生的碳足迹从哪来，那你就可以开始减少它。很多种生活方式可以产生碳足迹，但也总有一些方法相应地减少碳足迹。比如：换节能灯泡，11W 节能灯就相当约 80W 白炽灯的照明度，使用寿命更比白炽灯长 6～8 倍，不仅大大减少用电量，还节约了更多资源，省钱又环保；空调的温度夏天设在 26℃左右，冬天 18～20℃对人体健康比较有利，同时还可大大节约能源；购买那些只含有少量或者不含氟里昂的绿色环保冰箱，丢弃旧冰箱时打电话请厂商协助清理氟里昂；选择“能效标志”的冰箱、空调和洗衣机，能效高，省电加省钱；购买小排量或混合动力机动车，减少二氧化碳排放；选择公交，减少使用小轿车和摩托车；汽车共享（拼车），和朋友、同事、邻居同乘，既减少交通流量，又节省汽油、减少污染、减小碳足迹；选择购买本地食品，避免食品通过航班进出口，减少空运环节，更为绿色。

其实，碳足迹等一系列环保新理念的提出，既是环境问题的日趋严重的一个证明，同时也体现着人类为解决环境问题正在做着不懈的努力。只有大家能用持之以恒的态度对待每一件事关节能环保的“小事”，才能将保护地球生态的“大事”坚持到底，将无止境的生命延续。

本章小结

1. 炔烃的通式：C_nH_{2n-2}，炔烃的官能团 C≡C 。由 sp 杂化轨道所形成的一个 C—Cσ 键和两个 C—Cπ 键所组成的。sp 杂化轨道的键角为 180°，组成三键的两个碳原子和与其相连的原子都在一直线上。

2. 炔烃的同分异构只有两种：由于碳骨架的不同而产生的碳链异构，因三键在碳链中的位置不同而产生的位置异构，没有顺反异构。

3. 命名原则与烯烃相似。分子中同时含有双键和三键时，按碳原子数命名为烯炔，碳链的编号以双键和三键的位置和最小为原则。当双键和三键处于同一位次时，优先给双键以最小的编号。

4. 炔烃的性质

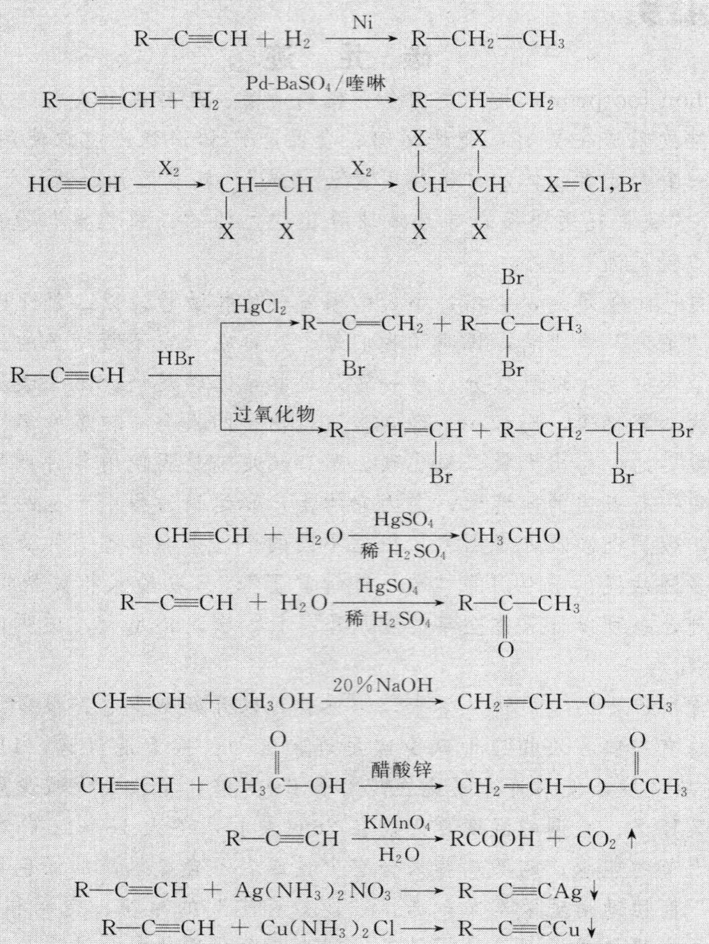

习　　题

1. 写出 C_6H_{10} 的全部炔烃异构体的构造式，并用系统命名法命名。

2. 用系统命名法命名下列化合物：

(1) $CH_3\underset{\substack{|\\ C_2H_5}}{CH}-C\equiv CCH_3$　　(2) $HC\equiv C-\underset{\substack{|\\ CH_3}}{C}=CHCH_2CH_3$

(3) $CH_2=CHCH_2C\equiv CCH_3$　　(4) $CH_3-\underset{\substack{|\\ CH_3}}{C}=CH-C\equiv C-CH_3$

(5) $CH_2=CHCH=\underset{\substack{|\\ CH_3}}{C}C\equiv CH$　　(6) $CH_3\underset{\substack{|\\ CH_3}}{C}=CHCH=CHC\equiv CH$

3. 写出下列化合物的构造式：

(1) 3-甲基-1-戊炔　　(2) 4-甲基-3-乙基-1-己炔

(3) 3-甲基-1-庚烯-5-炔　　(4) 3,4-二甲基-1-戊炔

4. 完成下列反应：

(1) $CH_2=CHCH_2C\equiv CH + (1mol)HBr \longrightarrow$

(2) $CH_2=CHCH_2C\equiv CH + H_2O \xrightarrow[\triangle]{Hg^{2+},H_2SO_4}$

(3) $CH_2=CHCH_2C\equiv CH + KMnO_4 \xrightarrow{H^+}$

(4) $CH_2=CHCH_2C\equiv CH + CH_3CH_2OH \xrightarrow{KOH}$

(5) $CH_3C\equiv CH + NaNH_2 \xrightarrow{液氨} \xrightarrow{CH_3CH_2Br}$

(6) $CH_2=CHCH_2C\equiv CH + H_2 \xrightarrow[喹啉]{Pd/BaSO_4}$

(7) $CH_3-C\equiv CH + Cl_2 \longrightarrow \xrightarrow{HCl}$

5. 用化学方法鉴别下列各组化合物：

(1) 1-丁炔和 2-丁炔　　(2) 乙烷、乙烯和乙炔

6. 由指定原料合成下列化合物：

(1) 由乙炔合成 1-丁炔

(2) 由乙炔合成 3-己炔

(3) 由丙炔合成正己烷

7. 多项选择题：

(1) 用化学方法区别乙烯和乙烷，可选用的试剂是（　　）。

A. 溴/CCl_4溶液　　B. 浓硫酸　　C. 高锰酸钾　　D. 银氨溶液

(2) 用化学方法区别乙烯和乙炔，可选用的试剂是（　　）。

A. 溴/CCl_4溶液　　B. 铜氨溶液　　C. 高锰酸钾　　D. 银氨溶液

(3) 用化学方法区别 1-丁炔和 2-丁炔，可选用的试剂是（　　）。

A. 溴/CCl_4溶液　　B. 铜氨溶液　　C. 高锰酸钾　　D. 银氨溶液

(4) 下列化合物中可以与水发生反应生成 2-丁酮的是（　　）。

A. 1-丁烯　　B. 2-丁烯　　C. 1-丁炔　　D. 2-丁炔

(5) 丙烯与溴化氢的加成，可得到 1-溴丙烷的条件是（　　）。

A. 氯化钠水溶液中　　B. 光照条件下　　C. 过氧化物条件下　　D. 水溶液中

(6) 下列化合物中可以与高锰酸钾发生反应生成乙酸的是（　　）。

A. 1-丁烯　　B. 2-丁烯　　C. 1-丁炔　　D. 2-丁炔

8. 判断下列说法是否正确，为什么？

(1) 所有的烯烃都有顺反异构体。

(2) 1,3-丁二烯与 1mol 氯化氢加成，产物只有一种。

(3) 从结构上看，由于乙炔比乙烯的不饱和程度高，因此更容易发生亲电加成反应。

(4) 炔烃的三键碳原子电负性大于烯烃和烷烃碳原子，因而容易离解出氢质子。

9. 化合物 A 和 B 的分子式同为 C_6H_{10}，催化加氢后都得到 2-甲基戊烷，A 与硝酸银氨溶液反应，而 B 不与硝酸银氨溶液反应，写出 A 和 B 的构造式。

10. 化合物 A 分子式为 C_7H_{12}，经催化加氢生成 3-乙基戊烷；A 与硝酸银氨溶液反应生成白色沉淀；A 在林德拉催化剂作用下与氢反应生成 B；A 可以与丙烯酸反应，生成化合物 C。试推测 A、B、C 的构造式。

11. 化合物 A、B、C 分子式都是 C_5H_8。它们都能使溴的四氯化碳溶液褪色。A 能与氯化亚铜的氨溶液生成沉淀。B、C 则不能。用热的高锰酸钾溶液氧化时，A 得丁酸和二氧化碳；B 得乙酸和丙酸；C 得戊二酸。写出 A、B、C 的构造式。

12. 某化合物的分子式为 C_6H_{10}，能与 2mol 溴加成而不能与氯化亚铜的氨溶液起反应。在汞盐的硫酸溶液存在下，能与水反应得到 4-甲基-2-戊酮和 2-甲基-3-戊酮的混合物。试写出 C_6H_{10} 的构造式。

第五章 脂 环 烃

学习目标

1. 熟练掌握脂环烃的命名方法；
2. 掌握单环脂环烃的化学性质；
3. 了解环烷烃的大小与稳定性的关系。

前面所讲的烷烃、烯烃、炔烃及二烯烃，不论饱和或不饱和都是脂肪烃，从本章开始介绍与脂肪烃结构不同的另一种烃——脂环烃。

脂环烃是自然界存在的比较广泛、也比较重要的一类有机化合物。脂环烃和它的衍生物主要存在于石油及许多天然产物中。例如，石油中含有 $C_5 \sim C_7$ 的脂环烃——环己烷、甲基环己烷、甲基环戊烷、二甲基环戊烷等。松节油、樟脑、薄荷以及名贵香料——麝香等天然产物中都存在着多种脂环结构，如薄荷油中的薄荷醇、动物体内的胆固醇、香料中的樟脑等。人们在实验室里还合成了许多结构独特美观、高度对称的脂环烃化合物，如立方烷等。

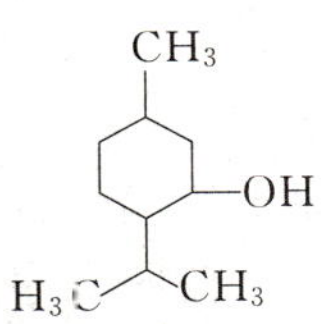

薄荷醇

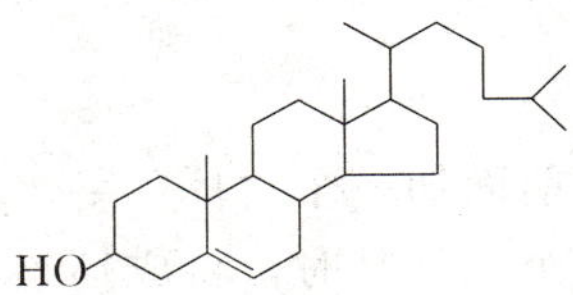

胆固醇

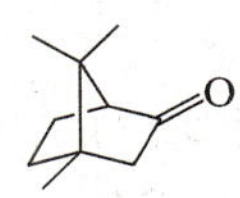

樟脑

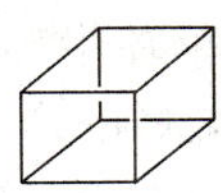
立方烷

第一节 脂环烃的分类和构造异构

脂环烃是指具有环状结构、性质与脂肪烃相类似的碳氢化合物。组成环的碳原子数可以是3、4、5、6…，分别称为三碳（元）环、四碳（元）环、五碳（元）环、六碳（元）环……

环丙烷
（三元环）

环丁烷
（四元环）

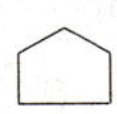
环戊烷
（五元环）

环己烷
（六元环）

按分子中有无不饱和键，脂环烃分为饱和脂环烃——环烷烃、不饱和脂环烃——环烯烃和环炔烃。例如：

环戊烯

环己烯

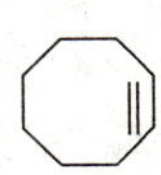
环辛炔

按分子中含有的碳环数目，脂环烃分为单环脂环烃、双环脂环烃和多环脂环烃。上述例子都是单环脂环烃。

双环［2.2.1］庚烷

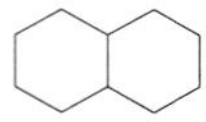

十氢化萘

双环脂环烃

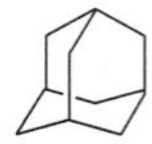

金刚烷

多环脂环烃

单环烷烃的通式：C_nH_{2n}，与烯烃相同，所以碳原子相同的单环烷烃与烯烃是构造异构体。例如，环丙烷与丙烯的分子式都是 C_3H_6。

$CH_3—CH═CH_2$

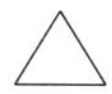

环烯烃的通式是：C_nH_{2n-2}，与二烯烃和炔烃是构造异构体。例如，环丁烯与丁二烯和丁炔的分子式都是 C_4H_6。

$CH_2═CH—CH═CH_2$　　$CH_3CH_2C≡CH$

脂环烃本身，由于组成环的碳原子数和取代基的不同，也有构造异构体。例如，分子式同为 C_4H_8 的脂环烃有两个不同的构造异构体，同为 C_5H_{10} 的脂环烃就有五个构造异构体。

C_4H_8

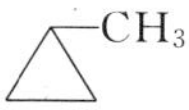

C_5H_{10}

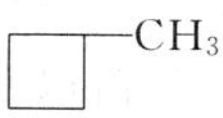

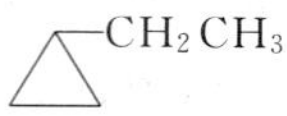

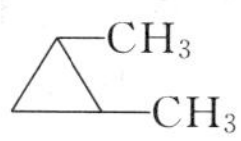

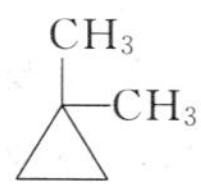

第二节　脂环烃的命名

1. 单环脂环烃的命名

环烷烃的命名是在相应的烷烃名称前面加一个“环”字。环上碳原子的编号也是以取代基最小位次为原则。如果环上有不止一个取代基时，将成环碳原子编号，按照次序规则给较优基团以较大的位次，且使所有取代基的位次和尽可能小。根据环的大小，一般将环分成小环（三、四元环）、普环（五、六、七元环）、中环（八到十一元环）和大环（十二元环以上）。若取代基比环结构更复杂，也可将环作为取代基。

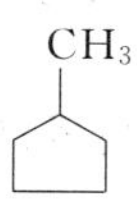

甲基环戊烷

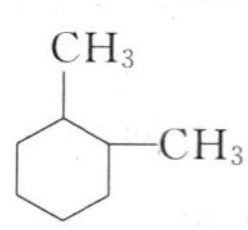

1,2-二甲基环己烷

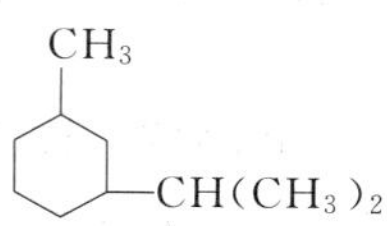

1-甲基-3-异丙基环己烷

环烯烃和环炔烃命名时把最小位次留给不饱和键。例如：

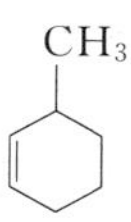

3-甲基环己烯

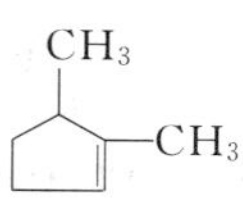

2,3-二甲基环戊烯

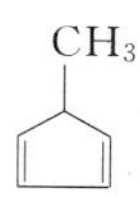

5-甲基-1,3-环戊二烯

2. 双环脂环烃的命名

两个环共用两个或多个碳原子，称为桥环化合物。

桥环化合物的命名是根据该化合物上碳原子的总数称为双环某烷（二环某烷），环字后面加方括号，括号内用阿拉伯数字从大到小指出环上每一碳桥上碳原子的数目，该数字不包括桥头碳原子，数字之间也在下角用圆黑点隔开。桥环化合物中，两个环共用的碳原子为“桥头”碳原子，编号从桥头碳沿大环开始。

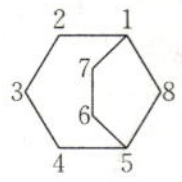

双环［3.2.1］辛烷

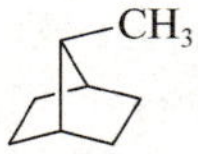

7-甲基双环［2.2.1］庚烷

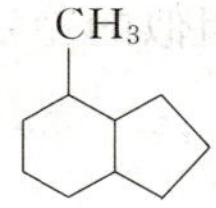

2-甲基双环［4.3.0］壬烷

不少桥环化合物因结构复杂，多用俗名称呼。

练习

5-1 写出 C_6H_{12} 的环烷烃的所有构造异构体，并命名。

第三节 环烷烃的结构与稳定性

经过对环烷烃化学性质的研究后发现，构成环的碳原子数目和环的稳定性有密切的关系，环的大小不同其化学稳定性也不同，环越小化学性质越活泼。环丙烷最不稳定，环丁烷次之，它们都容易发生加成反应而开环。而环戊烷和环己烷的化学性质则比较稳定，一般不易开环。

为什么小环烃的稳定性不如大环烃呢？环烷烃稳定性大小的顺序可以从环烷烃的分子结构加以解释。

在环烷烃的分子中，碳原子虽然也是 sp^3 杂化，但为了形成环，杂化轨道对称轴的夹角不一定是 109.5°，环的大小不同其键角也不同。链状烷烃之所以稳定是由于成键碳原子的 sp^3 杂化轨道的对称轴在一条直线上，从而达到最大程度的正面重叠，C—C—C 的键角保持或基本保持 109.5°。而环丙烷的三个碳原子形成一个正三角形，必然在一个平面上，其内角为 60°。由于受到几何形状的限制，因此环丙烷分子中的碳原子形成 C—Cσ 键时，sp^3 杂化轨道的对称轴不可能在一条直线上，这样就形成一个弯曲的香蕉形的 σ 键，称为弯曲键。物理测定表明，C—C—C 的键角为 105.5°，如图 5-1 所示。

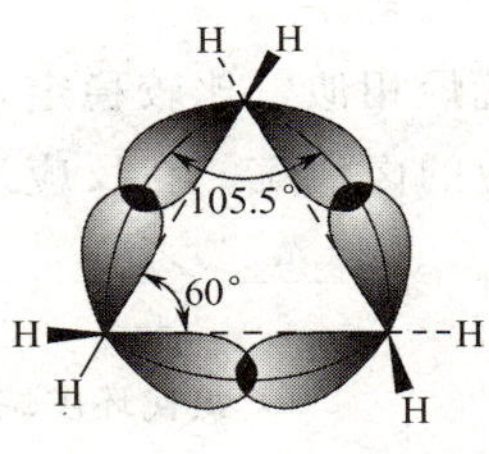

图 5-1 环丙烷中 sp^3 杂化轨道重叠情况

弯曲键与正常的 σ 键相比，轨道重叠程度较小，C—Cσ 键变弱，使得环不稳定，容易断裂。这种由于键角偏离了正常键角而产生的一种力图恢复正常键角的张力叫做角张力。角张力越大，分子内能越高，环的稳定性越差。

物理方法测定表明，环丁烷分子中四个碳原子不在一个平面内，呈折叠式构象，又称蝶式（图 5-2），与环丙烷相似，也存在着角张力，只是两弯曲键的键角加大，键弯曲的程度比环丙烷小，即角张力较小，故稳定性比环丙烷好一些。相比之下，环戊烷的优势构象呈信封状（图 5-3），环戊烷的键角应为 108°，接近于 109.5°，角张力很小，故化学性质比较稳定，不容易发生开环反应。环己烷所有的 C—C—C 的键角基本保持 109.5°（图 5-4），所以环己烷具有与烷烃相似的稳定性。

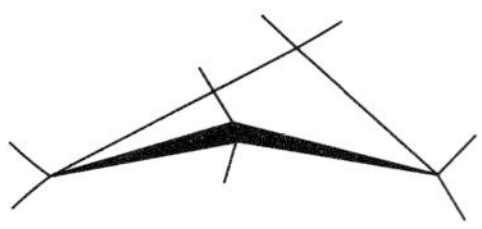

图 5-2　环丁烷的构象

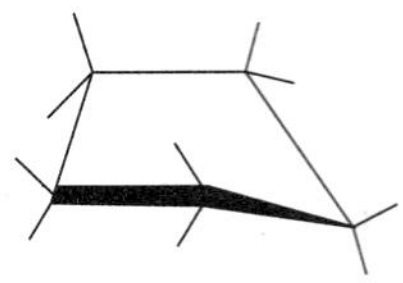

图 5-3　环戊烷的构象

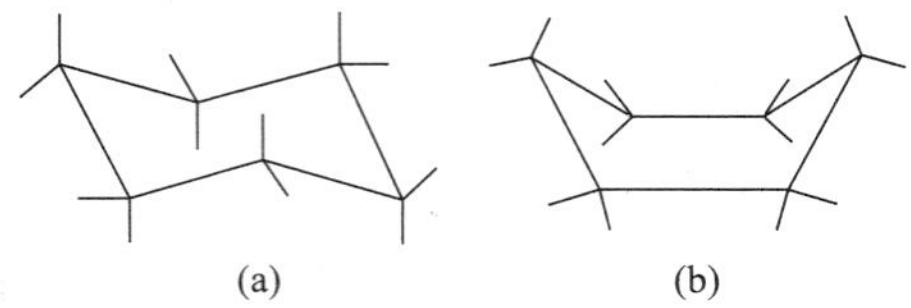

图 5-4　环己烷的椅式构象（a）和船式构象（b）

应当指出，从环丁烷以上，环不再是一个平面。因为 sp^3 杂化轨道的方向性，就不再使碳原子存在平面构型的可能性，所以对于环戊烷以上的环烷烃，根本不存在或极少存在角张力，分子内能也极小，化学稳定性显著增加，因而很难发生开环反应。

第四节　环烷烃的物理性质

在常温常压下，环丙烷与环丁烷为气体，环戊烷与环己烷为液体。环烷烃的熔点、沸点均比碳原子数相同的烷烃高。相对密度也比相应的烷烃大，但仍比水轻。常见环烷烃的物理常数见表 5-1。

表 5-1　常见环烷烃的物理常数

化合物名称	沸点/℃	熔点/℃	相对密度 d_4^{20}	化合物名称	沸点/℃	熔点/℃	相对密度 d_4^{20}
环丙烷	−33	−127	0.720	环己烷	81	6.5	0.779
环丁烷	12	−80	0.703	环庚烷	118	−12	0.810
环戊烷	49	−94	0.745	环辛烷	151	15	0.836

第五节　环烷烃的化学性质

一、取代反应

环戊烷和环己烷的化学性质与烷烃相似，比较稳定，但在高温或紫外线的照射下，能与卤素发生自由基取代反应，生成相应的卤代烷。在反应过程中，碳环保持不变。例如：

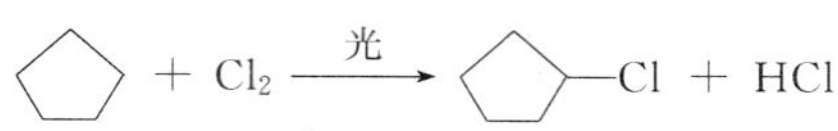

氯代环戊烷

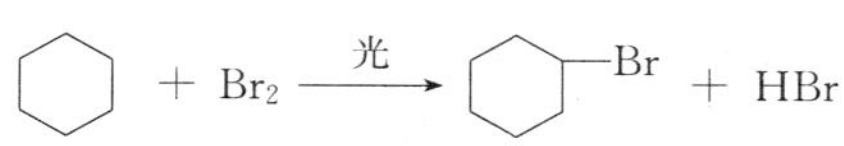

溴代环己烷

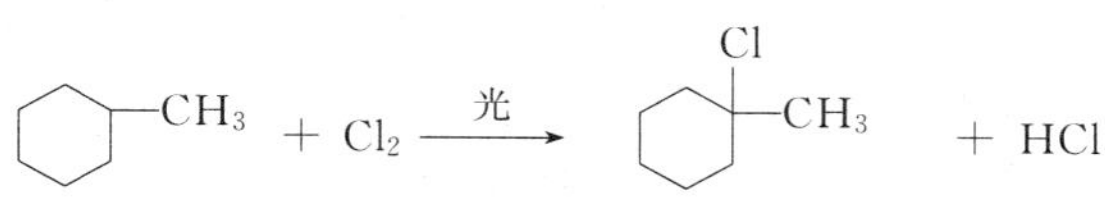

1-甲基-1-氯环己烷

氯优先取代环上含氢少的碳上的氢原子。

二、加成反应

三元环和四元环的环烷烃与烯烃的性质相似，它们表现出一种特殊的化学性质——较易开环，发生加成反应。

1. 催化加氢

环丙烷和环丁烷在催化剂作用下加氢，发生开环反应，生成相应的烷烃。随环的大小不同，反应条件也不同，环越大，反应条件越高。例如：

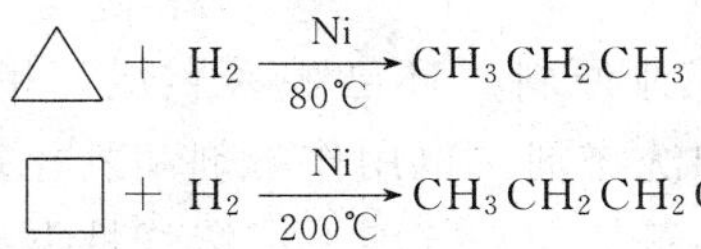

在上述条件下，环戊烷和环己烷不反应。

2. 加卤素

环丙烷很像烯烃，在常温下即与卤素发生加成反应，生成相应的卤代烃。而环丁烷需要加热才能与卤素发生反应。例如：

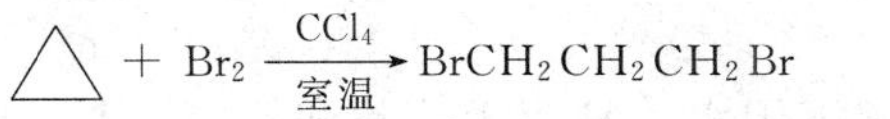

1,3-二溴丙烷

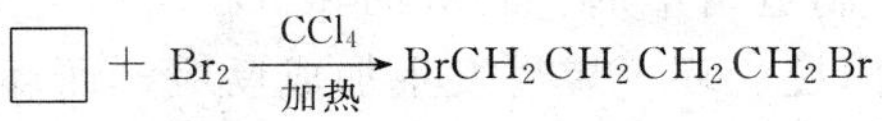

1,4-二溴丁烷

环戊烷以上的环烷烃与卤素加成比较困难，随着反应温度的升高而发生自由基取代反应。利用这一反应可以区分小环烃与其他环烃。

3. 加卤化氢

环丙烷及其烷基衍生物很容易与卤化氢发生加成反应而开环，而环丁烷需加热后才能反应。例如：

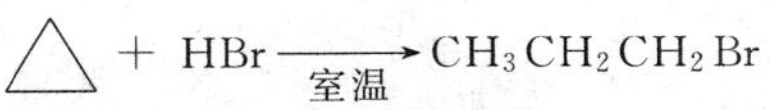

1-溴丙烷

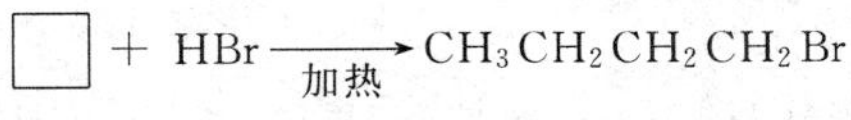

1-溴丁烷

环丙烷的衍生物发生加成反应时，环的断裂发生在含氢最多和含氢最少的两个碳原子之间，符合马氏加成规则，即氢原子加到含氢较多的碳原子上。例如：

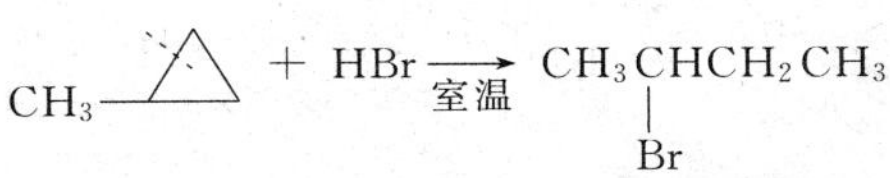

2-溴丁烷

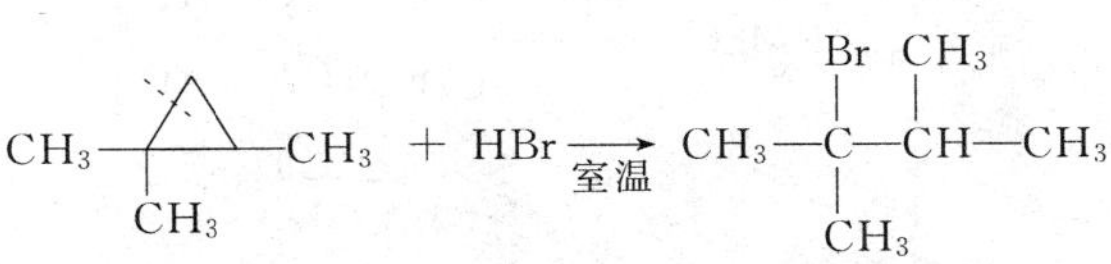

2,3-二甲基-2-溴丁烷

三、氧化反应

常温下，即使较活泼的环丙烷与一般的氧化剂（如高锰酸钾水溶液）也不起反应，这与不饱和烃的性质不同，故可采用 $KMnO_4$ 水溶液来鉴别环烷烃与不饱和烃。

但在加热条件下与强氧化剂作用，或在催化剂作用下用空气直接氧化，环烷烃可生成各种氧化产物。例如：

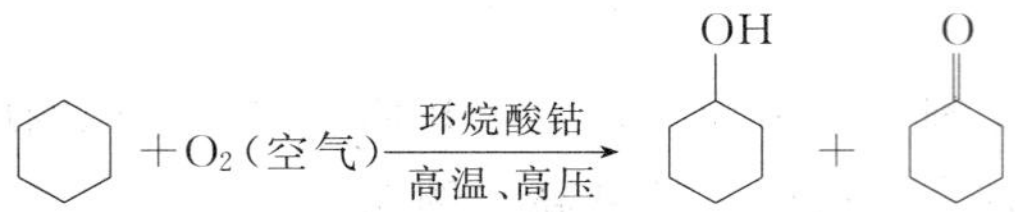

环己醇　　环己酮

环己醇和环己酮是重要的工业原料。环己醇易燃烧，稍溶于水，溶于乙醇、乙醚和苯等，用于制造己二酸、增塑剂和洗涤剂，也用作溶剂和乳化剂。环己酮是无色油状液体，微溶于水，易溶于乙醇和乙醚，其蒸气与空气能形成爆炸性混合物，用于制造树脂和合成纤维尼龙 6 的单体——己内酰胺。

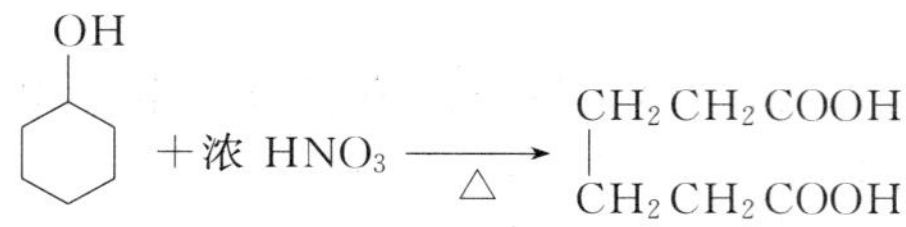

己二酸

己二酸是白色结晶，微溶于水，易溶于乙醇和乙醚，与二元胺缩聚成聚酰胺，是制造尼龙 66 的主要原料，也用于制造增塑剂、润滑剂和工程塑料。

从以上反应可见，环丙烷、环丁烷易发生加成反应，而环戊烷、环己烷以及高级环烷烃易发生取代反应和氧化反应，它们的化学性质可概括为："小环"似烯，"大环"似烷。

第六节　环烯烃的化学性质

环烯烃的性质与一般烯烃类似，能发生亲电加成反应，如加氢、加卤素、加卤化氢、加水等，也能被高锰酸钾等氧化剂氧化。例如：

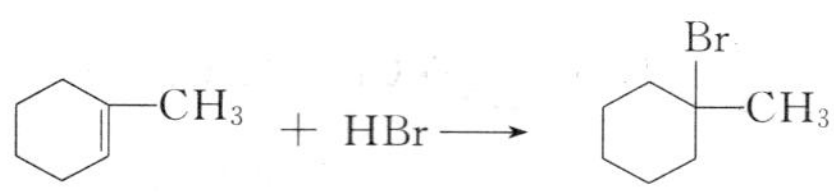

1-甲基-1-溴环己烷

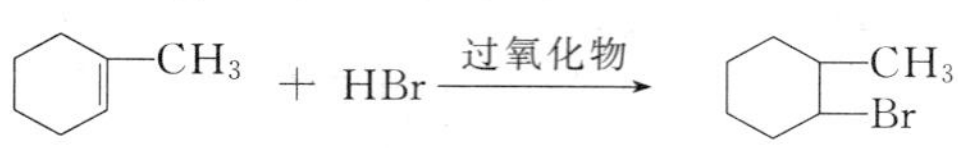

1-甲基-2-溴环己烷

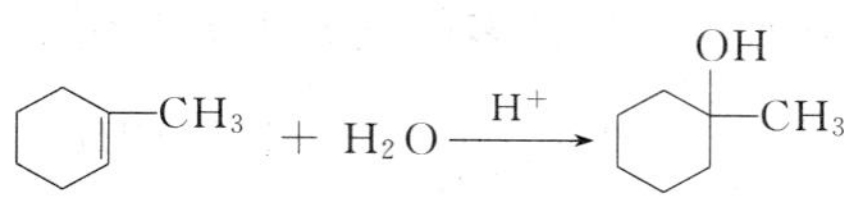

1-甲基环己醇

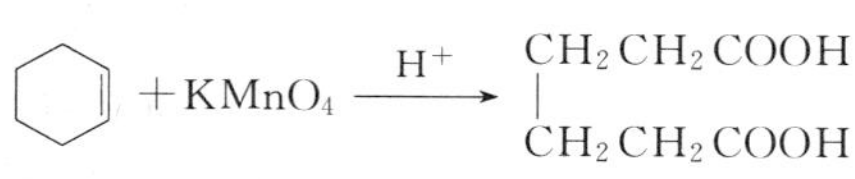

己二酸

第七节　环烷烃的来源与制备

石油是环烷烃的主要工业来源。石油中主要含有五元环、六元环的环烷烃及其衍生物，即环戊烷和环己烷及其烷基衍生物。例如：

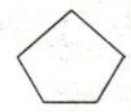

环戊烷

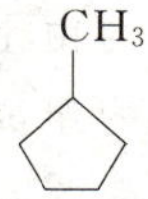

甲基环戊烷

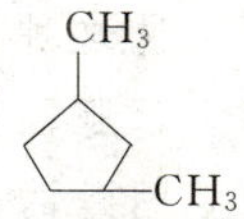

1,3-二甲基环戊烷

环己烷

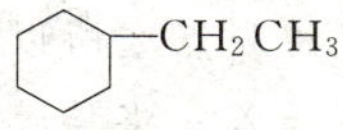

乙基环己烷

以上这些环烷烃中，最重要的是环己烷。工业上生产环己烷主要采用石油馏分异构化法和苯催化加氢法。

一、石油馏分异构化法

将甲基环戊烷在氯化铝作用下，进行异构化反应，转化为环己烷。

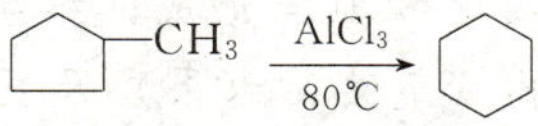

异构化后的产物经分离提纯，可得到含量达 95%以上的环己烷。

二、苯催化加氢法

由苯催化加氢制备环己烷是目前工业上采用的主要方法。

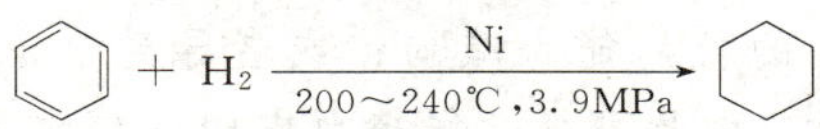

环己烷是无色液体，沸点为 80.8℃，不溶于水而溶于有机溶剂，主要用于制造合成纤维的原料，如己二酸、己二胺、己内酰胺等，也常作为有机溶剂，如可用作油漆脱漆剂、精油萃取剂等。

阅读材料

胆 固 醇

胆固醇（cholesterol）又称胆甾醇，是一种环戊烷多氢菲的衍生物，是广泛存在于生物体内一类重要的天然物质。早在 18 世纪人们已从胆石中发现了胆固醇，1816 年化学家本歇尔将这种具脂类性质的物质命名为胆固醇。胆固醇广泛存在于动物体内，尤以脑及神经组织中最为丰富，在肾、脾、皮肤、肝和胆汁中含量也高。其溶解性与脂肪类似，不溶于水，易溶于乙醚、氯仿等溶剂。胆固醇是动物组织细胞所不可缺少的重要物质，它不仅参与形成细胞膜，而且是合成胆汁酸、维生素 D 以及甾体激素的原料，因此对于大多数组织来说，保证胆固醇的供给、维持其代谢平稳是十分重要的。

不同的动物以及动物的不同部位，胆固醇的含量也不一致。一般而言，兽肉的胆固醇含量高于禽肉，肥肉高于瘦肉，贝壳类和软体类高于一般鱼类，而蛋黄、鱼子、动物内脏的胆固醇含量则最高。植物中没有胆固醇，但存在结构上与胆固醇十分相似的物质——植物固醇。植物固醇无致动脉粥样硬化的作用，且在肠黏膜上，植物固醇（特别是谷固醇）还可以竞争性抑制胆固醇的吸收。

人体内的胆固醇主要来源于人的自身合成，食物中的胆固醇只是次要补充。如一个 70kg 体重的成年人，体内大约有胆固醇 140g，每日大约更新 1g，其中 4/5 在体内代谢产生，只有 1/5 需从食物补充。而人体对胆固醇的吸收率也只有 30%，且随着食物胆固醇含量的增加，吸收率还要下降。

在对待食物胆固醇的作用方面，存在着两种截然不同的片面观点。一种观点认为胆固醇是极其有害不能吃的东西。说这种观点片面，是由于持这种观点的人对胆固醇在人体内的作用缺乏清楚的认识。事实上，胆固醇是细胞膜的组成成分，参与了一些甾体类激素和胆酸的生物合成。由于许多含有胆固醇的食物中其他的营养成分也很丰富，如果过分忌食这类食物，很容易引起营养平衡失调，导致贫血和其他疾病的发生。另一种观点认为胆固醇对人体无多大危害，人们可以尽情地摄取。这种观点之所以错误，是由于对高脂血症、冠心病的发病机制缺乏认识。长期过量的食物胆固醇摄入，将导致动脉粥样硬化和冠心病的发生与发展。

在每天吃多少胆固醇比较恰当这个问题上，一般认为健康成人，每天胆固醇的摄入量应低于300mg，而伴有冠心病或其他动脉粥样硬化病的高胆固醇血症患者，每天胆固醇的摄入量应低于200mg。

在饮食上最好食用含膳食纤维丰富的食物，如：芹菜、玉米、燕麦等；茶叶中的茶色素可降低血总胆固醇，防止动脉粥样硬化和血栓形成；维生素C与维生素E可降低血脂，调整血脂代谢，它们在深色或绿色植物（蔬菜、水果）及豆类中含量颇高。限制高脂肪食品，如动物内脏，食植物油不食动物油。饮酒同样可以诱发胆固醇含量升高，因此饮酒量以每日摄入的酒精不超过20g（白酒不超过50g）为宜。

同样值得注意的是如果人体内胆固醇水平过低，往往会导致皮质激素合成减少，减弱人体应激能力和免疫力，使正常的抗病能力减弱；或者导致性激素合成减少，影响正常性功能，这些均不利于人体的健康。由此可见，保持血中胆固醇水平的平衡状态非常重要，任何片面的观点和措施，如贪吃或过分忌口都是不可取的。

本章小结

1. 单环烷烃的通式 C_nH_{2n}，命名时，在相应的烷烃名称前面加一个“环”字。编号时，按照次序规则给较优基团以较大的编号，且使所有取代基的编号尽可能小。

2. 环烷烃的化学性质，“小环”似烯，易加成，“大环”似烷，易取代。

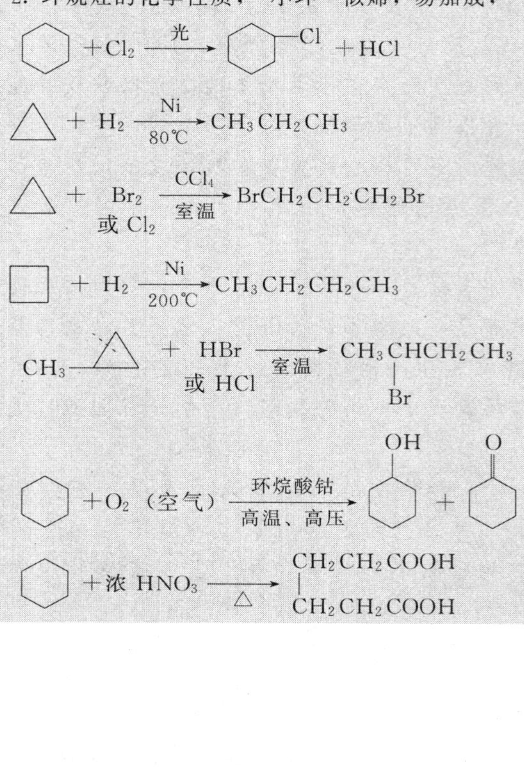

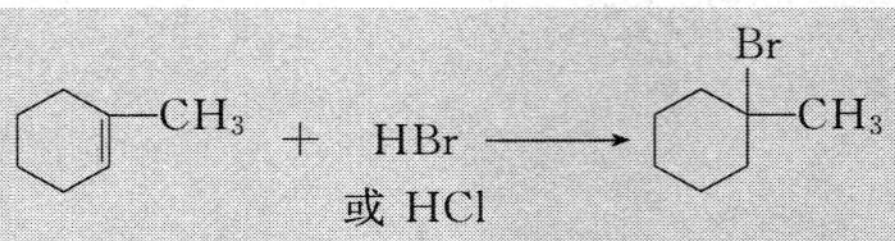

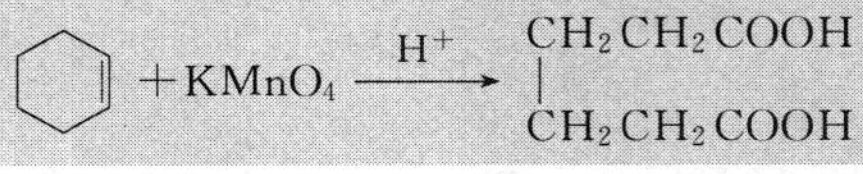

习　　题

1. 写出 C_6H_{12} 环烷烃的所有构造异构体，并命名。

2. 命名下列化合物：

(1) 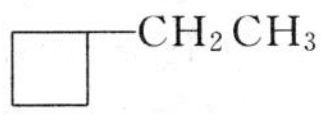　　(2) 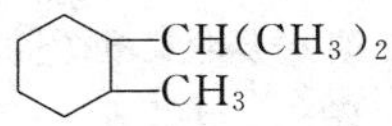

(3) 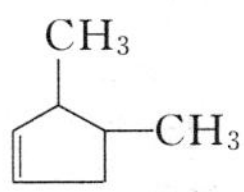　　(4) 

(5) 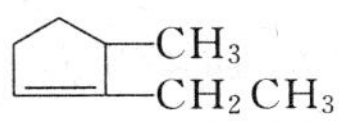　　(6) 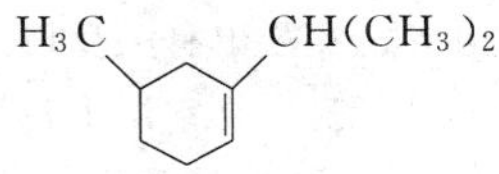

(7) 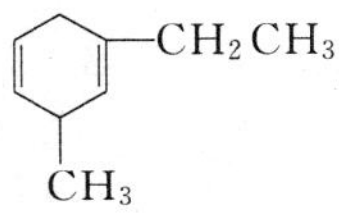　　(8) 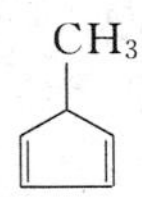

(9) 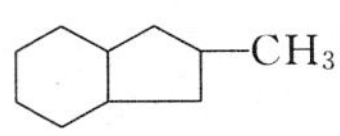　　(10) 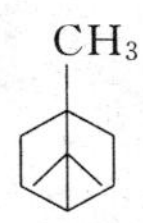

(11) 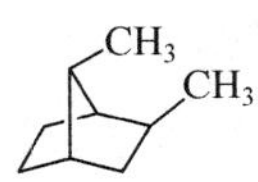　　(12) 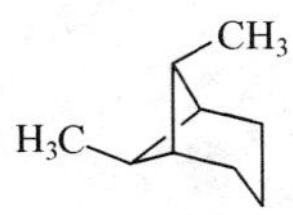

3. 写出下列化合物的构造式：

(1) 1,1-二甲基环己烷　　(2) 1-甲基-3-乙基环戊烯

(3) 二环［3.2.1］辛烷　　(4) 3-甲基-1,4-环己二烯

4. 完成下列反应：

(1) 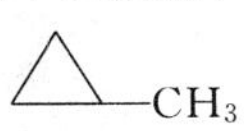 + HCl ⟶

(2) 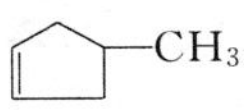 + H_2 $\xrightarrow{Ni}$

(3) 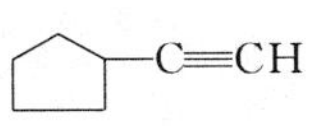 + H_2O $\xrightarrow[H_2SO_4]{HgSO_4}$

(4)  + Br_2(1mol) ⟶

(5) 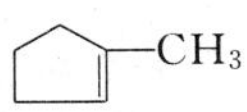 + HBr $\xrightarrow{过氧化物}$

(6) 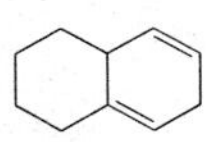 + $KMnO_4$ $\xrightarrow[\triangle]{H^+}$

(7)  + CH_2═CHCOOH ⟶

(8)  + CH_3COOOH ⟶

(9) 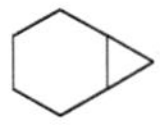 + H_2 $\xrightarrow{Pt}$

(10) —CH_2CH═CH_2 + HBr(过量)⟶

5. 用简单的化学方法，鉴别下列各组化合物：

(1) 环丙烷、环戊烷和环戊烯

(2) 环丙烷、丙烯和丙炔

6. 化合物 A 分子式为 C_6H_{10}，与溴的四氯化碳溶液反应生成化合物 B（$C_6H_{10}Br_2$）。A 在酸性高锰酸钾的氧化下，生成 2-甲基戊二酸。试推测化合物 A 的构造式，并写出有关反应式。

7. 化合物 A 分子式为 C_4H_8，它能使溴水褪色，但不能使稀的高锰酸钾溶液褪色。A 与 HBr 反应生成 B，B 也可以从 A 的同分异构体 C 与 HBr 作用得到。C 能使溴的四氯化碳溶液褪色，也能使稀的高锰酸钾溶液褪色。推测 A、B、C 的构造式，并写出各步反应。

8. 1,3-丁二烯聚合时，除生成高分子化合物外，还有一种环状结构的二聚体生成。该二聚体能发生下列反应：(1) 催化加氢后生成乙基环己烷；(2) 可与两分子溴加成；(3) 用过量高锰酸钾氧化，生成 3-羧基己二酸。试推测该二聚体的构造式并写出有关反应式。

9. 化合物 A、B、C 的分子式均为 C_5H_8，在室温下都能与两分子溴起加成反应。三者均可以被高锰酸钾溶液氧化，除放出 CO_2 外，A 生成分子式为 $C_4H_6O_2$ 的一元羧酸；B 生成分子式为 $C_4H_8O_2$ 的一元羧酸，C 生成丙二酸（HOOCCH_2COOH）。A、B、C 经催化加氢后均生成正戊烷，试推测 A、B、C 的构造式，并写出各步反应式。

第六章　芳　香　烃

学习目标

1. 熟练掌握芳烃的命名；
2. 掌握苯的结构特征及大 π 键的形成过程，理解芳香性概念；
3. 熟练掌握苯及其同系物的化学性质、苯环取代定位规律及其应用；
4. 了解萘、蒽、菲的结构和化学性质。

芳香烃是芳香族碳氢化合物的简称，也称为芳烃。最早是指那些从天然的香树脂、香精油中提取出来的有香味的物质，它们的化学性质与烷烃、烯烃、炔烃以及脂环烃相比较有很大不同。随着有机化合物的增多，经过研究人们发现，芳香烃的分子组成基本上都是苯的同系物及衍生物，但不少带苯环结构的化合物却并没有所谓的芳香味，因此芳香烃这一名称已经名不副实。与脂肪烃和脂环烃相比，苯环比较容易发生取代反应，而不易发生加成和氧化反应，这就是芳香烃的化学特性——芳香性。

随着有机化学的发展，又发现一些不具备苯环结构的环烃也有这类化合物的特征，这些环烃称为非苯芳烃。

但通常所说的芳香烃，仍指分子中含有苯环结构的化合物。

第一节　芳烃的分类与命名

一、芳烃的分类

芳烃根据结构的不同可分为三类。

1. 单环芳烃

分子中含有一个苯环的芳烃及其同系物，统称为单环芳烃。例如：

苯

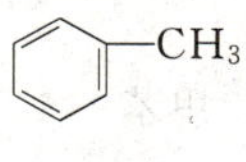

甲苯

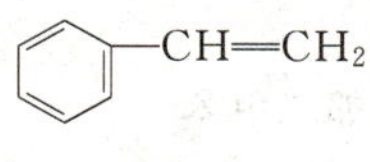

苯乙烯

2. 多环芳烃

分子中含有两个或两个以上独立苯环的芳环及其同系物，统称为多环芳烃。例如：

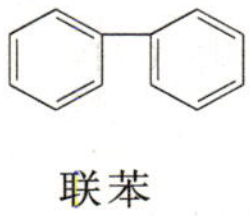

联苯

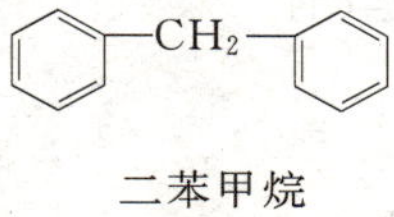

二苯甲烷

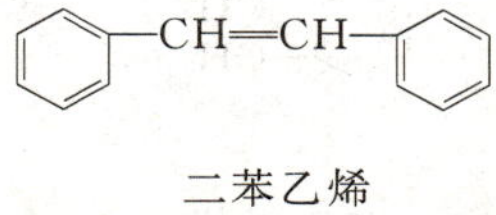

二苯乙烯

3. 稠环芳烃

分子中含有由两个或多个苯环彼此间通过共用两个碳原子连接而成的芳烃，统称为稠环芳烃。例如：

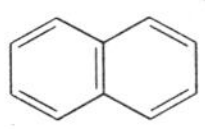
萘

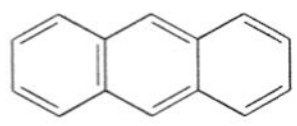
蒽

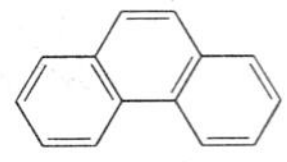
菲

二、芳烃的命名

苯的一元取代物只有一种。命名时以苯环为母体，烷基为取代基，称为某烷基苯，习惯上“基”字常省略。例如：

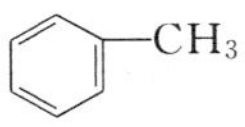
甲苯

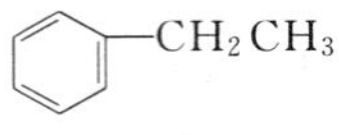
乙苯

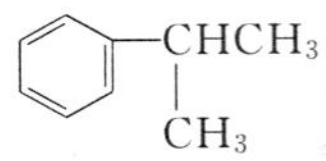
异丙苯

若烃基为不饱和基，则将苯作为取代基，不饱和烃为母体。例如：

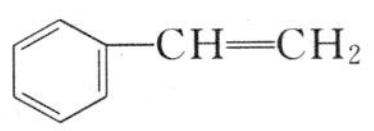
苯乙烯

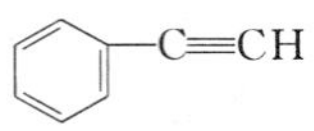
苯乙炔

3-苯基丙烯

若烃基较复杂或含一个以上的苯环也可将烃作为母体，苯为取代基。例如：

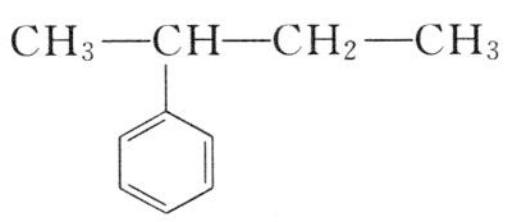
2-苯基丁烷

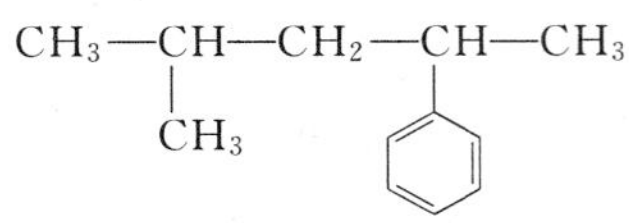
2-甲基-4-苯基戊烷

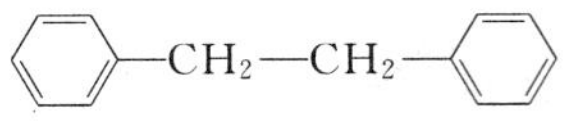
1,2-二苯乙烷

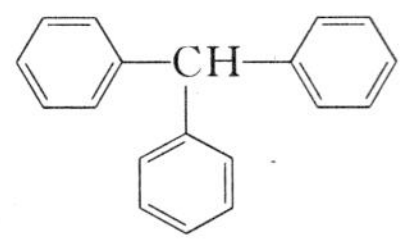
三苯甲烷

苯的二元取代物，由于取代基在苯环上的相对位置不同而有三个异构体。命名时应标明它们的相对位置，以邻、间、对或用阿拉伯数字表示。例如：

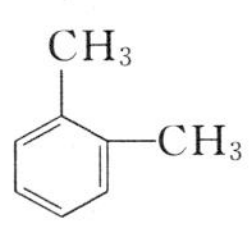
邻二甲苯
1,2-二甲苯

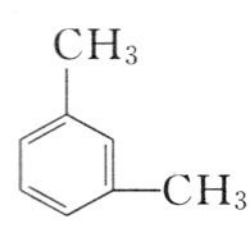
间二甲苯
1,3-二甲苯

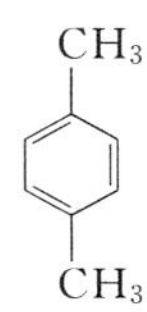
对二甲苯
1,4-二甲苯

若苯环上有三个取代基时，可用阿拉伯数字或连、偏、均等字头标明其相对位置。例如：

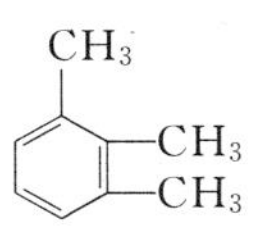
连三甲苯
1,2,3-三甲苯

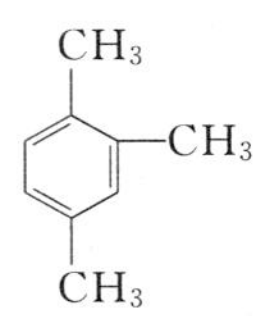
偏三甲苯
1,2,4-三甲苯

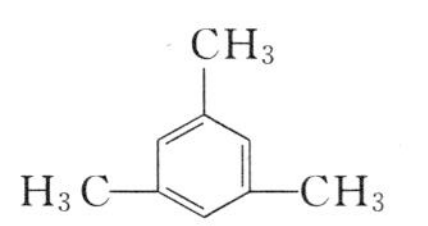
均三甲苯
1,3,5-三甲苯

当苯环上连有多个不同的烃基时，则选取最简单的烃基为 1 位，然后将其他烃基按位次和尽可能小的方向沿苯环编号。若有甲基，一般以甲苯作为母体。例如：

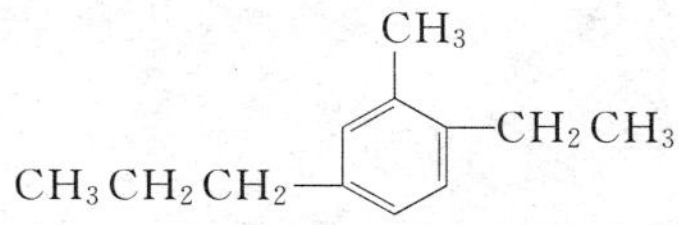

1-甲基-2-乙基-5-丙基苯

（或 2-乙基-5-丙基甲苯）

芳烃少一个氢原子而形成的基团，称为芳基，简写为 Ar。苯去掉一个氢原子而形成的基团，称为苯基，简写为 Ph。例如：

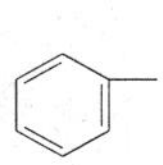

苯基

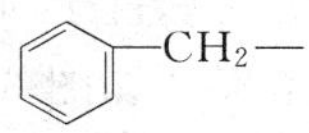

苯甲基（苄基）

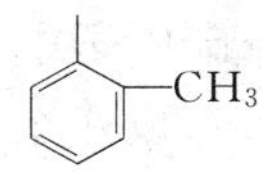

邻甲苯基

练习

6-1　写出分子式为 C_9H_{12} 的芳香烃所有的异构体并命名。

6-2　命名下列化合物：

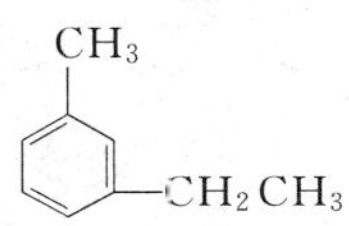

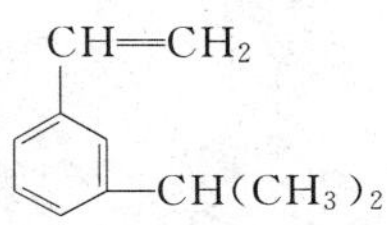

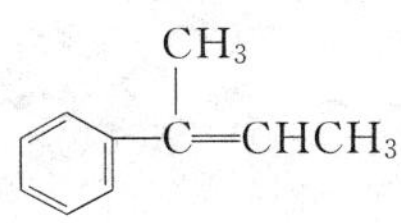

第二节　苯的结构

苯的分子式是 C_6H_6，碳氢比为 1∶1，应该是一个不饱和烃。但它与烯烃、炔烃等不饱和烃比较，它的不饱和性并不显著，如苯不易发生加成和氧化反应，却容易发生卤化、磺化、硝化等取代反应，这与不饱和烃明显不同。那么苯到底是什么样的结构呢？

1865 年，德国化学家凯库勒（Kekule）提出了苯环的结构式：

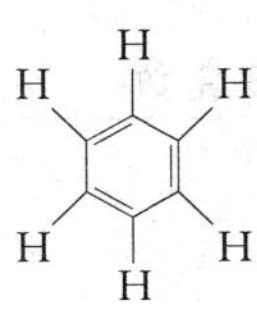

简写成

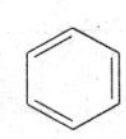

苯的这个结构式虽然可以说明苯分子的组成以及原子间的连接次序，但是仍不能解释结构式中既然含有三个双键，为什么不易发生类似烯烃的加成反应。此外根据凯库勒结构式，苯的邻位二元取代物应当有两种：

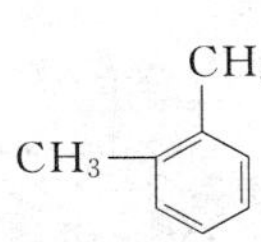

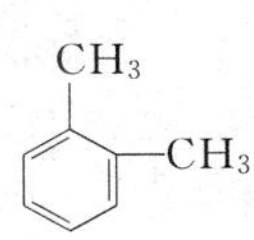

然而实际上只有一种。

物理方法测定表明，苯环上的六个碳原子和六个氢原子都处于一个平面上，彼此之间的夹角为120°，形成一个正六边形，碳-碳键完全一样，键长为0.139nm。如图6-1所示。

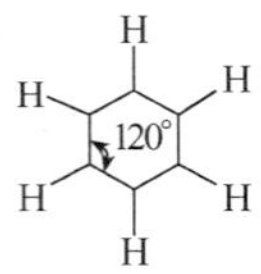

图6-1　苯分子的结构

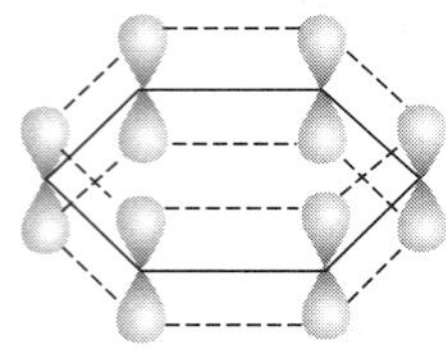

图6-2　苯分子中的环状共轭体系

在苯分子中，每个碳原子都以三个 sp^2 杂化轨道分别与一个氢原子和两个碳原子形成三个 σ 键。每个碳原子中未参与杂化的p轨道垂直于所在平面，与相邻碳原子的p轨道相互平行侧面重叠，形成一个封闭的环状共轭体系，如图6-2所示。它使 π 电子不再局限于原来所在的p轨道，而是高度离域，使整个共轭体系电子云完全平均化，从而能量降低。

苯的这种结构特点，至今还没有更好的结构式来表示，出于习惯和解释问题的方便，一直沿用凯库勒式来表示苯的结构。但必须明确，苯的结构并没有像凯库勒式中所表示的那样，有单双键之分，六个C—C是完全等同的。

苯的结构除仍沿用凯库勒式外，还可采用正六边形中间加一个圆圈表示，圆圈代表苯分子中的六个p轨道所形成的大 π 键，但现在已很少采用。

第三节　单环芳烃的物理性质

苯和同系物一般为无色液体，不溶于水，而溶于乙醚、乙醇、石油醚、四氯化碳等有机溶剂。相对密度在0.86～0.9之间。甲苯、二甲苯等对某些涂料有较好的溶解性，常用作涂料的稀释剂。由于分子含碳比例较高，燃烧时带有较浓的黑烟。苯及其同系物有特殊气味，它们的蒸气有毒，苯的蒸气可以通过呼吸道对人体产生损害，高浓度的苯蒸气主要作用于中枢神经，引起急性中毒，低浓度的苯蒸气长期接触损害造血器官。苯及其常见同系物的物理常数见表6-1。

表6-1　苯及其常见同系物的物理常数

名　称	熔　点/℃	沸　点/℃	相　对　密　度
苯	5.5	80.0	0.879
甲苯	−95.0	110.8	0.867
邻二甲苯	−25.2	144.4	0.850
间二甲苯	−47.9	139.1	0.864
对二甲苯	13.3	138.4	0.861
乙苯	−95.0	136.2	0.867
正丙苯	−99.5	159.2	0.862
异丙苯	−96.0	152.4	0.862
连三甲苯	−25.5	176.1	0.894
偏三甲苯	−43.9	169.2	0.876
均三甲苯	−43.7	184.6	0.865
苯乙烯	−31.0	146.0	0.903

第四节　单环芳烃的化学性质

由于苯是闭合的共轭体系，不存在一般的C═C，所以苯没有烯烃的典型性质。苯环具有特殊的稳定性，即不容易被氧化，也不容易发生加成反应，却容易发生取代反应，这是芳香族化合物特有的性质，称为芳香性。

一、取代反应

苯环上电子密度高，与烯烃中π电子一样，容易被亲电试剂所进攻，所不同的是烯烃容易发生亲电加成反应，而苯及其同系物由于结构的特点，很容易发生卤化、硝化、磺化、烷基化和酰基化等亲电取代反应。

1. 卤化反应

在铁或氯化铁的催化作用下，苯环上的氢被氯或溴原子取代，生成氯苯或溴苯，并放出卤化氢。

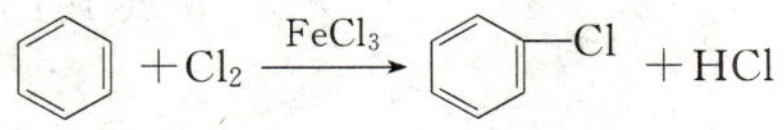

氯苯

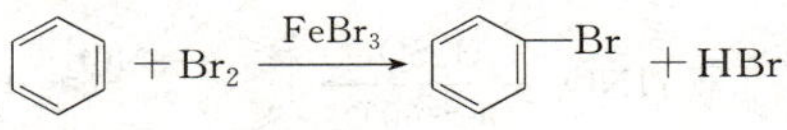

溴苯

在比较强烈的情况下，氯苯或溴苯可以继续和氯或溴反应，主要生成邻位和对位二氯苯或二溴苯。

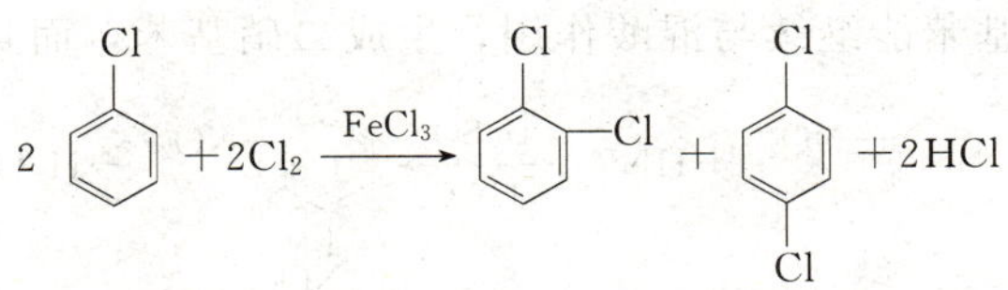

邻二氯苯　　对二氯苯

苯的氟化反应太猛烈，故应采用间接的方法制备。苯的碘化反应，由于生成的 HI 是一个还原剂，一般不能直接制备。

卤素活性顺序：F＞Cl＞Br＞I。

烷基苯与卤素反应较苯容易，且主要得到邻位和对位二取代物。例如：

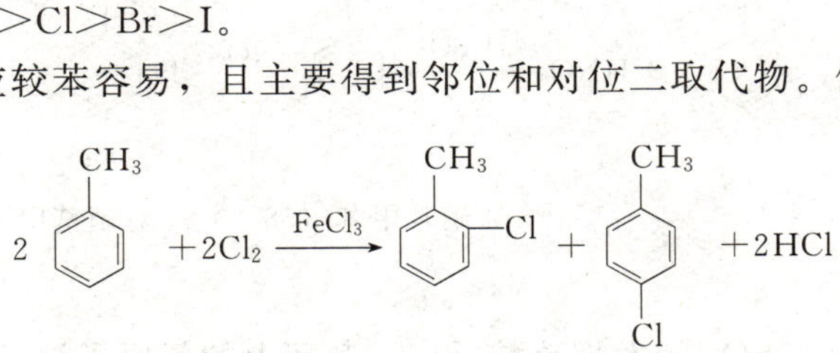

邻氯甲苯　　对氯甲苯

但在光照或加热的情况下，卤素与烷基苯反应不是取代苯环上的氢原子，而是取代苯环侧链α-碳上的氢原子。这是一个自由基取代反应。例如在光的作用下，甲苯与氯反应生成苯氯甲烷。

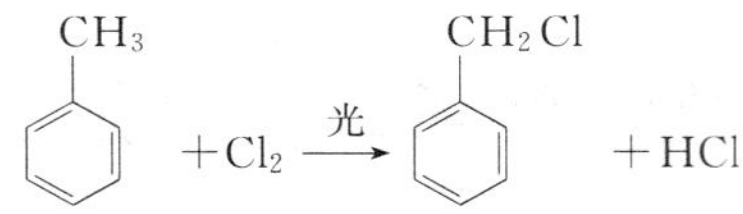

苄基氯

如果是乙苯、丙苯等长链烷基苯在光照下进行氯化，取代的也是与苯环相连的α-碳上的氢原子，这与烯烃的高温氯代反应相似。例如：

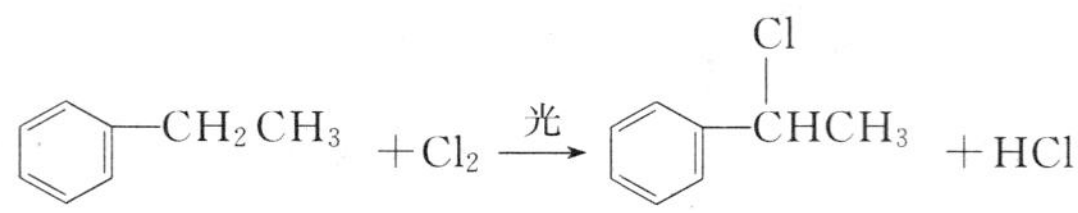

1-苯基-1-氯乙烷

$$CH_2{=}CH{-}CH_2CH_3 + Cl_2 \xrightarrow{\text{高温}} CH_2{=}CH{-}\underset{\displaystyle Cl}{\underset{|}{C}}HCH_3 + HCl$$

3-氯-1-丁烯

2. 硝化反应

苯与浓硫酸和浓硝酸的混合物（称为混酸）在一定温度下反应，生成硝基苯。

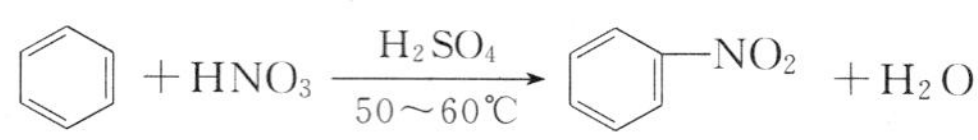

硝基苯

纯硝基苯是无色或淡黄色的液体，几乎不溶于水，与乙醇、乙醚、苯互溶。用途很广，如制备苯胺、偶氮苯、染料等。

在较高温度下，硝基苯能继续与混酸作用，生成二硝基苯，而且主要是间位取代物。

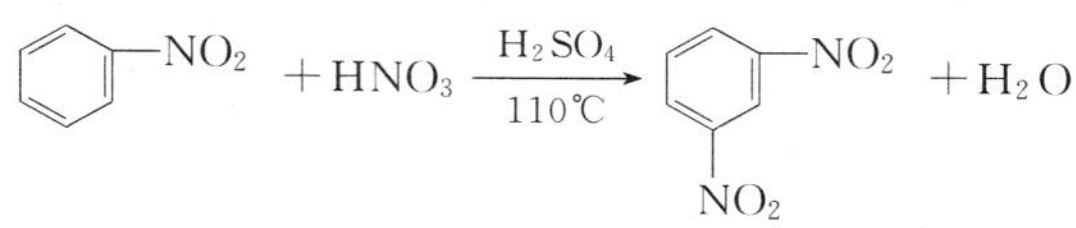

间二硝基苯（93.3%）

烷基苯比苯容易硝化，且主要生成邻位和对位二取代物。例如：

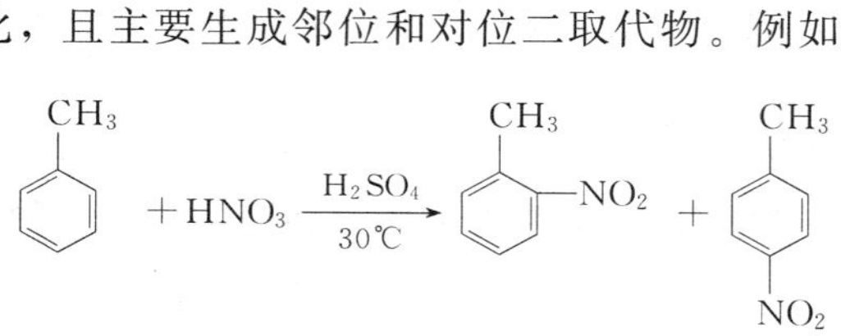

邻硝基甲苯（58%）　对硝基甲苯（38%）

3. 磺化反应

苯与浓硫酸或含 10%SO_3 的发烟硫酸反应，苯环上的氢原子被磺基取代生成苯磺酸。

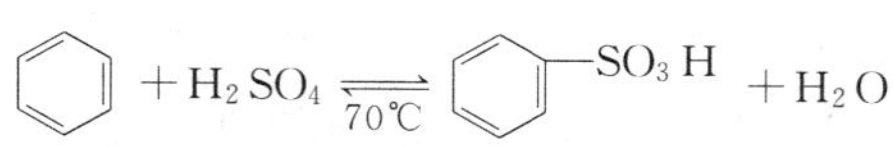

苯磺酸

苯磺酸易溶于水和乙醇，微溶于苯，主要用于经碱熔制备苯酚，也用于制备间苯二酚。

用浓硫酸进行的磺化反应是一个可逆反应，其逆反应称为水解反应。

在较高温度下，苯磺酸能继续发生磺化反应，生成间苯二磺酸。

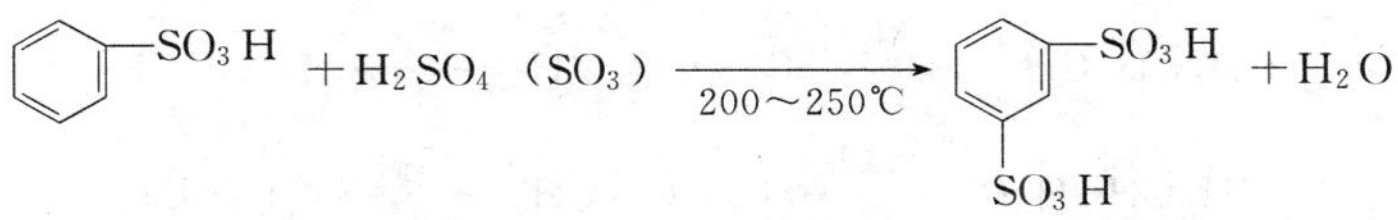

间苯二磺酸（90%）

烷基苯比苯容易进行磺化，且主要生成邻位和对位二取代物。例如：

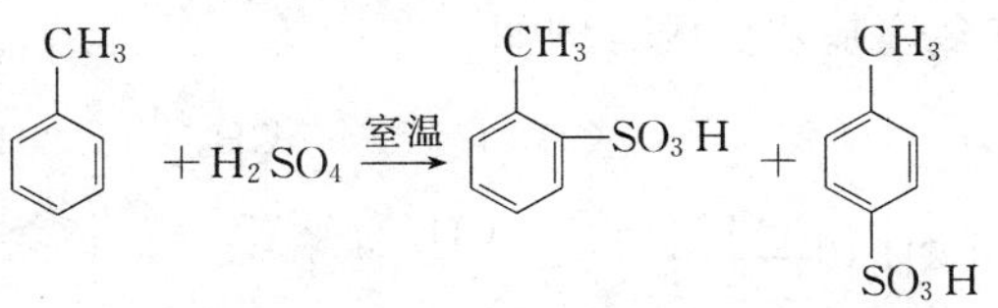

邻甲基苯磺酸（32%）　对甲基苯磺酸（62%）

4. 傅列德尔-克拉夫茨反应

1877 年，法国化学家傅列德尔（C. Friedel）和美国化学家克拉夫茨（M. Crafts）发现了制备烷基苯和芳香酮的反应，称为傅列德尔-克拉夫茨（Friedel-Crafts）反应，简称傅氏反应。前者称为傅氏烷基化反应，后者称为傅氏酰基化反应。

（1）傅氏烷基化反应　在无水氯化铝的催化下，苯与卤代烷发生反应，苯环上的氢原子被烷基所取代生成烷基苯的反应，称为傅氏烷基化反应。例如：

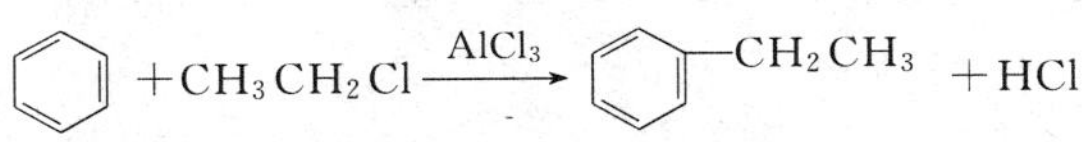

常用的催化剂除无水 $AlCl_3$ 外，还有 $FeCl_3$、$ZnCl_2$、BF_3、HF、H_3PO_4、H_2SO_4 等，这些卤化物也必须是无水的，但催化活性不如 $AlCl_3$。

常用的烷基化试剂除卤代烷外，还有烯烃和醇。

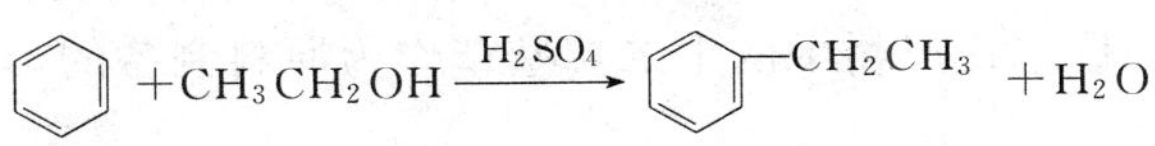

应当指出的是，当 3 个及 3 个以上碳原子的卤代烷、烯烃或醇作为烷基化试剂时，产物会发生碳链异构化现象。例如：

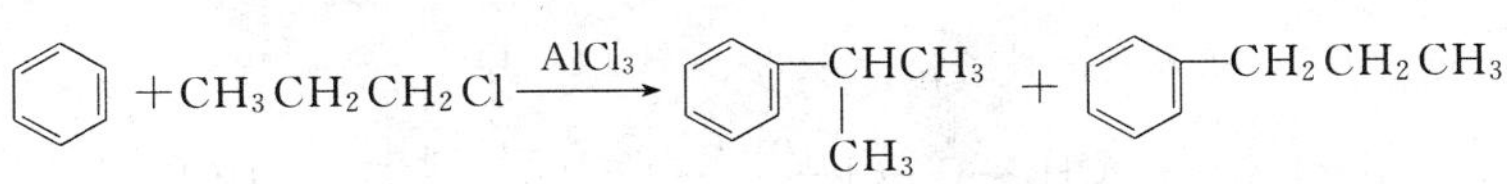

（65%）　（35%）

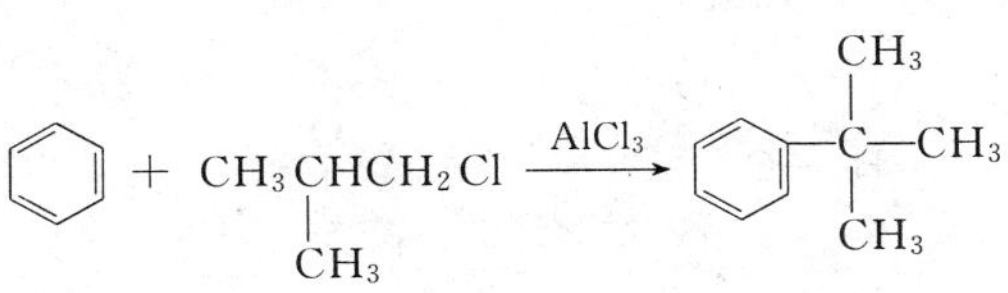

（唯一产物）

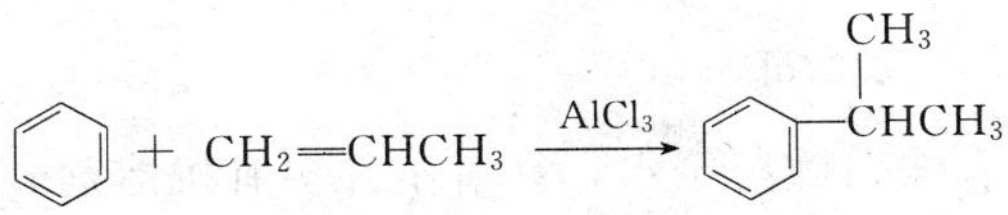

这是由于反应中产生的伯碳正离子不够稳定，易重排成较为稳定的仲或叔碳正离子，再发生亲电取代反应，从而得到异丙苯或叔丁苯。

$$CH_3CH_2CH_2Cl \xrightarrow{AlCl_3} CH_3CH_2\overset{+}{C}H_2 \xrightarrow{\text{重排}} CH_3\overset{+}{C}HCH_3$$

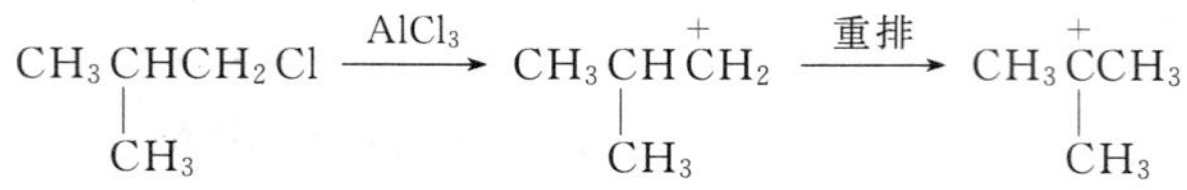

生成的烷基苯由于环上烷基的给电子效应，使苯环活化，因此烷基化反应不易停留在一元取代阶段，反应中常有多烷基苯生成。例如：

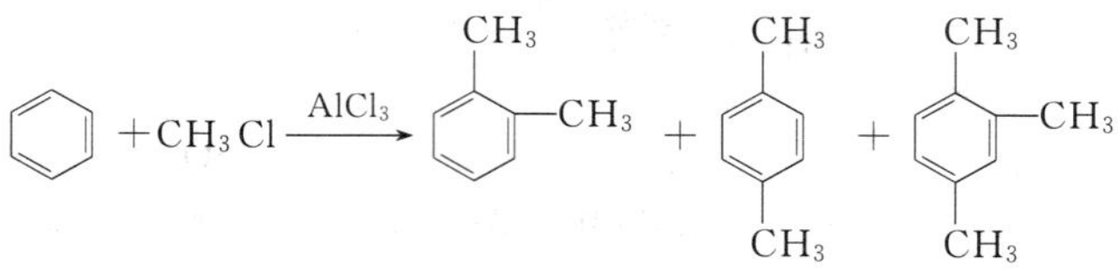

为了减少多取代物，常采用过量的苯，以减少多烷基苯的生成。

多卤代烷与苯反应可制备多苯烷烃。例如：

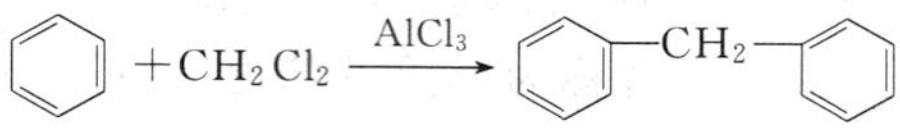

苯环中如有硝基、磺基等吸电子基团时，则不能或很难发生傅氏反应。卤原子直接与C═C或苯环相连的卤代烃，如氯乙烯、氯苯等由于活性较小，不能作为烷基化试剂（见卤代烃）。例如：

傅氏反应在工业上有重要的意义。苯和乙烯、丙烯反应是工业上生产乙苯和异丙苯的方法。乙苯经催化脱氢后得到的苯乙烯是合成树脂和合成橡胶的重要原料。异丙苯是制取苯酚、丙酮的主要原料。烷基化产物中的十二烷基苯作为原料制备的十二烷基苯磺酸钠是洗衣粉的主要成分。

(2) 傅氏酰基化反应　芳烃与酰卤或酸酐在无水氯化铝催化下反应生成芳香酮，这个反应称为傅氏酰基化反应。例如：

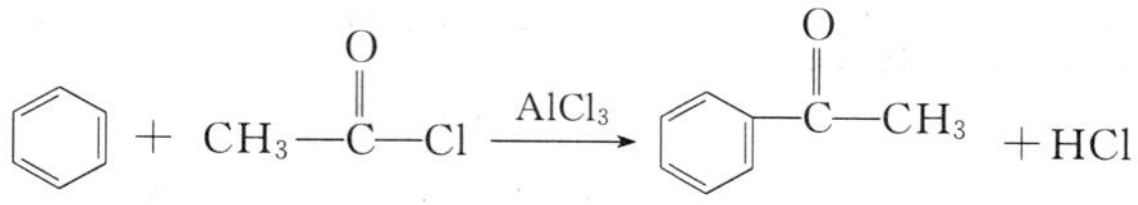

乙酰氯　　　　苯乙酮

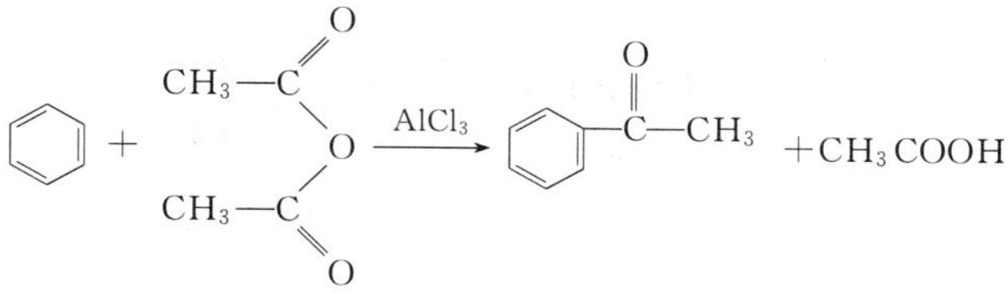

乙酸酐

苯乙酮有类似山楂的香味，微溶于水，易溶于许多有机溶剂，用于制造香皂和香烟的添加剂，也用作纤维素醚和酯及树脂的溶剂、塑料的增塑剂等。

由于生成的芳香酮中的羰基为吸电子基团，使苯环活性降低，不发生进一步的取代反应，因此傅氏酰基化反应无多元取代，产物单一，收率较高。而且羰基正离子比较稳定，不重排，因此酰基化反应无异构化现象。这是烷基化反应和酰基化反应的不同之处。

要获得长侧链的烷基苯，可以通过酰基化合成芳酮，再通过克莱门森还原（详细见醛酮）将羰基还原成亚甲基的办法来实现。这也是烷基化反应的一个补充。例如：

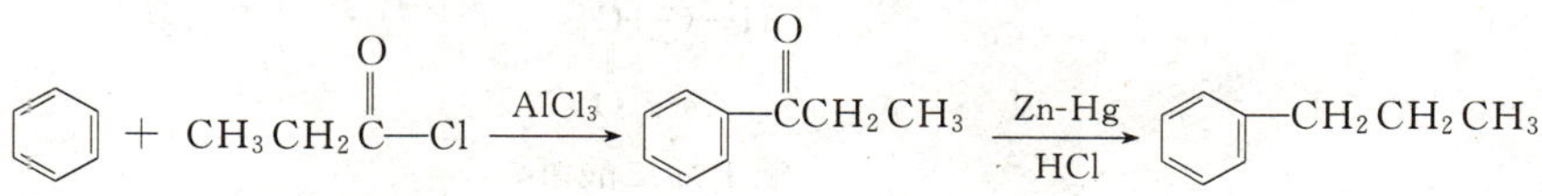

丙酰氯　　　　苯丙酮

练习

6-3 完成下列反应：

（1）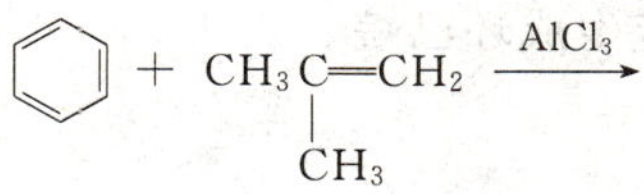　　（2）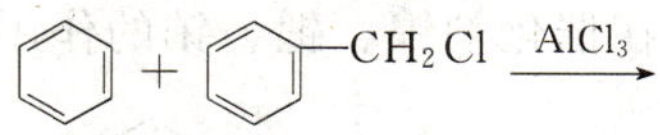

（3）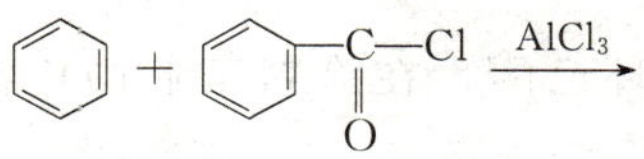　　（4）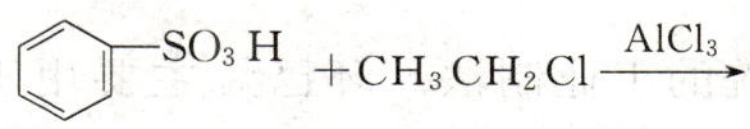

二、氧化反应

有 α-H 的烷基苯在高锰酸钾、重铬酸钾等强氧化剂作用下，不论碳链长短均被氧化成苯甲酸。例如：

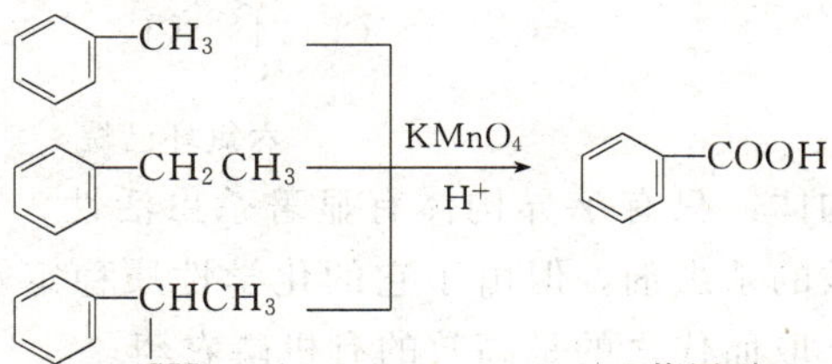

苯甲酸

苯甲酸微溶于水，溶于乙醇、乙醚、氯仿、苯等。加热至 370℃ 分解为苯和二氧化碳。主要用于制备苯甲酸钠防腐剂、杀菌剂、增塑剂、香料等。

当苯环上有两个或多个烷基时，也均被氧化成羧基。例如：

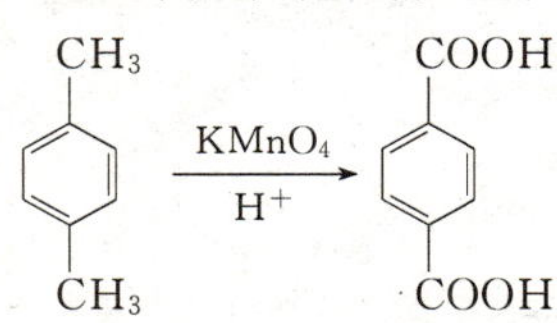

对苯二甲酸

对苯二甲酸是白色晶体，能溶于碱溶液，稍溶于热乙醇，微溶于水，主要用于制造聚酯纤维（涤纶）。

由于烷基苯的 α-H 原子受苯环的影响，比较活泼，使得烃基易被氧化成羧基。如果 α-碳原子上没有氢原子时，这种烷基苯就不易被氧化。例如：

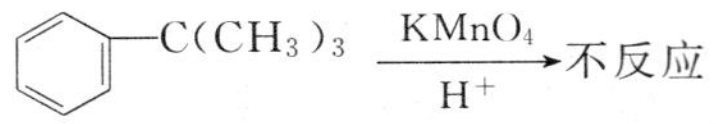

苯环在一般条件下不被氧化，但在特殊条件下，也能发生氧化而使苯环破裂。例如在催化剂存在下，高温时，苯可被氧化成顺丁烯二酸酐。

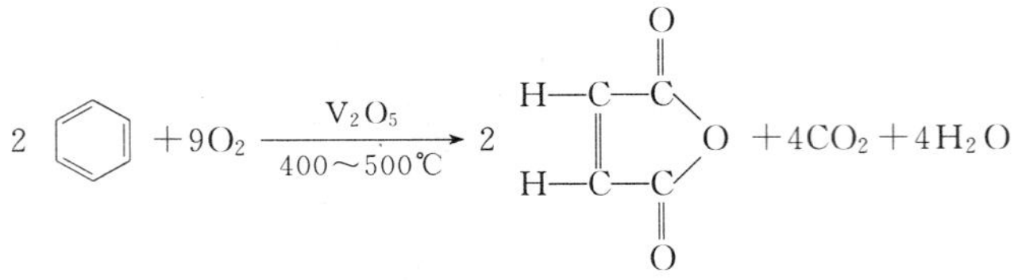

顺丁烯二酸酐

这是工业上制备顺丁烯二酸酐的方法。顺丁烯二酸酐是重要的工业原料，用于合成玻璃钢、胶黏剂等。

三、加成反应

苯虽然比较稳定，但在一定条件下如催化剂、高温、高压和光的影响下仍可以发生加成反应。例如，在催化剂镍、钯、铂的作用下，苯与氢反应生成环己烷。

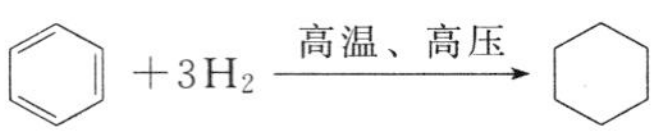

这是环己烷的工业制法。环己烷主要用于制备环己醇、环己酮，在涂料工业中广泛用作溶剂，也是脂肪、树脂的极好溶剂。

在日光或紫外光的照射下，苯与氯反应生成六氯环己烷，简称六六六（$C_6H_6Cl_6$）。

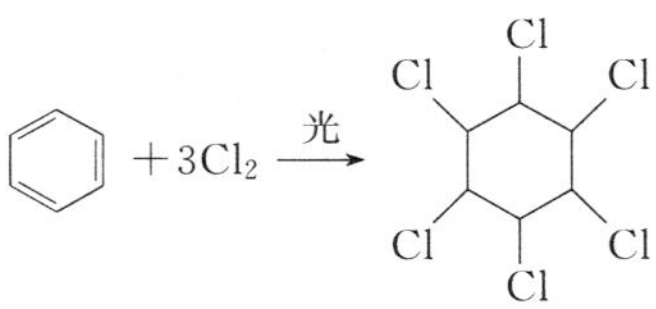

六氯环己烷

六氯环己烷有八个异构体，只有 γ-异构体有显著杀虫活性，它的含量占混合物的 18% 左右。六六六曾是一种有效的杀虫剂，但由于它的化学性质稳定、残存毒性大、不易分解，对人畜有害，现已被淘汰，取而代之的是高效的有机磷农药。

练习

6-4 完成下列反应：

(1) 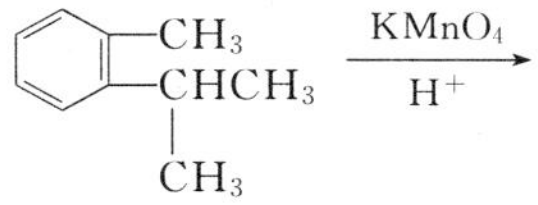

(2) 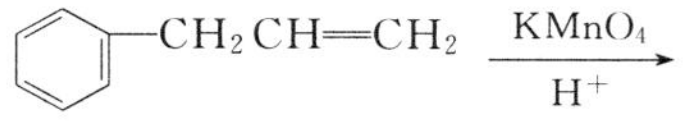

(3) 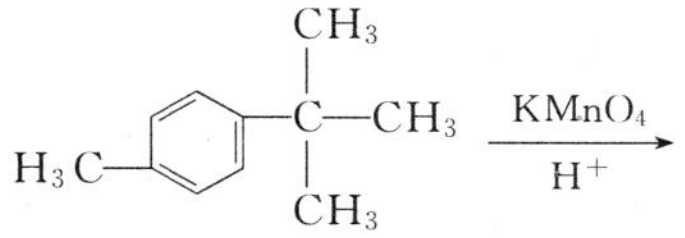

第五节　苯环上亲电取代反应的定位规律（定位效应）

苯环上已有一个取代基，再引入第二个取代基应进入苯环的哪个位置？不外乎三种情况，即进入原取代基的邻位、间位和对位。

一、一元取代苯的定位规律

从前面讨论的苯环上亲电取代反应中可以看出，烷基苯无论是硝化、磺化还是其他取代反应，不仅比苯容易，而且新引入的取代基主要进入烷基的邻位和对位。

当苯环上已经有硝基或磺基时，情况就不一样。如果让硝基苯或苯磺酸进一步反应，不仅比苯困难，而且第二个取代基主要进入原取代基的间位。

取代反应的事实表明，新进入的取代基的位置主要取决于苯环上原有取代基的性质，和新进入取代基本身性质的关系较小，原有取代基的这些作用称为取代基的定位效应。

大量的实验事实表明，不同的一元取代苯在进行亲电取代反应时，按照所得产物比例的不同，可将它们分为两类。一类是取代产物中邻位和对位异构体占优势，而且反应速率一般比苯快；另一类是取代产物中以间位异构体为主，而且反应速率一般比苯慢。

因此将苯环上的取代基，按照亲电取代的定位效应，分为两类。

1. 邻对位定位基

这类取代基大多数是斥电子基团，能使苯环活化，即第二个取代基的进入比苯容易，同时使新进入的取代基主要进到苯环的邻位和对位。各种取代基定位能力的顺序如下：

$$—O^- > —NH_2 > —OH > —OCH_3 > —NHCOCH_3 > —OCOCH_3 > —CH_3 > —C_6H_5 > —X$$

这类定位基与苯环直接相连的原子上，一般只带有单键或负电荷（也有例外，如$—CH{=}CH_2$和苯基就是邻对位定位基）。

需要指出的是，卤素虽然是第一类定位基，却使苯环钝化。

2. 间位定位基

这类取代基都是吸电子基团，使苯环钝化，即第二个取代基的进入比苯困难。同时使第二个取代基主要进到苯环的间位。各种取代基定位能力顺序如下（强的在前）：

$$—\overset{+}{N}(CH_3)_3 > —NO_2 > —CN > —SO_3H > —COOH > —CHO > —COCH_3 > —COOCH_3 > —CONH_2$$

这类定位基与苯环相连的原子上一般有重键或带有正电荷（也有例外，如$—CCl_3$就是间位定位基）。

二、定位规律的理论解释

苯是一个对称的分子，苯环上的电子云完全平均化。当苯环上有一个取代基时，由于取代基的影响，必然使苯环电子云密度的分布发生了改变。这是因为取代基的影响，既有诱导效应的影响，也有共轭效应的影响，但都是沿着共轭链传递的，在共轭链上出现了电子云密度较大或较小的交替现象，因此亲电取代反应的产物不同。下面以几个具体化合物为例来说明。

1. 邻对位定位基的定位效应

对于邻对位定位基来说，诱导和共轭这两种效应的方向无论是相同或相反，但一般都使苯环上的电子云密度增加，容易受亲电试剂的进攻而发生亲电取代反应，所以说邻对位定位基使苯环活化。

（1）烷基　烷基的 sp^3 杂化碳原子与苯的 sp^2 杂化碳原子相连时，由于 sp^2 杂化轨道比 sp^3 杂化轨道的电负性强，因此烷基表现出斥电子效应，使苯环上的电子云密度增加。以甲苯为例，当苯环上连有甲基时和丙烯有相似之处。

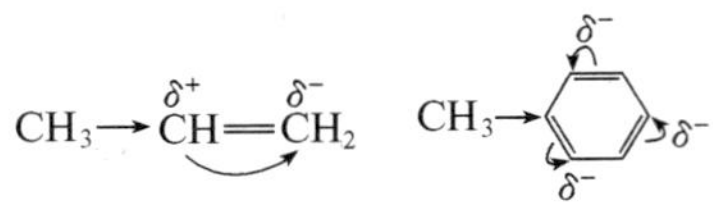

丙烯中甲基的斥电子效应，使 C1 电子云密度增高。甲苯中甲基的斥电子效应使整个苯环电子云密度升高，尤其是甲基的邻、对位碳原子上电子云密度增高得更多。因此，甲基使苯活化，甲苯的亲电取代反应比苯容易，且使新的取代基主要进攻甲基的邻、对位。故苯硝化时需要 60℃，而甲苯硝化只需 30℃。

（2）羟基、氨基的定位效应　羟基和氨基是强的邻、对位定位基。羟基上的氧原子和氨基上的氮原子的电负性大于碳，氧原子和氮原子的吸电子诱导效应使苯环上的电子云密度降低，但氧原子和氮原子的 p 轨道上的未共用电子对和苯环的 π 电子形成 p-π 共轭效应，发生电子的离域，使电子云平均化，其结果造成电子云向苯环上转移。由于羟基和氨基的共轭效应强于诱导效应，两种效应作用的结果使苯环上的电子云密度增加，尤其是邻、对位增加得更多。因此，羟基和氨基使苯环活化，亲电取代反应主要发生在邻、对位。羟基和氨基相比，氧原子的电负性又大于氮原子，因此羟基对苯环的活化能力小于氨基，排位靠后。

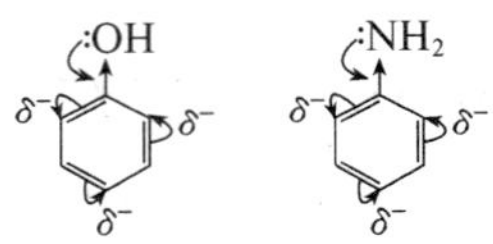

直箭头表示诱导效应的电子云转移方向，弯箭头表示共轭效应的电子云转移方向。

（3）卤原子的定位效应　卤原子的定位效应比较特殊。由于它们有较强的吸电子诱导效应，使苯环钝化，亲电取代反应比苯困难。但卤原子的 p 轨道上的未共用电子对也能和苯环的 π 电子形成 p-π 共轭效应，发生电子的离域，使电子云平均化。由于卤原子的诱导效应强于共轭效应，所以两种效应作用的结果使苯环上的电子云密度降低。但是斥电子的共轭效应又使邻、对位电子云密度比间位相对高一些。因此，亲电取代反应主要发生在邻、对位。

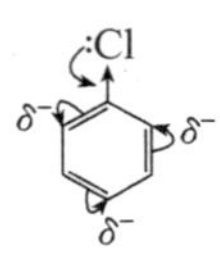

2. 间位定位基的定位效应

间位定位基与邻对位定位基相反，可使苯环上的电子云密度降低，亲电取代反应比苯困难。以硝基为例，硝基上的氧原子和氮原子的电负性均大于碳，苯环上连有硝基时，产生强的吸电子效应，使整个苯环电子云密度降低，尤其是邻、对位上的电子云密度降低得多一些。同时硝基上的 π 电子又与苯环上的 π 电子形成 π-π 共轭体系，共轭效应也使电子云向硝基转移，两种效应方向一致，都使苯环上的电子云密度降低，尤其是邻对位降低得更多。因此，硝基使苯环钝化，硝基苯在进行亲电取代时，不仅比苯困难而且主要得到间位取代物。故苯硝化时 60℃即可，而硝基苯硝化时需 110℃。

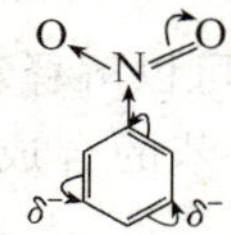

这两类定位基的定位规律是由大量的实验事实总结出来的。利用它可以预测第二个取代基进入苯环的位置。但必须指出，这个规律只指出了反应的主要产物，事实上还有少量进入其他位置的产物。

3. 空间效应

除电子效应对取代基的定位有影响外，原有取代基的空间效应对取代产物也有一定的影响。苯环上原有取代基属于第一类定位基时，新引入取代基进入苯环的邻、对位，但邻对位异构体的比例将随原有取代基的空间体积的大小不同而变化。原有取代基的空间体积越大，引入第二个取代基时的邻位异构体越少。新引入取代基的大小也存在空间效应，取代基越大邻位异构体越少。

如果苯环上的原有取代基和新引入的取代基都很大时，则邻位异构体的比例更少。例如，叔丁基苯在磺化时几乎是百分之百的对位异构体。

三、二元取代苯的定位规律

苯环上已经有两个取代基时，第三个取代基进入的位置，由原有的两个取代基决定。有以下两种情况。

① 两个取代基属于同一类定位基，第三个取代基进入的位置由强定位基决定。例如：

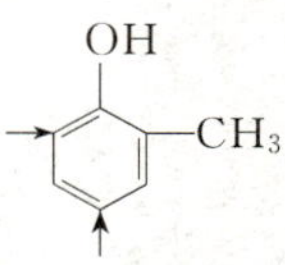

邻甲基苯酚

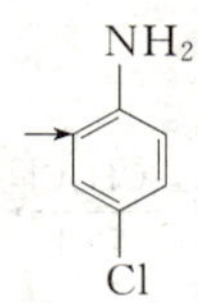

对氯苯胺

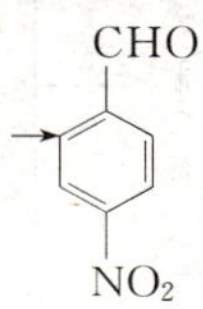

对硝基苯甲醛

② 两个取代基不是同一类定位基，则第三个取代基进入的位置由邻对位定位基决定。例如：

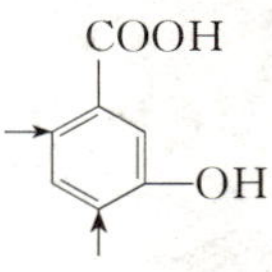

间羟基苯甲酸

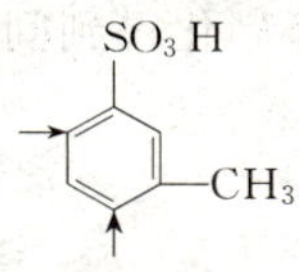

间甲基苯磺酸

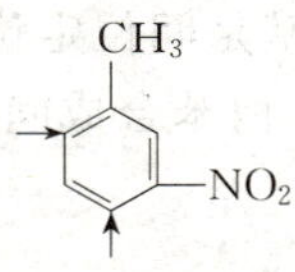

间硝基甲苯

练习

6-5　用箭头表示下列化合物硝化时硝基进入苯环的位置：

（1）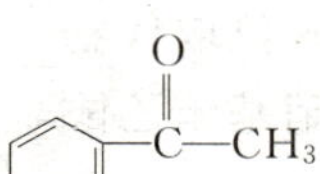

（2）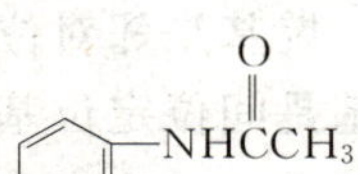

（3）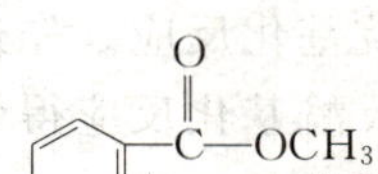

（4）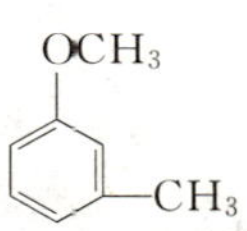

（5）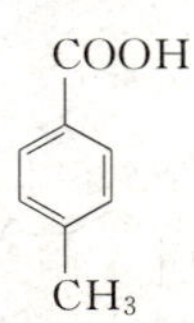

（6）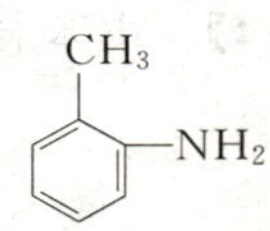

四、定位规律在合成上的应用

苯环上亲电取代反应的定位规律不仅可以解释苯及其衍生物的某些化学性质和现象，更重要的是可以通过它来指导多官能团取代苯的合成，包括选择正确的合成路线并预测反应产物。

【例 6-1】 由苯合成间硝基氯苯

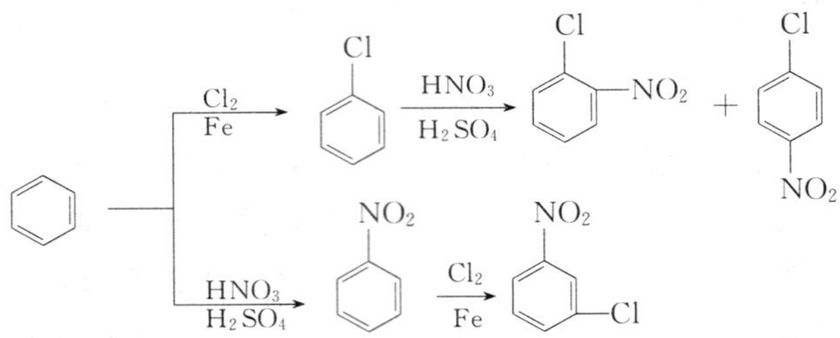

是先硝化后氯化？还是先氯化后硝化？如果先氯化则得到氯苯，而氯原子是邻对位定位基，氯苯硝化得到的是邻位和对位的硝基氯苯，不是间硝基氯苯。如果先进行硝化反应，得到硝基苯，硝基是间位定位基，再经氯化正好得到间硝基氯苯。

【例 6-2】 由苯合成间硝基苯甲酸

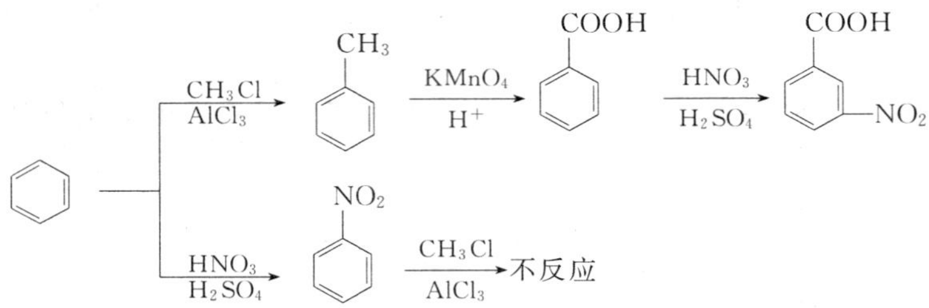

是先烷基化后硝化？还是先硝化后烷基化？如果先硝化则得到硝基苯，而硝基是间位定位基，硝基苯不能发生傅氏烷基化反应。只有先进行烷基化反应，得到甲苯，甲苯氧化后得到苯甲酸，羧基是间位定位基，再经硝化得到间硝基苯甲酸。

【例 6-3】 由苯合成间硝基乙苯

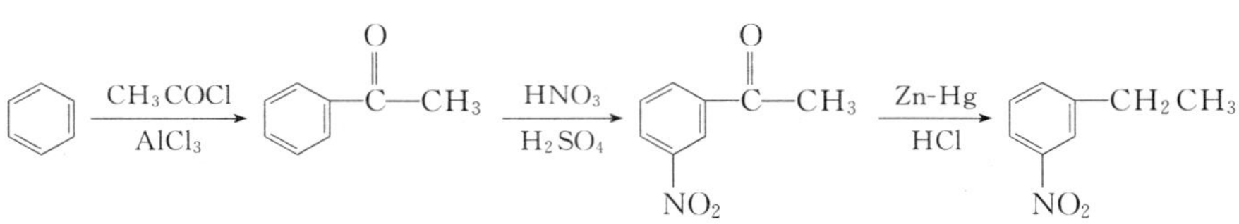

是先烷基化后硝化？还是先硝化后烷基化？如果先硝化则得到硝基苯，硝基苯不能发生傅氏烷基化反应。先进行烷基化反应，烷基是邻对位定位基，得不到间位取代物。只有先进行傅氏酰基化反应得到苯乙酮，乙酰基是间位定位基，经硝化得到间硝基苯乙酮，再经还原得到间硝基乙苯。

【例 6-4】 由苯合成邻硝基对氯苯磺酸

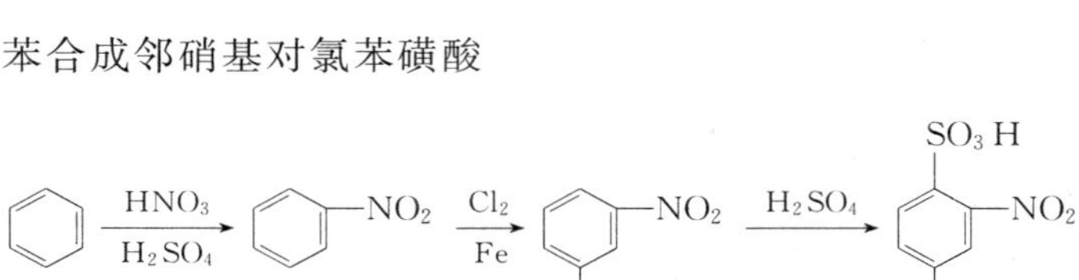

是先磺化？先氯化？还是先硝化？如果先磺化，磺基是间位定位基，得不到对氯苯磺酸。先氯化，氯原子是邻对位定位基，又得不到间硝基氯苯。因此只有先硝化、后氯化、再磺化，才能得到邻硝基对氯苯磺酸。

第六节 稠环芳烃

两个或两个以上的苯环以相邻两个碳原子并联（稠合）在一起的称为稠环芳烃。许多稠环芳烃有致癌作用，已引起人们的注意。

一、萘

在稠环芳烃中比较重要的是萘，下面将重点讨论萘的结构与化学性质。

1. 萘的结构

萘是稠环芳烃中最简单的一个化合物，分子式为 $C_{10}H_8$。物理方法证明，萘具有平面结构，即两个苯环处于同一平面。与苯相似，萘分子中的碳原子也是 sp^2 杂化，每个碳原子的三个 sp^2 杂化轨道分别与两个相邻的碳原子和一个氢原子正面重叠形成三个 σ 键，每个碳原子的 p 轨道垂直 σ 键所在的平面，且相互平行，侧面重叠形成一个闭合的共轭体系。如图 6-3所示。

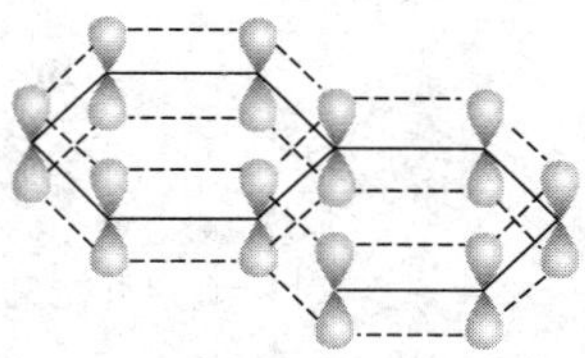

图 6-3 萘分子的共轭 π 键

因此萘分子也比较稳定。但萘与苯的不同之处是碳原子的各个 p 轨道侧面重叠的程度不同，因此 π 电子云并不是平均地分布在两个碳环上，这表现在萘分子的碳碳键长既不同于C—C，也不同于C═C，又不像苯环那样完全等长。因此萘的芳香性比苯差，稳定性也不如苯。主要表现在萘比苯容易发生亲电取代、亲电加成和氧化反应。

萘的十个碳原子上的电子云分布是不同的，为了区别起见，对萘环上的碳原子进行编号。

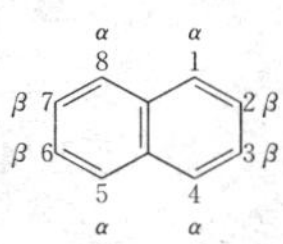

萘分子中 1,4,5,8 位置相同，又称为 α-位。这四个位置上的氢原子被取代后得到的是相同的取代物。萘分子中 2,3,6,7 位置也相同，又称为 β-位。因此萘的一元取代物有两种。例如：

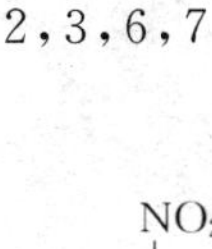

α-硝基萘

β-萘酚

由于 α-位电子云密度较高，所以萘的亲电取代反应主要发生在 α-位。

练习

6-6 命名下列化合物：

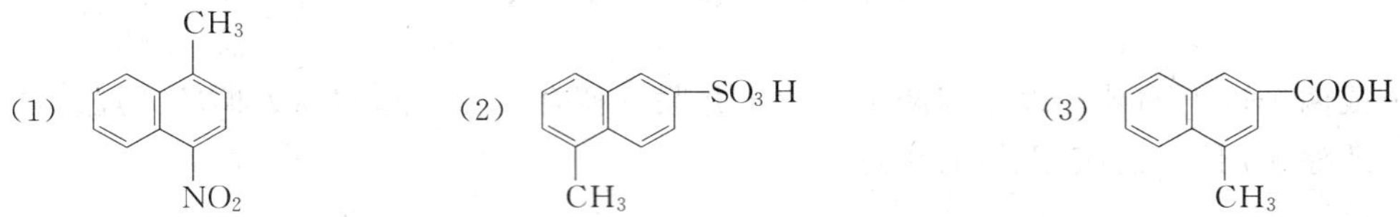

2. 萘的化学性质

萘是有光泽的白色片状结晶，不溶于水，易溶于热的乙醇、乙醚和苯。熔点 80.2℃，沸点 218℃，易升华，有特殊气味。日常生活中用作防蛀剂（俗称卫生球或樟脑丸），也是染料、农药、合成纤维的基本有机化工原料之一。萘是煤焦油中含量最多的化合物，约为 6%。

(1) 取代反应　萘比苯容易发生卤化、硝化、磺化等反应，取代基主要进攻 α-位。如溴化反应即使没有催化剂也能与溴反应生成 α-溴萘。

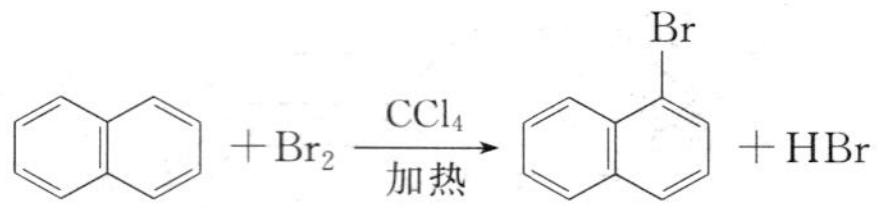

α-溴萘（72%～75%）

萘的磺化与卤化反应不同，磺化反应是可逆反应，磺基进入萘环的位置与反应温度有关。在较低温度（<80℃）下磺化，主要生成 α-萘磺酸；在较高温度（165℃）下主要生成 β-萘磺酸。α-萘磺酸在 165℃ 时可转变为 β-萘磺酸。

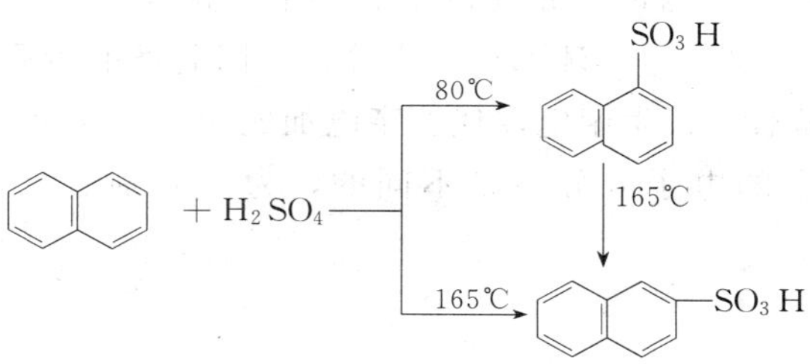

β-萘磺酸是白色片状结晶，有吸湿性，熔点 124℃，溶于水、乙醇和乙醚，用于制造 β-萘酚。

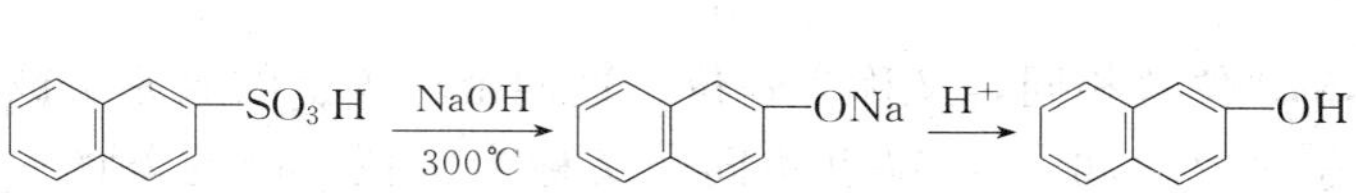

萘的硝化反应在室温下即可进行。

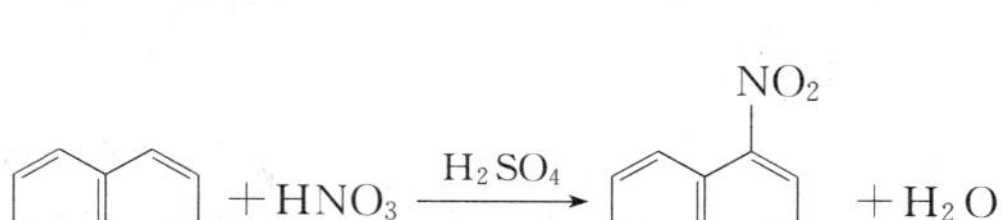

α-硝基萘（79%）

α-硝基萘是黄色针状结晶，熔点 61℃，不溶于水而溶于有机溶剂，用于制造 α-萘胺这一偶氮染料重要的中间体。

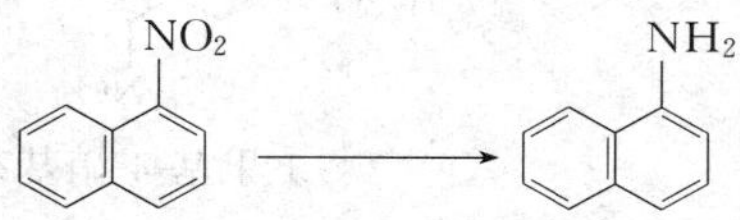

α-萘胺

（2）加氢反应　萘的芳香性比苯差，容易发生加成反应。用金属钠和醇反应产生的氢，即可将萘部分还原为二氢化萘和四氢化萘。

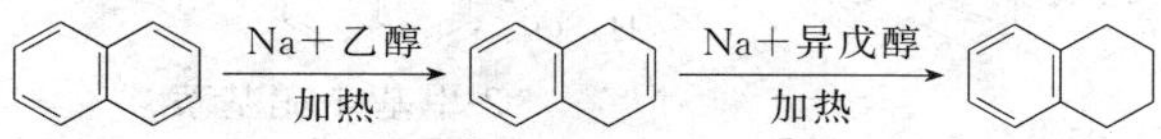

1,4-二氢化萘　1,2,3,4-四氢化萘

如果萘催化加氢，随着反应条件的不同，生成四氢化萘和十氢化萘。

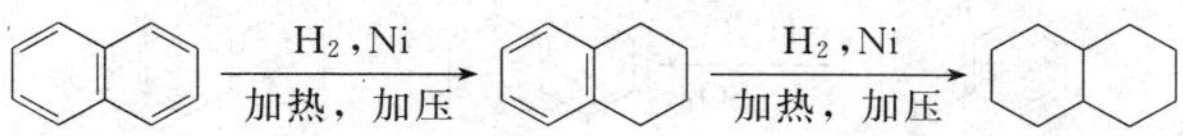

十氢化萘

四氢化萘又称萘满，沸点 207.2℃；十氢化萘又称萘烷，沸点 191.7℃。它们都是无色液体，不溶于水，溶于有机溶剂，都是良好的高沸点溶剂。还可与苯和乙醇混合作为内燃机的燃料。

（3）氧化反应　萘的芳香性比苯差，容易被氧化，随着反应条件的不同，氧化产物也不同。例如，在乙酸溶液中，用三氧化铬作氧化剂，萘被氧化成 1,4-萘醌。

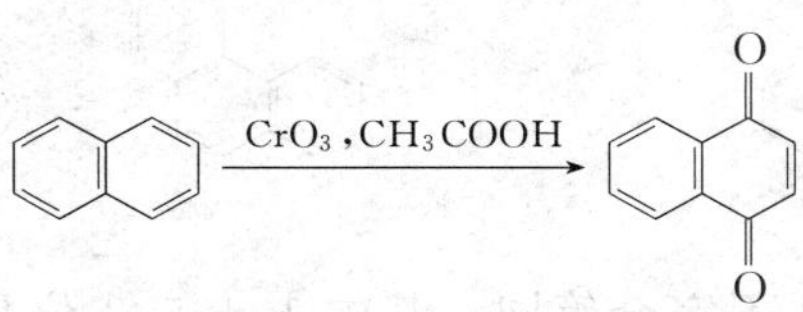

1,4-萘醌

在强烈条件下，则被氧化成邻苯二甲酸酐。

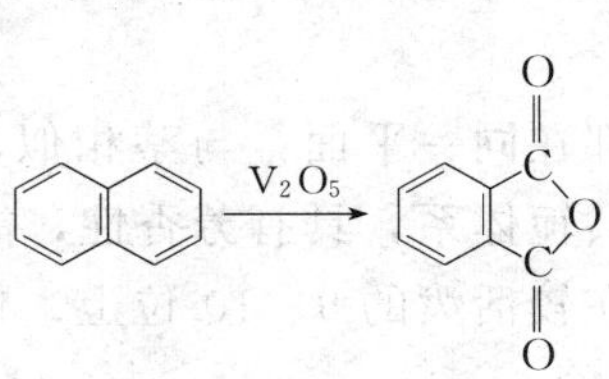

邻苯二甲酸酐

邻苯二甲酸酐俗称苯酐，白色针状结晶，熔点 130.8℃，易升华，易溶于热水并水解为邻苯二甲酸，溶于乙醇、苯和吡啶，微溶于乙醚。在化学工业上用途很广，是染料、医药、塑料、增塑剂、合成纤维的原料。

3. 萘的取代定位规律

如果萘环上已有一个取代基，则第二个取代基进入萘环的位置主要由原取代基的位置和性质来决定。有以下几种情况。

（1）α-位有邻对位定位基，则第二个取代基进入同环的另一个 α-位。例如：

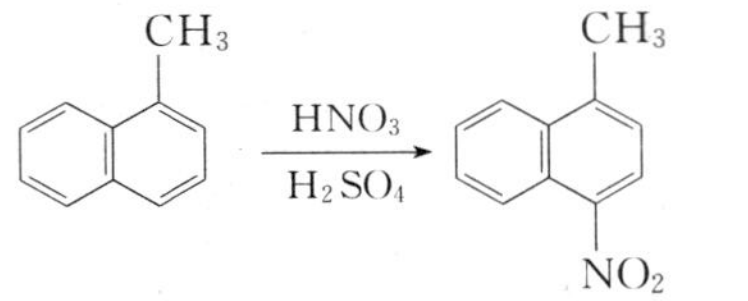

1-甲基-4-硝基萘

（2）β-位有邻对位定位基，则第二个取代基进入与原取代基相邻的 α-位。例如：

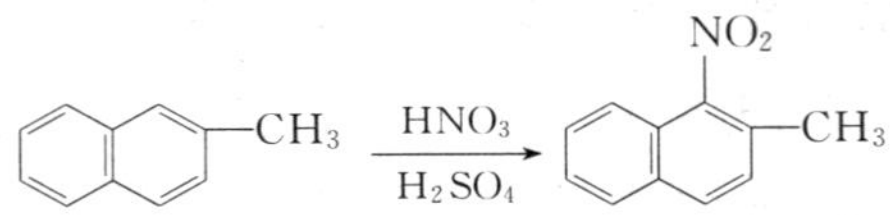

2-甲基-1-硝基萘

（3）α-位或 β-位有间位定位基，则第二个取代基进入异环的 α-位。例如：

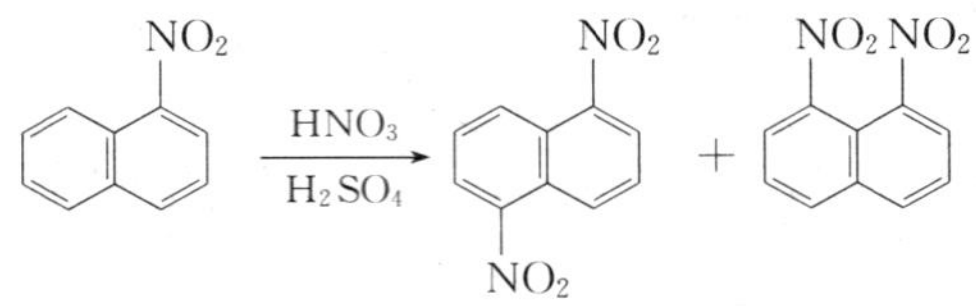

1,5-二硝基萘　1,8-二硝基萘

二、其他稠环芳烃

稠环芳烃除萘以外比较重要的还有蒽和菲，它们都是三个苯环以相邻两个碳原子稠合在一起的。蒽为三个苯环直线稠合，菲为三个苯环以一定的角度稠合。蒽和菲分子式同为 $C_{10}H_{14}$，它们互为同分异构体。蒽和菲的构造式及碳原子的编号如下所示：

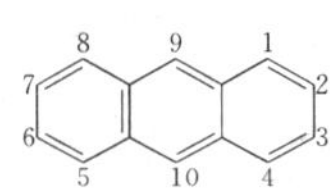

蒽

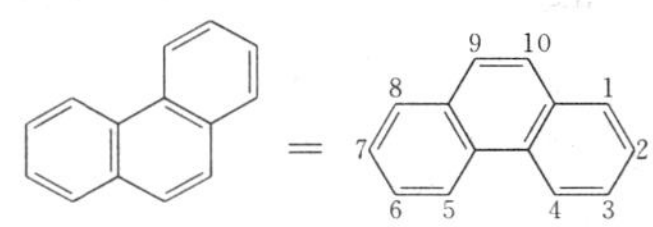

菲

蒽的各个碳原子的位置并不完全等同，其中 1,4,5,8-位是等同的，又称为 α-位；2,3,6,7-位等同，又称为 β-位；9,10-位等同，又称为 γ-位。因此蒽的一元取代物有三种异构体。

菲分子中有五对相对应的位置，即 1,8、2,7、3,6、4,5 和 9,10。因此菲的一元取代物有五种。

蒽和菲分子中所有的碳原子都在同一平面，与萘相似，成环碳原子的 p 轨道侧面重叠，形成了包含十四个碳原子的闭合共轭体系，具有芳香性，能发生亲电取代反应、加成反应和氧化反应。这些反应一般都发生在较活泼的 9、10-位上。例如：

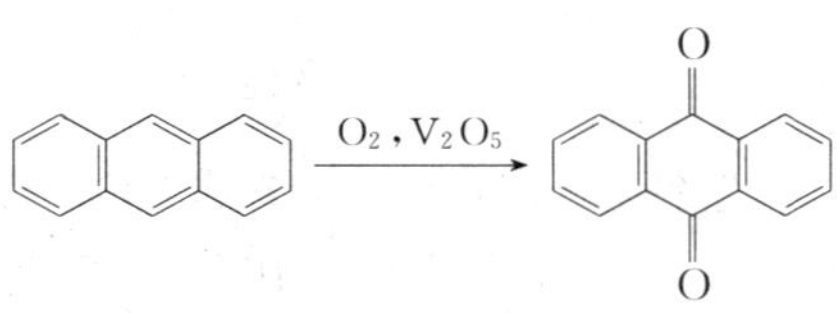

9,10-蒽醌

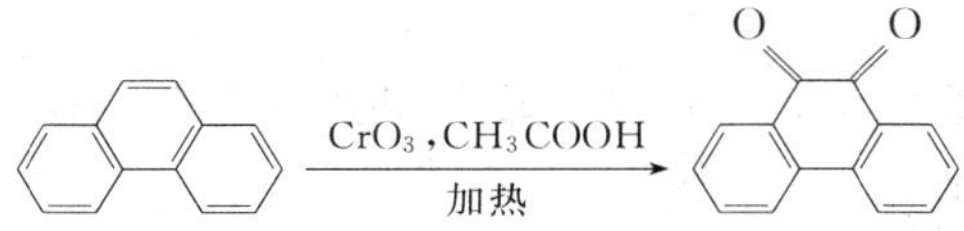

9,10-菲醌

第七节 芳烃的来源

苯、甲苯、二甲苯等是化学工业的重要基本原料，用来制备染料、塑料、医药、农药、炸药、合成纤维、合成橡胶、合成洗涤剂等。尤其是苯，用途很广，用量也非常大。过去工业上从焦炉气、煤焦油中提取、分馏得到单环芳烃，随着石油化学工业的飞速发展，目前以石油为主要来源。

一、煤的干馏

煤在炼焦炉中隔绝空气加热到1000～1300℃，使煤分解为焦炉气、煤焦油和焦炭的过程，称为煤的干馏。将焦炉气经重油吸收后进行蒸馏，得到苯、甲苯、二甲苯等。煤焦油是黑色黏稠状的油状物，其中含有许多芳烃，如苯、甲苯、二甲苯、异丙苯、联苯等。煤焦油所含芳烃如表6-2所示。煤焦油的分离主要采取分馏法。

表6-2 煤焦油的分馏产品

馏　分	沸点范围/℃	含量/%	主要成分	馏　分	沸点范围/℃	含量/%	主要成分
轻油	<180	1～2	苯、甲苯、二甲苯	蒽油	270～360	15～20	蒽、菲
中油	180～230	10～12	萘、苯酚、甲苯酚、吡啶	沥青	>360	40～50	沥青、游离碳
重油	230～270	10～15	萘、甲苯酚、喹啉				

二、石油的芳构化

随着有机化学工业的发展，从煤焦油中分离出的芳烃数量已不能满足工业上的需要，从而发展了以石油中的烷烃和环烷烃为原料转变为芳烃的方法，这种转变过程称为石油的芳构化。

从石油制取芳烃的原料是直馏汽油，主要成分是烷烃和环烷烃。在一定的温度和压力下，以铂作为催化剂，使烷烃和环烷烃的分子结构发生环化和异构化反应而转化为芳烃，称为铂重整。其结果使芳烃的含量从2%增加到25%～60%。铂重整还可用于生产高辛烷值汽油。

芳烃的重整过程是复杂的，主要包括下列化学反应：

(1) 环烷烃脱氢生成芳烃　例如：

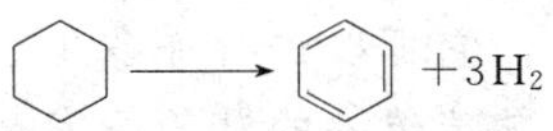

环己烷

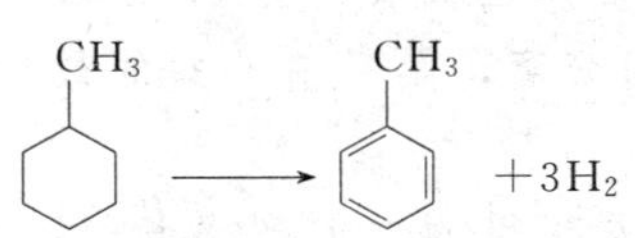

甲基环己烷

(2) 环烷烃的异构化及脱氢生成芳烃　例如：

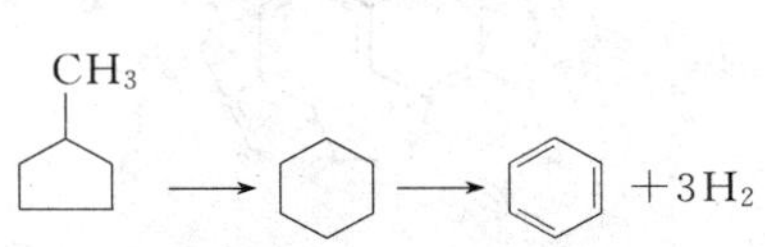

甲基环戊烷

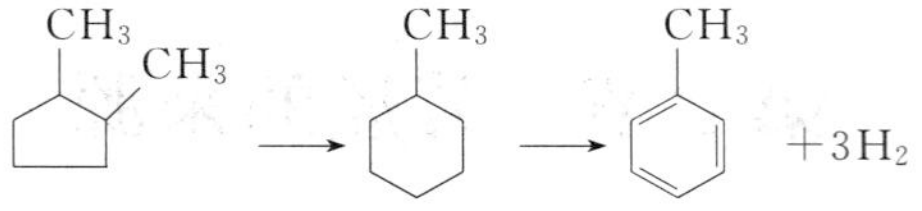

1,2-二甲基环戊烷

(3) 烷烃的芳构化　例如：

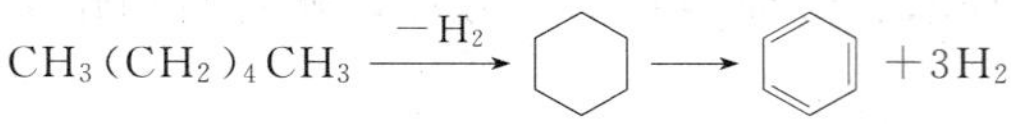

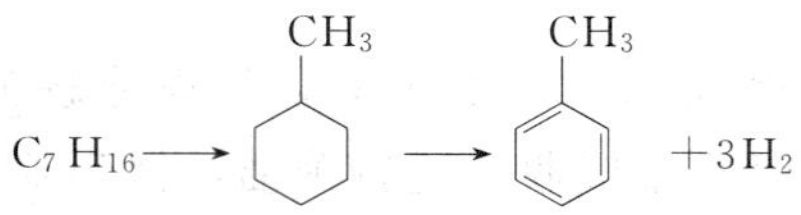

从以上反应可以看出，直链烷烃、环烷烃和芳烃之间在一定的条件下可以互相转化。

石油馏分在重整过程中，不仅发生芳构化反应，得到苯、甲苯、二甲苯等，还有烷烃的裂解和不饱和烃的加氢等，所得到的产物是芳烃和非芳烃的混合物，称为重整汽油，其中主要含有苯、甲苯、二甲苯等。

阅读材料

富勒烯

富勒烯 (fullerene) 是 C_{50}、C_{60}、C_{70} 等化合物的总称。1985 年 10 月，美国 Rice 大学的 Kroto 和 Smalley 等人在实验室中发现除石墨、金刚石外碳的第三种单质形式。它们利用激光束使石墨蒸发，并通过高压喷嘴，得到了一系列碳的同素异形体 C_{60} 等。研究表明，这些碳的同素异形体的主要成分是 C_{60}，其结构是由 12 个五元环和 20 个六元环组成的球形 32 面体，具有很高的对称性，并具有烯烃的性质。很像美国著名设计师 Richard Buckminster Fuller 所设计的加拿大蒙特利尔世界博览会网格球顶主建筑，因此把 C_{60} 命名为 Buckminster Fullerene，谐音为"富勒烯"。由于这类化合物具有封闭笼形结构，形似足球，又称为足球烯、碳笼等。由于 C_{60} 这一重大发现，Kroto 等人荣获 1996 年诺贝尔化学奖。

富勒烯以 60 个碳原子为顶点，每个碳原子以 sp^2 杂化轨道与相邻碳原子形成三个 σ 键，每个碳原子剩下的一个 p 轨道彼此构成球状共轭大 π 键，因此具有一定的芳香性。不过实验表明，富勒烯似乎更具有不饱和性，它可以进行许多化学反应，如加成、氧化、还原、双烯合成、傅氏反应、与金属反应等。其碳碳键的键长不完全相同：由五边形和六边形共用的键长约为 0.146nm；由两个六边形共用的键长约为 0.140nm。键角约为 116°，分子中 12 个五边形最大程度地被 20 个六边形所分离，是目前已知的最对称的分子之一。其立体结构如图 6-4 所示。

最初 C_{60} 是通过激光气化石墨获得的，但产率甚微。为了寻找 C_{60} 高产率的制备方法，

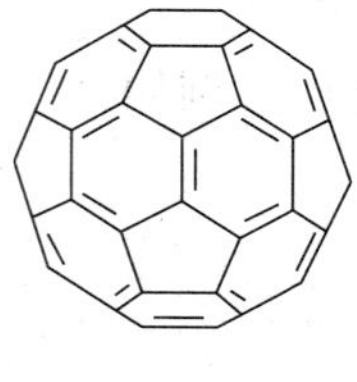

图 6-4　富勒烯分子结构

人们进行了大量的研究，先后出现了石墨电弧放电法、石墨高频电炉加热蒸发法、苯火焰燃烧法等，1990 年，Kratschmer 和 Huffman 等人在实验室采用石墨电弧放电法，制备和分离提纯 C_{60} 和 C_{70} 获得成功，从而为 C_{60} 的应用研究开创了新局面，该法已成为目前应用最为广泛的一种制备方法。

C_{60} 的密度为 1.7g/cm^3，比石墨（密度为 2.3g/cm^3）和金刚石（密度 3.5 g/cm^3）都轻。C_{60} 不溶于水，在已烷、苯、甲苯、二硫化碳和四氯化碳等非极性溶剂中有一定的溶解度。

虽然 C_{60} 自发现至今，只有十多年的历史，研究还处于初级阶段，但由于它的结构奇特，已引起许多不同领域科学家的关注。目前研究表明，C_{60} 是纳米级材料，可用作记忆元件、超级耐高温润滑剂，可制造高能蓄电池、燃料、太空火箭推进剂等。纯的 C_{60} 自身不具有导电性，是绝缘体，但分子球腔中嵌入碱金属钾后，C_{60} 的导电性就发生了变化，具有超导体性质，是一类极有研究价值的新型有机超导材料。由于 C_{60} 分子中存在高度离域的 π 电子共轭结构，从而使它具有优良的非线性光学性能。现在，基于 C_{60} 的光电导性能的光电开关和光学玻璃已研制成功。因此，C_{60} 及其衍生物在光学计算机和光纤通信中有特殊价值。C_{60} 与氨基酸、多肽结合得到的化合物具有医药活性，与某些磷脂反应的复合物能与某些癌细胞结合，从而为消灭癌细胞提供了条件。由于 C_{60} 具有一系列独特的性能，将 C_{60} 导入高分子体系可获得具有优良导电、光学性能的新型高分子材料。

由于富勒烯的结构奇特，在光、电、磁、高分子、生物等方面均表现出优良的性能，为化学、物理学、电子学、天文学、材料科学、生命科学和医学等科学开辟了崭新的研究领域，其应用开发前景极为广阔，意义非常重大。随着对富勒烯结构和性能研究的深入发展，富勒烯及其衍生物的应用潜力将不断被开发出来，从而造福人类。

本章小结

1. 苯环上的碳原子是 sp^2 杂化，碳和氢处于一个平面上，键角为 120°，形成一个正六边形。每个碳原子都以三个 sp^2 杂化轨道分别与一个氢原子和两个碳原子形成三个 σ 健。每个碳原子中未参与杂化的 p 轨道垂直于所在平面，与相邻碳原子的 p 轨道相互平行侧面重叠，形成一个封闭的环状共轭体系。

2. 芳烃的命名：当苯环上连有简单烷基时，以苯为母体；若烃基为不饱和基，则将苯作为取代基，不饱和烃为母体；若烃基较复杂或含一个以上的苯环也将烃为母体。苯环上连有不同的取代基时，将最小的取代基编为 1 号，并以取代基位次的数字之和最小为原则来命名。对保留有俗名的甲苯、异丙苯等可作为母体来命名其衍生物。

3. 芳烃有烷基的碳链异构及烷基在苯环上的位置异构。如苯的二元取代物有邻、间、对位的不同；苯的三元取代物有连、偏、均的不同；萘有 α-、β-位的不同。

4. 芳烃的亲电取代反应包括卤化、硝化、磺化、傅氏烷基化和傅氏酰基化反应以及侧链的氧化和 α-H 的氯化反应。

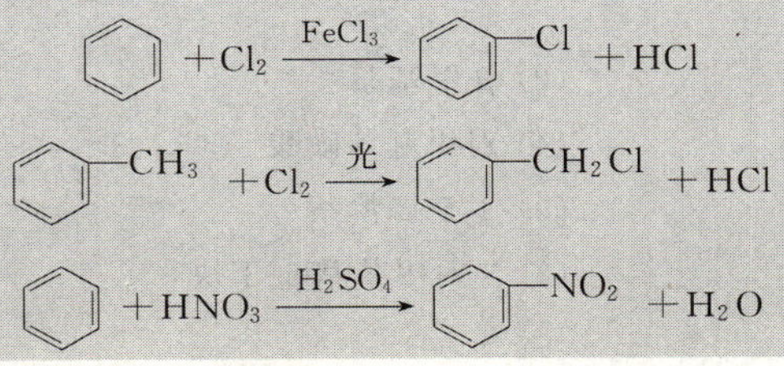

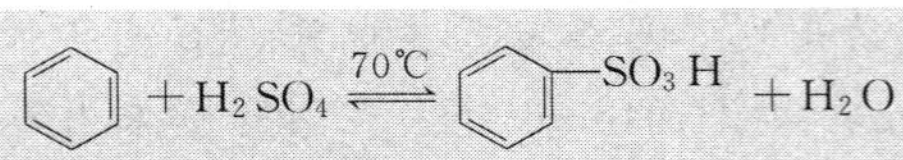

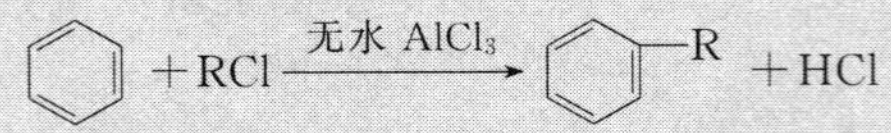

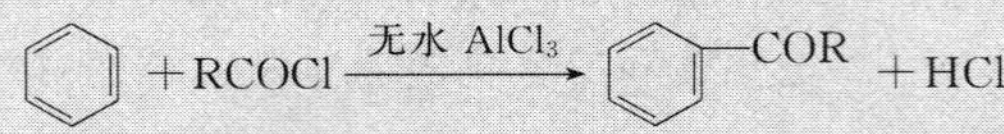

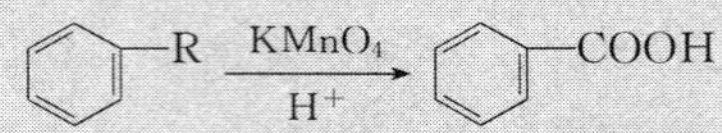

5. 亲电取代反应的定位规律　邻对位定位基大多数是斥电子基团，能使苯环活化，即第二个取代基的进入一般比苯容易，同时使新进入的取代基主要到苯环的邻位和对位。各种取代基定位能力顺序如下：

$—O^- > —NH_2 > —OH > —OCH_3 > —NHCOCH_3 > —OCOCH_3 > —CH_3 > —C_6H_5 > —X$ 等，这类定位基与苯环直接相连的原子上，一般只带有单键或带有负电荷。

间位定位基都是吸电子基团，使苯环钝化，即第二个取代基的进入一般比苯困难。同时使第二个取代基主要进到苯环的间位。各种取代基定位能力顺序如下：

$—\overset{+}{N}(CH_3)_3 > —NO_2 > —CN > —SO_3H > —COOH > —CHO > —COCH_3 > —COOCH_3 > —CONH_2$ 等。这类定位基与苯环相连的原子上，一般有重键或带有正电荷。

习　题

1. 命名下列化合物：

（1） 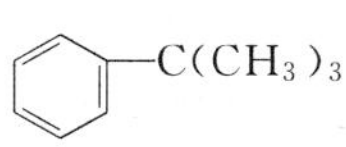

（2） 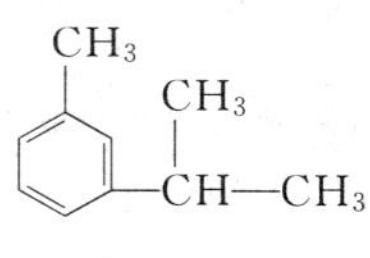

（3） 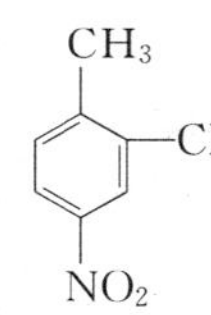

（4） 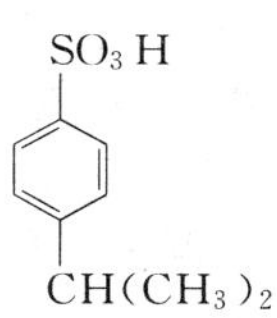

（5） 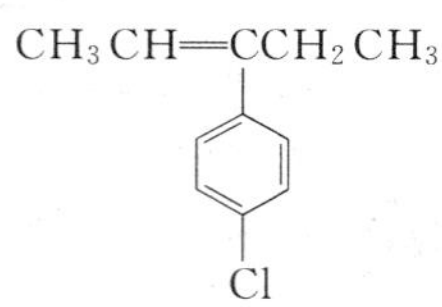

（6） 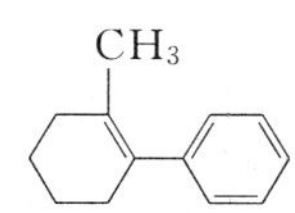

（7） 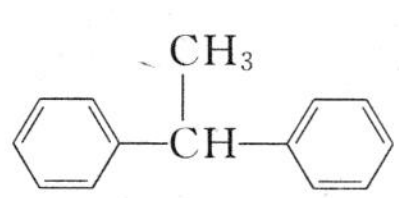

（8） 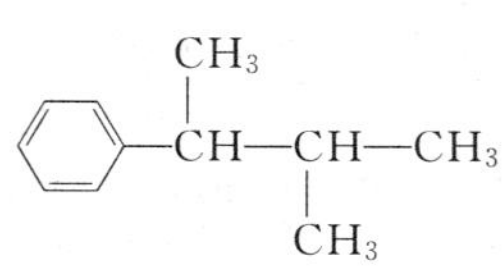

（9） 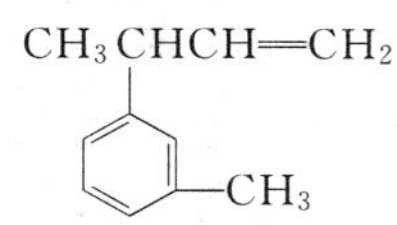

2. 写出下列化合物的构造式：

（1）间硝基溴苯　　（2）β-甲基萘

（3）3-苯基-1-丁烯　　（4）对甲基苯磺酸

（5）对氯苄基氯　　（6）1,5-二溴萘

（7）8-硝基-1-萘磺酸　　（8）3-对甲苯基-1-丁炔

3. 完成下列反应式：

(1) 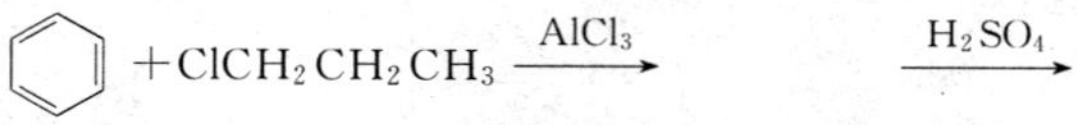

(2) 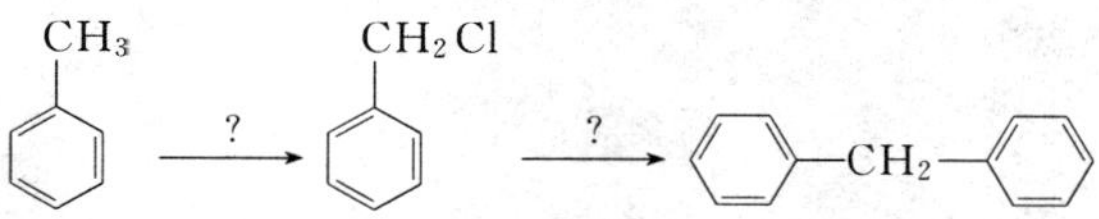

(3) 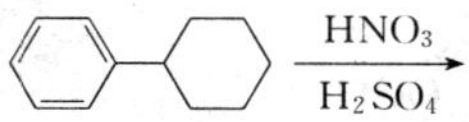

(4) 

(5) 

(6) 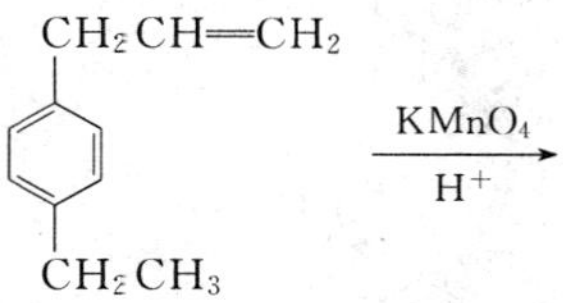

(7) 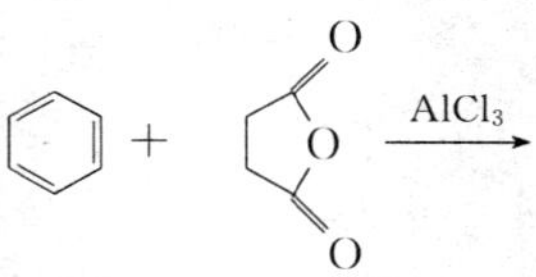

(8) 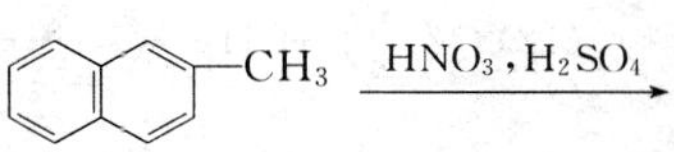

(9) 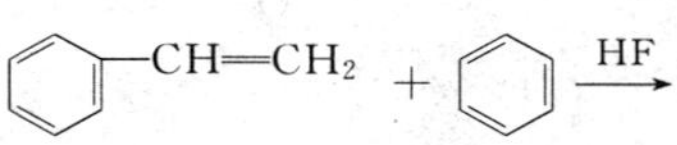

(10) 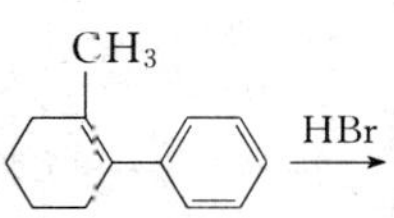

4. 指出下列反应中的错误：

(1) 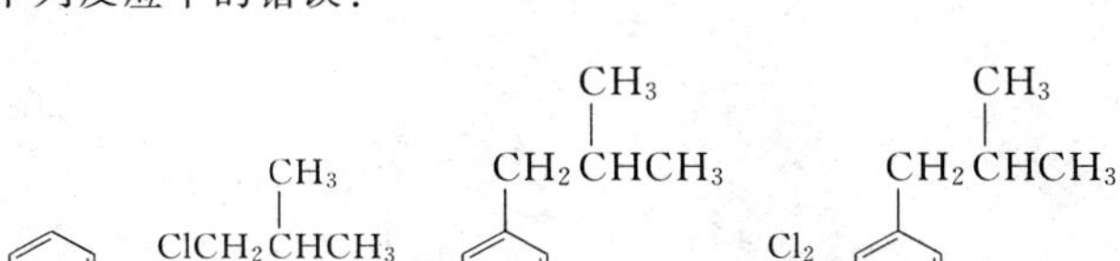

(2) 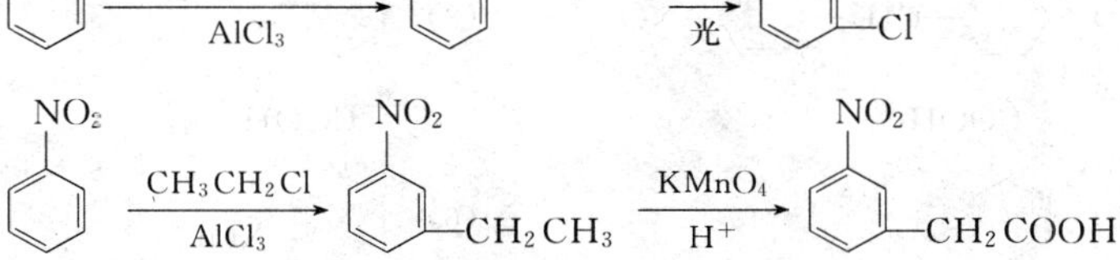

(3) 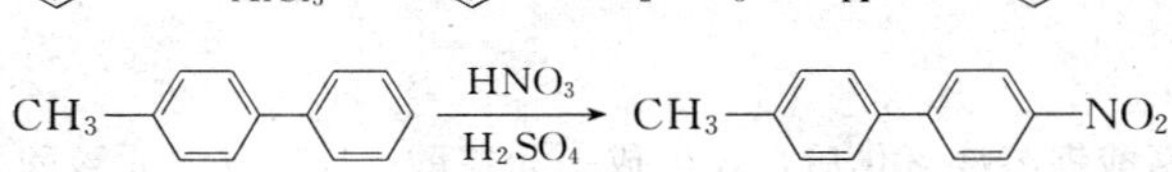

(4) 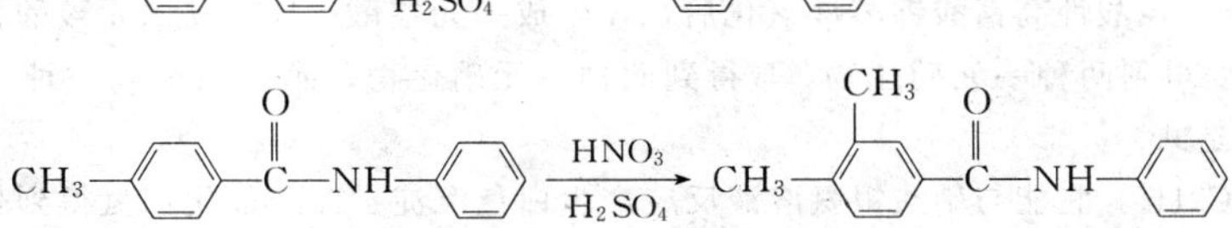

5. 比较下列各组化合物硝化反应的活性：

（1）苯、甲苯、氯苯、苯酚

（2）甲苯、对二甲苯、苯、硝基苯

（3）氯苯、硝基苯、苯甲醚、苯

（4）苯甲酸、溴苯、对硝基苯甲酸、甲苯

6. 用箭头表示下列各化合物发生一元硝化时，硝基进入的位置：

（1）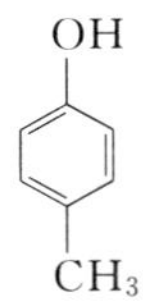

（2）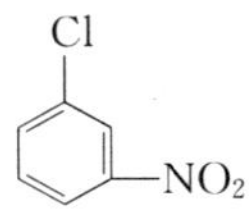

（3）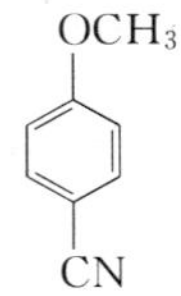

（4）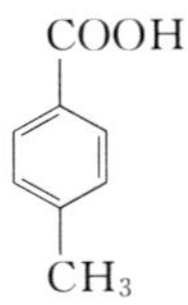

（5）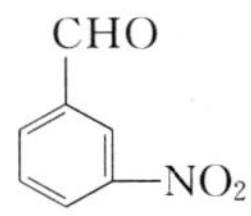

（6）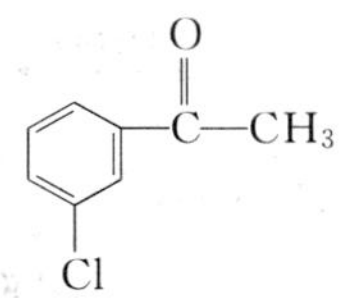

（7）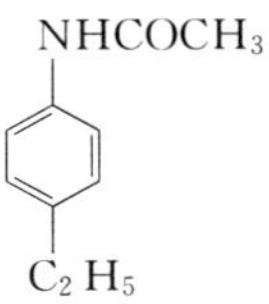

（8）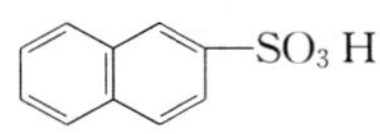

（9）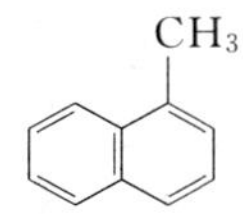

（10）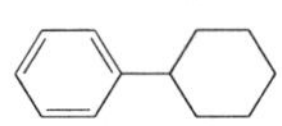

（11）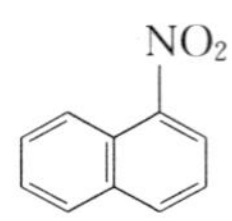

（12）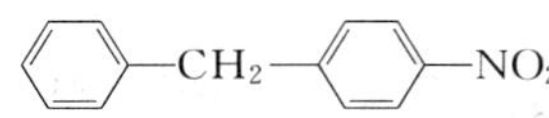

（13）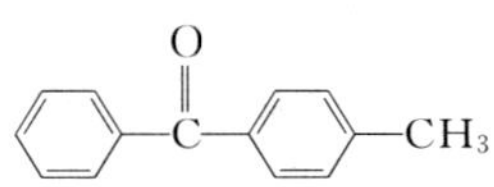

（14）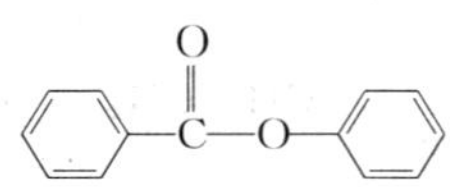

（15）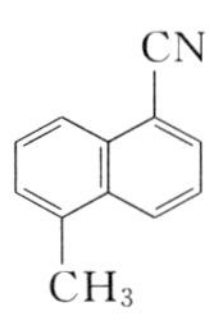

（16）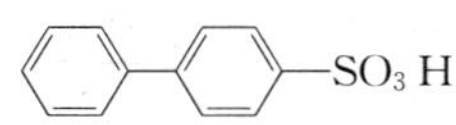

7. 以苯或甲苯为原料，制备下列化合物：

（1）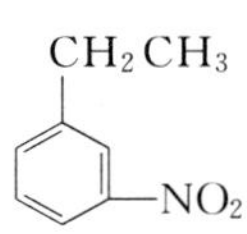

（2）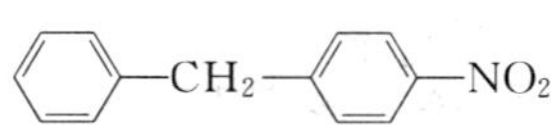

（3）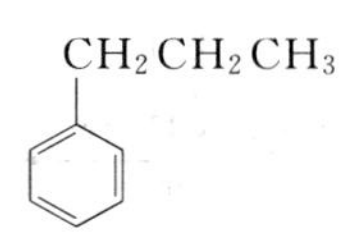

（4）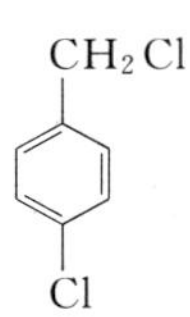

（5）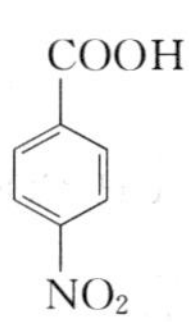

（6）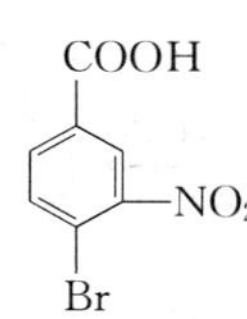

8. 三种芳烃分子式均为 C_9H_{12}，经酸性高锰酸钾溶液氧化后，A 生成一元羧酸、B 生成二元羧酸、C 生成三元羧酸。但硝化后 A 主要得到两种一元硝化物，B 得到两种一元硝化物，而 C 只得到一种一元硝化物。试推测 A、B、C 的构造式。

9. 某不饱和烃 A 的分子式为 C_9H_8，它能与硝酸银氨溶液反应产生白色沉淀。A 经催化加氢得到化合物 B

(C_9H_{12})。将化合物B用酸性重铬酸钾氧化得到酸性化合物$C(C_8H_6O_4)$，若将化合物A和丁二烯作用则得到一个不饱和化合物D，将化合物D催化脱氢则得到2-甲基联苯。推测化合物A、B、C、D的构造式。

10. 某烃分子式为C_9H_{12}（A)，经酸性高锰酸钾氧化后得到分子式为$C_8H_6O_4$的二元酸（B)，将A在氯化铁的催化下氯代时，其一元氯代物只有两种；而A进行光氯代时，其一元取代物也有两种C和D，试写出A、B、C、D的构造式。

第七章　卤　代　烃

学习目标

1. 了解卤代烃的分类和构造异构；
2. 掌握卤代烃的命名方法；
3. 熟练掌握卤代烃的化学性质及制备方法；
4. 掌握卤代烃消除反应的札依采夫规则；
5. 掌握卤代烃中卤原子活泼性的比较，了解重要的卤代烃的用途。

烃分子中的氢原子被卤原子取代后的化合物，称为卤代烃。一卤代烃的通式 $C_nH_{2n+1}X$，或简写为 RX。卤原子是卤代烃的官能团，能发生多种反应而转化成其他化合物，因此卤代烃在有机合成中有重要的作用。卤代烃在工农业及日常生活中也非常重要。常用作溶剂、冷冻剂、灭火剂和防腐剂等。

卤代烃在自然界存在很少，绝大多数是由人工合成的。由于氟代烃的性质特殊，碘又太贵，因此卤代烃一般是指氯代烃、溴代烃。

第一节　卤代烃的分类与命名

一、卤代烃的分类

（1）按分子中烃基结构的不同　分为饱和卤代烃、不饱和卤代烃（卤代烯烃与卤代炔烃）和卤代芳烃。例如：

RCH_2X	$RCH=CHX$	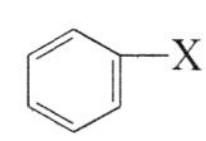
饱和卤代烃	不饱和卤代烃	卤代芳烃

（2）按分子中所含卤原子的数目不同　分为一卤代烃和多卤代烃。例如：

一卤代烃	RCH_2X	C_6H_5X	
多卤代烃	XCH_2CH_2X	$RCHX_2$	CHX_3

（3）按与卤原子直接相连的碳原子的不同类型　分为伯卤代烃、仲卤代烃、叔卤代烃。例如：

RCH_2X	R_2CHX	R_3CX
伯卤代烃	仲卤代烃	叔卤代烃

二、卤代烃的命名

1. 普通命名法

适用于简单的卤代烃。这种命名方法是由烃基的名称加上卤素的名称而命名的，称为某烃基卤。例如：

$CH_3CH_2CH_2Br$

正丙基溴

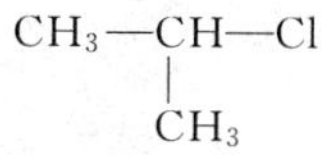

异丙基氯

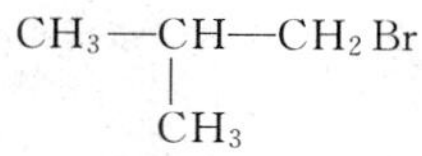

异丁基溴

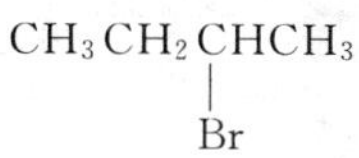

仲丁基溴

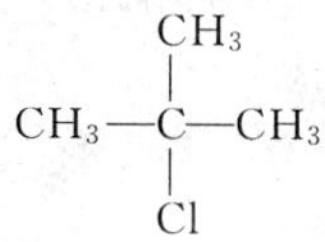

叔丁基氯

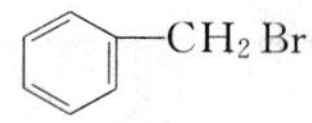

苄基溴

$CH_3CH{=}CH—Cl$

丙烯基氯

$CH_2{=}CHCH_2—Cl$

烯丙基氯

2. 系统命名法

结构复杂的卤代烃要用系统命名法，命名原则与烃类相似。

（1）饱和卤代烃　以烷烃作为母体，卤原子作为取代基。选择连有卤原子的最长碳链作为主链，根据主链的碳原子数，称为“某烷”。从靠近支链或取代基的一端按“最低系列原则”将主链编号，然后将支链或取代基的位次、数目和名称按照次序规则（即较优基团后列出）写在某烃的前面。例如：

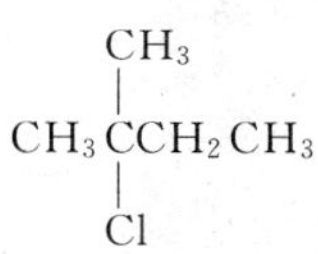

2-甲基-2-氯丁烷

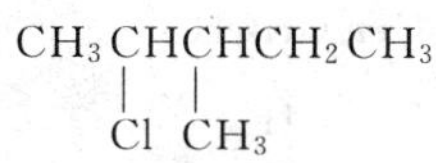

3-甲基-2-氯戊烷

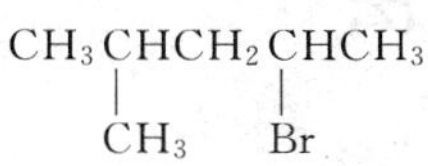

2-甲基-4-溴戊烷

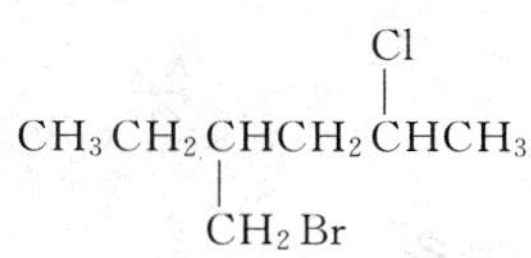

2-乙基-4-氯-1-溴戊烷

（2）不饱和卤代烃　卤代烯烃和卤代炔烃命名时，选择含有不饱和键和卤原子的最长碳链作为主链，从靠近不饱和键一侧开始对主链进行编号，以烯或炔为母体来命名。例如：

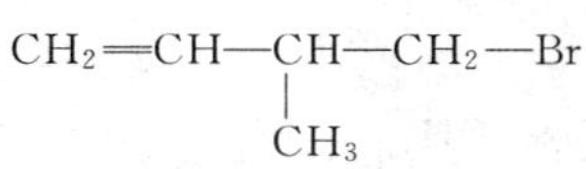

3-甲基-4-溴-1-丁烯

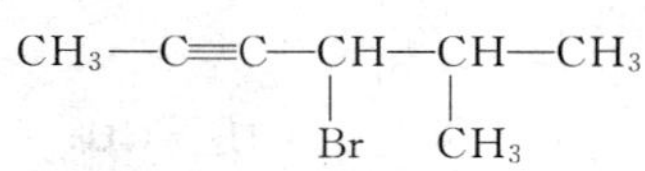

5-甲基-4-溴-2-己炔

（3）卤代脂环烃及卤代芳烃　卤代脂环烃及卤代芳烃的命名，一般以脂环烃或芳烃为母体，卤原子为取代基来命名。例如：

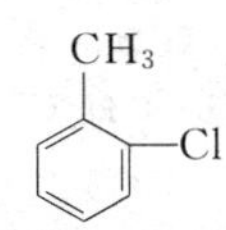

邻氯甲苯

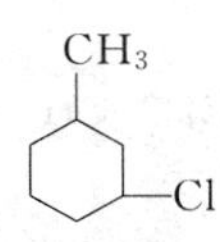

1-甲基-3-氯环己烷

若芳烃的侧链较复杂，则以烃基为母体，将芳环和卤原子作为取代基来命名。例如：

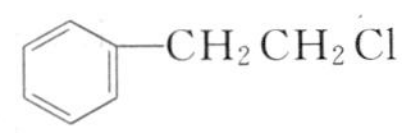

1-苯基-2-氯乙烷

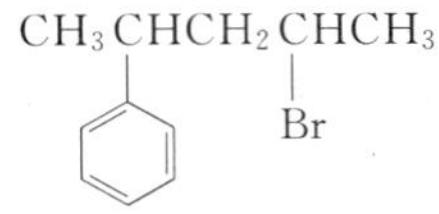

2-苯基-4-溴戊烷

有些多卤代烷烃常用俗名，如 $CHCl_3$ 称氯仿，CHI_3 称碘仿。

练习

7-1 命名下列化合物：

(1) 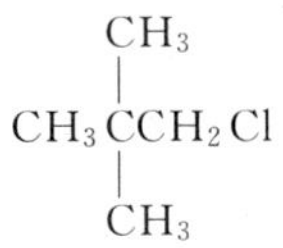

(2) 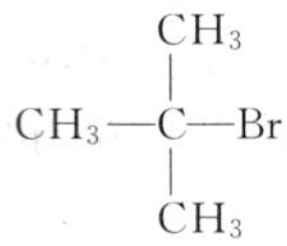

(3) 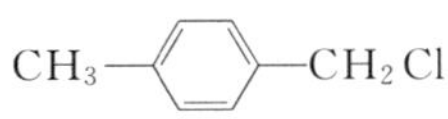

(4) 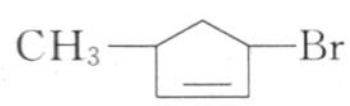

(5) 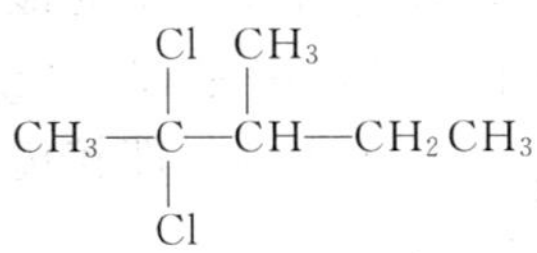

(6) 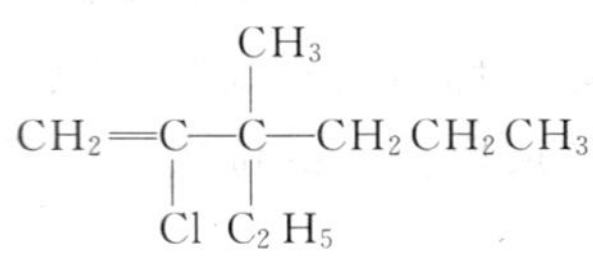

(7) 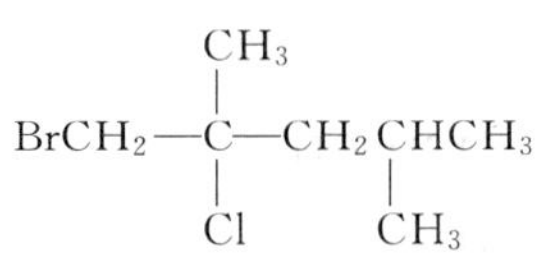

(8) 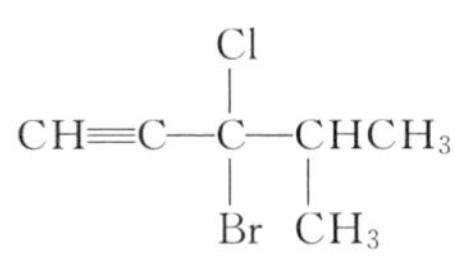

第二节　卤代烃的制法

一、由烯烃制备

烯烃与卤化氢或卤素加成，可得到一卤代烃和多卤代烃。例如：

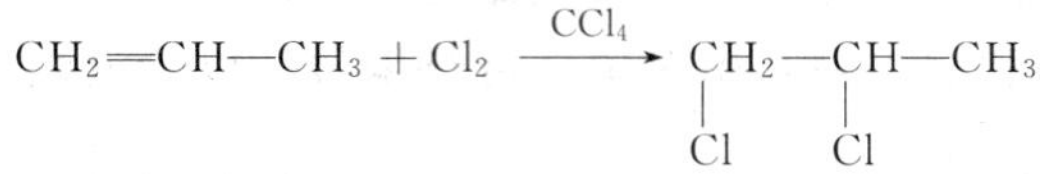

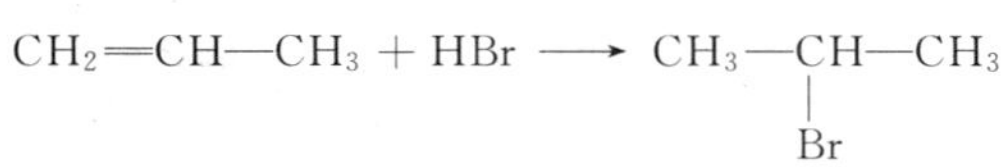

烯丙基型的化合物，在高温下可发生 α-H 的卤代反应，是制备不饱和卤代烃的重要方法。例如：

$$CH_2{=}CH{-}CH_3 + Cl_2 \xrightarrow{500℃} CH_2{=}CH{-}CH_2Cl + HCl$$

二、由芳烃制备

芳烃在不同条件下与卤素（Cl_2 或 Br_2）作用，可发生芳环或侧链的取代反应。例如：

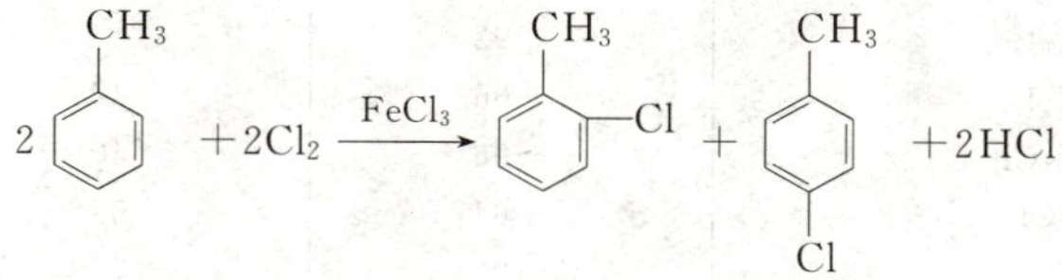

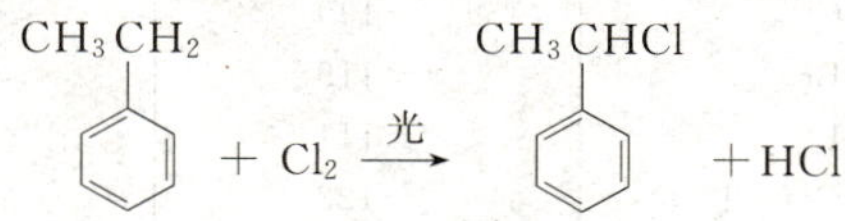

三、由醇制备

醇与氢卤酸、三卤化磷、亚硫酰氯（二氯亚砜）反应生成卤代烃。由于醇易得，且廉价，由醇制备卤代烃是最常用的方法。例如：

$$\underset{\text{正丁醇}}{CH_3CH_2CH_2CH_2OH} + HCl \xrightarrow[\triangle]{\text{无水 } ZnCl_2} \underset{\text{正丁基氯}}{CH_3CH_2CH_2CH_2Cl} + H_2O$$

有些醇与氢卤酸会发生重排反应，得到混合物。

$$3CH_3CH_2CH_2OH + PBr_3 \longrightarrow 3CH_3CH_2CH_2Br + H_3PO_3$$

三溴化磷或三碘化磷不必事先制备，只需将溴或碘和赤磷共热即可生成。醇与卤化磷反应是制备溴代烷和碘代烷的一种方法。

$$CH_3CH_2CH_2OH + SOCl_2 \xrightarrow{\triangle} CH_3CH_2CH_2Cl + SO_2 + HCl$$

此法用于氯代烷的制备，不仅反应速率快、产率高（一般在 90％左右），且副产物二氧化硫和氯化氢均为气体，易与氯代烷分离。

第三节　卤代烃的物理性质

在常温下，除氟甲烷、氟乙烷、氟丙烷等氟代烷以及氯甲烷、氯乙烷、溴甲烷是气体外，其他低级一卤代烷均为液体，高级卤代烷为固体。卤原子相同的卤代烷，其沸点随着碳原子数的增加而升高。烃基相同的卤代烷，沸点的规律是：$RI > RBr > RCl$。在卤代烷异构体中，支链越多，沸点越低。

一氟代烷和一氯代烷的相对密度小于 1，其余卤代烷相对密度都大于 1。在卤代烷的同系列中，相对密度随着碳原子序数的增加反而降低，这是由于卤素在分子中所占比例逐渐减小的缘故。

卤代烷不溶于水，易溶于醇、醚等大多数有机溶剂，因此常用氯仿、四氯化碳从水层中提取有机物。

纯的一卤代烷无色，但碘代烷易分解产生游离碘，故长期放置的碘代烷常带有红或棕色。常见卤代烃的物理常数见表 7-1。

表 7-1 一些常见卤代烃的物理常数

名 称	构 造 式	熔 点/℃	沸 点/℃	相 对 密 度
氯甲烷	CH_3Cl	−97	−24	0.920
溴甲烷	CH_3Br	−93	3.5	1.732
碘甲烷	CH_3I	−66	42	2.279
二氯甲烷	CH_2Cl_2	−96	40	1.326
三氯甲烷	$CHCl_3$	−64	62	1.489
四氯化碳	CCl_4	−23	77	1.594
氯乙烷	CH_3CH_2Cl	−139	12	0.898
溴乙烷	CH_3CH_2Br	−119	38.4	1.430
碘乙烷	CH_3CH_2I	−111	72	1.936
1-氯丙烷	$CH_3CH_2CH_2Cl$	−123	47	0.890
2-氯丙烷	$CH_3CHClCH_3$	−117	36	0.860
氯乙烯	$CH_2=CHCl$	−154	−14	0.911

第四节 卤代烃的化学性质

卤代烃中由于卤原子的电负性较大，所以 C—X 为极性共价键，电子云偏向卤原子，即 $C^{\delta+}—X^{\delta-}$。碳卤键（C—X）的极性大小顺序为：

$$C—Cl>C—Br>C—I$$

但在化学反应中，卤代烃受进攻试剂电场的影响，C—X 的电子云密度会重新分配，这种影响称为共价键的可极化度。电负性较大的氯原子，其原子半径比碘原子小，对周围电子云束缚力较强，因此极化度却较小。碳卤键的极化度大小次序为：

$$C—I>C—Br>C—Cl$$

极化度大的共价键，易通过电子云变形而发生键的断裂，因此各种卤代烃的化学反应活性次序为：

$$R—I>R—Br>R—Cl$$

一、取代反应

在一定条件下，卤代烷分子中的卤原子可以被其他原子或原子团（如—OH、—OR、—CN、$—NH_2$、$—ONO_2$ 等）所取代，生成一系列化合物。由于都是由负离子或带有未共用电子对的分子（如 NH_3）进攻 C—X 中带部分正电荷的碳原子所引起的取代反应，因此称为亲核取代反应。

1. 水解反应

卤代烷不溶或微溶于水，水解很慢。为了加速反应，通常加入强碱性水溶液与卤代烷共热，则卤原子被羟基（—OH）取代而生成醇。例如：

$$CH_3CH_2CH_2Cl+H_2O\xrightarrow[\triangle]{NaOH}\underset{\text{正丙醇}}{CH_3CH_2CH_2OH}+NaCl$$

由于卤代烷通常是由醇转化的，所以一般的醇不用此法制备。

2. 与醇钠作用

卤代烷与醇钠在相应的醇中反应，卤原子被烷氧基（—OR）取代而生成醚，此反应也称为醇解。例如：

$$CH_3CH_2ONa + CH_3CH_2CH_2Br \xrightarrow[\triangle]{CH_3CH_2OH} CH_3CH_2OCH_2CH_2CH_3$$

乙丙醚

这是制备混醚（两个烃基不同的醚）的常用方法，称为威廉森（Wiliamson）合成法。但此方法对所使用的卤代烷有限制，一般是使用伯卤代烷，使用仲卤代烷得到的产率较低，而叔卤代烷得到的主产物将不是醚而是烯烃（见卤代烷的消除反应）。

3. 与氨作用

卤代烷与过量的氨反应生成胺，此反应称为氨解。例如：

$$CH_3CH_2CH_2CH_2Br + 2NH_3 \xrightarrow[\triangle]{} CH_3CH_2CH_2CH_2NH_2 + NH_4Br$$

丁胺

所用卤代烷通常也是指伯卤代烷。因此工业上通常用来制备伯胺。

4. 与氰化钠作用

卤代烷与氰化钠（或氰化钾）在醇溶液反应生成腈。例如：

$$CH_3CH_2CH_2Br + NaCN \xrightarrow[\triangle]{醇} CH_3CH_2CH_2CN + NaBr$$

丁腈

反应产物比原料卤代烷增加了一个碳原子，由于产物中的氰基可以转变为氨甲基（$—CH_2NH_2$）、羧基（—COOH），因此这是有机合成中增长碳链的方法之一。但因氰化钠（钾）有剧毒，应用受到很大限制。

5. 与硝酸银作用

卤代烷与硝酸银的乙醇溶液作用，生成硝酸酯和卤化银沉淀：

$$R—X + AgONO_2 \xrightarrow{乙醇} R—ONO_2 + AgX\downarrow$$

这是鉴别卤代烷的简便方法，根据生成 AgX 沉淀的速度和颜色来对卤代烷进行检验。卤代烷的活性次序：

叔＞仲＞伯卤代烷

RI＞RBr＞RCl

其中伯卤代烷需加热才能使反应进行。

练习

7-2 完成下列反应式：

（1）$CH_3CH_2CH{=}CH_2 \xrightarrow{HCl} \qquad \xrightarrow[乙醇]{NaOH}$

（2）$CH_3CH_2CH{=}CH_2 \xrightarrow[过氧化物]{HBr} \qquad \xrightarrow[醇]{AgNO_3}$

（3）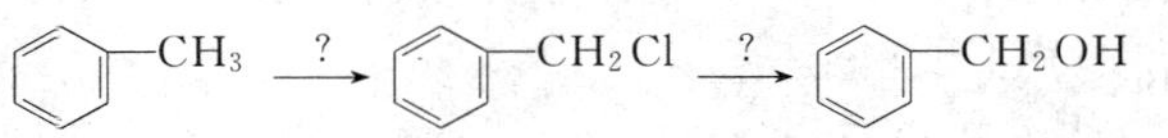

（4）$CH_3CH_2CH_2Br \xrightarrow{CH_3CH_2ONa}$

二、消除反应

卤代烷与氢氧化钠（或氢氧化钾）的醇溶液反应，脱去一分子卤化氢生成烯烃，这种反应称为消除反应。例如：

$$CH_3CH_2CH_2Br \xrightarrow[C_2H_5OH]{NaOH} CH_3CH{=}CH_2 + NaBr + H_2O$$

仲卤代烷和叔卤代烷在消除卤化氢时，可生成两种不同的产物。例如：

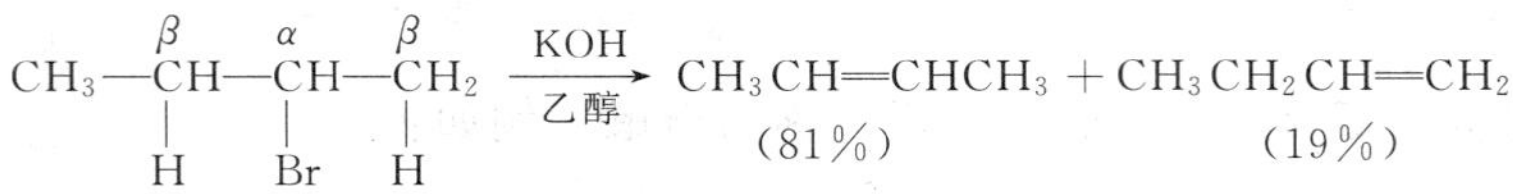

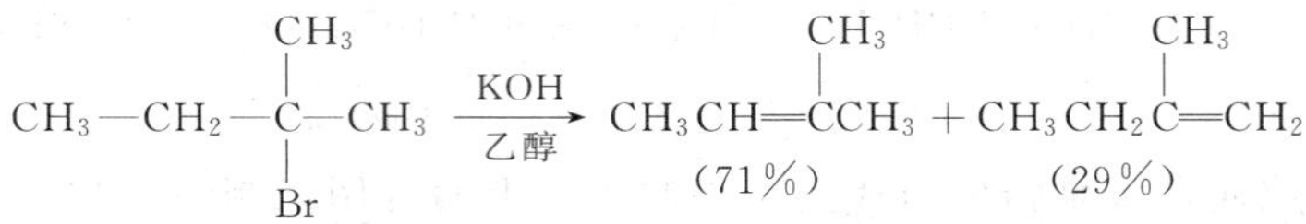

实验证明：卤代烷脱卤化氢时，主要脱去含氢较少的β-碳原子上的氢原子。这是一条经验规律，称为札依采夫（Sayizeff）规则。札依采夫规则也可表述为：卤代烷脱卤化氢时，主要生成双键碳原子上连有较多烷基，即较为稳定的烯烃。根据这个规则，可以判断各种卤代烷脱去卤代氢的难易程度：

叔卤代烷＞仲卤代烷＞伯卤代烷

卤代烷的水解和消除反应都是在碱性条件下进行的，当卤代烷水解时不可避免地会有消除产物生成，而当卤代烷消除时不可避免地会有水解产物生成，取代和水解两种反应相互竞争。实验证明，强极性溶剂有利于取代反应，弱极性溶剂有利于消除反应，所以卤代烷在碱性水溶液中主要是水解反应，在碱性醇溶液中主要是消除反应。

练习

7-3 完成下列反应式：

（1） 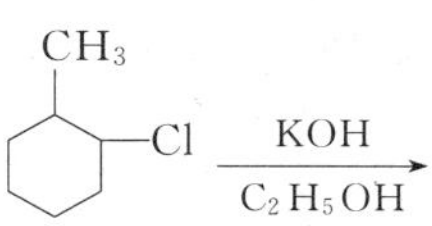

（2） 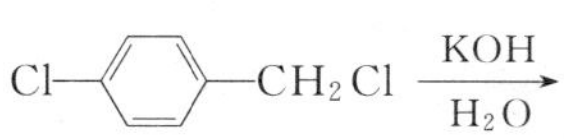

（3） 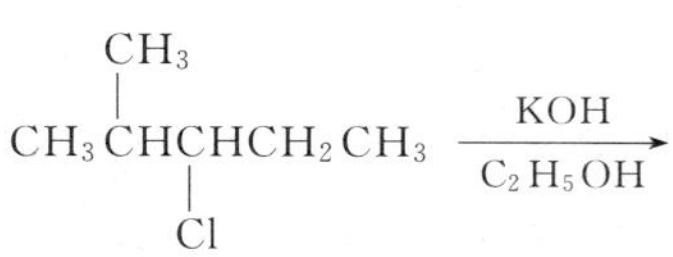

7-4 下列卤代烷脱卤化氢由易到难的顺序是：

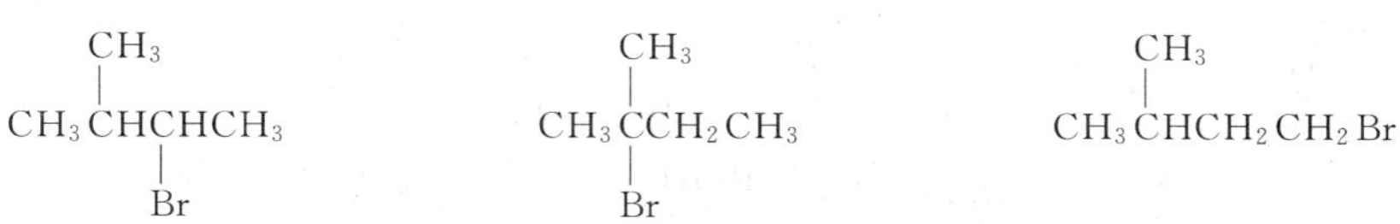

三、与金属镁作用

卤代烷在无水乙醚中与金属镁作用，生成烷基卤化镁，又称为格利雅（Grignard）试剂，简称格氏试剂，一般用 RMgX 表示。

$$R—X + Mg \xrightarrow{\text{无水乙醚}} RMgX$$

烷基卤化镁

制备格氏试剂时，烃基相同的各种卤代烷的反应活性次序为：

$$RI > RBr > RCl$$

由于碘代烷很贵，氯代烷的反应速率慢，而溴代烷生成的格氏试剂溶于乙醚，不需要分离即可用于各种合成反应，因此实验室中常使用溴代烷制备格氏试剂。除乙醚外，四氢呋喃、其他醚类和苯也可作为溶剂，但乙醚和四氢呋喃为最佳。

烷基卤化镁分子中，碳的电负性（2.5）比镁的电负性（1.2）大得多，C—Mg 键是很强的极性键，性质非常活泼，能与水、酸、胺、卤代烃等含活泼氢的化合物作用生成相应的烷烃。

$$RMgX \begin{cases} \xrightarrow{HOH} RH + Mg(OH)X \\ \xrightarrow{HOR} RH + Mg(OR)X \\ \xrightarrow{HNH_2} RH + Mg(NH_2)X \\ \xrightarrow{HX} RH + MgX_2 \end{cases}$$

格氏试剂还能与二氧化碳、醛、酮、酯等多种化合物反应，生成羧酸、醇等一系列重要的化合物，在有机合成上非常重要，这些反应将在以后的章节中介绍。

由于格氏试剂遇水就分解，所以在制备格氏试剂时必须用无水无醇的溶剂和干燥的反应器，操作时也要采取隔绝空气中湿气的措施。含活泼氢的化合物在制备和使用格氏试剂过程中都须注意避免。卤代烃的烃基上也不能连有各种带活泼氢的基团，因为生成的格氏试剂会与未反应的原料及产物中的上述基团反应。

第五节 亲核取代反应机理

在亲核取代反应中，研究最多的是卤代烷的水解。研究中发现，它们是按两种不同的历程进行的。

一、单分子亲核取代反应机理（S_N1）

实验证明，叔丁基溴碱性水解时，其水解速率仅与叔卤代烷浓度成正比，而与亲核试剂（OH^-）的浓度无关。

$$(CH_3)_3C—Br + OH^- \longrightarrow (CH_3)_3C—OH + Br^-$$

上述反应，实际上是分两步进行的。第一步，是叔丁基溴离解为叔丁基碳正离子和溴负离子。

$$(CH_3)_3C—Br \xrightarrow{\text{慢}} (CH_3)_3C^+ + Br^-$$

叔丁基碳正离子

碳正离子性质活泼，称为活性中间体。第二步，碳正离子一旦形成，立即与亲核试剂 OH^- 结合生成醇。

$$(CH_3)_3C^+ + OH^- \longrightarrow \underset{\text{过渡态}}{[(CH_3)_3C^+ \cdots OH^-]} \longrightarrow (CH_3)_3C{-}OH$$

第一步是决定整个反应速率的一步。由于整个反应仅与叔卤代烷一种物质分子的浓度有关，与亲核试剂（碱）的浓度无关，因此称为单分子亲核取代反应，常用 S_N1 表示。

S_N1 反应机理的特点是，反应分两步进行，并有活性中间体——碳正离子生成，反应速率只与卤代烷的浓度有关，与亲核试剂的浓度无关，是单分子反应。

二、双分子亲核取代反应的机理（S_N2）

实验证明，溴甲烷的碱性水解速率，不仅与卤代烷的浓度成正比，也与碱的浓度成正比。

$$CH_3Br + OH^- \longrightarrow CH_3OH + Br^-$$

反应的速率与卤代烷及碱两种物质分子的浓度有关，所以称为双分子亲核取代反应机理，常用 S_N2 表示。

经研究发现，上述反应是一步进行的：

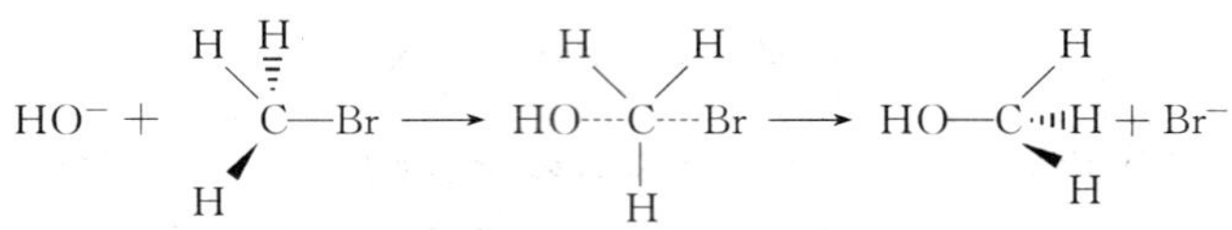

进攻试剂 OH^- 带负电荷，与溴甲烷中电子云密度大的溴因“同性相斥”，只能从溴的背面沿 C—Br 键轴线接近碳原子，开始部分地成键。与此同时，C—Br 键逐渐伸长变弱，新键尚未形成、旧键尚未完全断裂的过程，用虚线表示，称为过渡态。当 OH^- 与碳原子进一步接近。最后形成稳定的 C—O 键时，C—Br 键也就同时断裂，溴原子带着一对电子离去，生成醇和 Br^-。从过渡态转化成产物时，甲基上的三个氢原子也同时翻转到溴原子这一边，最后翻转成与溴甲烷构型相反的醇，就像伞被大风吹翻转一样。这种转化过程，称为瓦尔登转化。

S_N2 反应机理的特点是：旧键断裂与新键形成同时进行，反应一步完成。实验证明，按 S_N2 机理进行亲核取代反应时，反应速率是：

伯卤代烷＞仲卤代烷＞叔卤代烷

按 S_N1 机理进行亲核取代反应时，反应速率完全相反：

叔卤代烷＞仲卤代烷＞伯卤代烷

在通常情况下，这两种机理总是同时并存且相互竞争的，只是伯卤代烷主要按 S_N2 机理进行，叔卤代烷主要按 S_N1 机理进行，仲卤代烷则既按 S_N1 又按 S_N2 机理进行，但以 S_N2 为主。

第六节　卤代烯烃与卤代芳烃

一、卤代烯烃与卤代芳烃的分类

根据卤原子和双键（或芳环）的相对位置，可把卤代烯烃和卤代芳烃分为下列三类。

1. 乙烯型和苯型卤代烃

卤原子与双键或芳环上的碳原子直接相连的，称为乙烯型或苯型卤代烃。例如：

$CH_2{=}CHCl$　　氯乙烯

$CH_3CH{=}C(Br)CH_3$　　2-溴-2-丁烯

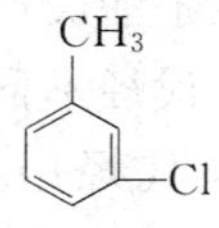

3-氯甲苯

2. 烯丙基型和苄基型卤代烃

卤原子与双键或芳环相隔一个碳原子，称为烯丙基型或苄基型卤代烃。例如：

$CH_2{=}CH{-}CH_2Cl$　　3-氯丙烯

$CH_3CH{=}CH{-}CH(Br)CH_3$　　4-溴-2-戊烯

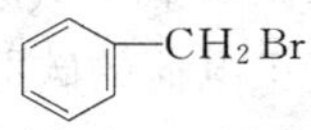

苄基溴

3. 孤立型卤代烯烃

卤原子与双键（或芳环）上的碳相隔两个或两个以上的碳原子，称为孤立型卤代烯烃。例如：

$CH_2{=}CH{-}CH_2CH_2Cl$　　4-氯-1-丁烯

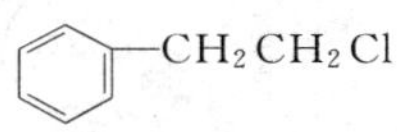

β-氯乙苯

常温下，卤代烯烃中，氯乙烯、溴乙烯为气体，其余多为液体，高级的为固体。卤代芳烃大多为有香味的液体，苄基卤有催泪性。卤代芳烃相对密度都大于 1，不溶于水，易溶于有机溶剂。

二、卤代烯烃或卤代芳烃中卤原子的活泼性

各类卤代烃中卤原子的反应活性差别很大。烯丙基型和苄基型卤代烃最活泼，在室温下，它们与硝酸银的醇溶液迅速生成卤化银沉淀；孤立型卤代烃与卤代烷反应活性相似；而乙烯型和苯型卤代烃最不活泼，与硝酸银醇溶液作用时，即使加热也不能生成卤化银沉淀。

综上所述，各种卤代烃反应活性如下：

$$CH_2{=}CHCH_2X > CH_2{=}CHCH_2CH_2X > CH_2{=}CHX$$

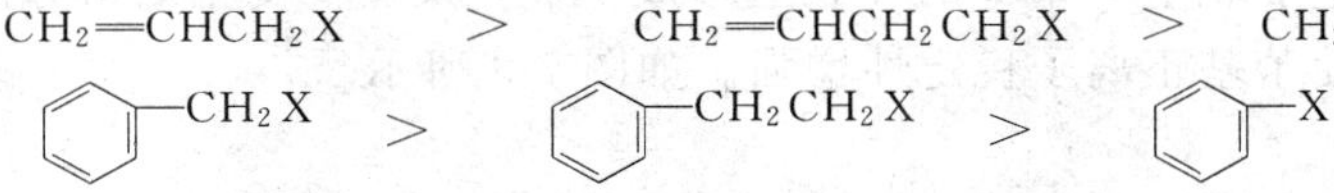

在乙烯型和苯型卤代烃中，氯原子 p 轨道上的未供用电子对与氯乙烯分子中的 π 键或氯苯分子中的大 π 键发生共轭，形成包括氯原子在内的 p-π 共轭体系。如图 7-1 所示。

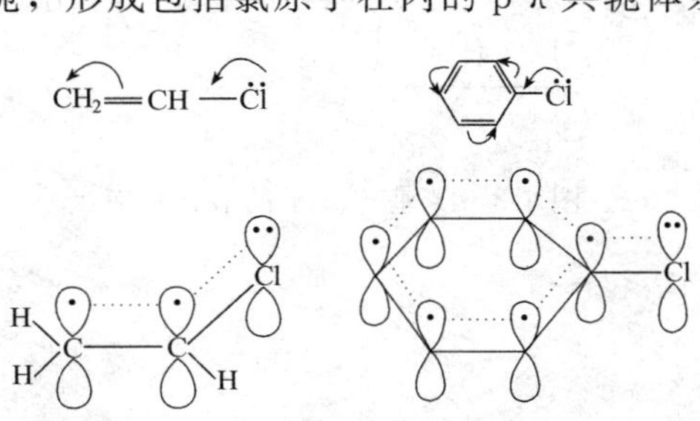

图 7-1　氯乙烯与氯苯的 p-π 共轭示意图

p-π 共轭的结果，使氯原子上的电子云向双键或苯环移动，由于 C—Cl 键之间的电子云密度增大，增强了碳原子和氯原子的结合能力，使 C—Cl 键缩短、键能增加，因此氯乙烯或氯苯中的氯原子活泼性较低，一般条件下不发生亲核取代反应。

与乙烯型卤代烃不同，烯丙基型卤代烃中的卤原子非常活泼，很容易发生亲核取代反应，一般比叔卤代烃中卤原子的活性还要高。在室温下即能与 NaOH、NaOR、NaCN、NH_3 及 $AgNO_3$ 的醇溶液等试剂发生反应。例如：

$$CH_2{=\!=}CHCH_2Cl + AgNO_3 \xrightarrow{\text{醇}} AgCl\downarrow + \underset{\text{硝酸烯丙酯}}{CH_2{=\!=}CHCH_2ONO_2}$$

烯丙基氯中氯原子的这种活泼性是由于失去 Cl^- 后，生成了稳定的烯丙基正离子。该正离子中带正电荷的碳原子是 sp^2 杂化，它的空 p 轨道与C═C的 π 轨道形成缺电子共轭体系，使得正电荷不再集中在原来与氯相连的碳原子上，而是得到分散。如图 7-2 所示。从而降低了烯丙基正离子的能量，稳定性增强，越稳定的碳正离子越容易生成，这是烯丙基型卤代烃中氯原子比较活泼的原因。

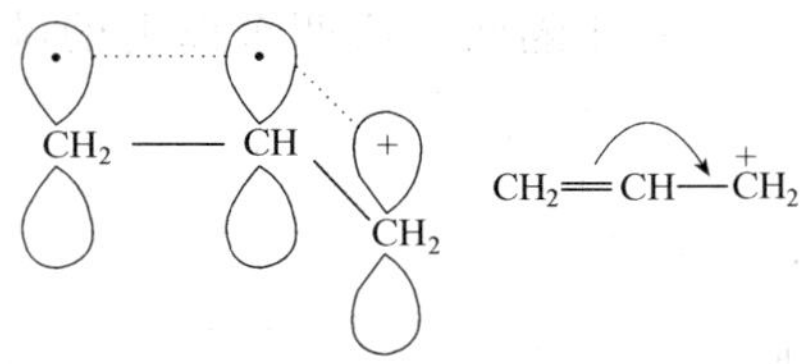

图 7-2 烯丙基正离子的 p-π 共轭

苄基氯中的氯原子与烯丙基氯中的氯原子相似，也比较活泼。例如：

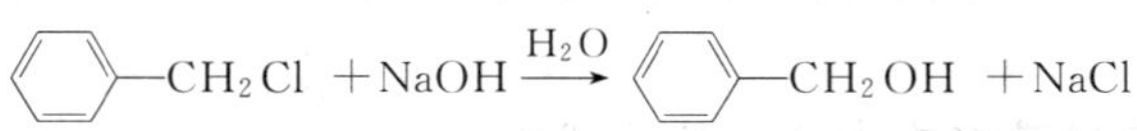

苄基氯中的氯原子活泼是由于氯原子离去后生成了稳定的苄基正离子：

$$\underset{\;\;\;\;|\;\;\;\;\;\;\;\;|\;\;\;\;\;\;\;\;|}{CH_3—CH—CH—CH_2} \xrightarrow[\text{乙醇}]{KOH} \underset{(81\%)}{CH_3CH{=\!=}CHCH_3} + \underset{(19\%)}{CH_3CH_2CH{=\!=}CH_2}$$
$$\quad\;\; H \quad\;\; Br \quad\;\; H$$

由于碳正离子的空 p 轨道与苯环的 π 轨道形成了 p-π 共轭，使正电荷分散，从而降低了苄基正离子的能量，使苄基正离子稳定性增强。如图 7-3 所示。

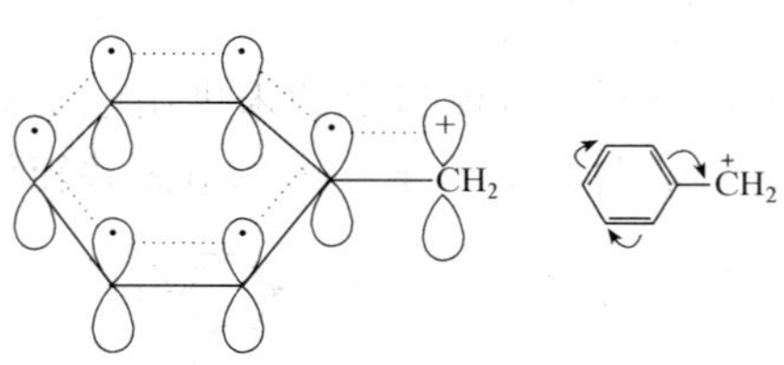

图 7-3 苄基正离子的 p-π 共轭

练习

7-5 完成下列反应方程式：

(1) $CH_2{=\!=}CHCH_2Br + NaCN \longrightarrow$

(2) $CH_2{=}C(Br)CH_2Br \xrightarrow[KOH]{H_2O}$

(3) $CH_2{=}CHCH_2I + NH_3 \longrightarrow$

(4) 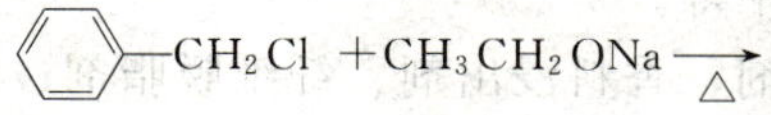

(5) 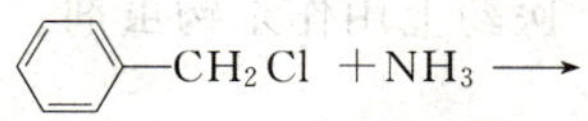

(6) $CH_3CH(Br)CH_3 + Mg \xrightarrow{干醚} \xrightarrow{HCl}$

7-6 试用化学方法区别下列各组化合物：

(1) $CH_2{=}C(CH_3){-}CH_2Br$　　$CH_3CH(Br)CH_2CH_3$　　$CH_2{=}C(Br)CH_2CH_3$

(2) 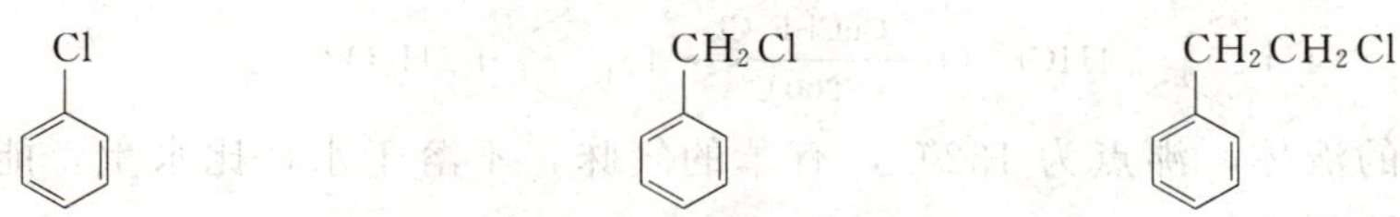

第七节　重要的卤代烃

一、三氯甲烷

三氯甲烷又称氯仿。工业上，它可从甲烷氯化得到，也可以从四氯化碳还原制得。

$$CCl_4 + 2\,[H] \xrightarrow{Fe+H_2O} CHCl_3 + HCl$$

三氯甲烷是一种无色味甜的液体，沸点 61.2℃，密度 1.482g/cm^3，不溶于水，易溶于醇、醚等有机溶剂。它也能溶解脂肪、蜡、有机玻璃和橡胶等多种有机物，是一种不燃性的优良溶剂。三氯甲烷曾作为手术麻醉剂，但它对肝脏有毒，且有其他副作用，现已不再使用。此外，氯仿还广泛用作有机合成的原料。

氯仿中由于三个氯原子强的吸电子效应，使它的 C—H 键变得活泼，容易在光的作用下被空气中的氧所氧化，生成剧毒的光气。

$$2\,CHCl_3 + O_2 \xrightarrow{光} 2\,Cl_2C{=}O + 2HCl$$

因此，氯仿要密封保存在棕色瓶中，并加入 1%的乙醇以破坏可能产生的光气。

二、四氯化碳

工业上，四氯化碳主要生产方法是甲烷氯化法（见烷烃）。

$$CH_4 + 4Cl_2 \xrightarrow{440℃} CCl_4 + 4HCl$$

四氯化碳是无色液体，沸点较低（77℃），密度（20℃）较大（1.594g/cm^3），遇热易挥发，蒸气比空气重，不能燃烧，不导电。因此，当四氯化碳受热蒸发时，其蒸气可把燃烧物覆盖，隔绝空气而灭火，是常用的灭火剂，但高温时它会水解成光气。

$$CCl_4 + H_2O \xrightarrow{500℃} Cl_2C{=}O + 2HCl$$

光气

因此，用四氯化碳灭火时，要注意通风，以免中毒。

四氯化碳主要用作溶剂、灭火剂、有机物氯化剂、香料浸出剂、纤维脱脂剂、谷物熏蒸消毒剂、药物萃取物等，并用于制造氟里昂和织物干洗剂，医药上用作杀钩虫剂。

三、氯苯

工业上氯苯可由苯直接氯代，也可将苯蒸气、空气和氯化氢通过氯化亚铜（浮石为载体）来制备。

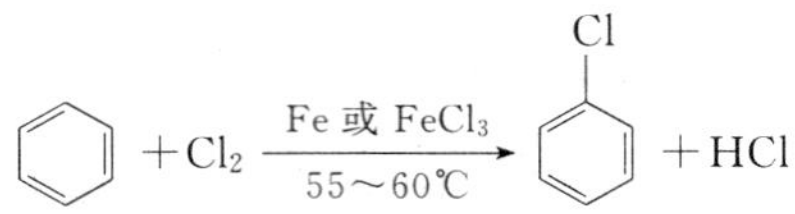

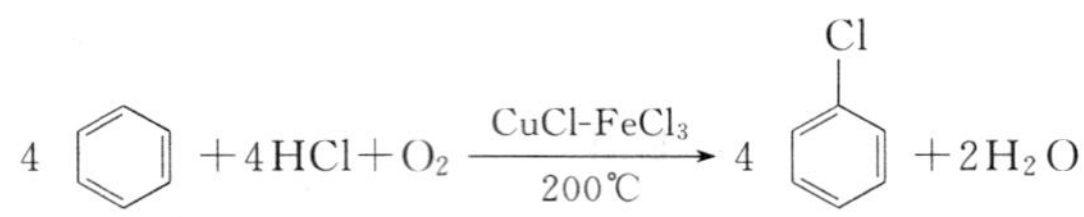

氯苯为无色透明的液体，沸点为 132℃，有苯的气味，不溶于水，比水重，能溶于醇、醚、氯仿和苯等有机溶剂。

氯苯可作为有机溶剂和有机合成原料，也是某些农药、药物和染料中间体的原料。

四、氯乙烯

工业上生产氯乙烯主要有乙炔法及乙烯法。

1. 乙炔法

乙炔与氯化氢在氯化汞催化下，进行加成反应，即得到氯乙烯。

$$HC{\equiv}CH + HCl \xrightarrow[150\sim160℃]{HgCl_2} CH_2{=}CHCl$$

此法技术成熟、流程简单、转化率高，但电石法制乙炔耗电量大、成本较高，且催化剂汞盐有毒，因此，采用非汞催化剂（如铜盐）代替汞盐，以引起人们的重视。

2. 乙烯法

乙烯与氯气加成，得到 1,2-二氯乙烷，后者脱去一分子氯化氢，即得氯乙烯。

$$CH_2{=}CH_2 + Cl_2 \xrightarrow[40℃]{FeCl_3} \underset{Cl}{CH_2}{-}\underset{Cl}{CH_2} \xrightarrow{高温、高压} CH_2{=}\underset{Cl}{CH} + HCl$$

氯乙烯是无色气体，沸点为－13.4℃，难溶于水，易溶于乙醇、乙醚和丙酮，氯乙烯有毒，当空气中浓度达 5%时，即可使人中毒。近年来还发现氯乙烯是一种致癌物，使用时要注意防护。

氯乙烯的化学性质不活泼，分子中的氯原子不易发生取代反应，它发生亲电加成反应时，仍遵守马氏规则。例如：

$$CH_2{=}CHCl + HBr \longrightarrow CH_3\underset{Br}{C}HCl$$

1-氯-1-溴乙烷

氯乙烯在过氧化物（如过氧化苯甲酰）引发剂存在下，能聚合生成白色粉状的固体高聚物——聚氯乙烯，简称 PVC。

聚氯乙烯性质稳定，具有耐酸、耐碱、耐化学腐蚀，不易燃烧，不受空气氧化，不溶于一般溶剂等优良性质，常用来制造塑料制品、合成纤维、薄膜管材等，其溶液可做喷漆，在工业及日常生活中有广泛的应用。

五、氯化苄

氯化苄也称苄基氯或苯氯甲烷。工业上是在日光或较高温度下通氯气于沸腾的甲苯中合成，也可由芳经氯甲基化反应来制取。

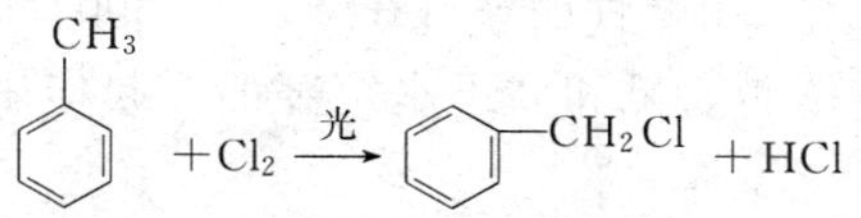

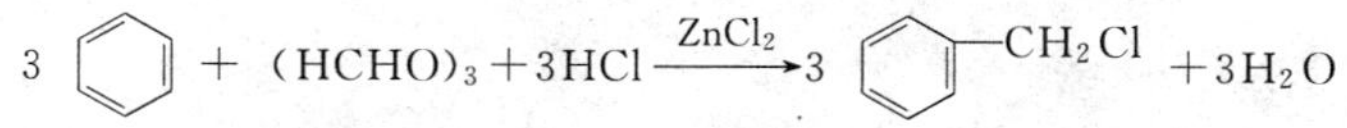

氯化苄是一种催泪性液体，沸点为 179℃，不溶于水。它是制备苯甲醇、苯甲胺、苯乙腈等的原料，在有机合成上常作苯甲基化试剂。

六、二氟二氯甲烷

二氟二氯甲烷（CCl_2F_2）可由四氯化碳和三氟化锑在五氯化锑催化下，相互反应制取。

$$3CCl_4 + 2SbF_3 \xrightarrow{SbCl_5} 3CCl_2F_2 + 2SbCl_3$$

生成的副产物 $SbCl_3$ 可与 HF 作用，重新生成 SbF_3，可供连续使用。

$$SbCl_3 + 3HF \longrightarrow SbF_3 + 3HCl$$

二氟二氯甲烷是无色无臭气体，沸点为－29.8℃，易压缩成液体，解除压力后，立即汽化，同时吸收大量的热，因此，可作制冷剂，它具有无毒、无臭、无腐蚀性、不燃烧、化学性质稳定等优良性能，比过去常用的液氨制冷剂优越，长期以来在电冰箱及冷冻器中大量使用，商品名称为“氟里昂”。

实际上，氟里昂是氟氯代烷的总称，它们都是良好的制冷剂，常用 $F_{\times\times\times}$ 表示它们的组成。其中 F 表示是氟里昂，F 右下角的数字，个位数代表分子中氟的原子个数，十位数代表分子中氢原子的个数加 1，百位数代表分子中碳原子个数减 1（百位数为 0 时，可省略），氯原子个数不用表示出来。例如：

CCl_2F_2	$CHClF_2$	$CClF_2—CClF_2$
氟里昂-12	氟里昂-22	氟里昂-114
简写：F_{12}	F_{22}	F_{114}

20 世纪 80 年代，科学家们普遍认为氟里昂会破坏地球上空的臭氧层，造成太阳紫外线对地球的辐射量增强，破坏生态环境，有害于人类健康。因此，世界各国已禁止或逐渐减少生产、使用氟里昂。

七、四氟乙烯

四氟乙烯（$CF_2=CF_2$）在工业上是用氯仿和氟化氢作用，先制得二氟一氯甲烷（F_{22}），然后经高温裂解生成四氟乙烯。

$$CHCl_3 + 2HF \xrightarrow[20\sim30℃]{SbCl_3} CHClF_2 + 3HCl$$

$$2CHClF_2 \xrightarrow[600\sim800℃]{Ni\text{-}Cr} CF_2=CF_2 + 2HCl$$

四氟乙烯是无色液体，沸点为－76.3℃，不溶于水，溶于有机溶剂，它在过硫酸铵的引发下，可聚合成聚四氟乙烯。

$$nCF_2=CF_2 \xrightarrow[加压]{(NH_4)_2S_2O_8} \underset{聚四氟乙烯}{-\!\!\!\left[CF_2-CF_2\right]\!\!\!-_n}$$

聚四氟乙烯有优良的耐热、耐寒性能，可在－100～300℃的范围内使用，化学稳定性超过一切塑料，与浓 H_2SO_4、浓碱、氟和“王水”等都不起作用，而且机械强度高，在塑料中有“塑料王”之称。

阅读材料

“室内隐形杀手”从哪来

室内环境污染，对人体的危害很大，极易诱发各种疾病。防患于未然，首先要认清隐藏在室内的“无形杀手”。目前房屋装修的污染物，主要是甲醛、苯、氨气等有害气体和放射性的物质——氡，其中甲醛的污染最为常见。

甲醛主要产生于室内装饰用的胶合板、细木板、中密度纤维板和刨花板等人造板材，还有含有甲醛成分的各类装饰材料，如化纤地毯、泡沫塑料、涂料等。因为甲醛具有较强的黏合性，还具有加强板材硬度及防虫、防腐功能，所以目前生产人造板使用的胶黏剂多以甲醛为主要成分。当板材中残留的未参与反应的甲醛向周围环境释放时，就会对室内空气造成污染。一般来讲，甲醛可刺激眼睛引起流泪、咽喉不适或疼痛，还可引起头晕、恶心、呕吐、咳嗽、胸闷等。世界卫生组织已确认甲醛为致癌物质，长期接触甲醛，会引起呼吸系统如鼻腔、口腔、咽喉等癌症的发生。

苯主要来自于装修中使用的各种漆、胶、涂料等。苯除了对人的眼睛和皮肤有害外，还会对人的造血功能造成危害。

氨气主要来自冬季装修施工中使用的含尿素成分的混凝土防冻剂，它会随着温度、湿度等环境因素的变化还原成氨气缓慢释放出来，对人的呼吸系统危害很大。

放射性物质——氡则主要来自建筑用的石材、瓷砖、黏土烧砖、石膏等，它产生的放射性物质能使人患上放射性肺癌，并会对人体的生殖系统、造血功能造成危害，如导致不孕、白血病、婴儿畸形等。

因此新房装修后一定要开窗通风一段时间后再入住，还要养成良好的生活习惯，经常保持室内的空气流通，还可以摆放一些有空气净化作用的绿色植物。

本 章 小 结

1. 卤代烃的命名

普通命名法：根据烷基的名称加上卤素的名称而命名的。

系统命名法：选择含有卤原子的最长碳链作为主链，卤原子作为取代基；不饱和卤代烃命名时，选择含有不饱和键和卤原子在内的最长碳链作为主链，从靠近不饱和键的一侧开始对主链进行编号；卤代脂环烃及卤代芳烃的命名，一般以脂环烃或芳烃为母体，卤原子为取代基来命名；若芳烃的侧链较复杂，则以烃基为母体，将芳环和卤原子作为取代基来命名。

2. 卤代烃的制备

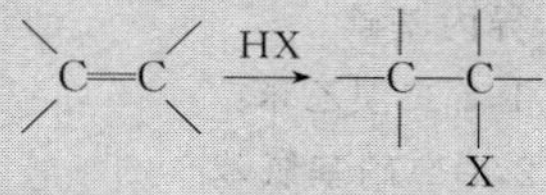

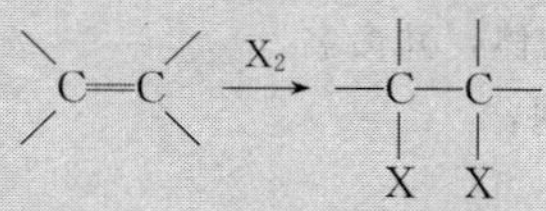

$$CH_2{=}CHCH_3 + Cl_2 \xrightarrow{500℃} CH_2{=}CHCH_2Cl$$

$$ROH + HX \underset{NaOH}{\overset{去水剂}{\rightleftharpoons}} R{-}X + H_2O$$

PX_3 或 $SOCl_2$

3. 卤代烷的化学性质

$$RCH_2X + H_2O \xrightarrow{NaOH} RCH_2OH$$

$$RCH_2X + RONa \longrightarrow RCH_2OR$$

$$RCH_2X + NH_3 \longrightarrow RCH_2NH_2$$

$$RCH_2X + NaCN \longrightarrow RCH_2CN$$

$$R{-}X + AgONO_2 \xrightarrow{乙醇} R{-}ONO_2 + AgX\downarrow$$

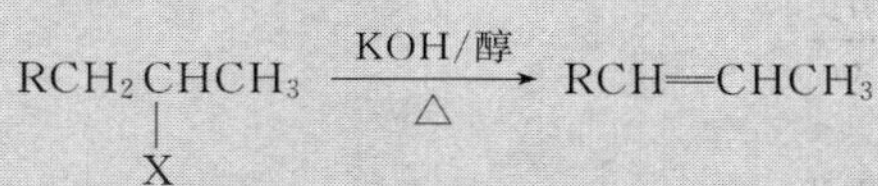

$$RX + Mg \xrightarrow{干醚} RMgX$$

习　题

1. 命名下列化合物：

(1) $CHBr_3$　　(2) $CHClF_2$　　(3) 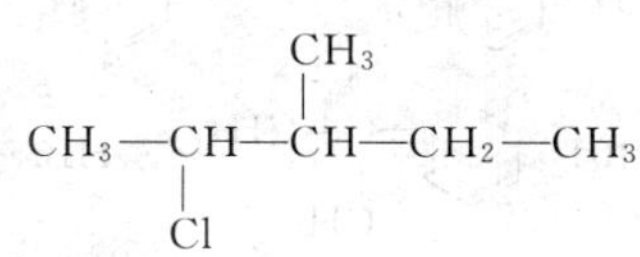

(4) 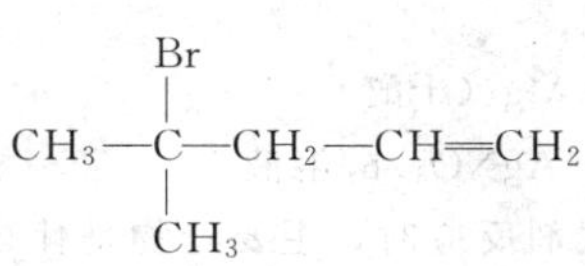　　(5) 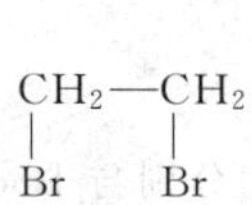　　(6) 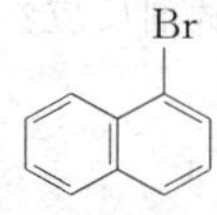

(7) 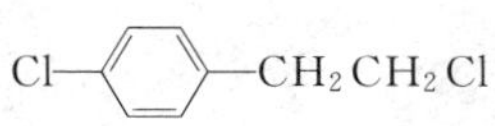　　(8) 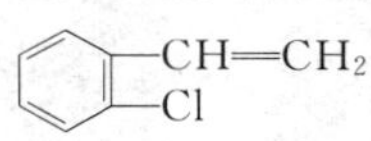

(9) 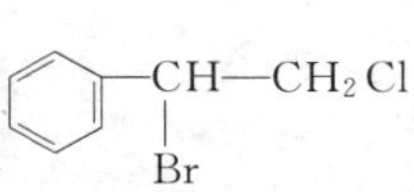　　(10) 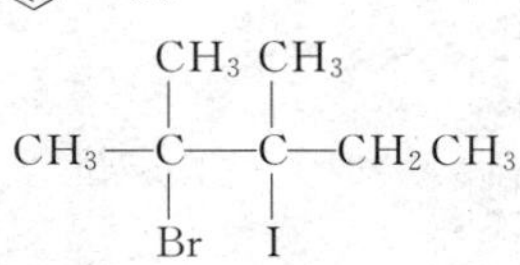

(11) 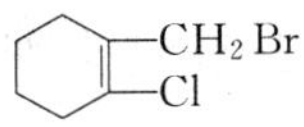　　(12) $BrCH_2C\equiv C—CH=CH_2$

2. 写出下列化合物的构造式：

(1) 3-甲基-2-氯戊烷　　(2) 异丙基碘

(3) 烯丙基溴　　(4) 1,2-二溴乙苯

(5) 氯化苄　　(6) 2,4-二硝基氯苯

3. 写出分子式为 C_4H_9Cl 的各种构造异构体，并命名。

4. 将下列活性中间体，按稳定性顺序排列：

$$(CH_3)_2\overset{+}{C}CH=CH_2 \qquad \overset{+}{C}H_2CH=CHCH_3 \qquad CH_3\overset{+}{C}=CHCH_3 \qquad CH_3\overset{+}{C}HCH=CH_2$$

5. 完成下列反应方程式：

(1) $CH_3CH=CH_2 + HBr \xrightarrow{过氧化物} \qquad \xrightarrow[干醚]{Mg}$

(2) 

(3) $\underset{\displaystyle CH_3}{CH_3\overset{|}{C}H}—\underset{\displaystyle Br}{\overset{|}{C}HCH_3}$ $\left\{\begin{array}{l}\xrightarrow{KOH/醇}\\ \xrightarrow{KOH/H_2O}\end{array}\right.$

(4) $CH_3\underset{\displaystyle CH_3}{\overset{|}{C}}=CHCH_2CH=CHCF_3 \xrightarrow{1mol\ HCl}$

(5) 

(6) 

(7) 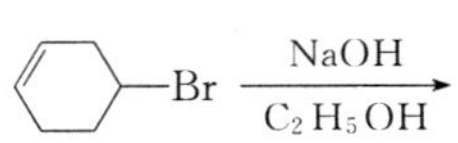

(8) 

(9) 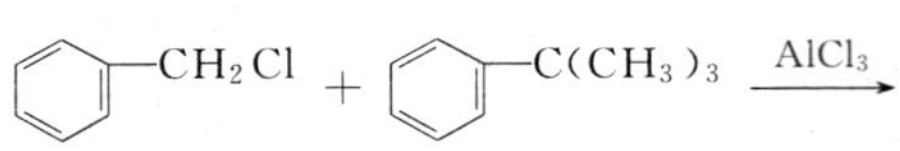

(10) 

6. 2-溴丁烷能否与下列试剂反应？如能反应，请写出主要产物的构造式。

(1) C_2H_5ONa　　(2) $HC\equiv CNa$　　(3) Mg（干醚）

(4) NaCN　　(5) $NH(CH_3)_2$　　(6) $AgNO_3$/醇溶液

7. 下列二卤代物中，哪个卤原子较为活泼？当它们分别与 1mol 其他试剂反应时，主要产物是什么？试用构造式表示出来。

(1) 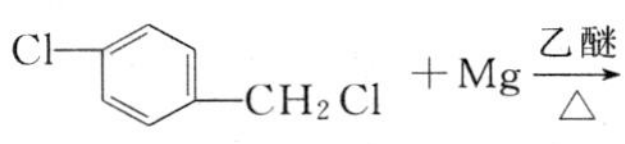

(2) 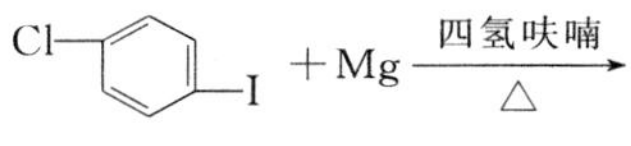

(3) 

(4) 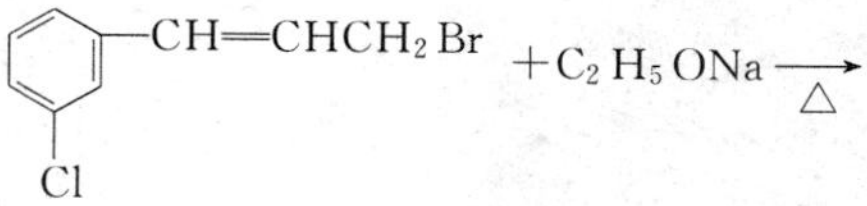

(5) $BrCH{=}CHCH_2Cl + CH_3ONa \longrightarrow$

8. 由易到难排列下列各组化合物与 $AgNO_3$ 醇溶液反应的活性顺序。

(1) 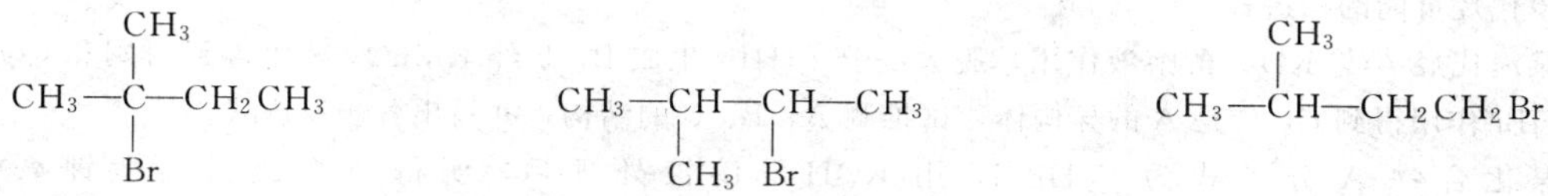

(2) CH_3CH_2Cl　　CH_3CH_2Br　　CH_3CH_2I　　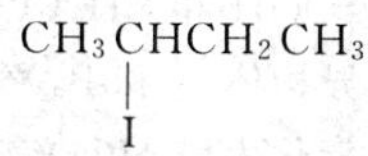

(3) 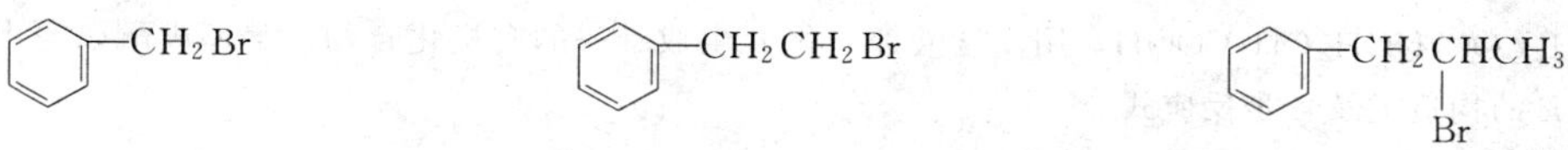

9. 下面各步反应有无错误（各步孤立地看）？如有错误，请予更正。

(1) $HC{\equiv}CH + HCl \xrightarrow[\triangle]{HgCl_2} CH_2{=}CHCl \xrightarrow{NaCN} CH_2{=}CHCN$

(2) 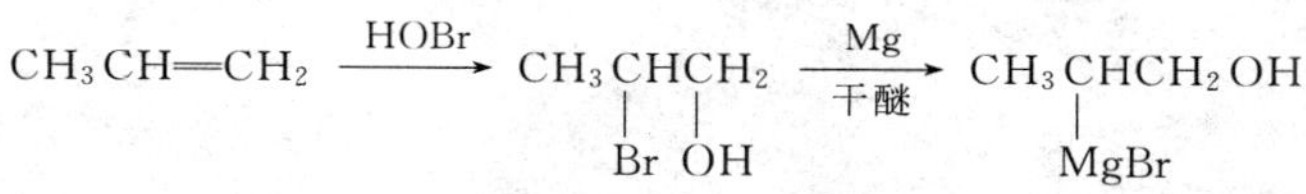

(3) 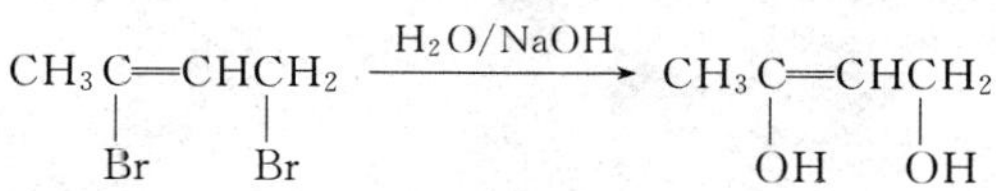

(4) 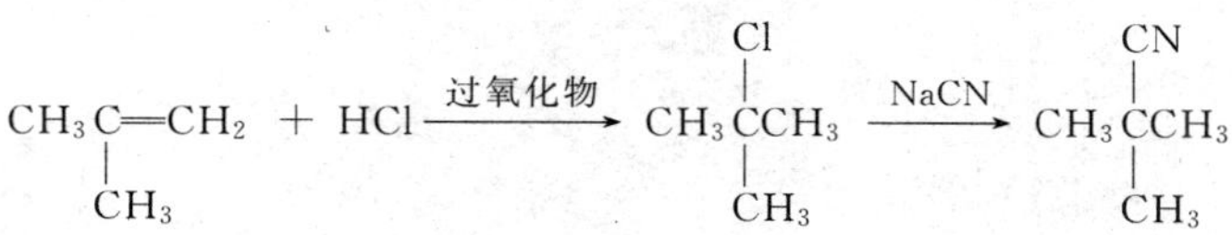

(5) 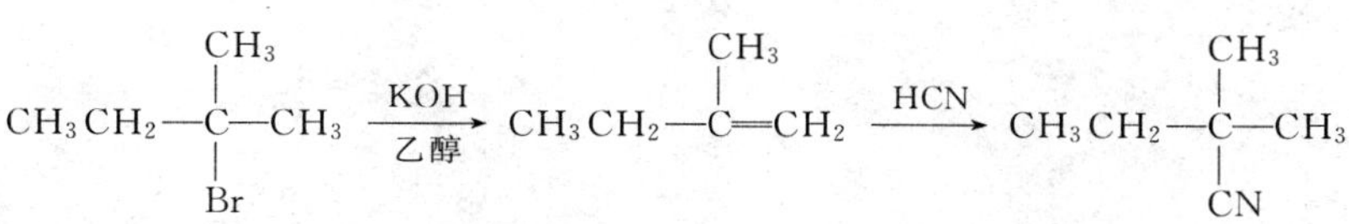

(6) 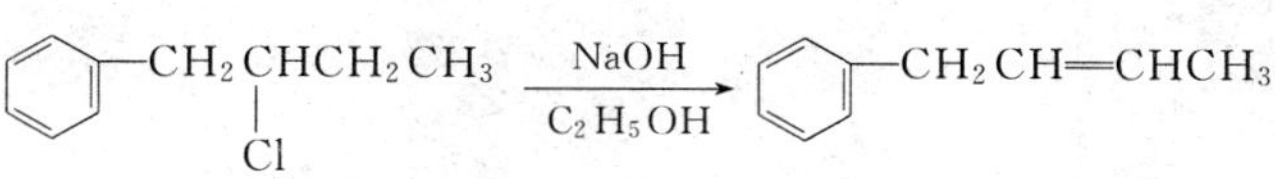

10. 用化学方法鉴别下列各组有机化合物：

(1) 1-溴丙烷、2-溴丙烯、3-溴丙烯

(2) 对溴甲苯、苄基溴、2-溴苯乙烷

(3) 环己烯、溴代环己烷、3-溴环己烯

11. 由指定原料制备下列化合物：

(1) $CH_2{=}CHCH_3 \longrightarrow CH_2{=}CHCH_2OH$

（2） 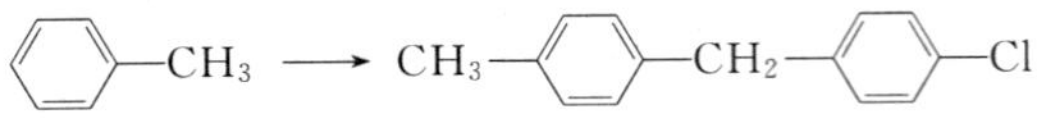

（3） 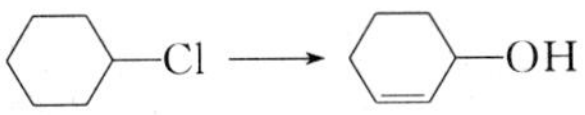

12. 由乙烯或丙烯为原料制备下列有机化合物：

（1）1,1-二溴乙烷　　（2）1,1-二氯乙烯

（3）2-氯-2-溴丙烷　　（4）1-氯-2,3-二溴丙烷

13. 有 A、B 两种溴代烃，分别与 NaOH 的醇溶液反应，A 生成 1-丁烯，B 生成异丁烯，试写出 A、B 两种溴代烃可能的构造式。

14. 某溴代烃 A 与 KOH-醇溶液作用，脱去一分子 HBr 生成 B，B 经 $KMnO_4$ 氧化得到丙酮和 CO_2，B 与 HBr 作用得到 C，C 是 A 的异构体，试推测 A、B、C 的结构，并写出各步反应式。

15. 某化合物 A 分子式为 $C_6H_{13}I$，用 KOH-醇溶液处理后，所得产物经高锰酸钾氧化生成 $(CH_3)_2CHCOOH$ 和 CH_3COOH，写出 A 的构造式及全部反应方程式。

16. 有两种同分异构体 A 和 B，分子式都是 $C_6H_{11}Cl$，都不溶于浓硫酸，A 脱氯化氢生成 C（C_6H_{10}），C 经高锰酸钾氧化生成 $HOOC(CH_2)_4COOH$；B 脱氯化氢生成分子式相同的 D 和 E，用高锰酸钾氧化 D 生成 $CH_3COCH_2CH_2CH_2COOH$，用高锰酸钾氧化 E 生成唯一的有机化合物——环戊酮，写出 A、B、C、D、E 的构造式及各步反应式。

第八章 醇 酚 醚

学习目标

1. 掌握醇、酚、醚的命名，了解硫醇、硫醚的命名方法；
2. 理解醇、酚、醚的结构特点，理解酚的弱酸性；
3. 掌握醇、酚、醚的制备方法，了解重要化合物的用途；
4. 掌握醇、酚、醚的化学性质；
5. 掌握醇、酚、醚的鉴别方法。

醇、酚、醚都是烃的含氧衍生物，也可看作是水分子中的氢原子被烃基取代后的产物。

H—O—H	R—OH	Ar—OH	R—O—R
水	醇	酚	醚

水分子中的一个氢原子被脂肪烃基取代后的产物称为醇。水分子中的一个氢原子被芳环取代后的产物称为酚。水分子两个氢原子被两个烃基取代后的产物称为醚。

第一节 醇

一、醇的分类、构造异构和命名

羟基（—OH）是醇的官能团。醇也可以看作是烃分子中饱和碳原子上的氢原子被羟基取代后的产物。饱和一元醇可用 R—OH 表示，通式为 $C_nH_{2n+1}OH$。

1. 醇的分类

（1）按羟基所连烃基的不同，分为脂肪醇、脂环醇、芳香醇。又可根据烃基的饱和程度分为饱和醇和不饱和醇。例如：

脂肪醇
- 饱和醇 CH_3CH_2OH $\quad CH_3\underset{\underset{OH}{|}}{C}HCH_2CH_3$
- 不饱和醇 $CH_2{=}CH{-}CH_2OH$

脂环醇 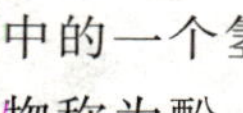 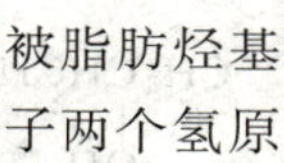

芳香醇 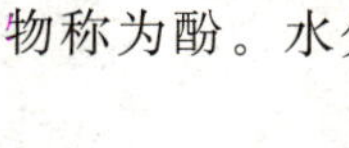 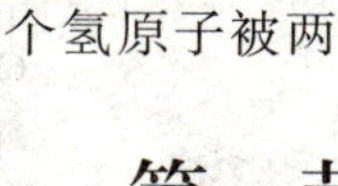

（2）按羟基所连碳原子种类的不同，分为伯、仲、叔醇。例如：

CH_3CH_2OH	$CH_3\underset{\underset{OH}{\mid}}{C}HCH_3$	$CH_3{-}\overset{\overset{CH_3}{\mid}}{\underset{\underset{OH}{\mid}}{C}}{-}CH_3$
伯醇	仲醇	叔醇

（3）按分子中羟基的数目，分为一元醇、二元醇、三元醇等。二元醇以上的醇统称为多元醇。例如：

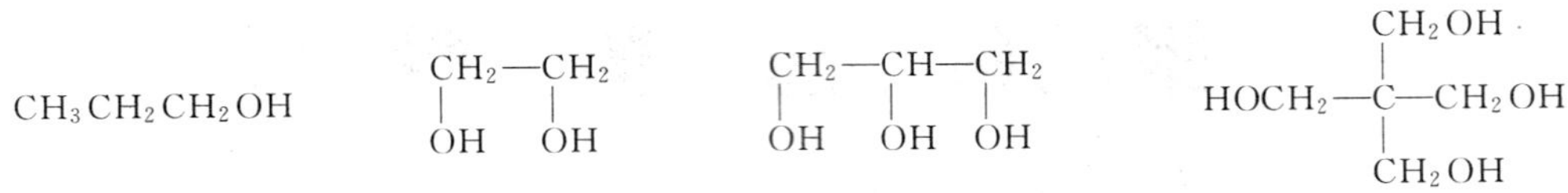

正丙醇　　乙二醇　　丙三醇　　季戊四醇

多元醇分子中，羟基一般在不同的碳原子上，两个羟基在同一碳原子上的化合物不稳定，容易失水生成醛或酮。例如：

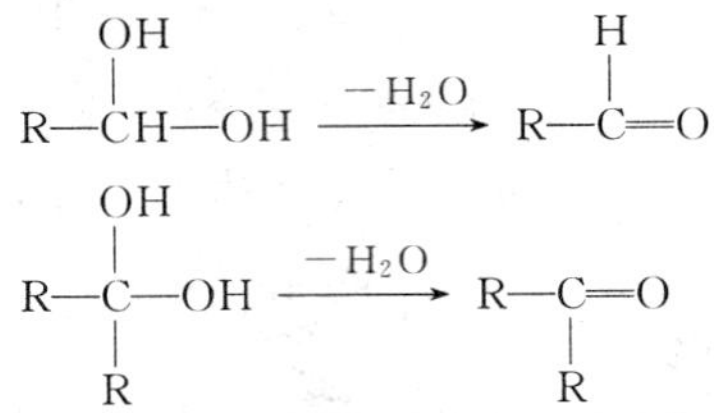

醛

酮

2. 醇的构造异构

饱和一元醇的构造异构包括：碳链异构和官能团位置异构。一般来讲，含有三个或三个以上碳原子的醇都有构造异构体。异构体的数目随着碳原子数的增加而增加。例如，丁醇由于碳链异构和羟基的位置异构有四个构造异构体。

正丁醇　　仲丁醇

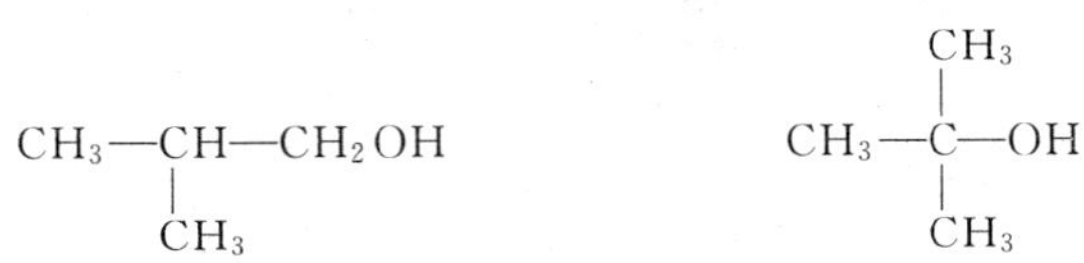

异丁醇　　叔丁醇

3. 醇的命名

（1）俗名　醇是人类认识较早的物质，一些重要的醇往往根据来源得名或有俗名。

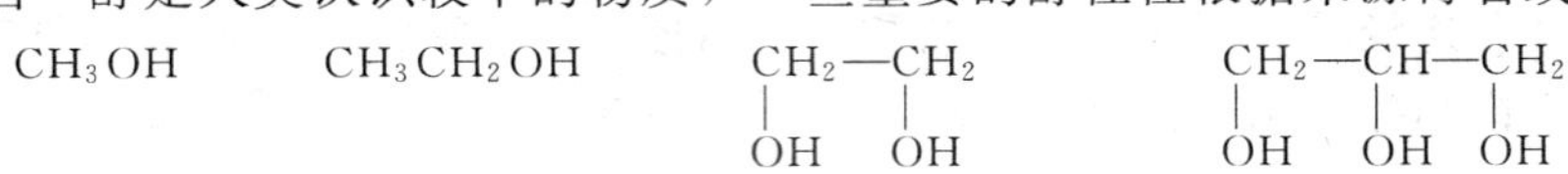

木精　　酒精　　甘醇　　甘油

（2）普通命名法　简单的醇常用普通命名法，即在烃基的名称后面接一个“醇”字。例如：

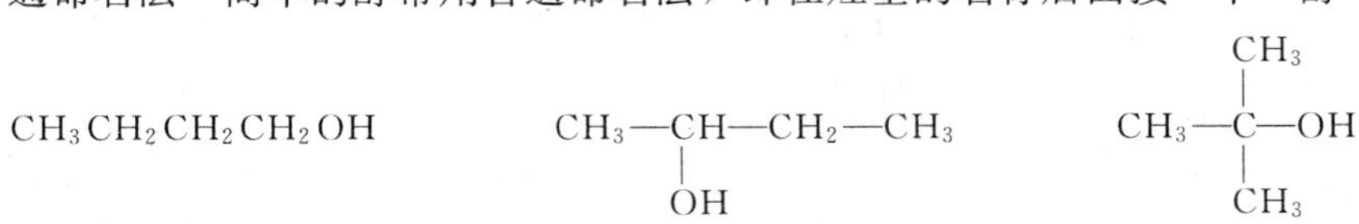

正丁醇　　仲丁醇　　叔丁醇

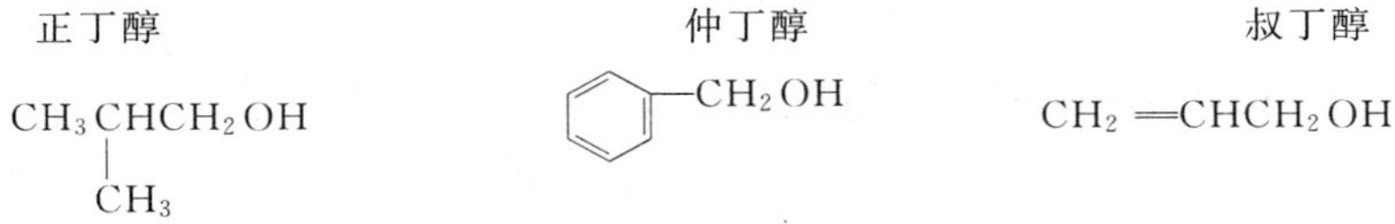

异丁醇　　苯甲醇（苄醇）　　烯丙醇

（3）系统命名法　选择连有羟基的最长碳链为主链，从靠近羟基最近的一端开始，对主链碳原子进行编号（此原则对不饱和醇也适用），最后把取代基的位次、名称、羟基的位次写在“某醇”的前面。例如：

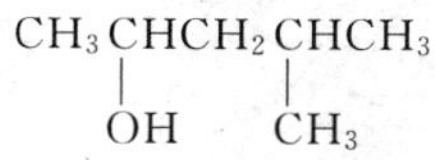

4-甲基-2-戊醇

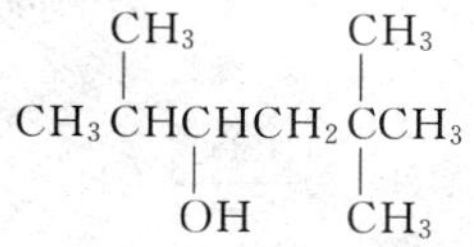

2,5,5-三甲基-3-己醇

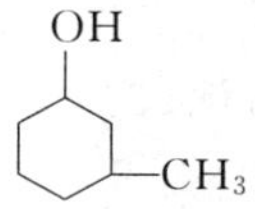

3-甲基环己醇

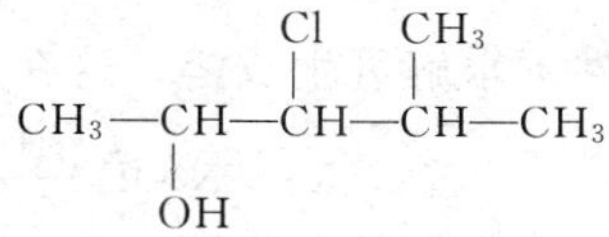

4-甲基-3-氯-2-戊醇

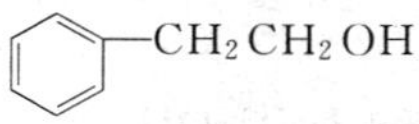

2-苯基乙醇

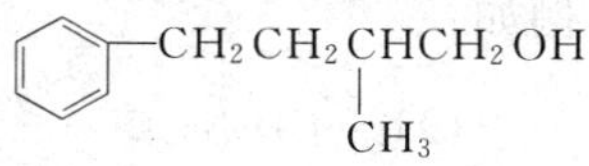

2-甲基-4-苯基-1-丁醇

命名不饱和一元醇时，选择含有双键（或三键）以及羟基碳原子在内的最长碳链作为主链，编号同样从靠近羟基最近的一端开始，根据主链碳原子的数目称为某烯醇或某炔醇。例如：

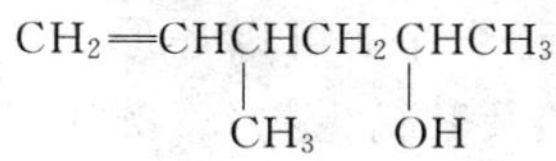

4-甲基-5-己烯-2-醇

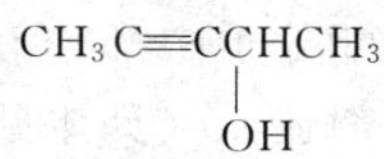

3-戊炔-2-醇

命名多元醇时，除要写明分子所含羟基的数目外，还要标明每个羟基的位次。例如：

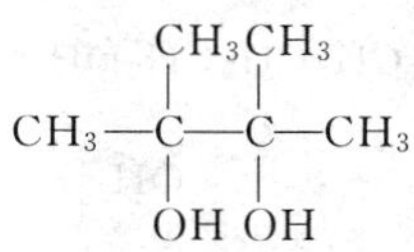

2,3-二甲基-2,3-丁二醇

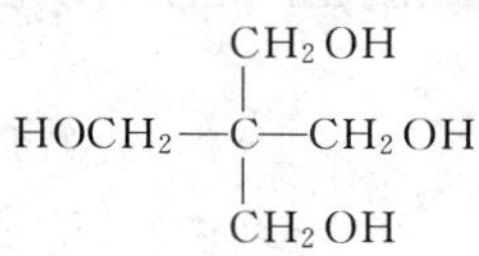

2,2-二羟甲基-1,3-丙二醇

（季戊四醇）

练习

8-1 命名下列化合物：

(1) 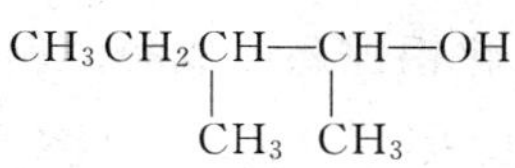

(2) $(CH_3)_3COH$

(3) 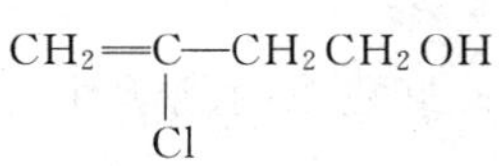

(4) 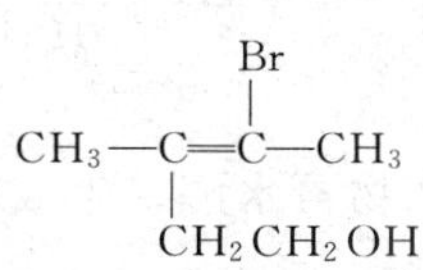

(5) 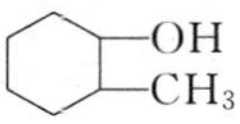

(6) 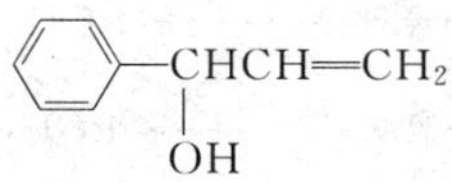

二、醇的制备

1. 烯烃的水合

工业上以烯烃为原料制备低级醇，分为直接水合和间接水合两种方法，这在烯烃一章已讨论过。例如：

$$CH_3-CH=CH_2 + H_2O \xrightarrow[300℃,\ 4MPa]{H_3PO_4/\text{硅藻土}} CH_3-\underset{\displaystyle OH}{\underset{|}{CH}}-CH_3$$

$$CH_3-CH=CH_2 \xrightarrow{H_2SO_4} CH_3-\underset{\displaystyle OSO_3H}{\underset{|}{CH}}-CH_3 \xrightarrow{H_2O} CH_3-\underset{\displaystyle OH}{\underset{|}{CH}}-CH_3$$

2. 卤代烃的水解

卤代烃在碱性条件下水解可生成醇，这在卤代烃一章已讨论过。

$$RX + NaOH \xrightarrow{H_2O} ROH + NaX$$

在通常情况下，醇比相应的卤代烃价廉易得，因此，只有在卤代烃比相应的醇价廉易得时才被用来制醇。例如：

$$CH_2=CHCH_2Cl \xrightarrow[\triangle]{Na_2CO_3\ \text{水溶液}} CH_2=CHCH_2OH$$

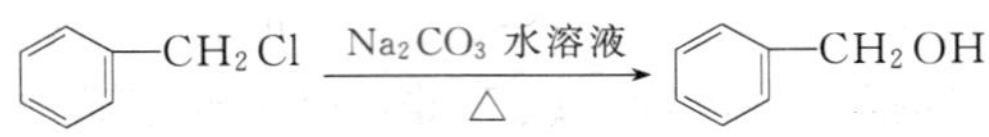

3. 羰基化合物的还原

醛、酮、羧酸和酯分子中都含有羰基，在一定条件下可以还原为醇。既可用催化加氢法，也可用化学还原剂还原（具体见醛、酮和羧酸及其衍生物）。例如：

$$CH_3CH=CHCHO \xrightarrow[H_2O]{NaBH_4} CH_3CH=CHCH_2OH$$

$$CH_3CH=CHCHO \xrightarrow[Ni]{H_2} CH_3CH_2CH_2CH_2OH$$

$$CH_2=CHCH_2\overset{\displaystyle O}{\overset{\|}{C}}CH_3 \xrightarrow[H_2O]{NaBH_4} CH_2=CHCH_2\overset{\displaystyle OH}{\overset{|}{C}}HCH_3$$

$$CH_2=CHCH_2\overset{\displaystyle O}{\overset{\|}{C}}CH_3 \xrightarrow[Ni]{H_2} CH_3CH_2CH_2\overset{\displaystyle OH}{\overset{|}{C}}HCH_3$$

$$CH_3COOC_2H_5 \xrightarrow[C_2H_5OH]{Na} CH_3CH_2OH$$

一般化学还原剂对羧酸不起作用，但羧酸可被强还原剂氢化铝锂还原成醇。例如：

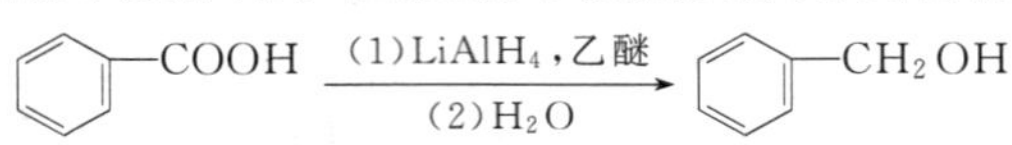

4. 由格氏试剂制备

格氏试剂与醛、酮反应的产物再水解，生成伯、仲、叔醇（见醛酮的化学性质）。例如：

$$HCHO + RMgX \xrightarrow{\text{干醚}} RCH_2OMgX \xrightarrow{H_2O} RCH_2OH$$

$$CH_3CHO + RMgX \xrightarrow{\text{干醚}} R\underset{\displaystyle OMgX}{\underset{|}{C}}HCH_3 \xrightarrow{H_2O} R\underset{\displaystyle OH}{\underset{|}{C}}HCH_3$$

$$CH_3\underset{\displaystyle O}{\underset{\|}{C}}CH_3 + RMgBr \xrightarrow{\text{干醚}} R-\overset{\displaystyle CH_3}{\overset{|}{\underset{\displaystyle OMgBr}{\underset{|}{C}}}}-CH_3 \xrightarrow[H^+]{H_2O} R-\overset{\displaystyle CH_3}{\overset{|}{\underset{\displaystyle OH}{\underset{|}{C}}}}-CH_3$$

甲醛与格氏试剂反应得到伯醇，其他醛得到仲醇；酮与格氏试剂反应得到叔醇。

三、醇的物理性质

直链饱和一元醇中，C_4 以下醇为具有酒味的挥发性液体，C_5～C_{11} 的醇为具有不愉快气味的油状液体，C_{12} 以上的醇为无臭无味的蜡状固体。

脂肪族饱和一元醇相对密度小于 1，芳香醇及多元醇的相对密度大于 1。某些醇的物理常数见表 8-1。

表 8-1 某些醇的物理常数

名　　称	熔　点/℃	沸　点/℃	相对密度	溶解度/(g/100g 水)
甲醇	−97.8	64.7	0.792	∞
乙醇	−114.5	78.4	0.789	∞
正丙醇	−127	97.2	0.804	∞
异丙醇	−89.5	82.3	0.781	∞
正丁醇	−89.8	117.7	0.810	7.9
异丁醇	−108	108	0.798	9.5
仲丁醇	−114.7	99.5	0.808	12.5
叔丁醇	25.6	82.6	0.789	∞
正戊醇	−79	138	0.809	2.7
正己醇	−51.6	155.8	0.820	0.59
环己醇	25	161	0.962	3.6
烯丙醇	−129	97	0.855	∞
苄醇	−15	205	1.046	4
乙二醇	−12.6	197	1.113	∞
1,2-丙二醇		187	1.040	∞
1,3-丙二醇		215	1.060	∞
丙三醇	18	290 分解	1.261	∞

直链饱和一元醇的沸点也是随着碳原子数的增加而升高。在同分异构体中，含支链越多的醇沸点越低。低级醇的沸点比相对分子质量相近的烷烃高得多。例如：

	相对分子质量	沸点/℃	
CH_3OH	32	65	相差 153.5
CH_3CH_3	30	−88.5	
CH_3CH_2OH	46	78.3	相差 120.3
$CH_3CH_2CH_3$	44	−42	

随着碳原子数逐渐增加，沸点差减小。为何醇具有上述反常的高沸点呢？这是因为醇分子间能通过氢键而缔合，而烃分子间不存在氢键。所谓“缔合”，是指两个或两个以上分子通过氢键结合成一个不稳定的、较大的结合体的现象。

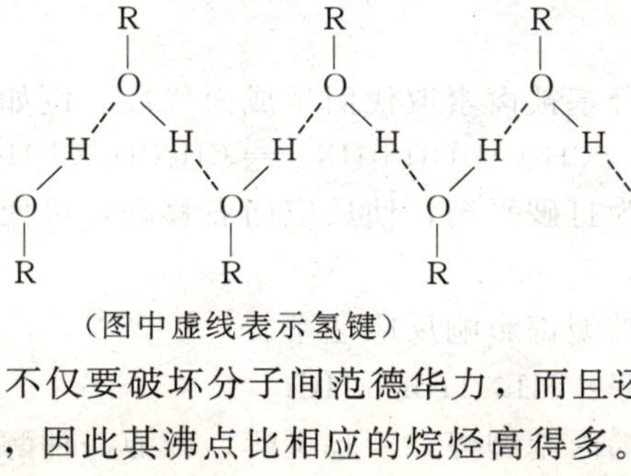

(图中虚线表示氢键)

要使液态醇变成气态醇，不仅要破坏分子间范德华力，而且还必须消耗一定的能量破坏氢键（氢键键能为 25kJ/mol），因此其沸点比相应的烷烃高得多。随着碳原子数的增加，羟基与水形成氢键的空间位阻也增大，同时羟基在分子中所占的比例下降，因此醇与烷烃的沸点差变小。形成氢键的能力越强，沸点越高，故多元醇的沸点比一元醇高。

醇与水分子之间容易形成氢键，因此低级醇与水混溶。随着醇分子中碳原子数的增多，羟基在分子中所占的比例变小，形成氢键的能力减弱，醇在水中的溶解度也逐渐降低。

一些低级醇能与 $MgCl_2$、$CaCl_2$、$CuSO_4$ 等生成 $MgCl_2 \cdot 6CH_3OH$、$CaCl_2 \cdot 4CH_3OH$ 等分子化合物，这些化合物溶于水而不溶于有机溶剂，所以常利用这一性质对醇进行分离提纯和除去某些有机化合物中混杂的少量低级醇。

四、醇的化学性质

醇的化学性质，主要由官能团羟基（—OH）决定。由于 C—O 键及 O—H 键都是极性键，因此这是醇易于发生反应的两个部位。醇容易发生反应的部位如下图所示：

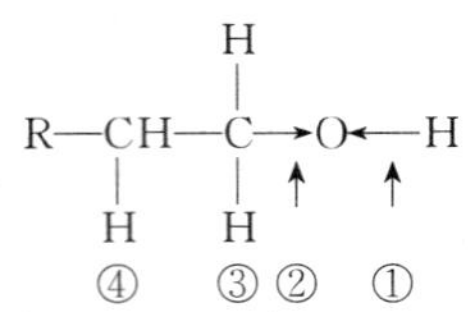

①氧氢键断裂，氢原子被取代；

②碳氧键断裂，羟基被取代；

③④受羟基的影响，α-H 和 β-H 有一定活泼性。

1. 与活泼金属的反应

由于 O—H 键是极性键，故醇与水相似，羟基上氢原子比较活泼，可与活泼金属（Na、K、Mg、Al）作用生成醇盐，并放出氢气。例如：

$$CH_3CH_2OH + Na \longrightarrow \underset{\text{乙醇钠}}{CH_3CH_2ONa} + \frac{1}{2}H_2 \uparrow$$

但反应比水缓和得多，表明羟基上氢原子的活泼性比水弱，或者说醇是比水弱得多的酸，所以当醇钠遇水时立即水解成醇和氢氧化钠。

$$RCH_2ONa + H_2O \rightleftharpoons RCH_2OH + NaOH$$

工业上利用上述反应的逆反应，用固体的氢氧化钠与醇作用，在苯中进行共沸蒸馏，不断除去水分以使反应向左进行，制得醇钠。此法制醇钠优点是避免昂贵的金属钠，且生产较为安全。

醇钠为白色固体，化学性质相当活泼，在有机合成中常被用作碱性催化剂（其碱性强于氢氧化钠）和烷氧基化试剂。

各种醇的反应活性为：

甲醇＞伯醇＞仲醇＞叔醇

2. 与氢卤酸的反应

醇与氢卤酸反应，则羟基被卤素取代而生成卤代烃。例如：

$$CH_3CH_2OH + HX \rightleftharpoons CH_3CH_2X + H_2O$$

这是一个可逆反应。为打破平衡，使反应向右移动，可使一种反应物过量或除去一种产物，以提高卤代烃的产率。

醇的结构和氢卤酸的类型都影响反应速率。

氢卤酸的反应活性顺序：HI＞HBr＞HCl

醇的反应活性顺序：烯丙基型醇和苄基型醇＞叔醇＞仲醇＞伯醇

利用不同醇与氢卤酸反应速率不同，可以鉴别伯、仲、叔醇。所用试剂为浓盐酸与无水氯化锌配成的溶液，称为卢卡斯（Lucas）试剂。在常温下，将卢卡斯试剂分别与伯、仲、叔醇作用，叔醇很快生成卤代烷，仲醇反应较慢，伯醇则无变化，加热后才反应。例如：

$$(CH_3)_3C{-}OH + HCl \xrightarrow[20℃]{ZnCl_2} (CH_3)_3C{-}Cl + H_2O$$

（立即反应）

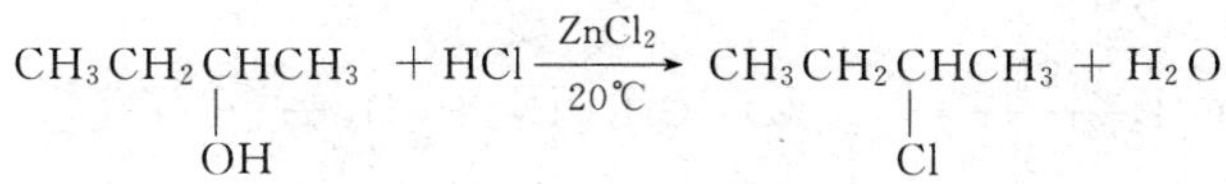

（10min 反应）

$$CH_3CH_2CH_2CH_2OH + HCl \xrightarrow[20℃]{ZnCl_2} CH_3CH_2CH_2CH_2Cl + H_2O$$

（常温下无变化，加热后反应）

由于反应中生成的卤代烷不溶于水，使溶液发生浑浊或分层，观察这一现象出现的快慢，就可鉴别伯、仲、叔醇。

某些特定结构的醇与 HX 的反应常常会发生重排反应，即生成与反应物结构不同的卤代烃。例如：

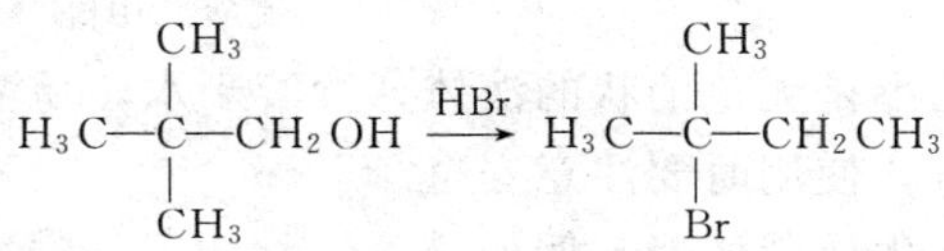

这是由于反应中生成的伯碳正离子不稳定，重排为较稳定的叔碳正离子，而后与 Br^- 结合，从而得到 2-甲基-2-溴丁烷。

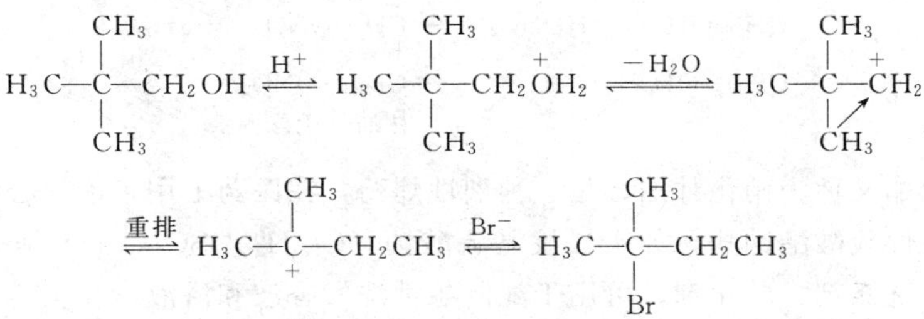

醇与三卤化磷反应，也是实验室制备卤代烃的一种方法，优点是不发生重排反应。例如：

$$3CH_3CH_2CH_2CH_2OH + PBr_3 \xrightarrow{\triangle} 3CH_3CH_2CH_2CH_2Br + H_3PO_3$$

此法不适合制备氯代烷，因为三氯化磷与醇反应有副产物亚磷酸酯［$P(OR)_3$］生成，使氯代烷产率较低。常用二氯亚砜来制备氯代烷。例如：

$$CH_3CH_2CH_2CH_2OH + SOCl_2 \xrightarrow{\triangle} CH_3CH_2CH_2CH_2Cl + SO_2\uparrow + HCl\uparrow$$

此法用于氯代烷的制备，不仅反应速率快、产率高（一般在 90%左右），且副产物二氧化硫和氯化氢均为气体，易与氯代烷分离。

练习

8-2 排列下列化合物与卢卡斯试剂反应的快慢顺序：

(1) 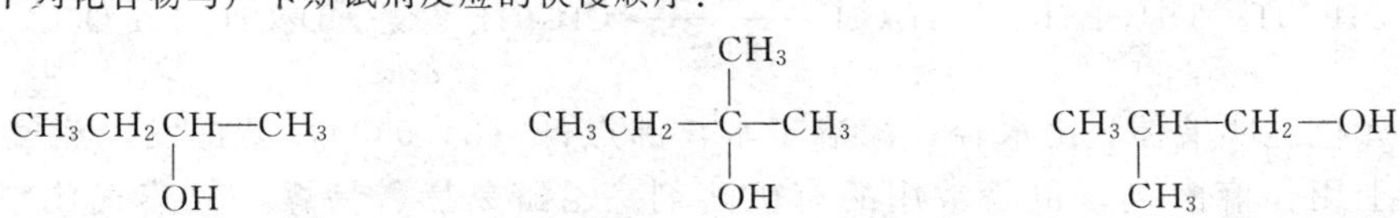

（2）　$CH_2{=}CH{-}CH_2OH$　　　$CH_2{=}CH{-}CH(CH_3){-}OH$　　　$CH_2{=}CH{-}CH_2CH(CH_3)OH$

8-3　完成下列反应式：

（1）$CH_3CH_2CH_2OH \xrightarrow{Na}$　　　（2）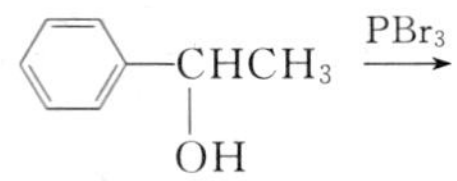

（3）$CH_3CHCH_2OH(CH_3) \xrightarrow{SOCl_2}$　（即 $(CH_3)_2CHCH_2OH$）　　　（4）$CH_3CH_2CH(OH)CH_3 \xrightarrow[170℃]{H_2SO_4}$

3．酯的生成

醇与硫酸、硝酸、磷酸等无机含氧酸和有机酸反应，发生分子间脱水生成酯。例如：

$$CH_3OH + HOSO_2OH \rightleftharpoons CH_3OSO_2OH + H_2O$$

硫酸氢甲酯（酸性酯）

$$CH_3OSO_2OH + HOSO_2OCH_3 \xrightarrow{减压蒸馏} CH_3OSO_2OCH_3 + H_2SO_4$$

硫酸二甲酯（中性酯）

硫酸二甲酯和硫酸二乙酯是无色油状的液体，微溶于水，易溶于乙醇和丙酮等，可用作烷基化试剂，因蒸气有剧毒，使用时要注意安全。

醇与浓硝酸作用，脱水生成硝酸酯。例如：

$$\begin{array}{l} CH_2{-}OH \\ | \\ CH{-}OH \\ | \\ CH_2{-}OH \end{array} + 3HONO_2 \longrightarrow \begin{array}{l} CH_2{-}ONO_2 \\ | \\ CH{-}ONO_2 \\ | \\ CH_2{-}ONO_2 \end{array} + 3H_2O$$

甘油三硝酸酯

甘油三硝酸酯又称为硝化甘油，是一种烈性炸药，在医药上用来治疗心绞痛。

高级醇的酸性硫酸酯钠盐，如十二烷基硫酸钠（$C_{12}H_{25}OSO_2ONa$）是一种优良的表面活性剂，常用作洗涤剂、乳化剂，可用于配制各种洗发香波和浴液。

醇与有机酸作用脱水生成羧酸酯（见第十章）。例如：

$$CH_3COOH + C_2H_5OH \underset{140℃}{\overset{H_2SO_4}{\rightleftharpoons}} CH_3COOC_2H_5 + H_2O$$

乙酸乙酯

4．脱水反应

醇有两种脱水方式：分子内脱水生成烯烃；分子间脱水生成醚。醇的脱水方式随反应温度而异。在较高温度下，主要发生分子内脱水生成烯烃；在较低温度下，主要发生分子间脱水生成醚。例如：

$$\begin{array}{ll} CH_2{-}CH_2 \\ |\quad\quad\ \ | \\ H\quad\quad OH \end{array} \xrightarrow[170℃]{浓\ H_2SO_4} CH_2{=}CH_2 + H_2O$$

$$CH_3CH_2{-}OH + H{-}O{-}CH_2CH_3 \xrightarrow[140℃]{浓\ H_2SO_4} CH_3CH_2{-}O{-}CH_2CH_3 + H_2O$$

乙醚

乙醚为无色透明液体，比水轻，微溶于水，沸点低（34.5℃），易挥发，蒸气具有麻醉性，在医药上用作麻醉剂，也是常用的有机溶剂。乙醚易燃、易爆，其蒸气比空气重 2.5

倍。实验时，反应中逸出的乙醚要排出室外（或引入下水道）。在制备和使用乙醚时，要远离火源，严防事故发生。

不同类型的醇脱水反应的难易程度相差很大，活性次序是：叔醇＞仲醇＞伯醇。

醇的结构对脱水的方式也有很大影响。伯醇易发生分子间脱水得到醚，叔醇主要发生分子内脱水得到烯烃。仲醇或叔醇发生分子内脱水与卤代烷脱卤化氢相似，也遵循札依采夫规则，即脱去羟基与含氢较少的β-碳原子上的氢原子，形成较为稳定的烯烃。例如：

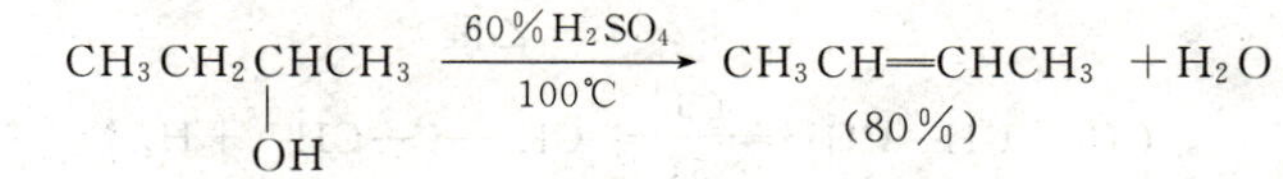

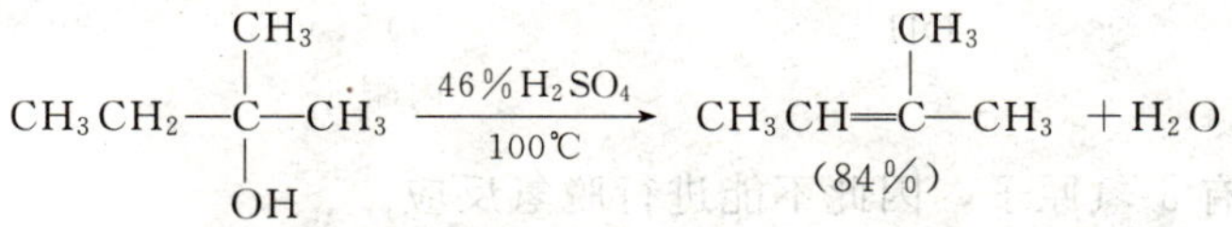

常用的脱水剂除浓硫酸、浓磷酸外，还有氧化铝。用氧化铝作脱水剂反应温度要求较高，但优点是脱水剂经再生后可重复使用，且反应过程很少有重排现象发生。

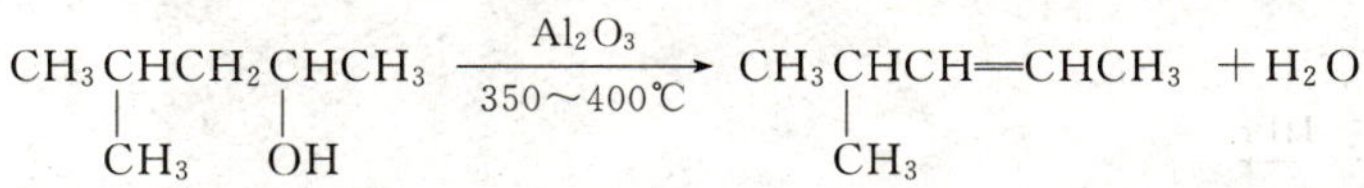

醇分子内脱水是分子中引入 C═C 的方法之一。

练习

8-4　完成下列反应式：

（1）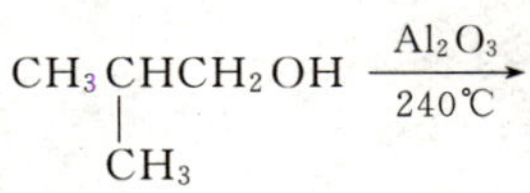　（2）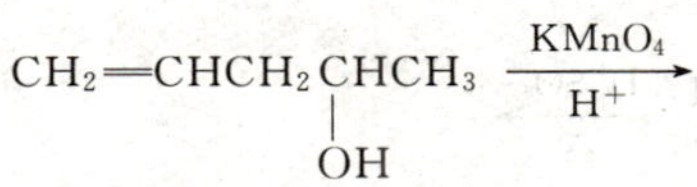

（3）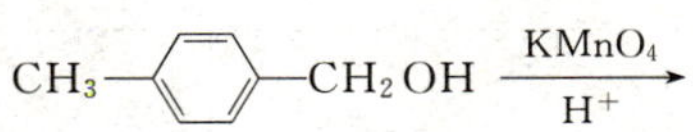

5. 氧化和脱氢

（1）氧化反应　伯醇、仲醇中的α-氢原子，受羟基的影响比较活泼，容易被氧化。常用的氧化剂为高锰酸钾或重铬酸钾。伯醇先氧化成醛，继续氧化生成羧酸。例如：

$$CH_3CH_2CH_2OH \xrightarrow[\triangle]{K_2Cr_2O_7,\ H_2SO_4} \underset{\text{丙醛}}{CH_3CH_2CHO} \xrightarrow[\triangle]{K_2Cr_2O_7,\ H_2SO_4} \underset{\text{丙酸}}{CH_3CH_2COOH}$$

仲醇氧化生成酮。例如：

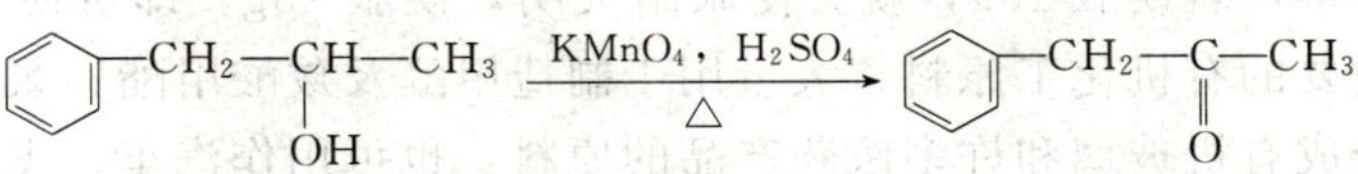

1-苯基-2-丙酮

叔醇的α-碳原子上没有氢原子，上述条件不能被氧化。在强烈氧化条件下，碳键断裂生成小分子的氧化物，无实用价值。

检查司机是否酒后开车的呼吸分析仪，就是应用乙醇被重铬酸钾氧化的反应。

$$3C_2H_5OH+2K_2Cr_2O_7+8H_2SO_4 \longrightarrow 3CH_3COOH+2Cr_2(SO_4)_3+2K_2SO_4+11H_2O$$

（橙红）　　　　　　　　　　（绿色）

(2) 脱氢反应　伯醇、仲醇的蒸气，高温下通过活性铜或银等催化剂时，发生脱氢反应，分别生成醛和酮。例如：

$$CH_3CH_2—OH \underset{325℃}{\overset{Cu}{\rightleftharpoons}} CH_3—CHO+H_2\uparrow$$

乙醛

$$\underset{\underset{OH}{|}}{CH_3—CH—CH_3} \underset{325℃}{\overset{Cu}{\rightleftharpoons}} \underset{\underset{O}{\|}}{CH_3—C—CH_3} + H_2\uparrow$$

丙酮

叔醇分子中没有 α-氢原子，因此不能进行脱氢反应。

练习

8-5 完成下列反应式：

(1) 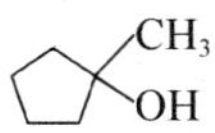 $\xrightarrow{HBr}$

(2) $\underset{\underset{OH}{|}}{\overset{\overset{CH_3}{|}}{CH_3CHCHCH_3}} \xrightarrow[\triangle]{H_2SO_4}$ 　　　　 $\xrightarrow[H^+]{KMnO_4}$

(3) 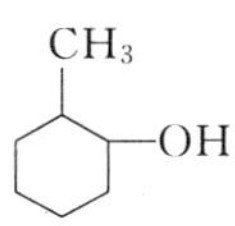 $\xrightarrow[\triangle]{H_2SO_4}$

五、重要的醇

1. 醇

甲醇俗称木精或木醇，因最早由木材干馏（隔绝空气加热木材）制得。近代工业上是以合成气或天然气为原料，在高温高压和催化剂的作用下合成的。

$$CO+2H_2 \xrightarrow[30\sim32MPa]{CuO\text{-}ZnO\text{-}Cr_2O_3} CH_3OH$$

$$CH_4+\frac{1}{2}O_2 \xrightarrow[10MPa,200℃]{Cu} CH_3OH$$

甲醇为无色有酒精味的液体，沸点 65℃，能与水互溶。甲醇有毒，吸入其蒸气或经皮肤吸收均可引起中毒，若误服 10g，就会使眼睛失明，误服 25g，即可使人致命。甲醇是优良的溶剂，也是重要的有机化工原料。大量用于制造甲醛及羧酸甲酯、氯甲烷、甲胺、硫酸二甲酯等，也是合成有机玻璃和许多医药产品的原料，也可用作汽车、飞机的燃料。

2. 乙醇

乙醇俗称酒精，为无色易燃液体，沸点 78.4℃，能与水以任何比例互溶，能溶解多种有机物，是常用的有机溶剂。

目前工业上主要用乙烯水合法生产乙醇。但以甘薯谷物等淀粉或糖蜜为原料的发酵法，仍是工业上生产乙醇的方法之一。发酵法是通过微生物作用的生物化学过程，大致步骤如下：

$$(C_6H_{10}O_5)_n \xrightarrow[H_2O]{\text{淀粉酶}} \underset{\text{麦芽糖}}{C_{12}H_{22}O_{11}} \xrightarrow[H_2O]{\text{麦芽糖酶}} \underset{\text{葡萄糖}}{C_6H_{12}O_6} \xrightarrow{\text{酒化酶}} \underset{\text{乙醇}}{C_2H_5OH} + CO_2$$

发酵液内含乙醇10%～15%，用直接蒸馏法只能得到95.6%的乙醇和4.4%的水的恒沸（沸点为78.15℃）混合物。若制无水乙醇，实验室一般是将工业乙醇与生石灰（CaO）共热，回流脱水，得到纯度为99.5%的乙醇。最后可用金属镁处理，再蒸馏即得到无水乙醇或绝对乙醇。

$$2C_2H_5OH + Mg \longrightarrow (C_2H_5O)_2Mg$$

$$(C_2H_5O)_2Mg + 2H_2O \longrightarrow 2C_2H_5OH + Mg(OH)_2\downarrow$$

在工业上，则是通过加入一定量的苯进行蒸馏，制备无水乙醇。

乙醇是重要的化工原料，可用于制造乙醛、乙醚、氯乙烷、三氯乙醛、乙酸乙酯、乙胺等。70%～75%的乙醇杀菌能力最强，用作消毒剂。

3. 乙二醇

乙二醇是无色具有甜味的黏稠性液体，俗称“甘醇”，是多元醇中最简单、最重要的二元醇。目前工业上普遍采用环氧乙烷水合法制备。

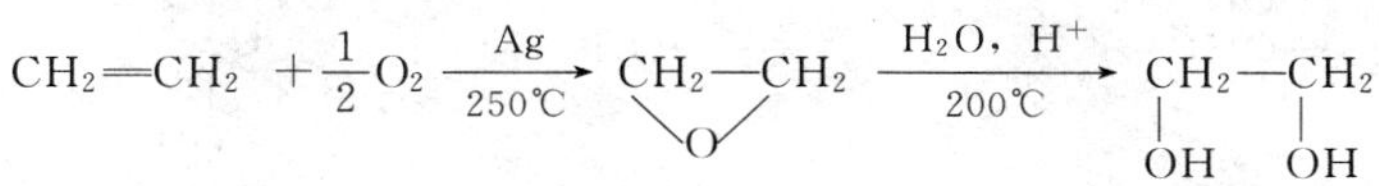

乙二醇主要用于制造树脂、增塑剂、化妆品和炸药等，是合成纤维“涤纶”等高分子化合物的重要原料，又是常用的高沸点溶剂。乙二醇的熔点低，其60%的水溶液的凝固点为−40℃，所以用作冬季汽车水箱的防冻剂和飞机发动机的制冷剂。

4. 丙三醇

丙三醇俗称甘油，是最重要的三元醇。丙三醇的高级羧酸酯是食用油脂的主要成分，因此可由油脂制造肥皂的溶液中来提取丙三醇。

近年来，由于需求量增大而主要用合成法制备。其中重要的合成法是以丙烯为原料，经下列反应得到：

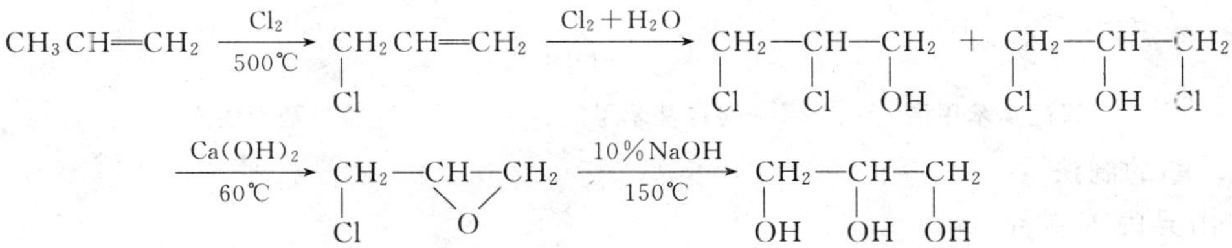

甘油是具有甜味的无色黏稠液体，沸点290℃（分解）。有吸湿性，与水混溶。主要用于制备硝化甘油、醇酸树脂和酯胶，用作飞机和汽车液体燃料的抗冻剂、玻璃纸的增塑剂，以及化妆品、皮革、烟草、纺织品等的吸湿剂等。

丙三醇还能和氢氧化铜溶液作用，生成鲜艳蓝色的甘油铜溶液。

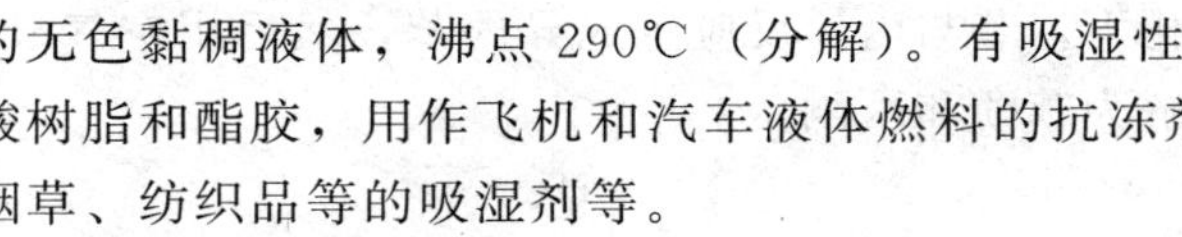

甘油铜（蓝色）

上述反应的现象比较明显，是鉴别1,2-二醇结构的多元醇的常用方法。

第二节　酚

羟基与芳环直接相连的化合物称为酚，其简式 Ar—OH。

一、酚的分类与命名

按照酚分子中含羟基的数目，酚可分为一元酚、二元酚、三元酚等，含两个以上羟基的酚为多元酚。

酚的命名是在芳环名称之后加上“酚”字，若芳环上还有其他取代基，一般在前面再冠以取代基的位次和名称。例如：

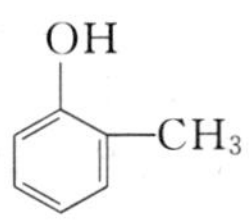
邻甲苯酚

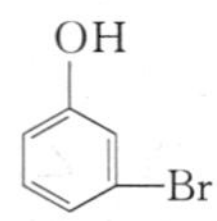
间溴苯酚

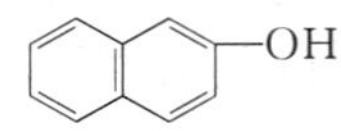
β-萘酚

多元酚要表示出羟基的位次和数目。例如：

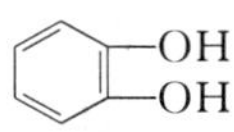
邻苯二酚

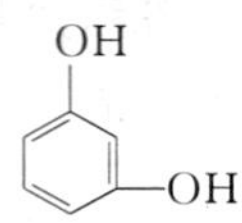
间苯二酚

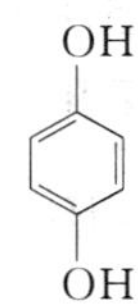
对苯二酚

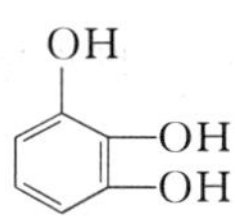
连苯三酚

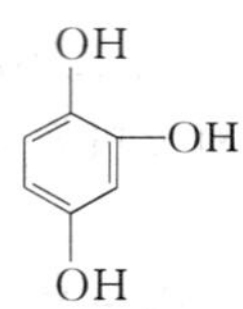
偏苯三酚

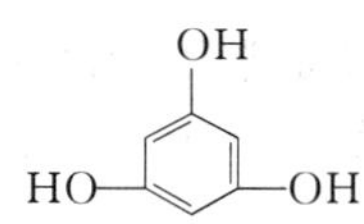
均苯三酚

当苯环上连有羧基、羰基、磺基等基团时，则把羟基作为取代基。例如：

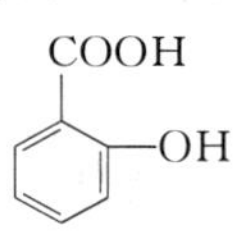
邻羟基苯甲酸

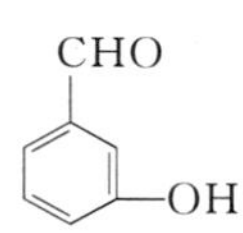
间羟基苯甲醛

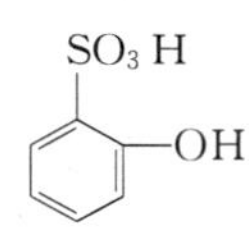
邻羟基苯磺酸

二、酚的制法

1. 由异丙苯制备

在无水氯化铝催化下，苯与丙烯反应生成异丙苯，然后用空气氧化为氢过氧化异丙苯，最后用稀硫酸使之分解为苯酚和丙酮。

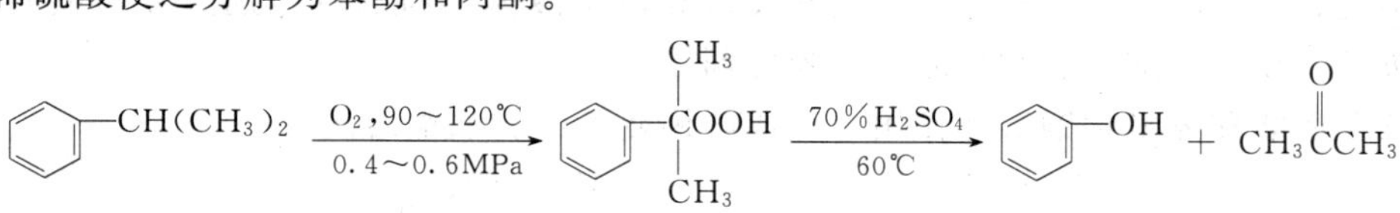
氢过氧化异丙苯

此法最大的优点是原料价廉易得，可以连续生产并能同时获得苯酚和丙酮两种重要的原料，是目前工业上生产苯酚最重要的方法。

近年来，开发了异丙苯法制苯酚的新工艺，该法仍以异丙苯生产苯酚的反应为基础，联产的丙酮进行氢化生成异丙醇。然后，异丙醇与苯进行烷基化反应生成异丙苯。异丙苯可以再进入到原有的异丙苯法生产过程中，经氧化、分解生成苯酚和丙酮。

2. 氯苯水解法

氯苯中的氯原子很不活泼，一般条件下，很难水解，需在高温、高压和催化剂作用下，和氢氧化钠水溶液作用生成苯酚钠，经酸化得到苯酚。

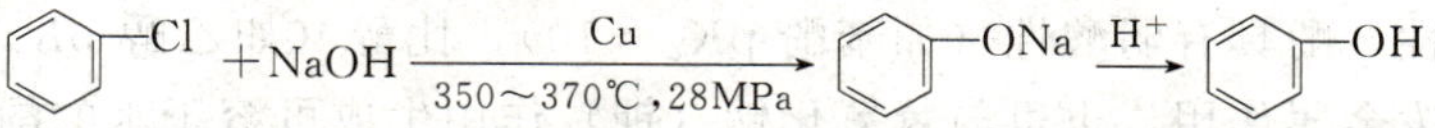

如果卤原子的邻位或对位上连有较强的吸电子基时，则较易水解成相应的酚。例如：

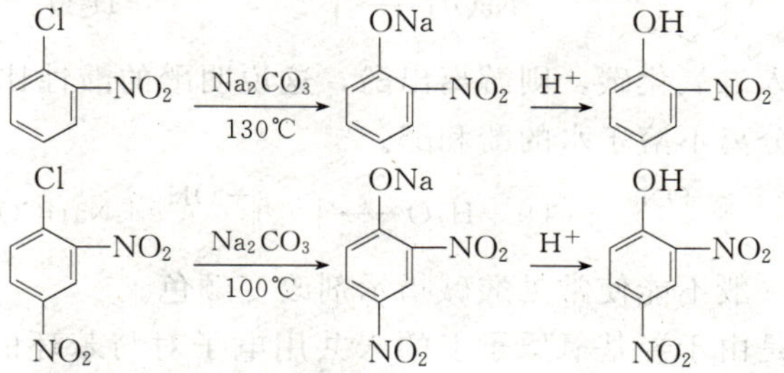

3. 苯磺酸钠碱熔法

苯磺酸钠碱熔法是苯酚较早的工业制法。其原理是将苯磺酸钠与氢氧化钠共熔（称为碱熔），得到酚钠，再酸化，即得苯酚。

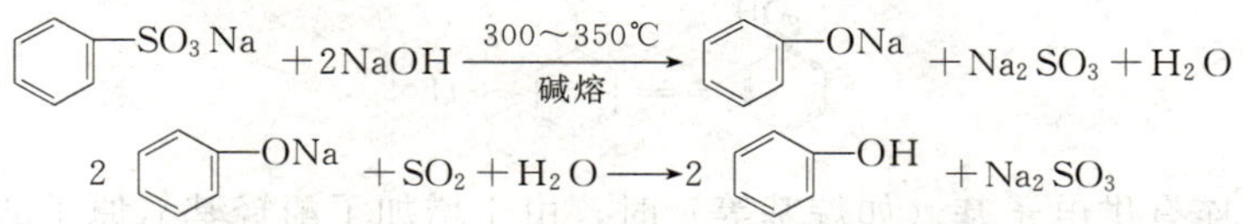

磺化碱熔法的产率高，技术成熟，对设备要求不高，但工序多，同时耗用大量的酸和碱，对设备腐蚀严重，成本也高。目前还有些中小型工厂使用此方法制酚。此法对芳环上连有对碱敏感的基团（如—X，—NO_2 等）的化合物不适用。

三、酚的物理性质

除个别烷基酚为高沸点液体外，多数酚是固体。由于酚分子间也能形成氢键而缔合，因此沸点和熔点比相对分子质量相近的烃高。除硝基酚外，多数酚是无色的，但因易被氧化而带有颜色。一元酚微溶或不溶于水，溶于乙醇、乙醚等有机溶剂。酚类在水中的溶解度随分子中羟基数目的增多而增大。常见酚的物理常数如表 8-2 所示。

表 8-2 常见酚的物理常数

名称	熔点/℃	沸点/℃	溶解度/(g/100g 水)	pK_a
苯酚	43	182	8(溶于热水)	9.98
邻甲苯酚	30	191	2.5	10.28
间甲苯酚	11.9	202	2.6	10.08
对甲苯酚	34	202.5	2.3	10.14
邻硝基苯酚	44.9	216	0.2	7.23
间硝基苯酚	96	194	2.2	8.40
对硝基苯酚	114.9	295	1.3	7.15
2,4-二硝基苯酚	113	升华	0.6	4.00
2,4,6-三硝基苯酚	122.5	升华	1.2	0.71
邻苯二酚	105	245	45.1	9.48
对苯二酚	170	286	8	9.96
α-萘酚	94	179	难溶	9.31
β-萘酚	123	286	0.1	9.35
1,2,3-苯三酚	133	309	62	7.0

四、酚的化学性质

由于酚羟基与芳环直接相连，受芳环的影响，酚羟基在性质上与醇羟基有显著差异。酚羟基中的氧原子与苯环形成 p-π 共轭，使得羟基不易被取代。芳环受羟基的影响，也更容易发生亲电取代反应。

1. 酚羟基的反应

(1) 酚的酸性　酚具有弱酸性（如苯酚 $pK_a \approx 10$），比醇（如乙醇 $pK_a = 15.9$）的酸性强，不仅可与活泼金属作用，也可与氢氧化钠（钾）作用生成可溶于水的酚钠（钾）。例如：

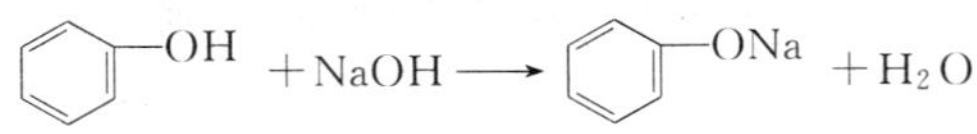

在酚钠水溶液中通入二氧化碳，则游离出酚，这说明酚的酸性比碳酸弱（$pK_a = 6.38$）。利用这一性质可鉴别和分离不溶于水的酚和醇。

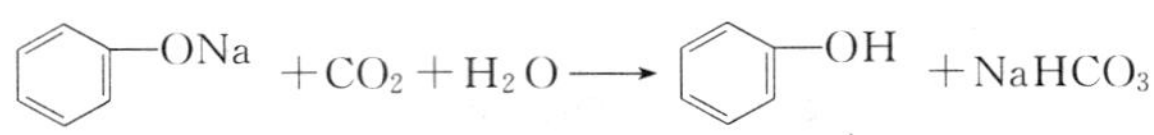

苯酚俗称石炭酸，一般不能使常见酸碱指示剂改变颜色。

苯酚具有弱酸性，是由于羟基氧原子上的未共用电子对与苯环的 π 电子形成 p-π 共轭，电子离域使得氧原子上的电子云密度降低，减弱了 O—H 键，使得羟基中的氢原子容易以质子形式离去，而显酸性。如下所示：

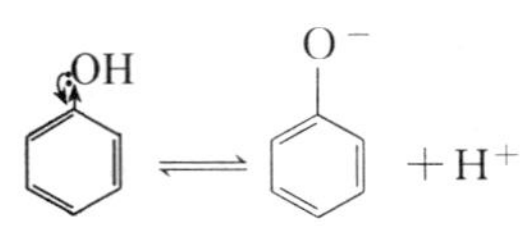

当苯酚环上连有供电子基（如烷基等）时，由于增加了酚羟基氧原子的电子密度，使氢原子不易离解，其酸性比苯酚弱，取代基的供电子能力越强酸性越弱；反之，当酚的芳环上连有吸电子基（如硝基、卤原子等）时，由于降低了酚羟基氧原子的电子云密度，使氢原子易于离解，其酸性比苯酚强，取代基吸电子能力越强，其酸性越强。苯酚邻对位上的吸电子基越多，酸性越强。例如：

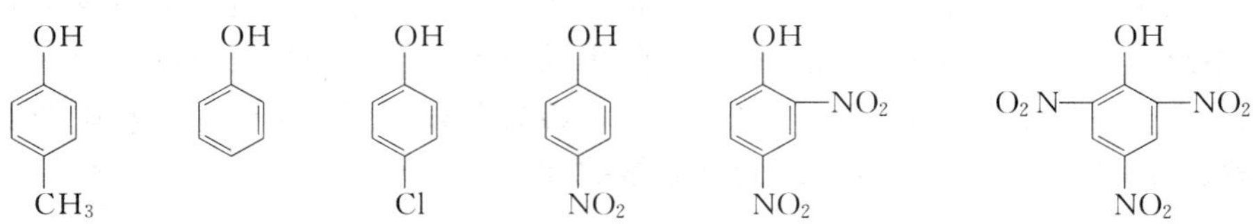

pK_a　10.14　9.98　9.38　7.15　4.09　0.71

2,4-二硝基苯酚的酸性与苯甲酸相近，而 2,4,6-三硝基苯酚的酸性与强无机酸接近。

(2) 与氯化铁的颜色反应　酚与氯化铁溶液发生颜色反应，因此可利用该反应鉴别酚（见表 8-3）。除酚类外，烯醇式化合物也能与氯化铁发生显色反应。酚和氯化铁的显色反应十分复杂，一般认为是生成配合物。

$$6ArOH + FeCl_3 \rightleftharpoons [Fe(OAr)_6]^{3-} + 3Cl^- + 6H^+$$

(3) 酚醚的生成　与醇相似，酚也可以生成醚，但因酚羟基的碳氧键结合比较牢固，一般不能通过分子间脱水成醚，而需用威廉森合成法制备。即用酚钠与卤代烃或硫酸酯等烷基化试剂反应来制取。例如：

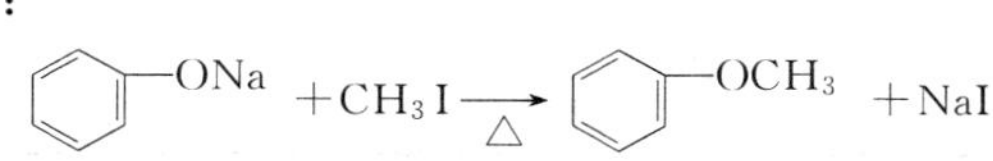

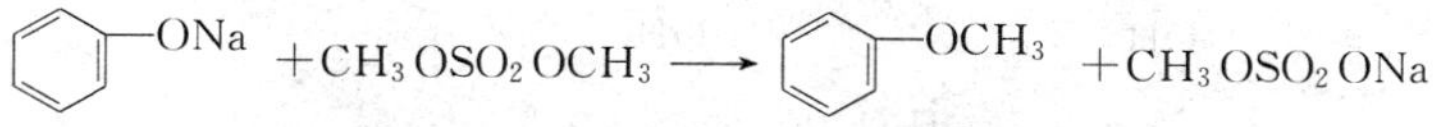

苯甲醚

表 8-3　酚与氯化铁的显色反应

化合物	显色	化合物	显色
苯酚	紫	邻苯二酚	绿
邻甲苯酚	红	对苯二酚	暗绿结晶
间甲苯酚	紫	间苯二酚	蓝-紫
对甲苯酚	紫	1,2,3-苯三酚	紫-棕红
邻硝基苯酚	红-棕	α-萘酚	紫
对硝基苯酚	棕	β-萘酚	黄-绿

酚钠与卤代芳烃作用，由于芳环上卤原子不活泼，需在催化剂及高温条件下反应制备。

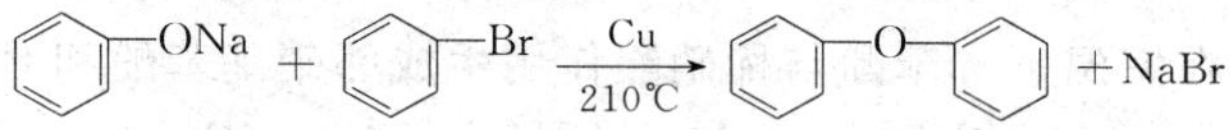

二苯醚

（4）酚酯的生成　醇易与羧酸反应生成酯，但酚不能直接与羧酸生成酯，需与酸酐或酰卤作用生成酚酯。例如：

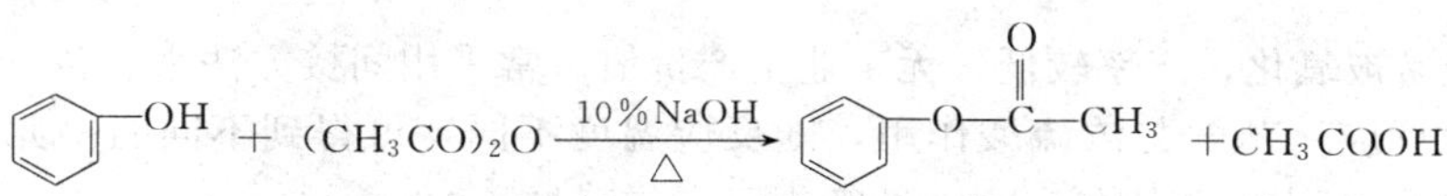

乙酸酐　　乙酸苯酯

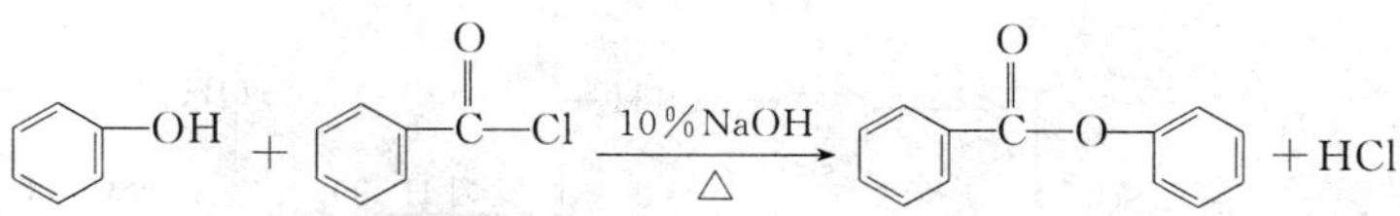

苯甲酰氯　　苯甲酸苯酯

此反应在医药上常用于制备“阿司匹林”，它是一种常用的解热镇痛药。

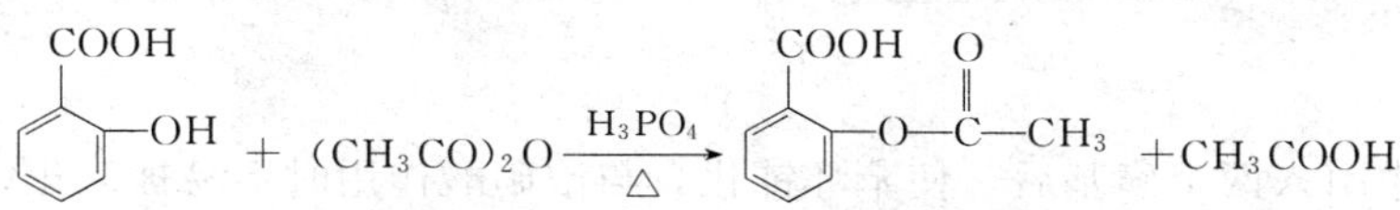

水杨酸　　乙酰水杨酸

练习

8-6　完成下列反应式：

（1）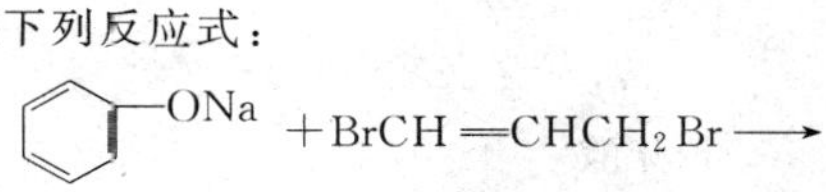

（2）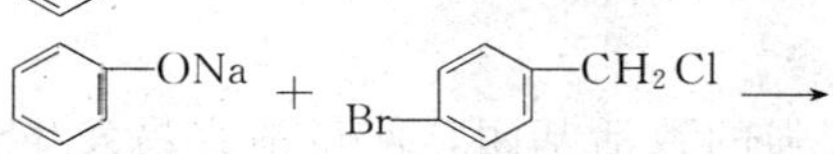

2. 芳环上的取代反应

由于羟基是一个较强的邻对位定位基，因此酚很容易发生卤化、硝化、磺化等亲电取代反应。

（1）卤代反应　芳烃的卤代要在氯化铁催化下进行，而苯酚在常温下与溴水作用，不需催化剂就会立即生成 2,4,6-三溴苯酚白色沉淀。

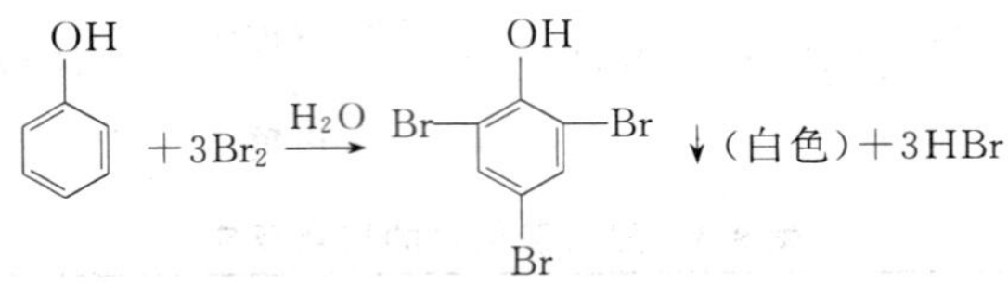

反应非常灵敏，常用于酚的定性和定量分析。

苯酚在非极性或弱极性溶剂（如 CS_2、CCl_4、$CHCl_3$ 等）中及低温下进行反应，主要生成对溴苯酚。

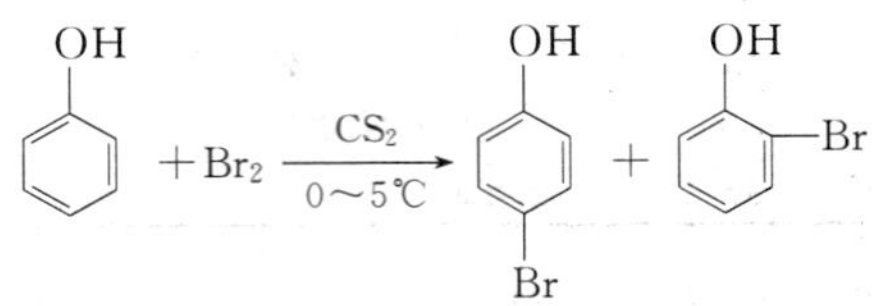

（67%）　（33%）

（2）硝化反应　在室温下，苯酚与稀硝酸作用生成邻硝基苯酚和对硝基苯酚的混合物。

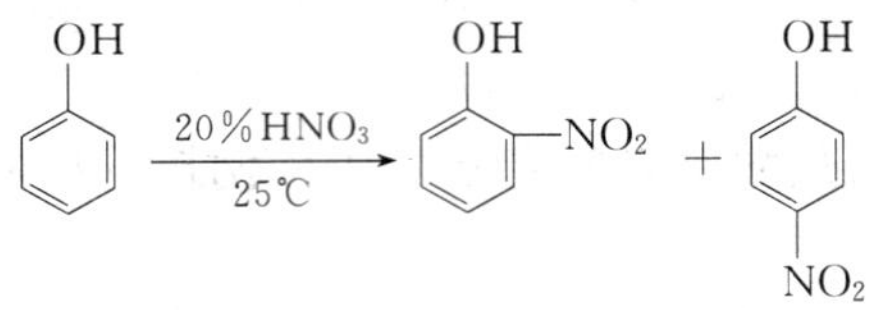

由于苯酚易被氧化，产率较低，无工业生产价值。常采用间接方法来制备（见酚的制法）。

（3）磺化反应　苯酚与浓硫酸作用，随反应温度不同，可得到不同的一元取代产物。在较高温度下主要得到对位产物，进一步磺化可得二磺酸。

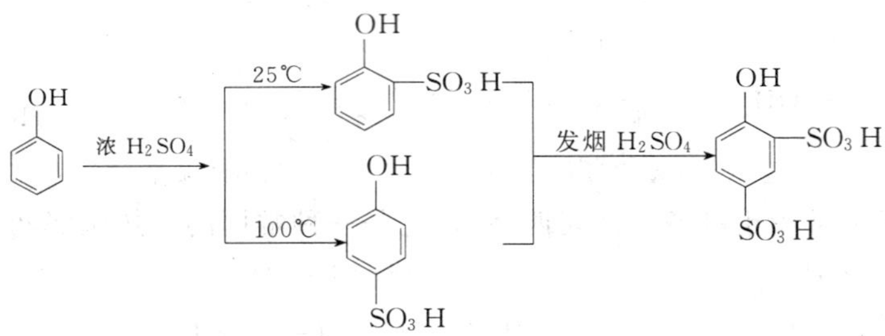

苯酚分子中引入两个磺基后，使苯环钝化，与浓硝酸作用时不易被氧化，同时两个磺基也被硝基取代，生成 2,4,6-三硝基苯酚（俗名苦味酸）。

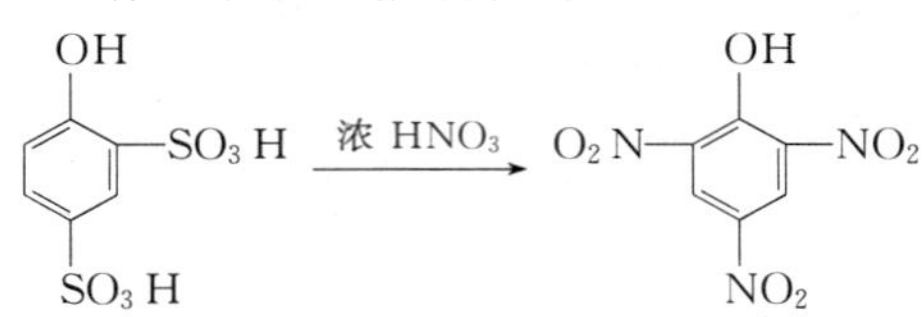

苦味酸

这是工业上制备 2,4,6-三硝基苯酚的常用方法。

（4）傅列德尔-克拉夫茨反应　由于羟基是较强的致活基团，使得酚容易发生傅氏烷基化和傅氏酰基化反应。由于酚与氯化铝生成盐，使其失去催化活性，因此酚的傅氏反应一般采用浓硫酸、磷酸、BF_3 等为催化剂。例如：

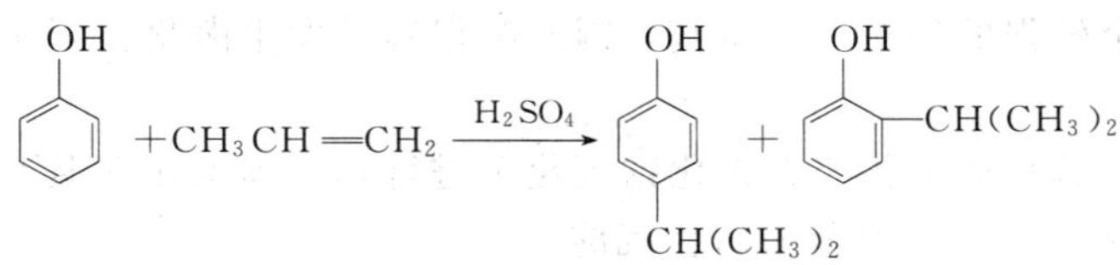

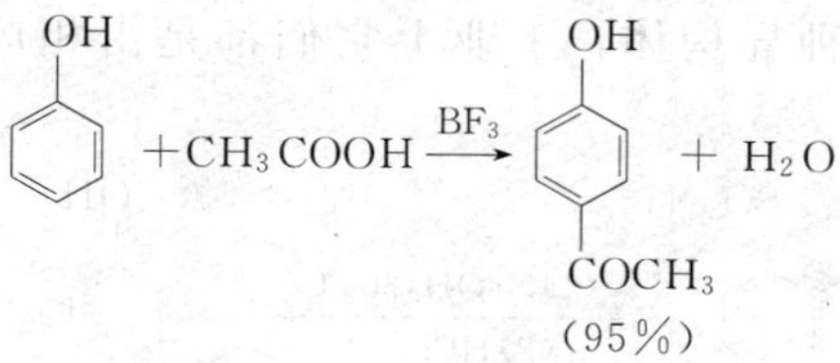

3. 氧化反应

酚比醇容易氧化。如苯酚长期放置空气中即被氧化，颜色由无色逐渐变为红色或深褐色。食品、石油、橡胶和塑料工业中，常利用酚的这一性质，加入少量酚作抗氧化剂。

用重铬酸钾硫酸溶液氧化苯酚，得到对苯醌。

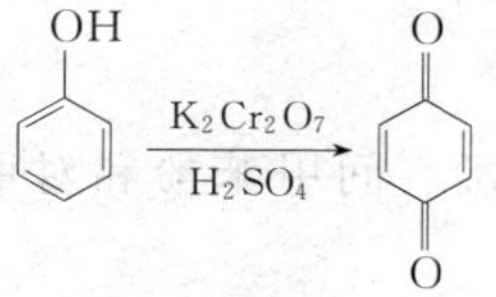

对苯醌

多元酚更容易被氧化。例如，在室温下弱氧化剂 Ag_2O 即可将邻或对苯二酚氧化成醌。

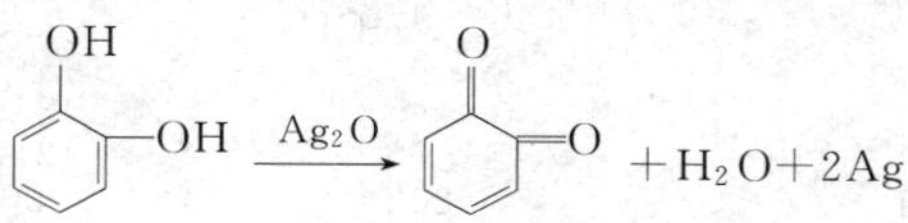

邻苯醌

具有醌型结构的物质都有颜色。

五、重要的酚

1. 苯酚

苯酚俗名石炭酸，为无色针状晶体，熔点 43℃，由于易氧化，应装于棕色瓶中避光保存。苯酚微溶于水，易溶于乙醇、乙醚等有机溶剂。苯酚有杀菌作用，常用作消毒剂和防腐剂，但苯酚的浓溶液对皮肤有腐蚀性。苯酚是非常重要的有机化工原料，大量用于制造酚醛树脂、药物、染料、炸药以及其他高分子材料。例如，苯酚催化加氢可得到环己醇，是制造尼龙 66 的原料。

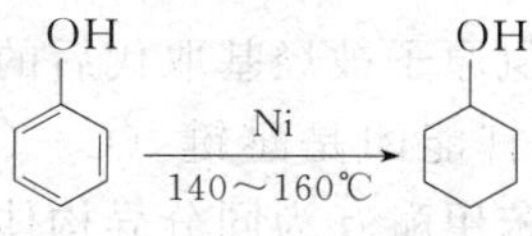

2. 对苯二酚

对苯二酚又名氢醌，为无色或浅灰色针状晶体，熔点 170℃，易升华，溶于水、乙醇、乙醚等。对苯二酚有毒，可深入皮肤内引起中毒。对苯二酚极易氧化成醌，是一个强还原剂，能使感光后的溴化银还原为银，在照相中作显影剂，也是防止高分子单体聚合的阻聚剂。

对苯二酚可由苯胺氧化成对苯醌，再用还原剂还原而得。

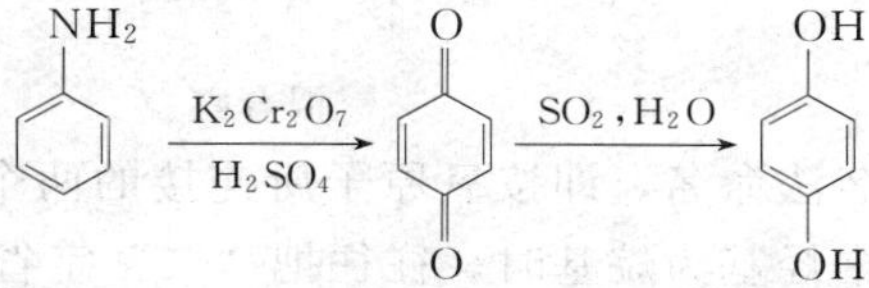

3. 萘酚

萘酚有 α-萘酚和 β-萘酚两种异构体，工业上它们都是由相应的萘磺酸钠经碱熔而制得的。

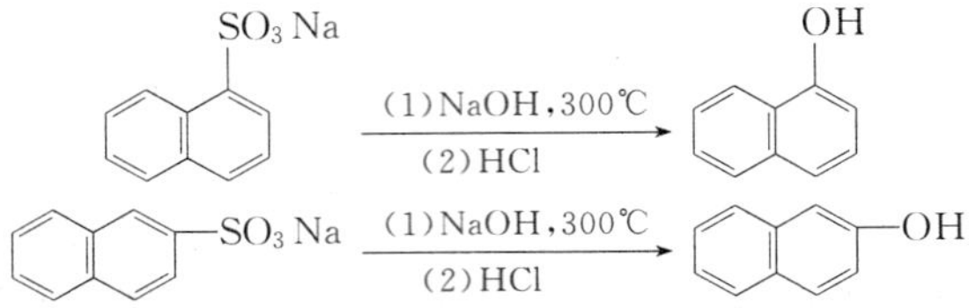

α-萘酚为白色针状结晶，β-萘酚为白色或稍带黄色的片状结晶，都溶于乙醇、乙醚等有机溶剂，化学性质与苯酚相似，有弱酸性，与 $FeCl_3$ 水溶液发生颜色反应。萘酚是重要的染料中间体，广泛用于制造偶氮染料。

4. 甲苯酚

甲苯酚俗称甲酚。它有邻甲苯酚、间甲苯酚和对甲苯酚三种异构体，都存在于煤焦油中。

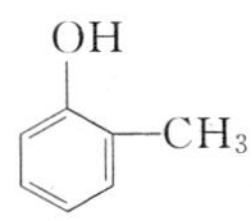
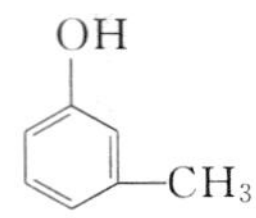
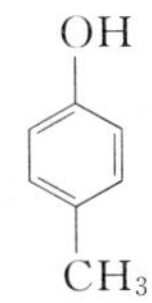

沸点/℃　　191　　202　　201.8

由于三种异构体沸点相近，不易分离，一般使用其混合物。甲苯酚的杀菌效力比苯酚强，毒性也较大。目前医药上使用的“来苏水”消毒药水，就是含有 47%～53% 甲苯酚的肥皂水溶液。

甲苯酚在有机合成上是制备染料、炸药、农药、电木的原料，也用作木材及铁路枕木的防腐剂。

第三节　醚

一、醚的分类和命名

醚既可看成是水分子中的两个氢原子被烃基取代后的产物，也可看成是醇或酚羟基中的氢原子被烃基取代后的产物。醚的官能团是醚键（C—O—C），与同碳数的醇是同分异构体。例如，甲醚和乙醇、甲苯酚和苯甲醚互为同分异构体。这种分子式相同而官能团不同的异构现象，称为官能团异构。

根据烃基结构的不同，分为饱和醚、不饱和醚和芳醚。两个烃基相同的，称为单醚；两个烃基不同的称为混合醚。例如：

饱和醚　$CH_3CH_2OCH_2CH_3$　　$CH_3OCH_2CH_3$

不饱和醚　$CH_2{=}CHOCH{=}CH_2$　　$CH_3OCH_2CH{=}CH_2$

芳香醚　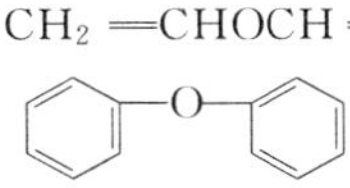　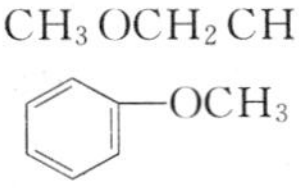

单醚　　混合醚

简单的醚一般用普通命名法命名，即按氧原子所连接的两个烃基（基字可省略）名称，再加上“醚”字命名。单醚中烃基为烷基时，往往把“二”字省略，不饱和醚及芳醚习惯上保留“二”字。混醚则将次序规则中较优的基团放在后面，但芳基要放在烷基前面。例如：

$CH_3CH_2OCH_2CH_3$	$CH_3OCH_2CH_3$	$CH_3-O-CH(CH_3)-CH_3$
（二）乙醚	甲乙醚	甲基异丙基醚
$CH_2=CHOCH=CH_2$	$CH_3OCH_2CH=CH_2$	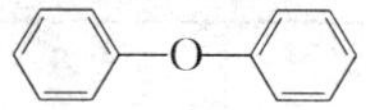
二乙烯基醚	甲基烯丙基醚	二苯醚

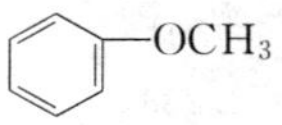

苯甲醚

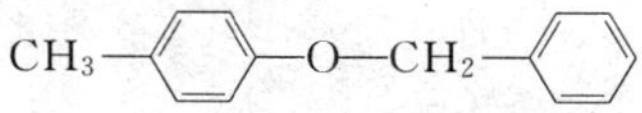

对甲苯基苄基醚

结构复杂的醚用系统命名法，即把烃基作母体，烷氧基（—OR）作为取代基。例如：

$CH_3CH(OCH_3)CH_2CH_2CH_3$	$CH_3CH(OCH_3)CH_2CH(CH_3)CH_3$	$CH_3CH=C(CH_3)-CH(OCH_3)CH_2CH_3$
2-甲氧基戊烷	2-甲基-4-甲氧基戊烷	3-甲基-4-甲氧基-2-己烯

二、醚的制法

1. 醇脱水

在酸催化下，醇分子间脱水生成醚。例如：

$$2CH_3CH_2CH_2OH \xrightarrow[\triangle]{H_2SO_4} CH_3CH_2CH_2OCH_2CH_2CH_3 + H_2O$$

这是制备低级单醚的方法。伯醇产率较高，叔醇只能脱水生成烯烃。

2. 威廉森合成法

卤代烃与醇钠或酚钠作用生成醚是制备醚的一个重要方法，称为威廉森（Williamson）合成法。例如：

$$CH_3CH_2CH_2Br + CH_3CH_2ONa \xrightarrow[\triangle]{} CH_3CH_2CH_2OCH_2CH_3 + NaBr$$

$$(CH_3)_3CCH_2ONa + CH_3I \xrightarrow[\triangle]{} (CH_3)_3CCH_2OCH_3 + NaI$$

由于卤代烃在强碱条件下进行亲核取代生成醚的同时，常伴有消除反应生成烯烃，因此用威廉森法制备醚时，必须注意原料的选择。伯卤代烷生成醚的产率较好，叔卤代烷在强碱条件下几乎都是消除产物。例如，合成乙基叔丁基醚，需采用卤乙烷与叔丁醇钠反应，而不采用叔丁基卤和乙醇钠反应，因为后者将主要得到烯烃。

$$CH_3CH_2Br + CH_3-C(CH_3)_2-ONa \longrightarrow CH_3CH_2O-C(CH_3)_2-CH_3 + NaBr$$

$$CH_3-CBr(CH_3)-CH_3 + CH_3CH_2ONa \longrightarrow CH_3-C(CH_3)=CH_2 + CH_3CH_2OH + NaBr$$

制备芳基醚时，用酚钠和卤代烷，而不用卤代芳烃和酚钠。因为卤代芳烃非常不活泼。例如：

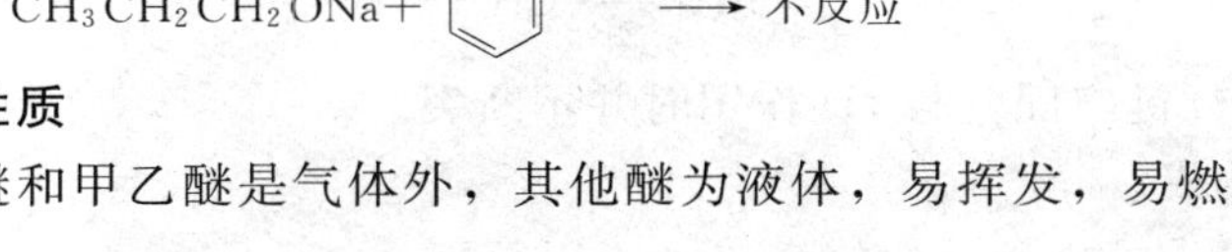

三、醚的物理性质

常温下，除甲醚和甲乙醚是气体外，其他醚为液体，易挥发，易燃烧。由于醚分子间不能形成氢键，所以醚的沸点比相对分子质量接近的醇低。低级醚在水中的溶解度与醇接近，这是因为醚和醇一样也可以与水分子形成氢键。常见醚的物理性质如表 8-4 所示。

表 8-4　常见醚的物理性质

名　称	熔点/℃	沸点/℃	相对密度	水中溶解性
甲醚	−140	24.5	0.661	
乙醚	−116	34.5	0.713	
正丙醚	−12.2	91	0.736	微溶
正丁醚	−95	142	0.773	不溶
正戊醚	−69	188	0.774	微溶
乙烯醚	−30	28.4	0.773	溶于水
乙二醇醚	−58	82～83	0.836	不溶
苯甲醚	−37.3	155.5	0.996	不溶
二苯醚	28	259	1.075	不溶
β-萘甲醚	72～73	274		不溶

值得注意的是：多数醚易挥发，易燃。尤其是乙醚极易挥发和着火，且其蒸气与空气能形成爆炸混合物，使用时要注意安全。

四、醚的化学性质

醚分子中含有 C—O—C 键，称为醚键，是醚的官能团。醚在常温下不与金属钠作用，对于碱、氧化剂、还原剂都十分稳定，是一类很不活泼的化合物（环醚除外），因此醚常作为许多反应的溶剂。但这种稳定性是相对的，在一定条件下，醚可以发生特有的反应。

1. 鎓盐的生成

醚分子中氧原子上带有未共用电子对，能与强酸（如浓硫酸和浓盐酸）的质子作用形成鎓盐（质子化的醚），而溶于浓酸中。

$$R-\ddot{\underset{..}{O}}-R + HCl \rightleftharpoons [R-\overset{..}{\underset{H}{\underset{|}{O}}}-R]^{+}\cdot Cl^{-}$$

鎓盐很不稳定，遇水分解成原来的醚。利用此性质可从烷烃或卤代烃混合物中鉴别和分离醚。

$$[R-\overset{..}{\underset{H}{O}}-R]^{+}\cdot Cl^{-} + H_2O \longrightarrow ROR + H_3O^{+} + Cl^{-}$$

2. 醚键的断裂

醚与浓氢卤酸共热，醚键可发生断裂，最有效的是氢碘酸。反应过程中首先生成鎓盐，受热时醚键断裂生成碘代烷和醇。一般是较小的烷基生成碘代烷。若用过量的氢碘酸，则生成的醇可进一步转变为碘代烷，但酚不能继续作用。例如：

$$CH_3OCH_2CH_3 + HI \rightleftharpoons [CH_3\overset{H}{\ddot{O}}CH_2CH_3]^{+}\cdot I^{-} \xrightarrow{\triangle} CH_3CH_2OH + CH_3I$$

$$CH_3CH_2OH \xrightarrow{HI} CH_3CH_2I$$

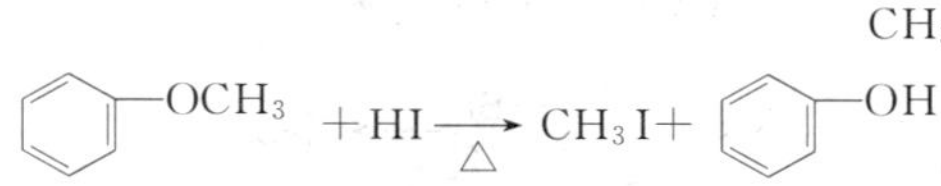

二苯醚由于 C—O 键牢固，与 HI 作用时并不断裂。

3. 过氧化物的生成

醚和空气长期接触，会逐渐形成过氧化物。过氧化物不稳定，受热易爆炸，因此在蒸馏醚时，切记不可蒸干，以免发生危险。

储存过久的乙醚，在蒸馏前，应当检验是否有过氧化物的存在。可用碘化钾-淀粉试纸检验，若试纸变蓝色证明有过氧化物存在。

$$I^- \xrightarrow{\text{过氧化物}} I_2 \xrightarrow{\text{淀粉}} \text{蓝色}$$

或用硫酸亚铁与硫氰化钾（KSCN）溶液检验，如有血红色的配离子 $[Fe(SCN)_6]^{3-}$ 生成，则证明有过氧化物存在。醚在蒸馏前需加入 $FeSO_4$ 或 Na_2SO_3 等还原剂进行处理。为避免过氧化物的生成，在储存时可在醚中加入少许金属钠。

五、环醚

醚分子中，氧原子与碳原子连接成环的称为环醚。例如：

环氧乙烷　　1,2-环氧丙烷　　1,4-环氧丁烷（四氢呋喃）　　1,4-二氧六环

1. 环氧乙烷

环氧乙烷是最简单且最重要的环醚，是无色有毒气体，沸点为11℃，常储存于钢瓶中。环氧乙烷能与水混溶，也能溶于乙醇、乙醚等有机溶剂。环氧乙烷易燃、易爆，爆炸极限为3%～80%，工业上用它作原料时，常用氮气预先清洗反应釜及管阀，以排除空气，做到安全操作。

（1）环氧乙烷的制法　工业上以乙烯为原料，采用氯乙醇法和直接氧化法制备。

以银作催化剂，乙烯被空气氧化生成环氧乙烷，称为直接氧化法。

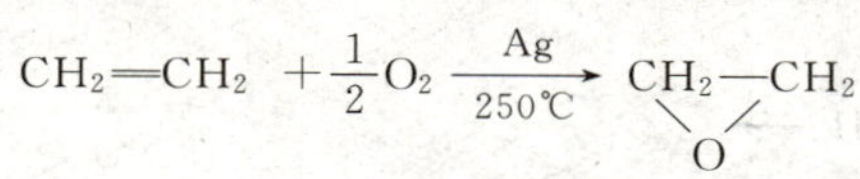

将乙烯通入氯水中制成氯乙醇，再用石灰乳与其作用脱去氯化氢，即生成环氧乙烷，称为氯乙醇法。

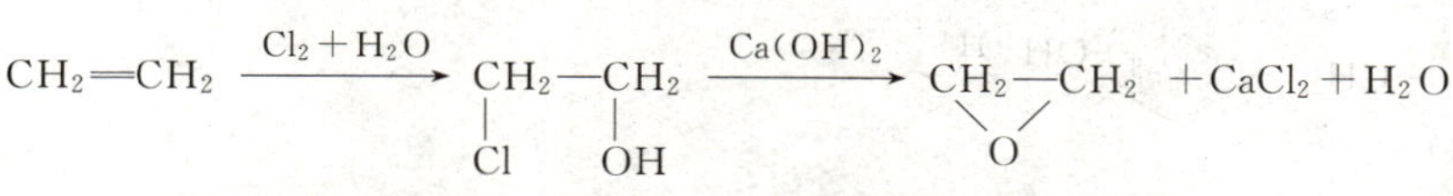

在1993年，我国环氧乙烷直接氧化法取代了落后的氯乙醇法。

（2）环氧乙烷的化学性质　环氧乙烷是一个三元环，有张力，化学性质很活泼，与水、醇、氨、胺、酚、卤化氢、酸及硫醇等许多含活泼氢的试剂作用，C—O键断裂，发生开环反应，得到的反应产物几乎都是工业上重要的化工产品，是一种不可缺少的有机化工原料。

在酸性条件下，环氧乙烷可以与水、醇、氢卤酸等发生开环反应。开环时，碳氧键断裂，分别生成乙二醇、乙二醇单醚、卤乙醇等。

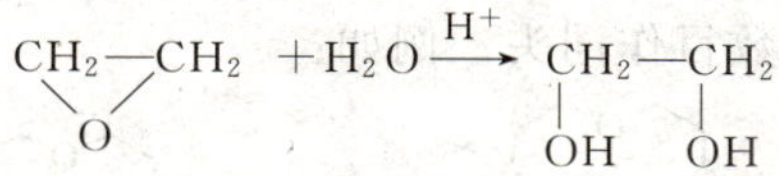

乙二醇

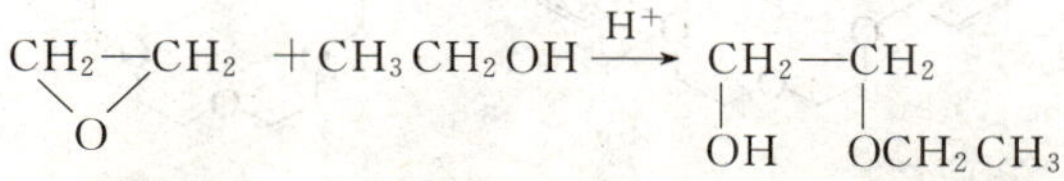

乙二醇单乙醚

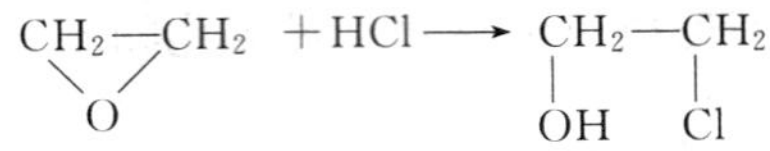

氯乙醇

乙二醇单乙醚具有醇和醚的双重性质，与许多极性和非极性物质混溶，是良好的溶剂。

在碱性条件下，环氧乙烷与氨水反应生成乙醇胺，如环氧乙烷过量，可生成二乙醇胺、三乙醇胺。

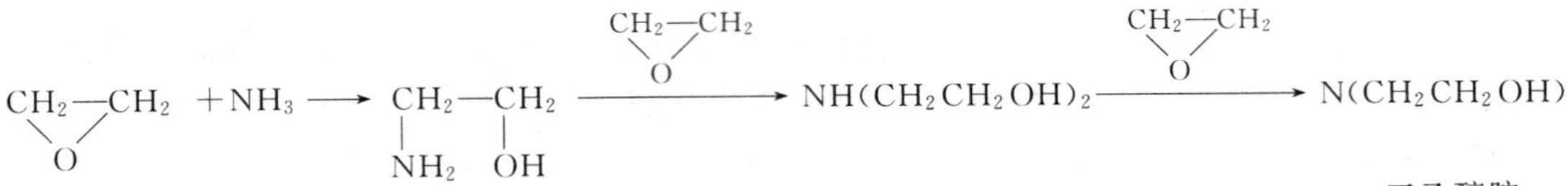

乙醇胺　　二乙醇胺　　三乙醇胺

这是工业上生产三种乙醇胺的方法，以哪一种为主，取决于原料的配比和反应条件。

三种乙醇胺都是无色黏稠液体，有氨味，溶于水和乙醇，有碱性，可用于除去天然气和石油气中的酸性气体，并用于制造非离子型表面活性剂、洗涤剂、乳化剂、化妆品的增湿剂等。

环氧乙烷与格氏试剂反应，可合成增加两个碳的伯醇。例如：

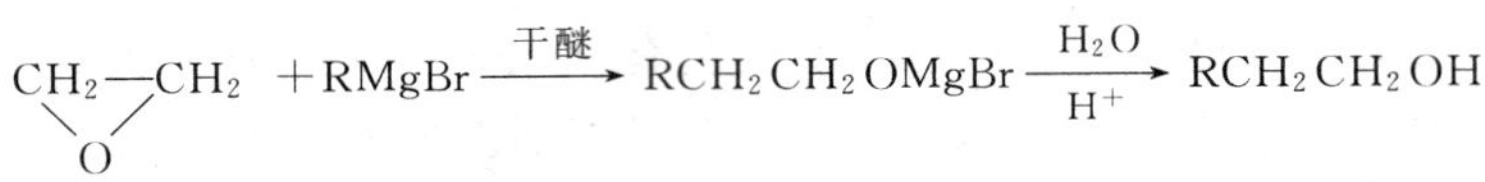

此反应在有机合成中可用来增长碳链，是制备伯醇的一种方法。

练习

8-7 完成下列反应式：

（1） 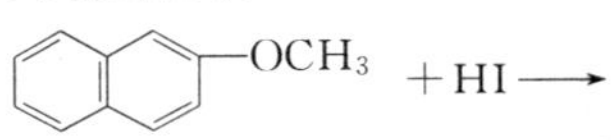

（2） 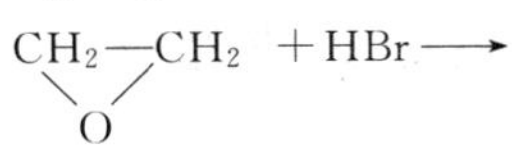

（3） 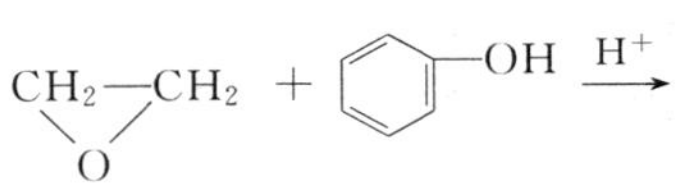

（4） 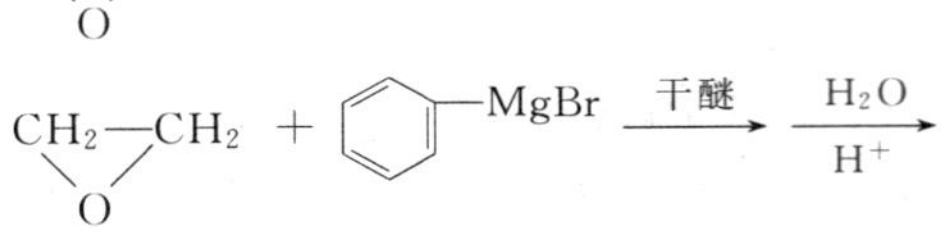

2．冠醚

冠醚是一类含有多个氧原子的大环醚，因其结构形状像王冠，故称为冠醚。

冠醚名称的前一个数字代表组成环的总原子数，后一个数字代表环上氧原子数；当环上连有烃基时，则烃基的名称和数目作词头。例如：

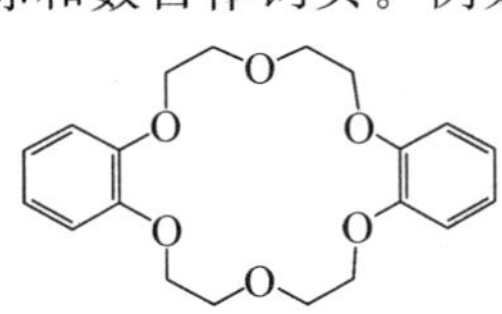

二苯并-18-冠-6

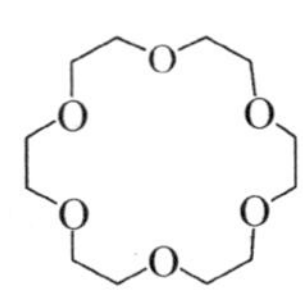

18-冠-6

冠醚通常采用威廉森合成法，由卤代醚与醇或酚在碱性催化下制备。例如：

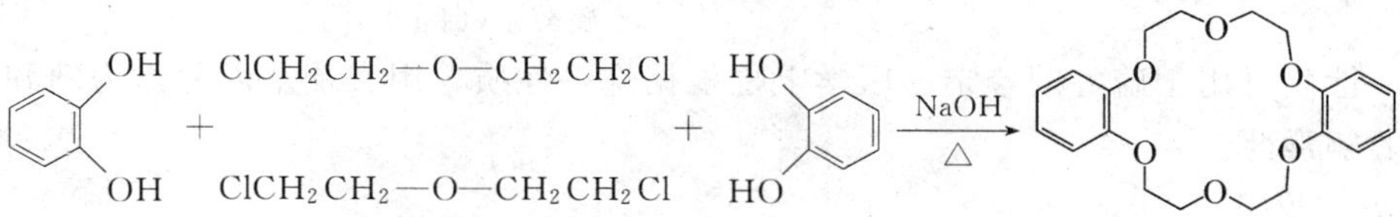

由于冠醚分子中有空穴，氧原子上有未共用电子对，因此可与金属离子形成配合物。当适合于环的大小的金属离子进入环内时，则氧原子与金属离子通过静电吸引形成配合物，留下的负离子由于没有溶剂包围而具有较高的活性，它能与反应物迅速发生反应。例如，酯在冠醚存在下用 KOH 水解，因 K^+ 与冠醚形成配合物，OH^- 可自由地进攻酯，加快了水解反应速率。又如，在烯烃的氧化反应中，由于 $KMnO_4$ 不溶于烯烃，使反应较难进行，加入冠醚后，冠醚与 K^+ 形成配合物而使 $KMnO_4$ 溶于有机溶剂中，加快了反应的进行，这样发生的反应称为相转移催化反应。而冠醚是一种有效和较常用的相转移催化剂之一。通常，相转移催化反应比传统方法具有反应速率快、条件温和、操作方便、产率高等优点。

第四节 硫醇和硫醚

一、硫醇

硫醇可以看作是醇分子中的氧原子被硫原子取代的产物，用简式 R—SH 表示，—SH 称为巯（音 qiu）基，是硫醇的官能团。其命名方法与醇相似，只需将“醇”字改为“硫醇”即可。例如：

CH_3CH_2SH 乙硫醇

CH_3CHCH_2SH（2 位上连 CH_3） 2-甲基-1-丙硫醇

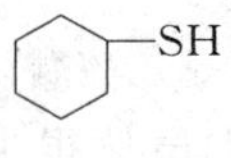

环己硫醇

由于硫原子的电负性小于氧原子，硫醇分子间及硫醇和水分子间不能像醇那样形成强的分子间氢键，因此硫醇不溶于水，沸点也低于相应的醇。

低级硫醇有毒且有恶臭气味，空气中含 0.00019mg/L 乙硫醇时，即可被人嗅到臭味。在煤气或天然气管道中加入少量的低级硫醇，以便检查是否漏气。随硫醇分子中碳原子数的增加，臭味逐渐变弱。

1. 硫醇的弱酸性

硫醇有弱酸性（如 C_2H_5SH 的 $pK_a=10.5$，而 C_2H_5OH 的 $pK_a=17$），能与氢氧化钠反应生成硫醇钠。例如：

$$CH_3CH_2SH+NaOH\longrightarrow \underset{\text{乙硫醇钠}}{CH_3CH_2SNa}+H_2O$$

硫醇钠用强酸处理又重新生成硫醇。

$$CH_3CH_2SNa\xrightarrow{HCl}CH_3CH_2SH+NaCl$$

在石油加工中，常利用这一性质除去硫醇。

硫醇还能与重金属铅、汞、铜、银等形成不溶于水的硫醇盐。例如：

$$2CH_3CH_2SH+(CH_3COO)_2Pb\longrightarrow \underset{\text{乙硫醇铅(黄色)}}{(CH_3CH_2S)_2Pb\downarrow}+2CH_3COOH$$

$$2CH_3CH_2SH + (CH_3COO)_2Hg \longrightarrow \underset{\text{乙硫醇汞(白色)}}{(CH_3CH_2S)_2Hg\downarrow} + 2CH_3COOH$$

这一性质可用于硫醇的鉴定。医学上也根据这一性质，用二巯基丙醇作为砷和汞等重金属中毒的解毒药。

2. 氧化反应

硫醇容易被氧化，可以被氧化剂氧化成不同化合物。例如，硫醇可以被弱氧化剂（双氧水、碘等）氧化成二硫化物。

$$2R{-}SH + H_2O_2 \longrightarrow R{-}S{-}S{-}R + 2H_2O$$

硫醇与强氧化剂（高锰酸钾、硝酸等）作用，被氧化成烷基亚磺酸，进一步氧化生成烷基磺酸。

$$R{-}SH \xrightarrow{HNO_3} \underset{\text{烷基亚磺酸}}{R{-}SO_2H} \xrightarrow{HNO_3} \underset{\text{烷基磺酸}}{R{-}SO_3H}$$

通过氧化反应，可除去石油产品中有臭味并腐蚀设备的硫醇，达到改善工作环境和降低生产成本的目的。

硫醇在橡胶工业中用作乳液聚合的调节剂，也可用作催化剂以及合成农药的原料等。

二、硫醚

硫醚（thioethers）可以看成是醚分子中的氧原子被硫原子取代的产物，用简式R—S—R表示。

硫醚的命名与醚相似。只需在醚字之前加一“硫”字即可。例如：

$CH_3CH_2SCH_2CH_3$ 乙硫醚　　$CH_3SCH_2CH_3$ 甲乙硫醚

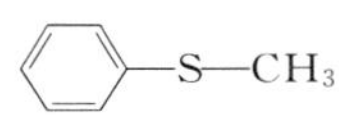

苯甲硫醚

硫醚在自然界中虽然很少，但分布广泛。例如，薄荷油中含有甲硫醚，大蒜和葱头中含有乙硫醚和烯丙基硫醚等。但其多数存在于石油及石油产品中，约占含硫化合物的50%以上。

低级硫醚为无色油状液体，有臭味，沸点比相应的醚高，不溶于水，易溶于乙醇、乙醚等有机溶剂。硫醚在常温下用浓硝酸、三氧化铬或过氧化氢氧化，生成亚砜，如用发烟硝酸、过氧酸则进一步氧化成砜。例如：

$$\underset{\text{甲硫醚}}{CH_3{-}S{-}CH_3} \xrightarrow{\text{浓 }HNO_3} \underset{\text{二甲基亚砜}}{CH_3{-}\underset{\underset{O}{\|}}{S}{-}CH_3} \xrightarrow{\text{发烟 }HNO_3} \underset{\text{二甲砜}}{CH_3{-}\overset{\overset{O}{\|}}{\underset{\underset{O}{\|}}{S}}{-}CH_3}$$

二甲基亚砜是无色具有强极性的液体，与水混溶，是石油和高分子工业上使用较多的一种优良溶剂，可用于石油馏分中萃取芳烃，从高温裂解气中萃取乙炔，以及用作丙烯腈聚合物拉丝的溶剂。

阅读材料

生物能源的新星：长链醇

生物质是一种可再生的清洁资源。通过生物制造法，生物质可以被转化为可再生的代替能源。其中，乙醇被认为是目前最有可能代替汽油运输燃料的生物能源。

在作为汽油代替燃料时，乙醇主要是以一定比例和汽油混合，形成混合燃料。乙醇的加入可以提高混合燃料的辛烷值，同时还能减少有毒污染物的排放。但乙醇的加入也有很多弊端：乙醇的能量密度比汽油要低30%，因此其燃烧效率要低很多；乙醇的吸水性很好，导致混合燃料容易吸收水分；乙醇的运输不能利用现有的石油管道，这会大大提高其运输成本。另外，乙醇的加入会提高混合燃料的蒸气压，使其超过安全操作和储存的上限。为解决这一问题，目前用于制造汽油乙醇混合燃料的汽油都是经过预处理的，汽油中的轻烃类组分需要被抽提掉，这增加了操作成本。

基于乙醇燃料的这些缺陷，近来科学家们提出制造下一代生物能源的概念。下一代生物能源主要包括长链醇类（higher-chain alcohols）、微柴油酯类和碳氢化合物类。其中长链醇类指的是含有四碳或五碳的直链醇或支链醇，如丁醇、异丁醇、异戊醇、活性戊醇等。

长链醇和乙醇相比更适合作为汽油运输燃料的替代品。它们的能量密度和汽油相似，不易吸水、挥发性低，对现有汽车引擎造成的损伤更小，能使用现有的石油管道运输，而且和汽油的混合物能很好地降低燃料的蒸气压。由于长链醇相对乙醇作为汽油代替物的优势，使得生物法制造丁醇成为近几年来生物能源领域的一个研究热点。然而除了丁醇外，目前世界上关于生物法制造其他长链醇的报道却很少。直到2008年初，美国加州大学洛杉矶分校的James Liao教授才提出了通过氨基酸合成的中间物2-酮基酸来生物合成长链醇的技术思路。该研究小组构建并优化了异丁醇的合成途径，该技术思路也可用来合成其他的长链醇，如异戊醇、丙醇、丁醇、活性戊醇和苯乙醇。

但若使长链醇真正变为汽油代替燃料，就必须实现长链醇的大规模工业化生产，那么，生产速率和产率便成为判断其能否实现工业化应用的最重要指标。现阶段，天然微生物很少带有完整的合成长链醇的代谢途径；酿酒酵母虽能自身合成多种长链醇，然而产量却非常低，这也使得长链醇的生产远不能达到工业化的要求。

与欧美发达国家相比，我国在生物能源的开发研究方面起步较晚，与国际上的差距也比较明显。长链醇生物制造法技术的开发研究将使我国在下一代生物能源的研发方面和国际水平基本保持平行；同时还能弥补现有乙醇燃料的缺陷，丰富汽油代替燃料的多样性和可选择性。该领域的研究涉及代谢工程、工业发酵与生物炼制的许多核心技术，可以在很大程度上促使我国在工业发酵与生物炼制的发展与进步。因此，长链醇的研究与开发对于现阶段的我国而言，既是一个挑战，更是一个机遇。

本章小结

一、醇、酚、醚的制备

（一）醇的制法

$$RCH{=}CH_2 + H_2O \xrightarrow{H^+} \underset{\displaystyle |\atop\displaystyle OH}{RCHCH_3}$$

$$RX + NaOH \xrightarrow{H_2O} ROH + NaX$$

$$RCHO \xrightarrow[\text{或 } NaBH_4 \atop LiAlH_4]{H_2,\ Ni} ROH$$

$$RCOOH \xrightarrow[(2)\ H_2O]{(1)\ LiAlH_4,\text{乙醚}} RCH_2OH$$

$$HCHO + RMgX \xrightarrow{\text{干醚}} \xrightarrow{H_2O} RCH_2OH$$

$$CH_3CHO + RMgX \xrightarrow{\text{干醚}} \xrightarrow{H_2O} \underset{\displaystyle |\atop OH}{RCHCH_3}$$

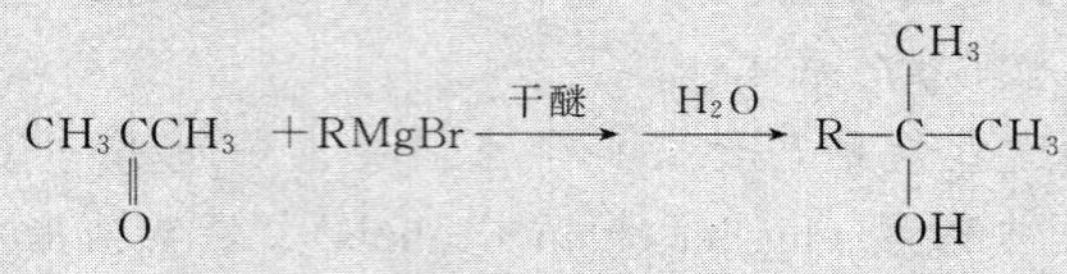

（二）酚的制法

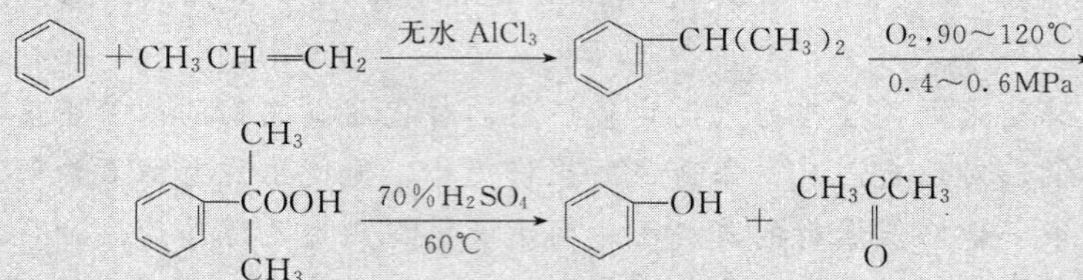

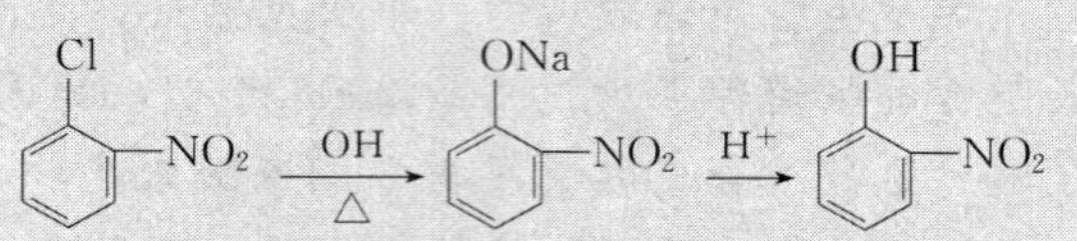

（三）醚的制法

$$2ROH \xrightarrow[\triangle]{H_2SO_4} ROR$$

$$RX + RONa \xrightarrow[\triangle]{} ROR$$

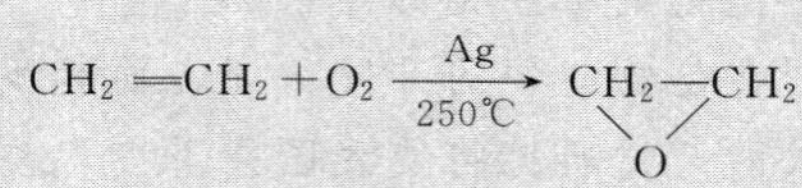

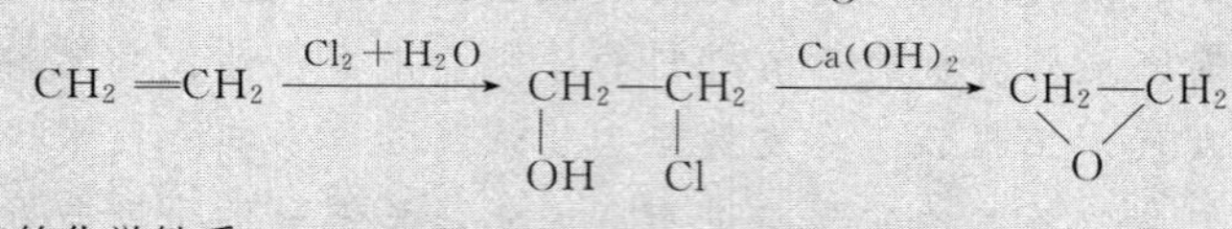

二、醇、酚、醚的化学性质

（一）醇的化学性质

$$ROH + Na \longrightarrow RONa + \frac{1}{2}H_2\uparrow$$

$$ROH + HX \longrightarrow RX$$

（PX_3 或 $SOCl_2$）用卢卡斯试剂鉴别伯、仲、叔醇

$$RCOOH + ROH \xrightleftharpoons{H_2SO_4} RCOOR + H_2O$$

$$RCH_2CH_2OH \xrightarrow[170℃]{\text{浓 }H_2SO_4} RCH{=}CH_2 + H_2O$$

$$2ROH \xrightarrow[140℃]{\text{浓 }H_2SO_4} ROR + H_2O$$

$$RCH_2OH \xrightarrow[\text{或脱氢}]{[O]} RCHO \xrightarrow[\text{或脱氢}]{[O]} RCOOH$$

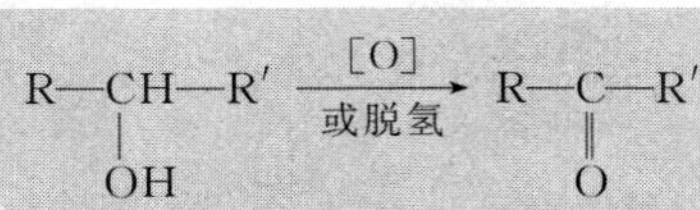

（二）酚的化学性质

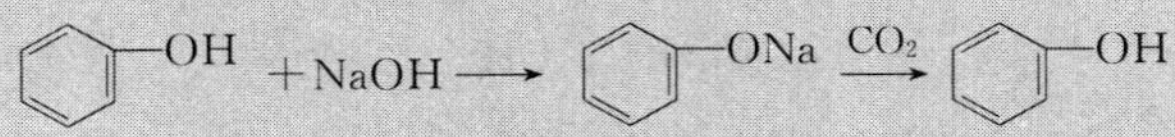

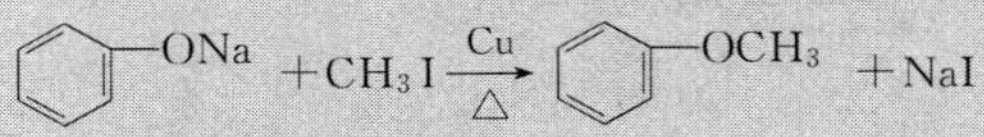

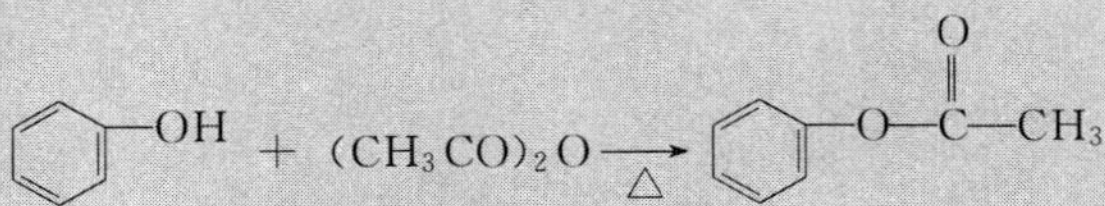

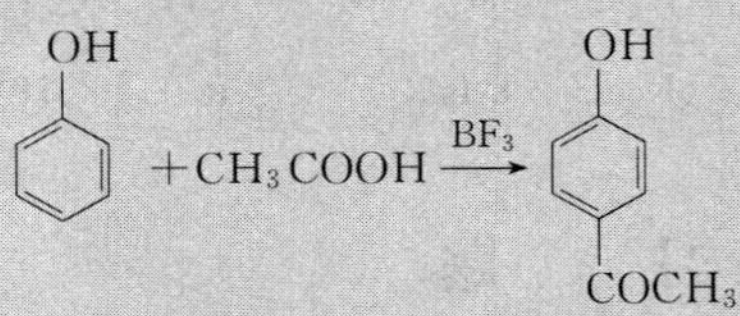

$$6ArOH + FeCl_3 \rightleftharpoons 6H^+ + 3Cl^- + [Fe(OAr)_6]^{3-}$$

（有色物质，用于酚的检验）

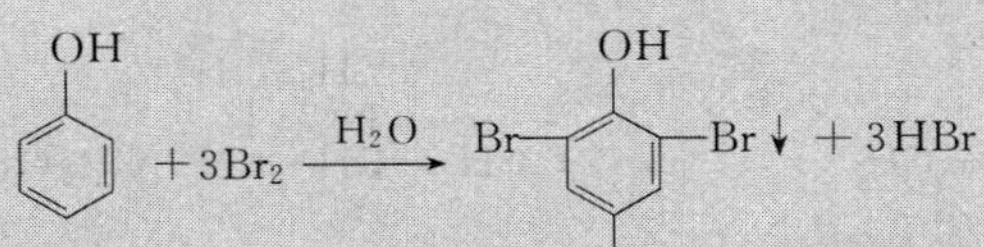

（用于酚的检验）

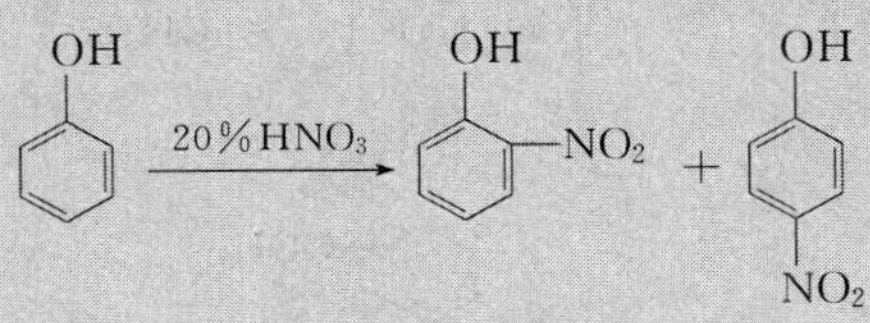

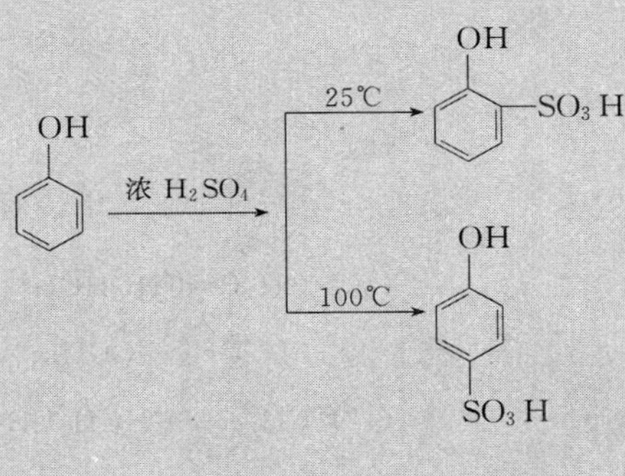

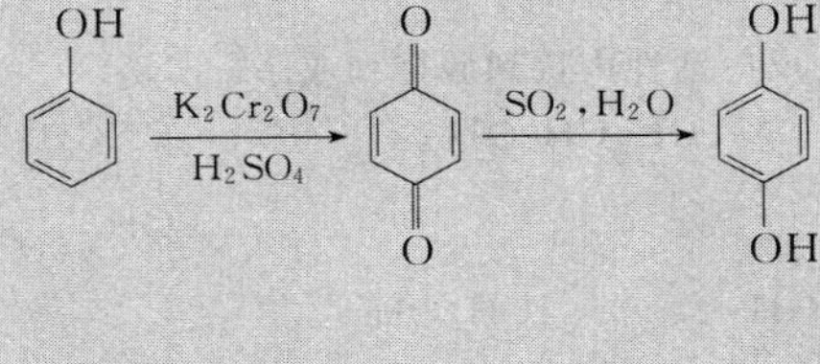

（三）醚的化学性质

$$CH_3OCH_2CH_3 + HI \rightleftharpoons [CH_3\overset{H}{\ddot{O}}CH_2CH_3]^+ \cdot I^- \xrightarrow[\triangle]{} CH_3CH_2OH + CH_3I$$

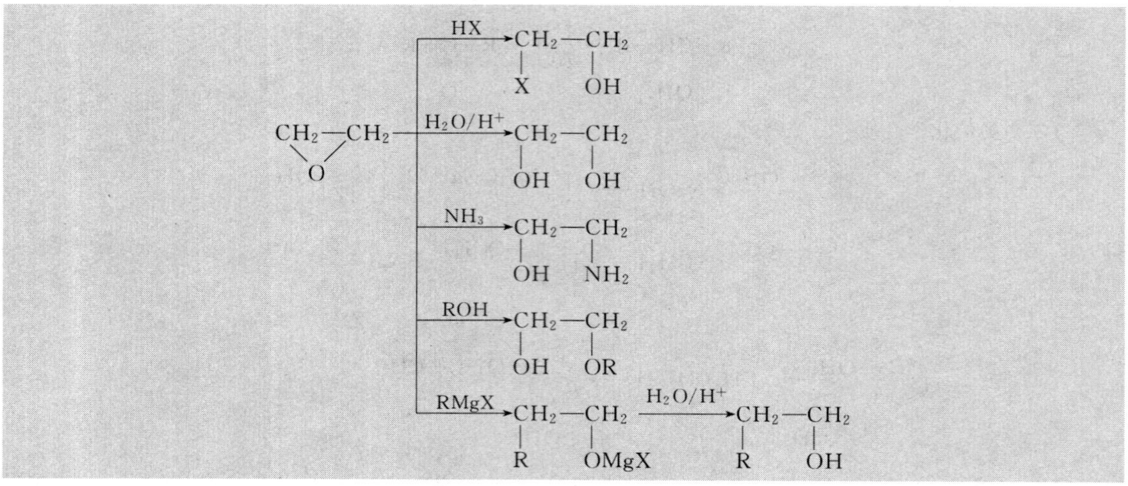

习　　题

1. 写出分子式为 $C_4H_{10}O$ 的所有同分异构体，并命名。

2. 命名下列化合物：

(1) 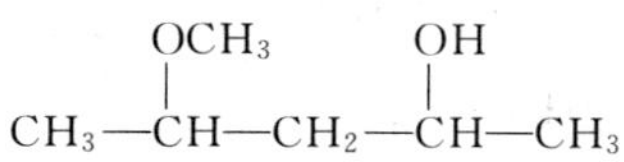

(2) 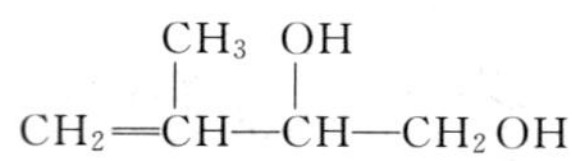

(3) 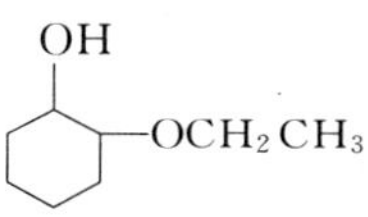

(4) 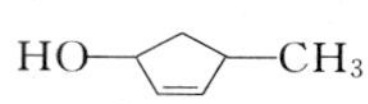

(5) 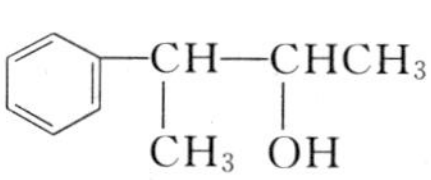

(6) 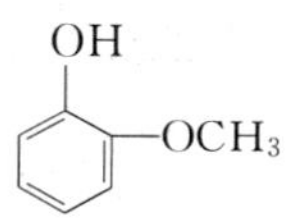

(7) 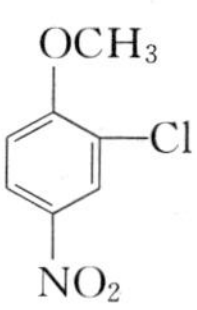

(8) 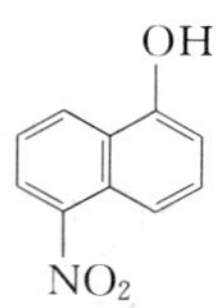

(9) 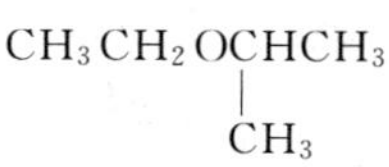

(10) 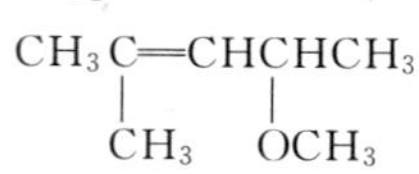

(11) 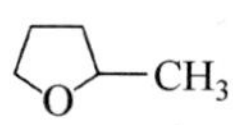

(12) 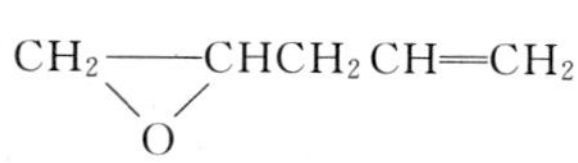

3. 把下列各组醇与卢卡斯试剂的反应活性由快到慢排列成序：

(1) 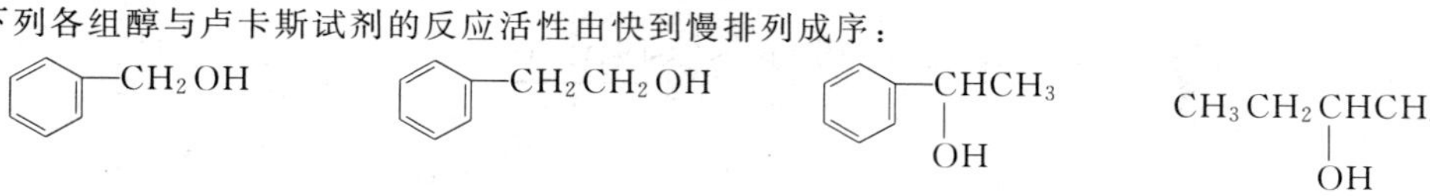

(2) 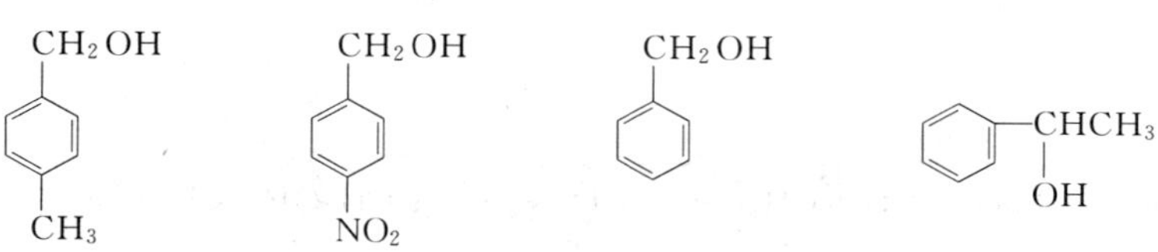

4. 写出 2-丁醇与下列试剂反应时得到的主要产物：

（1）PBr_3　　（2）Cu　　（3）$KMnO_4/H^+$　　（4）浓 H_2SO_4

5. 将下列各组化合物按其酸性由强到弱排列成序：

（1）CH_3CH_2OH　　H_2O　　

（2）苯酚　　苯甲醇　　碳酸　　乙炔

（3）苯酚　　对甲苯酚　　对硝基苯酚　　对氯苯酚

6. 将下列各组化合物按脱水活性由大到小的顺序排列成序：

（1）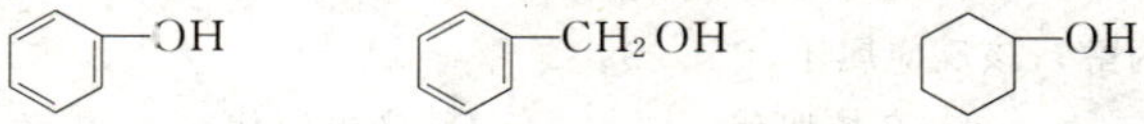　　$CH_3CH_2CH_2OH$

（2）$CH_3CH_2CH_2OH$　　$CF_3CH_2CH_2OH$

$(CH_3)_2CHOH$　　$CH_2=CHCH_2OH$

7. 用化学方法鉴别下列各组化合物：

（1）异丙醇　苯酚　乙醚　正溴丁烷

（2）叔丁醇　丙烯醇　仲丁醇

（3）苯酚　苯甲醇　苄基溴

8. 完成下列反应式：

（1）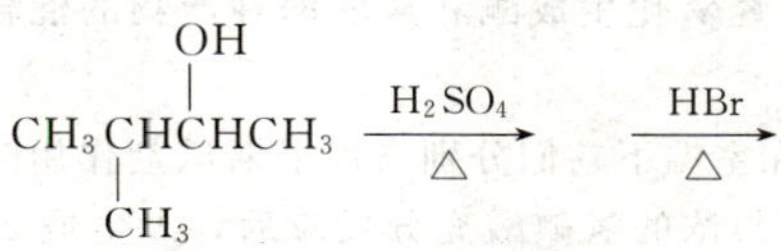

（2）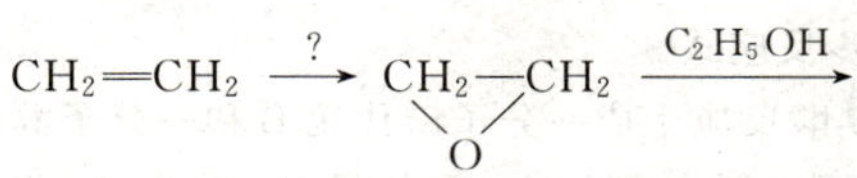

（3）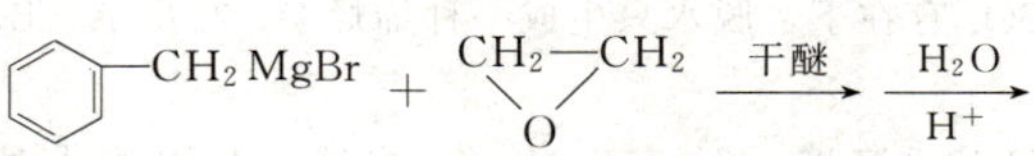

（4）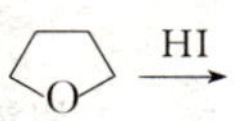

（5）

（6）

（7）

（8）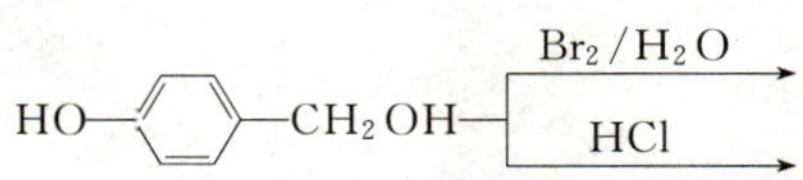

9. 下列反应中有无错误（各步孤立地看）？若有错误，请指正。

（1）$CH_2=CHOH \xrightarrow[\triangle]{HCl} CH_2=CHCl \xrightarrow{C_2H_5ONa} CH_2=CHOC_2H_5$

（2）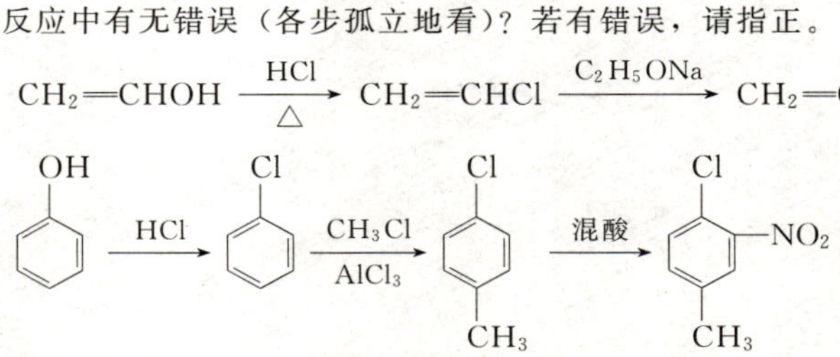

（3）$(CH_3)_3C-Br \xrightarrow{CH_3ONa} (CH_3)_3C-OCH_3 \xrightarrow{HI} (CH_3)_3C-I + CH_3OH$

10. 选择题

(1) 下列化合物与金属钠反应，反应速率最快的是（　　）。

A. 苯甲醇　B. 叔丁醇　C. 异丁醇　D. 甲醇

(2) 乙醇的水溶性大于丁烷，主要原因是（　　）。

A. 乙醇的相对分子质量小于丁烷　B. 乙醇分子中氧原子电负性大

C. 乙醇分子可与水形成氢键　D. 乙醇分子极性大

(3) 用化学方法鉴别苯酚、环己醇、苯甲醇三种化合物，最合适的一组试剂是（　　）。

A. 金属钠和氯化铁　B. 溴水和氯化铁

C. 溴水和卢卡斯试剂　D. 溴水和金属钠

(4) 丙烯在酸性条件下与水反应生成异丙醇，该反应属于（　　）。

A. 亲核加成　B. 亲电加成　C. 亲核取代　D. 亲电取代

(5) 甲乙醚与过量的氢碘酸反应，得到的是（　　）。

A. 甲醇和碘乙烷　B. 乙醇和碘甲烷　C. 碘甲烷和碘乙烷　D. 甲醇和乙醇

11. 合成甲基叔丁基醚，下列三种合成路线中，你认为哪一种最合理？为什么？

(1) $(CH_3)_3CBr$ 与 CH_3ONa 共热

(2) CH_3Br 与 $(CH_3)_3CONa$ 共热

(3) $(CH_3)_3COH$ 与 CH_3OH 浓硫酸共热

12. 某醇 $C_5H_{12}O$ 氧化后生成酮，脱水生成一种不饱和烃，此烃氧化生成酮和羧酸两种产物的混合物，试写出该醇的构造式。

13. 有 A、B 两种液态化合物，它们的分子式都是 $C_4H_{10}O$，在室温下它们分别与卢卡斯试剂作用时，A 能迅速地生成 2-甲基-2-氯丙烷，B 却不能发生反应；当分别与浓的氢碘酸充分反应后，A 生成 2-甲基-2-碘丙烷，B 生成碘乙烷，试写出 A 和 B 的构造式及各步反应式。

14. 某化合物 A 分子式为 $C_6H_{14}O$，它不与钠作用，与氢碘酸反应生成一分子碘代烷 B 和一分子醇 C。C 与卢卡斯试剂立即发生反应，在加热并有浓 H_2SO_4 存在下，脱水只生成一种烯烃 D。写出 A、B、C 和 D 的构造式及各步反应式。

15. 化合物 A 的分子式为 C_7H_8O，不溶于 $NaHCO_3$ 溶液，而溶于 NaOH 溶液。A 用溴水处理得 B（$C_7H_6OBr_2$）。写出 A 和 B 的构造式。

16. 两个芳香族含氧化合物 A 和 B，分子式均为 C_7H_8O。A 可与金属钠作用，而 B 则不能。A 用浓氢碘酸处理生成 C（C_7H_7I），B 用浓氢碘酸处理生成 D（C_6H_6O），D 遇溴水迅速产生白色沉淀。写出 A、B、C 和 D 的构造式及各步反应式。

第九章 醛 和 酮

学习目标

1. 掌握醛、酮的命名法；
2. 理解 C═O 和 C═C 的结构差异以及在加成反应上的不同点；
3. 了解醛、酮的主要制备方法；
4. 掌握醛、酮的亲核加成反应及其在合成中的应用；
5. 掌握醛、酮的氧化还原反应，并能区别各种氧化剂、还原剂的应用范围；
6. 掌握醛、酮的 α-H 反应发生的条件及应用。

第一节 醛、酮的分类和命名

一、醛、酮的分类

醛和酮分子中都含有相同的官能团——羰基（ >C═O ），因此统称为羰基化合物。羰基至少与一个氢原子相连的化合物称为醛，—CHO 称为醛基。羰基与两个烃基相连的化合物称为酮，酮分子中的羰基也称为酮基。

按照羰基所连接的烃基的不同，可将醛、酮分为脂肪族醛、酮，脂环族醛、酮和芳香族醛、酮；按照烃基是否含有不饱和键，分为饱和醛、酮和不饱和醛、酮。按照酮分子中的两个烃基是否相同，分为单酮和混酮。按照分子中所含羰基数目的不同，又分为一元醛、酮和多元醛、酮。

二、醛、酮的命名

选择含有羰基的最长碳链作为主链，从靠近羰基最近的一端开始编号。由于醛基总是在碳链一端，因此不需注明位次。但酮除丙酮、丁酮外，其他酮的羰基需要注明位次。例如：

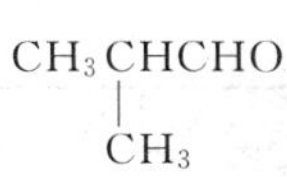

2-甲基丙醛（异丁醛）

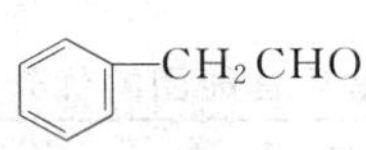

苯乙醛

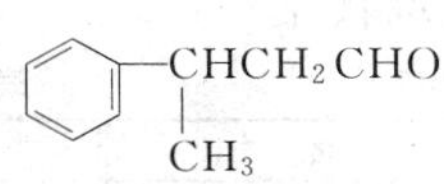

3-苯基丁醛

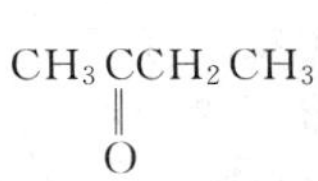

丁酮

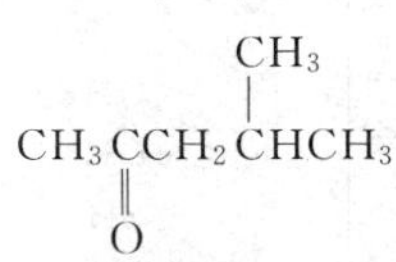

4-甲基-2-戊酮

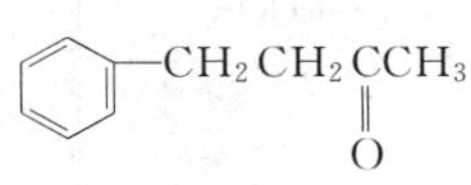

4-苯基丁酮

取代基的位次也可用希腊字母 α、β、γ……表示。用希腊字母表示时，则是从与官能团相邻的碳原子开始。如：

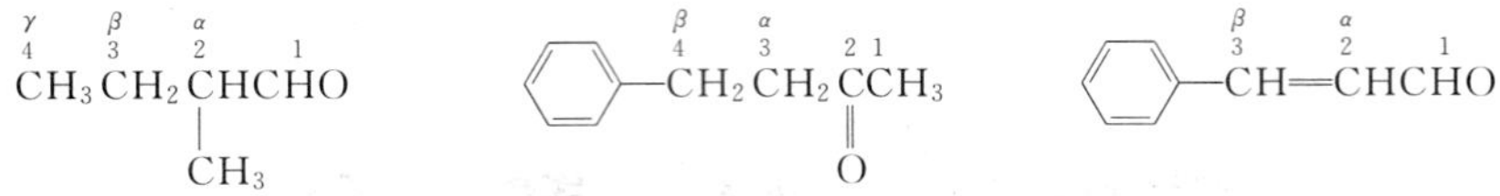

2-甲基丁醛　　　　4-苯基-2-丁酮　　　　3-苯基丙烯醛

α-甲基丁醛　　　　β-苯基丁酮　　　　β-苯基丙烯醛

不饱和醛、酮命名时，应选择含有羰基与不饱和键的最长碳链为主链，称为某烯醛或某烯酮。编号时，使羰基位次最小，并注明不饱和键的位次。例如：

2-环己烯酮　　　　3-乙基-3-丁烯醛　　　　4-戊烯-2-酮

多元醛、酮的命名，是将所有的羰基都选到主链里，编号时，使多个羰基的位次和最小。例如：

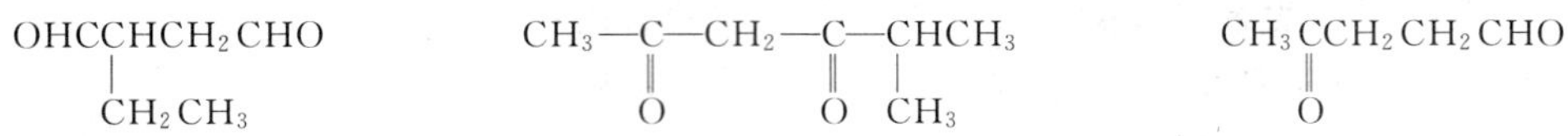

2-乙基丁二醛　　　　5-甲基-2,4-己二酮　　　　4-戊酮醛

练习

9-1　命名下列化合物：

(1) 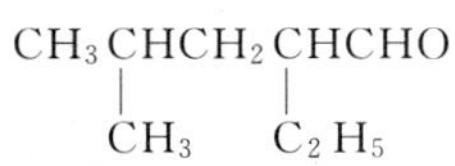　　(2) 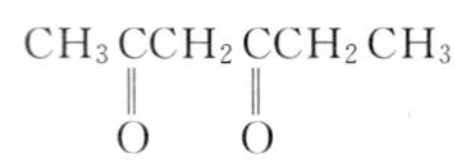

(3) 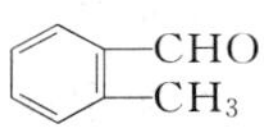　　(4) 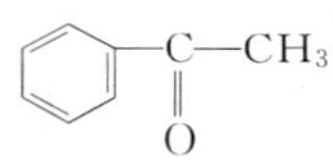

(5) 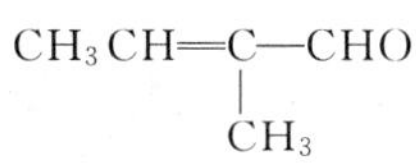　　(6) 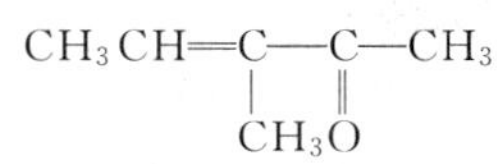

第二节　多官能团化合物的命名

多官能团化合物命名时，究竟以哪个官能团为母体，哪个官能团作为取代基？通常是按照表 9-1 所列举的官能团的优先次序来确定母体和取代基。处于前面的官能团作为母体，后面的官能团作为取代基。

表 9-1　常见官能团的优先次序

类　别	官能团	类　别	官能团	类　别	官能团
羧酸	—COOH	醛	—CHO	炔烃	—C≡C—
磺酸	$—SO_3H$	酮	>C=O	烯烃	—CH=CH—
酯	—COOR	醇	—OH	醚	—O—
酰卤	—COX	酚	—OH	烷烃	—R
酰胺	$—CONH_2$	硫醇	—SH	卤代烃	—X①
腈	—C≡N	胺	$—NH_2$	硝基化合物	$—NO_2$①

① 引用这几个基团时，只能把它们看作是取代基。

注：本次序是按照国际纯粹与应用化学联合会（IUPAC）1979 年公布的有机化合物命名法和我国化学界目前约定俗成的次序排列而成的。

当化合物中有两个或多个官能团时，比较它们在表 9-1 中的优先次序，以其中最优者为母体进行命名。例如：

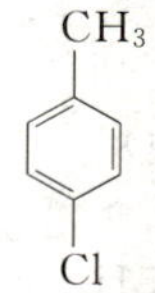
对氯甲苯

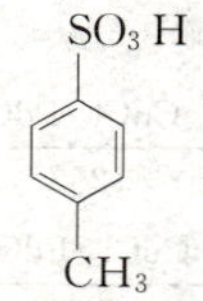
对甲基苯磺酸

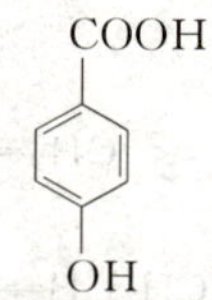
对羟基苯甲酸

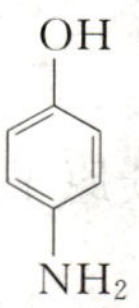
对氨基苯酚

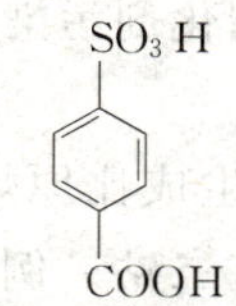
对磺基苯甲酸

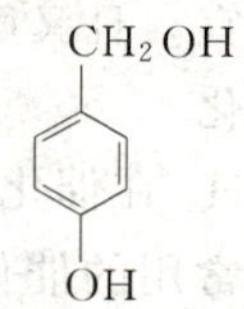
对羟基苯甲醇

第三节　醛、酮的制备

一、醇的氧化或脱氧

伯醇脱氢氧化为醛，仲醇则生成酮。由于醛比醇更易氧化，因此用伯醇氧化制醛产率较低，而酮不会继续氧化，产率较高。例如：

$$CH_3CH_2CH_2\underset{\substack{|\\OH}}{CH}CH_3 \xrightarrow[H_2SO_4,\triangle]{K_2Cr_2O_7} CH_3CH_2CH_2\underset{\substack{\|\\O}}{C}CH_3$$

工业上将醇的蒸气通过 Cu、Ag 等催化剂，使伯醇、仲醇脱氢生成相应的醛、酮，这是制备醛、酮的重要方法。例如：

$$CH_3CH_2OH \xrightarrow[\triangle]{Cu} CH_3CHO$$

$$CH_3\underset{\substack{|\\OH}}{CH}CH_3 \xrightarrow[\triangle]{Cu} CH_3\underset{\substack{\|\\O}}{C}CH_3$$

二、炔烃的水合

在硫酸汞-稀硫酸催化下，炔烃与水生成烯醇，然后重排为相应的羰基化合物。乙炔水合生成乙醛，其他炔烃水合生成酮。例如：

$$CH{\equiv}CH + H_2O \xrightarrow[稀\ H_2SO_4]{HgSO_4} \left[CH_2{=}\overset{\substack{OH\\|}}{CH}\right] \xrightarrow{重排} CH_3CHO$$

$$CH_3{-}C{\equiv}CH + H_2O \xrightarrow[稀\ H_2SO_4]{HgSO_4} \left[CH_3{-}\underset{\substack{|\\OH}}{C}{=}CH_2\right] \xrightarrow{重排} CH_3{-}\underset{\substack{\|\\O}}{C}{-}CH_3$$

本方法中催化剂汞盐造成很大的环境污染，且难于处理，虽有非汞催化剂的报道，但是产率远不能与汞催化法相比。

三、芳烃的酰基化

芳烃的酰基化是制备芳酮的重要方法，常用的酰基化试剂是酰卤或酸酐。例如：

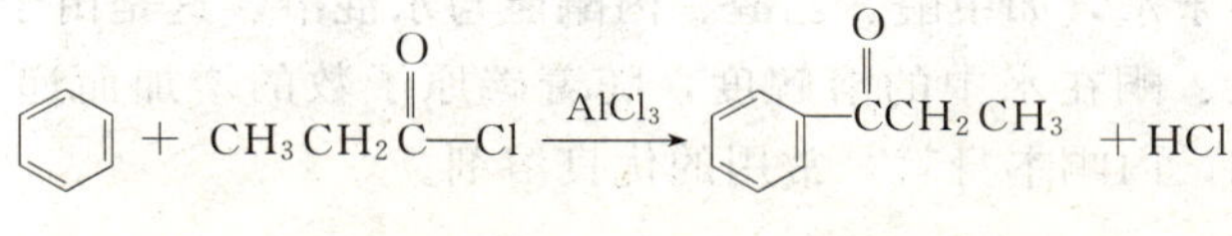

四、烯烃的氧化

随着石油化工的迅速发展，乙烯、丙烯等直接氧化制备醛和酮，已成为重要的方法。例如：

$$CH_2{=}CH_2 \ +O_2 \xrightarrow[120\sim125℃,1MPa]{CuCl_2\text{-}PdCl_2} CH_3CHO$$

$$CH_3CH{=}CH_2 \ +O_2 \xrightarrow[90\sim120℃,1.1MPa]{CuCl_2\text{-}PdCl_2} CH_3COCH_3$$

此法原料价格便宜，且又解决了汞盐催化剂污染环境的问题。

五、烯烃的醛基化

α-烯烃与 CO 和 H_2 在催化剂作用下，生成比原烯烃多一个碳原子的醛。这个合成法称为烯烃的羰基合成。常用的催化剂为八羰基二钴。例如：

$$CH_2{=}CH_2 \ +CO+H_2 \xrightarrow[高温、高压]{[Co(CO)_4]_2} CH_3CH_2CHO$$

除乙烯合成丙醛外，其他 α-烯烃都是在双键处加入一个醛基，而得到两种醛，但一般直链醛为主要产物。例如：

$$CH_3CH{=}CH_2 \ +CO+H_2 \xrightarrow[高温、高压]{[Co(CO)_4]_2} CH_3CH_2CH_2CHO+ \ \underset{\displaystyle CH_3}{CH_3\underset{|}{C}HCHO}$$

利用羰基合成法，可以从烯烃制备增加一个碳原子的醛，醛进一步加氢可得到伯醇。这是工业上由烯烃制备伯醇的重要方法之一。

第四节 醛、酮的物理性质

甲醛在室温下是气体，福尔马林(formalin)是它的 40% 水溶液。C_{12} 以下的各种醛、酮都是无色液体，高级醛、酮和芳香酮为固体。低级醛具有刺激性气味，中级醛(如 $C_8\sim C_{13}$)有水果香味。酮和一些芳香醛一般都带有芳香味。因而某些醛、酮常用于香料工业。一些常见醛和酮的物理常数如表 9-2 所示。

表 9-2 一些常见醛和酮的物理常数

名称	熔点/℃	沸点/℃	溶解度/(g/100g 水)	名称	熔点/℃	沸点/℃	溶解度/(g/100g 水)
甲醛	−92	−21	易溶水	丁酮	−86	80	26
乙醛	−121	20	∞	2-戊酮	−78	102	6.3
丙醛	−81	49	16	3-戊酮	−41	101	5
正丁醛	−99	76	7	2,4-戊二酮	−23	127	2.0
正戊醛	−91	103	微溶	环己酮	−45	138	溶
苯甲醛	−26	178	0.3	苯乙酮	21	202	微溶
丙酮	−94	56	∞	二苯甲酮	48	306	不溶

醛、酮分子间的引力大于烷烃和醚，醛、酮的沸点比相对分子质量相近的烃和醚相比高很多。醛、酮分子间不能形成氢键，没有缔合现象，因而沸点低于相对分子质量相近的醇。

低级醛、酮能溶于水，如甲醛、乙醛、丙酮能与水混溶。这是由于醛、酮的羰基能与水形成氢键的缘故。醛、酮在水中的溶解度，随着碳原子数的增加而递减。醛和酮易溶于乙醇、乙醚等有机溶剂，丙酮本身就是常用的优良溶剂。

第五节 醛、酮的化学性质

醛、酮的化学性质主要表现在羰基，以及受羰基影响较大的α-氢原子上。羰基碳原子是 sp^2 杂化，碳原子的三个 sp^2 杂化轨道分别与氧、氢或碳原子形成三个σ键，键角约为120°，是平面三角形结构。碳原子没有参与杂化的p轨道与氧原子的p轨道侧面重叠形成π键。由于氧原子的电负性大于碳原子，使羰基的π电子云偏向氧原子而带有部分负电荷，碳原子带有部分正电荷，因此羰基是强极性基团。羰基的极性如下式所示，其中弯箭头表示π电子云移动方向。

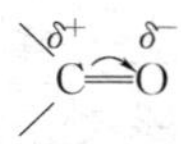

羰基碳原子易受亲核试剂的进攻而发生亲核加成反应，受羰基的影响α-H也有一定的活性。羰基的反应部位如下所示：

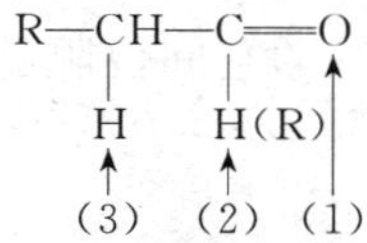

（1）C═O 的亲核加成反应
（2）醛基上氢原子的反应
（3）α-H 的反应

醛、酮的化学性质有许多相似之处。但由于酮中的羰基与两个烃基相连，而醛中的羰基与一个烃基及一个氢原子相连，这种结构上的差异，使它们化学性质也有一定的差异。总的来说，醛比酮活泼，有些醛能进行的反应，酮却不能进行。

一、羰基的亲核加成反应

羰基的C═O和C═C相似，也能发生加成反应。与C═C的亲电加成不同，C═O的加成是亲核加成。一般由试剂带负电荷的部分首先向羰基碳原子进攻，然后带正电荷的部分加到羰基氧原子上，这种由亲核试剂进攻而引起的加成反应，称为亲核加成反应。

1. 与氢氰酸的加成

在碱催化下，醛和酮与氢氰酸加成生成氰醇，又称为α-羟基腈。例如：

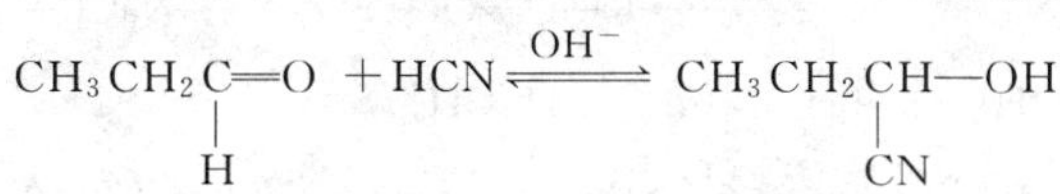

2-羟基丁腈

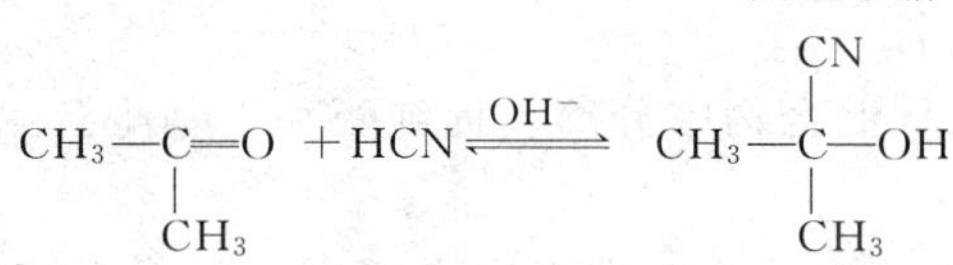

2-甲基-2-羟基丙腈

由于氢氰酸有剧毒，且易于挥发，在实际操作中是用KCN或NaCN的溶液与醛或酮混合，然后逐步加入无机强酸，生成的HCN立即与羰基加成，得到产物。反应产物比原来的醛、酮增加了一个碳原子，是有机合成上增长碳链的方法之一。许多羟基腈是有机合成的重要中间体，如有机玻璃的单体α-甲基丙烯酸甲酯，就是以2-甲基-2-羟基丙腈作为中间体的。

结构不同的羰基化合物，其亲核加成的活性次序是：

甲醛＞脂肪醛＞芳醛＞丙酮＞甲基酮＞环酮＞脂肪酮＞芳酮

芳酮亲核加成的产率较低，二芳酮则不发生反应。与碳碳不饱和键发生加成反应的亲电试剂（如卤素、卤化氢等）不能与醛、酮的羰基发生加成。

羰基化合物与氢氰酸加成速率的快慢与化合物的电子效应、空间效应有关。

练习

9-2 将下列化合物与HCN加成的反应速率由快到慢排列成序：

(1) 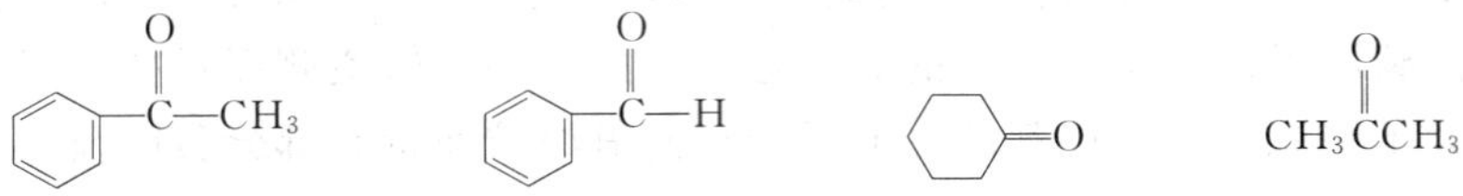

(2) $ClCH_2CHO$　FCH_2CHO　CH_3CHO 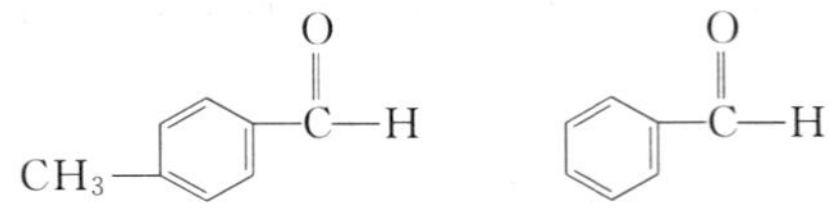

从电子效应考虑，亲核加成的难易取决于羰基碳上电子云密度的大小。当羰基上连有供电子基团（如烷基）时，羰基碳上的电子云密度增加，正电性减小，不利于亲核试剂CN^-的进攻。从空间效应考虑，羰基连接的基团越大，对羰基的空间位阻越大，越不利于亲核试剂对羰基的进攻。

2．与亚硫酸氢钠的加成

醛、脂肪族甲基酮及8个碳原子以下的环酮，与饱和的亚硫酸氢钠（40%）溶液发生加成反应，生成α-羟基磺酸钠白色结晶。

$$R-\underset{H(CH_3)}{\underset{|}{C}}=O + NaHSO_3 \rightleftharpoons R-\underset{H(CH_3)}{\underset{|}{\overset{SO_3Na}{\overset{|}{C}}}}-OH\downarrow$$

α-羟基磺酸钠

α-羟基磺酸钠易溶于水，不溶于饱和亚硫酸钠溶液，因此反应是可逆的。α-羟基磺酸钠若与稀酸或稀碱共热，又可分解为原来的醛和酮。

$$R-\underset{H(CH_3)}{\underset{|}{\overset{SO_3Na}{\overset{|}{C}}}}-OH \longrightarrow \begin{cases} \xrightarrow[\triangle]{HCl} R-\underset{H(CH_3)}{\underset{|}{C}}=O + SO_2\uparrow + NaCl + H_2O \\ \xrightarrow[\triangle]{Na_2CO_3} R-\underset{H(CH_3)}{\underset{|}{C}}=O + Na_2SO_3 + CO_2\uparrow + H_2O \end{cases}$$

因此，上述反应常用来从混合物中分离、提纯醛和甲基酮。

3．与醇的加成

醛在干燥HCl存在下，与醇反应生成不稳定的半缩醛，半缩醛可继续与另一分子醇反应，失去一分子水，得到稳定的缩醛。

$$RCHO \underset{干\ HCl}{\overset{C_2H_5OH}{\rightleftharpoons}} \underset{半缩醛}{\underset{OH}{\underset{|}{RCH}}-OC_2H_5} \underset{干\ HCl}{\overset{C_2H_5OH}{\rightleftharpoons}} \underset{缩醛}{\underset{OC_2H_5}{\underset{|}{RCH}}-OC_2H_5}$$

缩醛与醚相似，对碱稳定，但在酸性溶液中易水解为原来的醛。例如：

$$\underset{OC_2H_5}{\underset{|}{RCH}}-OC_2H_5 \xrightarrow{H_2O,H^+} RCHO + 2C_2H_5OH$$

在有机合成中，常用生成缩醛的方法来“保护”较活泼的醛基，使醛基在反应中不受破坏，待反应完毕后，再用稀酸水解生成原来的醛基。例如：

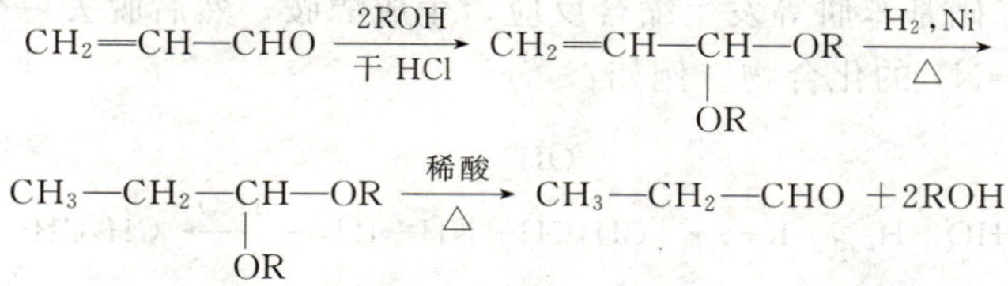

若丙烯醛直接催化加氢，则双键及醛基都会加氢而生成丙醇。

某些酮与醇也可发生类似的反应，生成半缩酮及缩酮，但较缓慢，有的酮则难反应。

4. 与格氏试剂的加成

醛、酮与格氏试剂加成是制备醇的一个重要方法，经常用于合成结构较复杂的醇。

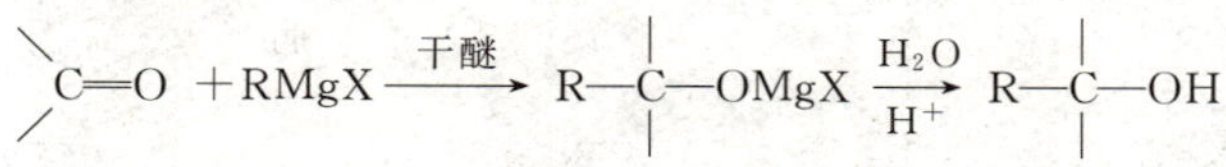

甲醛与格氏试剂反应，得到伯醇。例如：

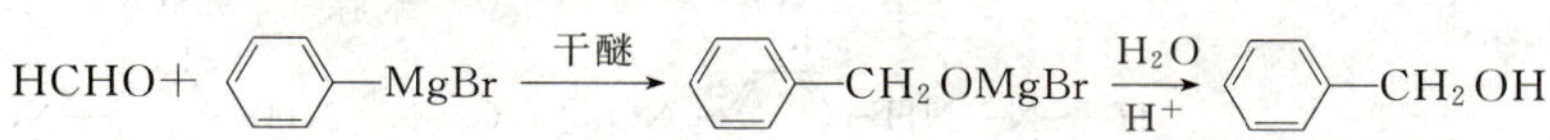

苯甲醇

其他醛与格氏试剂反应，得到仲醇。例如：

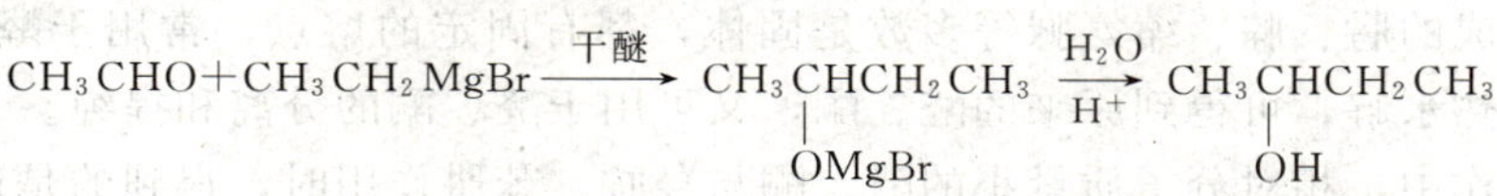

2-丁醇

酮与格氏试剂反应，得到叔醇。例如：

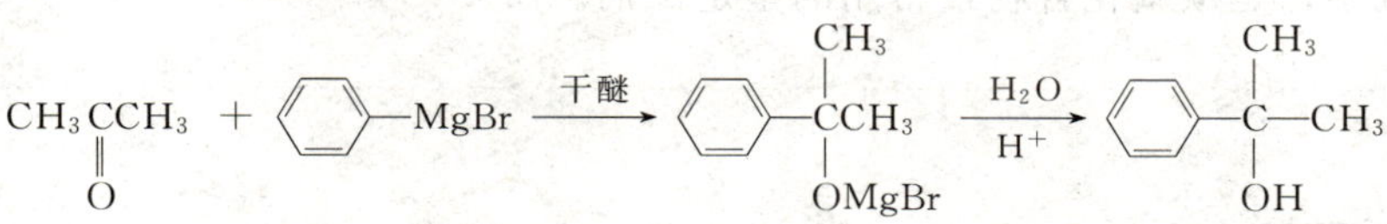

2-苯基-2-丙醇

根据所要合成醇的结构，可以推出所需的原料。例如，合成 3-甲基-3-己醇可以用三种方法：

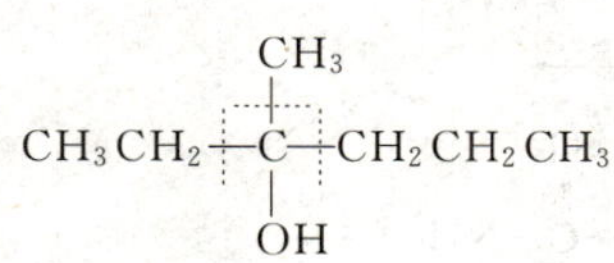

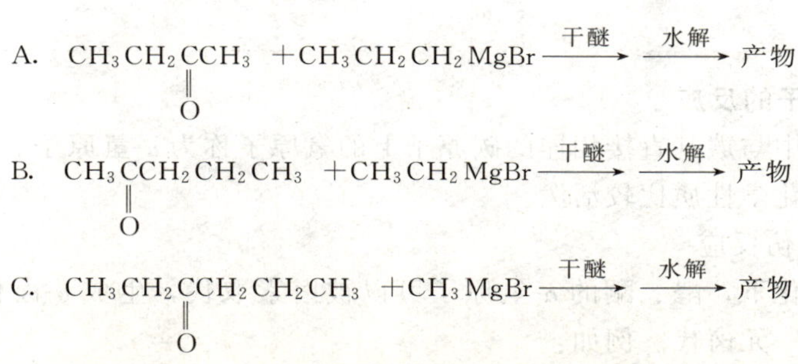

5. 与氨的衍生物的反应

氨的衍生物是指 NH_3 中的氢原子被其他基团取代后的产物。醛、酮与氨的衍生物，如羟胺、苯肼、2,4-二硝基苯肼等发生缩合反应，生成醇胺，然后脱去一分子水，得到稳定的含有碳氮双键（C═N）的化合物。例如：

$$CH_3CHO + H_2N—R \longrightarrow [CH_3\overset{OH}{\overset{|}{C}}H—NH—R] \xrightarrow{-H_2O} CH_3CH═N—R$$

在有机化学中，由相同或不同的两个或多个有机物分子相互结合，生成一个较复杂的有机化合物，同时有水、醇、氨等小分子生成的反应，称为缩合反应。

醛、酮与胺衍生物加成缩合反应的产物可概括如下：

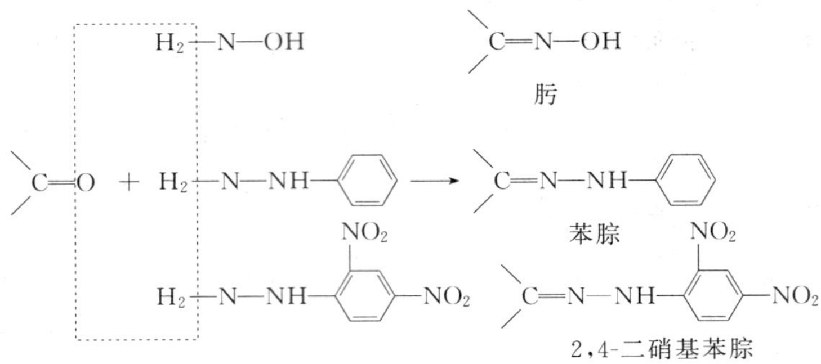

醛、酮生成的肟、腙、缩氨脲等多数是固体，都有固定的熔点，常用于醛、酮的鉴别。产物用稀酸加热水解，可得到原来的醛、酮，又可用于醛、酮的分离和提纯。

在实际操作中，相对分子质量小的醛、酮与羟胺、苯肼作用时，得到的是低熔点固体或液体，不易测准。常用相对分子质量大的 2,4-二硝基苯肼反应，生成 2,4-二硝基苯腙黄色沉淀，便于观察，是羰基化合物最常用的鉴定试剂。

练习

9-3 完成下列反应式：

（1）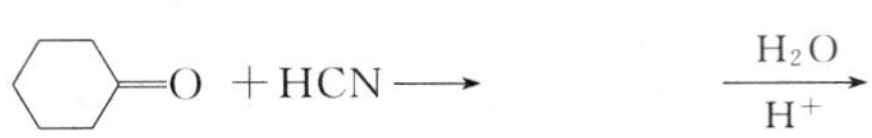

（2）$CH_3—\overset{O}{\overset{\|}{C}}—CH_3 + NaHSO_3 \longrightarrow$

（3）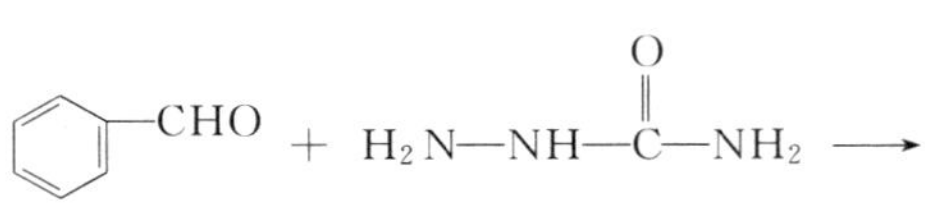

二、α-氢原子的反应

醛、酮分子中与羰基直接相连的碳原子上的氢原子称为 α-氢原子。α-氢原子受羰基吸电子效应的影响，化学性质比较活泼。

1. 卤代和卤仿反应

在酸或碱催化下，醛、酮的 α-氢原子可以被卤素取代，生成 α-卤代醛、酮。在酸催化下，容易控制在一元卤代。例如：

$$CH_3CH_2CHO + Cl_2 \xrightarrow{H^+} CH_3\underset{\underset{Cl}{|}}{C}HCHO + HCl$$

$$CH_3-\underset{\underset{O}{\|}}{C}-CH_3 + Br_2 \xrightarrow{H^+} CH_3-\underset{\underset{O}{\|}}{C}-CH_2Br + HBr$$

具有 $CH_3-\underset{\underset{O}{\|}}{C}-$ 结构的醛、酮（乙醛和甲基酮）与卤素的碱溶液或次卤酸钠溶液作用，则甲基的三个氢原子都能被卤原子取代，生成α-三卤代物。例如：

$$CH_3-\underset{\underset{O}{\|}}{C}-CH_3 + 3NaOX \xrightarrow[(X_2+NaOH)]{} CH_3-\underset{\underset{O}{\|}}{C}-CX_3 + 3NaX + 3H_2O$$

三卤代物在碱溶液中不稳定，立即分解成三卤甲烷（卤仿）和羧酸盐。

$$CH_3-\underset{\underset{O}{\|}}{C}-CX_3 + NaOH \longrightarrow \underset{\text{乙酸钠}}{CH_3COONa} + \underset{\text{卤仿}}{CHX_3}$$

所以这种反应又称为卤仿反应。其通式表示如下：

$$R-\underset{\underset{O}{\|}}{C}-CH_3 + 3NaOX \xrightarrow[(X_2+NaOH)]{} CH_3-\underset{\underset{O}{\|}}{C}-ONa + CHX_3 + 2H_2O$$

如用次碘酸钠（$NaOH+I_2$）作试剂，产物为碘仿，称为碘仿反应。碘仿是有特殊气味的不溶于水的黄色结晶，易于观察，常用于鉴别乙醛和甲基酮的存在。次氯酸钠和次溴酸钠虽然也能发生类似的卤仿反应，但生成的氯仿、溴仿都是无色液体，不宜用于鉴别。

次卤酸钠又是氧化剂，能将具有 $CH_3\overset{\overset{OH}{|}}{C}H-$ 结构的醇氧化成 $CH_3-\overset{\overset{O}{\|}}{C}-$ 结构的醛、酮，因此也发生碘仿反应。例如，乙醇和异丙醇能发生碘仿反应，而正丙醇、正丁醇则不能发生碘仿反应。

$$CH_3CH_2OH \xrightarrow[NaOH]{I_2} CH_3CHO \xrightarrow[NaOH]{I_2} HCOONa + CHI_3\downarrow$$

$$CH_3\overset{\overset{OH}{|}}{C}HCH_3 \xrightarrow[NaOH]{I_2} CH_3\overset{\overset{O}{\|}}{C}CH_3 \xrightarrow[NaOH]{I_2} CH_3COONa + CHI_3\downarrow$$

卤仿反应的另一个用途是制备用其他方法不易得到的羧酸。例如：

$$(CH_3)_2C=CH-\underset{\underset{O}{\|}}{C}-CH_3 \xrightarrow[(2)H^+]{(1)Cl_2,NaOH} (CH_3)_2C=CH-\underset{\underset{O}{\|}}{C}-OH$$

所得的产物比母体化合物少一个碳原子，这是一种减碳反应。

2. 羟醛缩合反应

在稀碱催化下，具有α-氢原子的醛可相互加成。一个醛分子中的α-氢原子加到另一个醛分子中的羰基氧原子上，其余部分加到羰基碳原子上，生成β-羟基醛，这个反应称为羟醛缩合反应。例如：

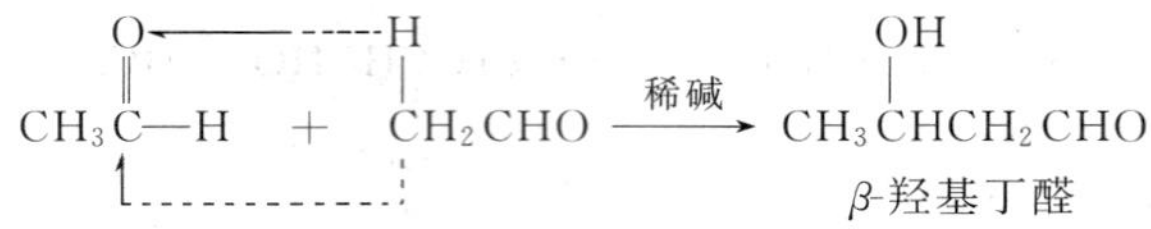

β-羟基丁醛

β-羟基醛的 α-氢原子受羟基和羰基的双重影响，非常活泼，温度较高时，容易发生分子内脱水生成更稳定的 α-、β-不饱和醛（π-π 共轭体系）。

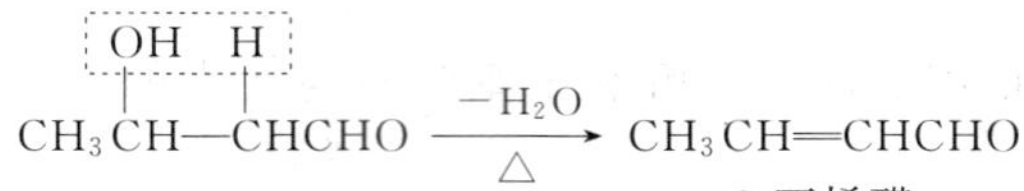

2-丁烯醛

把 2-丁烯醛催化加氢，即得正丁醇。这是工业上用乙醛为原料制备正丁醇的方法。

$$CH_3CH{=}CHCHO + 2H_2 \xrightarrow[\triangle]{Ni} CH_3CH_2CH_2CH_2OH$$

除乙醛外，其他醛经羟醛缩合，所得产物都是在 α-碳上带有支链的 β-羟基醛或 α-、β-不饱和醛。例如：

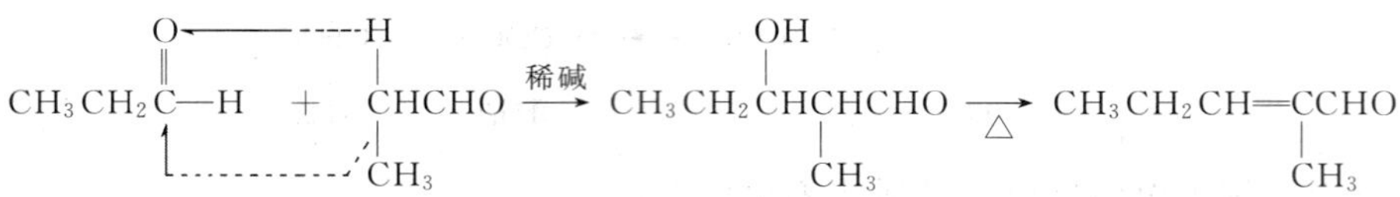

2-甲基-3-羟基戊醛　　2-甲基-2-戊烯醛

具有 α-氢原子的酮在进行羟醛缩合时，因电子效应和空间效应，反应比醛困难。例如：

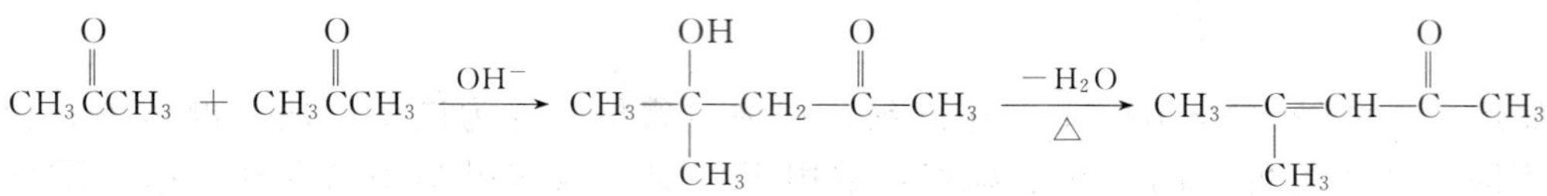

4-甲基-4-羟基-2-戊酮　　4-甲基-3-戊烯-2-酮

含 α-氢原子的醛和不含 α-氢原子的醛（如甲醛、苯甲醛等）进行羟醛缩合时，控制好条件可用于制备，且产率较高。例如：

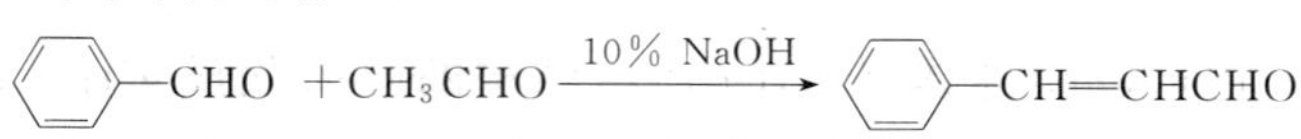

β-苯丙烯醛

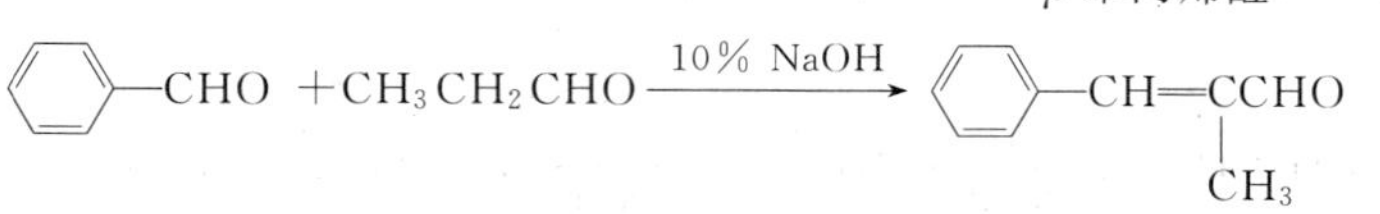

α-甲基-β-苯基丙烯醛

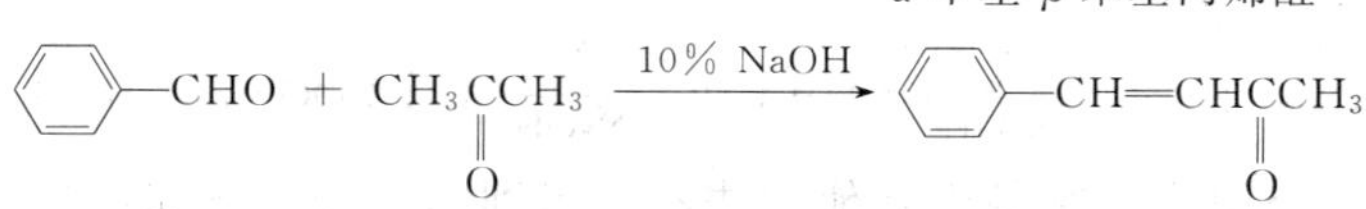

4-苯基-3-丁烯酮

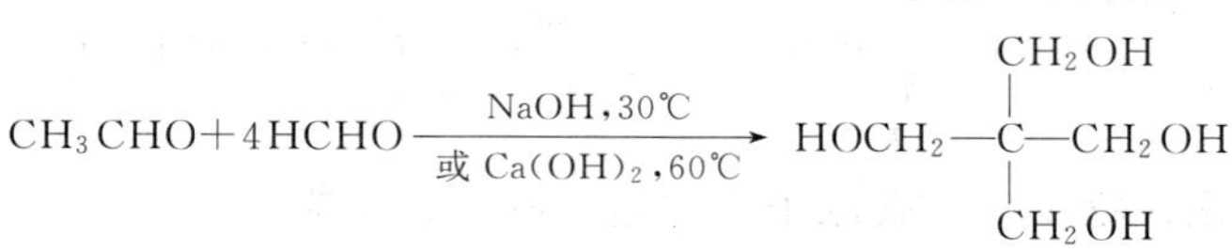

季戊四醇

这是工业上制备季戊四醇的方法。

两种都含 α-氢原子的醛之间发生的羟醛缩合，称为交叉羟醛缩合。由于产物为四种 β-羟基醛的混合物，分离困难，因此实用价值不大。

应用羟醛缩合的方法可以得到比原来的醛、酮碳原子多一倍的醛、酮（经还原可以得到较高级的醇），这是一种增碳反应，在有机合成中具有重要用途。常用来制备 β-羟基醛（酮），也可以用来制备饱和与不饱和醛、酮、醇等。

练习

9-4　完成下列反应式：

（1）$CH_3CH_2CH_2CHO \xrightarrow{OH^-} \xrightarrow[\triangle]{-H_2O} \xrightarrow{H_2/Ni}$

（2）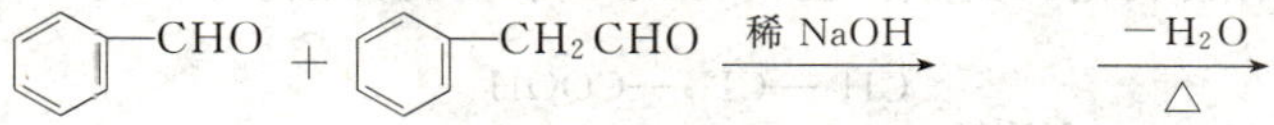

（3）$CH_3CH_2\underset{\underset{O}{\|}}{C}CH_3 \xrightarrow[\triangle]{NaOH+I_2}$

9-5　下列化合物中哪些可以发生卤仿反应：

（1）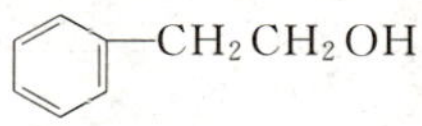

（2）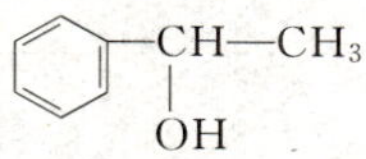

（3）CH_3CH_2CHO

（4）$(CH_3)_3C\underset{\underset{O}{\|}}{C}CH_3$

三、氧化反应

醛基上有一个氢原子，非常容易被氧化，除被 $KMnO_4$、$K_2Cr_2O_7$ 等强氧化剂氧化外，比较弱的氧化剂也可将醛氧化，而酮较难发生氧化。可以利用这一特点来区别醛、酮。常用来区别醛、酮的弱氧化剂是托伦试剂和斐林试剂。

1. 托伦试剂

托伦（Tollens）试剂是氢氧化银的氨溶液，它能将醛氧化成羧酸，而银离子被还原成金属银，如附着在干净的玻璃壁上能形成明亮的银镜，故这个反应又称为银镜反应。反应式表示如下：

$$RCHO+2[Ag(NH_3)_2]^+ +2OH^- \xrightarrow[\triangle]{} RCOONH_4+2Ag\downarrow +3NH_3+H_2O$$

在实际应用上，常利用葡萄糖代替醛进行银镜反应，在玻璃制品上镀银，如热水瓶胆等。

脂肪醛和芳香醛都能与托伦试剂作用，而酮不发生反应，故常用来鉴别醛、酮。

2. 斐林试剂

斐林（Fehling）试剂是硫酸铜溶液和酒石酸钾钠的碱溶液的混合液，其中酒石酸钾钠的作用是和二价铜离子形成配离子，避免生成氢氧化铜沉淀。醛与斐林试剂作用被氧化成羧酸，铜离子则被还原成砖红色的氧化亚铜沉淀。反应式表示如下：

$$RCHO+2Cu^{2+} +NaOH+H_2O \xrightarrow[\triangle]{} RCOONa+Cu_2O\downarrow +4H^+$$

芳香醛和酮不能被斐林试剂氧化，因此用斐林试剂既可区别脂肪醛和芳香醛，也可区别脂肪醛和酮。

托伦试剂和斐林试剂对 $\rangle C{=}C\langle$ 和 $-C{\equiv}C-$ 不起作用，是良好的选择性氧化剂。例如：

$$\underset{\text{3-丁烯醛}}{CH_2{=}CHCH_2CHO} \xrightarrow[\triangle]{Ag^+ \text{或} Cu^{2+}} \underset{\text{3-丁烯酸}}{CH_2{=}CHCH_2COOH}$$

酮一般不易被氧化，在强烈条件下氧化，碳链断裂生成几种小分子羧酸的混合物，因此使用价值不大。但某些环酮的氧化只得到一种产物，这在有机合成上具有一定的意义。如环己酮在五氧化二钒催化下，用硝酸氧化，是生产己二酸的一个重要方法。例如：

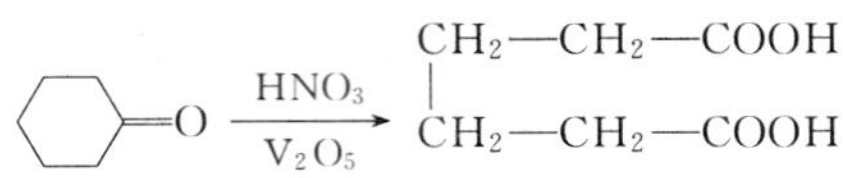

己二酸

己二酸是制备尼龙 66 的原料，这是工业上的常用方法。

练习

9-6 用化学方法鉴别下列各组化合物：

（1）甲醛　乙醛　丙酮　环己酮

（2）邻甲苯酚　环己醇　苯甲醛

四、还原反应

醛、酮还原可分为两类，一是还原成醇；二是羰基被还原成亚甲基。

1. 还原成醇

醛、酮在镍、钯、铂等催化剂存在下，可以分别被还原成伯醇和仲醇。例如：

$$CH_3CH_2CHO \xrightarrow[\triangle]{H_2/Pt} CH_3CH_2CH_2OH$$

$$CH_3-\underset{\underset{O}{\|}}{C}-CH_3 \xrightarrow[\triangle]{H_2/Pt} CH_3-\underset{\underset{OH}{|}}{CH}-CH_3$$

其产率一般很高（90%～100%）。催化加氢的方法选择性不高，醛、酮分子中若含有 $C{=}C$、$C{\equiv}C$、NO_2、$C{\equiv}N$ 等不饱和键时，则一起被还原。例如：

$$CH_3CH{=}CHCHO \xrightarrow[Ni]{H_2} CH_3CH_2CH_2CH_2OH$$

如果只还原羰基而保留不饱和键，则需使用选择性较高的化学还原剂。如氢化铝锂（$LiAlH_4$）、硼氢化钠（$NaBH_4$）、异丙醇铝（$Al[OCH(CH_3)_2]_3$）等。例如：

$$CH_3CH{=}CHCHO \xrightarrow[H_2O]{NaBH_4} CH_3CH{=}CHCH_2OH$$

$$CH_3CH{=}CH-\overset{\overset{O}{\|}}{C}-CH_3 \xrightarrow[\text{乙醚}]{LiAlH_4} \xrightarrow{H_2O} CH_3CH{=}CH-\overset{\overset{OH}{|}}{CH}-CH_3$$

$LiAlH_4$ 极易水解，还原反应要在无水条件下进行。$NaBH_4$ 不易与水作用，使用比较方便，但其还原能力比 $LiAlH_4$ 弱。氢化铝锂除了还原羰基外，还可还原—COOH、—COOR、—$CONH_2$ 等基团中的羰基。还有许多不饱和基团，如—NO_2、—C≡N 等也可被它还原。分子中要保留—NO_2、—C≡N 等则不能选择氢化铝锂作还原剂。异丙醇铝则是一个选择性非常强的还原剂，只还原羰基，对其他基团没有影响。

2. 羰基还原成亚甲基

用锌汞齐（金属锌和汞形成的合金）和浓盐酸作还原剂，可以将醛、酮还原为烃（或羰基还原成亚甲基—CH_2—），这个方法称为克莱门森（Clemmensen）还原法。例如：

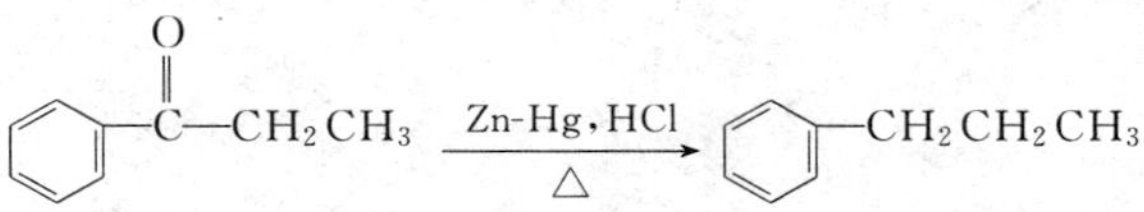

由于反应是在酸性介质中进行的。因此，羰基化合物中含有与酸发生反应的基团时，不能用此法还原。

醛、酮还可与氢氧化钠、肼（$H_2N—NH_2$）的水溶液和高沸点的醇，例如，一缩二乙二醇（$HOCH_2CH_2OCH_2CH_2OH$）一起加热，使醛、酮生成腙后，将水和过量的腙蒸出，再升温回流，使腙分解放出氮气，使羰基还原成亚甲基。例如：

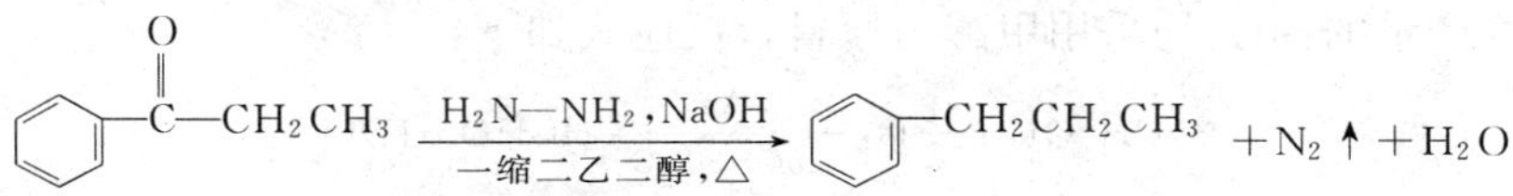

这个反应称为沃尔夫-凯惜纳-黄鸣龙（Wolff-Kishner-Huangminlon）还原。

由于该反应在碱性介质中进行，因此羰基化合物中不能含能与碱发生反应的基团（如卤原子等）。此法可与克莱门森还原法相互补充，是在苯环上间接引入直链烷基的最好方法。

五、歧化反应

不含 α-H 的醛（如 HCHO、ArCHO、R_3CCHO 等）与浓碱共热，发生自身的氧化还原反应，一分子醛被氧化成酸，另一分子醛被还原成醇。这个反应称为歧化反应，也称为康尼查罗（Cannizzaro）反应。例如：

$$\mathrm{HCHO+HCHO \xrightarrow[\triangle]{浓\ NaOH} HCOONa+CH_3OH}$$

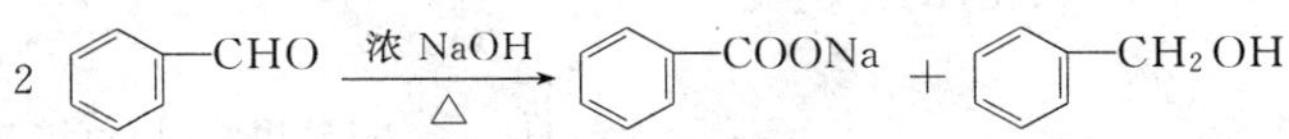

若反应物中有两种不含 α-H 的醛，反应产物则比较复杂，即有两种醇和两种酸。但若是甲醛与其他不含 α-H 的醛作用，因甲醛与其他醛相比具有更强的还原性，所以总是甲醛被氧化成甲酸，其他醛被还原成醇。例如：

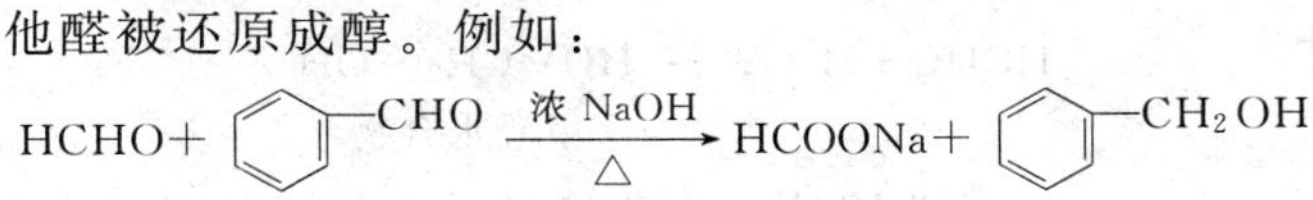

$$\mathrm{HCHO+(CH_3)_3CCHO \xrightarrow[\triangle]{浓\ NaOH} HCOONa+(CH_3)_3CCH_2OH}$$

练习

9-7 完成下列反应式：

(1) 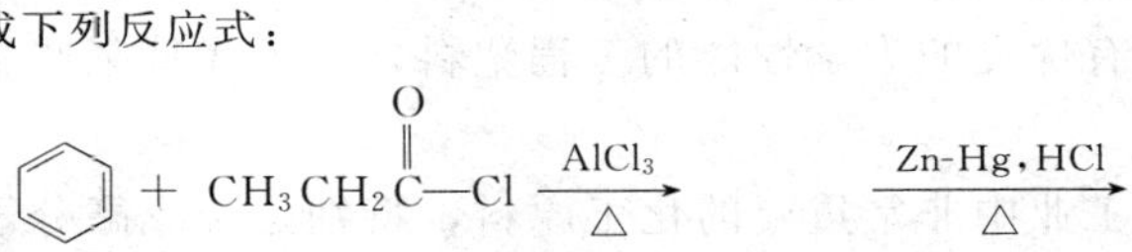

（2）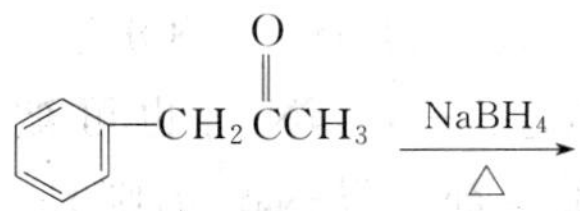

（3）$2(CH_3)_3CCHO \xrightarrow[\triangle]{浓\ NaOH}$

（4）$CH_3—CH═CH—CHO \xrightarrow[\triangle]{托伦试剂}$

（5）$CH_2═CHCH_2CH_2CHO \xrightarrow[H^+]{KMnO_4}$

第六节　重要的醛、酮

一、甲醛

甲醛（HCHO）俗称蚁醛，它是一种重要的化工原料，其衍生物已达上百种。由于其分子中具有碳氧双键，因此易进行聚合和加成反应，形成各种高附加值的产品。

现在甲醛产量的90%均采用甲醇为原料，反应式如下：

$$CH_3OH + \frac{1}{2}O_2 \xrightarrow[250\sim300℃]{Ag} HCHO + H_2O$$

甲醛的沸点为－21℃。常温下为无色气体，具有强烈的刺激性气味，易溶于水。37%～40%的甲醛水溶液（其中6%～12%的甲醇作稳定剂）俗称"福尔马林"，它是医药上常用的消毒剂和防腐剂。甲醛蒸气和空气混合物的爆炸极限为7%～73%。

甲醛的分子结构和其他醛不同，它的羰基与两个氢原子相连，由于分子结构上的差异，在化学性质上表现出一些特殊性。

甲醛极易聚合，条件不同生成的聚合物不同。气体甲醛在常温下，即能自行聚合，生成三聚甲醛。工业上是将60%～65%的甲醛水溶液在约2%硫酸催化下煮沸，就可得到三聚甲醛。

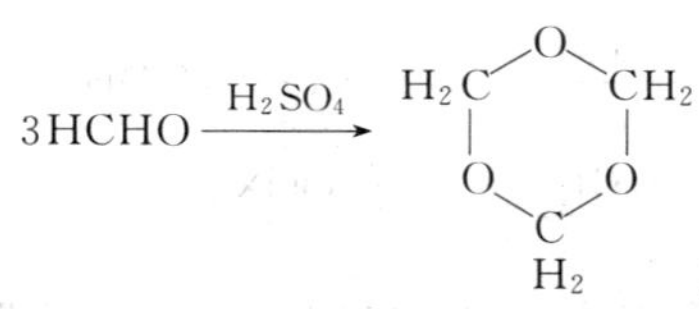

三聚甲醛(白色结晶)

将甲醛水溶液慢慢蒸发，甲醛水合物分子间即发生失水聚合成链状聚合物——多聚甲醛。

$$HCHO + H_2O \longrightarrow HO—CH_2—OH$$

甲醛水合物

$$nHOCH_2OH \longrightarrow HO\text{}(CH_2—O)_nH + (n-1)H_2O$$

$(n=8\sim100)$　　多聚甲醛

三聚或多聚甲醛加热都可解聚重新生成甲醛。因此工业上常用此法来制备无水的气态甲醛。

高纯度的甲醛（99.5%以上）在催化剂作用下，可生成相对分子质量数万至十多万的高聚物，称为多聚甲醛。多聚甲醛是具有优良的力学性能的工程塑料，它可代替某些金属制造轴承、齿轮、泵叶轮等多种机械配件。

甲醛的用途很广，它是当代化学工业中非常重要的化工原料，特别是合成高分子工业中合成酚醛树脂、脲醛树脂必不可缺少的原料，在医药上可作为消毒、防腐剂。

二、乙醛

乙醛是重要的有机合成原料。乙醛的沸点在常压下仅为20.2℃，是极易挥发、具有刺激性气味的液体，能溶于水、乙醇和乙醚。乙醛易燃烧，它的蒸气与空气混合物爆炸极限为4%～57%。

过去工业上生产乙醛主要由乙炔水合和乙醇氧化制得。随着石油化工的发展，乙烯氧化法开始成为合成乙醛的最主要路线。

1. 乙炔水合法

以汞盐为催化剂将乙炔水合成乙醛

$$CH{\equiv}CH + H_2O \xrightarrow{Hg^{2+}/H_2SO_4} CH_3CHO$$

这一方法反应温度为70～90℃，单程转化率可达到95%。

这一方法的原料——乙炔来源于电石，耗电量大，成本高，同时汞盐的污染又难以处理，是这一方法的致命缺点，虽然有非汞盐催化剂的报道，但转化率和收率远不能与汞催化法相比。

2. 乙醇氧化法

乙醇氧化制乙醛是放热反应。

$$C_2H_5OH + \frac{1}{2}O_2 \xrightarrow[540\sim550℃]{Ag} CH_3CHO + H_2O + 173.05kJ/mol$$

单程转化率50%～70%，乙醛得率97%，副产物有甲酸、乙酸乙酯、甲烷和一氧化碳。

乙醇氧化法制乙醛具有技术成熟、不需要特殊设备、投资省、投产快等优点，但成本高于乙烯直接氧化法。

3. 乙烯氧化法

以氯化钯和氯化铜作催化剂，用氧气或空气直接氧化乙烯成乙醛，乙烯氧化时催化剂氯化钯被还原成金属钯。失去活性的钯被催化系统中存在的氯化铜再氧化成氯化钯，重新恢复催化活性。

$$CH_2{=}CH_2 + O_2 \xrightarrow[120℃,1MPa]{CuCl_2\text{-}PdCl_2} CH_3CHO$$

乙烯法的特点是乙醛的收率可达90%以上，氧化副产物少，原料乙烯价格低，工艺简单。因此，乙醛的生产成本较乙炔法和乙醇法低，但由于反应系统中有氯离子存在，腐蚀性强，主要设备需采用特殊耐腐材料，投资费用较大。

乙醛也容易聚合，常温时乙醛在少量硫酸存在下可聚合生成三聚乙醛。

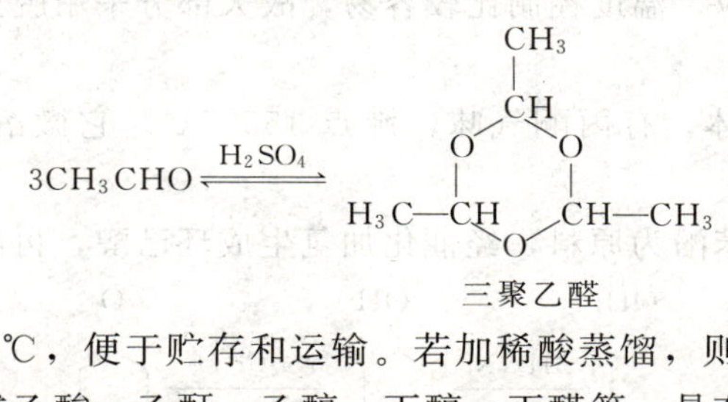

三聚乙醛

三聚乙醛沸点为124℃，便于贮存和运输。若加稀酸蒸馏，则解聚为乙醛。

乙醛主要用途是合成乙酸、乙酐、乙醇、丁醇、丁醛等，是有机合成的重要原料。

三、苯甲醛

苯甲醛是无色液体，沸点为179℃，有苦杏仁味，稍溶于水，易溶于乙醇、乙醚等。

苯甲醛的工业制法，有甲苯控制氧化法和苯二氯甲烷水解法两种。

1. 甲苯控制氧化法

甲苯控制氧化法分液相氧化法和气相氧化法两种。

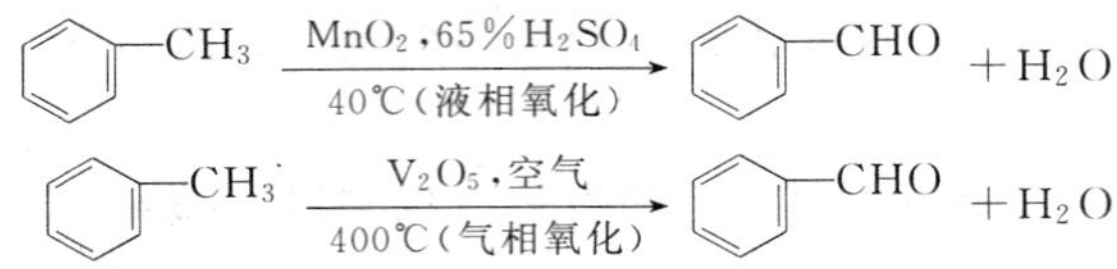

2. 苯二氯甲烷水解法

甲苯在光催化下控制氯代，先生成苯二氯甲烷，然后在铁粉催化下加热水解，生成苯甲醛。

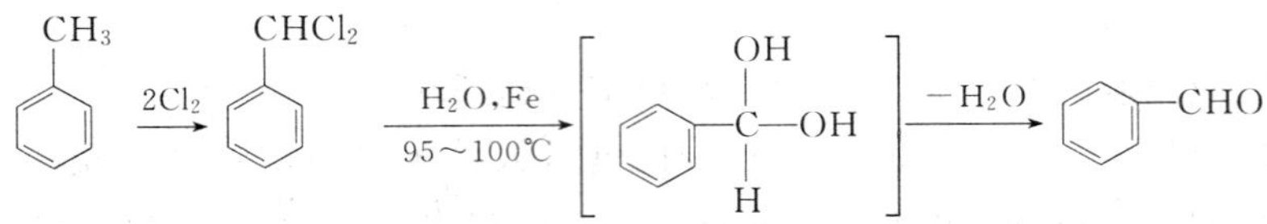

在生产苯二氯甲烷过程中，经常混有苯氯甲烷和苯三氯甲烷。因此在水解产物中除甲醛外，常含有苯甲醇和苯甲酸副产物。

苯甲醛在室温时能被空气氧化成苯甲酸，因此在保存苯甲醛时，常加入少量抗氧化剂如二对苯酚等，以阻止自动氧化，且用棕色瓶保存。苯甲醛在工业上是有机合成的一个重要原料，用于制备香料、染料和药物等，它本身也可用作香料。

四、丙酮

丙酮是无色、易挥发、易燃的液体，沸点 56.5℃，有微弱的香味，能与水、乙醇、乙醚、氯仿等混溶，并能溶解油脂、树脂、橡胶、蜡和赛璐珞等多种有机物，是一种很好的溶剂。丙酮蒸气与空气混合物的爆炸极限（体积分数）是 2.55%～12.80%。

丙酮是重要的有机化工原料之一。丙酮是生产甲基丙烯酸甲酯、高级酯和双酚 A 的原料，还用于制药、涂料等行业。

丙酮的工业制法也很多，除异丙醇氧化及异丙苯氧化法可制得丙酮外，随着石油工业的发展，也可由丙烯直接氧化法制得。

$$CH_3—CH{=}CH_2 + \frac{1}{2}O_2 \xrightarrow[110℃,1MPa]{PdCl_2\text{-}CuCl_2} \underset{(92\%)}{CH_3—\overset{\overset{\displaystyle O}{\|}}{C}—CH_3}$$

异丙醇氧化用铜或银作催化剂，为放热反应，温度控制比较困难。而催化脱氢用氧化锌或铜作催化剂，为吸热反应，温度控制比较容易，故大部分采用脱氢法。

五、环己酮

环己酮为无色油状液体，有丙酮气味，沸点 155.7℃。它微溶于水，易溶于乙醇和乙醚，可以作高沸点溶剂。

环己酮在工业上是以苯酚为原料，经催化加氢生成环己醇，再经氧化或脱氢而制得。

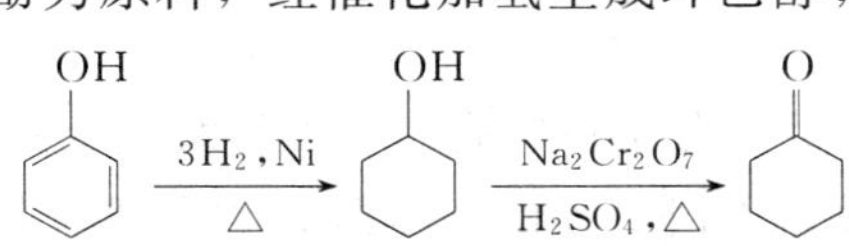

此法的缺点是 75%的苯酚和 25%的环己酮会形成恒沸物，难以分离。

近年来开发了环己烷空气氧化制取环己酮的方法。此法是将苯在气相下氢化成环己烷，再用钴盐作催化剂，经空气氧化生成环己醇和环己酮的混合物。环己醇再脱氢也可得环己酮。

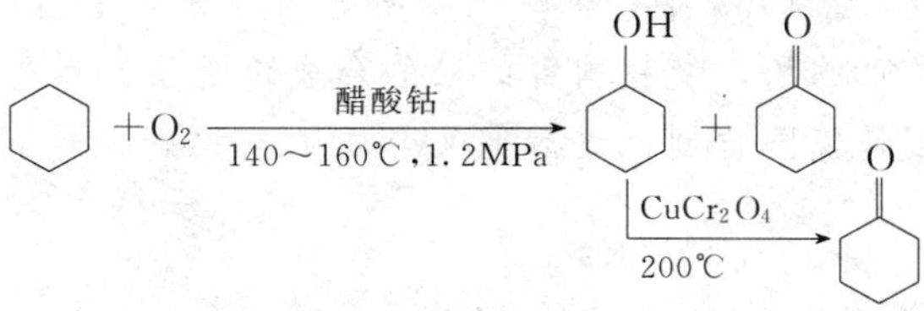

环己酮在工业上主要用于制备合成纤维的单体，如己内酰胺、己二酸、己二胺等。

阅读材料

我国著名化学家黄鸣龙

黄鸣龙（Huang-Minlon，1898～1979年），中国有机化学家，1898年8月6日生于江苏省扬州市。1918年毕业于浙江医药专科学校，1919年去欧洲，先后在瑞士苏黎世大学和德国柏林大学攻读化学，1924年获得德国柏林大学博士学位。1925年回国，任浙江医药专科学校教授及南京卫生署主任。1934年再次出国，先在德国维茨堡大学化学研究所研究中草药有效成分和在德国先灵药厂研究所研究甾体化学，后在英国伦敦大学生物化学研究所研究女性激素。1940年回国，任前中央研究院化学研究所研究员，兼任西南联大教授。1945年第三次出国，先在美国哈佛大学研究 Wolff-Kishner 还原改良法和在 G. Merch 工厂研究副肾皮质激素的合成，后在德国讲学。1952年，黄鸣龙带着妻子女儿回国，任中国人民解放军医学科学院化学系主任。从1955年起，黄鸣龙曾任中国科学院理化部委员，国际《四面体》杂志名誉编辑、全国药理学会副理事长、中国科学院上海有机化学研究所一级研究员。在他半个世纪的科学生涯中，共发表论文近80篇、专著及综述近40篇。1979年7月1日在上海逝世，终年81岁。

黄鸣龙的主要科学成就有：

(1) 关于山道年一类化合物立体化学的研究。最初从事植物化学研究，他的博士论文题为“植物成分的基本化学转变”。稍后，开展延胡索和细莘的研究。其中延胡素乙素经药性试验，发现具有较强的镇静作用，且副作用少、无成瘾性。现已在临床上广泛应用。1938年，他与 Inhoffen 研究用胆固醇改造合成女性激素时，发现了双烯酮-酚的移位反应。1940年即从事山道年一类化合物的立体化学研究，他发现四个变质山道年在酸碱作用下，其相对构型可相互转变。这一发现，轰动了国际有机化学界，也引起了国际上许多著名有机化学家的重视，后来各国学者依此相继确定了山道年及其一类物的绝对构型。

(2) 关于改良 Wolffr-Kishner 还原法。1946年，黄鸣龙在美国哈佛大学化学系任博士衔研究员，研究 Wolffr-Kishner 反应时，出现了意外的情况（漏气），但他并未放弃，而是照样研究下去，得到了出乎意料之外的好产率。他仔细分析原因，经多次试验后得出了他的改进方法：将羰基还原成亚甲基时，把醛酮与 NaOH 或 KOH、85%（有时可用50%）水合肼及二缩乙二醇或三缩乙二醇同置于圆底烧瓶中，回流3～4h便告完成，产率达90%。这一方法避免了 Wolffr-Kishner 还原法使用封管、金属钠和价格昂贵的无水肼的缺点，产率也大大提高。黄鸣龙所改良的 Wolff-Kishner 还原法为世界各国所应用，普遍称之为 Wolff-Kishner-Huang-Minlon 还原法，并写入各国有机化学教科书中。

(3) 甾体激素的合成。1958 年，黄鸣龙利用薯蓣皂素为原料，用微生物氧化加入 11-α-羟基的方法七步合成了可的松，使我国可的松的合成跨进了世界先进行列。他领导研究的口服避孕药——甲地孕酮是我国首创，之后他又合成了多种口服避孕药，为我国的计划生育工作做出了很大的贡献。

本章小结

一、醛、酮的命名

要选择含羰基（不饱和醛、酮选含羰基和不饱和键）的最长碳链为主链，使羰基位次最小。

二、醛、酮的制备

$$CH_3CH_2OH \xrightarrow[\triangle]{Cu} CH_3CHO$$

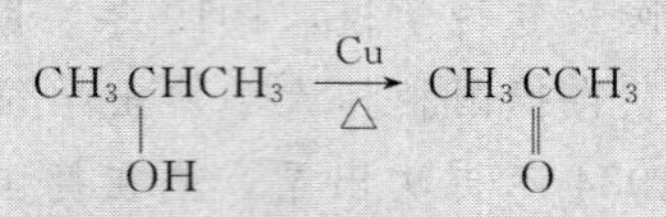

$$HC\equiv CH + H_2O \xrightarrow[H_2SO_4]{HgSO_4} CH_3CHO$$

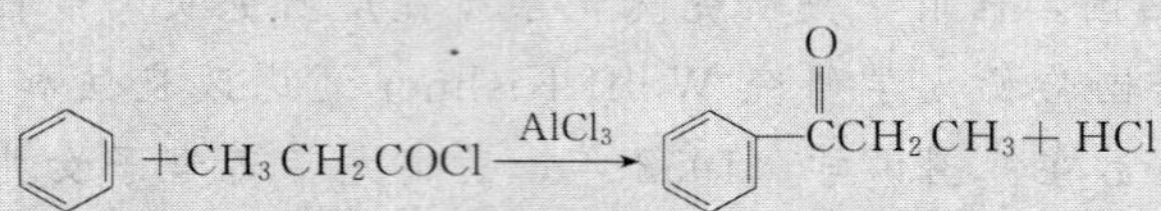

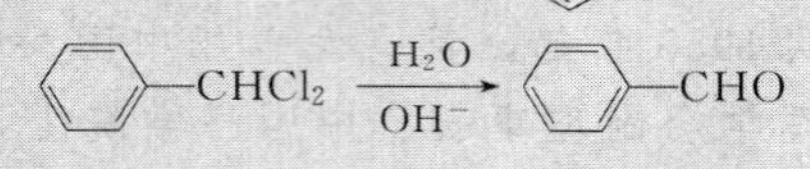

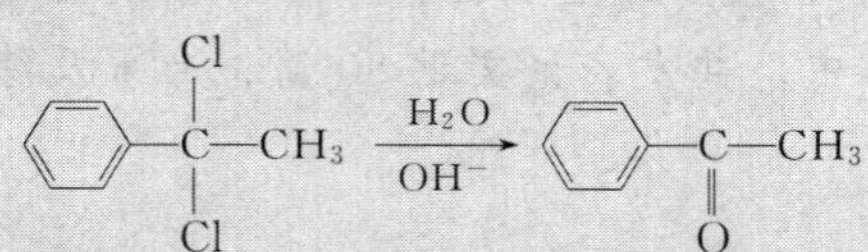

三、醛酮的化学性质

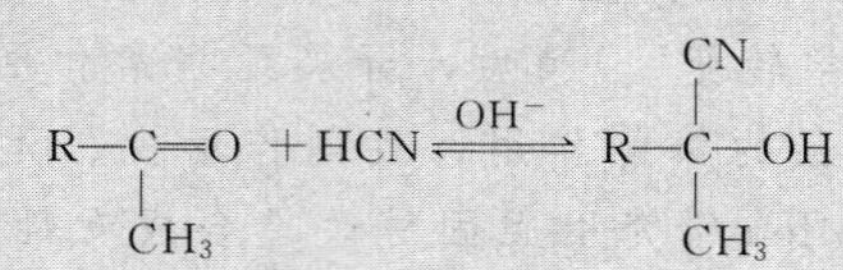

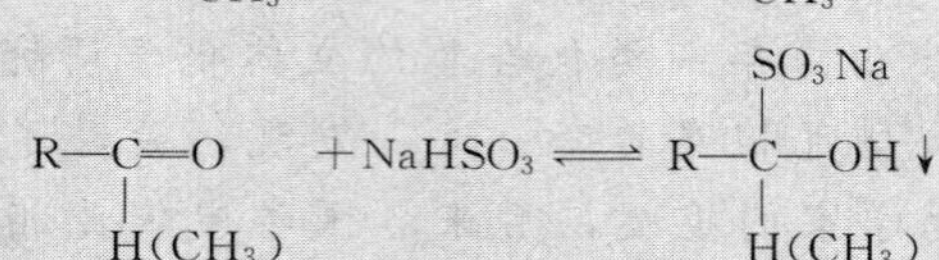

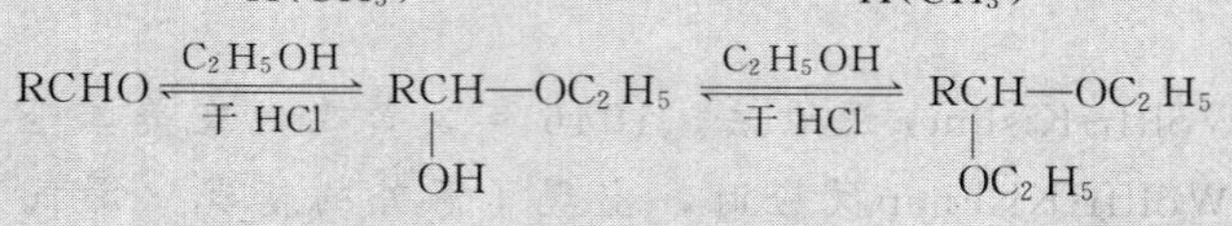

用于保护醛基

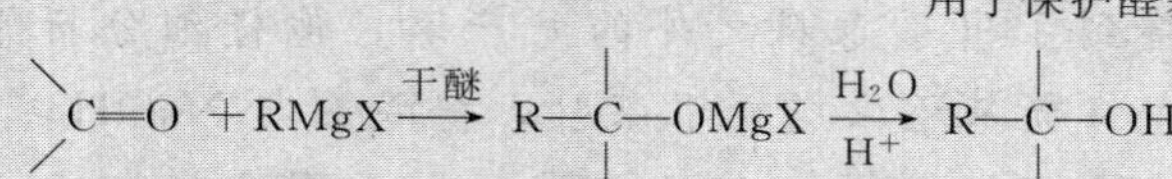

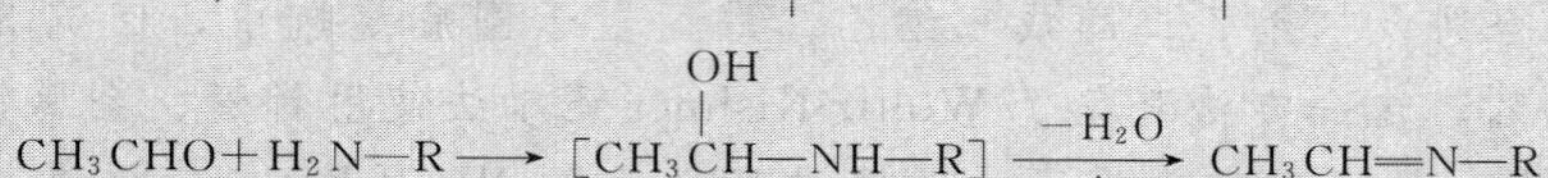

$$CH_3CHO + CH_3CHO \xrightarrow{\text{稀碱}} CH_3CH(OH)CH_2CHO \xrightarrow[\triangle]{-H_2O} CH_3CH{=}CHCHO$$

$$R-\overset{\displaystyle O}{\overset{\|}{C}}-CH_3 + 3NaOX\ (X_2+NaOH) \longrightarrow CH_3-\overset{\displaystyle O}{\overset{\|}{C}}-ONa + CHX_3 + 2H_2O$$

$$RCHO + 2[Ag(NH_3)_2]^+ + 2OH^- \xrightarrow{\triangle} RCOONH_4 + 2Ag\downarrow + 3NH_3 + H_2O$$

$$RCHO + 2Cu^{2+} + NaOH + H_2O \xrightarrow{\triangle} RCOONa^+ + Cu_2O\downarrow + 4H^+$$

$$R-\overset{\displaystyle O}{\overset{\|}{C}}-H(R) \xrightarrow{Zn\text{-}Hg,HCl} R-CH_2-H(R)$$

$$HCHO + HCHO \xrightarrow[\triangle]{NaOH} HCOONa + CH_3OH$$

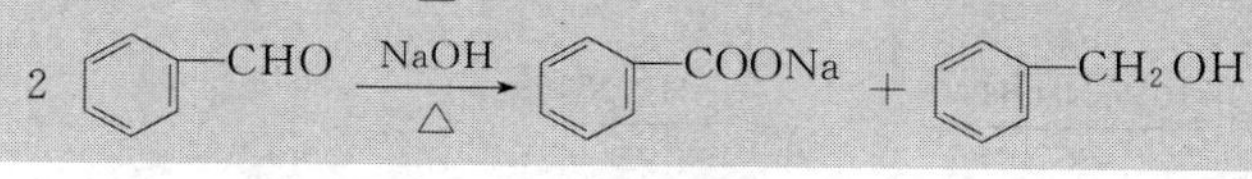

习 题

1. 命名下列化合物：

(1) $CH_3CH(CH_2CH_3)CH_2CHO$

(2) $(CH_3)_2CHCH_2\overset{\displaystyle O}{\overset{\|}{C}}CH_3$

(3) 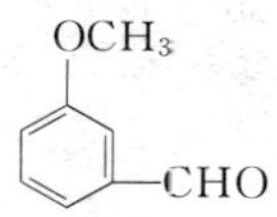

(4) $CH_3\overset{\displaystyle O}{\overset{\|}{C}}CH_2CH{=}CH_2$

(5) $CH_2{=}C(CH_3)-CH(C_2H_5)-CHO$

(6) 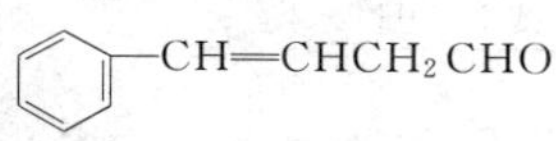

(7) 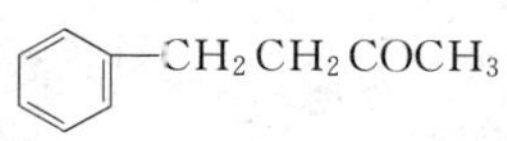

(8) 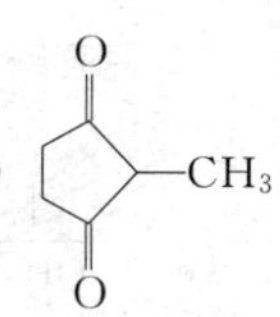

2. 写出乙醛与下列试剂反应的主要产物：

(1) $NaHSO_3$

(2) 

(3) $2C_2H_5OH$，干 HCl

(4) 稀碱/△

(5) C_6H_5CHO，稀碱/△

(6) $Ag(NH_3)_2OH$

(7) $KMnO_4/H^+$

(8) $NaOH+I_2$

(9) HCN

(10) H_2，Pt

(11) $NaBH_4$

(12) $LiAlH_4$

(13) Br_2

(14) Zn-Hg/HCl

(15) H_2N-OH

(16) C_6H_5MgBr，然后 H_2O

(17) 托伦试剂

(18) 斐林试剂

3. 下列化合物中哪些能与饱和 $NaHSO_3$ 作用？哪些能发生碘仿反应？

(1) CH_3CHO

(2) CH_3CH_2OH

(3) $CH_3CH_2CH_2CHO$

(4) $CH_3COCH_2CH_3$

(5) 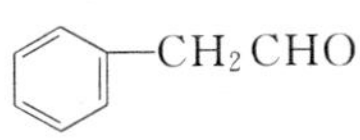

(6) 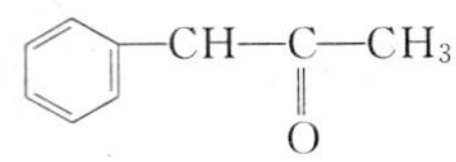

(7) 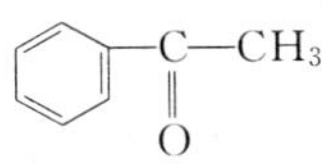

(8) 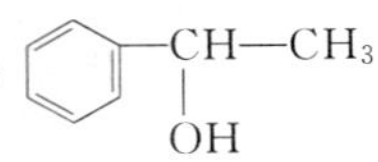

4. 下列化合物，哪些能发生羟醛缩合？哪些能发生歧化反应？试写出主要产物。

(1) $CH_3CH_2CH_2CHO$

(2) $CH_3\overset{O}{\overset{\|}{C}}CH_3$

(3) 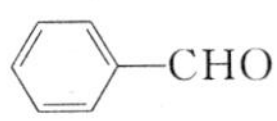

(4) 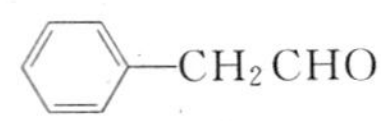

(5) $(CH_3)_3C—CHO$

(6) $(CH_3)_2CHCHO$

5. 完成下列反应式：

(1) $CH_3CH_2CHO \xrightarrow[\triangle]{10\%\ NaOH} \qquad \xrightarrow[\triangle]{H_2,Ni}$

(2) $CH_3CH{=}CH_2 \xrightarrow[H^+]{H_2O} \qquad \xrightarrow{NaOI}$

(3) $CH_3\underset{OH}{\underset{|}{C}H}CH_2CH_3 \xrightarrow[H^+]{KMnO_4} \qquad \xrightarrow[(2)\ H_2O/H^+]{(1)\ CH_3MgBr/干醚}$

(4) 

(5) $CH_3C{\equiv}CH \xrightarrow[H^+,HgSO_4]{H_2O} \qquad \xrightarrow{HCN}$

(6) $CH_3\overset{CH_3}{\underset{CH_3}{C}}—CHO + HCHO \xrightarrow{浓\ NaOH}$

(7) 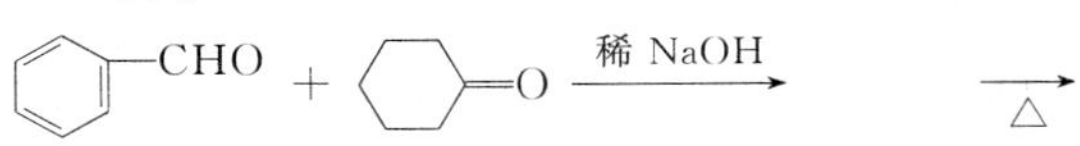

(8) 

6. 下列反应式中，试填上适当的还原剂。

(1) $CH_3\underset{CH_3}{\underset{|}{C}H}CH{=}CHCHO \longrightarrow CH_3\underset{CH_3}{\underset{|}{C}H}CH_2CH_2CH_2OH$

(2) $CH_3CH{=}CHCHO \longrightarrow CH_3CH{=}CHCH_2OH$

(3) 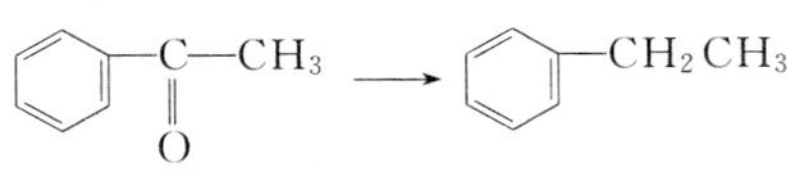

(4) $CH_3—\underset{OH}{\underset{|}{C}H}—\underset{O}{\underset{\|}{C}}—CH_3 \longrightarrow CH_3—\underset{OH}{\underset{|}{C}H}—CH_2CH_3$

(5) 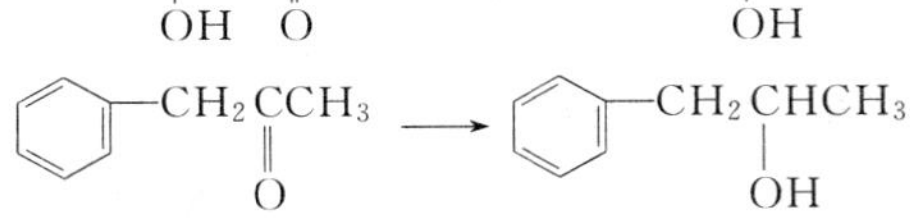

7. 用化学方法鉴别下列各组化合物。

(1) 甲醛、乙醛、丙酮、苯甲醛

（2）乙醛、丙醛、2-戊酮、环戊酮

8. 由三碳及三碳以下的醇合成下列化合物。

（1）$CH_3\underset{\displaystyle CH_3}{\underset{|}{CH}}CH_2OH$ （2）$CH_3CH_2CH_2CH_2Br$

（3）$CH_3CH_2CH_2\underset{\displaystyle OH}{\underset{|}{C}}(CH_3)_2$ （4）$CH_3\overset{\displaystyle O}{\overset{\|}{C}}—CH(CH_3)_2$

（5）$CH_3CH_2CH_2\underset{\displaystyle CH_3}{\underset{|}{CH}}CH_2OH$ （6）$CH_3CH_2\underset{\displaystyle OH}{\underset{|}{CH}}—CH_2CH_2CH_3$

9. 由指定原料及其他无机试剂合成下列化合物。

（1）由乙醇制备：丁酮、2-氯丁烷

（2）由乙烯制备：正丁醇（两种方法）

（3）由乙醇制备：1,3-丁二醇

（4）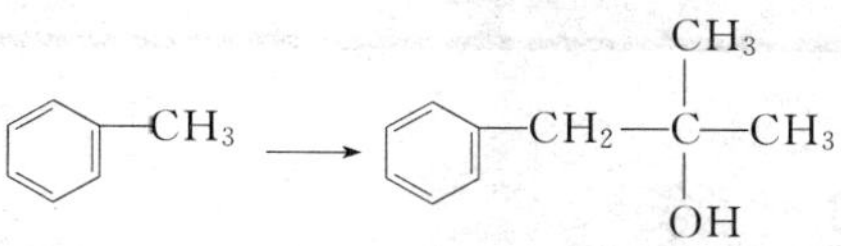

10. 某化合物的相对分子质量为 86，含碳 69.8%，含氢 11.6%，它与 NaOI 溶液作用能发生碘仿反应，且能与 $NaHSO_3$ 作用，但不与托伦试剂作用。试推测此化合物可能的结构，并写出相关的化学反应方程式。

11. 某化合物 A($C_7H_{16}O$) 被氧化后的产物能与苯肼作用生成苯腙，A 用浓硫酸加热脱水得 B。B 经酸性高锰酸钾氧化后生成两种有机产物：一种产物能发生碘仿反应；另一种产物为正丁酸。试写出 A、B 的构造式。

12. 化合物 A($C_6H_{12}O$) 能与羟胺反应，但不与托伦试剂和饱和 $NaHSO_3$ 作用。A 经催化加氢得到化合物 B($C_6H_{14}O$)。B 与浓硫酸作用脱水生成 C(C_6H_{12})。C 经酸性氧化生成两种化合物 D 和 E。D 能发生碘仿反应，E 有酸性，试推测 A、B、C、D、E 的可能结构式。

第十章　羧酸及其衍生物

学习目标

1. 掌握羧酸及其衍生物的系统命名法和常见羧酸的俗名；
2. 掌握羧酸及其衍生物的化学性质和制备方法；
3. 掌握诱导效应和共轭效应对酸性的影响，比较各类有机物的酸性强弱；
4. 理解甲酸和乙二酸的还原性；
5. 了解几种重要羧酸的性质及其应用。

第一节　羧　酸

羧酸是一类重要的有机含氧化合物，除甲酸外，都可看成是烃分子中的氢原子被羧基（—COOH）取代后的产物。饱和一元羧酸可用 RCOOH 表示。羧酸广泛存在于自然界中，它们与人类生活关系密切。例如，水果中含有柠檬酸、苹果酸；多种草本植物中含有草酸的钙盐、钾盐；肥皂是高级脂肪酸的钠盐，动、植物油是高级脂肪酸的甘油酯，食醋是含量约2%的乙酸水溶液等。

一、羧酸的分类与命名

1. 羧酸的分类

按与羧基相连的烃基种类的不同，分为脂肪族、脂环族和芳香族羧酸。按烃基是否饱和，可分为饱和羧酸与不饱和羧酸。按羧酸分子中含有羧基的数目，又可分为一元酸、二元酸、三元酸等，二元酸以上的羧酸统称为多元酸。例如：

CH_3COOH

饱和脂肪酸

$CH_2{=\!=}CHCOOH$

不饱和脂肪酸

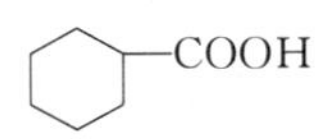

脂环族羧酸

$$\begin{array}{c}COOH\\ |\\ COOH\end{array}$$

脂肪族二元酸

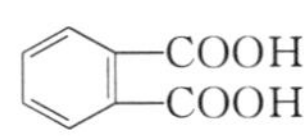

芳香族二元酸

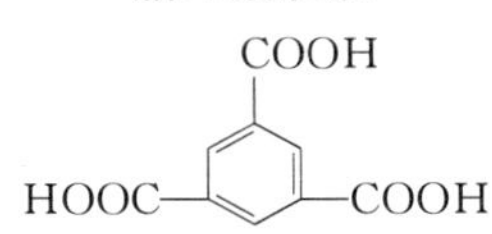

芳香族三元酸

2. 羧酸的命名

(1) 俗名　往往由来源得名。例如：

HCOOH

蚁酸

CH_3COOH

醋酸

$$\begin{array}{c}COOH\\ |\\ COOH\end{array}$$

草酸

$$\begin{array}{l}CH_3CHCOOH\\ \quad\;\; |\\ \quad\;\; OH\end{array}$$

乳酸

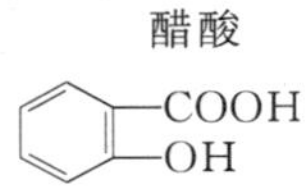

水杨酸

$$\begin{array}{l}HOOCCHCH_2COOH\\ \qquad\;\; |\\ \qquad\;\; OH\end{array}$$

苹果酸

(2) 系统命名法　选择含有羧基的最长碳链为主链，从羧基一端开始为主链碳原子编号，取代基的位置可用阿拉伯数字或希腊字母 α、β、γ…标出，把取代基的位次和名称放到“某酸”之前。例如：

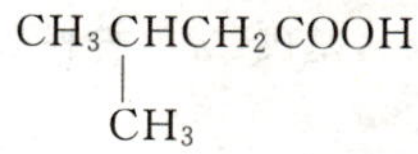

3-甲基丁酸
(β-甲基丁酸)

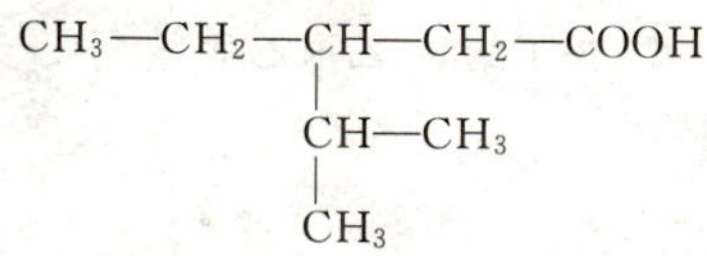

4-甲基-3-乙基戊酸
(γ-甲基-β-乙基戊酸)

不饱和羧酸，要选择含有羧基和不饱和键在内的最长碳链为主链。例如：

$CH_2{=}CH{-}COOH$

丙烯酸

$CH_3{-}CH{=}CH{-}COOH$

2-丁烯酸

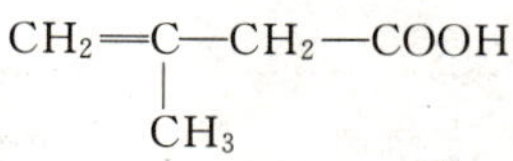

3-甲基-3-丁烯酸

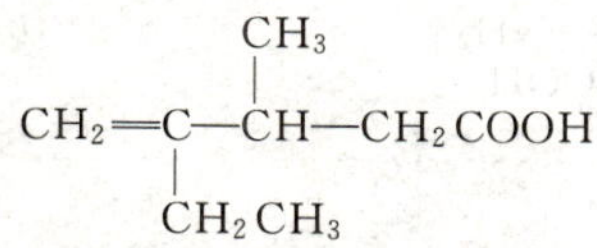

3-甲基-4-乙基-4-戊烯酸

脂环族和芳香族羧酸，以脂肪酸为母体，把脂环和芳环作为取代基来命名。例如：

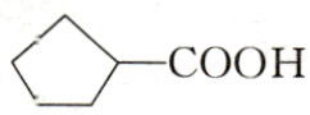

环戊基甲酸

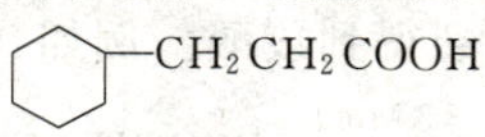

3-环己基丙酸

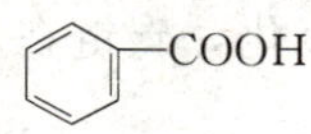

苯甲酸

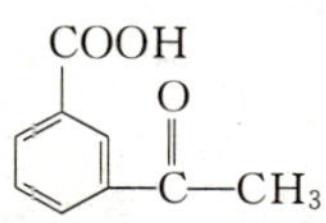

间乙酰基苯甲酸

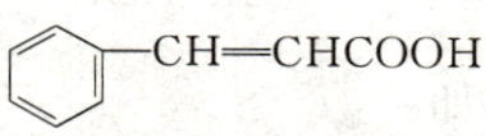

β-苯基丙烯酸

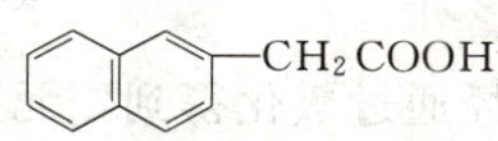

β-萘乙酸

对于二元酸，选择包括两个羧基碳原子在内的最长碳链为主链，根据主链碳的个数称为“某二酸”；芳香族二元羧酸须注明两个羧基的位置。例如：

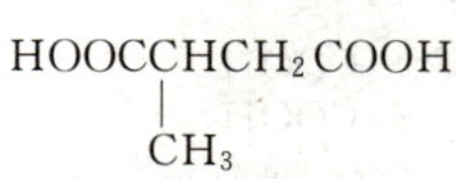

2-甲基丁二酸

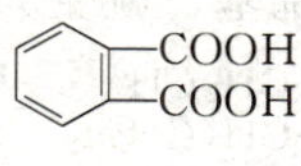

邻苯二甲酸

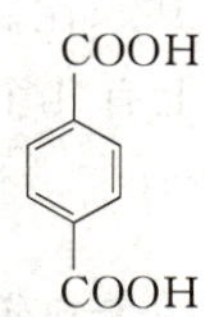

对苯二甲酸

基团的命名：

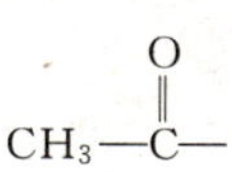

乙酰基

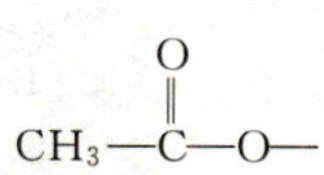

乙酰氧基

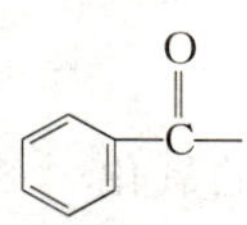

苯甲酰基

多官能团化合物命名时，以哪个官能团为母体呢？一般是按照表 9-1 所列举官能团的优先次序来确定母体和取代基。处于最前面的官能团为优先基团，由它决定母体名称，其他官能团都作为取代基来命名。例如：

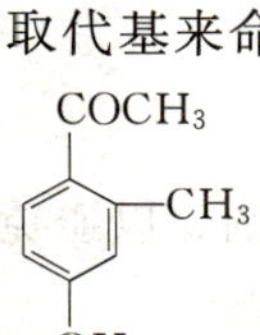

2-甲基-4-羟基苯乙酮

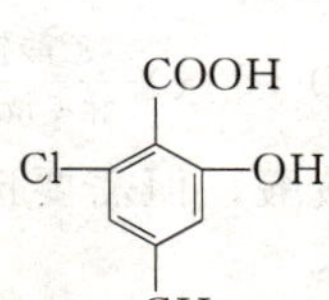

4-甲基-2-羟基-6-氯苯甲酸

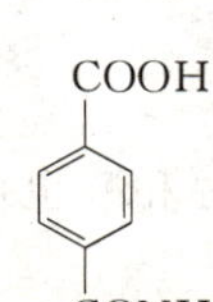

对氨甲酰基苯甲酸

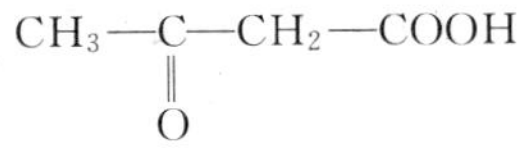

3-丁酮酸（乙酰乙酸）

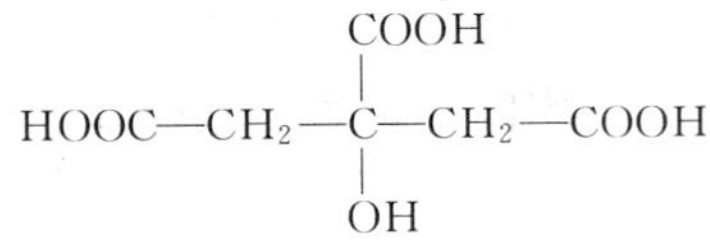

3-羧基-3-羟基戊二酸（柠檬酸）

练习

10-1 命名下列化合物：

（1）$(CH_3)_2CHCH_2COOH$

（2）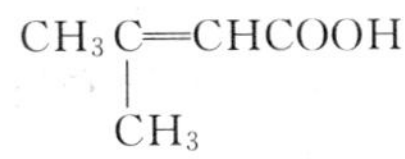

（3）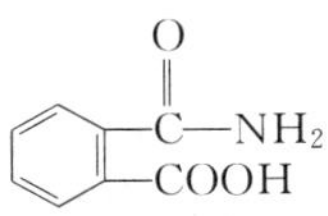

（4）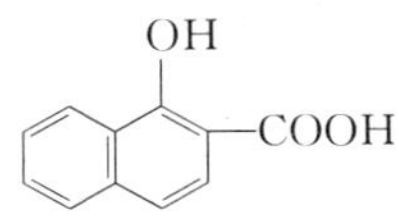

二、羧酸的制备

1. 烃的氧化

烯烃通过氧化，碳链在双键处断裂得到羧酸。例如：

$$RCH{=}CH_2 \xrightarrow[H^+]{KMnO_4} RCOOH + CO_2\uparrow + H_2O$$

$$RCH{=}CHR \xrightarrow[H^+]{KMnO_4} 2RCOOH$$

环状烯烃通过氧化得到二元羧酸。例如：

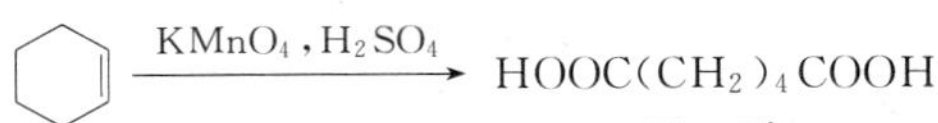

己二酸

有 α-H 的烷基苯在高锰酸钾、重铬酸钾等强氧化剂作用下，不论碳链长短，均被氧化成苯甲酸。苯环上有几个这样的烷基，就变为几个羧基。例如：

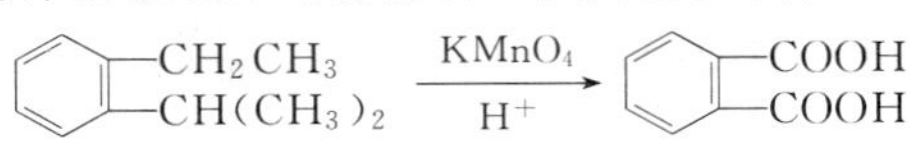

如果侧链是一个叔碳烷基，因碳上没有 α-H 在同样条件下则很难氧化。例如：

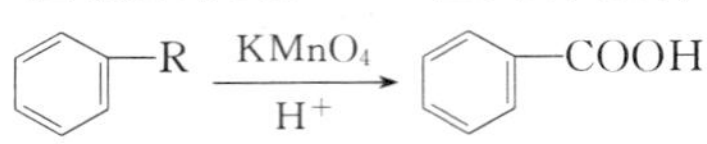

R≠叔丁基

2. 伯醇或醛的氧化

伯醇和醛氧化法制羧酸是一种常用的方法。例如：

$$CH_3CH_2CH_2CH_2OH \xrightarrow[H_2SO_4]{KMnO_4} CH_3CH_2CH_2CHO \xrightarrow[H_2SO_4]{KMnO_4} CH_3CH_2CH_2COOH$$

乙醛在锰盐催化下空气氧化是工业生产乙酸的方法之一。

$$CH_3CHO + O_2(\text{空气}) \xrightarrow[55\sim60℃]{\text{乙酸锰}} CH_3COOH$$

不饱和醇和醛也可氧化成相应的羧酸，但需要选用相应的弱氧化剂，以避免不饱和键被氧化。例如：

$$CH_3CH{=}CHCHO \xrightarrow{Ag(NH_3)_2NO_3} CH_3CH{=}CHCOOH$$

3. 腈的水解

腈在酸或碱的催化下，可水解生成羧酸。

$$RCN \xrightarrow[\triangle]{H_2O,H^+} RCOOH$$

腈又多从卤代烃与氰化钠反应制备，生成的羧酸比原来的卤代烃多一个碳原子。但此法不适用于仲卤代烷和叔卤代烷，因氰化钠碱性较强，易使仲或叔卤代烷脱卤化氢生成烯烃。

4. 甲基酮的碘仿反应

$$R-\overset{\overset{O}{\|}}{C}-CH_3 \xrightarrow{NaOH+I_2} CHI_3\downarrow + R-\overset{\overset{O}{\|}}{C}-ONa \xrightarrow{H^+} RCOOH$$

此法可制备比原来的酮少一个碳原子的羧酸。

5. 格氏试剂和 CO_2 反应

$$RMgX+CO_2 \xrightarrow{干醚} RCOOMgX \xrightarrow[\triangle]{H_2O,H^+} RCOOH$$

格氏试剂可由卤代烃制备，通过此法可制得比原料多一个碳原子的羧酸，但应注意烷基卤化镁的烃基上不能连有与格氏试剂反应的其他基团。

三、羧酸的结构

羧酸的官能团是羧基（—COOH）。羰基碳原子是以 sp^2 杂化态存在的，它用三个 sp^2 杂化轨道分别与羟基氧原子、羰基氧原子和烃基碳原子（甲酸是氢原子）形成三个 σ 键，且处在同一个平面上。碳原子余下的一个 p 轨道与羰基氧原子的 p 轨道相互侧面重叠形成一个 π 键。

羟基氧原子上的未共用电子对与羰基上的 π 键形成 p-π 共轭，使羟基氧上的电子云密度降低，羰基碳原子上的电子云密度增高。如图 10-1 所示。

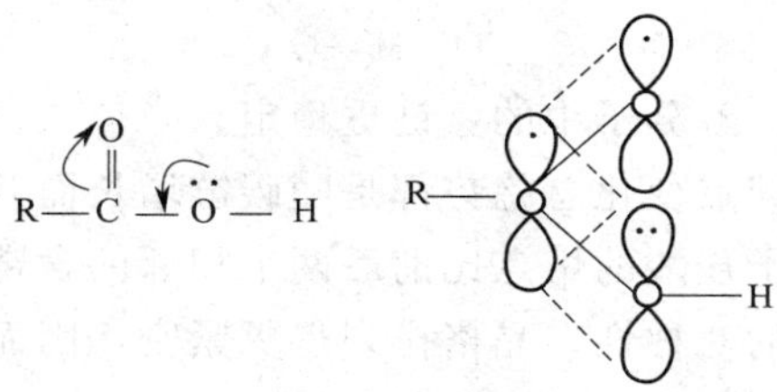

图 10-1　羧酸分子的结构示意图

羧基中共轭体系的存在，使 C ═O 和 C—O 的键长有平均化的趋向，即在羧酸中的 C ═O 键长比醛、酮中普通的 C ═O 键长略长，而 C—O 的键长要比醇中的 C—O 略短。由于羧基中的羟基和羰基，它们彼此相连、相互影响，因此使羧酸分子具有自己独有的化学特性。

四、羧酸的物理性质

饱和一元羧酸中，C_3 以下的羧酸是具有强烈酸味的刺激性液体，C_4～C_9 的羧酸是具有腐败臭味的油状液体，C_{10} 以上的羧酸为蜡状固体。脂肪族二元羧酸及芳香羧酸都是结晶固体。常见羧酸的物理常数见表 10-1。

脂肪族低级一元羧酸可与水混溶，随着碳原子的增加而溶解度降低。芳香酸的水溶性极微，这是由于羧基是个亲水基团，可与水分子形成氢键，而随着烃基的增大，羧基在分子中的影响逐渐减小的缘故。

表 10-1　常见羧酸的物理常数

系统名	熔点/℃	沸点/℃	溶解度/(g/100g 水)	pK_a 值	
				pK_a 或 pK_{a_1}	pK_{a_2}
甲酸	8.4	100.7	∞	3.77	
乙酸	16.6	118	∞	4.76	
丙酸	−21	141	∞	4.88	
丁酸	−5	164	∞	4.82	
戊酸	−34	186	3.7	4.86	
己酸	−3	205	1.0	4.85	
十二酸	44	225	不溶		
十四酸	54	251	不溶		
十六酸	63	390	不溶		
十八酸	71.5	360	不溶	6.37	
丙烯酸	13	141.6	溶	4.26	
乙二酸	189	157	溶	1.23	4.19
丙二酸	136	140	易溶	2.83	5.69
丁二酸	188	235	微溶	4.16	5.61
己二酸	153	330.5	微溶	4.43	5.41
苯甲酸	122.4	249	0.34	4.19	
邻苯二甲酸	231		0.70	2.89	5.51
对苯二甲酸	300		0.002	3.51	4.82

饱和一元羧酸的沸点比相对分子质量相近的醇高。例如，乙酸与丙醇的相对分子质量均为 60，但乙酸的沸点为 118℃，而丙醇的沸点为 97.2℃。这是由于羧酸分子间能以两个氢键形成双分子缔合的二聚体。即使在气态时，也是以二聚体形式存在。

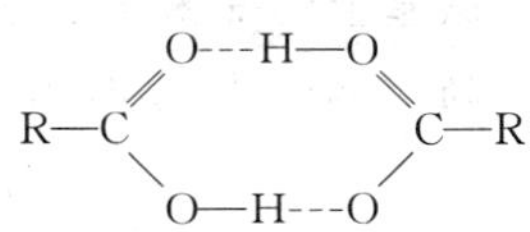

羧酸分子间的这种氢键比醇分子中的氢键更稳定。

饱和一元羧酸的沸点和熔点变化总趋势都是随碳链增长而升高，但熔点变化的特点是呈锯齿状上升，即含偶数碳原子羧酸的熔点比前后两个相邻的含奇数碳原子羧酸的熔点高。这是由于偶数碳羧酸具有较高的对称性，晶格排列得更紧密，因而熔点较高。

芳香族羧酸一般可以升华，有些能随水蒸气挥发。利用这一特性可以从混合物中分离与提纯芳香酸。

五、羧酸的化学性质

羧酸的化学反应主要发生在羧基上，而羧基是由羟基和羰基组成的，因此羧酸在不同程度上反映了羟基和羰基的性质。但羧酸的性质并不是这两类官能团性质的简单加和，羟基与羰基形成一个整体后，由于存在 p-π 共轭效应，使羟基氧原子上的电子云密度降低，增加了氢氧键间的极性，使氢原子易离解为质子，因此羧酸有明显的酸性。同时 p-π 共轭效应也使羰基的正电性降低，不易发生类似醛、酮的亲核加成反应。

羧酸分子中易发生化学反应的主要部位如下所示：

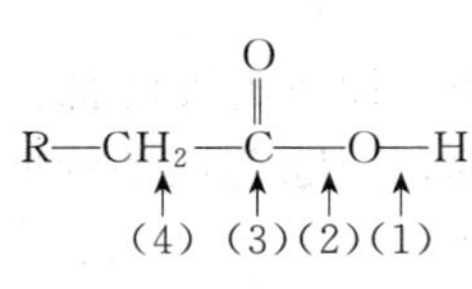

(1) 羟基中的氢原子的酸性和成盐反应

(2) 羟基被取代的反应

(3) 羰基的还原和脱羧反应

(4) α-H 的取代反应

1. 酸性

一般羧酸的 pK_a 在 4～5 之间，有一定的酸性，是比碳酸（pK_a＝6.37）的酸性强的有机酸。羧酸能与 NaOH 作用生成盐，也能分解 Na_2CO_3 和 $NaHCO_3$ 而放出 CO_2。例如：

$$CH_3COOH + NaOH \longrightarrow CH_3COONa + H_2O$$

$$CH_3COOH + NaHCO_3 \longrightarrow CH_3COONa + CO_2\uparrow + H_2O$$

而羧酸盐与强无机酸作用，则又转化为羧酸。

$$RCOONa + HCl \longrightarrow RCOOH + NaCl$$

由此可见，羧酸的酸性比强无机酸的酸性弱。这一性质常用于羧酸与酚、醇的鉴别、分离。羧酸既溶于 NaOH，也溶于 $NaHCO_3$（有 CO_2 气体放出）；酚溶于 NaOH 溶液，但不溶于 $NaHCO_3$ 溶液；醇既不溶于 NaOH 也不溶于 $NaHCO_3$ 溶液。

羧酸的酸性强弱，受分子中烃基的结构影响很大。一般来说，羧基与吸电子的基团相连时，能降低羧基中氧原子的电子云密度，从而增加了氢氧键的极性，氢原子易于离解而使其酸性增强。相反，若羧基与供电子基团相连时，酸性减弱。各种羧酸的酸性强弱规律如下。

① 饱和一元羧酸中，甲酸的酸性最强。例如：

	HCOOH	CH_3COOH	CH_3CH_2COOH
pK_a	3.77	4.76	4.88

这是由于烷基有供电子效应，而且这种供电子效应会沿着 σ 键传递，烷基越多，供电子效应越强，因而一般羧酸的酸性比甲酸弱。

② 饱和一元羧酸的烃基连有吸电子基团（如—X、—NO_2、—OH 等）时，由于吸电子效应，使羧基中 O—H 键极性增强，易离解出氢离子，因此酸性增强。同时，取代基的电负性越大，取代数目越多，离羧基越近，其酸性越强。例如：

	FCH_2COOH	$ClCH_2COOH$	$BrCH_2COOH$	ICH_2COOH
pK_a	2.59	2.86	2.90	3.18

$\longrightarrow$ 酸性减弱

	Cl_3CCOOH	$Cl_2CHCOOH$	$ClCH_2COOH$	CH_3COOH
pK_a	0.65	1.29	2.86	4.76

$\longrightarrow$

	$CH_3CH_2\underset{\underset{Cl}{\vert}}{C}HCOOH$	$CH_3\underset{\underset{Cl}{\vert}}{C}HCH_2COOH$	$\underset{\underset{Cl}{\vert}}{C}H_2CH_2CH_2COOH$
pK_a	2.86	4.05	4.52

$\longrightarrow$

③ 低级的饱和二元羧酸的酸性比饱和一元羧酸的酸性强，特别是乙二酸。这是由于羧基的相互吸电子作用，使分子中两个氢原子都易于离解而使酸性显著增强。但二元酸的酸性随碳原子数的增加而相应减弱。

④ 羧基直接连于苯环上的芳香族羧酸比饱和一元羧酸的酸性强，但比甲酸弱。例如：

	HCOOH	C_6H_5COOH	CH_3COOH	CH_3CH_2COOH
pK_a	3.77	4.19	4.76	4.88

这是由于苯环的大 π 键和羧基形成了共轭体系，电子云向羧基偏移，减弱了 O—H 的极性，使氢原子较难离解为质子，故苯甲酸的酸性比甲酸弱。

诱导效应的特点是沿着碳链由近到远传递下去，距离越远，受到的影响也越小，一般经过三个碳原子以上就微弱到可以忽略不计了。

常见基团的－I效应的强弱顺序：

$$-NO_2 > -SO_3H > -CN > -COOH > -F > -Cl > -Br > -I > -C{\equiv}CH > -C_6H_5 > -CH{=}CH_2 > H$$

常见基团的＋I效应的强弱顺序：

$$(CH_3)_3C- > (CH_3)_2CH- > CH_3CH_2- > CH_3- > H$$

应该指出，上述基团的诱导效应大小次序，只有当它们与同一种原子相连时才是正确的，在不同的化合物中，它们诱导效应的强弱次序是不完全一致的。

2. 羧酸衍生物的生成

羧酸分子中的羟基可被卤素（Cl、Br、I）、酰氧基（RCOO—）、烷氧基（RO—）、氨基（$-NH_2$）取代，分别生成酰卤、酸酐、酯和酰胺，它们统称为羧酸衍生物。

（1）酰卤的生成　羧酸与三氯化磷、五氯化磷、二氯亚砜（$SOCl_2$）等作用时，分子中的羟基被卤原子取代，生成酰卤。例如：

$$3CH_3CH_2COOH + PCl_3 \xrightarrow{45℃} 3CH_3CH_2COCl + H_3PO_3$$

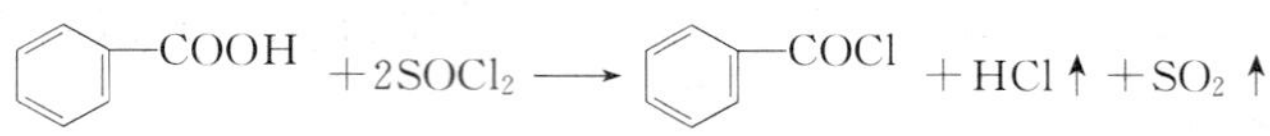

其中二氯亚砜是较好的试剂，因为反应生成的 HCl 和 SO_2 都是气体，容易与酰氯分离，故实用性较强。生成的酸性气体 HCl 和 SO_2 要回收或吸收，以避免造成环境污染。

酰氯非常活泼，易水解，通常用蒸馏法将产物分离。甲酰氯极不稳定，故无法制得。

（2）酸酐的生成　羧酸在脱水剂（如五氧化二磷、乙酸酐等）作用下，脱水生成酸酐。例如：

$$2CH_3CH_2COOH \xrightarrow[\triangle]{P_2O_5} (CH_3CH_2CO)_2O + H_2O$$

丙酸酐

甲酸一般不能分子间脱水生成酐，但在浓硫酸中受热时，甲酸分解成一氧化碳和水，可用来制取高纯度的一氧化碳。

乙酸酐常用来作制备高级酸酐时的脱水剂。例如：

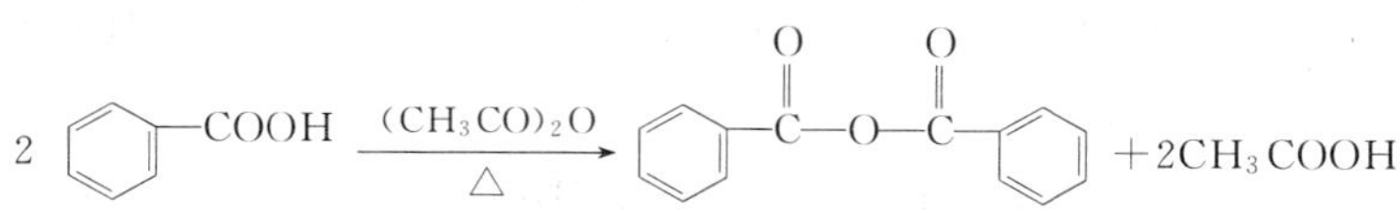

苯甲酸酐

一些二元酸不需脱水剂，加热就可分子内脱水，生成五元或六元环状的酸酐。例如：

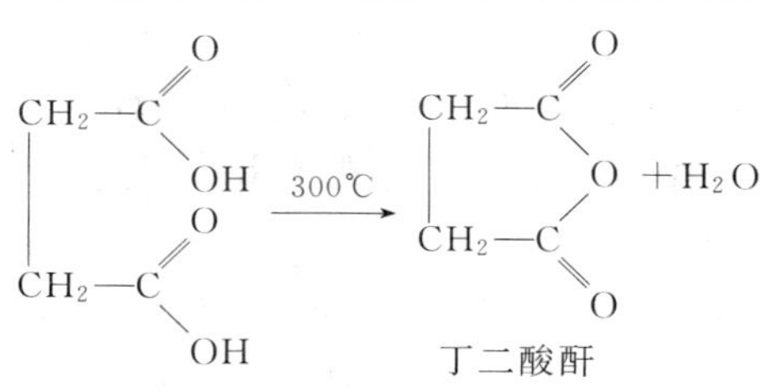

丁二酸酐

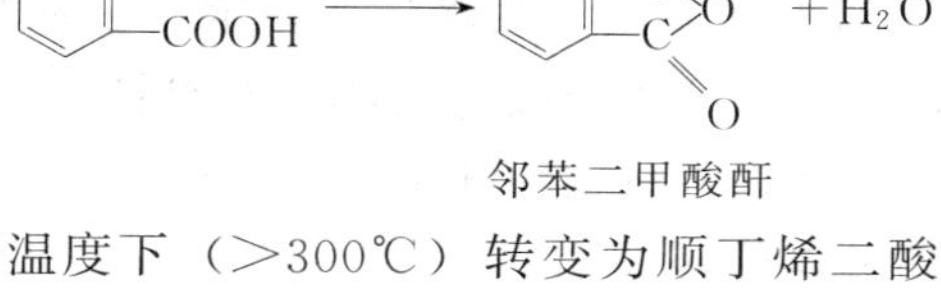

邻苯二甲酸酐

反丁烯二酸要在较高的温度下（>300℃）转变为顺丁烯二酸后，才能分子内脱水生成顺丁烯二酸酐。

（3）酯的生成　在强酸（如浓 H_2SO_4）催化下，羧酸和醇生成羧酸酯的反应称为酯化反应。例如：

$$CH_3COOH + HOCH_2CH_3 \underset{\triangle}{\overset{H^+}{\rightleftharpoons}} CH_3COOCH_2CH_3 + H_2O$$

乙酸乙酯

酯化反应是可逆反应，要提高酯的产率，一种方法是增加反应物的量，通常使用过量的醇，另一种方法是从反应体系中蒸出沸点较低的生成物，以使平衡向右移动。

芳香族羧酸的酯化反应要比脂肪族羧酸难一些。对苯二甲酸与乙二醇或环氧乙烷作用可生成对苯二甲酸二羟乙酯，它是合成纤维（涤纶）的中间体。

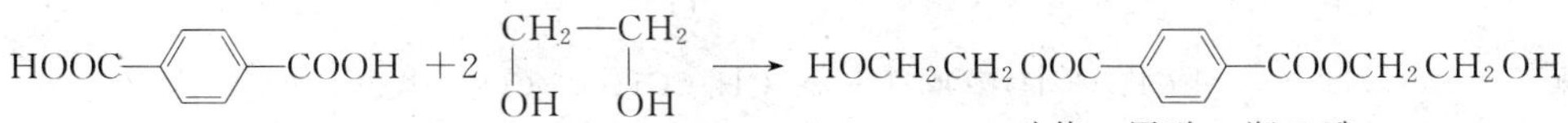

对苯二甲酸二羟乙酯

（4）酰胺的生成　羧酸与氨或胺反应，生成铵盐，铵盐加热时分子内脱水形成酰胺。例如：

$$CH_3CH_2COOH + NH_3 \longrightarrow CH_3CH_2COONH_4 \xrightarrow[\triangle]{-H_2O} CH_3CH_2CONH_2$$

丙酸铵　　丙酰胺

羧酸与芳胺作用可直接得到酰胺。

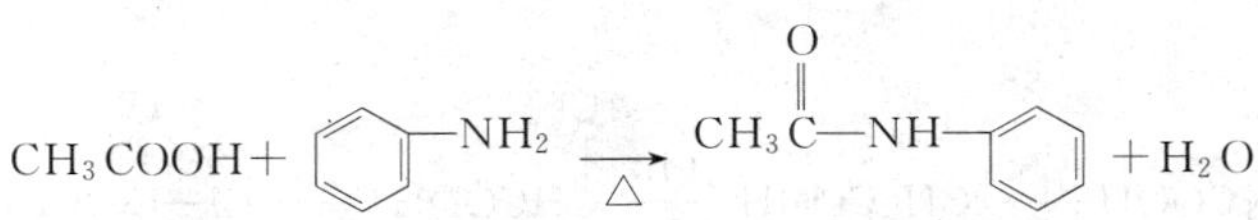

乙酰苯胺

二元羧酸与氨反应后生成的二铵盐在受热时发生分子内的脱水、脱氨反应，生成环状的酰亚胺。例如：

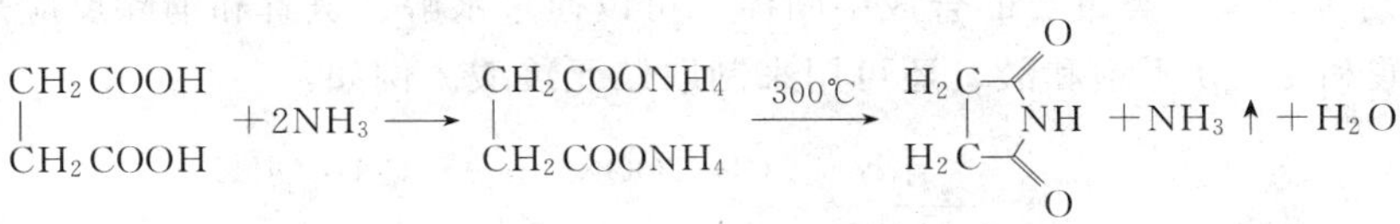

丁二酰亚胺

3. 羧基的还原反应

羧酸是有机化合物最高的氧化产物。除甲酸外，均对一般的氧化剂稳定，不再进一步氧化。羧酸也不易被还原。实验室中常用强还原剂氢化铝锂（$LiAlH_4$），将羧酸还原成醇，用于制备结构特殊的伯醇。例如：

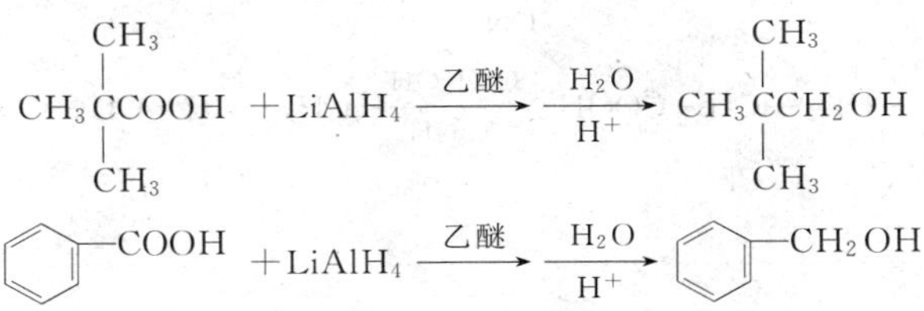

此法不但产率高，而且不影响 C═C。例如：

$$CH_3CH{=}CHCOOH + LiAlH_4 \xrightarrow{乙醚} \xrightarrow[H^+]{H_2O} CH_3CH{=}CHCH_2OH$$

但由于 $LiAlH_4$ 价格昂贵，仅限于实验室使用。

通过催化氢化将羧酸还原为醇，需要在高温（250℃）、高压（10MPa）下进行，比醛、酮还原所需的条件高得多，因此在醛、酮还原条件下羧酸不受影响。例如：

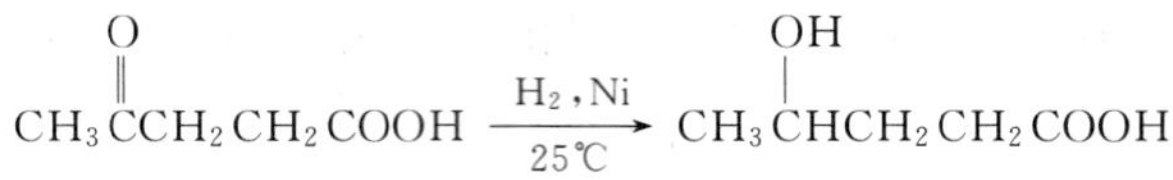

4．脱羧反应

羧酸盐与碱石灰（NaOH＋CaO）共热，脱去二氧化碳的反应，称为脱羧反应。脂肪族羧酸的羧基较稳定，脱羧需要高温，但由于副反应多、产率低，在合成上没有什么价值。

当羧酸分子中的 α-碳原子上连有较强的吸电子基时，受热易脱羧。例如：

$$Cl_3CCOOH \xrightarrow[\triangle]{} CHCl_3 + CO_2\uparrow$$

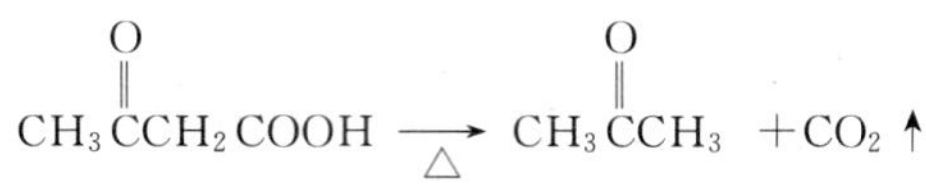

二元羧酸较易发生脱羧反应。例如：

$$HOOCCH_2COOH \xrightarrow[\triangle]{} CO_2\uparrow + CH_3COOH$$

5．α-氢原子的取代反应

和醛酮相似，羧酸分子中的 α-H 受羧基的影响，具有一定的活泼性，也可发生卤代反应，但不如醛酮 α-H 的反应活性高。要在红磷、碘或硫作用下才能发生卤代反应，生成α-卤代酸。例如：

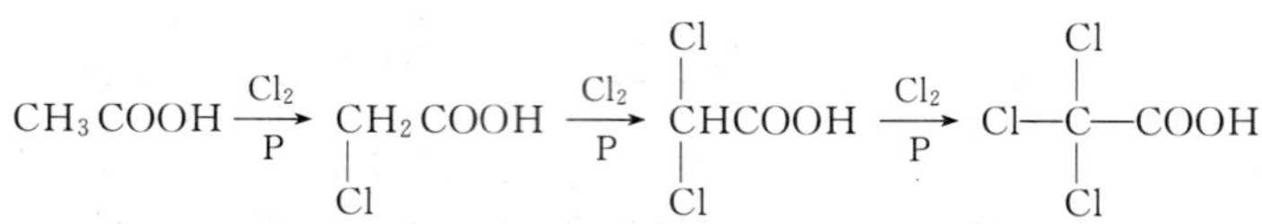

若控制好反应条件，可使反应停留在一元取代阶段，得到较高产量的一氯乙酸。α-卤代酸的卤原子活泼，是一类重要的合成中间体，可以通过水解、氨解和消除反应来制取 α-羟基酸、α-氨基酸和 α-、β-不饱和酸，还可用来制取二元羧酸。例如：

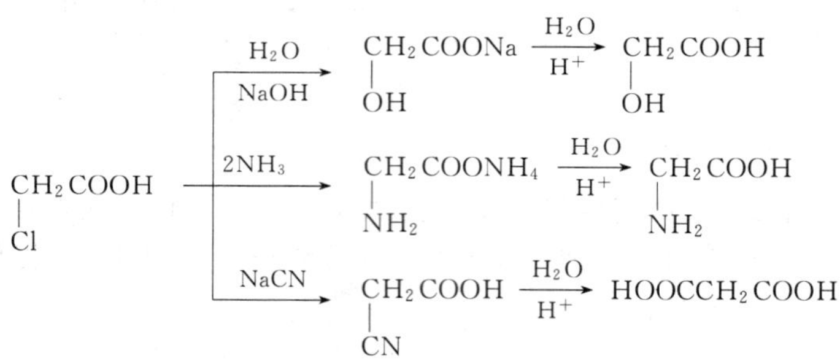

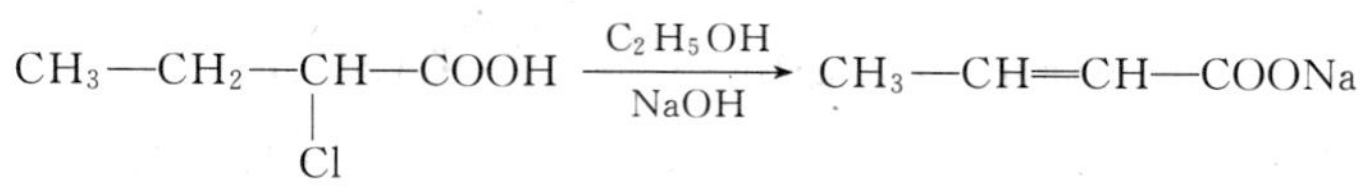

练习

10-2　写出丙酸与下列试剂作用的主要产物：

（1）$(CH_3CO)_2O$　　（2）C_2H_5OH/H^+

（3）NH_3　　（4）$SOCl_2$

10-3　完成下列反应式：

（1）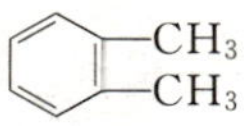 $\xrightarrow[H^+,\triangle]{KMnO_4}$ $\xrightarrow[\triangle]{P_2O_5}$

（2）$CH_3CH_2COOH \xrightarrow[P]{Br_2}$ $\xrightarrow[H_2O]{NaOH}$

（3）$CH_3COOH + HOCH_3 \xrightarrow[\triangle]{H^+}$

（4）$CH_3CH_2COOH \xrightarrow{LiAlH_4}$

六、重要的羧酸

1. 甲酸

甲酸俗称蚁酸。工业上是将一氧化碳和氢氧化钠水溶液在加热、加压下制成甲酸钠，再经酸化而制成的。

$$CO + NaOH \xrightarrow[216℃]{0.6\sim0.8MPa} HCOONa \xrightarrow{H_2SO_4} HCOOH + Na_2SO_4$$

甲酸是有刺激性的无色液体，沸点100.7℃，有极强的腐蚀性，因此使用时要避免与皮肤接触。甲酸能与水和乙醇混溶。

在自然界中，甲酸存在于某些昆虫，如蜜蜂、蚂蚁和某些植物（如荨麻）中。人们被蜜蜂、蚂蚁蛰、刺会感到肿痛，就是由于这些昆虫分泌了甲酸所致。

甲酸分子结构比较特殊，它的羧基和氢原子直接相连，分子中既有羧基，也有醛基，是一个具有双官能团的化合物。

醛基 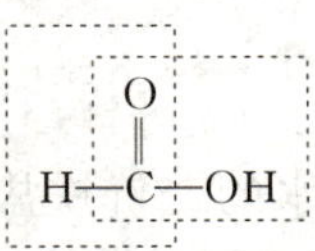 羧基

甲酸的特殊结构，决定了它具有其他羧酸不同的特性。由于羧基直接与氢原子相连，所以在饱和一元羧酸中，它的酸性（$pK_a=3.77$）最强。醛基的存在，使它具有还原性，不仅容易被高锰酸钾氧化，还能被弱氧化剂如托伦试剂氧化而发生银镜反应，与斐林试剂反应生成铜镜，这也是甲酸的鉴定反应。还容易被一般氧化剂氧化生成二氧化碳和水。

$$HCOOH \xrightarrow{Ag(NH_3)_2OH} CO_2\uparrow + H_2O + Ag\downarrow$$

甲酸也较易发生脱水、脱羧反应。例如，甲酸与浓硫酸共热（60～80℃），分解生成一氧化碳和水。这是实验室制取一氧化碳的方法。

$$HCOOH \xrightarrow[60\sim80℃]{浓\ H_2SO_4} CO\uparrow + H_2O$$

若甲酸加热到160℃以上，可脱羧生成二氧化碳和氢气。

$$HCOOH \xrightarrow{160℃} CO_2\uparrow + H_2\uparrow$$

甲酸在工业上用作还原剂，橡胶的凝固剂、缩合剂和甲酰化剂，也用于纺织品和纸张的着色和抛光，皮革的处理以及用作消毒剂和防腐剂等。

2. 乙酸

乙酸俗称醋酸，因存在于食醋中而得名。醋酸常温时是无色透明有刺激性气味的液体，沸点118℃，熔点17℃。温度在熔点以下时，无水醋酸为冰状固体，故又称为冰醋酸。它最初是由乙醇在醋杆菌中的醇氧化酶催化下，被空气氧化而成，所得食醋含乙酸6%～10%，

经蒸馏浓缩可得 60%～80%的乙酸。

$$C_2H_5OH + O_2 \xrightarrow[35℃]{\text{醇氧化酶}} CH_3COOH + H_2O$$

目前工业上是由乙醛在催化剂醋酸锰的存在下，用空气氧化而制得。

$$CH_3CHO \xrightarrow[60\sim80℃]{(CH_3COO)_2Mn, O_2} CH_3COOH$$

国内生产乙酸的技术目前是清一色的乙醛氧化法，只是制备乙醛的原料不同而已，有乙炔、乙烯和乙醇，但三种不同工艺都已达到或接近国际水平。

3. 乙二酸

乙二酸俗称草酸，是最简单的二元羧酸。它常以盐的形式存在于许多草本植物及藻类的细胞中。工业上是用甲酸钠迅速加热至 360℃以上，脱氢生成草酸钠，再经酸化得到草酸。

$$2HCOONa \xrightarrow[-H_2]{360℃} \begin{matrix} COONa \\ | \\ COONa \end{matrix} \xrightarrow{H_2SO_4} \begin{matrix} COOH \\ | \\ COOH \end{matrix}$$

草酸是无色固体，常见的草酸晶体含有两个结晶水，熔点 101.5℃，在干燥空气中能慢慢失去水分，或在 100～105℃加热，则可失去结晶水，得到无水草酸。无水草酸的熔点为 189.5℃。草酸能溶于水、乙醇，不溶于乙醚。

草酸是饱和二元羧酸中最强的酸。受热容易分解，把草酸急剧加热至 150℃以上时，就分解脱羧生成甲酸和二氧化碳。若加浓硫酸并加热至 100℃，即分解为二氧化碳、一氧化碳和水。草酸有还原性，易被高锰酸钾氧化生成二氧化碳和水，而且反应是定量进行的，所以在分析化学中常用草酸作为标定高锰酸钾溶液浓度的基准物质。

$$5\begin{matrix} COOH \\ | \\ COOH \end{matrix} + 2KMnO_4 + 3H_2SO_4 = K_2SO_4 + 2MnSO_4 + 10CO_2\uparrow + 8H_2O$$

草酸还能把高价铁盐还原成易溶于水的二价铁盐，它也能和许多金属离子配合，生成可溶性的配离子，所以广泛用于提取稀有金属。在日常生活中，用草酸清洗铁锈和蓝墨水污迹，也基于上述原理。此外还用作媒染剂和草编织物的漂白剂。

4. 苯甲酸

苯甲酸以酯的形式存在于安息香胶及其他一些香树脂中，所以苯甲酸俗称安息香酸。

苯甲酸的工业制法主要是甲苯氧化法和甲苯氯代水解法。

苯甲酸为白色晶体，熔点 121.7℃，微溶于热水、乙醇和乙醚中。能升华，也随水蒸气挥发。

苯甲酸具有羧酸的通性。苯甲酸是有机合成的原料，可用来制造染料、香料、药物等。苯甲酸及其钠盐有杀菌防腐作用，所以常用作食品的防腐剂（但有些国家，认为它有毒性，禁止使用）。

5. 水杨酸

邻羟基苯甲酸俗称水杨酸，这是因为它最初是由水杨柳或柳树皮水解而得到的。工业上生产水杨酸的方法是使苯酚钠在加压下与二氧化碳反应而成。

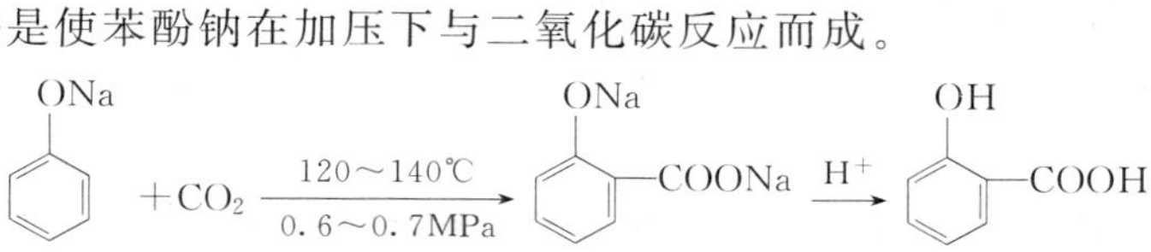

此反应用途广泛，是合成酚酸的一般方法。

水杨酸是无色晶体，熔点 159℃，稍溶于水，易溶于乙醇和乙醚，能随水蒸气挥发，也能升华。

水杨酸分子中具有羧基和酚羟基，所以它有羧酸和酚的一般性质。例如，它能与 $FeCl_3$ 发生显色反应，受热也可以脱羧。

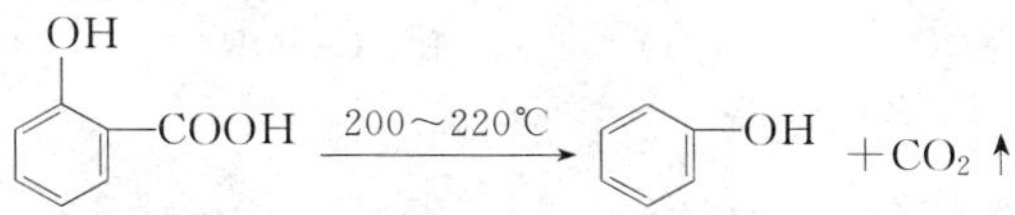

水杨酸具有消毒、防腐、解热、镇痛和抗风湿作用，其很多衍生物作为药物。例如，水杨酸在磷酸（或硫酸）存在下与乙酸酐反应生成乙酰水杨酸。

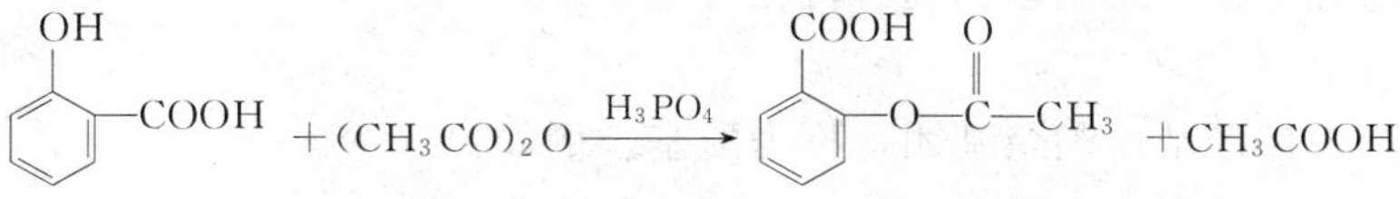

乙酰水杨酸

乙酰水杨酸俗称“阿司匹林”，它是一种常用的解热镇痛药。

6. 己二酸

工业上生产己二酸有两种方法。一种方法以苯为原料，还原后再氧化制得。氧化时中间产生为环己酮和环己醇，然后进一步氧化为己二酸。

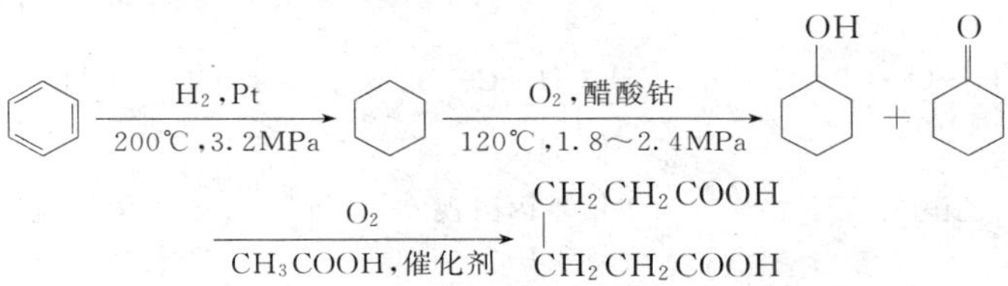

己二酸

由于石油化学工业的发展，可用丁二烯为原料，与氯发生 1,4-加成反应，得到 1,4-二氯-2-丁烯，然后与氰化钠反应，水解、加氢，得己二酸。

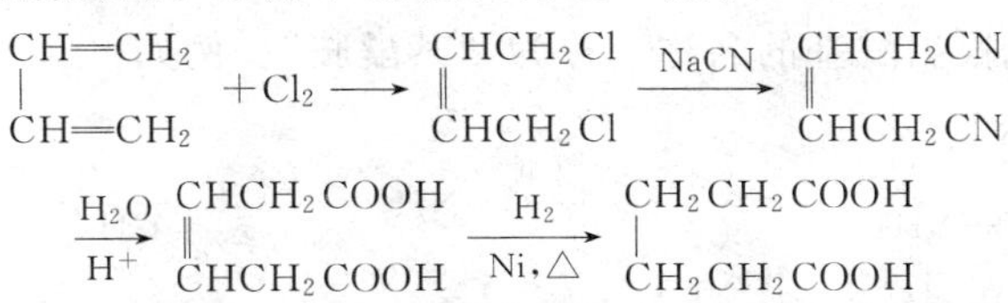

制取己二酸还有苯酚法。采用苯酚经催化加氢生成环己醇，在铜、钒催化剂存在下，经硝酸氧化得己二酸，再经精制得到成品。

己二酸为白色单斜结晶体。熔点 152℃，沸点 265℃。微溶于水，易溶于乙醇、丙酮和乙醚等有机溶剂中。

己二酸主要用于制造尼龙 66 和聚氨酯泡沫塑料，在有机合成工业中用作二元腈、二元胺的基础原料和增塑剂的原料。还可用于医药、分析化学、酵母提纯、染料、合成香料及照相纸等方面。

第二节　羧酸衍生物

一、羧酸衍生物的分类和命名

1. 羧酸衍生物的分类

羧酸分子中的羟基被其他原子或原子团取代后生成的化合物称为羧酸衍生物。羧酸分子中的羟基被卤原子、酰氧基、烷氧基、氨基取代后生成的化合物，分别称为酰卤、酸酐、酯和酰胺。

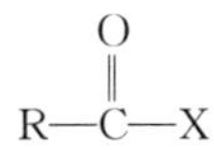
酰卤

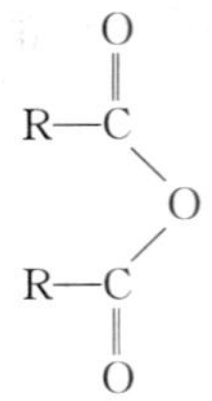
酸酐

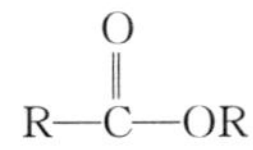
酯

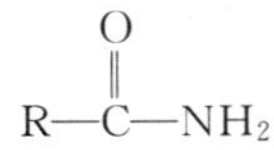
酰胺

羧酸衍生物通常指的就是这四类有机化合物。

2. 羧酸衍生物的命名

羧酸分子中去掉羟基后剩余基团，称为酰基。例如：

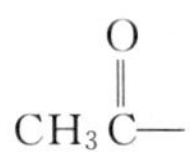
乙酰基

丙酰基

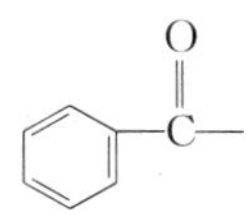
苯甲酰基

（1）酰卤的命名　根据酰基的名称，称为某酰卤。最常见的是酰氯。例如：

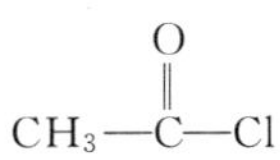
乙酰氯

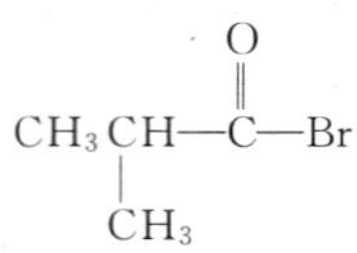
2-甲基丙酰溴

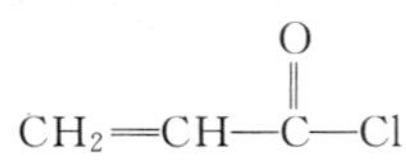
丙烯酰氯

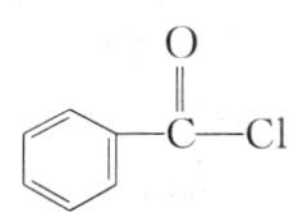
苯甲酰氯

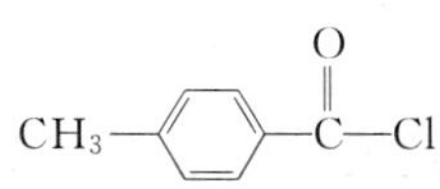
对甲基苯甲酰氯

（2）酰胺的命名　根据酰基的名称，称为“某酰胺”。例如：

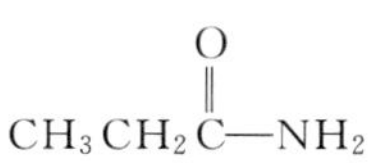
丙酰胺

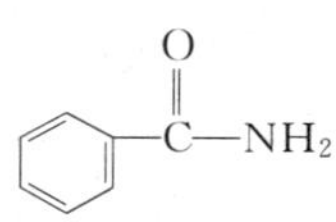
苯甲酰胺

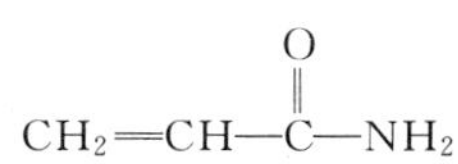
丙烯酰胺

酰胺分子中氮原子上连有烃基的取代酰胺，称为 *N*-烃基“某”酰胺。例如：

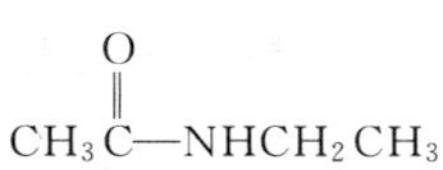
N-乙基乙酰胺

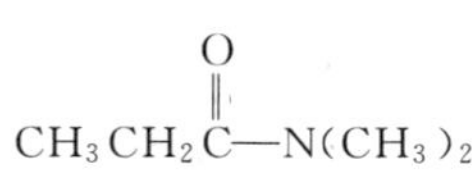
N,*N*-二甲基丙酰胺

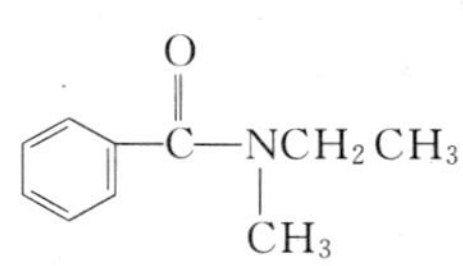
N-甲基-*N*-乙基苯甲酰胺

含有 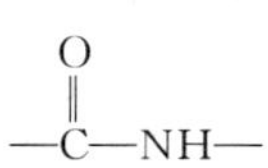 结构的环状酰胺，称为内酰胺。例如：

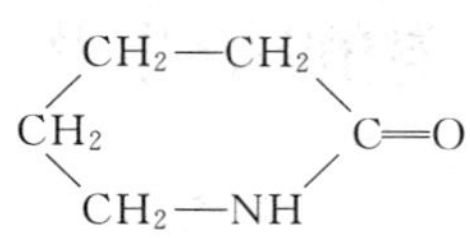
δ-戊内酰胺

（3）酸酐的命名　酸酐是根据相应的羧酸来命名，有时可将“酸”字省略。酸酐中含有两个相同或不同的酰基时，分别称为单酐或混酐。混酐的命名与混醚相似。例如：

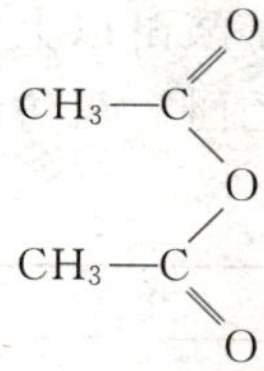
乙(酸)酐

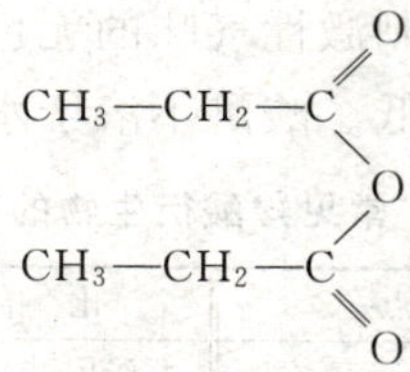
丙(酸)酐

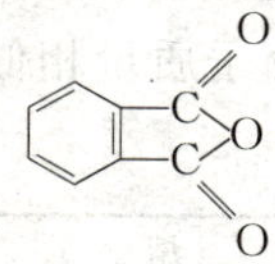
邻苯二甲酸酐

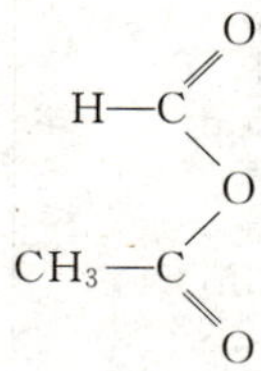
甲乙酐

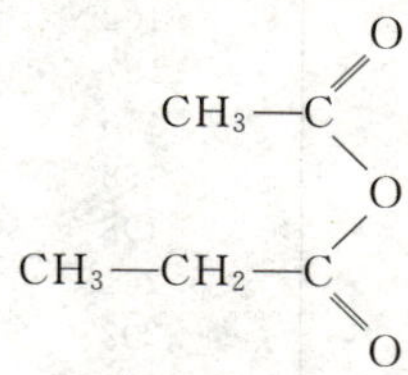
乙丙酐

(4) 酯的命名　酯根据相应的羧酸和醇，称为“某”酸“某”酯。例如：

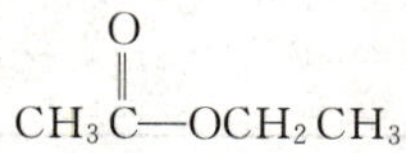
乙酸乙酯

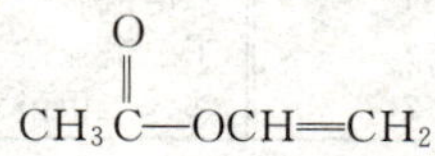
乙酸乙烯酯

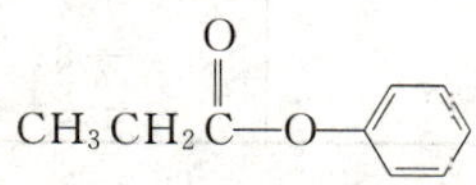
丙酸苯酯

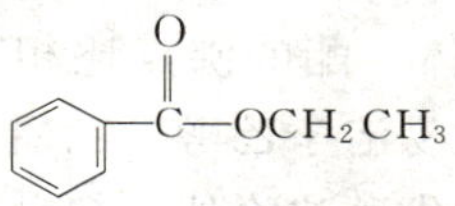
苯甲酸乙酯

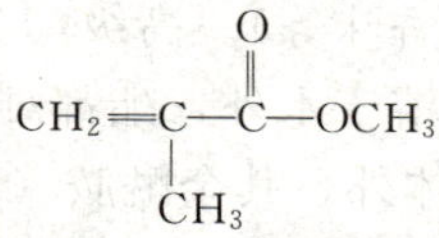
α-甲基丙烯酸甲酯

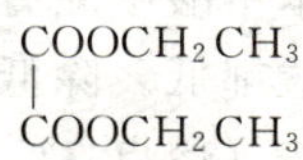
乙二酸二乙酯

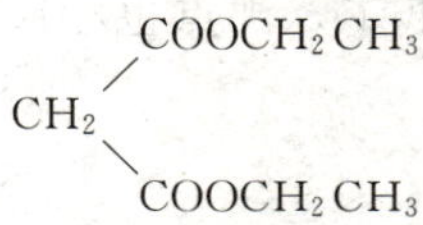
丙二酸二乙酯

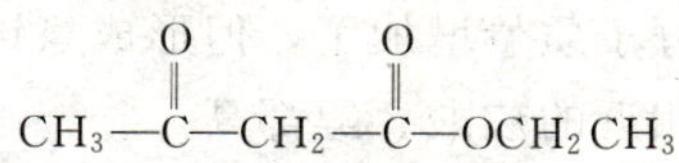
β-丁酮酸乙酯
乙酰乙酸乙酯

但多元醇的酯，一般把酸放在后面，称“某”醇“某”酸酯。例如：

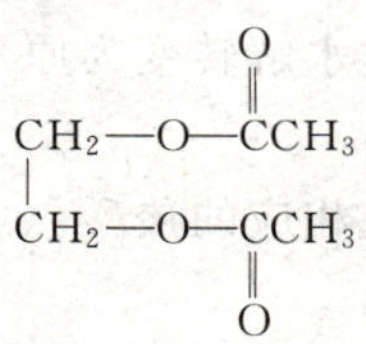
乙二醇二乙酸酯

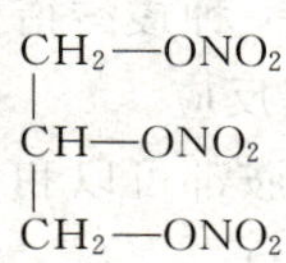
丙三醇三硝酸酯

含有 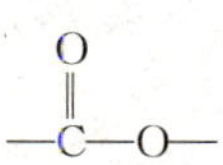 结构的环状酯，称为内酯。例如：

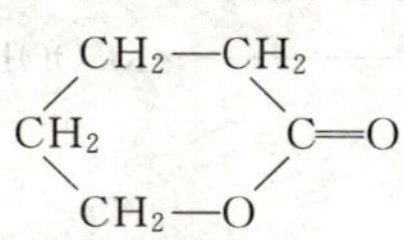
δ-戊内酯

二、羧酸衍生物的物理性质

甲酰氯不存在。低级酰氯是具有刺激性气味的液体，高级酰氯是白色固体。酰氯的沸点低于原来的羧酸，是因为酰氯不能通过氢键缔合。酰氯不溶于水，低级酰氯遇水容易分解，如乙酰氯在空气中即与空气中的水作用而分解。表 10-2 列出了常见羧酸衍生物的物理性质。

甲酸酐不存在，低级酸酐是具有刺激性气味的无色液体，壬酸酐以上的酸酐为固体。酸酐的沸点较相对分子质量相似的羧酸低。酸酐不溶于水，溶于乙醚、氯仿和苯等有机溶剂。

表 10-2　常见羧酸衍生物的物理性质

化　合　物	熔点/℃	沸点/℃	化　合　物	熔点/℃	沸点/℃
乙酰氯	−112	51	丙酸甲酯	−88	80
丙酰氯	−94	80	甲酸丁酯	−92	107
丁酰氯	−89	102	乙酸丙酯	−93	102
苯甲酰氯	−1	197	丙酸乙酯	−74	99
乙酸酐	−73	140	丁酸乙酯	−98	102
丙酸酐	−45	168	丁酸丁酯	−92	167
丁酸酐	−75	198	乙酸苄酯	−52	215
丁二酸酐	119	261	苯甲酸乙酯	−34	213
顺丁烯二酸酐	53	202	甲酰胺	3	195
苯甲酸酐	42	360	乙酰胺	81	222
邻苯二甲酸酐	132	285	丙酰胺	79	213
甲酸甲酯	−100	32	*N*,*N*-二甲基甲酰胺	−61	153
甲酸乙酯	−81	54	苯甲酰胺	130	290
乙酸甲酯	−98	57	丁二酰亚胺	125	288
乙酸乙酯	−83	77	邻苯二甲酰亚胺	238	～

低级酯为无色、具有果香味的液体，许多花果的香味就是酯所引起的（如乙酸异戊酯有香蕉气味，苯甲酸甲酯有茉莉花香味等）。高级酯为蜡状固体。酯的沸点比相对分子质量相似的醇和羧酸都低。除低级酯微溶于水外，酯都难溶于水，易溶于乙醇、乙醚等有机溶剂。

除甲酰胺（熔点 3℃）是液体外，其余酰胺（*N*-烷基取代酰胺除外）都是固体。低级酰胺溶于水，随着相对分子质量的增大，在水中的溶解度降低。酰胺分子中氮原子上的氢原子被取代后，相对分子质量增加了，但形成氢键的能力降低了，沸点也相应降低。酰胺的沸点比相对分子质量相近的羧酸、醇都高。

三、羧酸衍生物的化学性质

羧酸衍生物分子中都含有羰基（ >C=O ），和醛、酮相似，由于羰基的存在，它们也能够与亲核试剂（如水、醇、氨等）发生反应（但不易和羰基试剂发生加成反应），从而由一种羧酸衍生物转变为另一种羧酸衍生物，或通过水解转变为原来的羧酸。

1. 羧酸衍生物的水解反应

酰卤、酸酐、酯和酰胺都可以和水反应，生成相应的羧酸。

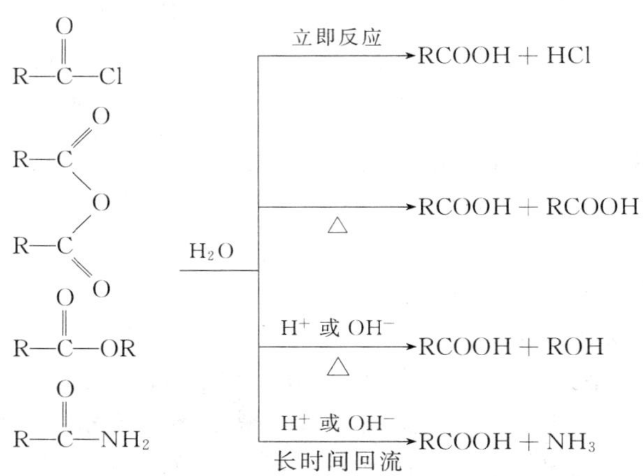

酰氯遇冷水即能迅速水解，酸酐需与热水作用，酯的水解需加热，并使用酸或碱催化剂，酯的碱性水解称为皂化，而酰胺的水解则在酸或碱的催化下，经长时间的回流才能完成。因此，羧酸衍生物水解反应的活性次序是：酰卤＞酸酐＞酯＞酰胺。

2．羧酸衍生物的醇解反应

酰氯、酸酐、酯和酰胺与醇反应，生成相应的酯。

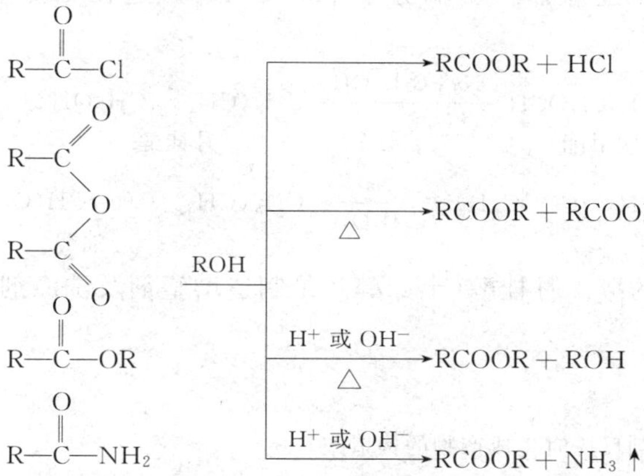

酰卤、酸酐可直接和醇作用生成酯；酯和醇需要在酸或碱催化下发生反应；酰胺的活性比酯低，醇解反应难以进行。

酯的醇解反应可生成另一种酯，这个反应称为酯交换反应。常用于工业生产中。例如，工业上合成涤纶树脂的单体——对苯二甲酸二羟乙酯就采用了酯交换反应。

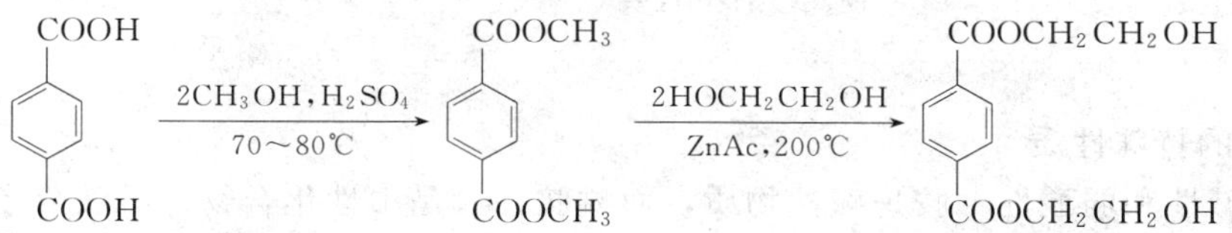

对苯二甲酸二羟乙酯

若直接采用对苯二甲酸与乙二醇反应，不但要求原料纯度高，且反应慢，成本高，目前已不采用。在上述生产中，粗对苯二甲酸难以提纯，而对苯二甲酸二甲酯可以通过结晶或蒸馏的方法提纯，故上述方法就成为长期以来生产对苯二甲酸二羟乙酯的主要方法。

3．羧酸衍生物的氨解

酰氯、酸酐和酯都可以顺利地与氨作用生成相应的酰胺。

$$RCOX \xrightarrow{NH_3} RCONH_2 + NH_4Cl$$

$$(RCO)_2O \xrightarrow{NH_3} RCONH_2 + RCOONH_4$$

$$RCOOR' \xrightarrow{NH_3} RCONH_2 + R'OH$$

$$RCONH_2 \xrightarrow{\text{过量 } R'NH_2} RCONHR' + NH_3\uparrow$$

酰氯的氨解过于剧烈，并放出大量的热，操作难以控制，生成的酰胺易含杂质，难以提纯，故工业生产中常用酸酐的氨解来制取酰胺。酰胺的氨解反应和醇解反应一样，也是可逆反应，必须用过量的胺才能得到 *N*-烷基取代酰胺。

4．羧酸衍生物的还原反应

酰卤、酸酐、酯和酰胺都比羧酸容易还原，其中以酯的还原最易。酰卤、酸酐在强还原剂（如氢化铝锂）作用下，还原成相应的伯醇。酯还原时，多种还原剂均可使用，可生成两种伯醇。酰胺还原成相应的伯胺。

$$\left.\begin{array}{l}RCOX\\(RCO)_2O\\RCOOR'\\RCONH_2\end{array}\right\}\xrightarrow[(2)H_2O,H^+]{(1)LiAlH_4}\left\{\begin{array}{l}RCH_2OH\\2RCH_2OH\\RCH_2OH+R'OH\\RCH_2NH_2\end{array}\right.$$

酯还能被醇和金属钠还原而不影响分子中的 C ═C，这在工业生产中具有实际意义。例如：

$$\underset{\text{月桂酸甲酯}}{CH_3(CH_2)_{10}COOCH_3}\xrightarrow{Na+C_2H_5OH}\underset{\text{月桂醇}}{CH_3(CH_2)_{10}CH_2OH}+CH_3OH$$

$$\underset{\text{油酸丁酯}}{CH_3(CH_2)_7CH{=}CH(CH_2)_7COOC_4H_9}\xrightarrow[C_2H_5OH]{Na}\underset{\text{油醇}}{CH_3(CH_2)_7CH{=}CH(CH_2)_7CH_2OH}$$

此法可得到长碳链的醇。月桂醇(十二醇）是制造增塑剂及洗涤剂的原料。

练习

10-4　写出丙酰氯与下列试剂反应时生成产物的构造式。

(1) H_2O　(2) CH_3CH_2OH　(3) NH_3　(4) $CH_3\underset{\displaystyle OH}{\underset{|}{C}}HCH_3$

10-5　写出苯甲酸甲酯与下列试剂反应时生成主要产物的构造式。

(1) H_2O，OH^-　(2) C_2H_5OH，H_2SO_4

(3) NH_3　(4) C_2H_5OH+Na

---

5. 酰胺的特殊性质

(1) 弱碱性和弱酸性　胺是碱性物质，而酰胺一般是中性化合物。酰胺分子中的酰基与氨基氮原子上未共用电子对形成 p-π 共轭，由于酰基吸电子共轭效应的影响，使氮原子上的电子云密度有所降低，因而减弱了碱性。

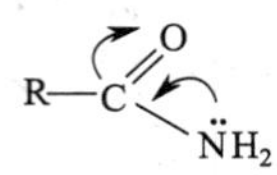

但酰胺有时显出弱碱性，与强酸生成不稳定的盐，但遇水立即分解。例如：

$$CH_3CH_2\overset{\displaystyle O}{\overset{\|}{C}}—NH_2+HCl\longrightarrow CH_3CH_2\overset{\displaystyle O}{\overset{\|}{C}}—NH_2\cdot HCl$$

若 NH_3 的两个氢原子被酰基取代，生成的酰亚胺将显示出弱酸性，它能与强碱的水溶液作用生成盐。例如，邻苯二甲酰亚胺可与氢氧化钠生成邻苯二甲酰亚胺钠。

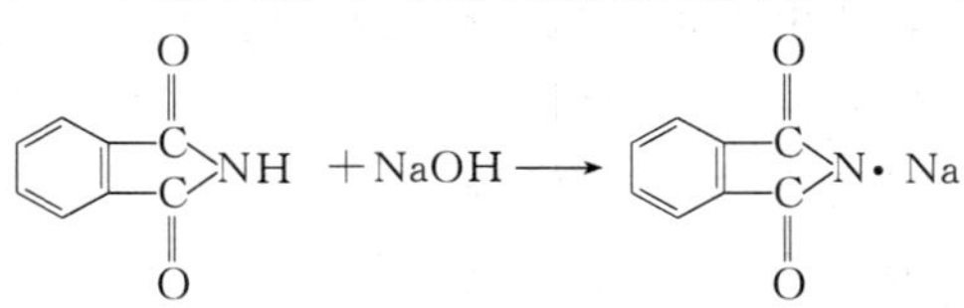

邻苯二甲酰亚胺　　邻苯二甲酰亚胺钠

(2) 脱水反应　酰胺在强脱水剂五氧化二磷、五氯化磷、亚硫酰氯或乙酸酐存在下加热，分子内脱水生成腈，这是制备腈的一种方法。

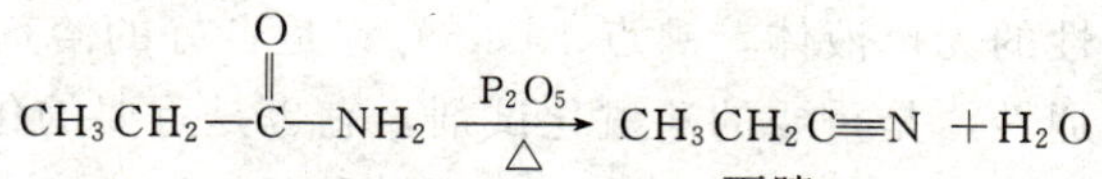

丙腈

（3）霍夫曼降级反应 酰胺与氯或溴在浓碱溶液共热时，失去羰基转变为比原来的酰胺少一个碳原子的伯胺（RNH_2），这个反应称为霍夫曼（Hofmann）降级反应。例如：

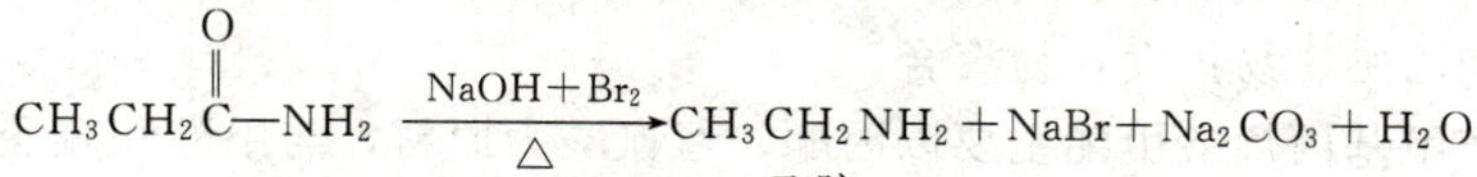

乙胺

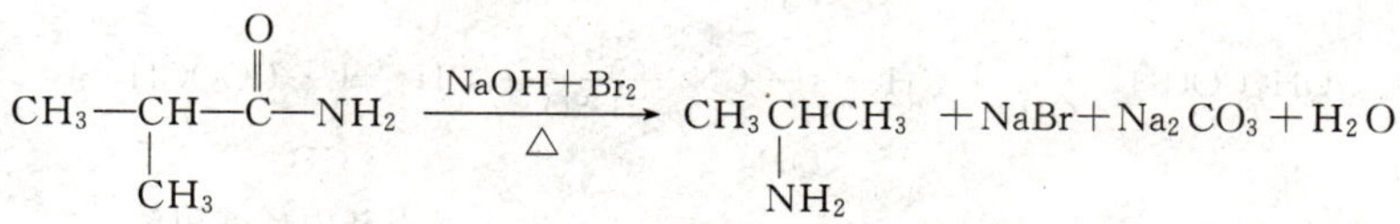

异丙胺

取代酰胺不能发生脱水反应和霍夫曼降级反应，这是值得注意的。

练习

10-6 完成下列反应式：

（1）$HOOC(CH_2)_4COOH \xrightarrow[\triangle]{NH_3} \qquad \xrightarrow[\triangle]{P_2O_5}$

（2）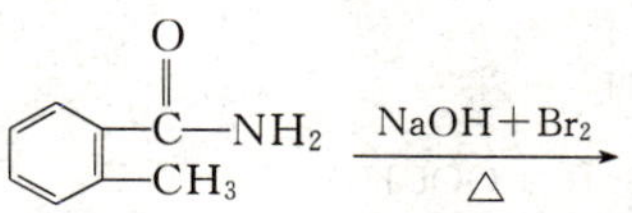

四、重要的羧酸衍生物

1. 乙酰氯

乙酰氯为无色有刺激性气味的液体，沸点 51℃。在空气中因被水解为 HCl 而冒白烟。在工业上可用三氯化磷或五氯化磷与乙酸作用来制取乙酰氯。

$$3CH_3COOH + PCl_3 \xrightarrow{\triangle} 3CH_3COCl + H_3PO_3$$

$$2CH_3COOH + PCl_5 \xrightarrow{\triangle} 2CH_3COCl + POCl_3 + H_2O$$

也可用亚硫酰氯（$SOCl_2$）和乙酸作用制取乙酰氯，这一反应的副产物都是气体，易于分离，产品也较纯净。

$$CH_3COOH + SOCl_2 \longrightarrow CH_3COCl + SO_2 + HCl$$

乙酰氯具有酰卤的通性，它的主要用途是作乙酰化试剂。

2. 乙酸酐

工业上最重要的酸酐是乙酸酐，它最重要的生产方法是由乙酸与乙烯酮反应制得，而乙烯酮是由丙酮或乙酸制得。

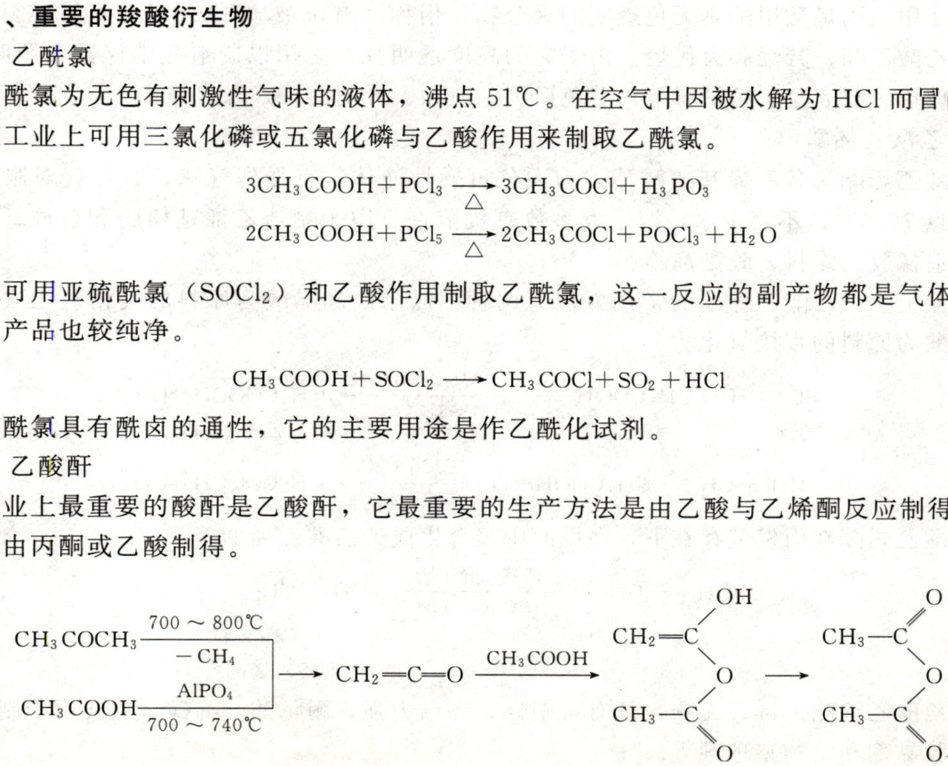

乙酸酐为具有刺激性的无色液体，沸点 139.5℃，是良好的溶剂。它与热水作用生成乙酸。乙酸酐具有酸酐的通性，是重要的乙酰化试剂，它也是重要的化工原料，在工业上它大量用于制造醋酸纤维、合成染料、医药、香料、涂料和塑料等。

3. α-甲基丙烯酸甲酯

在常温下，α-甲基丙烯酸甲酯为无色液体，熔点 −48.2℃，沸点 100～101℃，微溶于水，溶于乙醇和乙醚。易挥发，易聚合。

工业上生产甲基丙烯酸甲酯主要以丙酮、氢氰酸为原料，与甲醇和硫酸作用而制得。

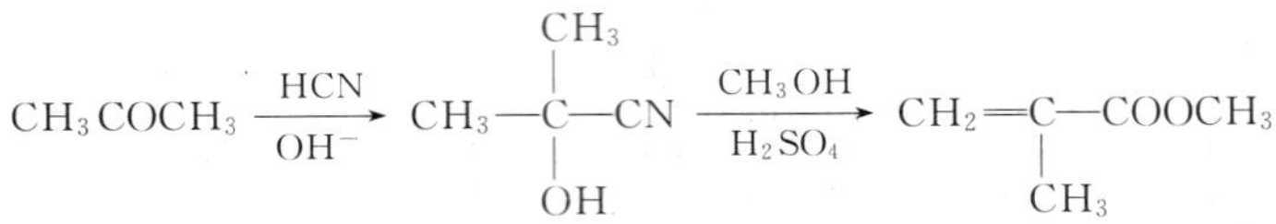

α-甲基丙烯酸甲酯

α-甲基丙烯酸甲酯还可以通过异丁烯氨氧化法来制备。

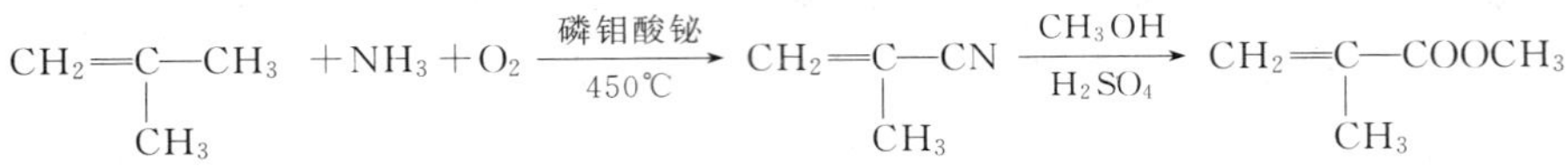

α-甲基丙烯酸甲酯在引发剂（如偶氮二异丁腈）存在下，聚合生成聚 α-甲基丙烯酸甲酯。

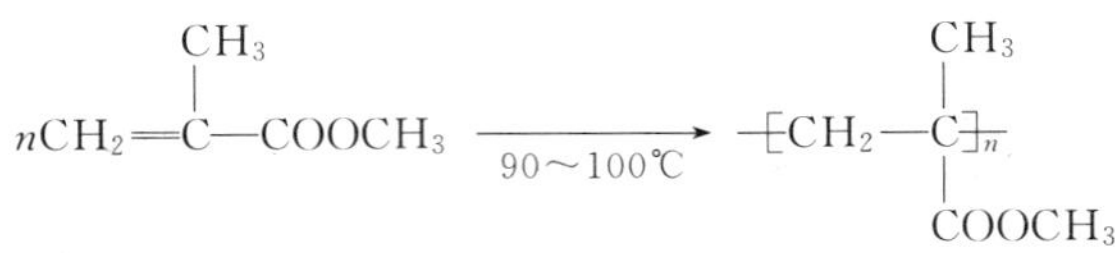

聚 α-甲基丙烯酸甲酯

聚 α-甲基丙烯酸甲酯是无色透明的聚合物，俗称“有机玻璃”，质轻、不易碎裂，溶于丙酮、乙酸乙酯、芳烃和卤代烃。由于它的高度透明性，多用以制造光学仪器和照明用品，如航空玻璃、仪表盘、防护罩等，着色后可制纽扣、牙刷柄、广告牌等。

4. 乙酸乙烯酯

乙酸乙烯酯又名乙烯基醋酸酯，为无色可燃性液体，有强烈气味，其蒸气对眼有刺激性。沸点 72.5℃，不溶于水，溶于大多数有机溶剂。用于制造乙烯基树脂和合成纤维，也用于制造橡胶、涂料、胶黏剂等。

工业上生产乙酸乙烯酯的常用方法有两种：以乙炔和醋酸为原料的气相氧化法和以乙烯、醋酸为原料的直接氧化法。

$$HC\equiv CH + CH_3COOH \xrightarrow[180℃]{(CH_3COO)_2Zn\text{-活性炭}} CH_3COOCH{=}CH_2$$

乙酸乙烯酯

$$CH_2{=}CH_2 + CH_3COOH + O_2 \xrightarrow[150℃, 2MPa]{PdCl_2\text{-}CuCl} CH_3COOCH{=}CH_2$$

乙酸乙烯酯在引发剂存在下，在甲醇中聚合生成聚乙酸乙烯酯。

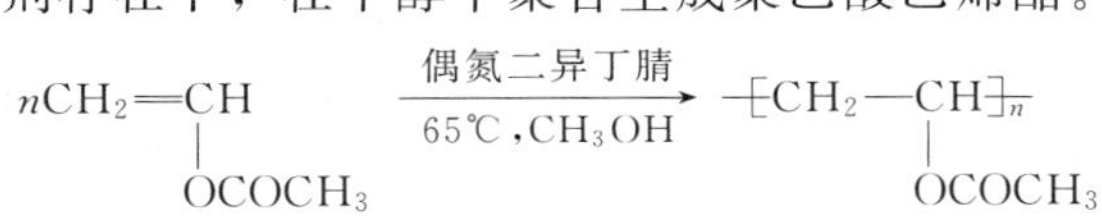

聚乙酸乙烯酯

聚乙酸乙烯酯无毒、无味，具有可塑性，黏结力强，耐稀酸、稀碱，主要用于制造水性涂料、胶黏剂和织物整理剂等。

聚乙酸乙烯酯和甲醇在碱催化下发生酯交换反应，生成聚乙烯醇：

$$\text{-}[CH_2\text{—}CH(OCOCH_3)]_n\text{-} + nCH_3OH \longrightarrow nCH_3COOCH_3 + \text{-}[CH_2\text{—}CH(OH)]_n\text{-}$$

聚乙烯醇主要用于制造耐汽油管道和维尼纶合成纤维。也可用作皮革、织物的胶黏剂，乳化剂、织物的上浆剂和保护胶体等。

5. 邻苯二甲酸酐

邻苯二甲酸酐俗称苯酐。工业上它可由萘氧化制得：

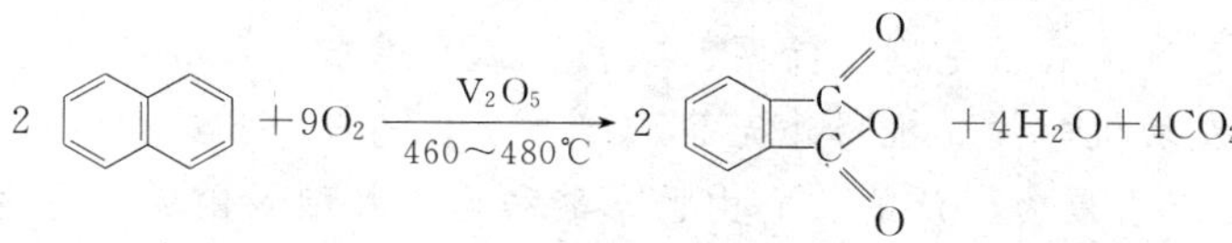

苯酐为白色针状固体，熔点 130.8℃，易升华，溶于乙醇、苯和吡啶。稍溶于冷水，易溶于热水并水解为邻苯二甲酸。它是重要的有机化工原料，广泛用于制备染料、药物、塑料和涤纶等。苯酐经醇解，可制得邻苯二甲酸酯类，如邻苯二甲酸二丁酯、邻苯二甲酸二辛酯等，都是常用的增塑剂。此外，常用的酸碱指示剂酚酞，也可由苯酐和苯酚缩合而成。

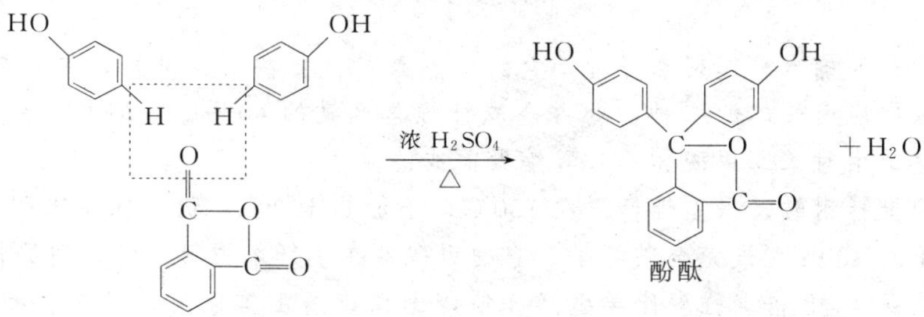

6. *N*,*N*-二甲基甲酰胺

N,*N*-二甲基甲酰胺，是带有氨味的无色液体，沸点 153℃。它的蒸气有毒，对皮肤、眼睛和黏膜有刺激作用。

工业上，用氨、甲醇和一氧化碳为原料，在高压下反应制得。

$$2CH_3OH + NH_3 + CO \xrightarrow{15MPa} HC(=O)\text{—}N(CH_3)_2 + 2H_2O$$

N,*N*-二甲基甲酰胺能与水及大多数有机溶剂混溶，能溶解很多无机物和许多难溶的有机物，特别是一些高聚物。例如它是聚丙烯腈抽丝的良好溶剂，也是丙烯酸纤维加工中使用的溶剂，它有“万能溶剂”之称。

阅读材料

合成纤维——人类的奇迹

纤维分为天然纤维和化学纤维，化学纤维又分为人造纤维（如黏胶纤维、醋酸纤维）和合成纤维。人造纤维是用天然物质（如竹、木、毛发等）经化学处理后加工而成的。合成纤维是以石油、煤、天然气等为原料制取的性能良好、品种繁多的纤维。主要有锦纶、涤纶、腈纶、维尼纶、氯纶、丙纶等。合成纤维具有质轻、耐磨、强度高、保暖性好、防霉、防虫蛀、耐酸碱等优点。

第一个研究成功的合成纤维是氯纶（1913 年）。但是真正投入大规模工业生产的合成纤维则是锦纶（1939 年）。此后相继投入工业生产的是维尼纶、腈纶（1950 年）、丙纶（1953 年）、涤纶（1957 年）等。

1. 锦纶

锦纶常称尼龙，又称耐纶。产物中有酰胺基（—CONH—），所以尼龙是一种聚酰胺纤维，是合成纤维用途最广的一种。它最突出的特点就是强度高、耐磨性好。一根手指粗的锦纶绳可以吊起一辆 4t 重的卡车。常见的有尼龙 6（聚己内酰胺）；尼龙 7（聚庚酰胺）；尼龙 9（聚壬酰胺）；尼龙 11（聚十一酰胺）；尼龙 66（聚己二酰己二胺）；尼龙 410（聚癸二酰丁二胺）；尼龙 610（聚癸二酰己二胺）；尼龙 1010（聚癸二酰癸二胺）等。不同尼龙型号分别用于制造纺织品、游泳衣、毛刷、筛网、球拍、工业滤布、人造革、渔网、绳索、弹力袜子以及机械零件、发动机叶片、机器外壳等。

其中尼龙 66 是应用最为广泛的。它由己二酸和己二胺缩聚制成。尼龙 66 具有耐磨、耐碱、抗有机溶剂等优点。特别是它的耐磨性比棉花、羊毛高 10 倍，在各种纤维中首屈一指。因此，我们常用它来织袜子、做箱包的面料。做衣料时，除制风衣、夹克衫用尼龙外，多数是与其他纤维混纺，以增加其他纤维的强度。常见的有锦纶哔叽、锦纶华达呢。含尼龙 80%的锦纶被面具有强度好、分量轻、防缩、防皱、不易燃烧等优点。

2. 涤纶

涤纶常称为的确良，属聚酯纤维。它的特点是易洗、快干、挺括，但穿着有闷热之感。它是合成纤维中应用最广的一种，约占合成纤维总产量的 40%。它的学名为聚对苯二甲酸二羟乙酯。它是由对苯二甲酸和乙二醇缩聚而成的。

涤纶特别挺括耐皱、保型性好。在 150℃以下加热 1000h，仍可保留原强度的 50%；而大多数纤维不到 400h 就被完全破坏了。它的耐酸性在化纤中占第二位。耐磨性仅次于锦纶，比棉花、羊毛高 4～5 倍。强度比羊毛高 3 倍，比棉花高 1 倍以上。具有防缩、防皱、耐穿三大优点。

棉的确良是 35%～50%的涤纶与 65%～50%的棉花混纺的织物，质轻、板整、易干、手感柔软、缩水极小。主要品种有混纺细布、府绸、卡其、华达呢等。

毛的确良是涤纶与羊毛的混纺织物或涤纶与人造毛的混纺织物。这类织物多为高档衣料，挺括、手感柔软、质轻、沥水快、易于洗涤，且洗后不必熨烫。但是已经烫成的裙子不易烫平。

丝的确良是用涤纶长丝织成的各种仿丝绸织物。弹力涤纶是用纯涤纶丝织造，品种有弹力呢、弹力哔叽、针织弹力呢等。这些织物手感厚实，颜色变化多，适合做春秋外套。此外涤纶还可与黏纤、羊毛或与腈纶、黏纤等织成“三合一”混纺花呢。

3. 维尼纶

维尼纶属聚乙烯醇纤维，学名为聚乙烯醇缩甲醛纤维。它的基本原料是醋酸乙烯酯。通常将聚乙烯醇溶于热水并在硫酸钠溶液中凝固纺丝，然后与甲醛缩合提高结晶度、耐水性和力学性能。

维尼纶的结构式中有许多羟基，因此它的吸水性非常好，是合成纤维中吸水性最高的一种，不像尼龙和的确良穿起来会感到闷热，所以人们常用它做内衣和床上用品，以便吸收人体散发的水分。由于维尼纶价格低廉，许多人用它做衬里和口袋布。

但是维尼纶弹性差，难与弹性好的羊毛混纺。它的织物抗变形能力差，不如其他化纤挺括。另外，它还有不易染色的缺点，耐热性也不理想，在湿热状态下会发生收缩。为了改变纤维的某些不良性能，用毛和棉与涤纶混合纺织及混纺。如毛涤花呢和毛涤派力司就是由50%羊毛与50%涤纶混纺而成的，外观与羊毛一样，比羊毛挺括、耐穿。

4. 腈纶

腈纶即聚丙烯腈，其短纤维类似羊毛，俗称“人造羊毛”，由丙烯腈聚合而成。其特点是绝热性能优良，耐日晒、雨淋的能力最强。蓬松性好，有毛型感。但耐磨性较差，吸水性能也不好。

混纺的腈纶制品有两大类：一是腈纶与羊毛混纺织品，其比例为各50%。织成哔叽华达呢、凡立丁、派力司等品种。二是腈纶与黏纤混纺织品，品种有各占50%的精纺花呢以及腈纶占70%的混纺凡立丁。这些衣料轻盈柔软、色彩和谐。但由于腈纶的弹性不及涤纶，所以制成的服装不及后者平整，易折皱。

5. 丙纶

丙纶即聚丙烯纤维，由丙烯聚合而成。其特点是密度小，它是化学纤维中最轻的一种，可以浮在水上，因此穿着和使用都比较轻便。丙纶耐酸、耐碱、弹性较好，有优良的电绝缘性和力学性能。但吸湿性、耐光性差些，染色较困难。丙纶织物在穿着时易起毛球，有了毛球一定不要人为地去拔掉，否则会越拔越多。由于丙纶纤维耐光、耐热性低于维尼纶，因此不宜在烈日下暴晒，洗净后最好在阴凉通风处阴干。洗涤时也不能用开水浸泡，一般不宜熨烫。鉴于丙纶的特点，多用来制作特殊工种的工作服面料。

6. 氯纶

氯纶学名为聚氯乙烯纤维。其特性是抗化学药剂，耐腐蚀、抗焰、耐光、绝热、隔音，并有极强的起负静电作用，但耐热性较差。所以作为服装面料主要用于两个特定方面：一是利用其抗焰性制工作服；二是利用其起负静电作用制治疗风湿性关节炎的药用内衣。

本章小结

1. 羧酸的制法

$$RCH{=}CHR' + KMnO_4 \xrightarrow{H^+} RCOOH + R'COOH$$

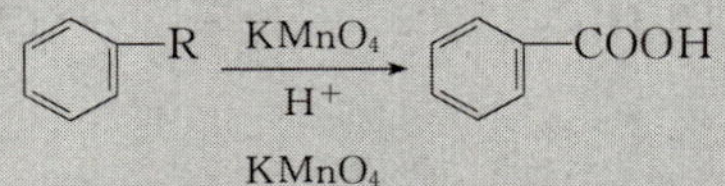

$$RCH_2OH \xrightarrow[H^+]{KMnO_4} RCOOH$$

$$RCN + H_2O \xrightarrow[\triangle]{H^+} RCOOH$$

$$RCOCH_3 \xrightarrow{NaOH+I_2} RCOONa + CHI_3$$

$$RCOONa \xrightarrow{H^+} RCOOH$$

减少一个碳原子

$$RMgX + CO_2 \xrightarrow{\text{干醚}} RCOOMgX \xrightarrow[\triangle]{H_2O/H^+} RCOOH$$

增加一个碳原子

2. 羧酸的化学性质

$$RCOOH \xrightarrow{SOCl_2} RCOCl$$

$$RCOOH + HOR \underset{}{\overset{H^+}{\rightleftharpoons}} RCOOR$$

$$2RCOOH \xrightarrow[\triangle]{P_2O_5} (RCO)_2O$$

$$RCOOH \xrightarrow[\triangle]{NH_3} RCONH_2$$

$$RCOOH \xrightarrow[H_2O]{LiAlH_4} RCH_2OH$$

$$RCH_2COOH \xrightarrow[P]{X_2} \underset{\underset{X}{|}}{RCH}COOH$$

3. 羧酸衍生物的化学性质

（1）水解：酰卤、酸酐、酯、酰胺水解生成羧酸

（2）醇解：生成相应的酯

（3）氨解：生成酰胺

（4）还原：酰卤、酸酐、酯生成伯醇，酰胺生成伯胺

（5）酰胺的特殊反应

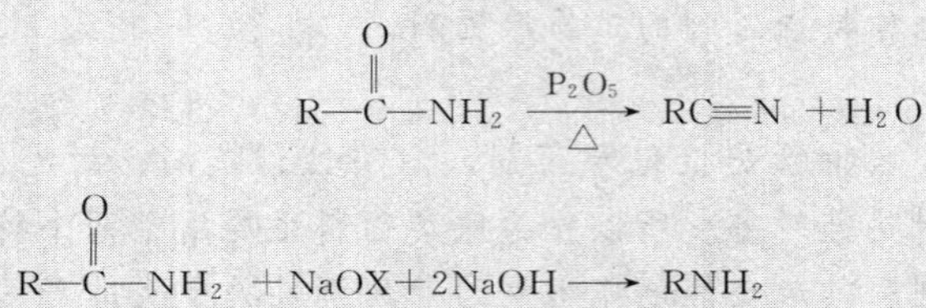

4. 羧酸衍生物的相对化学活性

$$RCOX > (RCO)_2O > RCOOR > RCONH_2$$

5. 乙酰乙酸乙酯

（1）制备

$$CH_3COOC_2H_5 + HCH_2COOC_2H_5 \xrightarrow[(2)H^+]{(1)C_2H_5ONa} CH_3COCH_2COOC_2H_5$$

（2）性质

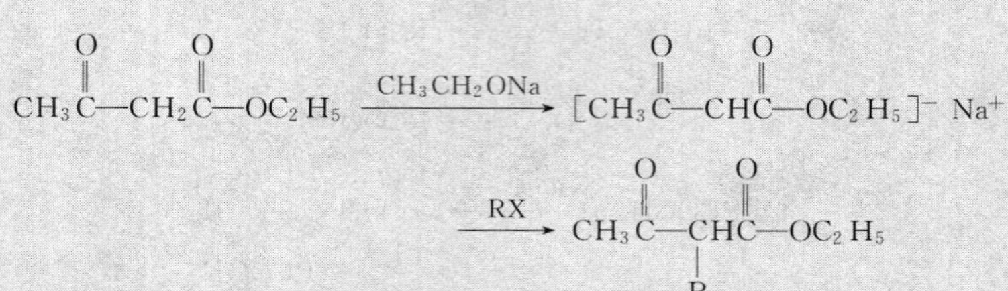

（3）在合成上的应用

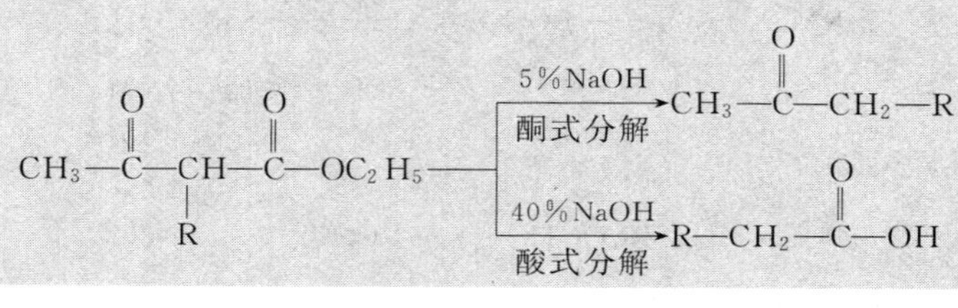

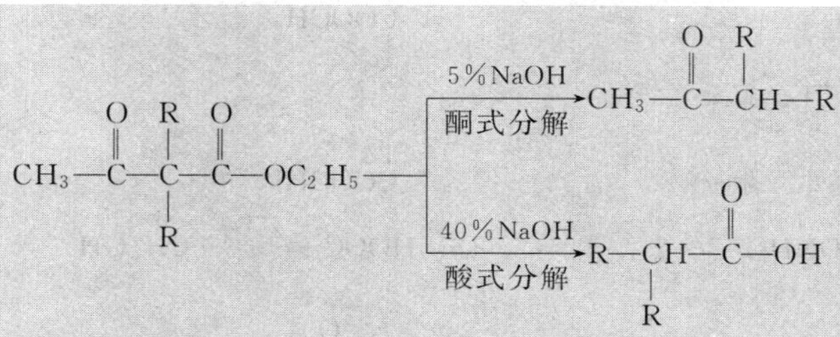

6. 丙二酸二乙酯

(1)制备

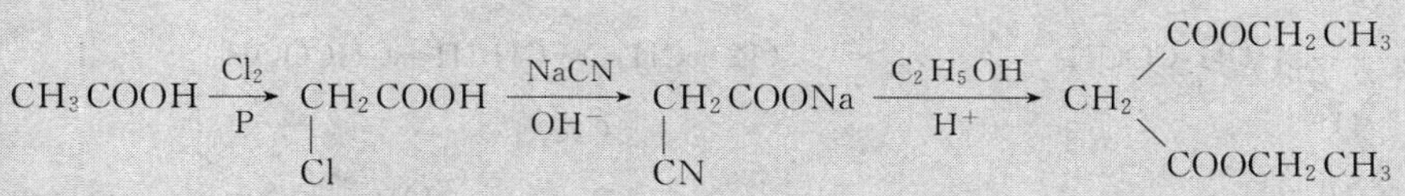

(2)性质

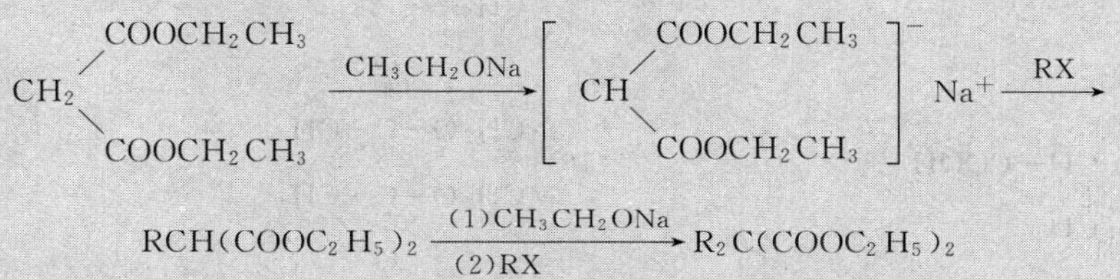

(3)在合成上的应用

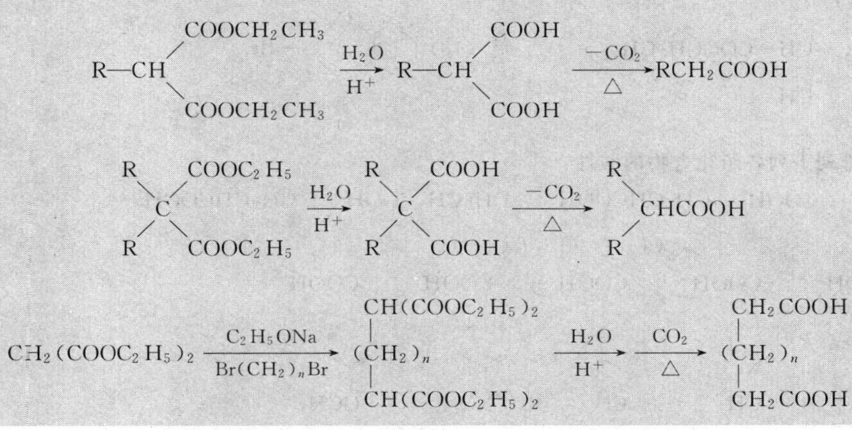

习　题

1. 命名下列各化合物：

(1) 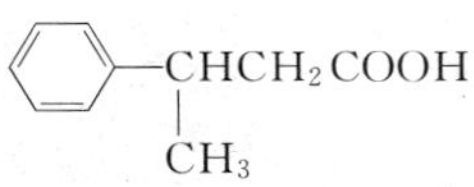

(2) 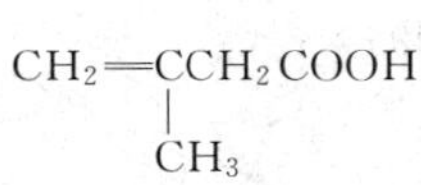

(3) 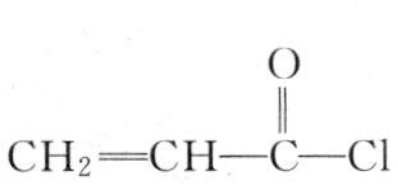

(4) 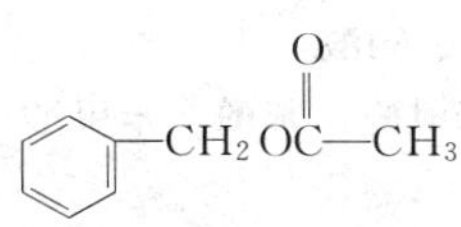

(5) 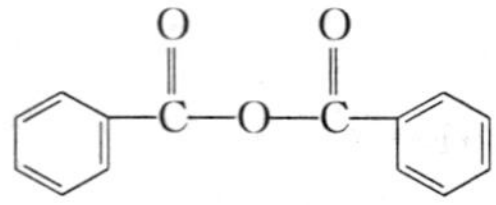

(6) 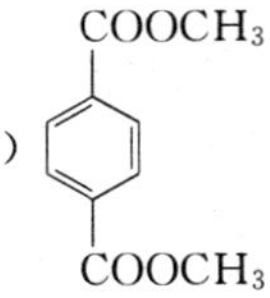

(7) 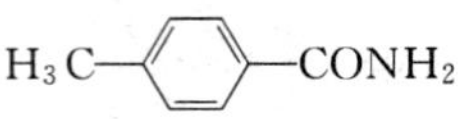

(8) 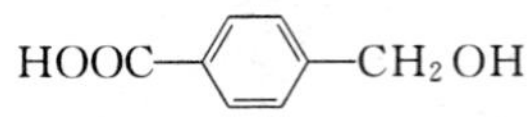

(9) 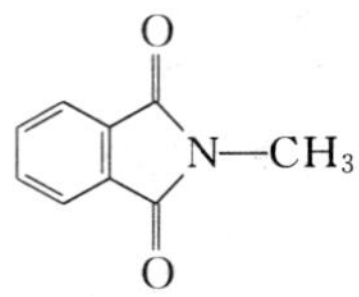

(10) 

(11) 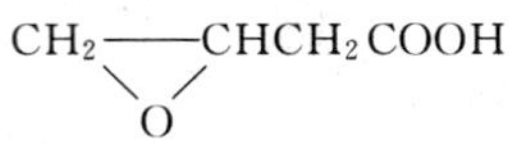

(12) 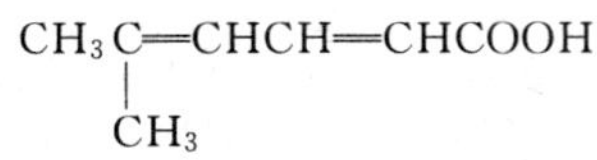

(13) 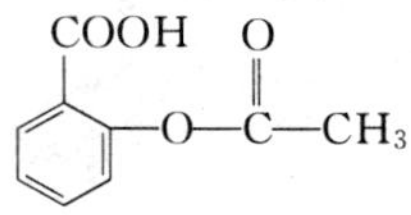

(14) 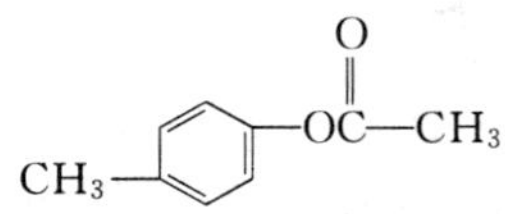

(15) 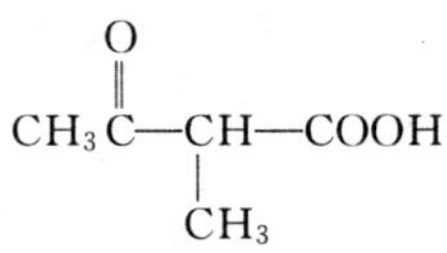

(16) 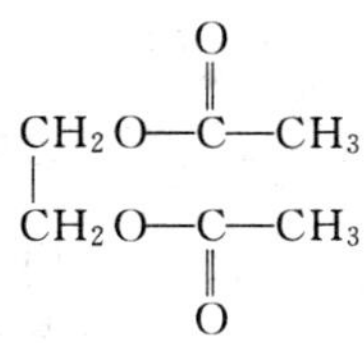

(17) 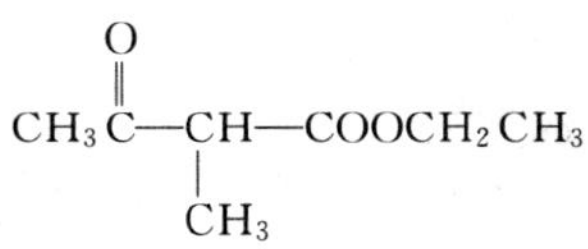

(18) 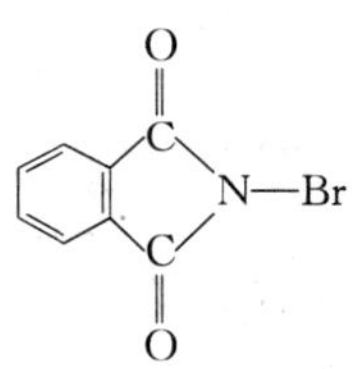

2. 由强到弱排列下列各组化合物的酸性：

(1) CH_3CH_2COOH 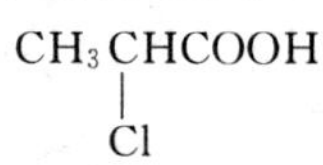 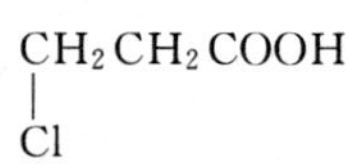 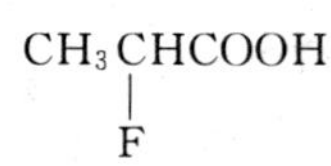

(2) 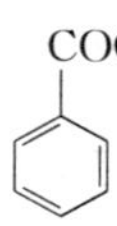 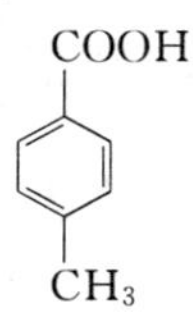 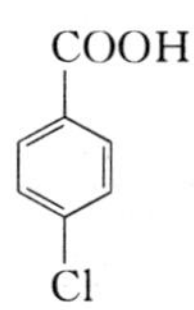 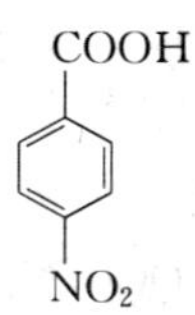 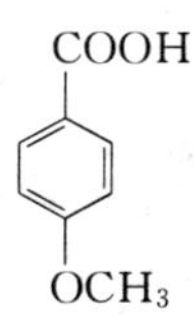

(3)  CH_3COOH 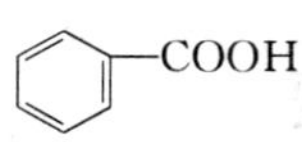 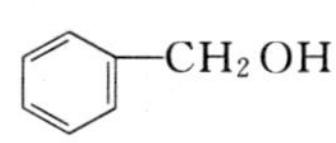 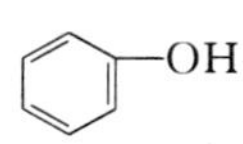

(4) CH_3CH_2OH CH_3COOH $CH_2(COOH)_2$ HOOCCOOH

(5) CH_3CH_2COOH $(CH_3)_2CHCOOH$ $CH_2{=}CHCH_2COOH$ $CH{\equiv}CCH_2COOH$

3. 用化学方法区别下列各组化合物：

(1) 乙醇 乙醛 乙酸 甲酸

(2) 甲酸 醋酸 草酸

(3) 乙酸 草酸 丙二酸 3-丁酮酸

(4) 邻羟基苯甲酸 邻羟基苯甲醛 苯酚 苯甲酸

4. 完成下列转变：

（1）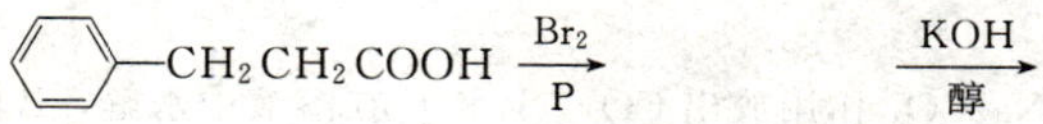

（2）$CH_3COCH_2CH_2COOH \xrightarrow[HCl]{Zn\text{-}Hg}$

（3）$CH_3CH_2OH \xrightarrow[\triangle]{Cu}$　　$\xrightarrow[\triangle]{KMnO_4, H^+}$　　$\xrightarrow[H^+]{CH_3CH_2OH}$

（4）$(CH_3)_2CHCOOH \xrightarrow{PCl_5}$　　$\xrightarrow{NH_3}$　　$\xrightarrow[NaOH]{NaOBr}$

（5）

（6）$CH_2{=}CHCOCH_2COOH$ —— $\xrightarrow{LiAlH_4}$ / $\xrightarrow{NaBH_4}$

（7）$CH_3C{\equiv}CCH_2COOH \xrightarrow[\text{喹啉}]{Pd\text{-}BaSO_4}$

（8）

（9）$CH_2{=}CHCOOH \xrightarrow{HBr}$　　$\xrightarrow[H_2O]{NaOH}$

（10）$CH_3COCH_2Cl \xrightarrow{HCN}$　　$\xrightarrow[H^+]{H_2O}$

（11）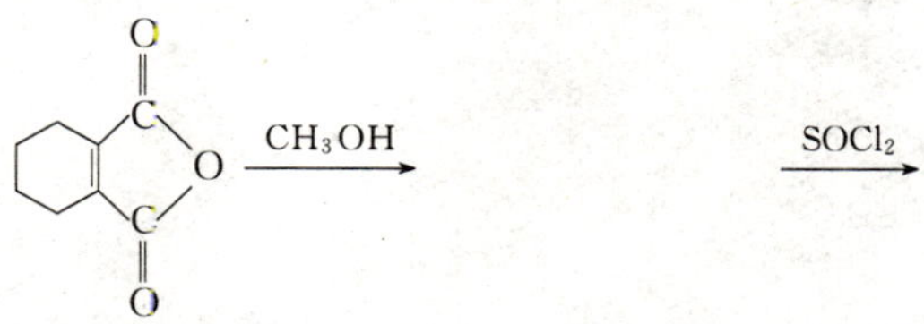

（12）

（13）$CH_2{=}CH{-}CO{-}O{-}CH{=}CH_2 \xrightarrow[CCl_4]{1mol\ Br_2}$

5. 合成题（无机试剂任选）。

（1）以乙烯为原料，选用两条合成路线合成丙酸

（2）以乙醇为原料合成丙酸乙酯

（3）以正丙醇为原料合成 2-甲基丙酸

（4）丙烯为原料制备丙酸异丙酯

（5）以乙烯为原料制备丁二酸酐

（6）以乙醛为原料制备丙二酸二乙酯

6. 化合物 A 的分子式为 $C_4H_6O_4$，将 A 加热后得到 B（$C_4H_4O_3$），将 A 与过量甲醇及少量硫酸一起加热得到 C（$C_6H_{10}O_4$），B 与过量甲醇作用也得到 C。A 与 $LiAlH_4$ 作用得到 D（$C_4H_{10}O_2$），写出 A、B、C、D 的构造式。

7. 化合物 A（$C_4H_8O_3$）溶于水并显酸性，将 A 加热后脱水得到 B（$C_4H_6O_2$），B 溶于水也显酸性，B 比 A 更易被高锰酸钾氧化，A 与酸性高锰酸钾作用后再加热得到 C（C_3H_6O），C 不易被高锰酸钾氧化，但可

发生碘仿反应。写出 A、B、C 的构造式。

8. 化合物 A、B、C 分子式都是 $C_3H_6O_2$，A 能与 Na_2CO_3 作用放出 CO_2，B 和 C 在溶液中水解，B 的水解产物之一能起碘仿反应。推测 A、B、C 的构造式。

9. 化合物 A 和 B 的分子式都是 $C_4H_6O_2$，它们都不溶于碳酸钠和氢氧化钠的水溶液，都可使溴水褪色，且都有愉快的香味。它们和 NaOH 水溶液共热则发生反应；A 的反应产物为乙酸钠和乙醛，而 B 的反应产物为甲醇和一个羧酸的钠盐，将后者用酸中和后，所得的有机物可使溴水褪色。试推测 A 和 B 的构造式。

第十一章　含氮化合物

学习目标

1. 了解芳香族硝基化合物的性质（掌握还原反应）及应用，理解硝基对苯环上邻、对位基团的影响；

2. 掌握胺的分类、命名以及芳胺的制备方法；

3. 掌握胺的化学性质：碱性强弱的比较，氨基保护在有机合成中的应用；

4. 掌握伯、仲、叔胺的鉴别方法；

5. 掌握重氮盐的性质及其在有机合成中的应用；

6. 了解偶氮化合物和染料、酸碱指示剂。

分子中含有C—N键的有机化合物，都可称为含氮化合物。

含氮化合物种类很多，有硝基化合物、亚硝基化合物、胺、季铵碱、重氮化合物、偶氮化合物、腈、异腈、异氰酸酯等。本章重点讨论硝基化合物、胺、重氮化合物和偶氮化合物、腈。

第一节　硝基化合物

一、硝基化合物的分类与命名

1. 硝基化合物的分类

烃分子中的氢原子被硝基取代后的化合物，称为硝基化合物。硝基（$—NO_2$）是它的官能团。一元硝基化合物的通式是 RNO_2 或 $ArNO_2$。

硝基化合物包括脂肪族、脂环族和芳香族硝基化合物，这三类硝基化合物当中，芳香族硝基化合物较为重要；根据分子中硝基的数目，分为一元和多元硝基化合物；根据与硝基所连接碳原子种类的不同，分为伯、仲、叔硝基化合物。

硝基化合物与亚硝酸酯（R—ONO）互为同分异构体。

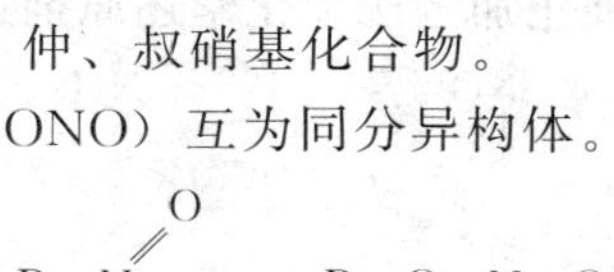

在硝基中，氮原子以共价双键与一个氧原子相结合，又以配位键与另一个氧原子相结合。但是，近代物理方法测定的结果表明，在硝基中，两个氮氧键的键长是相同的，都是0.121nm。这是因为在硝基中氮原子的p轨道与两个氧原子的p轨道平行侧面重叠形成了一个p-π共轭体系，由于电子离域的结果，负电荷平均分配在两个氧原子上。

2. 硝基化合物的命名

硝基化合物命名时，以烃基为母体，硝基作为取代基来命名的。例如：

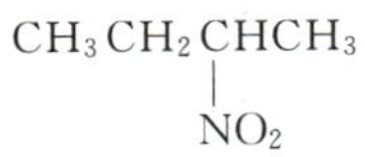

2-硝基丁烷

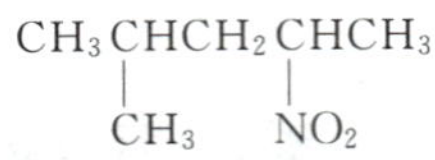

2-甲基-4-硝基戊烷

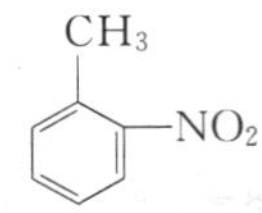

邻硝基甲苯

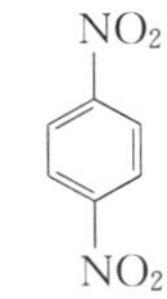

对二硝基苯

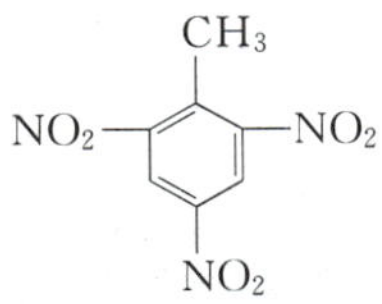

2,4,6-三硝基甲苯（TNT）

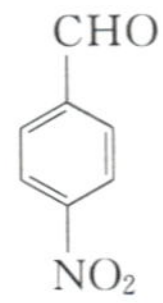

对硝基苯甲醛

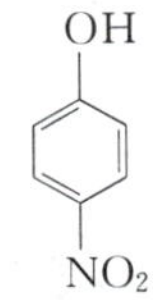

对硝基苯酚

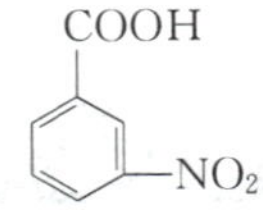

间硝基苯甲酸

二、硝基化合物的物理性质

脂肪族硝基化合物是难溶于水、易溶于有机溶剂、相对密度大于1的无色有香味的液体。芳香族硝基化合物，一般为淡黄色，有苦杏仁气味，除少数一元硝基化合物是高沸点液体外，多数是固体。芳香族硝基化合物一般都有毒性，容易引起肝、肾和血液中毒。芳香族多硝基化合物都有极强的爆炸性，使用时应注意安全。硝基化合物的物理常数见表11-1。

表11-1 硝基化合物的物理常数

名　称	熔点/℃	沸点/℃	相对密度(d_4^{20})	名　称	熔点/℃	沸点/℃	相对密度(d_4^{20})
硝基苯	5.7	210.8	1.203	邻硝基甲苯	4	222	1.163
邻二硝基苯	118	319	1.565	间硝基甲苯	16	231	1.157
间二硝基苯	89.8	291	1.571	对硝基甲苯	52	238.5	1.286
对二硝基苯	174	299	1.625	2,4-二硝基甲苯	70	300	1.521
均三硝基苯	122	分解	1.688	1-硝基萘	61	304	1.322

三、硝基化合物的化学性质

由于芳香族硝基化合物的实用价值比脂肪族硝基化合物重要得多，所以本章主要学习芳香族硝基化合物的化学性质。

1. 硝基化合物的还原

硝基的还原是芳香族硝基化合物最重要的性质。硝基是不饱和基团，与羰基相似可以被还原。随着还原条件的不同，芳香族硝基化合物可被还原成不同的产物。如硝基苯可被还原成亚硝基苯、*N*-羟基苯胺、氧化偶氮苯、偶氮苯、氢化偶氮苯等，用强还原剂还原的最终产物是苯胺。常用的还原方法有催化加氢法和化学还原剂还原法。例如：

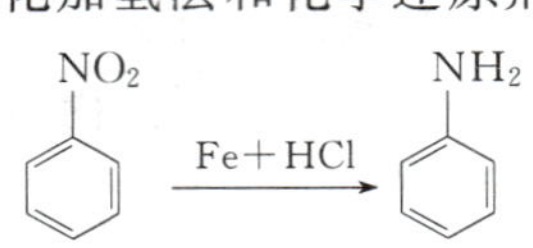

苯胺

苯胺为无色液体，沸点184℃，具有不愉快臭味，有毒，微溶于水，易溶于有机溶剂。新蒸的苯胺为无色，长期放置后因被氧化而颜色逐渐变为红棕色。

锡和盐酸也是常用的还原剂。例如：

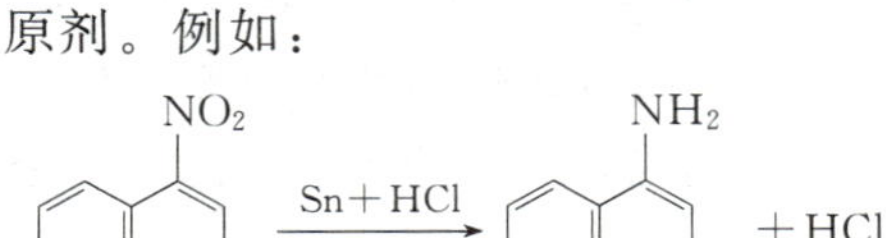

α-萘胺

α-萘胺为无色的针状结晶，熔点50℃，在空气中容易氧化变为红色。β-硝基萘因不能由萘硝化而来，所以用此法不能得到β-萘胺。

当苯环上有其他易被还原的取代基时，用氯化亚锡和盐酸还原较为适宜，因为它只还原硝基，而其他取代基不受影响。例如：

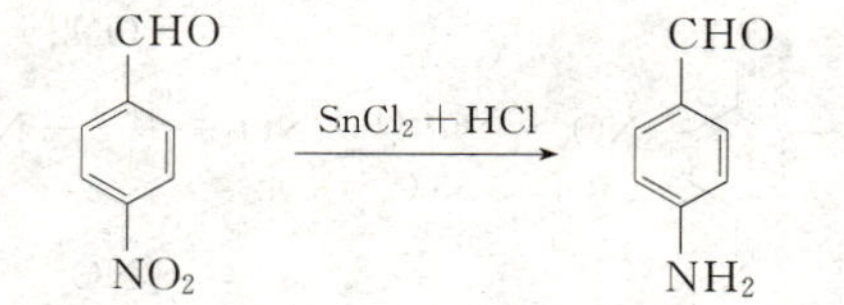

对硝基苯甲醛　　对氨基苯甲醛

使用化学还原剂，尤其是铁和盐酸时，虽然工艺简单，但污染严重。而催化加氢法是在中性条件下进行的，因而工业上多用催化加氢法。例如：

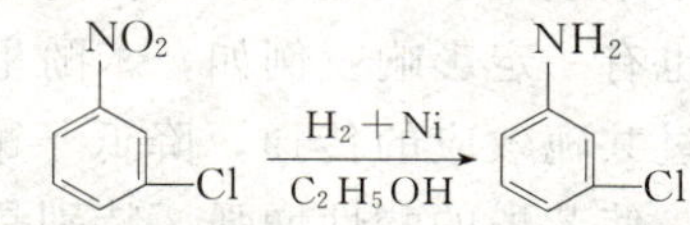

间硝基氯苯　　间氯苯胺

2. 硝基对苯环的影响

（1）对苯环亲电取代反应的影响　由于硝基是强吸电子基团，使苯环上的电子云密度降低，且邻对位降低得更多，致使硝基苯类化合物的卤化、硝化、磺化等亲电取代反应较难进行，且不能发生傅氏反应。因此硝基苯在发生亲电取代反应时比苯困难，需要在较高的温度下进行，且以间位产物为主。例如：

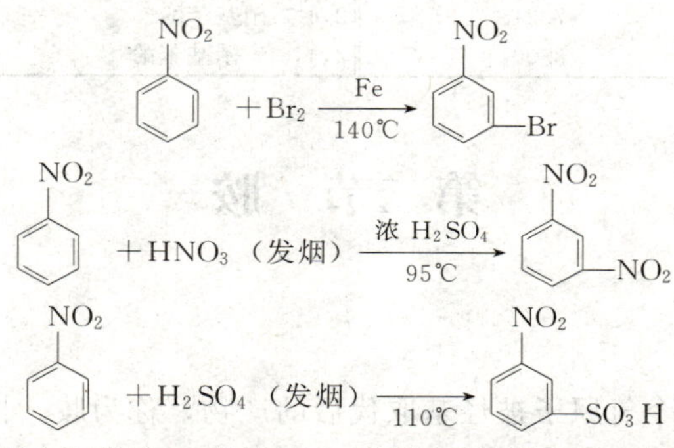

（2）对苯环上其他基团的影响　直接连在苯环上的卤原子，是较为稳定的。在卤代苯分子中，由于p-π共轭效应的影响，使得卤原子的活性非常低，一般条件下不能发生水解、醇解等亲核取代反应。例如：

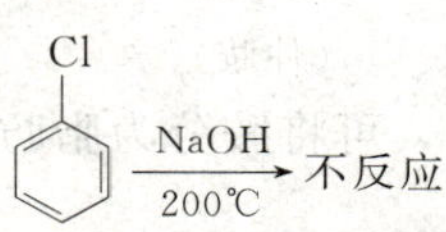

若在氯原子的邻位和对位上连有硝基时，由于硝基的吸电子效应，使苯环上的电子云密度降低，也使C—Cl键极性增强，氯原子的活性明显提高，使亲核取代反应容易进行。例如：

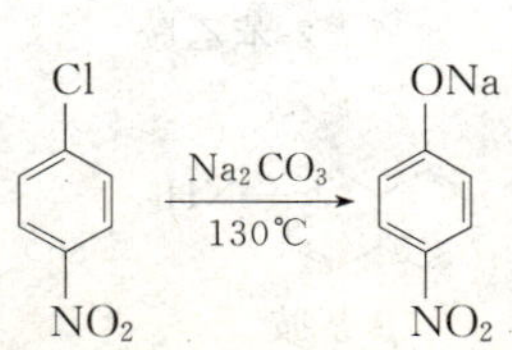

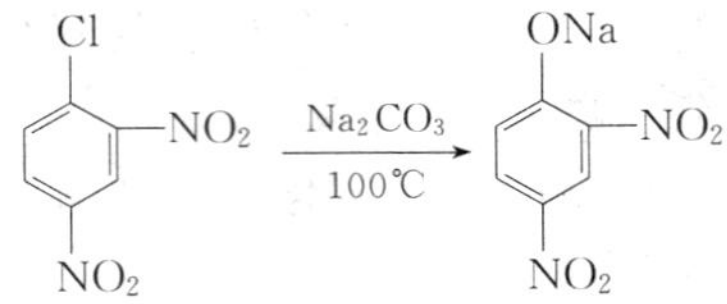

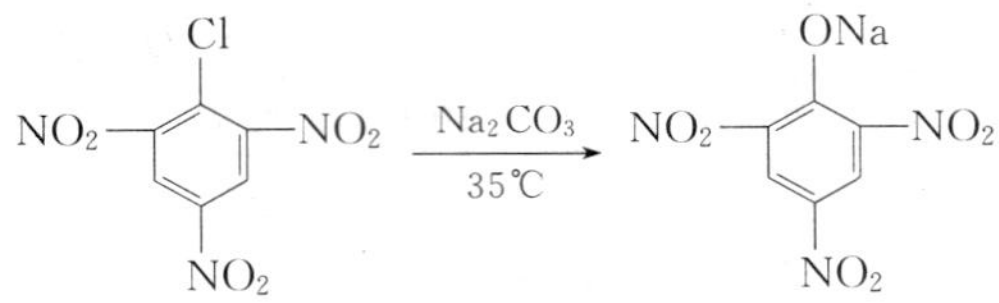

从以上例子可以看出，随着硝基的增多，反应越来越容易进行。这是由于硝基通过强吸电子的诱导效应和共轭效应，使苯环的邻对位降低得更多，与氯原子相连的碳原子显一定的电正性，有利于亲核试剂的进攻。硝基处于卤原子的间位时，则影响较弱。

硝基对苯酚或苯甲酸的酸性也有一定影响。例如，苯酚呈弱酸性，但当苯环的邻、对位上引入硝基后，吸电子的硝基通过共轭效应的传递，降低了酚羟基上氧原子的电子云密度，从而增加了氢解离成质子的能力，使苯酚的酸性增强。特别是邻、对位降低程度较大，因而邻硝基苯酚和对硝基苯酚的酸性比间硝基苯酚的酸性强，而且，硝基越多，酸性越强。表11-2 列出了苯酚及硝基苯酚的 pK_a 值。

表 11-2　苯酚及硝基苯酚的 pK_a 值

名　　称	pK_a 值(25℃)	名　　称	pK_a 值(25℃)
苯酚	10.0	对硝基苯酚	7.10
邻硝基苯酚	7.21	2,4-二硝基苯酚	4.00
间硝基苯酚	8.00	2,4,6-三硝基苯酚	0.38

第二节　胺

一、胺的分类与命名

1. 胺的分类

氨分子中的一个或几个氢原子被烃基取代后的产物，称为胺。根据氨分子中氢原子被烃基取代的数目，可将胺分成伯胺、仲胺、叔胺。例如：

$CH_3CH_2NH_2$	$(CH_3CH_2)_2NH$	$(CH_3CH_2)_3N$
乙胺	二乙胺	三乙胺
（伯胺）	（仲胺）	（叔胺）

根据胺分子中所连接烃基的不同，可将胺分为脂肪胺和芳香胺。例如：

脂肪胺：

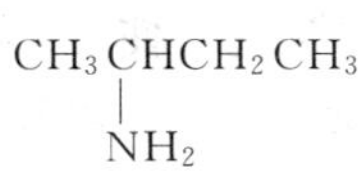

仲丁胺

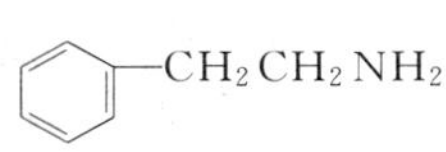

2-苯乙胺

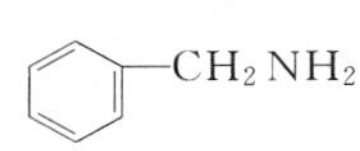

苄胺

芳香胺：

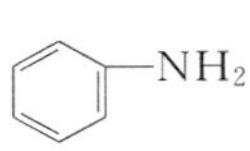

苯胺

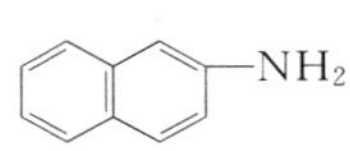

β-萘胺

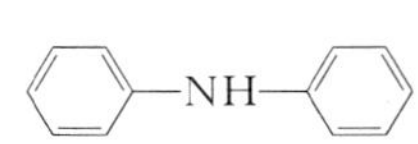

二苯胺

伯、仲、叔胺的分类和伯、仲、叔醇（或卤代烃）不同。醇或卤代烃是按照官能团所连的碳原子类型的不同而分类，而胺是按照氮原子所连的烃基的数目分类。例如：

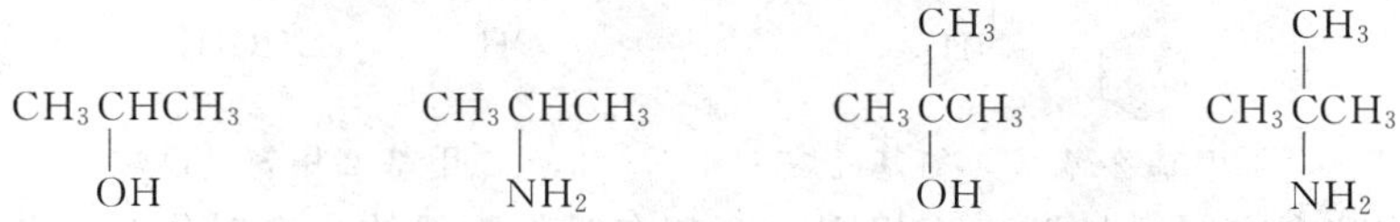

异丙醇（仲醇）　　异丙胺（伯胺）　　叔丁醇（叔醇）　　叔丁胺（伯胺）

按照分子中的氨基的数目，可分为一元胺、二元胺或多元胺。例如：

$H_2NCH_2CH_2NH_2$　　$H_2NCH_2CH_2CH_2CH_2NH_2$　　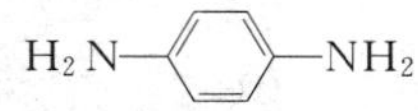

乙二胺　　1,4-丁二胺　　对苯二胺

对应于氢氧化铵或氯化铵的四烃基衍生物，称为季铵化合物。其中对应于氢氧化铵的化合物称为季铵碱；对应于氯化铵的化合物称为季铵盐。例如：

$R_4N^+OH^-$　　$R_4N^+Cl^-$

季铵碱　　季铵盐

2. 胺的命名

简单的胺，以胺为母体，按所含的烃基命名。例如：

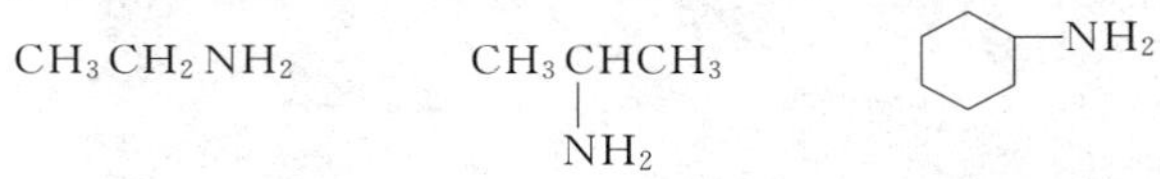

乙胺　　异丙胺　　环己胺

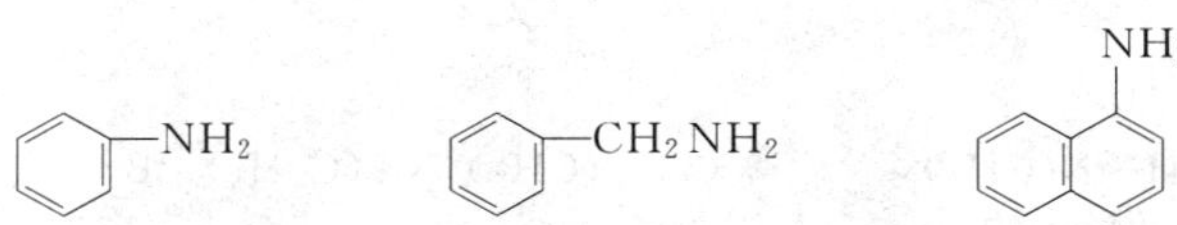

苯胺　　苯甲胺（苄胺）　　α-萘胺

当氮原子上所连接的两个或三个烃基相同时，要在取代基前面标明数目；烃基不同时，按照次序规则将优先基团放在后面。例如：

$(CH_3CH_2)_3N$　　$(CH_3)_2NCH_2CH_3$　　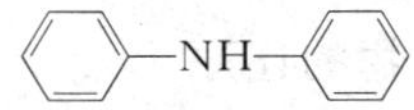

三乙胺　　二甲乙胺　　二苯胺

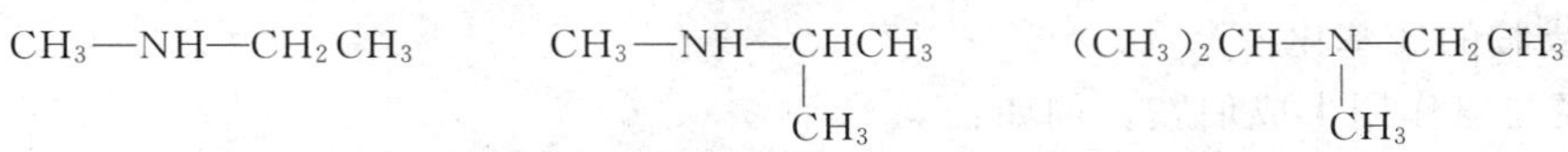

甲乙胺　　甲异丙胺　　甲乙异丙胺

当氮原子上同时连有芳基和烷基时，则以芳胺为母体，命名时在烷基名称前加上英文字母“*N*”，表示烷基是连在氮原子上。例如：

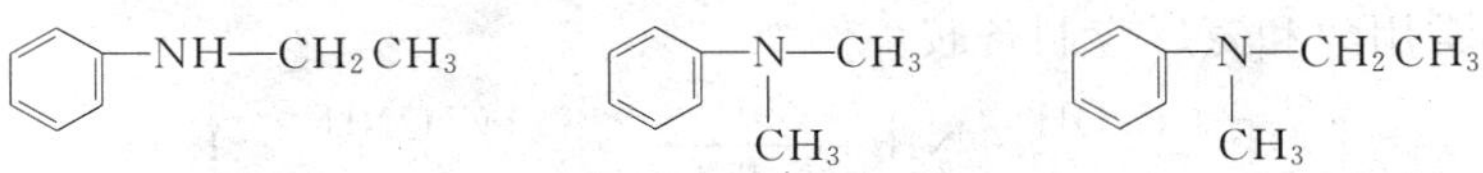

N-乙基苯胺　　*N*,*N*-二甲基苯胺　　*N*-甲基-*N*-乙基苯胺

较复杂的胺，一般将氨基看成取代基来命名。例如：

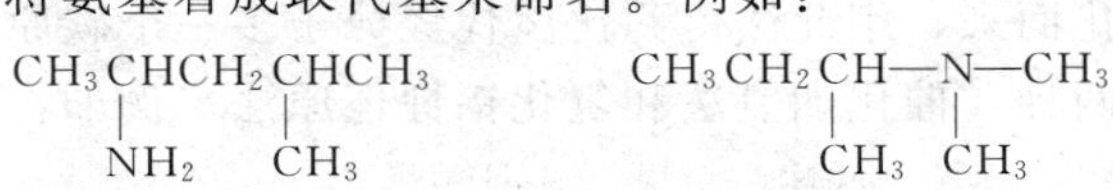

2-甲基-4-氨基戊烷　　2-二甲氨基丁烷

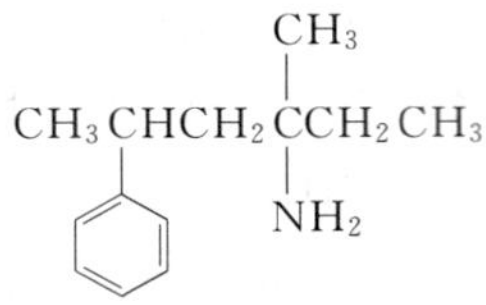
4-甲基-2-苯基-4-氨基己烷

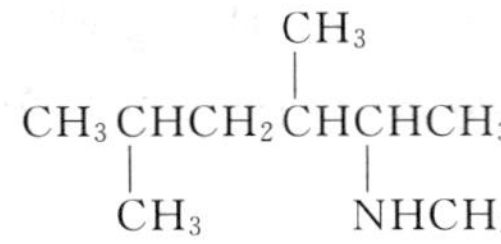
3,5-二甲基-2-甲氨基己烷

多官能团芳胺命名时，按照次序规则，氨基有时作为母体，有时作为取代基。例如：

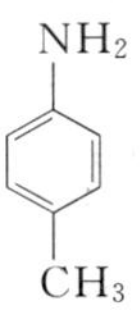
对甲基苯胺

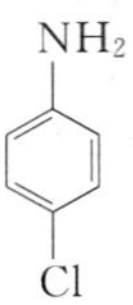
对氯苯胺

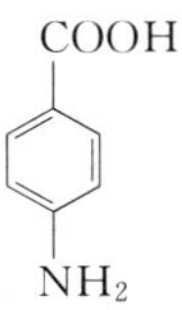
对氨基苯甲酸

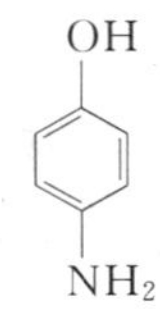
对氨基苯酚

季铵类化合物的命名则与氢氧化铵或铵盐的命名相似。例如：

$[(CH_3)_4N^+]Cl^-$ 氯化四甲铵　　$[(CH_3)_4N^+]OH^-$ 氢氧化四甲铵　　$[(CH_3)_3N^+CH_2CH_3]Br^-$ 溴化三甲基乙基铵

命名时，要注意“氨”、“胺”和“铵”字的用法。当作取代基时，如氨基、甲氨基等用“氨”字；当作母体时，如乙胺、苯胺等用“胺”字；季铵类化合物则用“铵”字。

练习

11-1 命名下列化合物：

（1） $CH_3—NH—CH(CH_3)_2$

（2） 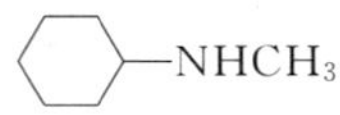

（3） 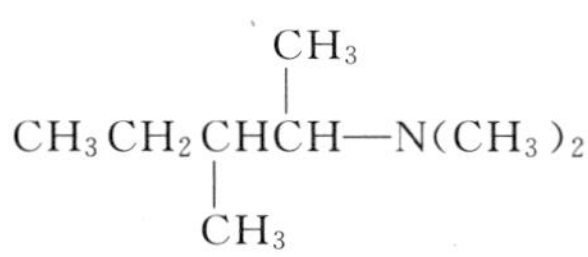

（4） $[(CH_3)_2N^+(C_2H_5)_2]Br^-$

二、胺的制备

1. 硝基化合物的还原

这是制备芳胺常用的方法（见硝基化合物的性质）。

2. 氨或胺的烃基化

卤代烃与氨作用生成伯胺。例如：

$$CH_3CH_2Br+2NH_3 \longrightarrow CH_3CH_2NH_2+NH_4Br$$

继续与卤代烃反应，生成仲胺，反应继续下去生成叔胺和季铵盐。

由于卤代芳烃的卤原子不活泼，与氨反应困难，因此制备芳胺一般不用此法。

工业上，也常用醇和氨反应制备胺。例如：

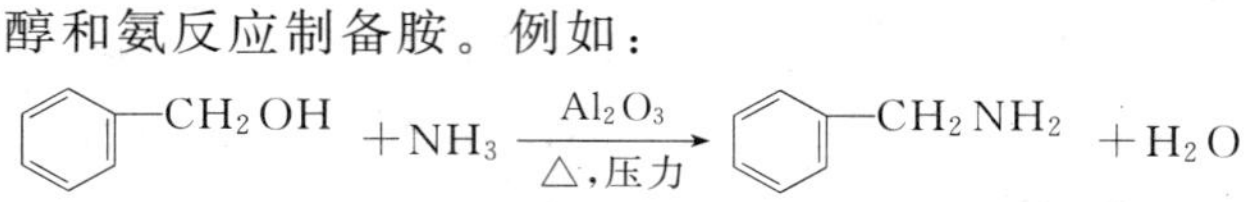

3. 腈的还原

腈可以由卤代烃转化而来，用此法得到比卤代烃分子多一个碳原子的腈。腈还原生成伯胺。常用的还原方法有两种：催化加氢法和氢化铝锂还原法。例如：

$$RCH_2X \xrightarrow{NaCN} RCH_2CN \xrightarrow[\text{加压},\triangle]{H_2,Ni} RCH_2CH_2NH_2$$

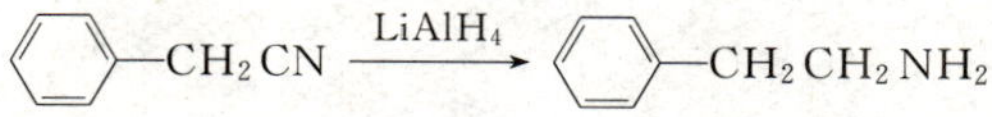

4. 酰胺的还原

酰胺用氢化铝锂还原也生成胺。例如：

$$CH_3CH_2\overset{O}{\overset{\|}{C}}-NH_2 \xrightarrow{LiAlH_4} CH_3CH_2CH_2NH_2$$

5. 酰胺的霍夫曼降级反应

酰胺与次卤酸钠作用，脱去羰基，生成少一个碳原子的伯胺。例如：

$$CH_3CH_2\overset{O}{\overset{\|}{C}}-NH_2 \xrightarrow[NaOH]{Br_2} CH_3CH_2NH_2$$

练习

11-2 完成下列转变：

(1) $CH_3CH_2CH_2Br \longrightarrow CH_3CH_2CH_2CH_2NH_2$

(2) $CH_3CH_2CH_2COOH \longrightarrow CH_3CH_2CH_2NH_2$

(3) $CH_3CH_2OH \longrightarrow H_2NCH_2(CH_2)_2CH_2NH_2$

(4) 

三、胺的物理性质

在常温下，低级脂肪胺是气体，丙胺以上是液体，高级脂肪胺是固体。低级胺有令人不愉快的，或是很难闻的气味。例如三甲胺有鱼腥味，丁二胺（腐胺）和戊二胺（尸胺）有动物尸体腐烂后的恶臭味。高级胺不易挥发，气味很小。芳胺为高沸点液体或低熔点固体，气味虽比脂肪胺小，但毒性较大，无论是吸入它们的蒸气或皮肤与之接触都会引起中毒。有些芳胺，如 *β*-萘胺、联苯胺还有致癌作用。

由于胺分子中的氮原子能与水形成氢键，所以低级脂肪胺在水中的溶解度都比较大。伯胺和仲胺能形成分子间的氢键，但由于氮原子的电负性小于氧原子，所以胺的氢键缔合能力比较弱，其沸点比相对分子质量相近的醇低。胺的物理常数见表 11-3。

表 11-3　胺的物理常数

名　称	熔点/℃	沸点/℃	相对密度(d_4^{20})	名　称	熔点/℃	沸点/℃	相对密度(d_4^{20})
甲胺	−93.5	−6.3	0.796(−10℃)	乙二胺	8.5	116.5	0.899
二甲胺	−93	7.4	0.660(0℃)	苯胺	−6.3	184	1.022
三甲胺	−117.2	9.9	0.773	*N*-甲基苯胺	−57	196.3	0.989
乙胺	−81	16.6	0.706(0℃)	*N*,*N*-二甲基苯胺	2.5	194	0.956
二乙胺	−48	56.3	0.705	二苯胺	54	302	1.159
三乙胺	−114.7	89.4	0.756	联苯胺	127	401.7	1.250
正丙胺	−83	47.8	0.719	*α*-萘胺	50	300.8	1.131
正丁胺	−49.1	77.8	0.740	*β*-萘胺	113	306.1	1.061

四、胺的化学性质

1. 胺的碱性

胺与氨相似，分子中的氮原子上含有未共用电子对，能与 H^+ 结合而显碱性。

$$R—NH_2+HCl \rightleftharpoons R—NH_3^+Cl^-$$

胺的碱性以碱性电离常数 K_b 或其负对数值 pK_b 表示，K_b 值越大或 pK_b 值越小，胺的碱性越强。

表 11-4 某些胺的 pK_b 值

名称	pK_b	名称	pK_b
甲胺	3.38	苯胺	9.37
二甲胺	3.27	*N*-甲基苯胺	9.16
三甲胺	4.21	*N*,*N*-二甲基苯胺	8.93
乙胺	3.29	二苯胺	13.21
二乙胺	3.0	对氯苯胺	10.02
正丁胺	3.23	对硝基苯胺	13.0

从表 11-4 数值可看出，脂肪胺的碱性比氨强，而芳香胺的碱性比氨弱很多。

脂肪胺＞氨＞芳香胺

pK_b　　3～5　4.75　9～10

在脂肪胺中，由于烷基是供电子基，使氮原子上的电子云密度增加，接受质子能力增强，故碱性增强。从诱导效应看，烷基越多，胺的碱性应越强。但依照表中 pK_b 值，伯、仲、叔胺的碱性强弱次序为：

二甲胺＞甲胺＞三甲胺

这是因为影响碱性的因素很多，除诱导效应外，还有空间效应、溶剂化效应。从空间效应看，由于烷基数目的增加，在空间所占的位置也增大，这样给氮原子以屏蔽作用，阻碍了氮原子上的未共用电子对与质子的结合，因此叔胺的碱性降低。从溶剂化效应看，胺分子中的氮上的氢原子越多，则与水形成氢键的机会就越多，溶剂化的程度就越大，形成的铵正离子就越稳定，碱性就越强。因此，胺的碱性强弱是诱导效应、空间效应和溶剂化效应综合影响的结果。

脂肪族胺的碱性比氨强，而芳胺的碱性比氨弱，是由于氮原子上的未共用电子对与苯环形成 p-π 共轭体系，使得氮原子上的电子云向芳香环转移，从而降低了氮原子的电子云密度，减弱了与质子结合的能力，使芳胺的碱性减弱。

不同芳胺的碱性强弱顺序为：

N,*N*-二甲基苯胺＞*N*-甲基苯胺＞苯胺＞二苯胺＞三苯胺

苄胺＞对甲基苯胺＞苯胺＞对氯苯胺＞对硝基苯胺

由于胺是弱碱，它与强无机酸反应生成的铵盐再加入强碱后，胺又重新被游离出来。例如：

$$CH_3CH_2NH_3^+Cl^-+NaOH \longrightarrow CH_3CH_2NH_2+NaCl+H_2O$$

此性质可用于混合物中胺的分离和精制。

练习

11-3 将下列各组化合物，按碱性由大到小的顺序排列：

（1）二乙胺、乙二胺、苯胺、苯甲酰胺

（2）苯胺、苄胺、对氯苯胺、对硝基苯胺

（3）苯胺、乙酰苯胺、邻苯二甲酰亚胺、对甲基苯胺

---

2. 胺的烷基化反应

胺和卤代烷、醇等试剂反应，能在氮原子上引入烷基，该反应称为胺的烷基化反应。

$$CH_3CH_2NH_2 + CH_3CH_2Br \longrightarrow (CH_3CH_2)_2NH$$

生成的仲胺继续与卤代烷或醇反应生成叔胺和季铵盐。

$$(CH_3CH_2)_2NH + CH_3CH_2Br \longrightarrow (CH_3CH_2)_3N$$

$$(CH_3CH_2)_3N + CH_3CH_2Br \longrightarrow (CH_3CH_2)_4N^+Br^-$$

胺和氨的烷基化往往得到各种胺和季铵盐的混合物。工业上是采用分馏的方法将它们分离。也可以利用反应物摩尔比的不同，以及通过控制反应温度、时间等，使某一种胺为主要产物。

反应中使用的卤代烃一般是伯卤代烃，仲卤代烃产率较低，而叔卤代烃与氨发生的主要是消除反应，而不是取代反应。例如：

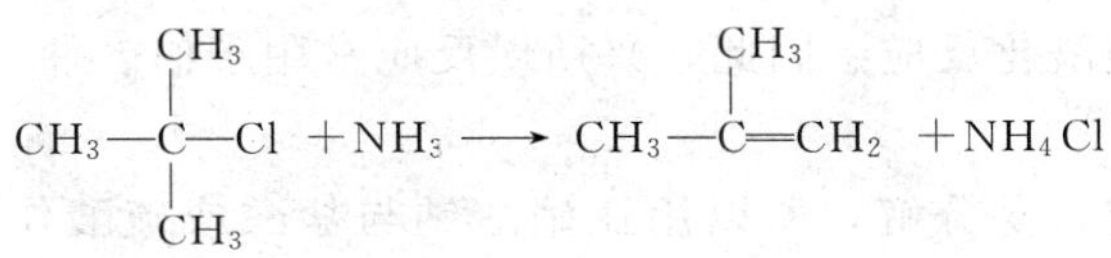

3. 胺的酰基化反应

伯胺和仲胺能与酰卤、酸酐或羧酸反应，在氮原子上引入酰基，生成*N*-烷基取代酰胺，该反应称为胺的酰基化反应。叔胺的氮原子上由于没有氢原子，故不能发生酰基化反应。例如：

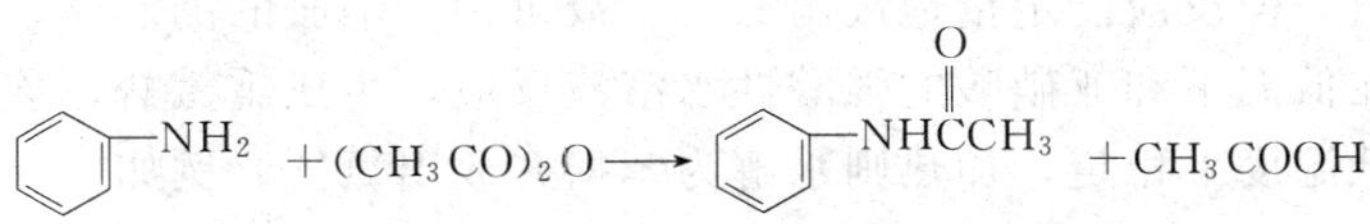

乙酰苯胺

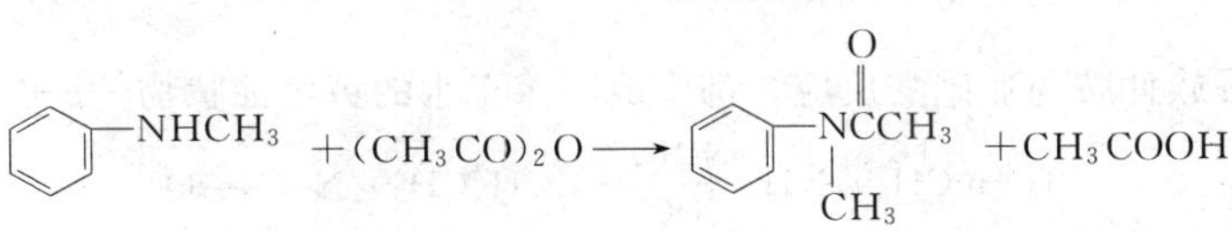

N-甲基乙酰苯胺

酰胺水解后重新生成原来的胺。例如：

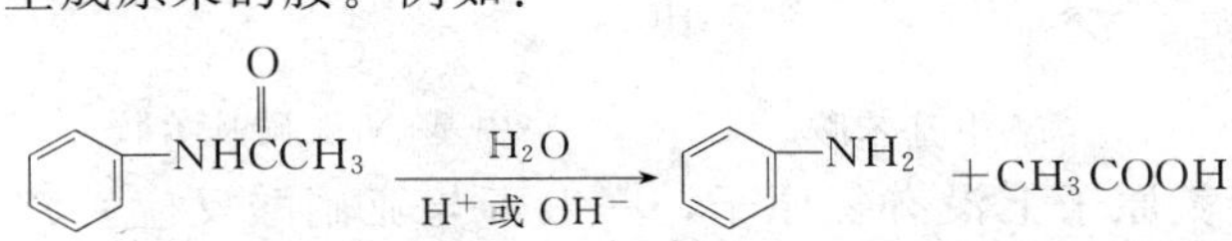

由于苯胺易被氧化，而苯胺的酰基衍生物比较稳定，故在有机合成中常用酰基化反应来保护氨基。例如：

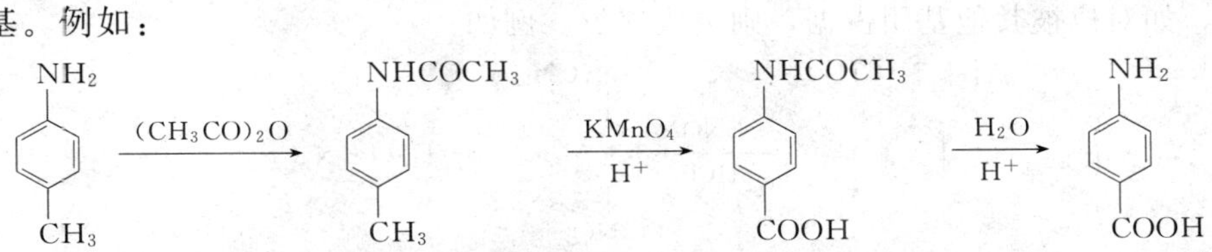

N-对甲苯基乙酰胺　　对乙酰氨基苯甲酸　　对氨基苯甲酸

4. 胺的磺酰化反应

伯胺和仲胺与苯磺酰氯或对甲苯磺酰氯反应，生成磺酰胺，称为磺酰化反应，又称为兴斯堡（Hinsberg）反应。例如：

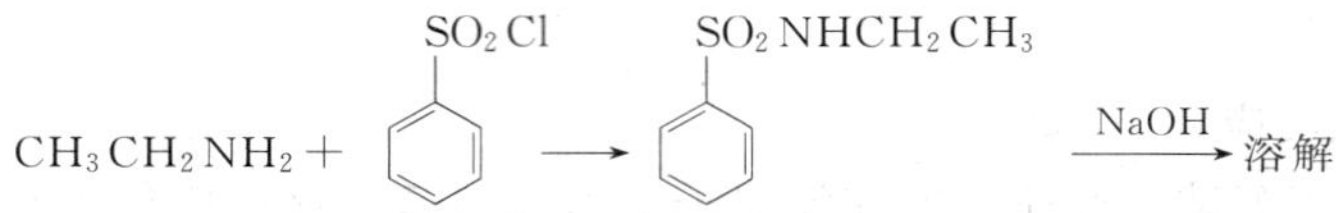

苯磺酰氯　　N-乙基苯磺酰胺

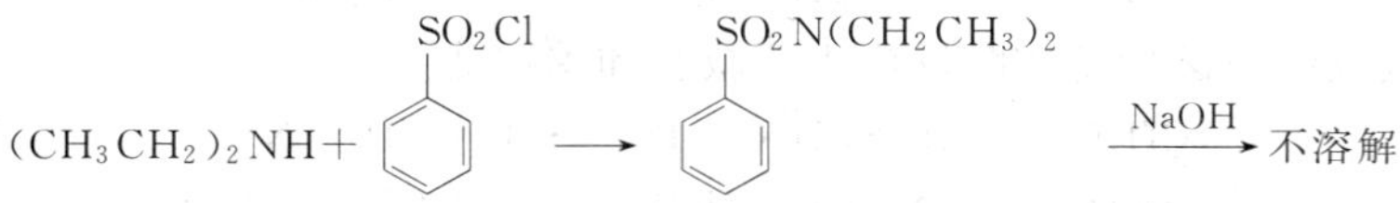

N,N-二乙基苯磺酰胺

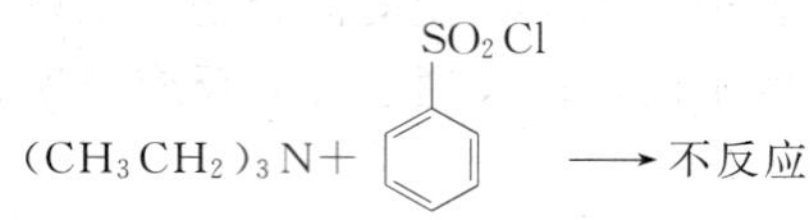

伯胺与苯磺酰氯的反应产物，由于氮原子上还有一个氢，具有弱酸性，可溶于强碱而成盐；仲胺的反应产物由于氮原子上没有氢，不溶于碱，而是呈固体状态析出；叔胺的氮原子上没有氢，故不发生磺酰化反应。因此，兴斯堡反应常用于伯、仲、叔胺的鉴别和分离。

5. 与亚硝酸反应

由于亚硝酸不稳定，易分解，所以用亚硝酸钠与盐酸或硫酸作用生成亚硝酸后参与反应。伯、仲、叔胺与亚硝酸反应的产物各不相同。

脂肪族伯胺与亚硝酸反应，生成醇、烯烃等混合物，并放出氮气。例如：

$$CH_3CH_2NH_2 \xrightarrow[HCl]{NaNO_2} CH_3CH_2\overset{+}{N}{\equiv}NCl^- \longrightarrow \text{醇、烯烃等} + N_2\uparrow$$

此反应无实用价值，但反应能定量地放出氮气，故可用于伯胺的测定。

芳香族伯胺在低温下和亚硝酸的强酸性水溶液反应，生成重氮盐，该反应称为重氮化反应。重氮盐在较低温度下稳定，加热则水解为苯酚并放出氮气。例如：

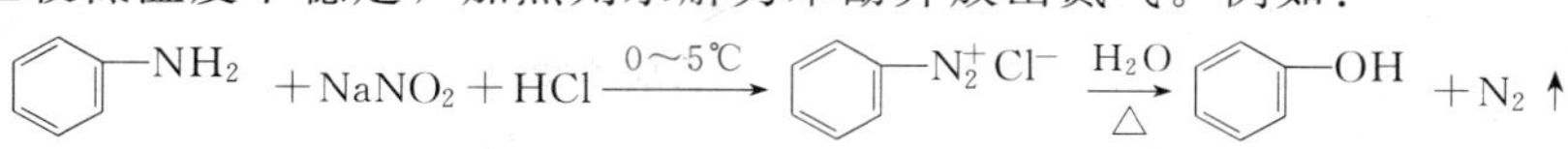

脂肪族和芳香族仲胺与亚硝酸反应，都生成不溶于水的黄色油状物——N-亚硝基胺。例如：

$$(CH_3CH_2)_2NH \xrightarrow[HCl]{NaNO_2} (CH_3CH_2)_2N{-}N{=}O$$

N-亚硝基二乙胺

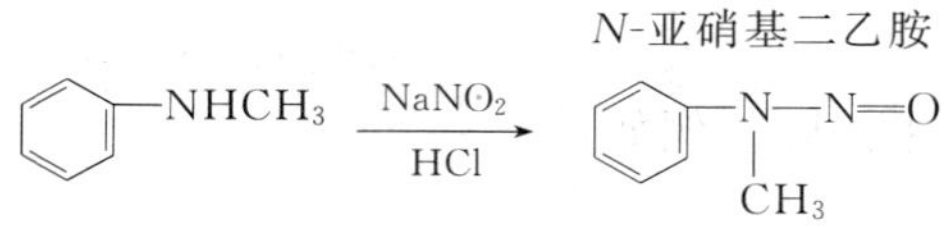

N-甲基苯胺　　N-甲基-N-亚硝基苯胺

脂肪族叔胺由于氮原子上没有氢原子，一般不与亚硝酸反应。芳香族叔胺与亚硝酸作用，则是在芳环上发生亲电取代反应，在氨基的对位上去一个亚硝基，生成有颜色的对亚硝基化合物，如对位被其他基团占据，则进攻邻位。例如：

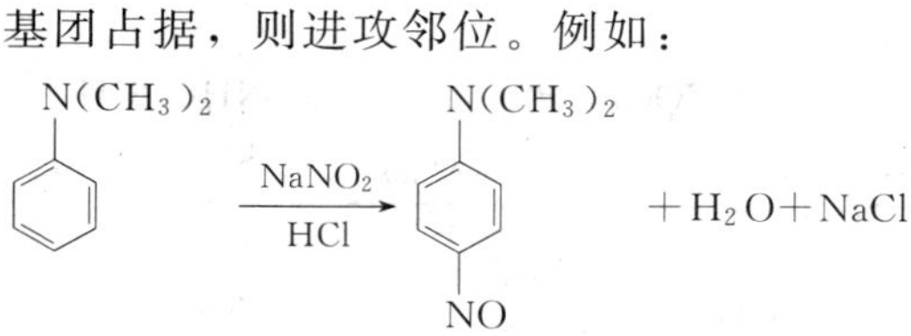

对亚硝基-N,N-二甲基苯胺

由于三种胺与亚硝酸反应后产物的颜色和物态各不相同，可以用来鉴别伯、仲、叔胺。

6. 胺的氧化

胺尤其是芳香胺很容易被氧化。例如，纯苯胺是无色透明液体，但在空气中放置后，颜色逐渐变为黄色至红棕色，这就是夹杂了氧化产物的结果，故芳胺应避光保存在棕色瓶中。氧化产物很复杂，其中包含了聚合、氧化水解等反应的产物。胺的氧化反应因氧化剂的不同而生成不同的产物。例如，在酸性条件下，苯胺用二氧化锰氧化生成对苯醌，对苯醌还原后生成对苯二酚。

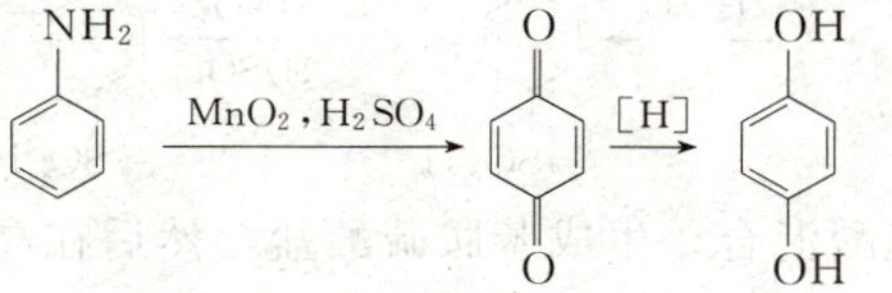

对苯醌　对苯二酚

这是以苯胺为原料制备对苯二酚的方法。对苯醌易挥发，有毒，气味与臭氧相似。

7. 苯环上的取代反应

由于氨基是邻、对位定位基，具有较强的致活性，因此苯胺容易发生卤化、硝化、磺化等亲电取代反应。

(1) 卤化反应　苯胺与卤素很容易发生卤化反应。例如，在常温下苯胺与溴水作用，立即生成不溶于水的2,4,6-三溴苯胺的白色沉淀。此反应很难停留在一元取代阶段。该反应是定量进行的，可用于苯胺的定性和定量分析。

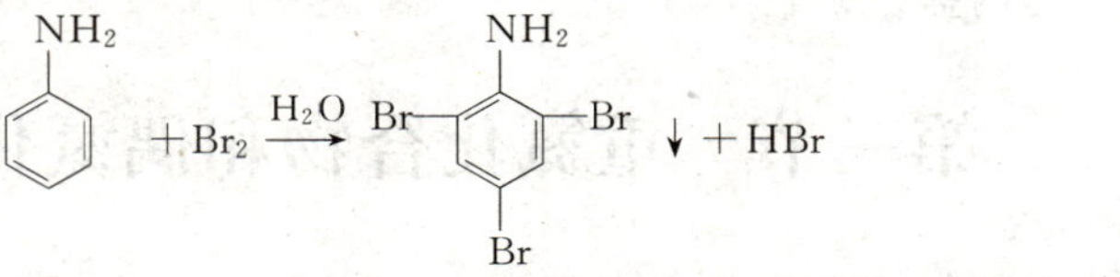

(白色)

为制取一溴苯胺，必须设法降低氨基的活性。通常是由苯胺经酰基化后转化为乙酰苯胺，再溴化，最后水解去掉乙酰基。由于乙酰氨基是比氨基活性较弱的邻、对位定位基且又空间障碍大，因此取代主要发生在乙酰氨基的对位。

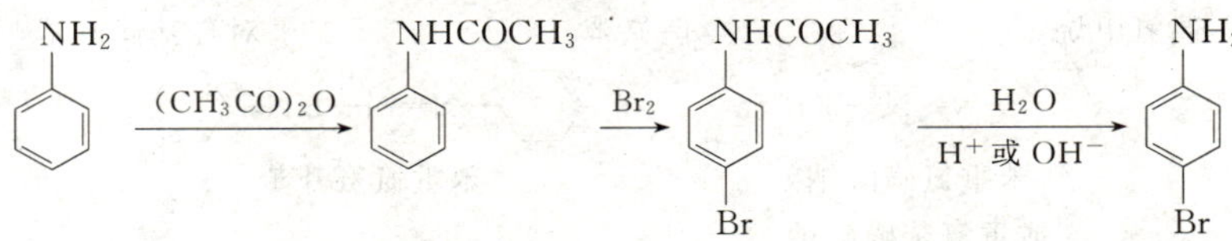

(2) 硝化　由于苯胺容易被氧化，其硝化反应不能直接进行，应先将氨基保护起来。根据产物的不同，采用不同的保护方法。

如要制备对硝基苯胺，需将苯胺转变为乙酰苯胺，然后再硝化、水解。由于乙酰氨基空间障碍大，主要产物是对硝基苯胺。

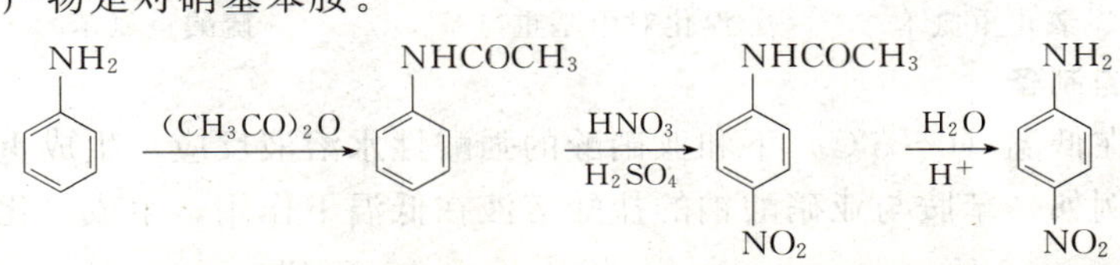

若要制备间硝基苯胺，可先将苯胺溶于浓硫酸中，使之转变为苯胺硫酸盐以保护氨基，

然后再进行硝化。由于生成的—NH_3^+ 是间位定位基，故主要产物为间位取代物。

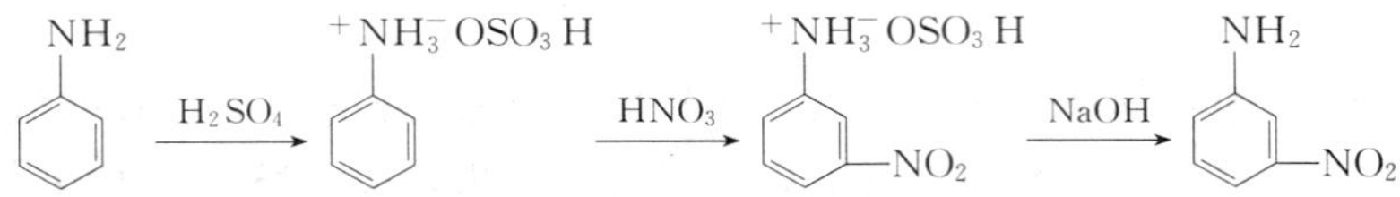

但通常制备间硝基苯胺是由间二硝基苯经部分还原得到的。

要制备邻硝基苯胺，可将乙酰苯胺用磺基占位法来制备。

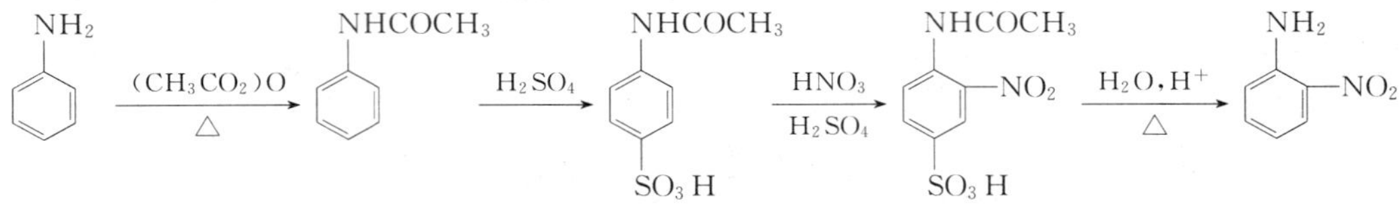

（3）磺化　苯胺与浓硫酸混合，生成苯胺硫酸盐，然后在高温下将此盐加热脱水，则重排为对氨基苯磺酸。

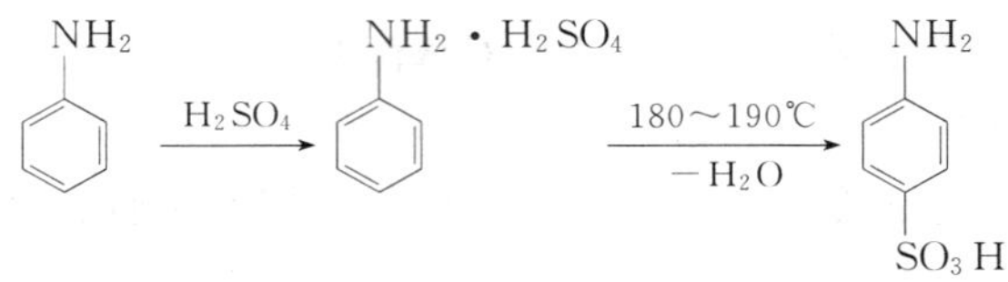

对氨基苯磺酸，俗称磺胺酸，白色晶体，熔点 288℃，微溶于冷水，几乎不溶于乙醇、乙醚、苯等有机溶剂，是制备偶氮染料和磺胺药物的原料。

对氨基苯磺酸分子内同时含有碱性的氨基和酸性的磺基，是两性化合物，可以分子内形成盐，这种盐称为内盐。

第三节　重氮化合物和偶氮化合物

重氮化合物和偶氮化合物分子中都含有—N═N—官能团。—N═N—官能团的两端都和碳原子直接相连的化合物称为偶氮化合物；如果一端与非碳原子直接相连的化合物则称为重氮化合物。它们都是合成产物，自然界中不存在。例如：

$CH_3—N═N—CH_3$
偶氮甲烷

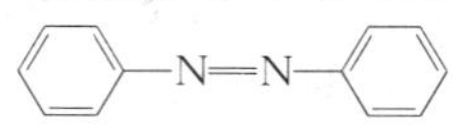
偶氮苯

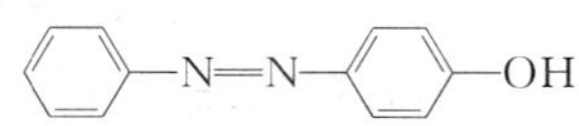
对羟基偶氮苯

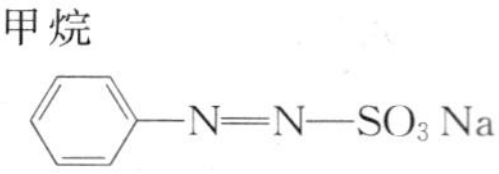
苯重氮磺酸钠
或重氮苯磺酸钠

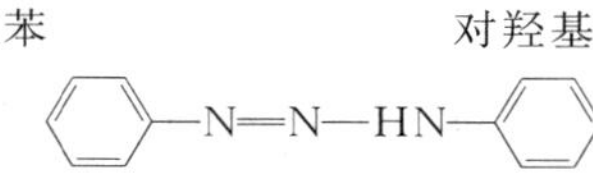
苯重氮氨基苯

一、重氮盐的命名

重氮盐的命名方法与盐的命名相似，先命名负离子，然后命名重氮基。例如：

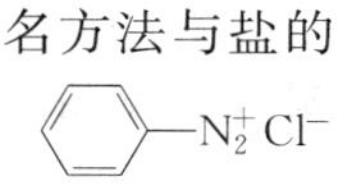
氯化重氮苯

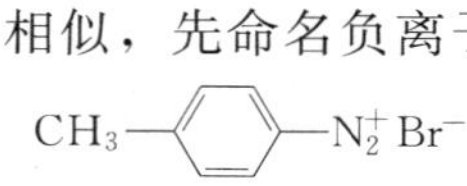
溴化对甲基重氮苯

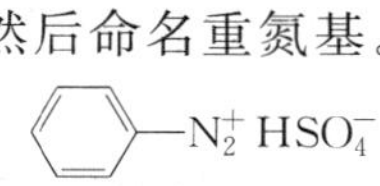
硫酸重氮苯

二、重氮盐的制备

芳香族伯胺在低温（0～5℃）下和亚硝酸的强酸性水溶液反应，生成重氮盐，该反应称为重氮化反应。例如，苯胺与亚硝酸钠的盐酸溶液在低温下作用，生成氯化重氮苯。

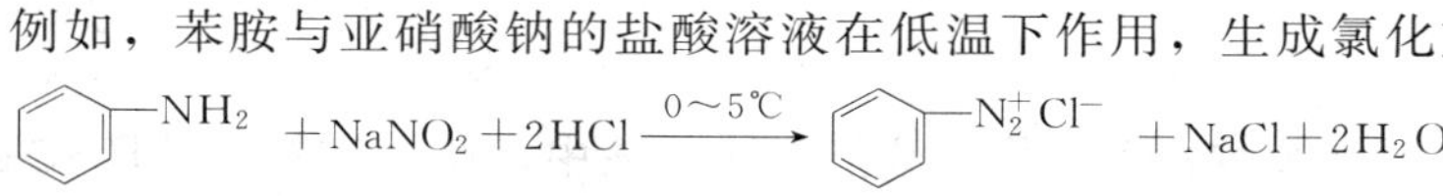

重氮化反应一般是将芳胺溶于盐酸（或硫酸）中，在低温下，滴加亚硝酸钠溶液，同时进行搅拌。反应时，酸要过量，以避免生成的重氮盐与未起反应的芳胺发生偶合反应。

三、重氮盐的性质及应用

重氮盐是无色晶体，是离子型化合物，易溶于水，不溶于有机溶剂。干燥的重氮盐极不稳定，受热或振动易发生爆炸，所以重氮化反应一般都在水溶液中进行，且保持在 0～5℃的较低温度。生成后的重氮盐不需从水溶液中分离，可直接用于下一步的反应中。

重氮盐是活泼的中间体，可发生许多化学反应。这些反应分为放出氮的反应和保留氮的反应两类。

1. 放出氮的反应——重氮基被取代的反应

重氮盐中的重氮基在一定条件下，可以被羟基、氢、卤素、氰基等原子或基团取代，生成多种芳烃的衍生物，同时放出氮气。

(1) 被氢原子取代　重氮盐与还原剂次磷酸（H_3PO_2）或乙醇作用，则重氮基被氢原子所取代。该反应提供了一个从芳环上除去氨基的方法，所以又称为脱氨基反应。例如：

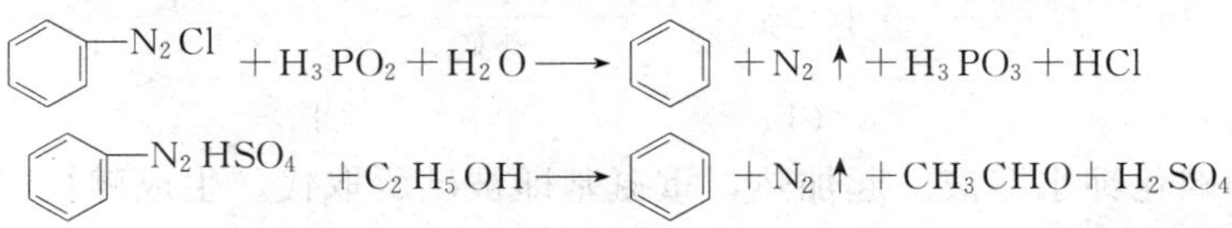

利用重氮盐的脱氨基反应，虽然增加了反应步骤，但它可以合成用直接合成法无法得到的一些芳烃衍生物，因此有实用价值。例如合成均三溴苯，由于三个溴互为间位，因此由苯直接溴化得不到这个化合物。而通过硝基苯还原得到苯胺，苯胺溴化后再通过重氮盐除去氨基，即可以达到合成均三溴苯的目的。

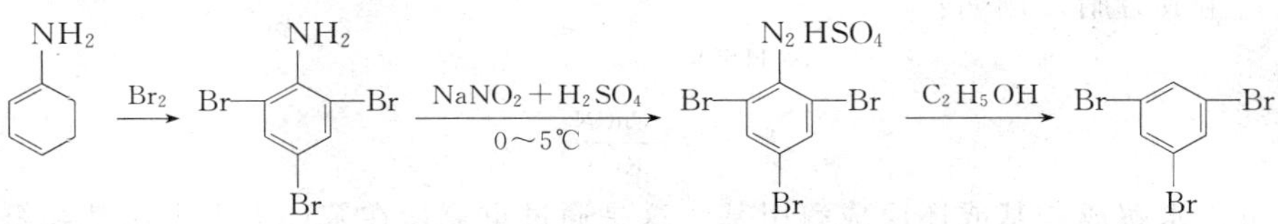

均三溴苯

又如，间甲基苯胺既不能直接从甲苯硝化制取，因为甲基是邻对位定位基；也不能从硝基苯的烷基化制取，因为硝基苯不能发生傅氏烷基化反应。而用对甲基苯胺为原料，先在氨基的邻位上引入硝基，然后脱氨基、还原硝基，则可制取间甲基苯胺。

(2) 被羟基取代　将重氮盐加热水解，重氮基则被羟基取代生成酚，并放出氮气，因此又称为重氮盐的水解反应。例如：

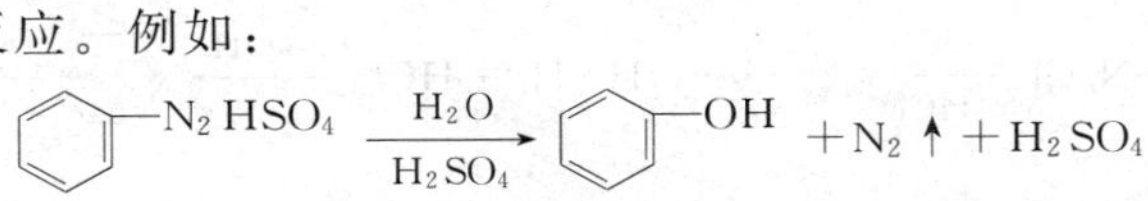

反应一般用重氮苯硫酸盐，以避免产物酚与重氮盐发生偶合反应和氯苯副产物的生成。

在合成上常通过重氮盐来制备一些不能由磺化、碱熔法制备的酚类。该法虽然工艺复杂一些，但反应条件温和。例如，间氯苯酚不宜用间氯苯磺酸通过碱熔法制备，因为氯原子在碱熔的高温条件下也会被羟基取代。常采用下面的方法来制备。

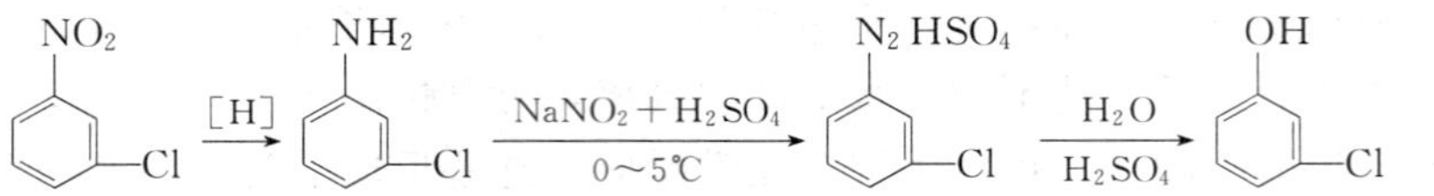

(3) 被卤原子取代　重氮盐与氯化亚铜的盐酸溶液或溴化亚铜的氢溴酸溶液一起加热，重氮基被氯原子或溴原子取代变成氯代或溴代芳烃。例如：

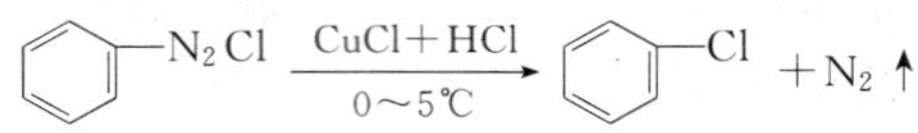

该反应常用于合成用其他方法不易或不能得到的一些卤代芳烃。例如：

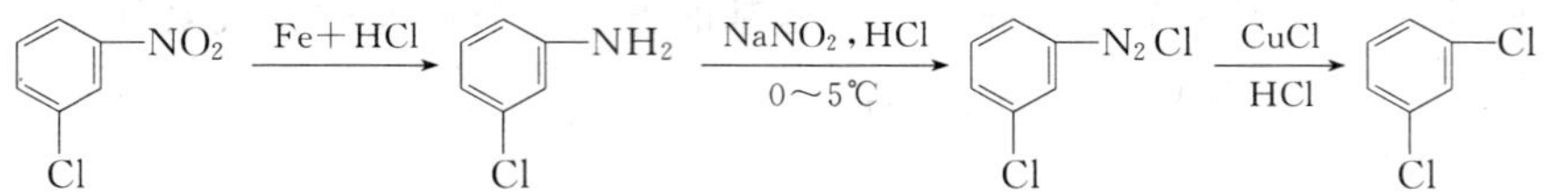

重氮盐和碘化钾水溶液一起加热，重氮基即被碘所取代，生成碘代芳烃。例如：

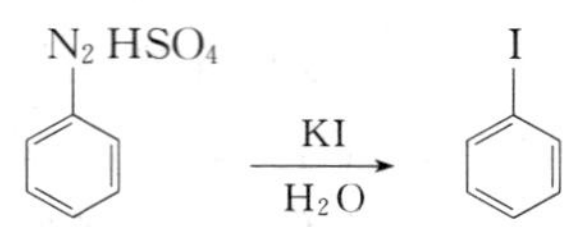

(4) 被氰基取代　在氰化亚铜或铜粉存在下，重氮盐与氰化钾水溶液反应，则重氮基被氰基取代，生成芳腈。例如：

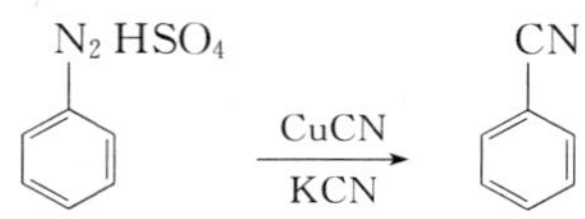

氰基可以水解成羧基或还原成氨甲基，这是通过重氮盐在苯环上引入羧基和氨甲基的一个方法。例如：

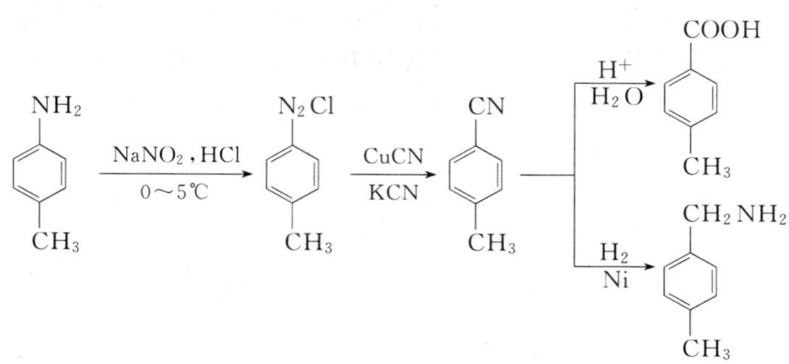

2. 保留氮的反应——还原反应和偶合反应

重氮盐反应后，重氮基的两个氮原子仍保留在产物的分子中，称为保留氮的反应。

(1) 还原反应　重氮盐与还原剂二氯化锡和盐酸（或亚硫酸钠）反应，重氮键不断裂而得到苯肼。

苯肼

纯苯肼是无色油状液体，熔点 19.8℃，具有强还原性。苯肼毒性较大，使用时要注意不可与皮肤接触。苯肼是合成染料和医药的原料。

（2）偶合反应　重氮盐与酚或芳胺作用，生成有颜色的偶氮化合物的反应，称为偶合反应或偶联反应。例如：

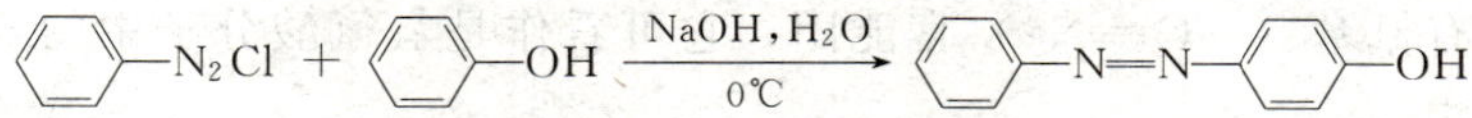

重氮组分　偶联组分　对羟基偶氮苯（橘红色）

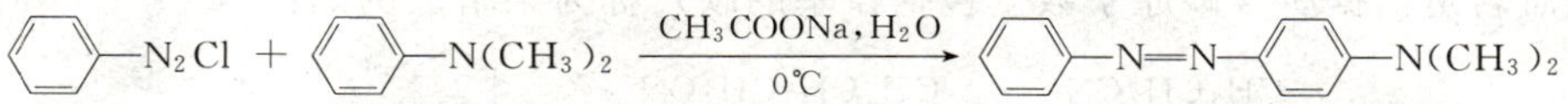

重氮组分　偶联组分　对二甲氨基偶氮苯（黄色）

参加偶合反应的重氮盐，称为重氮组分，与其偶合的酚和芳胺称为偶联组分。重氮正离子 ArN_2^+ 是一个弱的亲电试剂，因此只能与酚或芳胺这类活泼的芳香族化合物作用。受电子效应和空间效应的影响，偶合反应通常发生在羟基或氨基的对位，如对位被其他基团所占据，则在邻位上发生偶合反应。例如：

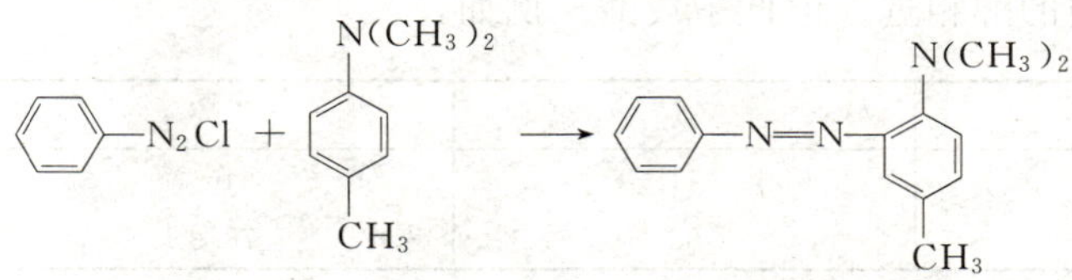

5-甲基-2-二甲氨基偶氮苯

偶合反应的产物，一般都是有颜色的物质，其中许多可以作为染料。由于分子中均含有偶氮基，故称为偶氮染料。例如，甲基橙就是由对氨基苯磺酸经重氮化后，与 *N*,*N*-二甲基苯胺发生偶合反应而得到的。

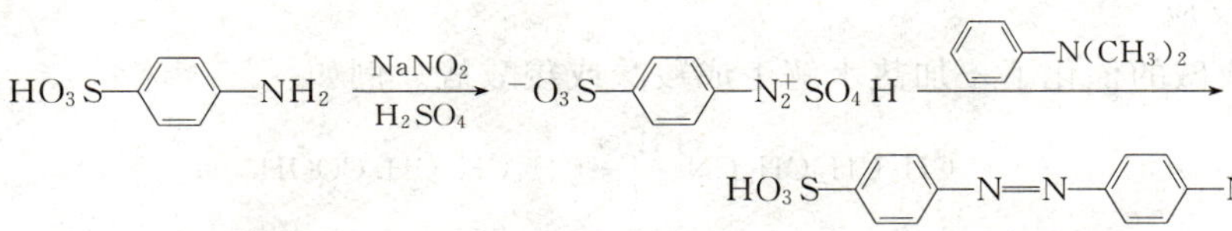

甲基橙

甲基橙由于在酸碱溶液中显示不同的颜色，常被用作酸碱指示剂。

偶氮苯在碱性条件下与锌粉作用可被还原成氢化偶氮苯：

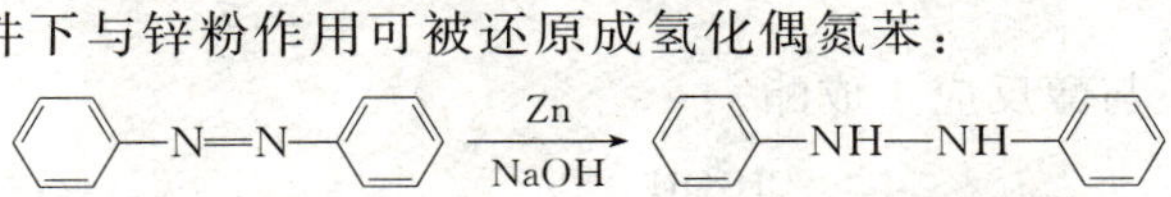

氢化偶氮苯

如在酸性条件下用锌粉或 $SnCl_2$ 还原，则偶氮苯或氢化偶氮苯都被还原成苯胺：

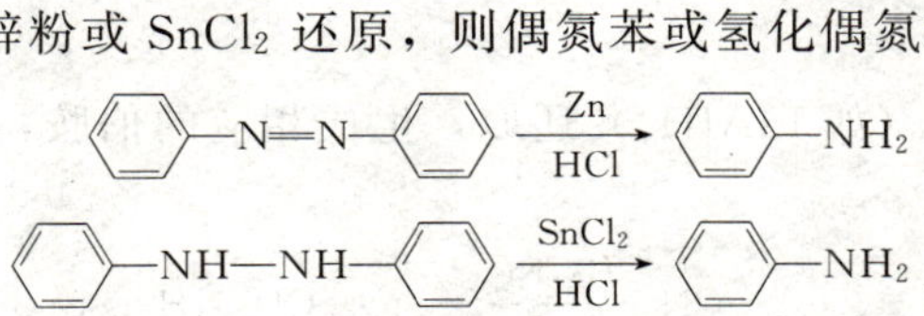

氢化偶氮苯的一个重要反应是在酸性条件下，发生重排生成联苯胺：

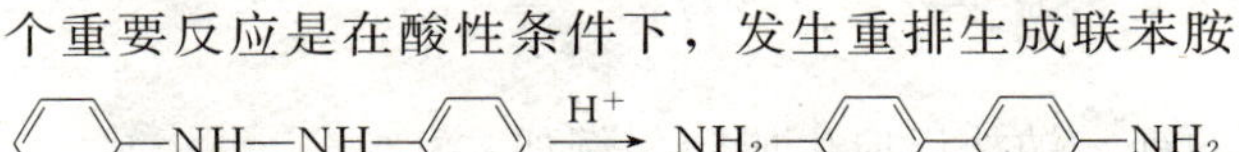

联苯胺

这个重排反应比较复杂，除联苯胺外，还有其他产物生成，但其反应历程尚无一致看法。

第四节 腈

一、腈的命名

腈分子中含有氰基（$—C\equiv N$）官能团，它可看作是氢氰酸分子中的氢原子被烃基取代所生成的化合物。

腈的命名是根据所含碳原子数（包括氰基的碳）称为某腈。例如：

CH_3CH_2CN　　　$CH_3CH_2CH_2CN$

丙腈　　　丁腈

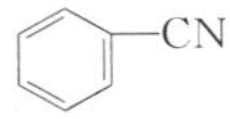

苯甲腈

二、腈的性质

氰基为碳氮三键（$C\equiv N$），与炔的碳碳三键相似。由于氮原子的电负性比碳原子大，所以氰基是吸电子基团，故腈分子的极性较大。低级腈为无色液体，高级腈为固体。腈的沸点与相对分子质量相当的醇相近，但低于羧酸。例如：

化合物	乙腈	乙醇	甲酸
相对分子质量	41	46	46
沸点/℃	82	78.3	100.5

低级腈能溶于水，但随相对分子质量的增加其溶解度迅速降低。腈也能溶解多种极性和非极性物质，并能溶解许多盐类，因此腈是一类优良的溶剂。

腈的化学性质比较活泼，可以发生水解、醇解、还原等反应。

1. 水解反应

腈在酸或碱的催化下，加热水解生成羧酸或羧酸盐。例如：

$$CH_3CH_2CH_2CN \xrightarrow[H^+]{H_2O} CH_3CH_2CH_2COOH$$

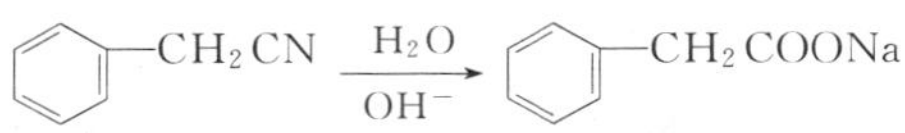

2. 醇解反应

腈在酸的催化下，与醇反应生成酯。

$$CH_3CH_2CN \xrightarrow[H^+]{CH_3OH} CH_3CH_2COOCH_3 + NH_3$$

3. 还原反应

腈催化加氢或用还原剂（如 $LiAlH_4$）还原，生成相应的伯胺，这是制备伯胺的一种方法。例如：

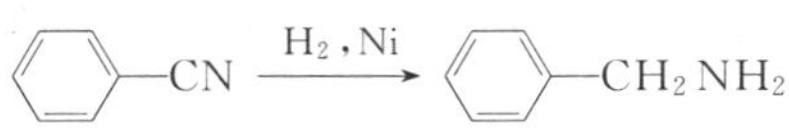

三、腈的制法

卤代烷和氰氢酸的钾、钠盐反应生成腈。例如：

$$CH_3CH_2CH_2Br + NaCN \longrightarrow CH_3CH_2CH_2CN + NaBr$$

由于产物腈比反应物卤代烷增加了一个碳原子，因此该反应在有机合成中可用于增长碳链。

也可由酰胺在五氧化二磷存在下加热脱水得到腈。例如：

$$CH_3CH_2CH_2CONH_2 \xrightarrow[\triangle]{P_2O_5} CH_3CH_2CH_2CN + H_2O$$

四、重要的腈——丙烯腈

工业上丙烯腈的生产方法主要采用丙烯的氨氧化法。这个方法是将丙烯、空气、氨在催化剂作用下，加热至470℃反应而制得丙烯腈。

$$CH_2{=}CHCH_3 + NH_3 + \frac{3}{2}O_2 \xrightarrow[470℃]{\text{磷钼酸铋}} CH_2{=}CHCN + 3H_2O$$

此法的优点是：原料便宜易得，且对丙烯纯度要求不高，工艺流程简单，成本低，收率高（约65%）等。

丙烯腈是具有微弱刺激性气味的无色液体，沸点78℃，稍溶于水。丙烯腈在引发剂（如过氧化苯甲酰）存在下，聚合生成聚丙烯腈。

$$nCH_2{=}CHCN \longrightarrow \left[CH_2-\underset{\substack{|\\CN}}{CH}\right]_n$$

聚丙烯腈可以制成合成纤维，商品名称为“腈纶”。它类似羊毛，俗称“人造羊毛”。它具有强度高、密度小、保暖性好、着色性好、耐光、耐酸及耐溶剂等特性。

阅读材料

偶氮染料

偶氮染料因染料分子中含有偶氮基而得名，具有合成工艺简单、成本低廉、染色性能突出等优点，使其无论在品种或是在数量上均成为最大的一类工业染料，据统计，在1998年，世界染料市场上偶氮染料约占60%～70%。目前，偶氮染料除主要用于纺织材料的染色外，还可以用于化学纤维、纸张、皮革、食品、化妆品以及其他各种各样的工业产品的染色。

偶氮染料还具有光致变色特点，因此用偶氮染料掺杂高分子薄膜后，可以用作可擦重写光盘的记录介质；利用其光变色原理，可以设计和研制高密度、大容量和耐疲劳度高的三维“海量”光存储元件；也可以用偶氮染料与金属配位后制备三阶线性光学材料。此外，偶氮染料还用于液晶显示、染料激光以及生命科学中的DNA分子荧光标记等现代高科技领域。因此，我们可以毫不夸张地讲，没有偶氮染料，整个染料工业就失去主干，就会黯然失“色”。

但偶氮染料染色的服装或其他消费品与人体皮肤长期接触后，会与人体代谢过程中释放的成分发生还原反应形成致癌的芳香胺化合物，这种化合物会被人体吸收，经过一系列活化作用使人体细胞的DNA发生结构与功能的变化，成为人体病变的诱因。鉴于此，1994年德国政府正式在“食品及日用消费品”法规中，禁止使用某些偶氮染料于长期与皮肤接触的消费品；荷兰政府于1996年8月制定了类似的法例；法国和澳洲正草拟同类的法例；我国国家质检总局亦于2002年拟定了“纺织品基本安全技术要求”的国家标准。

其实，偶氮染料本身无任何直接的致癌作用，而是偶氮染料中还原出的芳香胺对人体或动物有潜在的致癌性。但因为欧盟首批禁用的118种染料中绝大多数是偶氮染料，这就容易使人们产生偶氮染料会对健康造成危害的观念。其实，在生活中我们完全可以避免禁用染料对我们的危害。不安全的服装大多色彩鲜艳，胸口部位都印着丰富的印花图案，因此购买上述衣物前最好向商家索要纺织品检验报告。购买棉麻等天然纤维服装时，应尽量选择颜色接近天然纤维颜色的（如乳白、浅驼色），购买颜色鲜艳的衣服，尤其是大红、绛紫色，要尽量选择标牌上标有 GB 18401—2003 国家纺织品强制性标准的服装。

苏丹红就属于一类合成型偶氮染料，其品种主要包括苏丹红 1 号、苏丹红 2 号、苏丹红 3 号和苏丹红 4 号，主要用于溶剂、油、蜡、汽油增色以及鞋和地板等的增光。值得注意的是“苏丹红”具有较强致癌性，对人体的肝肾器官具有明显的毒性作用。因此，绝不能将其应用于食品加工业。

本章小结

一、胺的制法

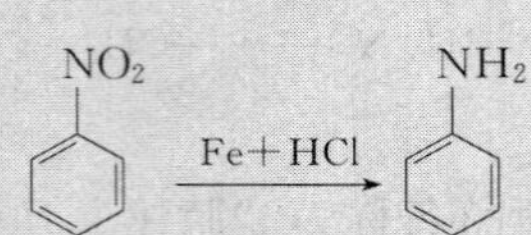

$$CH_3CH_2Br+2NH_3 \longrightarrow CH_3CH_2NH_2+NH_4Br$$

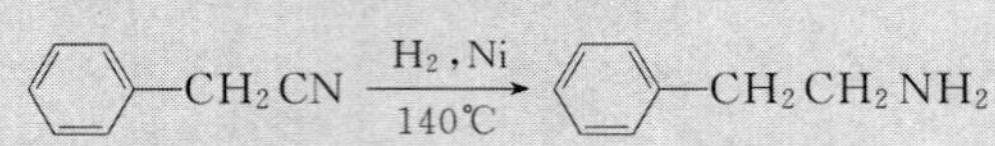

$$CH_3CH_2\overset{O}{\overset{\|}{C}}-NH_2 \xrightarrow[(2)\ H_2O]{(1)\ LiAlH_4} CH_3CH_2CH_2NH_2$$

$$RCONH_2+NaOX+NaOH \longrightarrow RNH_2+Na_2CO_3+H_2O$$

二、胺的化学性质

1. 碱性

脂肪胺＞氨＞芳香胺

2. 芳香族伯胺的化学性质

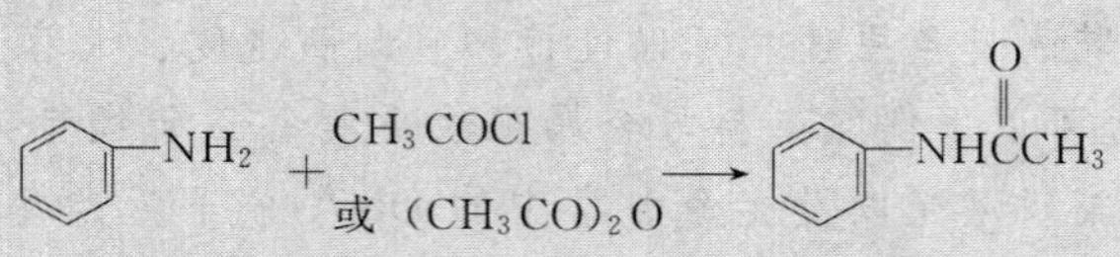

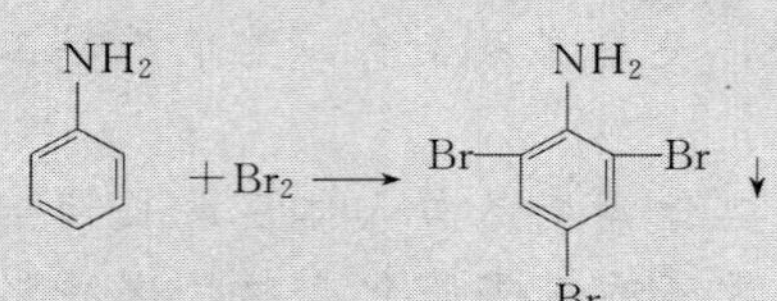

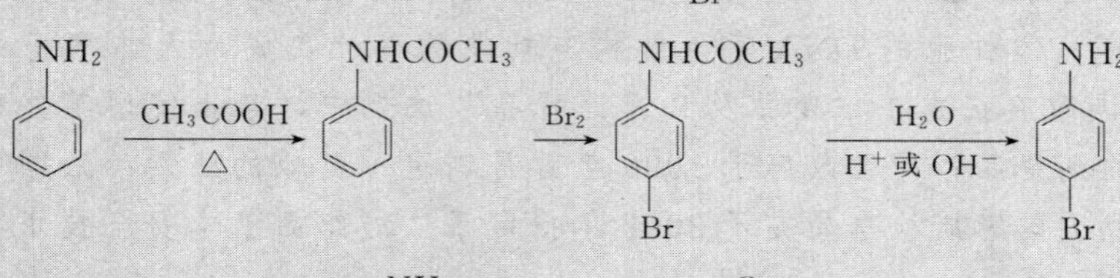

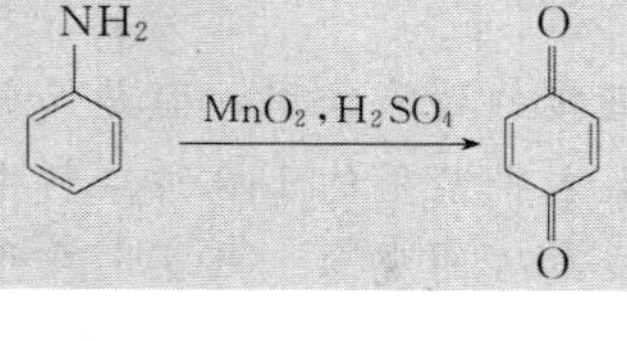

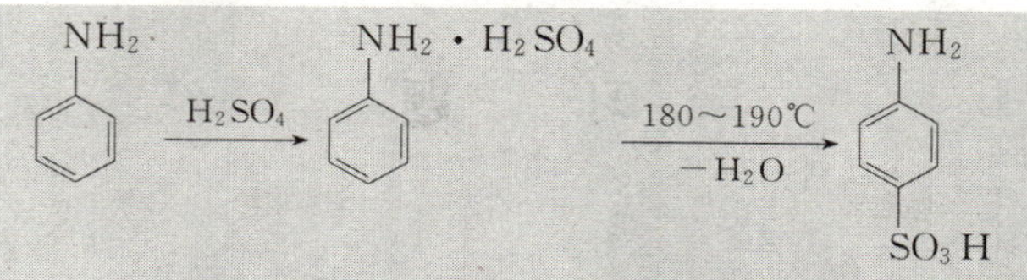

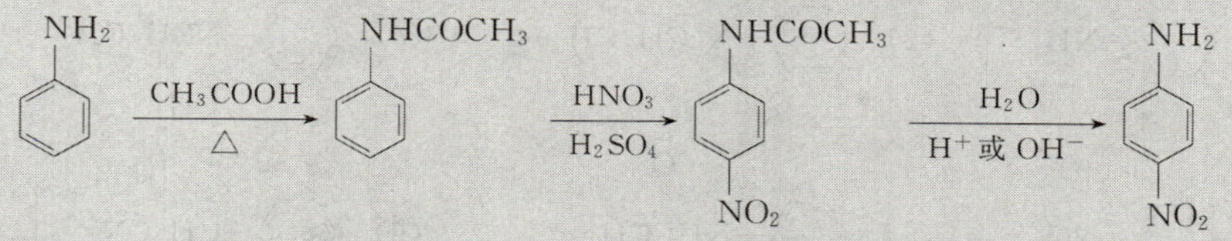

3. 胺的鉴别反应

(1) 苯胺的鉴别反应

苯胺与溴水反应生成2,4,6-三溴苯胺的白色沉淀。

(2) 与亚硝酸的反应

伯胺与亚硝酸反应放出氮气；

仲胺与亚硝酸反应，都生成黄色油状物；

脂肪族叔胺一般不与亚硝酸反应，芳香族叔胺与亚硝酸反应，生成有颜色的对亚硝基化合物。

(3) 与对甲苯磺酰氯的反应

伯胺与对甲苯磺酰氯的反应产物溶于氢氧化钠；

仲胺与对甲苯磺酰氯的反应产物不溶于氢氧化钠；

叔胺与对甲苯磺酰氯不反应。

三、重氮盐的制法

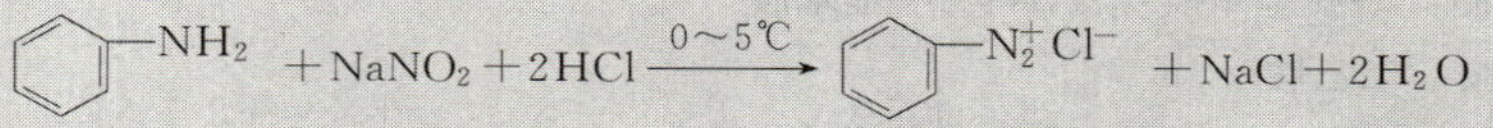

四、重氮盐的化学性质

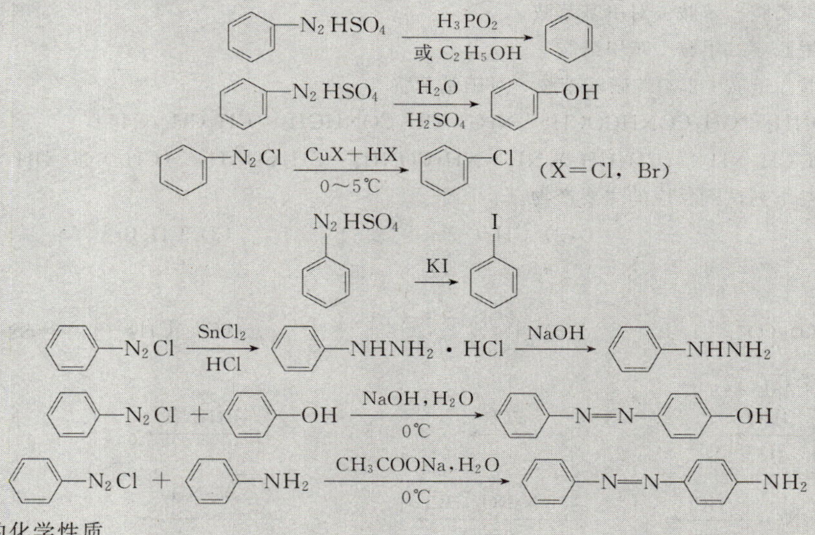

五、腈的化学性质

$$CH_3CH_2CH_2CN \xrightarrow[H^+]{H_2O} CH_3CH_2CH_2COOH$$

$$CH_3CH_2CN \xrightarrow[H^+]{CH_3OH} CH_3CH_2COOCH_3 + NH_3$$

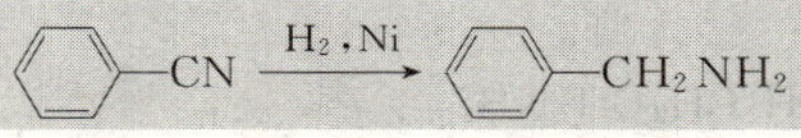

习　题

1. 命名下列化合物：

(1) 　(2) 　(3) 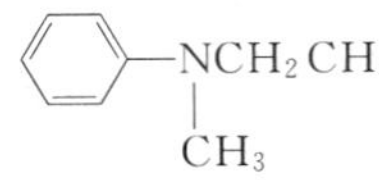

(4) 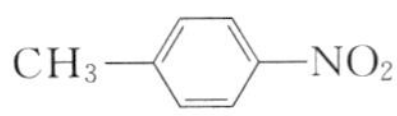　(5) 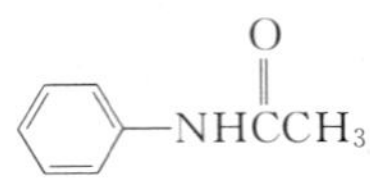　(6) 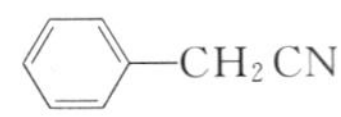

(7) 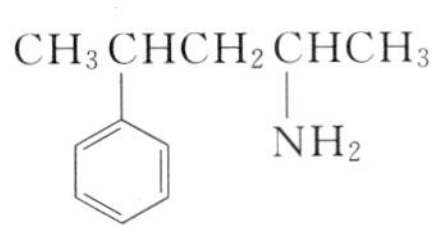　(8) 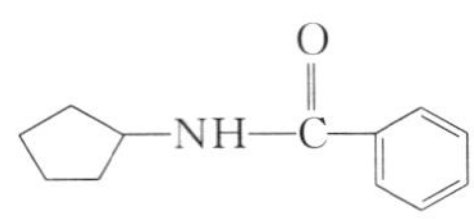

(9) $(CH_3CH_2)_2\overset{+}{N}H_2OH^-$　(10) 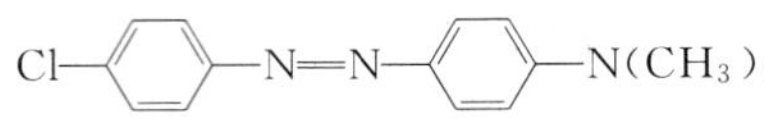

(11) 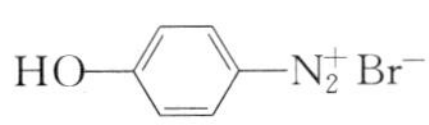　(12) 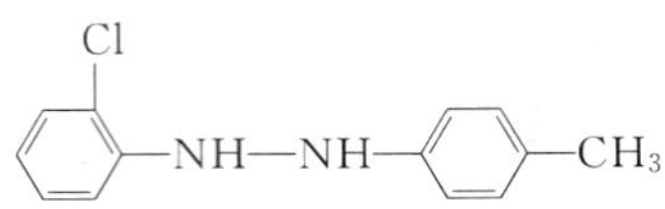

2. 用化学方法区别下列各组化合物：

(1) 乙醇　乙醛　乙酸　乙胺

(2) 邻甲基苯胺　*N*-甲基苯胺　*N*,*N*-二甲基苯胺

(3) 乙胺　苯胺　二乙胺

3. 按碱性由强到弱的排序，排列下列各组化合物的碱性：

(1) 乙酰胺　乙胺　苯胺　对甲基苯胺

(2) 苯胺　甲胺　二甲胺　苯甲酰胺

(3) 对甲苯胺　苄胺　2,4-二硝基苯胺　对硝基苯胺

(4) CH_3CONH_2　$CH_3CONHCOCH_3$　NH_3　$CH_3CONHCH_3$　$CH_3CH_2NH_2$

(5) $NH_2CH_2CH_2NH_2$　$(CH_3CH_2)_2NH$　NH_2CONH_2　CH_3CONH_2　$(CH_3)_4N^+OH^-$

4. 写出环己胺与下列试剂反应的主要产物。

(1) 稀 HCl　(2) CH_3I　(3) CH_3Br

(4) $(CH_3CO)_2O$　(5) 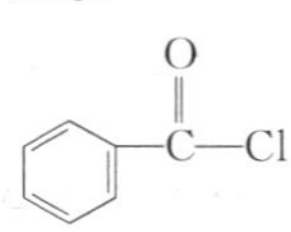　(6) 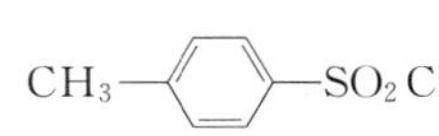

5. 完成下列化学反应式：

(1) $CH_3CN \xrightarrow[H^+]{H_2O}$　$\xrightarrow{PCl_5}$　$\xrightarrow{CH_3NH_2}$

(2) 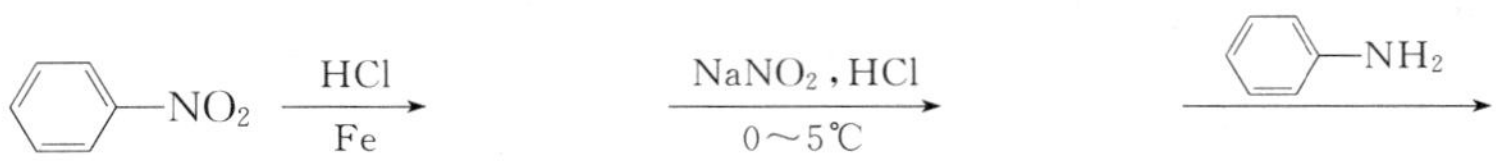

(3) 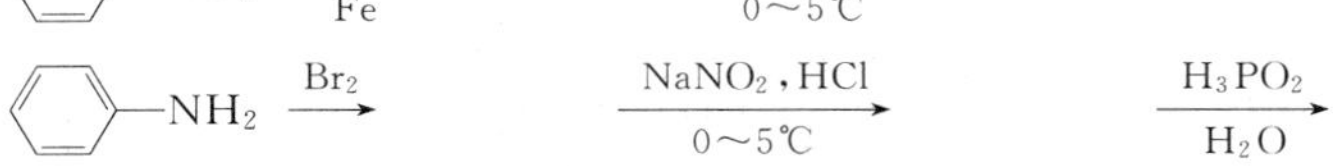

(4) 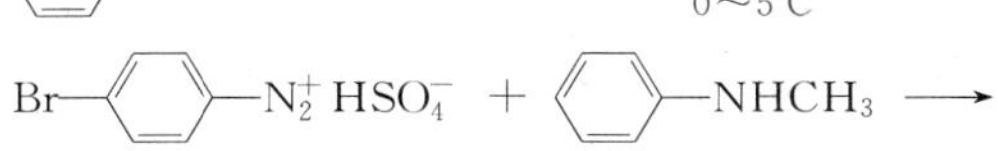

6. 完成下列转化

(1) $CH_3CH_2CH_2Br \longrightarrow CH_3CH_2CH_2CH_2NH_2$

（2）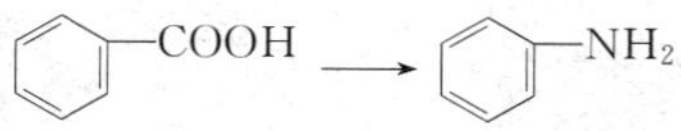

（3）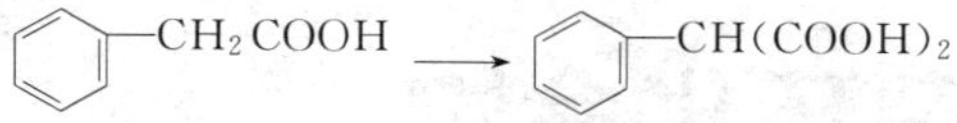

（4）$CH_3CH_2CH_2OH \longrightarrow CH_3\underset{\displaystyle NH_2}{\underset{|}{C}}HCH_3$

（5）$CH_2{=\!=}CH_2 \longrightarrow NH_2CH_2CH_2CH_2CH_2NH_2$

7. 以苯或甲苯及三个碳以下的有机物为原料，合成下列化合物：

（1）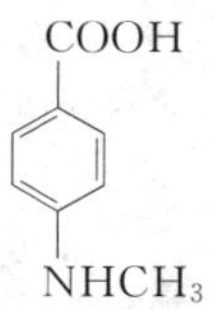　（2）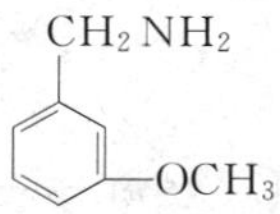　（3）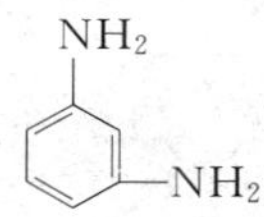

（4）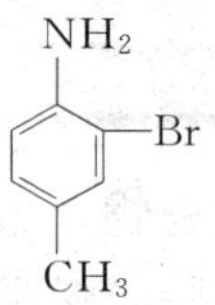　（5）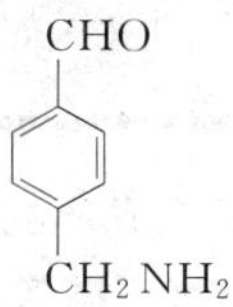　（6）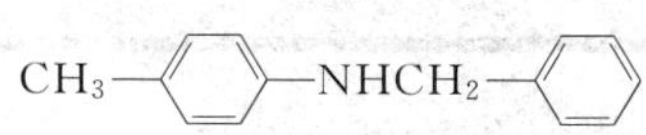

（7）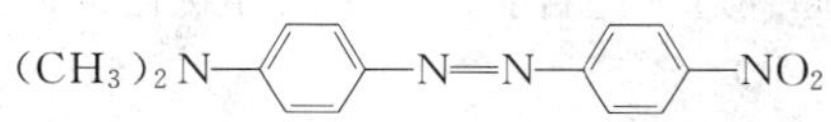　（8）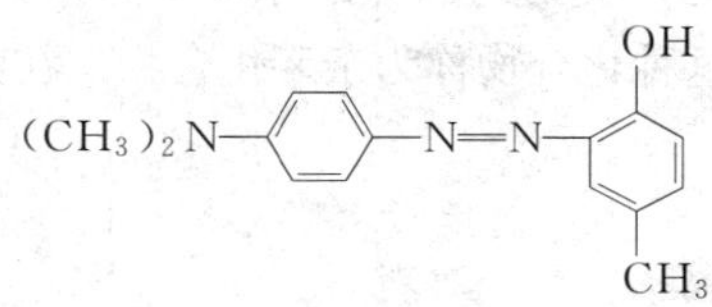

8. 化合物 A 和 B 分子式均为 $C_7H_7NO_2$，B 的熔点高于 A。在铁粉存在下与氯反应，A、B 都有两种一取代产物，A 与高锰酸钾共热后的产物再与铁粉和酸反应可得到 B。写出 A、B 的构造式。

9. 分子式为 $C_7H_7NO_2$ 的化合物 A，与 Sn＋HCl 反应生成分子式为 C_7H_9N 的化合物 B；B 和 $NaNO_2$＋HCl 在 0℃下反应生成分子式为 $C_7H_7ClN_2$ 的一种盐 C；在稀酸中 C 与 CuCN 反应生成分子式为 C_8H_7N 的化合物 D；D 在稀酸中水解得到分子式为 $C_8H_8O_2$ 的有机酸 E；E 用 $KMnO_4$ 氧化得到另一种酸 F；F 受热时生成分子式为 $C_8H_4O_3$ 的酸酐 G。试写出 A～G 的构造式。

10. 有一化合物 A 能溶于水，但不溶于乙醚、苯等有机溶剂。经元素分析表明化合物 A 含有 C、H、O、N。化合物 A 经加热后失去一分子水得到化合物 B，化合物 B 与溴的氢氧化钠溶液作用得到比化合物 B 少一个 C 和 O 的化合物 C。化合物 C 与亚硝酸作用得到的产物与次磷酸反应能生成苯。试写出化合物 A、化合物 B、化合物 C 的构造式及有关反应式。

第十二章　杂环化合物

学习目标

1. 了解杂环化合物的分类与命名（音译法）；
2. 掌握五元杂环化合物呋喃、吡咯、噻吩结构与性质的关系；
3. 掌握六元杂环化合物吡啶结构与性质的关系；
4. 了解稠杂环化合物喹啉。

环状化合物按结构可分为两类：一类是完全由碳原子组成环的，称为碳环化合物，如脂环烃和芳烃；另一类是组成环的原子中除碳原子以外还有氧、氮、硫等其他原子，这些非碳原子称为杂原子，这种化合物称为杂环化合物。在前面章节中，遇到过一些含有杂原子的环状化合物。例如：

1,4-环氧丁烷　　丁二酸酐　　丁二酰亚胺　　δ-戊内酯
或四氢呋喃

1,4-环氧丁烷是典型的醚，而丁二酸酐、丁二酰亚胺、δ-戊内酯这些含氧或含氮的环状化合物，是典型的羧酸衍生物，通常把它们归到脂肪族化合物中。本章主要讨论环比较稳定，在结构上与芳香族化合物相似，具有芳香性的杂环化合物。例如：

呋喃　　吡咯　　噻吩　　吡啶　　喹啉

杂环化合物是有机化合物中非常重要的一类化合物，其种类繁多，数量极为庞大，是有机化合物中数量最多的一类，约占全部已知有机化合物的三分之一。

杂环化合物以天然产物的形式存在于自然界中，分布非常广泛。如石油、煤焦油、动植物体内都含有杂环化合物。植物的叶绿素、动物的血红素、中草药的有效成分生物碱、维生素、抗生素、染料，以及近年来出现的有机超导材料、生物模拟材料、高分子材料等都含有杂环。杂环化合物与动植物的生长、发育、遗传及变异等都有密切关系。嘌呤碱和嘧啶碱是核酸水解得到的杂环碱，它们在生物遗传上起着重要的作用。因此，杂环化合物在理论研究和实际应用上都很重要。

第一节　杂环化合物的分类和命名

一、杂环化合物的分类

最常见也最稳定的杂环化合物是五个或六个成环原子组成的杂环化合物。因此，可以根据杂环化合物的成环原子数目将其分为五元杂环化合物和六元杂环化合物两大类。在这两大类中，按照环的数目又分为单杂环和稠杂环。还可以按照杂环中所含杂原子的种类、数目再行分类。

二、杂环化合物的命名

杂环化合物的命名一般采用音译法，即按英文名称的译音，选用同音汉字，并在同音汉字的左边加一“口”字旁。如表 12-1 所示。

表 12-1　杂环化合物的分类和命名

类别		含一个杂原子			含两个杂原子		
五元杂环	单杂环	 呋喃 furan	 吡咯 pyrrole	 噻吩 thiophene	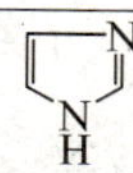 咪唑 imidazole	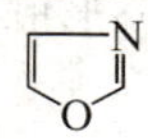 噁唑 oxazole	 噻唑 thiazole
	稠杂环	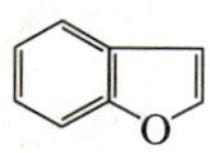 苯并呋喃 benzofuran	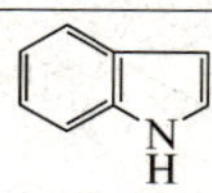 吲哚 indole	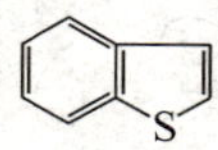 苯并噻吩 benzothiazole	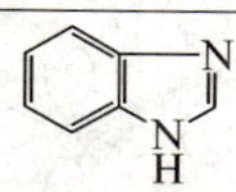 苯并咪唑 benzoimidazole	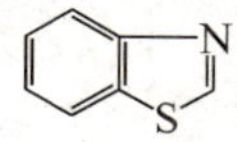 苯并噻唑 benzothiazole	
六元杂环	单杂环		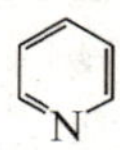 吡啶 pyridine		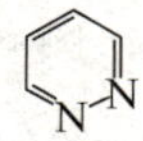 哒嗪 pyridazing	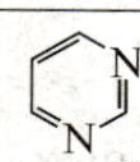 嘧啶 pyrimidine	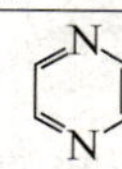 吡嗪 pyrazing
	稠杂环	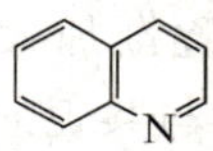 喹啉 quinoline	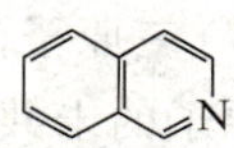 异喹啉 isoquinoline		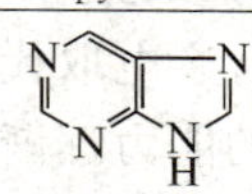 嘌呤 purine		

对杂环化合物的衍生物命名时，杂环上原子的编号，一般是从杂原子开始，依次用 1，2，3…表示，并使取代基的位次和尽量小为原则。也可按希腊字母 α、β、γ…的顺序编号，靠近杂原子的位置为 α 位，其次是 β 位和 γ 位。五元杂环只有 α 位和 β 位，六元杂环有 α、β 位和 γ 位。例如：

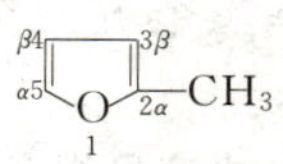

2-甲基呋喃
α-甲基呋喃

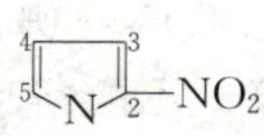

2-硝基吡咯
α-硝基吡咯

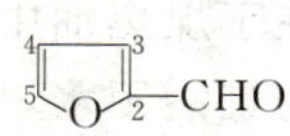

2-呋喃甲醛
α-呋喃甲醛

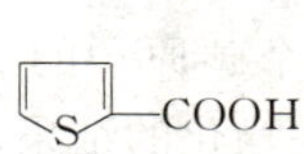

2-噻吩甲酸
α-噻吩甲酸

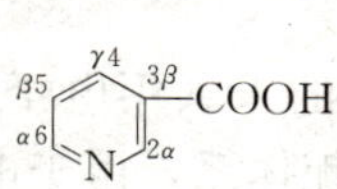

3-吡啶甲酸
β-吡啶甲酸

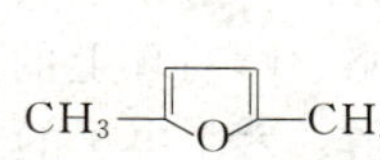

2,5-二甲基呋喃
α,α'-二甲基呋喃

如果环上有两个或两个以上的杂原子，则按 O、S、N 的次序编号，并使杂原子的位次和尽量小为原则。例如：

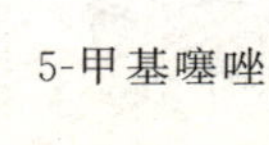

5-甲基噻唑

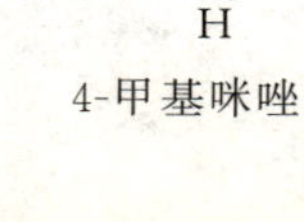

4-甲基咪唑

第二节 五元杂环化合物

一、五元杂环化合物的结构

五元杂环化合物呋喃、吡咯和噻吩在结构上相似，构成环的四个碳原子和一个杂原子处于同一平面，碳原子和杂原子都以 sp^2 杂化轨道彼此相连，形成 σ 键。四个碳原子各有一个电子在未参与杂化的 p 轨道上，杂原子的 p 轨道上有两个电子，这五个 p 轨道都垂直于环所在的平面，相互平行、侧面重叠形成一个有五个 p 轨道、六个电子的封闭共轭体系。结构如图 12-1 所示。

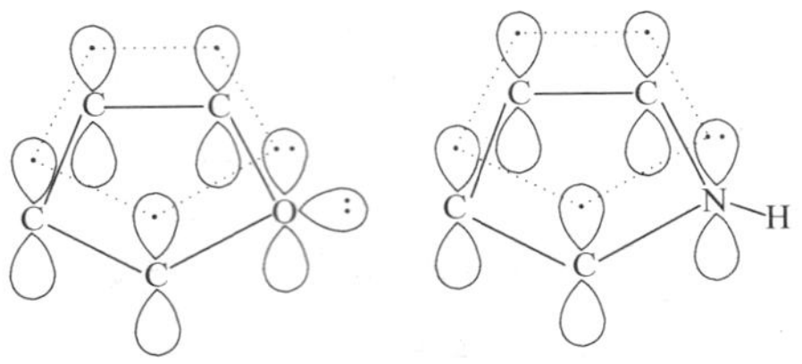

(a) 呋喃　　(b) 吡咯

图 12-1 五元杂环化合物的结构

呋喃、吡咯和噻吩在结构上符合许克尔规则（$4n+2$），因此具有芳香性。由于杂原子的未共用电子对参与了闭合共轭体系的形成，使环上电子云密度增大，因此，五元杂环化合物比苯容易进行亲电取代反应。由于 S、N、O 三原子的电负性是逐渐加大的，因此它们向环上提供电子的能力逐渐减小，也就是说氧原子的未共用电子对参与共轭的程度较小，而硫原子的未共用电子对参与共轭的程度较大，使得它们芳香性的大小是不同的，但均比苯的芳香性小，因此均比苯的化学性质活泼。它们的芳香性由强到弱顺序是：

苯＞噻吩＞吡咯＞呋喃

二、五元杂环化合物的性质

呋喃存在于松木焦油中，为无色液体，沸点 32℃，易挥发，有类似氯仿的气味。吡咯存在于煤焦油和骨焦油中，是无色油状液体，沸点 131℃，气味与苯胺相似，易被空气氧化而变黑。噻吩存在于煤焦油中，也是无色液体，沸点 84℃，是三个五元杂环化合物中最稳定的一个。三者均难溶于水，易溶于乙醇、乙醚等有机溶剂。

呋喃、吡咯能与浸过盐酸的松木片发生不同的颜色反应，其中呋喃显绿色；吡咯的蒸气显红色。噻吩在浓硫酸存在下与靛红一起加热则显蓝色。这个反应可用于这三个五元杂环化合物的检验。

1. 亲电取代反应

由于呋喃、吡咯、噻吩环上的杂原子的未共用电子对与四个碳原子的 p 轨道平行侧面重叠，形成五个 p 轨道、六个电子的封闭共轭体系，由于电子云平均化的结果，使环上的电子云密度增大，因此呋喃、吡咯、噻吩这三个五元杂环化合物比苯还容易发生亲电取代反应。但由于杂原子的电负性都大于碳原子，存在着吸电子的诱导效应，使得杂环上的电子云密度不像苯环那样均匀，与杂原子相邻的碳原子电子云密度相对较高，因此亲电取代反应一般发生在 α-位。

（1）卤代反应　呋喃、吡咯、噻吩由于比苯活性高，需要在较温和条件下发生卤代反应，否则容易得到多卤化物。例如：

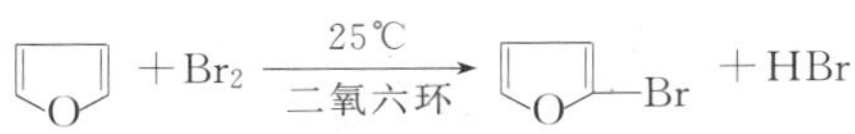

2-溴呋喃

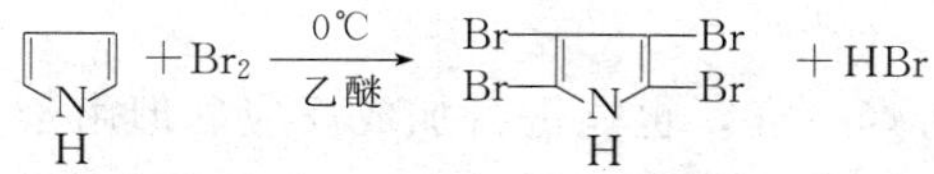

2,3,4,5-四溴吡咯

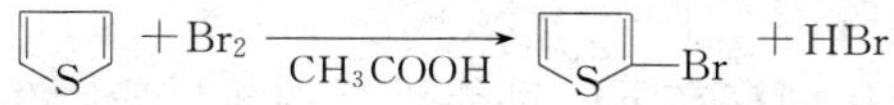

2-溴噻吩

（2）硝化反应　呋喃和吡咯不能用一般的硝化试剂进行硝化，因为它们在强酸性条件下容易发生分解、开环、聚合等反应，而必须在较温和的条件下进行。

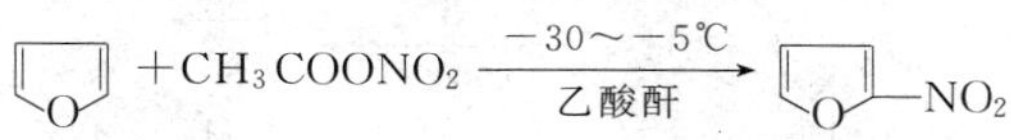

2-硝基呋喃

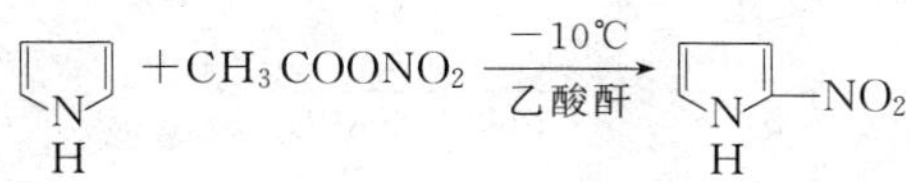

2-硝基吡咯

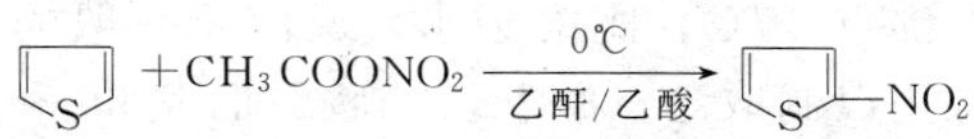

2-硝基噻吩

（3）磺化反应　呋喃和吡咯对强酸比较敏感，容易发生开环、聚合等反应，常使用较温和的吡啶三氧化硫的加成物作为磺化试剂。

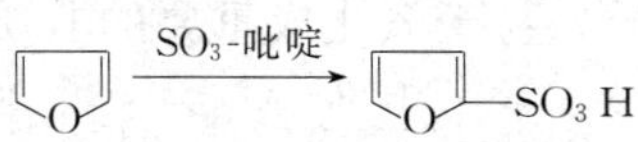

2-呋喃磺酸

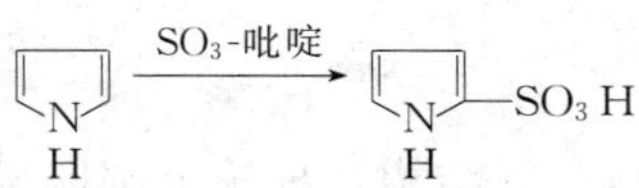

2-吡咯磺酸

噻吩由于环比较稳定，在室温下能与浓硫酸发生磺化反应并溶于浓硫酸中，而不必担心被分解。

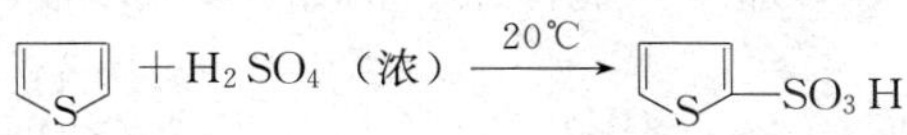

2-噻吩磺酸

（4）傅氏酰基化反应　由于呋喃、吡咯、噻吩的亲电取代反应活性较高，因此进行傅氏酰基化反应时，一般用比较缓和的催化剂。例如：

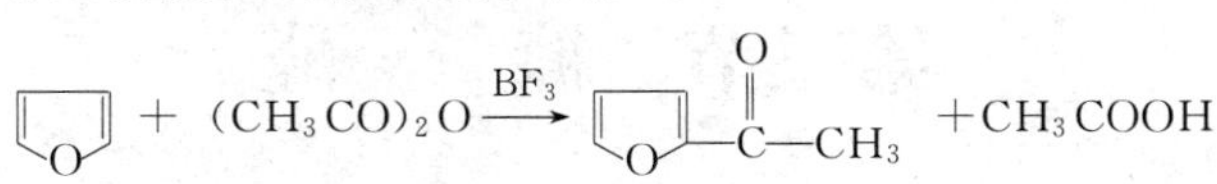

2-乙酰基呋喃

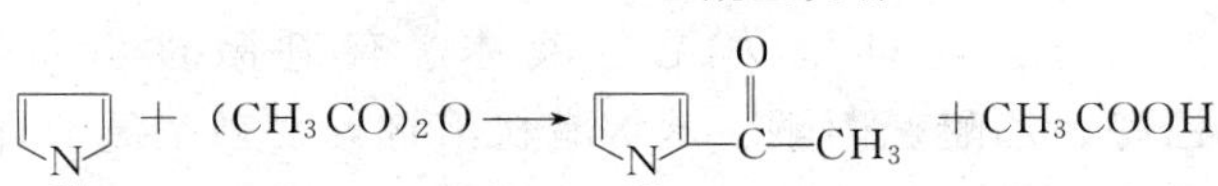

2-乙酰基吡咯

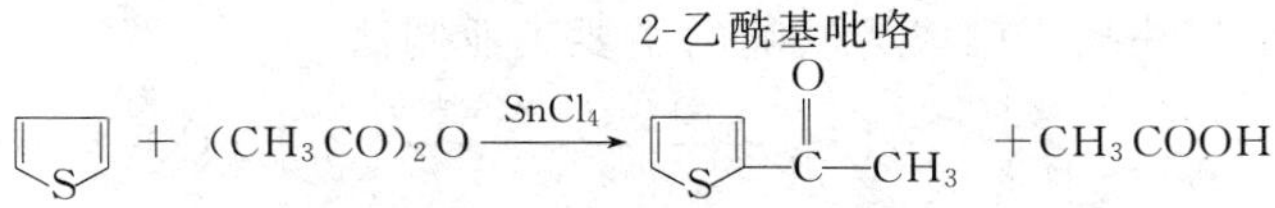

2-乙酰基噻吩

2. 加成反应

呋喃、吡咯、噻吩与芳烃一样，也能进行加成反应。但由于芳香性的大小不同，加成活性也不相同。如呋喃、吡咯、噻吩都能催化氢化。但呋喃较易氢化，并很快生成四氢呋喃，而噻吩可停留在二氢化物阶段。

呋喃、吡咯、噻吩在催化剂存在下，都能进行加氢反应，生成相应的四氢化物。例如：

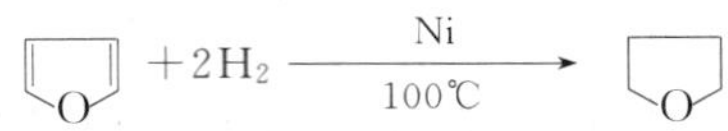

四氢呋喃

四氢吡咯

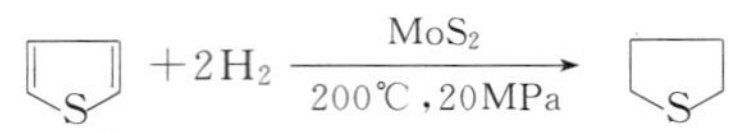

四氢噻吩

四氢呋喃为无色液体，沸点 65℃，既溶于水，又溶于一般的有机溶剂，是一种优良的溶剂和重要的合成原料，常用以制取己二酸、己二胺、尼龙 66 和丁二烯等产品。它也是医药、合成橡胶的原料。

四氢吡咯由于不再具有芳香性，氮原子上的未共用电子对能与质子结合而显碱性，其碱性与脂肪族仲胺相当。

四氢噻吩显示一般硫醚的性质，易于氧化成重要的非质子极性溶剂——环丁砜。

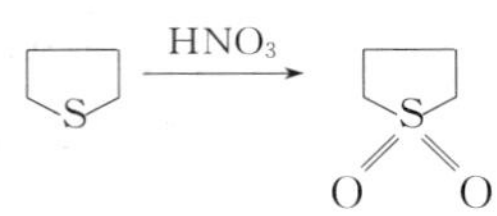

环丁砜

呋喃、吡咯、噻吩都含有共轭二烯结构，理论上都能发生双烯合成反应。但呋喃由于氧原子的电负性大、芳香性差，与顺丁烯二酸酐的加成很容易，吡咯不发生双烯合成反应，可能是氮原子上的未共用电子对参加了共轭体系。例如：

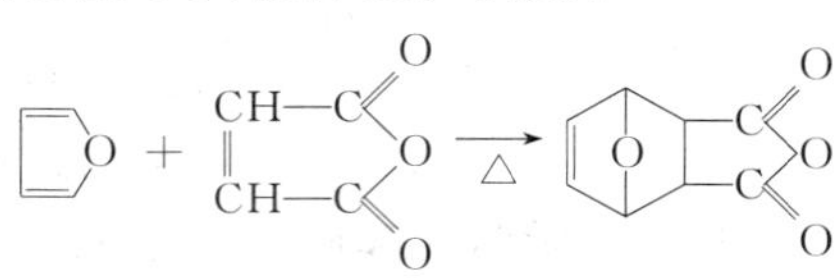

第三节 糠 醛

糠醛学名 α-呋喃甲醛，是一种优良溶剂，也是有机合成的重要原料。最初由米糠与稀酸共热制得，所以称为糠醛。纯糠醛为无色液体，有刺激性气味，沸点 162℃，熔点 −36.5℃，溶于水、乙醇、乙醚、丙酮、苯等有机溶剂，易被空气氧化逐渐变成黑褐色。

糠醛可发生银镜反应。糠醛与苯胺在醋酸作用下显红色，也可用来检验糠醛的存在。

以糠醛为原料制备呋喃，已成为呋喃的主要工业制法。

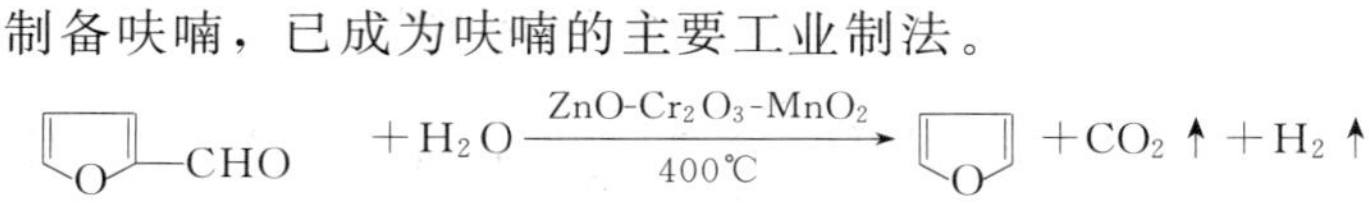

糠醛（α-呋喃甲醛）　　　　呋喃

糠醛的化学性质与苯甲醛或甲醛相似，其醛基既能被氧化成羧基，也能被还原成醇羟基。例如：

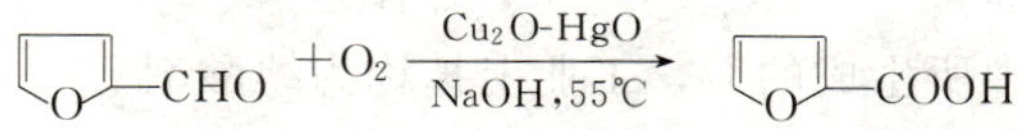

糠酸（α-呋喃甲酸）

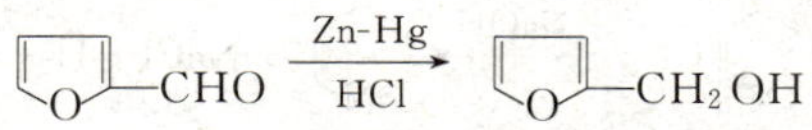

糠醇（α-呋喃甲醇）

糠酸为白色结晶，熔点为 133℃，可作防腐剂及制造增塑剂等的原料。糠醇为无色液体，沸点 170～171℃，是优良的溶剂，是制造糠醇树脂（用作防腐涂料及制玻璃钢）的原料。

如采用催化加氢，则可将糠醛还原成四氢糠醇。

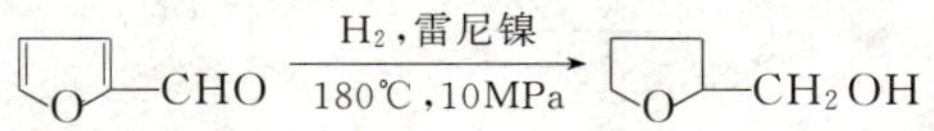

四氢糠醇

四氢糠醇为无色液体，沸点 177℃，兼有醇和醚的性质，是一种优良的溶剂和重要的合成原料。

糠醛还能在强碱作用下发生歧化反应（康尼扎罗反应）。例如：

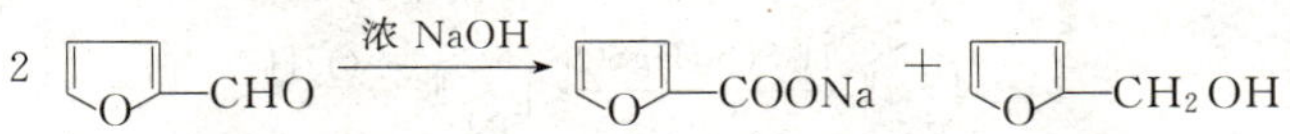

第四节 六元杂环化合物

一、吡啶

1. 吡啶的结构

吡啶是典型的芳香族杂环化合物，组成环的氮原子与五个碳原子处于同一平面上，每个原子均以 sp^2 杂化轨道相互重叠形成六个 σ 键。每个原子都有一个 p 轨道，六个 p 轨道上各有一个电子，这六个 p 轨道垂直于环所在的平面，侧面重叠形成一个闭合的共轭体系。氮原子上还有一个 sp^2 杂化轨道被一对电子占据着，未参与共轭。吡啶结构如图 12-2 所示。

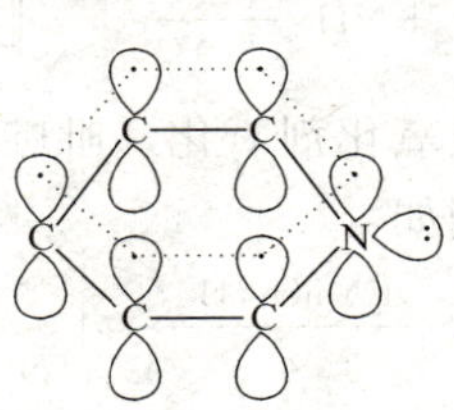

图 12-2 吡啶的结构

2. 吡啶的性质

吡啶存在于煤焦油及页岩油中，是有特殊臭味的无色液体，沸点 115℃，可与水、乙醇、乙醚等混溶，能溶解许多有机化合物和无机盐，是良好的有机溶剂。

（1）碱性 由于吡啶氮原子上的未参与共轭的一对电子，能接受质子，因此呈弱碱性（$pK_b=8.8$）。从结构上看，吡啶属于环状叔胺，其碱性比苯胺的碱性（$pK_b=9.4$）强，但比脂肪叔胺（如三甲胺 $pK_b=4.20$）和氨（$pK_b=4.26$）的碱性弱得多。

碱性：三甲胺＞氨＞吡啶＞苯胺

吡啶能与强酸反应生成盐。例如：

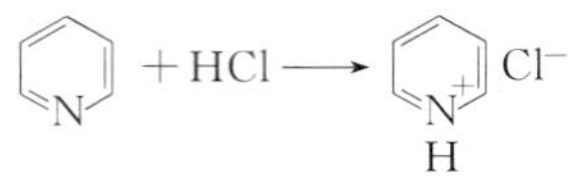

因此吡啶可用来吸收反应中所生成的酸，工业上被称为缚酸剂。

吡啶生成的盐与强碱作用重新生成吡啶。

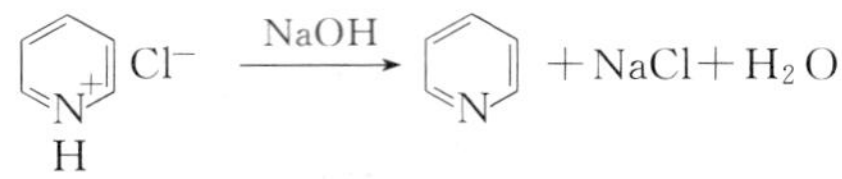

（2）环上的取代反应　吡啶虽然与苯相似，具有芳香性，但由于氮原子的电负性比碳原子强，使得环上的电子云密度有所降低，所以吡啶的亲电取代反应不如苯活泼，而与硝基苯类似，取代一般发生在β位，且不能发生傅氏反应。例如：

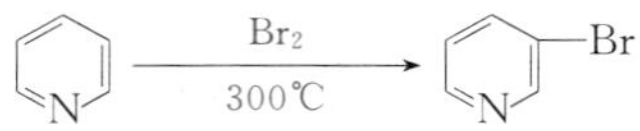

β-溴吡啶

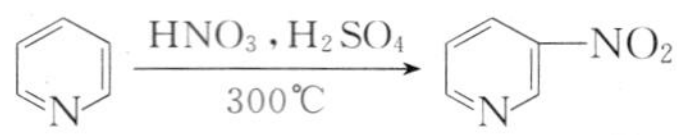

β-硝基吡啶

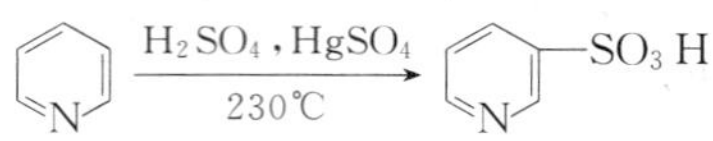

β-吡啶磺酸

吡啶可与强的亲核试剂如氨基钠发生亲核取代反应，主要生成α-取代产物。例如：

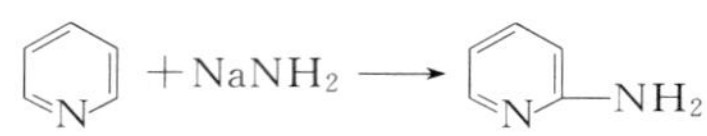

α-氨基吡啶

与2-硝基氯苯相似，2-氯吡啶与碱或氨等亲核试剂作用，可生成相应的羟基吡啶或氨基吡啶。

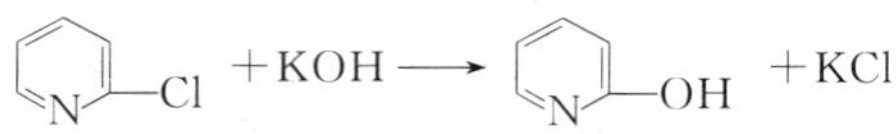

α-羟基吡啶

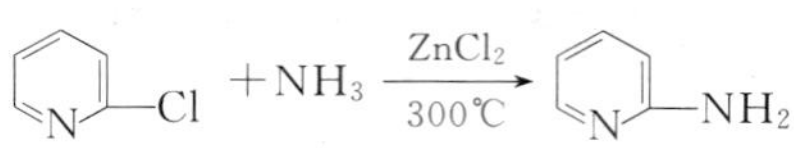

（3）氧化与还原　吡啶环不易被氧化剂氧化。吡啶的烷基衍生物氧化时，和苯一样，侧链被氧化成羧基，生成吡啶甲酸。例如：

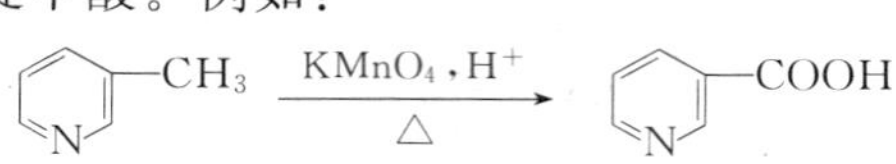

3-吡啶甲酸（烟酸）

吡啶经催化氢化或用乙醇钠还原，可得六氢吡啶。例如：

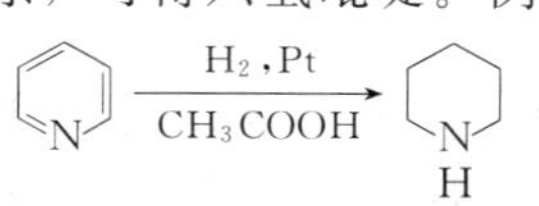

六氢吡啶为无色液体，沸点106℃，熔点−7℃，有特殊臭味，易溶于水和乙醇。六氢吡啶是一个环状的仲胺，其碱性比吡啶大，化学性质与脂肪族仲胺相似，常用作溶剂及有机合成原料。

二、喹啉

喹啉是由苯环与吡啶环稠合而成的化合物。

喹啉是无色液体，有特殊臭味，沸点238℃，微溶于水，易溶于有机溶剂，主要存在于煤焦油中，它是一种高沸点溶剂。

1. 取代反应

喹啉既可以发生亲电取代反应，也可以发生亲核取代反应。由于吡啶环上氮原子吸电子效应的影响，使吡啶环上电子云密度与苯环相比低一些，因此亲电取代反应主要发生在苯环上，而亲核取代反应主要发生在吡啶环上。

(1) 亲电取代反应　亲电取代反应发生在喹啉环的 5、8 位上。例如：

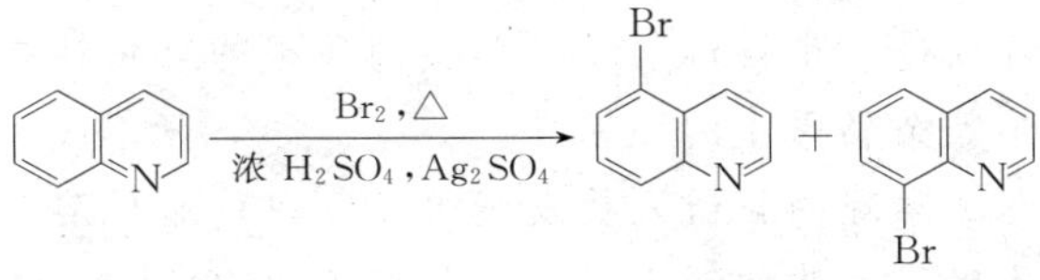

5-溴喹啉　8-溴喹啉

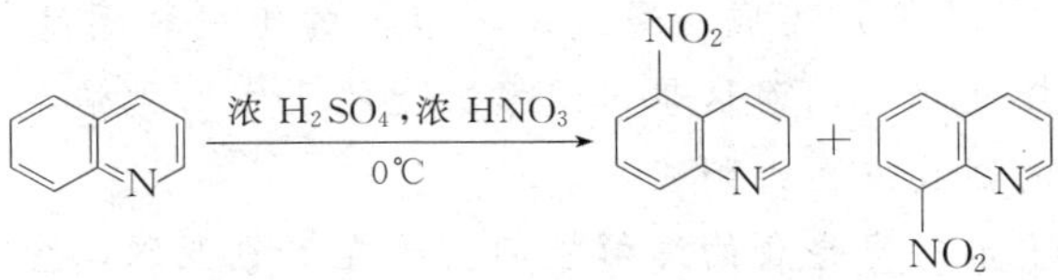

5-硝基喹啉　8-硝基喹啉

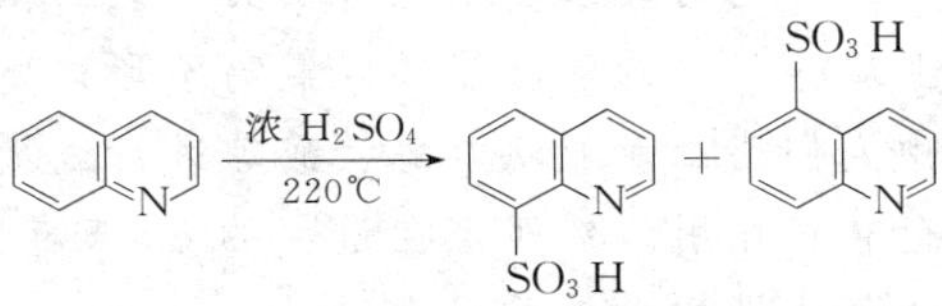

8-喹啉磺酸　5-喹啉磺酸

(2) 亲核取代反应　亲核取代反应发生在喹啉环的 2 位上。例如：

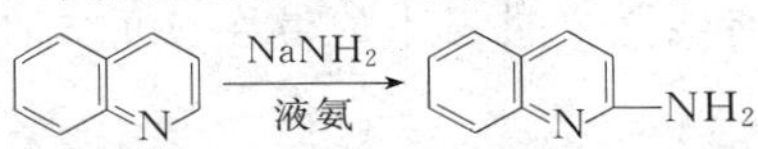

2-氨基喹啉

2. 氧化还原反应

喹啉既能被氧化，也能被还原。氧化时，喹啉分子中的苯环被氧化；而还原时，是喹啉分子中的吡啶环被还原。例如：

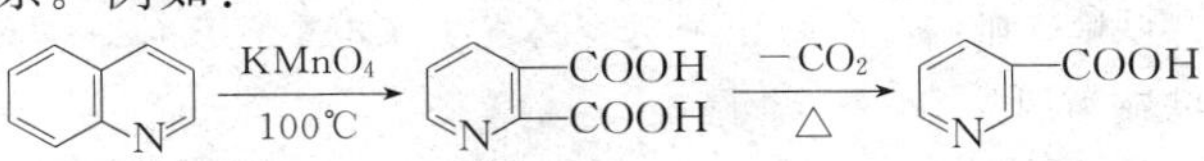

2,3-吡啶二甲酸　β-吡啶甲酸

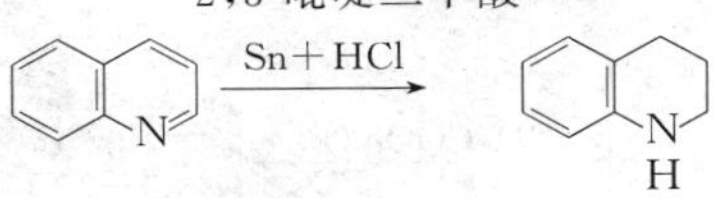

1,2,3,4-四氢喹啉

如果在强烈条件下还原，喹啉则被还原成十氢喹啉。

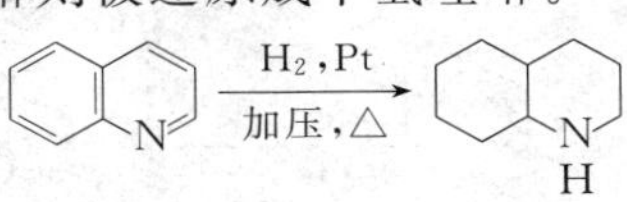

阅读材料

可对贵金属进行选择性溶解的“有机王水”

王水 (aqua regia) 又称“王酸”、“硝基盐酸”，是一种腐蚀性非常强、冒黄烟的液体，是由浓盐酸（HCl）和浓硝酸（HNO_3）组成的混合物。其混合比例从名字中就能看出：王，三横一竖，故盐酸与硝酸的体积比为3∶1。

虽然王水的两个组成部分单一无法溶解金，但它们联合起来却可以溶解金，原理是这样的：酸性条件下的硝酸根离子（NO_3^-）是一种非常强烈的氧化剂，它可以溶解极微量的金（Au），而盐酸提供的氯离了（Cl^-）则可以与溶液中的金离子（Au^{3+}）反应，形成四氯合金离子（$[AuCl_4]^-$），使金离子在氯离子的配位作用下减少，降低了金离子的电势，反应平衡移动，这样金属金就可以进一步被溶解了。其实硝酸根的氧化性并没有增加，只是盐酸提供的氯离子增强了金、铂等金属原子的还原性。

最近，美国佐治亚理工学院的科研人员发现很多简单的有机溶液体系同样能够有效地溶解贵金属，起到王水的作用。这些体系主要由二氯亚砜（$SOCl_2$）和各种含氮杂环类化合物（如吡啶、咪唑、嘧啶、吡嗪等）组成。通过调节溶剂的组成和温度等条件，有机王水便可实现对各种贵金属的选择性溶解，而这是传统意义上的王水所无法实现的。这也使得有机王水有望在贵金属催化剂的回收方面得到应用。

该研究小组将有机王水对贵金属的溶解性归因于在二氯亚砜与含氮杂环类化合物之间所产生的强烈的电荷转移，这种电荷转移作用能够削弱二氯亚砜分子结构中的硫氯键，提升硫的氧化性。这样，二氯亚砜分子中的氯就能够以氯离子形式离去，并与贵金属离子配合。事实上，在有机合成过程中人们用二氯亚砜对醇、酸等进行酰氯化时往往加入吡啶等试剂进行催化，也是基于这种电荷转移作用。然而，在过去的60多年里，这种电荷转移作用没有得到详细的表征，溶液的强氧化性质也未见报道。

在谈及有机王水的用途时，该研究小组表示其主要应用在一些蚀刻工艺和检测分析过程中，此外，对贵金属的回收也将会是有机王水的潜在应用方向之一。

本章小结

一、五元杂环化合物

1. 亲电取代反应

由于杂原子的影响，呋喃、吡咯、噻吩比苯更容易发生亲电取代反应，需要在较温和条件下进行，取代位置在 α-位上。以呋喃为例：

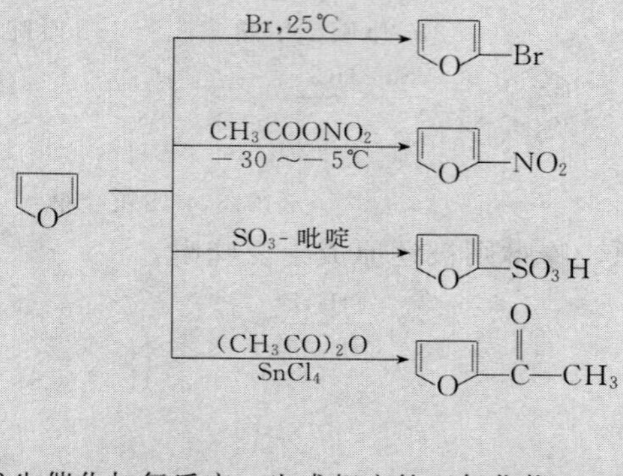

2. 加成反应

呋喃、吡咯、噻吩都能发生催化加氢反应，生成相应的四氢化物。以呋喃为例：

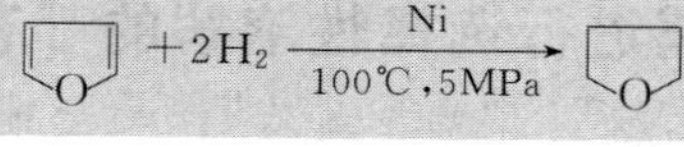

双烯合成是五元杂环化合物中呋喃特有的性质：

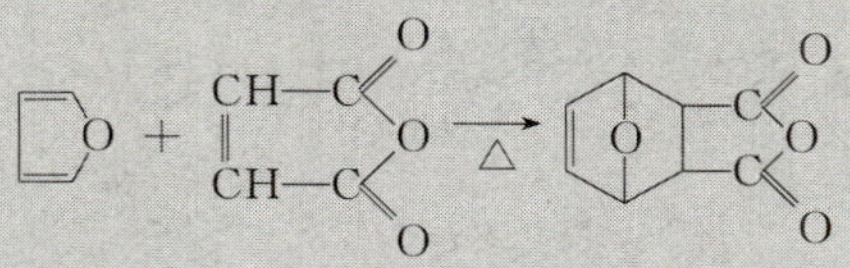

二、α-呋喃甲醛（糠醛）

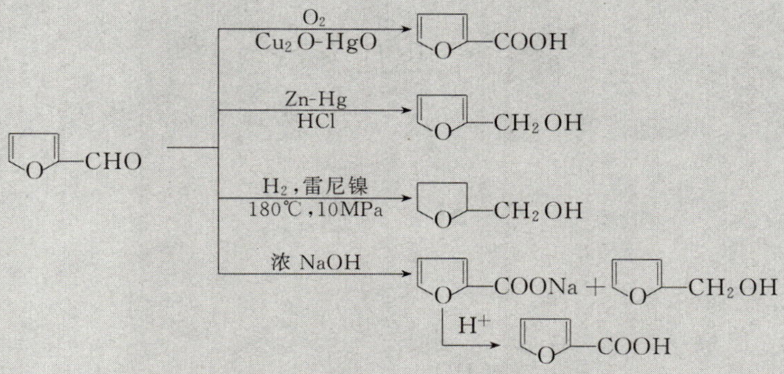

三、吡啶

1. 碱性

三甲胺＞氨＞吡啶＞苯胺

2. 取代反应

吡啶亲电取代反应活性比苯低，取代位置在β-位；吡啶还可与强的亲核试剂发生亲核取代反应，取代位置在α-位。

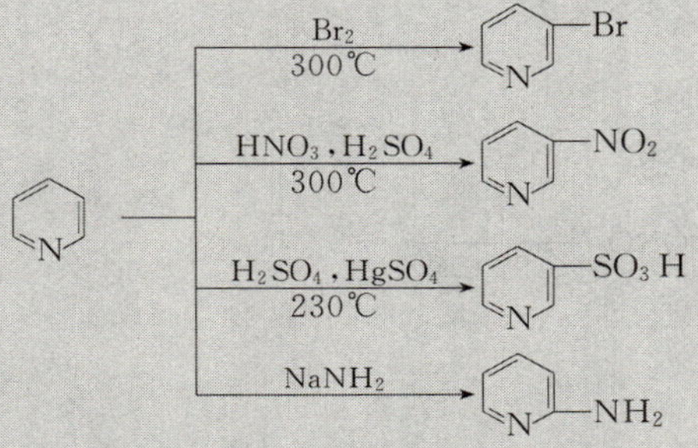

四、喹啉

1. 取代反应

喹啉的亲电取代反应主要发生在苯环上，而亲核取代反应主要发生在吡啶环上。

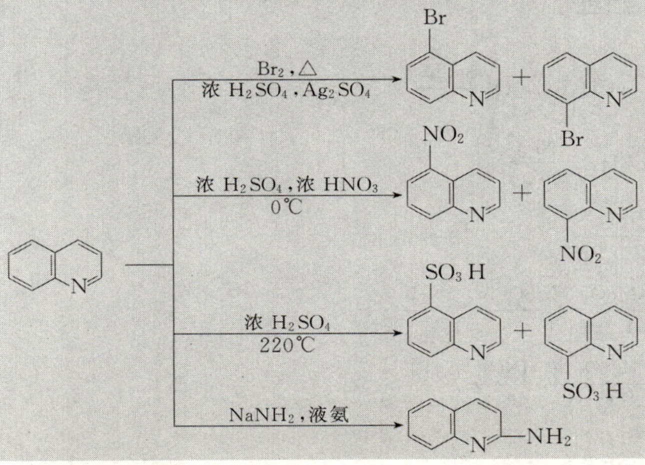

2. 氧化还原反应

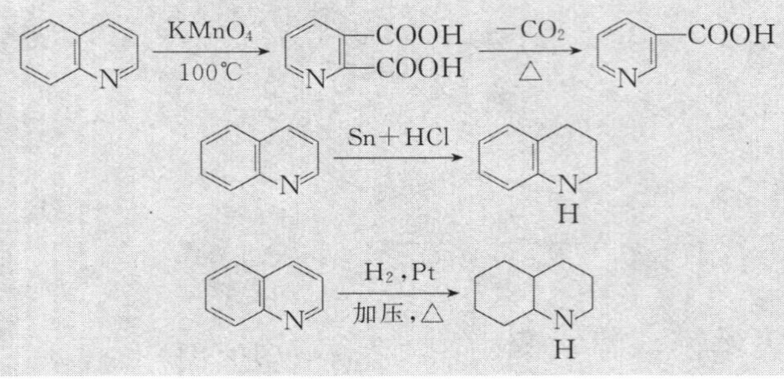

习 题

1. 命名下列化合物：

(1) 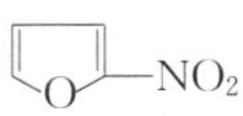

(2) 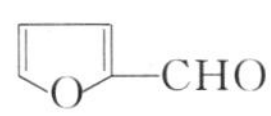

(3) 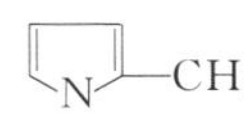

(4) 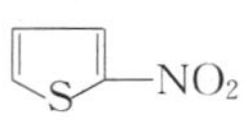

(5) 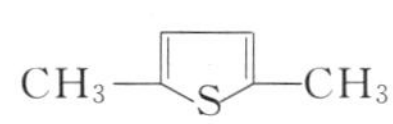

(6) 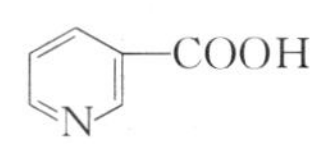

(7) 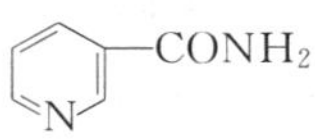

(8) 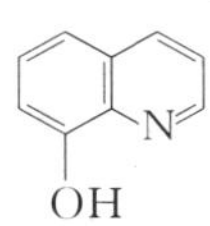

(9) 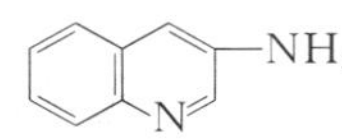

2. 完成下列反应式：

(1) 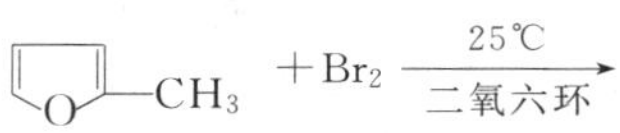

(2) 

(3) 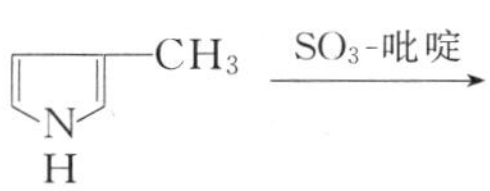

(4) 

(5) 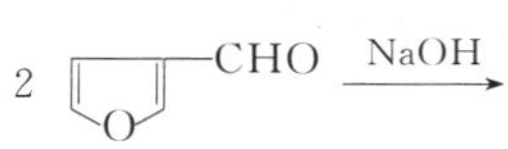

(6) 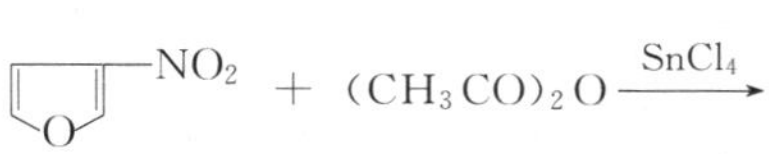

(7) 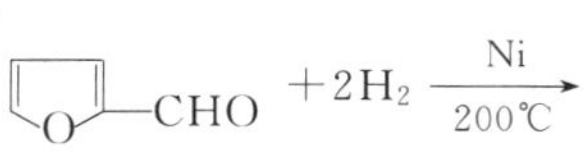

(8) 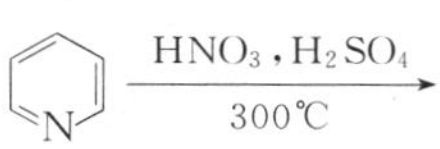

(9) 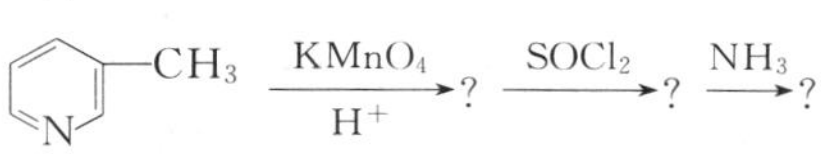

(10) 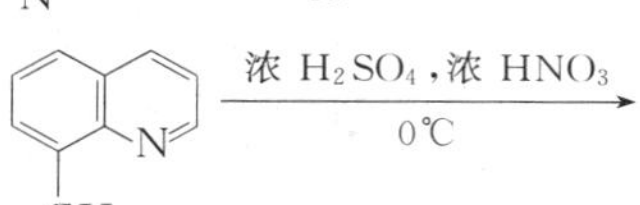

3. 将下列化合物按其碱性由强至弱的顺序排列：

苯胺　苄胺　吡咯　吡啶　氨

4. 用化学方法区别下列各组化合物：

(1) 苯　噻吩　苯酚

(2) 苯甲醛　糠醛

5. 杂环化合物 $C_5H_4O_2$ 经氧化后生成羧酸 $C_5H_4O_3$。把此羧酸的钠盐与碱石灰作用，生成 C_4H_4O，后者与金属钠不反应，也不具有醛和酮的性质。试推测 $C_5H_4O_2$ 的构造式。

第十三章　对映异构

学习目标

1. 了解异构体的种类，掌握偏振光、手性、对称因素、对映体、对映异构、外消旋、内消旋等基本概念；
2. 掌握费歇尔投影式的书写方法以及费歇尔投影式和透视式的转换；
3. 掌握对映异构体构型的 D/L 和 R/S 标记法。

有机化合物的性质，除决定于它们的组成外，也决定于分子中原子的排列顺序和立体结构。这些具有相同分子式、不同结构的有机化合物称为同分异构体。这种现象称为同分异构现象。在有机化合物中，同分异构现象存在得极为普遍，这是有机化合物数量繁多的重要原因之一，也是有机化合物的特点之一。

同分异构现象大致可归纳为：

- 同分异构
  - 构造异构
    - 碳链异构　　如：丁烷和异丁烷
    - 官能团位置异构　　如：1-丁烯和2-丁烯
    - 官能团异构　　如：乙醚和丁醇
    - 互变异构　　如：乙酰乙酸乙酯的酮式和烯醇式
  - 立体异构
    - 构型异构
      - 几何异构（顺反异构）
      - 对映异构（旋光异构）
    - 构象异构（略）

对映异构是立体异构中的一种。而立体异构是指分子式和构造式相同，只是原子在空间的排列方式不同的异构现象。

第一节　偏振光与旋光性

一、偏振光

光波是一种电磁波，是一种横波，它是振动前进的，光波的振动方向与其前进方向相互垂直。普通光的光波是在与前进方向垂直的任何平面内振动。

如果将普通光通过一个尼科尔（Nicol）棱镜，棱镜的作用好似一个栅栏，它只允许与棱镜晶轴平行振动的光线通过，而在其他方向上振动的光线则被阻拦，这种透过棱镜的只在一个平面上振动的光叫做平面偏振光，简称偏振光。如图 13-1 所示。

如果将偏振光通过一些物质的溶液时，可能产生两种情况：有些物质如水、乙醇、乙酸等，对偏振光不发生影响，即偏振光仍维持在原来的振动平面，这些物质称为非旋光性物质。而有些物质如乳酸、葡萄糖等，却能使偏振光的振动平面旋转一定的角度。物质的这种

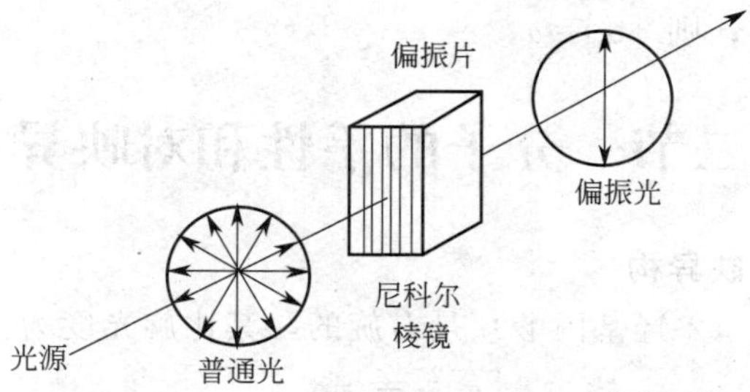

图 13-1 偏振光的形成

性质称为旋光性。具有旋光性的物质，称为旋光活性物质或光学活性物质。

有的旋光活性物质能使偏振光的振动平面向右（顺时针方向）旋转，称为右旋体；反之，称为左旋体。右旋通常用“＋”表示；左旋用“－”表示。偏振光振动平面的旋转角度，称为旋光度，用“α”表示。

二、比旋光度

旋光性物质的旋光度和旋光方向可用旋光仪进行测定。

旋光仪主要由一个光源、两个尼科尔棱镜和一个盛待测样品的盛液管组成。普通光经第一个棱镜（起偏镜）变成偏振光，然后通过盛液管，再由第二个棱镜（检偏镜）检验偏振光的振动方向是否发生了旋转，以及旋转的方向和旋转的角度（见图 13-2）。

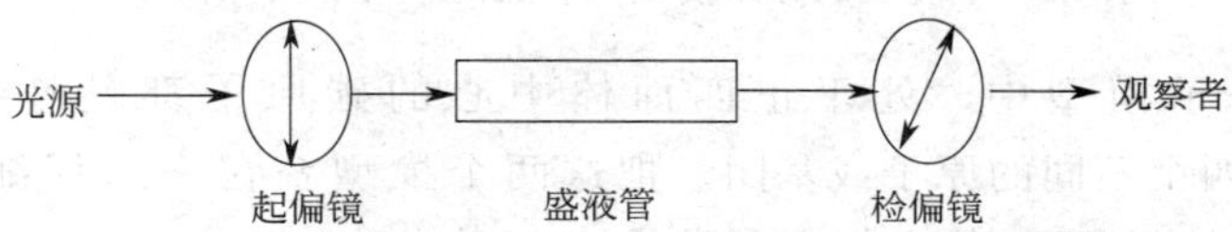

图 13-2 旋光仪的作用示意图

每一种旋光性物质，在一定条件下，都有一定的旋光度。但被测定物质溶液的浓度、盛液管的长度、温度及所用光的波长等对旋光度都有影响。因此，为了比较不同物质的旋光性，通常规定溶液的浓度为 1g/ml，盛液管的长度规定为 1dm（1dm＝10cm），在这种条件下测得的旋光度称为该物质的比旋光度。比旋光度是旋光物质特有的物理常数，一般用 $[\alpha]_\lambda^t$ 表示。t 为测定时的温度，一般是室温（15～20℃）；λ 为测定时光的波长，一般采用钠光（波长为 589.3nm，相当于太阳光谱中的 D 线，故又称为钠光 D 线），用符号 D 表示。

比旋光度只决定于物质的结构。因此，各种化合物的比旋光度是旋光活性物质特有的物理常数。

测定时所用的溶剂不同也会影响旋光度。因此，不用水做溶剂时，需注明所用溶剂的名称。例如，右旋酒石酸在浓度为 5％的乙醇溶液中，其比旋光度为：

$$[\alpha]_D^{20}=+3.79°(\text{乙醇 } 5\%)$$

物质在其他浓度（c）或管长（L）条件下，测得的旋光度（α），可以通过以下公式换算成比旋光度。

$$[\alpha]_\lambda^t=\frac{\alpha}{Lc}$$

式中 α——旋光仪测定出的旋光度；

L——盛液管的长度；

c——溶液的浓度。

当 L 和 c 都等与 1 时，则 $[\alpha]=\alpha$。

第二节　分子的手性和对映异构

一、分子的手性和对映异构

研究表明：肌肉乳酸（2-羟基丙酸）是右旋的，其比旋光度为：

$$[\alpha]_D^{20}=+3.8°$$

而发酵乳酸是左旋的，其比旋光度为：

$$[\alpha]_D^{20}=-3.8°$$

进一步的研究结果还表明，这两种乳酸分子的主体结构可用图 13-3 的两个模型来表示。

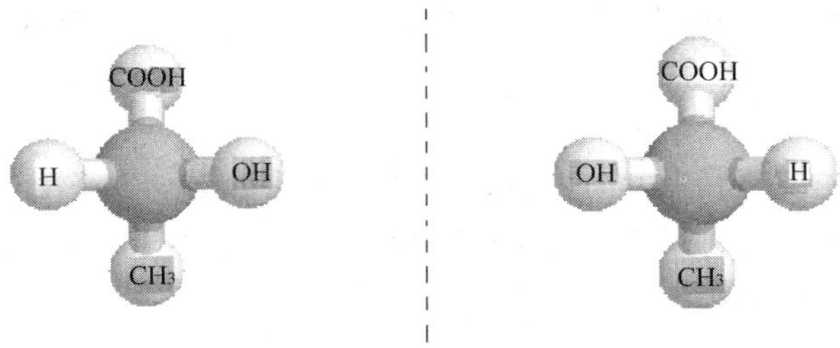

图 13-3　乳酸的分子模型（乳酸的一对对映异构体）

这两个乳酸分子模型中，处于正四面体中心的碳原子都是连接的—H、—CH_3、—COOH 和—OH 四个不同的原子或基团。把这两个模型叠在一起仔细观察，就会发现，无论把它们怎样放置，都不能使它们完全重叠。

这两个乳酸分子正像人的左手和右手一样，在空间不能相互重叠。如果将其中之一看作实物，则另一个恰好是它的镜像。这样的分子就称为具有手性。在立体化学中，不能与其镜像重合的分子称为手性分子。而手性分子是有旋光性的。像乳酸分子中连有四个不同的原子或基团的碳原子，称为手性碳原子或不对称碳原子，通常用 C^* 表示。

像右旋和左旋乳酸这样由于实物和镜像不能重叠而产生的异构现象，称为对映异构现象，这样的异构体称为对映异构体。

二、对称因素

根据实物与镜像能否重叠来判断有机分子是否具有手性的原则，对复杂分子来说则较难判断。因此，还可以从分子是否具有对称因素来判断，应用较多的对称因素有对称面和对称中心。

1. 对称面

假设有一个能把分子分割成互为镜像关系的两半，则该假设平面就是分子的对称面，如图 13-4 所示。

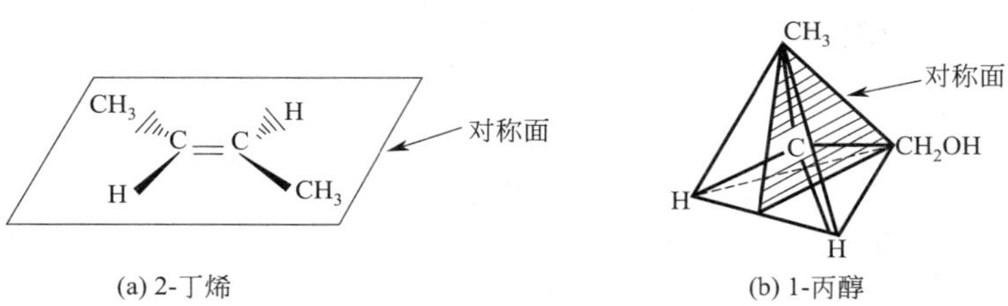

图 13-4　有对称面的分子

2. 对称中心

假设分子有一个中心点，从分子中任何一个原子向中心作连线，并将此连线延长，若在等距离处有相同的原子，则该假设点就是这个分子的对称中心。如图 13-5 中所示，反-1,3-二甲基-反-2,4-二氯环丁烷的分子中就具有对称中心。

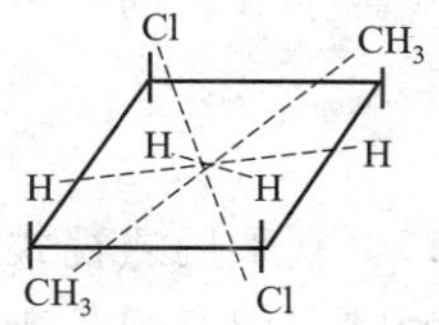

图 13-5　有对称中心的分子

没有对称面和对称中心的分子，一般是手性分子，是有旋光性的，因此就存在对映异构体。

此外，判断分子是否具有手性，还有对称轴及交替对称轴等因素。这里不再讨论。

第三节　含一个手性碳原子化合物的对映异构

前面提到的乳酸是含有一个手性碳原子的，具有旋光性的有机分子。(＋) 乳酸和 (－) 乳酸是一对对映体，故含有一个手性碳原子的化合物有两个旋光异构体。

由于左旋体和右旋体的旋光度相同，但旋转方向相反。故将等量的左旋体和右旋体混合，则旋光能力相互抵消，使得混合物无旋光性，称为外消旋体。以 (±) 表示，外消旋体不仅在旋光性上与左旋体和右旋体不同，物理性质也不相同。如外消旋乳酸的熔点为 18℃，而左旋和右旋乳酸的熔点均为 26℃。

一、对映异构体的构型表示法

构型不同的对映异构体，可用分子模型、费歇尔投影式、透视式表示，但由于分子模型书写起来非常困难，故常用费歇尔投影式和透视式表示。

1. 费歇尔投影式

费歇尔 (E. Fischer) 投影式是用分子模型的投影得到的一种图形表达式，它可以清楚地表示出手性碳原子的构型。例如图 13-6 表示两种乳酸的分子模型和费歇尔投影式。

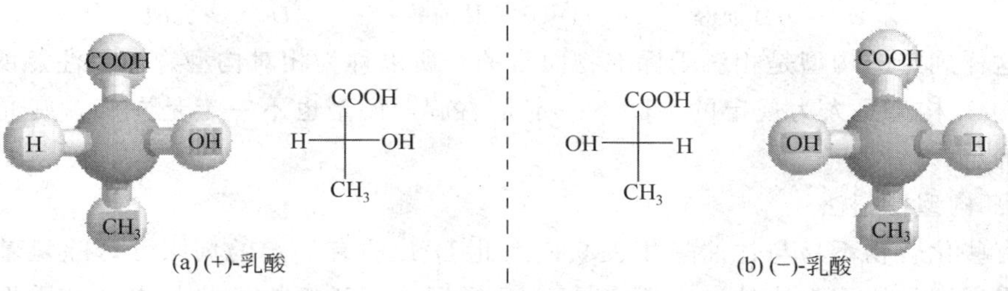

图 13-6　乳酸的分子模型和费歇尔投影式

费歇尔投影式的投影规则是，手性碳原子（横竖两线的交叉点）在纸面，两个竖立的原子或基团指向纸面的下方，两个横向的原子或基团指向纸面上方。投影时，把含碳基团放在竖立方向，并把氧化态较高的碳原子放在上端。在书写和使用费歇尔投影式时，必须按这种规定方式表示分子构型的立体结构。

费歇尔投影式可以在纸面上旋转 180°，但绝不能旋转 ±90°，也不能把它脱离纸面翻一个身。因为旋转 ±90°后，原来的竖键变成了横键，原来的横键变成了竖键，其结果是纸面下方的键变成了向上；纸面上方的键变成了向下。这样这个投影式就不是原来的构型，而是原构型的对映体。同样，如果把投影式翻个身，则所有键在纸面上的伸展方向都正好相反，翻身后的投影式也是原构型的对映体。

2. 透视式

有时为了更直观地表示分子构型，也常采用透视式：即手性碳原子和实线在纸面，虚线表示纸下方的键，楔形线表示纸上方的键。用透视式所表示的两种乳酸构型及其相应的费歇尔投影式如下：

透视式虽然比较直观，但书写较麻烦，对于结构比较复杂的化合物，则更增加了书写的难度。相比较而言，用费歇尔投影式表示分子构型比较普遍。

二、手性碳原子的构型标记法

对构型不同的旋光异构体命名时，为了能准确无误，有必要对它们的构型分别给以一定的标记。

1. D/L 构型标记法

在不能测定分子中的基团在空间中的排布情况的条件下，为了研究方便和避免混乱，对手性碳原子的构型，人为地规定以甘油醛（2,3-二羟基丙醛）为标准：除醛基和羟甲基分别在手性碳原子的上、下方外，羟基在竖直碳链右侧的右旋甘油醛定为 D-(＋)-甘油醛；反之，羟基在竖直碳链左侧的左旋甘油醛则标为 L-(－)-甘油醛。对其他旋光活性物质中手性碳原子构型的标记，则在不涉及手性碳原子变化的前提下，通过化学反应与甘油醛相关联。例如：

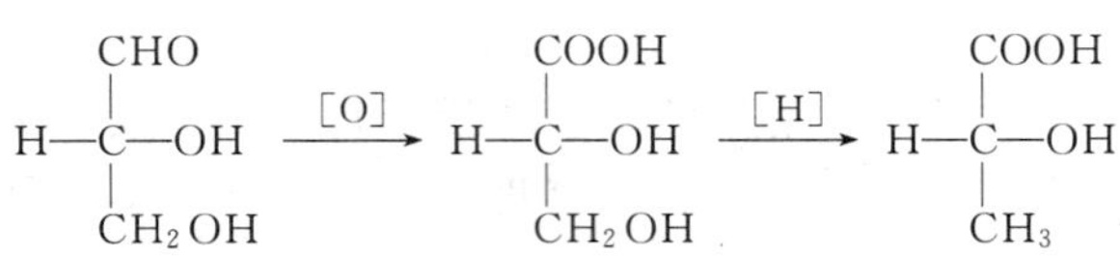

D-(＋)-甘油醛　　D-(－)-甘油酸　　D-(－)-乳酸

由于这样确定的构型是相对于标准物而言的，所以称为相对构型。需要注意的是，手性碳原子的 D/L 构型是人为规定的，D-不一定是右旋，L-型也不一定是左旋，旋光方向必须通过实验确定。

2. *R*/*S* 构型标记法

由于有些化合物不易与甘油醛相关联，因此 D/L 法有一定的局限性，除氨基酸和碳水化合物仍采用这种标记方法外，一般采用 *R*/*S* 标记法。*R*/*S* 标记法是根据与手性碳原子所连的四个不同的原子或基团在空间的排列顺序来标记的。其方法是：首先按次序规则将手性碳原子所连的四个原子或基团（a,b,c,d）由大到小排列成序，设 a＞b＞c＞d，把次序最小的 d 放在距观察者最远的地方，最后观察 a、b、c 的排列顺序，如果 a→b→c 按顺时针方向排列，则将该手性碳原子的构型标记为“*R*”，若按逆时针方向排列，则标记为“*S*”。

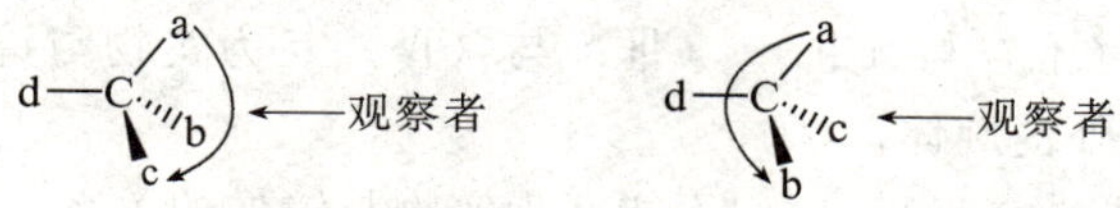

R 型（顺时针方向）　　*S* 型（逆时针方向）

以乳酸为例，先按顺序规则将与手性碳原子相连的四个原子和基团排列成序：—OH＞—COOH＞—CH_3＞—H，因此，乳酸的两种构型可分别标记为：

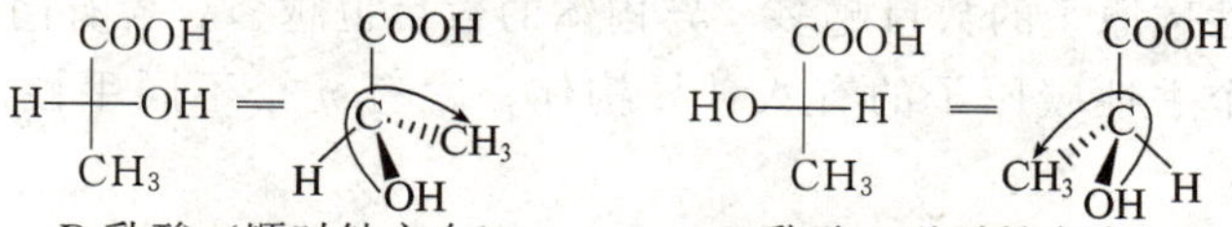

R-乳酸（顺时针方向）　　*S*-乳酸（逆时针方向）

也可以直接用费歇尔投影式标记出手性碳原子的构型：当在次序规则中最小的原子或基团处于投影式的横线上时，其他三个原子或基团的顺序由大到小，若为逆时针排列，则该手性碳的构型是 *R* 型，若为顺时针排列则为 *S* 型。例如：

R-乳酸（逆时针方向）　　*S*-乳酸（顺时针方向）

又如甘油醛，与手性碳原子相连的四个基团排列顺序：—OH＞—CHO＞—CH_2OH＞—H，因此，甘油醛的两种构型可分别标记为：

R-甘油醛（逆时针方向）　　*S*-甘油醛（顺时针方向）

注意：用费歇尔投影式直接标注构型和透视式标注构型两种方式的时针方向相反，但结论相同。

按 *R*/*S* 法确定的构型不依赖于任何标准物，故又称为绝对构型。

这里应强调指出：D/L 法与 *R*/*S* 法是两种不同的构型标记法，它们之间无固定关系，一个 D 型化合物若按 *R*/*S* 法标记可能是 *R* 型也可能是 *S* 型。另外，*R*/*S* 标记法也不能确定旋光方向，旋光方向仍需实验测定。

第四节　含两个手性碳原子化合物的对映异构

一、含两个不同手性碳原子的化合物

已知含一个手性碳原子的化合物有两个旋光异构体（一对对映体），如含有两个手性碳原子就有四种旋光异构体。例如，2-羟基-3-氯丁二酸（氯代苹果酸）有下列四种异构体：

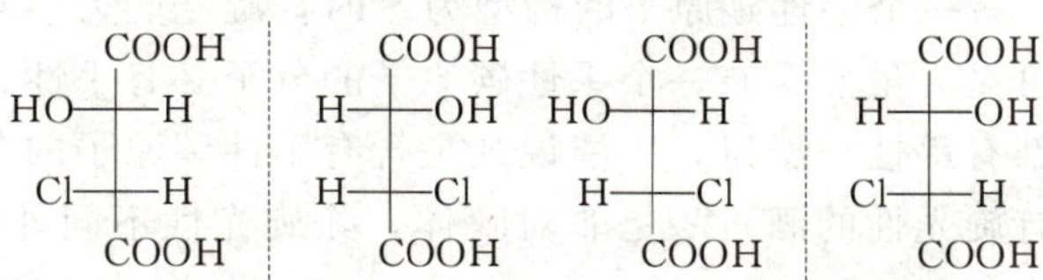

(2*R*,3*R*)　(2*S*,3*S*)　(2*R*,3*R*)　(2*S*,3*R*)

（Ⅰ）　（Ⅱ）　（Ⅲ）　（Ⅳ）

（Ⅰ）与（Ⅱ）：对映体；（Ⅲ）与（Ⅳ）：对映体；两组之间：非对映体

这四种异构体中，（Ⅰ）与（Ⅱ），（Ⅲ）与（Ⅳ）互为实物与镜像的关系，是对映体。对映体的等量混合物是外消旋体。

（Ⅰ）、（Ⅱ）与（Ⅲ）、（Ⅳ），它们不能互为实物与镜像的关系，称为非对映体。对映体除旋光方向相反外，其他物理性质完全相同。而非对映体的旋光度不同，旋光方向可能相同也可能不同，其他物理性质则也不相同。

分子中含有手性碳原子的数目越多，异构体的数目也越多。含有两个手性碳原子的有四种异构体；含有三个手性碳原子的有八种异构体；含有 n 个不同手性碳原子的化合物，有 2^n 种异构体。

含有两个手性碳原子的化合物中的每个手性碳原子的构型标记方法与含有一个手性碳原子的化合物相同，即可将一个手性碳看成是与另一个手性碳相连的基团。如：

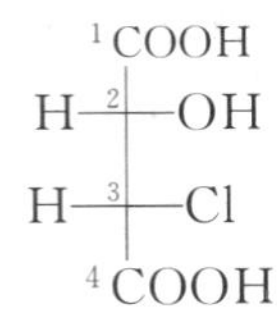

上式中，C2 上所连的基团的顺序为：—OH>—CHClCOOH>—COOH>—H，按透视式是逆时针排列，按投影式是顺时针排列，因此 C2 为 *S* 型；C3 上基团的顺序为：—Cl>—COOH>—CHOHCOOH>—H，按透视式是逆时针排列，按投影式是顺时针排列，因此 C3 也为 *S* 型。故该化合物的名称可标记为：(2*S*,3*S*)-2-羟基-3-氯丁二酸。

二、含两个相同手性碳原子的化合物

2,3-二羟基丁二酸（酒石酸）分子中，含有两个手性碳原子，由此应有四种异构体：

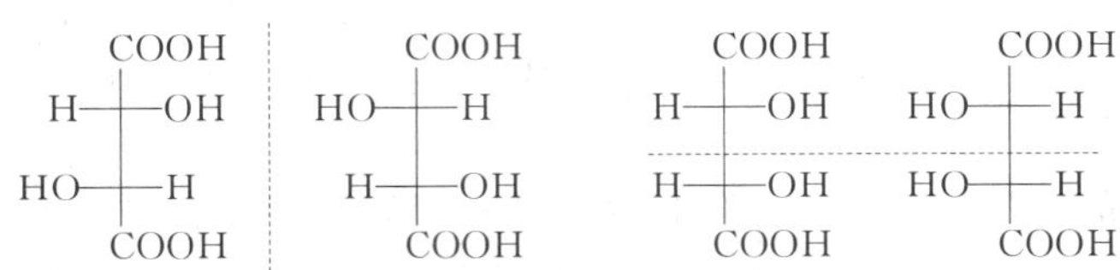

(2*R*,3*R*)　(2*S*,3*S*)　(2*R*,3*S*)　(2*S*,3*R*)

（Ⅰ）　（Ⅱ）　（Ⅲ）　（Ⅳ）

（Ⅰ）与（Ⅱ）互为实物与镜像的关系，是对映体，其等量混合物为外消旋体。（Ⅲ）与（Ⅳ）似乎也是对映体，若将（Ⅲ）在纸面旋转 180°，即可与（Ⅳ）重叠，实际上是同一个化合物。同时不难看出，（Ⅲ）与（Ⅳ）分子中有对称面（图中横虚线），所以整个分子没有旋光性。这种虽含有手性碳原子，但因存在对称因素而不显旋光活性的化合物，称为内消旋体。

内消旋酒石酸之所以无旋光活性，是因为两个手性碳原子所连四个基团相同，当一个手性碳原子的构型为 *R*，另一个手性碳原子的构型为 *S* 时，旋光能力相互抵消，因此整个分子不再具有手性。由此可见，虽然含有一个手性碳原子的分子必有手性，但是含有多个手性碳原子的分子却不一定都有手性。所以，不能说凡是含有手性碳原子的分子都是手性分子。

内消旋酒石酸和有旋光性的酒石酸是非对映体，除旋光性不同外，物理性质也不相同。酒石酸的物理性质见表 13-1。

应当指出：内消旋体和外消旋体是两个不同的概念，它们虽都没有旋光性，但本质却不相同。内消旋体是纯净的单一化合物，而外消旋体却是两种互为对映体的手性分子的等量混合物，可以用物理方法、化学方法或生物酶法拆分成两个有旋光性的对映体。

表 13-1　酒石酸旋光异构体的物理性质

异构体	熔点/℃	溶解度/(g/100gH_2O)	$[\alpha]_D^{25}$/(°)
左旋酒石酸	170	139	−12
右旋酒石酸	170	139	+12
内消旋酒石酸	206	20.6	0
外消旋酒石酸	140	125	0

阅读材料

手性拆分技术

2010 年，在医药工业中化学药销售超过 70000 亿美元，具有光学性的手性药物(chiraldrug) 约占全部化学药的 40%～50%，规模约 3200 亿美元。由于药物的手性不同会表现出截然不同生物、药理、毒理作用，因此，寻找一种提升药物单一性的方法或技术（如手性拆分技术）一直是当今世界新药发展的重要方向和热点领域。

所谓手性拆分（chiral resolution)，亦称光学拆分（optical resolution）或外消旋体拆分，是指将外消旋化合物分离成为两个不同镜像异构物的方法，该方法也是生产具有光学活性药物的重要手段之一。手性药物拆分技术的发展不仅可以排除由于无效（不良）对映体所引起的毒副作用，更能减少药剂量和人体对无效对映体的代谢负担，提升对药物动力学及剂量的控制。

随着人们对手性药物研究和认识的不断深入，手性拆分技术近年来也发展很快。目前世界上提及较多的手性拆分技术主要有以下几个。

1. 结晶拆分技术

该方法最早由路易·巴士德首先应用于酒石酸的拆分。该方法通过向热的饱和或过饱和的外消旋溶液中，加入一种光学活性异构体的晶种，创造出不对称的环境。当冷却到一定的温度时，稍微过量的与晶种相同的异构体就会优先结晶出来。滤去晶体后，在剩下的母液中再加入水和消旋体制成的热饱和溶液，再冷却到一定的温度，这时另一个稍微过剩的异构体就会结晶出来。理论上讲，如果原料能形成聚集体的外消旋体，那么将上述过程反复进行就可以将一对对映体转化为纯的光学异构体。在没有纯对映异构体晶种的情况下，有时用结构相似的手性化合物，甚至用非手性的化合物作晶种，也能成功进行拆分。

2. 化学拆分技术

由于一对对映异构体与非手性试剂反应的化学性质相同，因此一般的化学分离方法无法将其拆分出来。这里所说的化学拆分是指用一个纯的光活性异构体 D-碱去处理 D-酸和 L-酸的混合物，与其分别反应衍生化，形成一对非对映体：D-酸-D-碱和 L-酸-D-碱。非对映体很容易通过普通的物理方法如分级结晶法分离出来。在分离出非对映体之后，只要用强酸处理便可以分别得到纯的 D-酸和 L-酸。化学拆分法适用于含有易反应基团，而且反应后也容易再生出原来对映体化合物的分子。最常见的易反应基团为酸碱基团，这是由于酸碱反应非常简便，生成的盐类容易结晶。常用的酸性拆分剂有：(+)-酒石酸、(+)-樟脑酸、(+)-樟脑-10-磺酸、L-(+)-甘氨酸等；常用的碱性拆分剂有：(−)-马钱子碱、(−)-番木鳖碱、D-(−)-麻黄碱、(+) 或 (−)-α-苯乙胺等。

3. 酶分解技术

酶催化的反应对底物是高度立体专一的，这种性质可用于使外消旋体中的某一异构体参加酶促反应，被消耗为另一物质，而另一异构体不受影响，但性质与消耗后形成的物质明显不同，使利用一般物理分离方法将两个对映体的拆分变为可能。这种方法最适用于氨基酸的拆分。与化学拆分技术相比具有诸多优势：有高度立体专一性，产物旋光纯度很高；副反应少，产率高，产物分离提纯简单；大多在温和条件下进行，pH 值也多近中性，对设备腐蚀性小；酶无毒，易被环境降解。但该技术也存在一些缺点，主要是可用的酶制剂品种有限，而且酶的保存条件比较苛刻，价钱也比较昂贵。

4. 生物膜拆分技术

膜拆分技术是使流动相中的外消旋药物在渗透压或其他外力作用下进入膜相，并通过膜相中载体的选择性作用，使其中的一种对映体通过膜相，来达到拆分效果的方法。此技术是近几年刚发展的节能技术，对其的研究不处于起步阶段，但由于自身的连续性和能量有效等众多优点，而被广大相关研究人员所青睐。根据膜分离和手性拆分的要求，用于手性药物拆分的膜需具备较高对映体选择性、膜通量大、通量及选择性应稳定等特点。

可以预见，随着科技的不断创新，以及对各种手性拆分机制研究的更加深入，手性拆分技术将更加完善，也必将在今后手性药物的生产中起到举足轻重的作用。

本章小结

1. 手性是指实物与镜像不能重叠的性质，手性分子才有旋光异构。手性分子一般含有手性碳原子（也有例外），而手性碳原子是指含有四个不同原子或基团的碳原子。

2. 判断分子具有手性的方法是分子中没有对称面和对称中心。

3. 旋光异构体常用费歇尔投影式表示，投影规则是：手性碳原子（横竖两线的交叉点）在纸面，把含碳基团放在竖立方向，并把氧化态较高的碳原子放在上端，两个竖立的原子或基团指向纸面的下方，两个横向的原子或基团指向纸面上方。

4. 费歇尔投影式可以在纸面上旋转 180°，但绝不能旋转±90°，也不能把它脱离纸面翻一个身。旋光异构体的构型常用 R/S 构型标记法。

5. 对映体在旋光性上表现为旋光度相同，旋光方向相反。左旋和右旋的等量混合物是外消旋体——无旋光性，外消旋体可以拆分成对映体的两个组分。

习　　题

1. 下列化合物有无手性碳原子？若有，用 * 号标出。

（1） 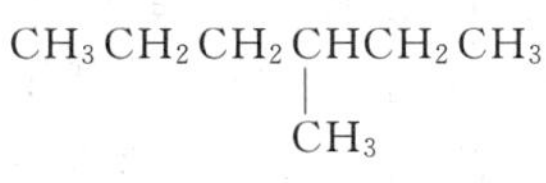

（2） 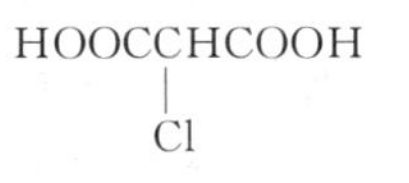

（3） 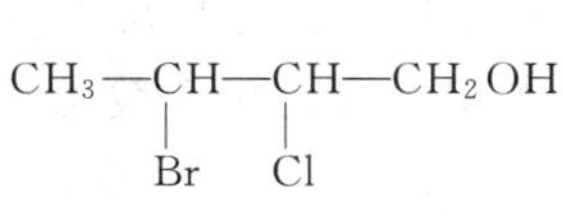

（4） 

（5） 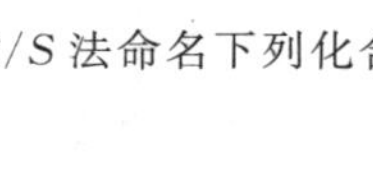

（6）

2. 用 R/S 法命名下列化合物：

（1） 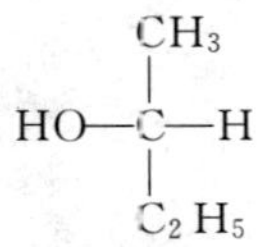　　（2） 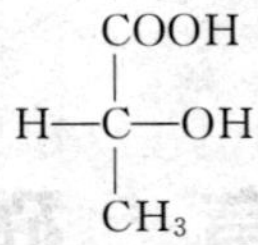

（3） 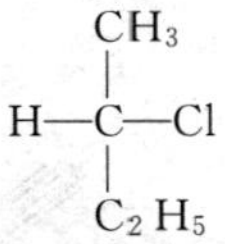　　（4） 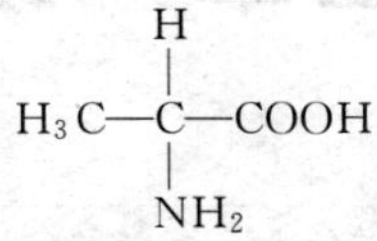

（5） 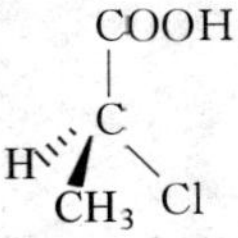　　（6） 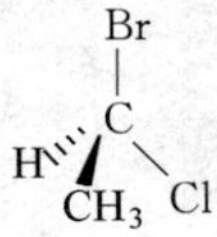

3. 写出下列化合物的费歇尔投影式：

（1）*S*-2-氯戊烷　（2）*R*-2-丁醇　（3）*S*-α-溴乙苯

（4）CHClBrF（*S* 型）　（5）*R*-甲基仲丁基醚　（6）(2*R*,3*S*)-2,3-二溴丁烷

（7）内消旋-3,4-二硝基己烷

4. 下列化合物各属于哪种情况：对映体、非对映体、构造异构体、相同化合物？

（1） 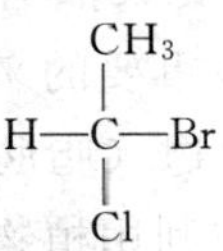 与 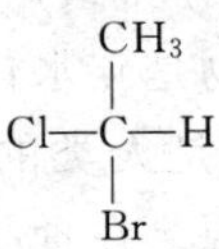

（2） 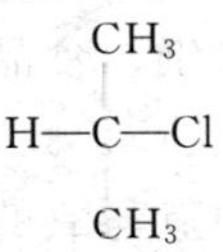 与 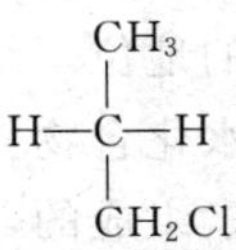

（3） 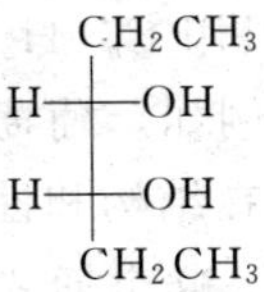 与 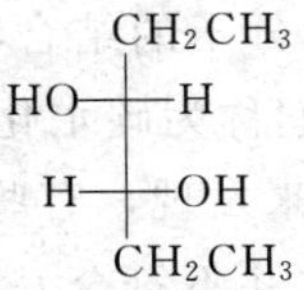

（4） 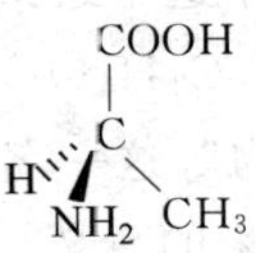 与 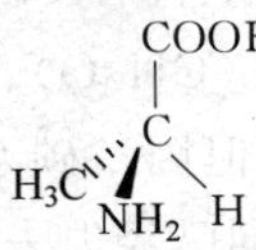

5. 判断下列概念正确与否，并解释。

（1）含手性碳原子的化合物都有旋光性。

（2）含四个相同基团的手性碳原子的化合物都是对映体。

（3）对映异构体的物理性质（旋光方向除外）和化学性质都相同。

（4）非对映异构体的物理性质和化学性质都不相同。

6. 某酮 A 分子式为 C_4H_8O，与羟胺反应后，生成化合物 B 和化合物 C，化合物 B 和化合物 C 是对映异构体。试写出化合物 A、化合物 B、化合物 C 的结构式。

7. 某醇 A 分子式为 $C_5H_{10}O$，具有旋光性。加氢后，生成的醇 $C_5H_{12}O$(B) 没有旋光性，试写出化合物 A 和化合物 B 的结构式。

第十四章　碳水化合物

学习目标

1. 了解糖的分类；
2. 掌握葡萄糖、果糖的开链式结构；
3. 掌握单糖、二糖的结构特点及性质；
4. 了解单糖、二糖及多糖的用途。

碳水化合物又称为糖类，是自然界中存在数量最多、分布最广泛的一类天然有机化合物。由于碳水化合物是绿色植物光合作用的结果，因此植物是碳水化合物最重要的来源和储存形态，植物干重的80%左右是碳水化合物。碳水化合物是人类的主要食物（脂肪、蛋白质、糖类）之一，也是生物体进行新陈代谢不可缺少的能源。在食品工业中利用植物为原料生产的各种糖类化合物产品，在人类的生活中占据着重要的地位。纺织、造纸、食品、发酵等工业所需的原料，如粮、棉、麻、竹等都含有大量的碳水化合物。

由于最初发现的这类化合物都是由碳、氢、氧三种元素组成的，分子中氢与氧的比例为2∶1，与水分子的比例相同，可以看成是碳原子与水分子的结合物，可以用 $C_n(H_2O)_m$ 这样一个通式来表示，其中 n、m 为正整数，因此将它们称为碳水化合物。例如，葡萄糖和果糖的分子式都是 $C_6H_{12}O_6$，可以写成 $C_6(H_2O)_6$。后来发现，有些化合物在结构和性质上属于碳水化合物，例如，鼠李糖 $C_6H_{12}O_5$，但其分子式并不符合 $C_n(H_2O)_m$ 这个通式。有些化合物分子式虽然符合通式 $C_n(H_2O)_m$，例如，甲醛（CH_2O）、乙酸（$C_2H_4O_2$）、乳酸（$C_3H_6O_3$）等，却又不具备碳水化合物的结构和性质。但因“碳水化合物”这一名称沿用已久，所以至今仍继续使用。但是，碳水化合物这一名词已经失去了它原来的意义。

从结构和性质来看，目前是把碳水化合物看作是多羟基醛或多羟基酮，以及能水解成多羟基醛或多羟基酮的一类化合物。

第一节　碳水化合物的分类

碳水化合物常根据它能否水解及水解后的生成物，分为三类。

一、单糖

单糖是指那些不能再被水解成更小分子的多羟基醛或多羟基酮。单糖类化合物都是结晶固体，溶于水，有的还具有甜味。例如，葡萄糖、果糖、阿拉伯糖、甘露糖、半乳糖、核糖等。

二、低聚糖

低聚糖是水解后能生成多个单糖分子（2～10个）的碳水化合物，其中最重要的是能水解生成两分子单糖的二糖。例如，麦芽糖和蔗糖是二糖。麦芽糖水解生成两分子葡萄糖；蔗糖水解生成一分子葡萄糖和一分子果糖。水解后可生成三分子单糖的低聚糖也称为三糖，如棉子糖水解后得到一分子葡萄糖、一分子果糖和一分子半乳糖。

三、多糖

多糖是水解后能生成几百乃至成千上万个单糖分子的碳水化合物。例如，淀粉、纤维素等。多糖无甜味，一般是无定形粉末状。多糖也称为高聚糖，属于天然高分子化合物。

可见，单糖不仅是最简单的碳水化合物，也是组成低聚糖和多糖的基础，因此重点讨论单糖。

第二节　单　糖

单糖是最简单的碳水化合物，是不能再水解的多羟基醛或多羟基酮。多羟基醛又称为醛糖；多羟基酮又称为酮糖。按分子中所含碳原子数目，单糖又可分为丙糖、丁糖、戊糖、己糖、庚糖等。自然界中，以戊糖和己糖多见，如核糖和阿拉伯糖属戊醛糖，但分布最广，也最重要的单糖是己醛糖中的葡萄糖和己酮糖中的果糖。

低聚糖和多聚糖都是由单糖构成的，因此主要讨论单糖的结构和性质，它是了解低聚糖和多聚糖的结构与性质的基础。

一、单糖的结构

1. 葡萄糖

葡萄糖广泛存在于蜂蜜及植物的根、茎、叶、花和果实中，也是人体血液的重要组分。正常人的血液中，保持有0.08%～0.11%的葡萄糖，称为血糖。它在人体内经氧化生成二氧化碳和水的同时并放出热量，是人体进行新陈代谢不可缺少的营养物质。糖尿病人由于糖代谢功能失调，尿中常含有较高浓度的葡萄糖。

葡萄糖也是食品、医药等工业的重要原料。在印染、制革和制镜工业中常作为还原剂。工业上，制取葡萄糖的方法是将淀粉以酸水解得到。

$$(C_6H_{10}H_6)_n + nH_2O \longrightarrow nC_6H_{12}O_6$$

葡萄糖为白色或无色结晶，熔点146℃，易溶于水，甜度是蔗糖的60%。天然葡萄糖是D型右旋糖。

(1) 开链式结构　实验证明，葡萄糖是己醛糖，分子式为$C_6H_{12}O_6$。开链式结构是根据其化学性质推导出来的。所依据的化学性质以及简要的推导过程如下。

① 葡萄糖用钠汞齐还原，生成己六醇；用碘化氢进一步还原，生成正己烷。因此，葡萄糖的碳骨架是直链的。

② 葡萄糖可以与羟胺、苯肼等羰基试剂作用，说明其中含有羰基。葡萄糖用溴水氧化，生成含有六个碳原子的羧酸，说明其中的羰基是醛基。

③ 葡萄糖可以被乙酸酐乙酰化，生成五乙酰基衍生物，说明其中有五个羟基。由于同一碳原子上有两个羟基的化合物是不稳定的，所以五个羟基应该分别连接在五个碳原子上。

综上所述，葡萄糖的开链式结构应该是五羟基醛，有如下的结构：

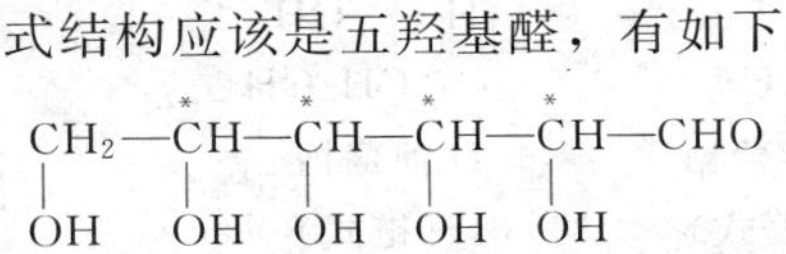

可命名为：2,3,4,5,6-五羟基己醛。分子中的C2、C3、C4、C5四个碳原子为手性碳原

子，应该有 $2^4=16$ 个旋光异构体。葡萄糖仅是其中之一。天然葡萄糖中的四个手性碳原子上所连接的氢原子和羟基的空间排布情况用费歇尔投影式表示如下：

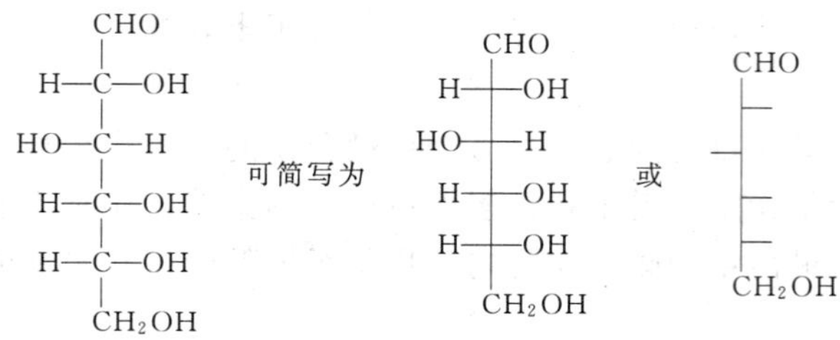

按 R/S 标记法，葡萄糖应命名为 $(2R,3S,4R,5R)$-2,3,4,5,6-五羟基己醛。显然，这种命名比较麻烦。因此，人们就把己醛糖和甘油醛联系起来，应用相对构型 D/L 标记法来确定其构型。凡是分子中与醛基相距最远的手性碳原子的构型与 D-甘油醛相同的，称为 D-型；与 L-甘油醛相同的，称为 L-型。天然葡萄糖的 C5 构型与 D-甘油醛相同，所以是 D-葡萄糖。

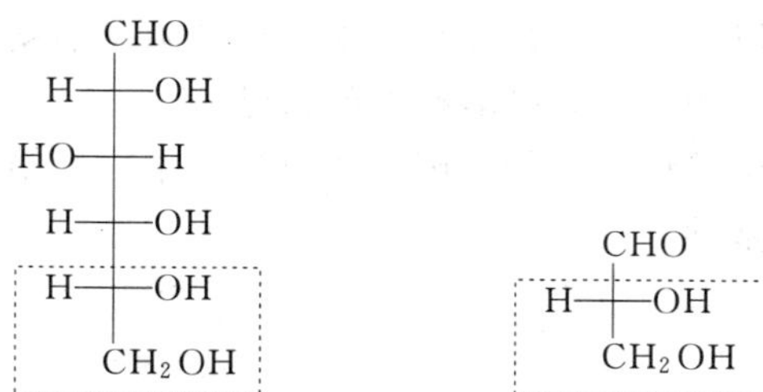

D-葡萄糖　　　　D-甘油醛

显然这种标记法，比 R/S 法简单、明了，故糖的构型常用 D/L 标记法表示。

（2）氧环式结构　从葡萄糖的开链式看，它应该具有典型的醛基的反应。但多种实验事实证明，葡萄糖在某些典型的反应中，与一般的醛有较大的差异。特别是发现以不同的方式对葡萄糖进行重结晶后，可以得到两种物理性质不同的晶体。一种晶体的熔点为 146℃，比旋光度为＋112°，这种 D-(＋)-葡萄糖叫做 α-D-(＋)-葡萄糖；另一种晶体的熔点为 150℃，比旋光度为＋19°，这种 D-(＋)-葡萄糖叫做 β-D-(＋)-葡萄糖。将其中的任何一种溶于水后，新配制的 α-D-(＋)-葡萄糖水溶液在放置时其比旋光度逐渐减小；而新配制的 β-D-(＋)-葡萄糖水溶液在放置时其比旋光度逐渐增大，最后两者的比旋光度都逐渐变为＋52.7°的恒定值，这种现象称为变旋光现象，而 D-(＋)-葡萄糖的开链式结构对变旋光现象则无法解释。

为了解释上述现象，有人提出，葡萄糖主要以氧环式存在，即适当位置的羟基与分子中的醛基发生反应，形成环状的半缩醛。

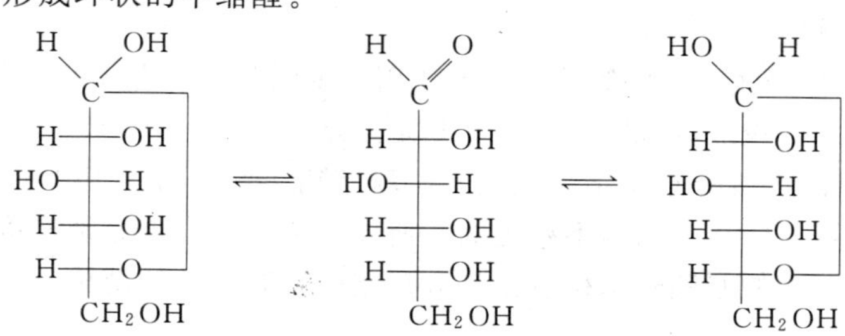

α-D-(＋)-葡萄糖（环状半缩醛式）36.4%　　D-葡萄糖（开链式）约 0.01%　　β-D-(＋)-葡萄糖（环状半缩醛式）63.6%

一般是第五个碳原子上的羟基与醛基作用，形成半缩醛，这是一个稳定的六元氧环式结构。由于羟基可以从羰基的两侧进攻羰基碳原子，结果生成两种构型不同的葡萄糖。也使羰基碳原子由 sp^2 转变为 sp^3，成为新的手性碳原子，而分子中其他手性碳原子的构型不变。新的手性碳原子称为苷原子；苷原子上的羟基（半缩醛羟基）称为苷羟基。苷羟基与第五个碳原子上的羟基在碳链同侧者，称为 α-型；在异侧者称为 β-型。这种含有多个手性碳原子的两个异构体中，只有一个手性碳原子的构型不同的，称为差向异构体。这两种差向异构体又称为异头物。葡萄糖中的第五个碳原子又称为 δ-碳原子，故氧环式结构又可称为 δ-氧环式。

由于在溶液中，葡萄糖可以三种不同的形式存在，α-型可以通过开链式转变为 β-型，β-型也可以通过开链式转变为 α-型，当三种形式的葡萄糖达到动态平衡时，溶液的比旋光度为 $+52.7°$。

(3) 哈沃斯式结构　葡萄糖的 δ-氧环式结构虽然能圆满地解释变旋现象，但它不能恰当地反映分子中各原子和基团在空间的位置，而且过长的氧桥键也明显不合理。为了更形象地表达葡萄糖的氧环式结构，哈沃斯（Haworth）提出了平面的透视式。现以葡萄糖为例，将由开链式转变为哈沃斯式的过程表述如下：

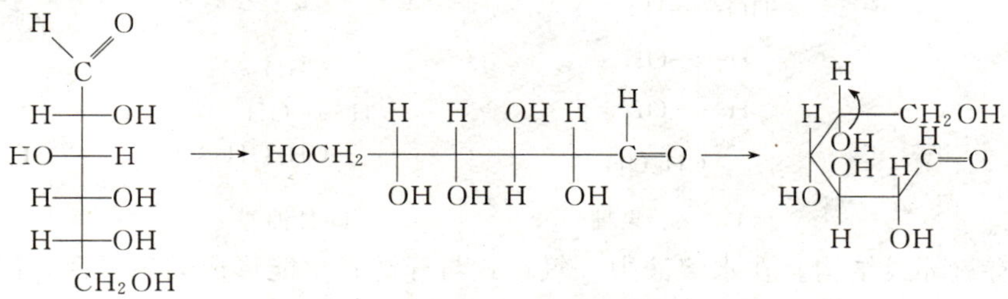

（Ⅰ）　（Ⅱ）　（Ⅲ）

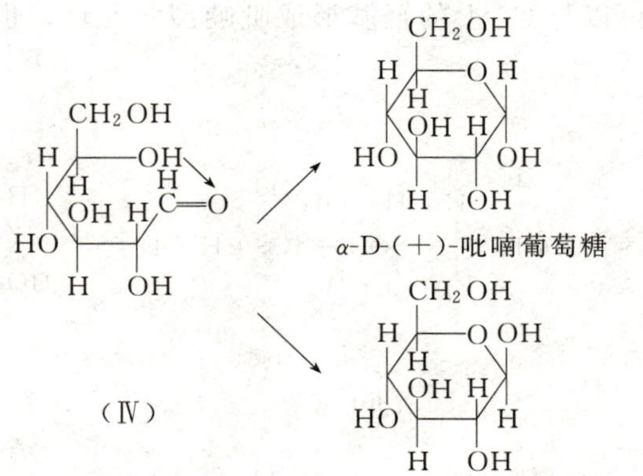

（Ⅳ）

α-D-(+)-吡喃葡萄糖

β-D-(+)-吡喃葡萄糖

为了便于理解，先将开链的费歇尔投影式（Ⅰ），向右安放成水平状（Ⅱ），然后使碳链锯齿状弯曲成六边形（Ⅲ）。由于是 C5 上的羟基与醛基形成半缩醛，故必须使 C4—C5 键旋转 120°，使 C5 上的羟基与醛基尽量接近呈（Ⅳ）式。此时，C5 上的羟基可以从羰基平面的两个方向向羰基碳原子进攻，分别得到 α-D-(+)-吡喃葡萄糖和 β-D-(+)-吡喃葡萄糖。

这种六元环的哈沃斯式与杂环化合物吡喃类似，故将这类糖称为吡喃糖。与此相似，具有五元环结构的糖类与杂环化合物呋喃相似，称为呋喃糖。

2. 果糖

果糖是一种重要的己酮糖，为白色晶体，熔点 102～104℃，是最甜的一种糖。它主要存在于蜂蜜和水果中，具有与葡萄糖相同的分子式 $C_6H_{12}O_6$。天然果糖是 D 型左旋糖，可以称作 D-(一)-果糖。天然果糖中所连接的氢原子和羟基的空间排布情况用费歇尔投影式表示如下：

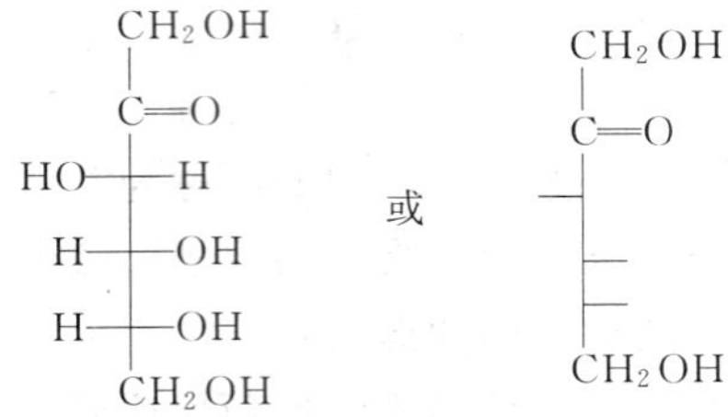

开链式中，酮基位于第二个碳原子上，C3、C4、C5 的构型与葡萄糖完全相同。存在三个手性碳原子，因此有 $2^3=8$ 个旋光异构体，D-(一)-果糖是其中之一。其开链式构型为：

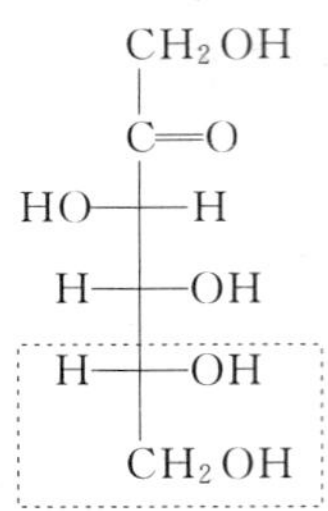

D-(一)-果糖

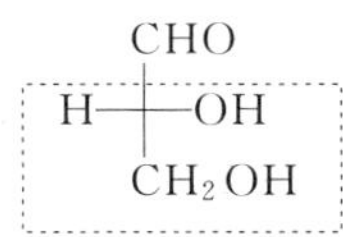

D-甘油醛

果糖也有氧环式结构。在水溶液中，氧环式与开链式也能形成动态平衡，因此也有变旋光现象。

果糖中的酮基不但可以与 C6 上的羟基形成吡喃型六元环，也可以与 C5 上的羟基形成呋喃型的五元环。

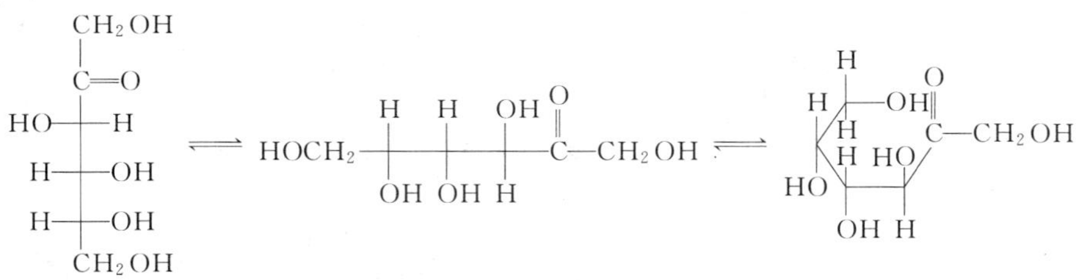

（Ⅰ） （Ⅱ） （Ⅲ）

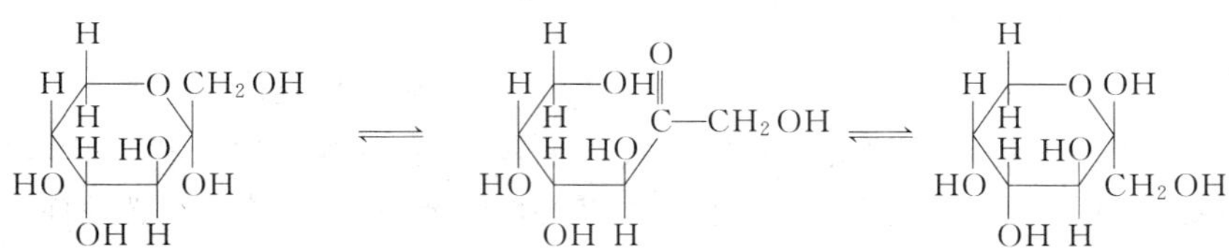

α-D-(一)-吡喃果糖 （Ⅲ） β-D-(一)-吡喃果糖

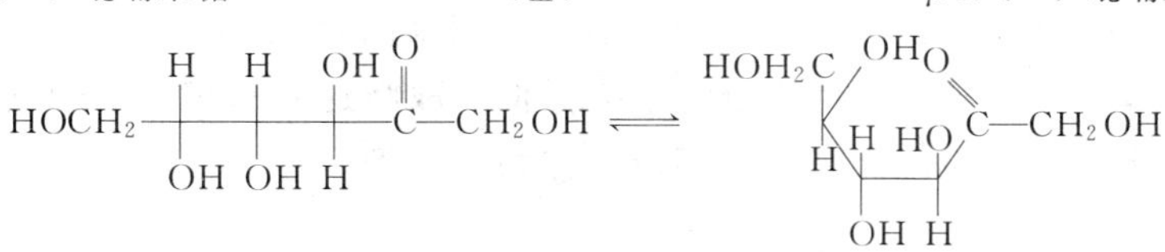

（Ⅱ） （Ⅳ）

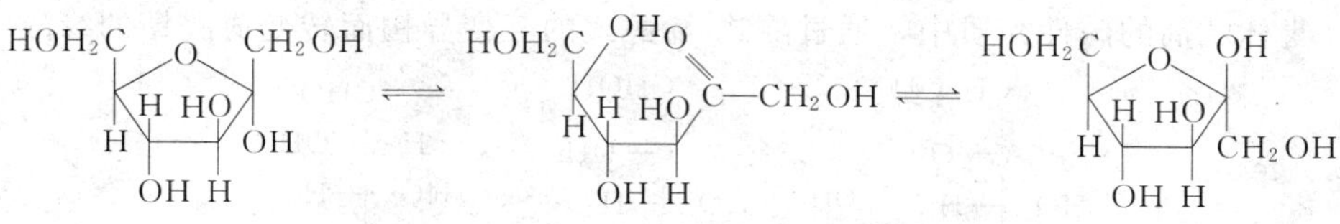

α-D-(－)-呋喃果糖　　(Ⅳ)　　β-D-(－)-呋喃果糖

二、单糖的化学性质

单糖的开链式结构中具有羟基和羰基，能够发生这些官能团的一些特征反应。例如，单糖分子能显示一般醇的性质，如能成酯、成醚等。单糖分子中的羰基，能与托伦试剂、斐林试剂、苯肼和 HCN 等试剂发生亲核加成反应，也可以发生氧化和还原反应。单糖还能以氧环式参加化学反应。例如，成苷反应。

1. 氧化反应

单糖具有还原性，可被多种氧化剂氧化。在不同的氧化剂作用下，可得到氧化程度不同的产物。例如，醛糖被溴水氧化时生成糖酸。

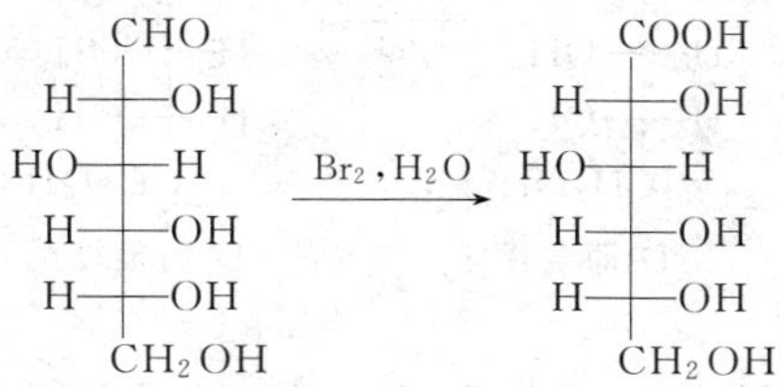

D-葡萄糖酸

酮糖与溴水无反应，这是区别醛糖与酮糖的方法。醛糖用硝酸氧化则生成糖二酸。

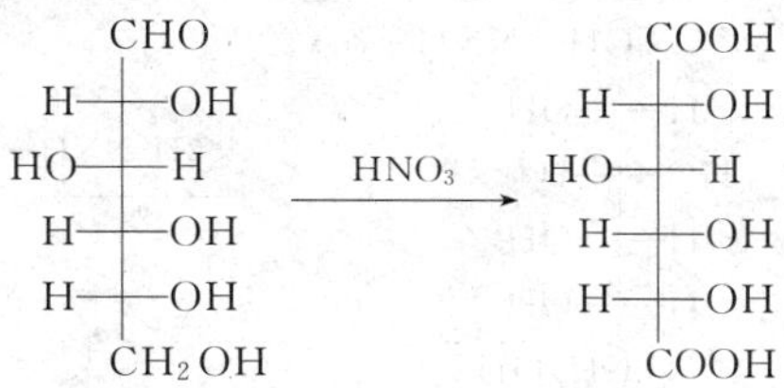

D-葡萄糖二酸

醛糖也能被托伦试剂、斐林试剂这些弱氧化剂所氧化，分别生成银镜和砖红色的氧化亚铜沉淀：

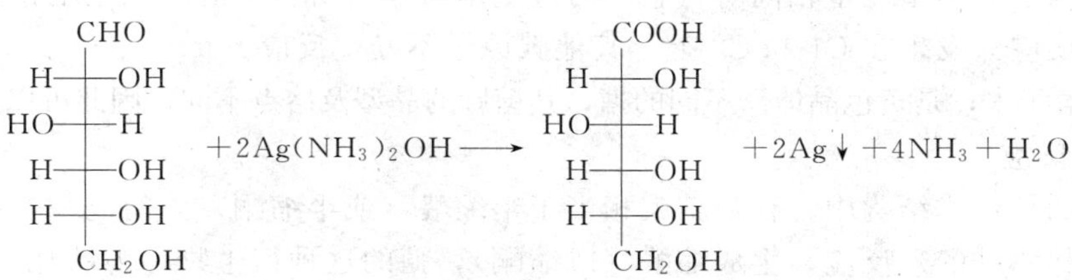

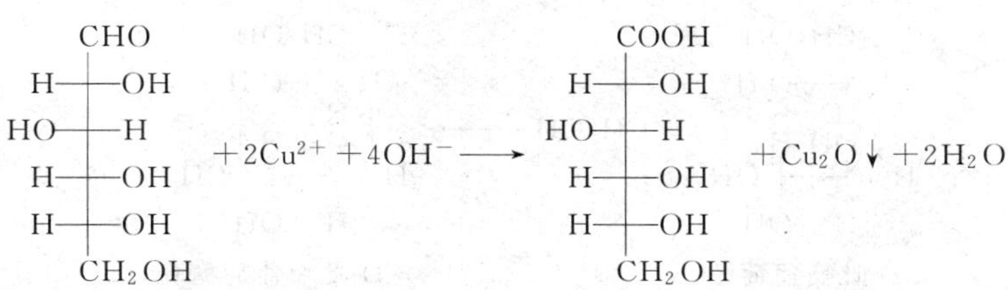

果糖虽是酮糖，却也能与托伦试剂、斐林试剂等弱氧化剂反应。这是因为果糖可以在托

伦试剂、斐林试剂的碱性介质中，通过酮式-烯醇式的互变异构而转变成醛糖的缘故：

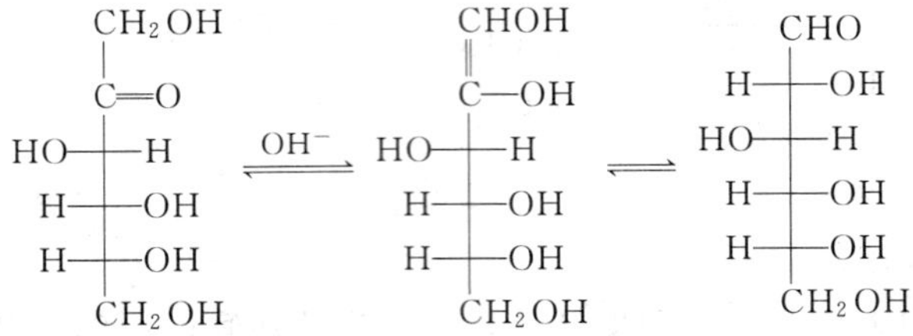

因此不能用此反应区别醛糖和酮糖。这种能还原托伦试剂和斐林试剂的糖，称为还原糖。

2. 还原反应

单糖采用催化加氢或还原剂还原的方法，其羰基被还原成羟基，生成多元醇。例如：

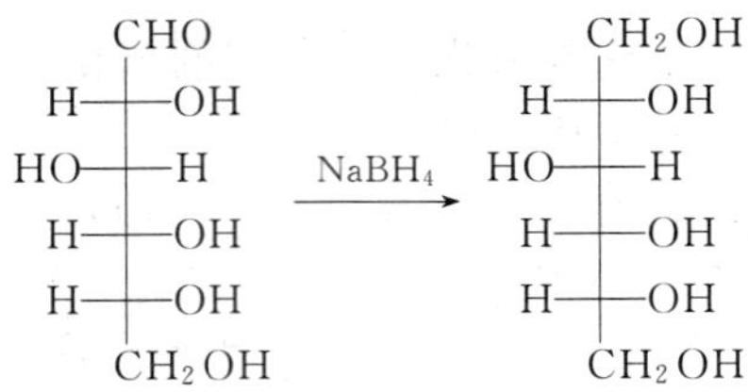

D-葡萄糖　　D-葡萄糖醇

3. 成脎反应

单糖与苯肼作用可以生成苯腙。当苯肼过量时，生成的苯腙可继续反应，最后生成脎。例如：

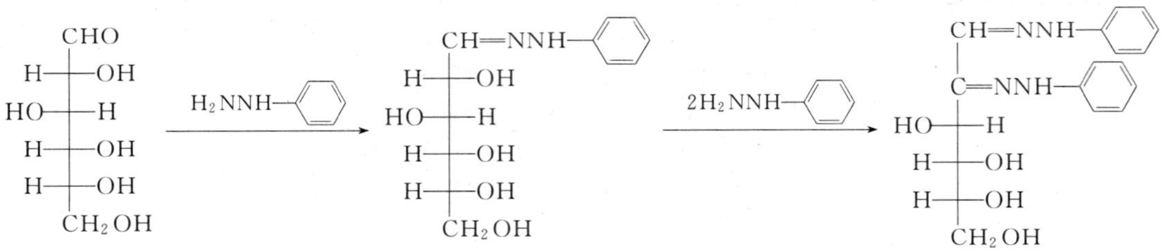

D-葡萄糖　　D-葡萄糖苯腙　　D-葡萄糖脎

果糖也能与苯肼作用生成脎。可见，无论醛糖或酮糖，只要碳原子数相同，除C1、C2外的其他碳原子的构型完全相同时，它们与过量苯肼作用所生成的糖脎也是相同的，这是因为生成糖的反应只发生在C1和C2上，其他碳原子不发生反应。

糖脎不溶于水，是黄色晶体。不同的糖，其糖脎的晶型及熔点不同，因此可以用来鉴别糖。

4. 成苷反应

在单糖的氧环式结构中，苷羟基就相当于半缩醛（或半缩酮）中的羟基，可以与含羟基的化合物（如醇、酚）反应，生成缩醛（或缩酮），糖的这种衍生物称为糖苷。例如：

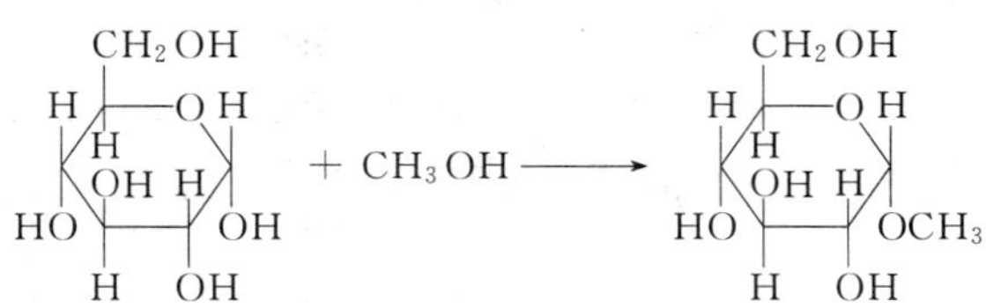

α-D-吡喃葡萄糖　　α-D-吡喃葡萄糖苷

与缩醛的稳定性一样，苷也较稳定，成苷后就不能再转变成开链式，因此就不能成脎，不能与托伦试剂、斐林试剂反应，也不存在变旋现象。但用酸性水溶液或酶处理时，苷即可水解成原来的糖，又具备了环状半缩醛结构，仍可恢复与开链式之间的平衡。如：

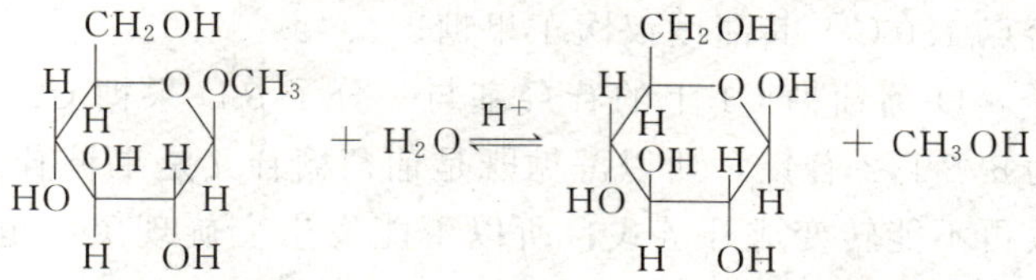

β-D-吡喃葡萄糖苷　　β-D-吡喃葡萄糖

第三节　二　　糖

常见的二糖有麦芽糖、蔗糖、纤维二糖等。二糖是两单糖分子间失水生成的产物，按失水方式的不同可将二糖分成还原性二糖和非还原性二糖两大类。

一、还原性二糖

一个单糖的苷羟基与另一个单糖的醇羟基（往往是 C4 上的羟基）间失水形成二糖。在这样的二糖分子中还留有一个苷羟基，因此存在着氧环式与开链式的平衡。在开链式中由于有羰基的存在，可以和托伦试剂、斐林试剂反应而具有还原性，也可以成脎并存在变旋现象。因此称这样的糖为还原性二糖。

1. 麦芽糖

麦芽糖是无色晶体，熔点 160～165℃，其甜度低于蔗糖，它是饴糖的主要成分，由淀粉经淀粉酶水解得到。麦芽糖经麦芽酶水解可得两分子葡萄糖。故麦芽糖是由一分子 α-D-葡萄糖 C1 上的苷羟基与另一分子 D-葡萄糖（α-型或β-型）C4 上的醇羟基失水后，通过 α-1，4-苷键结合而成，因此有还原性。

麦芽糖 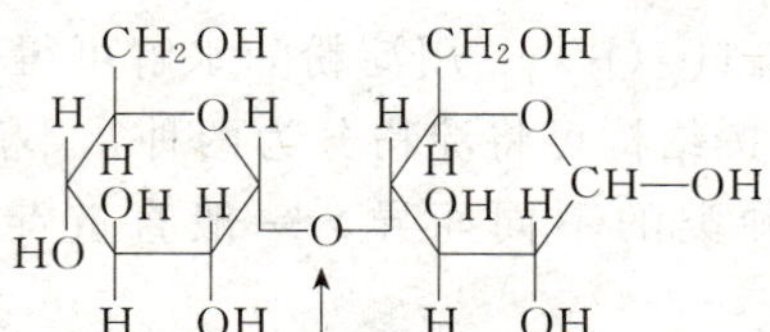

α-1，4-苷键

α-D-葡萄糖　　D-葡萄糖（α-或β-型）

2. 纤维二糖

纤维二糖是无色晶体，熔点 225℃，是右旋糖。与麦芽糖一样，纤维二糖在自然界并不游离存在，它是纤维素水解过程的中间产物。纤维二糖经酸性水解也得到两分子 D-葡萄糖，但两个葡萄糖分子是以 β-1，4-苷键相结合，仍保留一个苷羟基，因而也有还原性。

纤维二糖 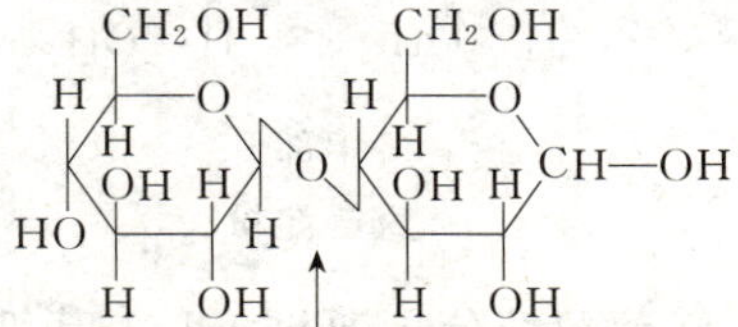

β-1，4-苷键

β-D-葡萄糖　　D-葡萄糖（α-或β-型）

二、非还原性二糖

最常见的非还原二糖是蔗糖。蔗糖是自然界中分布最广的二糖，在甘蔗和甜菜中含量很大，为无色结晶，熔点 180℃，其甜度仅次于果糖。

蔗糖是由一分子 α-D-葡萄糖 C1 上的苷羟基与一分子 β-D-果糖 C2 上的苷羟基失水缩合而成，这种苷键称为 α,β-1,2-苷键，所以蔗糖既是葡萄糖苷又是果糖苷。由于分子中已不存在游离的苷羟基，故再不能转变成开链式，所以不能发生变旋现象，也不能再与托伦试剂、斐林试剂反应，故称这样的二糖为非还原性二糖。

蔗糖

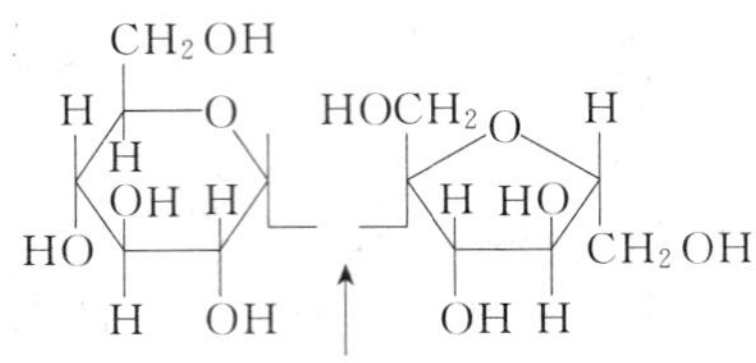

α,β-1,2-苷键

第四节 多 糖

多糖广泛存在于自然界中，是重要的天然高分子化合物。它是多个单糖通过苷键相互连接起来的，相对分子质量很大。与单糖和二糖不同，多糖一般不溶于水，没有甜味。有的分子末端虽留有苷羟基，但终因多糖的分子太大而使苷羟基表现不出还原性，不能被氧化剂氧化，不能与苯肼生成脎，也没有变旋现象。多糖最终的水解产物是单糖。

一、淀粉

淀粉是绿色植物光合作用的产物，是人类的主要食物之一，存在于许多植物的根、茎或种子中。分子式为（$C_6H_{10}O_5$）$_n$。用淀粉酶水解可得到麦芽糖，在酸催化下的最终水解产物为 D-(＋)-葡萄糖。按结构可将淀粉分为两种：不溶性的直链淀粉和可溶性的支链淀粉，它们的比例因植物种类的不同而异，一般直链淀粉占 10％～30％，支链淀粉占 70％～90％。

1. 直链淀粉

直链淀粉是由 D-葡萄糖通过 α-1,4-苷键连接起来的，是具有螺旋状的链状高分子化合物。直链淀粉的哈沃斯式可表示如下：

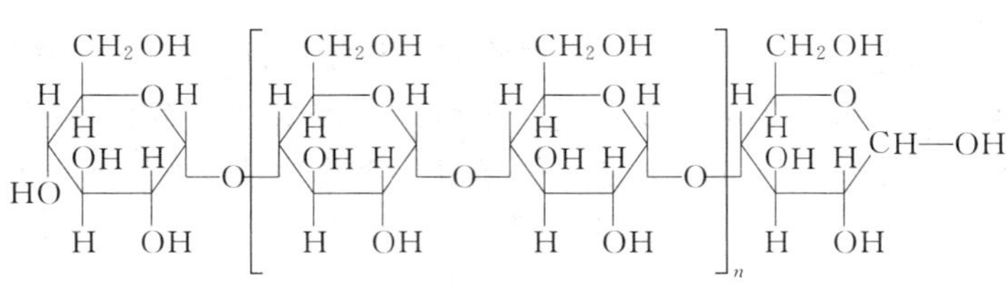

链端 中部 链尾

直链淀粉

方括号中表述的两个 α-D-葡萄糖分子通过 α-1,4-苷键结合起来，相当于麦芽糖的结构。由于分子内氢键的作用，使直链淀粉的分子呈螺旋状存在。淀粉能与碘作用，生成淀粉-碘配合物，从而改变了碘原有的颜色。所显示的颜色随淀粉的组成、聚合度的不同而异。直链淀粉显蓝色，支链淀粉则显紫红色。可利用此性质鉴别这两种淀粉。直链淀粉由于呈螺旋状，结构紧密，不利于水分子接近，故不溶于水。

2. 支链淀粉

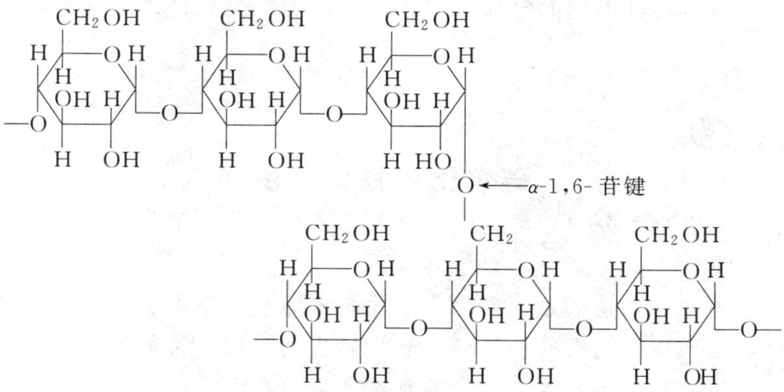

支链淀粉

支链淀粉比直链淀粉含有更多的葡萄糖单位，其主链是由α-D-葡萄糖以α-1,4-苷键连接起来，大约每隔25个葡萄糖单位的间距，还存在一个α-1,6-苷键，通过此α-1,6-苷键将支链与主链连接起来，呈分支状的支链淀粉利于水分子的接近，故可溶于水。

二、纤维素

纤维素是植物界分布最广、含量最丰富的多糖，是植物细胞壁的主要成分，是构成植物茎干的基础。纤维素在棉花中的含量高达98%，亚麻约含80%，木材中约含50%。此外，果壳、稻草、芦苇、甘蔗渣等也含有大量的纤维素。

纤维素的分子式也是（$C_6H_{10}O_5$）$_n$，它是由D-葡萄糖通过β-1,4-苷键连接起来的天然高分子化合物。其结构的哈沃斯式如下：

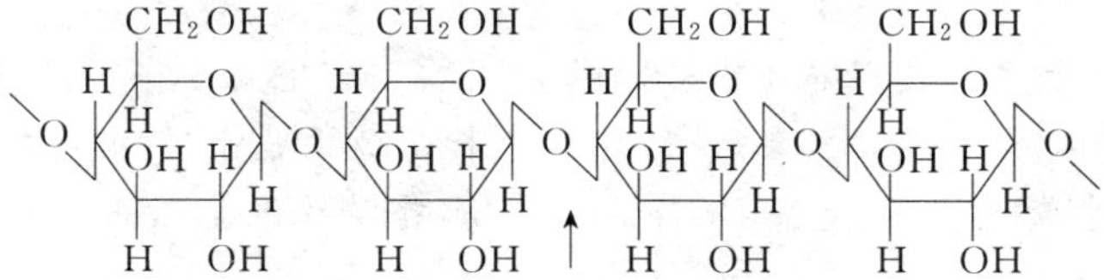

纤维素

两个β-D-葡萄糖分子通过β-1,4-苷键相结合，相当纤维二糖的结构。

纤维素不溶于水，也不溶于一般的有机溶剂。纤维素的水解也较淀粉困难。在酸性水溶液中，加热、加压可水解得到纤维二糖，最终产物是D-葡萄糖。

纤维素不能作为人类的营养物质，因为人的消化道分泌出的淀粉酶不能分解纤维素，但可食用一些含有纤维素的食物，如玉米、大麦、水果、蔬菜等，增加肠胃蠕动，有助于食物的消化吸收。而且纤维素还能吸收胆固醇，使人体内沉积的胆固醇减少。而食草动物肠道中有许多纤维素菌，能分解出纤维素酶，使纤维素水解成D-葡萄糖，所以纤维素是食草动物的主要饲料。

组成纤维素的每个葡萄糖单位中的醇羟基可与碱、硝酸、醋酸酐等反应，生成相应的盐、硝酸酯、醋酸酯等。这些纤维素的衍生物用途广泛，如木质纤维素可用于造纸；纤维素硝酸酯是制造涂料和塑料的原料，还可用于制造无烟火药；纤维素醋酸酯可用于制造胶片和香烟过滤嘴；纤维素还可制得黏胶纤维，又称人造丝或再生纤维，按加工方式的不同，可以制造人造丝（长纤维）、人造棉（短纤维）和包装用的玻璃纸；纤维素在氢氧化钠溶液中与氯乙酸作用，生成羧甲基纤维素的钠盐，俗称化学糨糊粉。总之，纤维素是纺织和轻工业的重要原料。

阅读材料

碳水化合物与食物

食物中的碳水化合物可分为两类：一类是人体可以吸收利用的有效碳水化合物；另一类是人体不能消化的无效碳水化合物，如纤维素。

有效的碳水化合物可直接供能，碳水化合物是人体最易获得的机体供能物质，在体内大多用于热能消耗，还可转化成糖原和脂肪。当食物提供足够数量的有效碳水化合物时，人体首先使用碳水化合物作为能量来源，这样就可节省蛋白质用于组织构成。

碳水化合物不但和脂类一起是机体基本供能物质，而且当体内的糖类和脂肪不足时，还可通过糖原异生作用，将蛋白质转变为糖原，以维持机体的需要。若机体缺糖，动用大量脂肪时，可因脂肪氧化不全而产生过多的酮体，对身体不利；而用蛋白质提供能量则很不经济。碳水化合物摄食过多，也可妨碍机体对蛋白质和脂肪的需要。对成人来说，一般认为有效碳水化合物的供给以占机体中总能量的60%～70%为宜。

乳糖是唯一没有在植物中发现的糖，因首次在牛乳中发现，故称为乳糖。乳糖是哺乳动物乳汁的主要成分，如人乳中约含7%，牛乳中约含5%。乳糖是婴儿主要食用的糖类物质。乳糖对婴儿的重要意义，在于它能够保持肠道中最合适的肠菌丛数，并能促进钙的吸收。随着年龄的增大，肠道中将乳糖分解为葡萄糖和半乳糖的乳糖酶活性急剧下降，甚至在某些个体中几乎降到0，因而成年人食用大量的乳糖，不易消化，食物中乳糖含量高于15%时可导致渗透性腹泻。

异构乳糖由乳糖异构而成，并不能被消化、吸收，但它却有非常重要的作用：①促进肠道益生菌——双歧杆菌的增殖，抑制腐败菌的生长；②促进肠中双歧杆菌自行合成维生素B_1、维生素B_2、维生素B_6、维生素B_{12}、烟酸、泛酸以及维生素E、维生素K等，尤以维生素B_1的合成更显著。

对新生儿，蔗糖味较甜，而且分解成的果糖部分不能很好地处理，故建议少用。1～6个月的婴儿膳食中的糖，主要是乳糖，其次为蔗糖和少许淀粉。4个月以后可逐渐增加含淀粉的食物。在幼儿食物中，也不能使用太多的蔗糖和果糖，过多时可败坏食欲，还会引起龋齿。

纤维素尽管在营养学上有其特殊的地位，但对1～6个月的婴儿来说，食物中的纤维素应当很少，以减少对消化道的刺激，以后可逐渐增加。

本章小结

一、碳水化合物的分类

单糖、低聚糖、多糖。

二、单糖的化学性质（以葡萄糖为例）

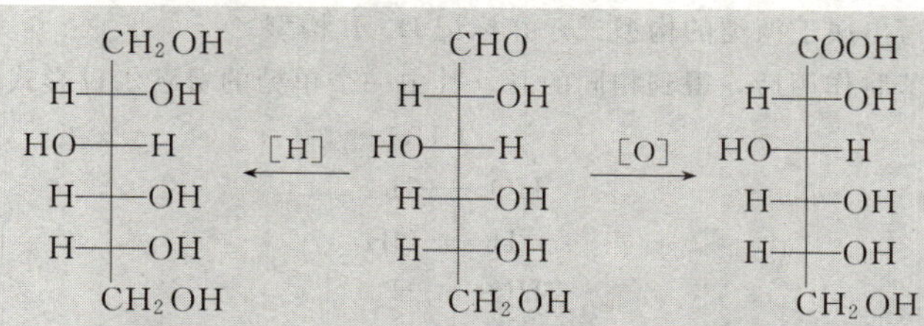

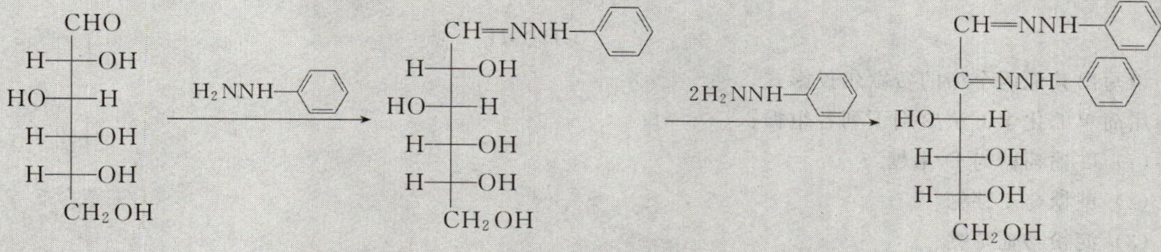

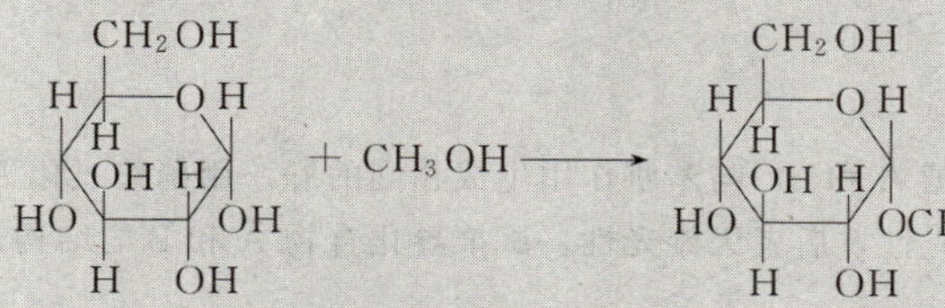

三、二糖的化学性质

蔗糖水解成葡萄糖和果糖。

麦芽糖水解成两分子葡萄糖。

四、多糖的化学性质

淀粉经淀粉酶水解得麦芽糖；在酸催化下水解为葡萄糖。

纤维二糖水解的最终产物是葡萄糖。

习　题

1. 写出葡萄糖与下列试剂反应的产物：

(1) 溴水　　(2) 托伦试剂

(3) 苯肼　　(4) 催化加氢

2. 请用相对构型（D/L 标记法）表示下列两个化合物，同时对其中的每个手性碳标出 R 或 S。

(1)

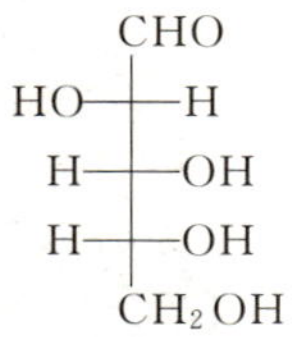

(2)

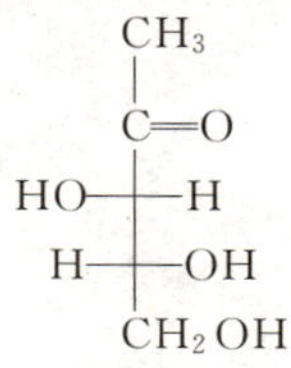

3. 用热的硝酸氧化时，有些己醛糖会生成没有旋光性的己二酸，请写出它们的费歇尔投影式。

4. 下面四个化合物是同分异构体，请指出：

①

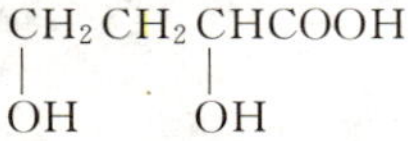

②

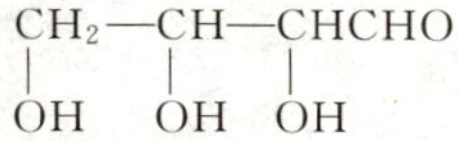

③

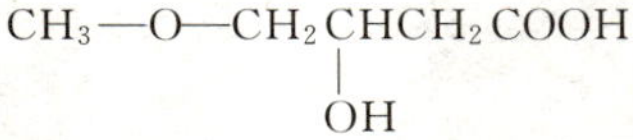

④

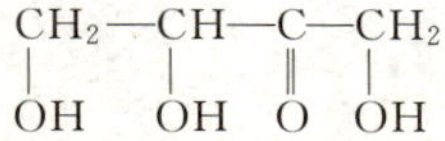

(1) 哪些属于糖类？

（2）用费歇尔投影式写出属于糖类的构型式，并标记 D、L 构型。

5. 有三个单糖和过量的苯肼作用后，得到相同的脎，其中一个单糖的费歇尔投影式为：

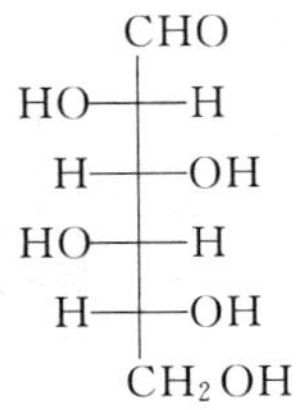

请写出其他两个糖的费歇尔投影式。

6. 用简单的化学方法鉴别下列各组糖：

（1）D-葡萄糖与 D-果糖

（2）蔗糖与麦芽糖

（3）淀粉与葡萄糖

（4）蔗糖与葡萄糖

（5）纤维素与淀粉

7. 有两个具有旋光性的丁醛糖 A 和 B，与苯肼作用生成相同的脎。用硝酸氧化 A 和 B 都生成含有四个碳原子的二元酸，但前者有旋光性，后者无旋光性。试推导化合物 A 和 B 的结构式。

第十五章 氨基酸和蛋白质

学习目标

1. 了解氨基酸的分类，掌握主要氨基酸的命名和性质；
2. 掌握蛋白质的组成和性质。

蛋白质是一类存在于所有动植物细胞中的生物高分子，也是构成动物组织的基本材料。例如，毛发、皮肤、肌肉、骨骼、角、鳞片、羽毛、神经、血液中的血红素、体内的激素、抗体以及酶，甚至病毒等都是蛋白质。它们在生命现象中起着极为重要的作用。绝大多数蛋白质在酸、碱或酶的作用下，都能水解成 α-氨基酸的混合物。

第一节 氨 基 酸

分子中既含有氨基又含有羧基的化合物，称为氨基酸。在自然界中发现的氨基酸多达 200 余种，其中 α-氨基酸占绝大多数，它们主要以多肽或蛋白质等聚合物的形式存在于动植物体内。

一、氨基酸的分类

根据烃基的不同，氨基酸分为脂肪族氨基酸和芳香族氨基酸。根据氨基和羧基的相对位置，氨基酸又分为 α-氨基酸、β-氨基酸、γ-氨基酸等。例如：

$\underset{\textstyle NH_2}{\underset{\vert}{RCH}}COOH$	$\underset{\textstyle NH_2}{\underset{\vert}{RCH}}CH_2COOH$	$\underset{\textstyle NH_2}{\underset{\vert}{RCH}}CH_2CH_2COOH$
α-氨基酸	β-氨基酸	γ-氨基酸

其中 α-氨基酸在自然界中存在最多，它们是构成蛋白质分子的基础。

根据分子中氨基和羧基的数目，又可分为中性氨基酸（氨基和羧基的数目相等）、碱性氨基酸（氨基数目多于羧基）和酸性氨基酸（氨基数目少于羧基）。

蛋白质水解可以得到各种 α-氨基酸的混合物，经过分离，可以得到 20 多种 α-氨基酸。人体所必需的氨基酸，有些可以在体内由其他物质自行合成。但有些氨基酸人体不能合成，必须通过食物摄取，这些氨基酸称为必需氨基酸。如果缺乏这些氨基酸，人体就会发生某些疾病。人们可以从不同的食物中得到必需的氨基酸，但并不能从某一种食物中获得全部必需的氨基酸，因此人们的饮食就应多样化，这对人体健康是必需而有好处的。表 15-1 中有 * 号的八种氨基酸就是必需氨基酸。

二、氨基酸的命名

氨基酸的系统命名法是以羧酸为母体，氨基为取代基来命名。由于 α-氨基酸是组成蛋白质的基石，而且通常是由蛋白质水解而来，所以一般都采用俗名，并已广泛使用。例如：

表 15-1 蛋白质中存在的 α-氨基酸

名 称	构 造 式	等电点
	(一)中性氨基酸	
甘氨酸(氨基乙酸)	$CH_2(NH_2)COOH$	5.97
丙氨酸(α-氨基丙酸)	$CH_3CH(NH_2)COOH$	6.00
丝氨酸 (α-氨基-β-羟基丙酸)	$CH_2(OH)CH(NH_2)COOH$	5.68
半胱氨酸 (α-氨基-β-巯基丙酸)	$CH_2(SH)CH(NH_2)COOH$	5.05
胱氨酸 (β-硫代-α-氨基丙酸)	S—$CH_2CH(NH_2)COOH$ | S—$CH_2CH(NH_2)COOH$	4.80
苏氨酸 * (α-氨基-β-羟基丁酸)	$CH_3CH(OH)CH(NH_2)COOH$	5.70
蛋氨酸 * (α-氨基-γ-甲硫基丁酸)	$CH_3SCH_2CH_2CH(NH_2)COOH$	5.74
缬氨酸 * (β-甲基-α-氨基丁酸)	$(CH_3)_2CHCH(NH_2)COOH$	5.96
亮氨酸 * (γ-甲基-α-氨基戊酸)	$(CH_3)_2CHCH_2CH(NH_2)COOH$	6.02
异亮氨酸 * (β-甲基-α-氨基戊酸)	$CH_3CH_2CH(CH_3)CH(NH_2)COOH$	5.98
苯丙氨酸 * (β-苯基-α-氨基丙酸)		5.48
酪氨酸 (β-对羟苯基-α-氨基丙酸)		5.66
脯氨酸 (α-吡咯啶甲酸)	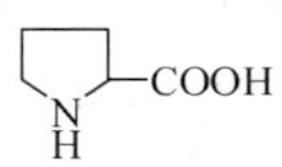	6.30
色氨酸 * [α-氨基-β-(3-吲哚)丙酸]	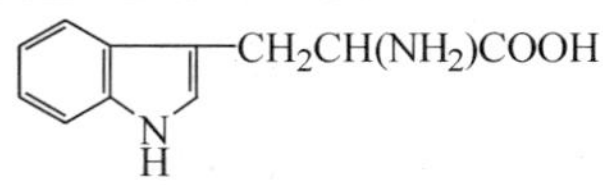	5.80
	(二)酸性氨基酸	
天冬氨酸 (α-氨基丁二酸)	$HOOCCH_2CH(NH_2)COOH$	2.77
谷氨酸 (α-氨基戊二酸)	$HOOCCH_2CH_2CH(NH_2)COOH$	3.22
	(三)碱性氨基酸	
精氨酸 (α-氨基-δ-胍基戊酸)	$H_2NCNH(CH_2)_3CH(NH_2)COOH$ ‖ NH	10.6
赖氨酸 * (α,ω-二氨基己酸)	$H_2N(CH_2)_4CH(NH_2)COOH$	9.74
组氨酸 [α-氨基-β-(5-咪唑)丙酸]	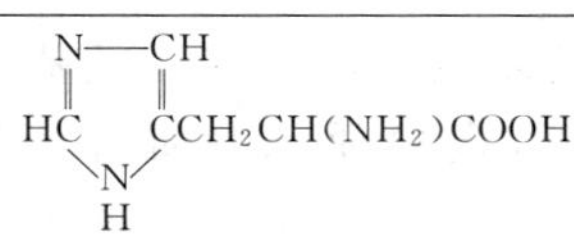	7.59

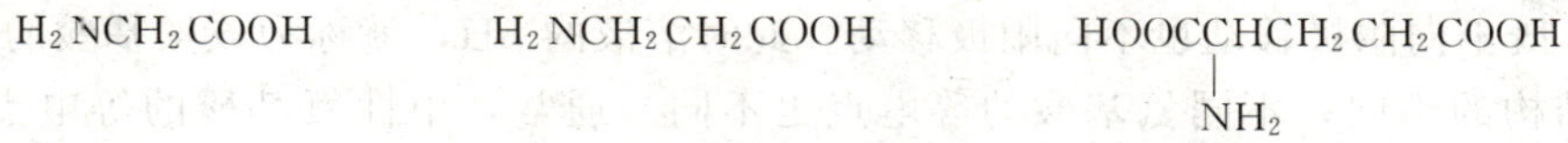

α-氨基乙酸　　β-氨基丙酸　　α-氨基戊二酸

甘氨酸　　丙氨酸　　谷氨酸

除最简单的甘氨酸外，其他α-氨基酸都含有一个手性碳原子，都有旋光性，而且其构型都属于L-型。例如：

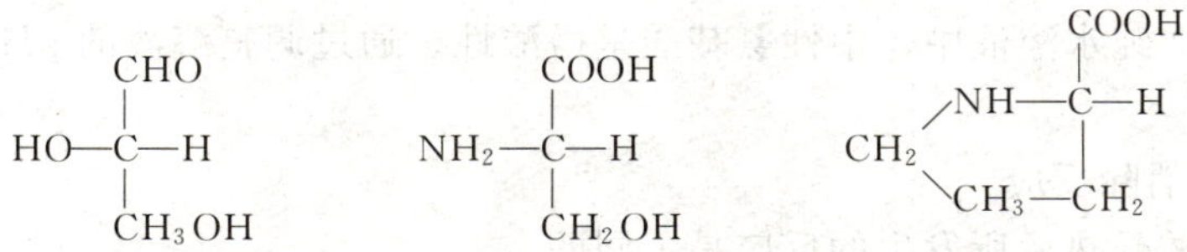

L-甘油醛　　L-丝氨酸　　L-脯氨酸

若用 R/S 标记法，绝大多数氨基酸的α-碳原子的构型都是 S-型。

三、氨基酸的性质

α-氨基酸都是不易挥发的无色晶体，具有较高的熔点（一般在200℃以上），易溶于水，不溶于苯、乙醚等非极性有机溶剂。有些氨基酸在熔化的同时发生分解。

氨基酸分子中同时含有氨基和羧基，因此具有氨基和羧基的典型性质。此外，由于两种官能团在分子内的相互影响，故又显现出一些特殊的性质。

1．两性和等电点

氨基酸分子中既含有碱性的氨基，可以和酸生成铵盐；又含有酸性的羧基，可以和碱生成羧酸盐。所以，氨基酸是两性物质。例如：

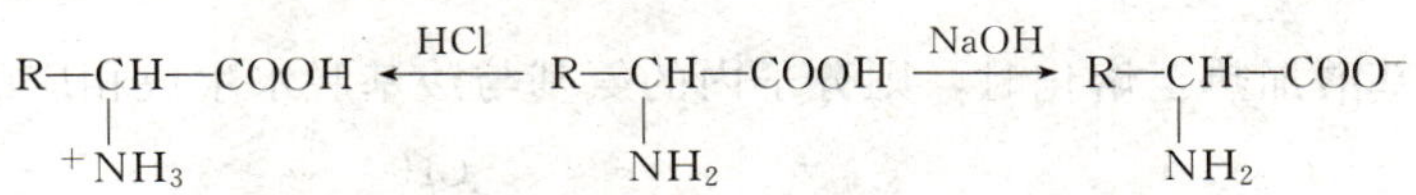

氨基酸分子中的氨基和羧基也能相互作用生成内盐。

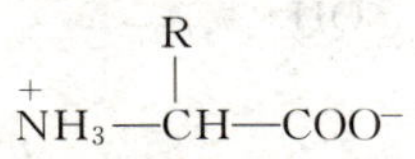

氨基酸之所以具有相当高的熔点，难溶于有机溶剂等，都是因为它们是内盐，因而具有盐的性质。

这种内盐又称为偶极离子。氨基酸在固态时主要以内盐或偶极离子的形式存在，故熔点较高，不易挥发。在水溶液中，氨基酸的偶极离子既可以作为酸与 OH^- 结合成为负离子，又可以作为碱与 H^+ 结合成为正离子，从而形成一个平衡体系。

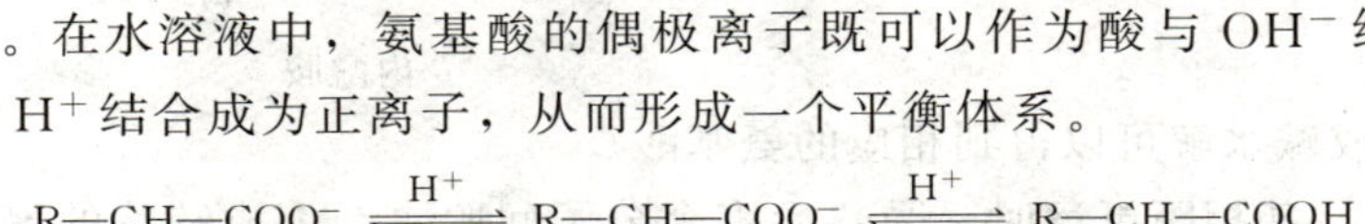

负离子　　偶极离子　　正离子

由于氨基酸中羧基的离解能力与氨基接受质子的能力并不相等，因此在上述平衡体系中的正、负离子和偶极离子的存在量是不等的。究竟哪一种离子占优势，取决于溶液的pH和氨基酸的结构。

所有的氨基酸在强酸性溶液中，主要以正离子的形式存在，这时在电场中的氨基酸向阴极移动；在强碱性溶液中，主要以负离子的形式存在，在电场中的氨基酸向阳极移动。当溶液的酸碱性达到某一pH时，正、负离子的浓度相等，这时的氨基酸主要以偶极离子存在，在电场中，既不向阴极移动也不向阳极移动。此时溶液的 pH，就称为该氨基酸的等电点。

由于结构的不同，不同氨基酸的等电点也不同。通常，中性氨基酸的等电点在 5.6～6.8 之间；酸性氨基酸的等电点在 2.8～3.2 之间；碱性氨基酸的等电点在 7.6～10.8 之间。

氨基酸的等电点并不是中性点。在等电点时，偶极离子的浓度最大，而溶解度最小。中性氨基酸分子中的氨基和羧基尽管数目相等，但由于羧基离解出质子的能力大于氨基接受质子的能力，因此在纯水溶液中，中性氨基酸呈微酸性。通过调整溶液的 pH 的方法，可以分离氨基酸。

2. 受热后的消除反应

不同的氨基酸受热后所发生的反应是不同的。

① α-氨基酸受热时发生两分子间的氨基和羧基的脱水反应，生成六元环的交酰胺：

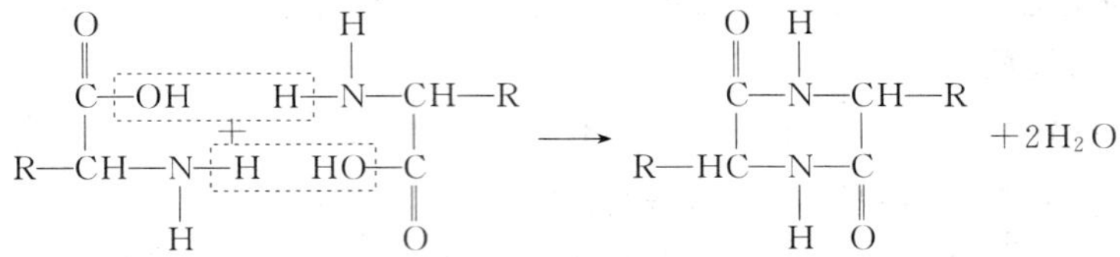

交酰胺

② β-氨基酸受热后分子内脱去一分子 NH_3，生成 α,β-不饱和酸：

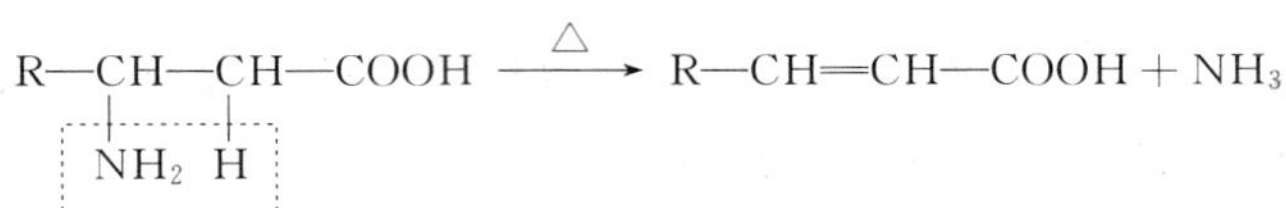

③ γ-或 δ-氨基酸加热至熔化时，则分子内的氨基与羧基脱水生成相应的内酰胺：

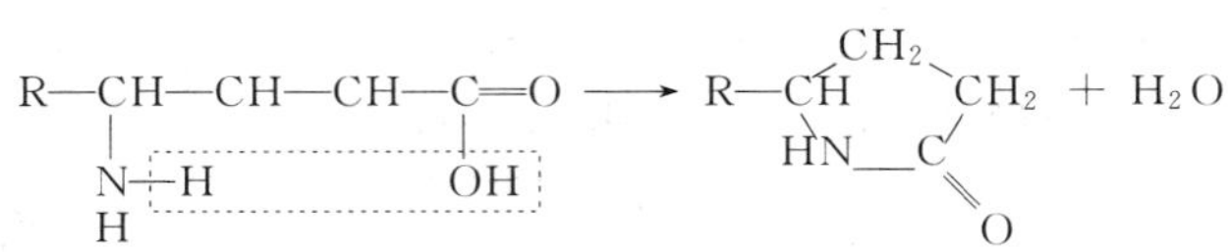

γ-内酰胺

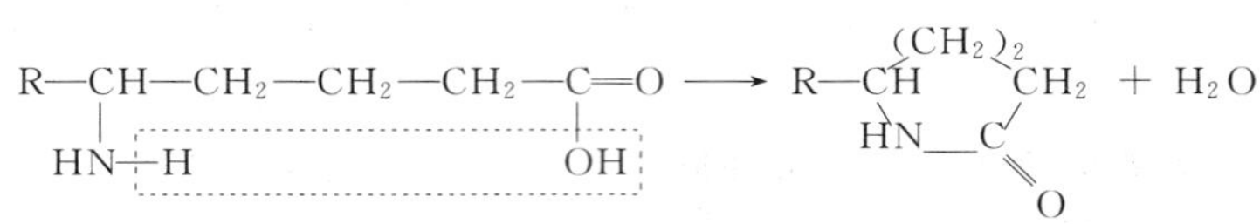

δ-内酰胺

内酰胺用酸或碱水解可以得到相应的氨基酸。

④ 当氨基与羧基相距更远时，受热后多个分子间脱水，生成链状的聚酰胺。这个反应属于缩聚反应，生成的聚酰胺常用作合成纤维或工程塑料。

3. 与亚硝酸的反应

氨基酸中的氨基可以与亚硝酸反应，放出氮气。

$$\underset{\displaystyle NH_2}{R\text{—}\underset{|}{C}H\text{—}COOH} + HNO_2 \longrightarrow \underset{\displaystyle OH}{R\text{—}\underset{|}{C}H\text{—}COOH} + N_2\uparrow + H_2O$$

由于反应是定量完成的，可以用于氨基酸的定量分析。

4. 与水合茚三酮的反应

α-氨基酸的水溶液与水合茚三酮反应，生成蓝紫色物质。反应式如下：

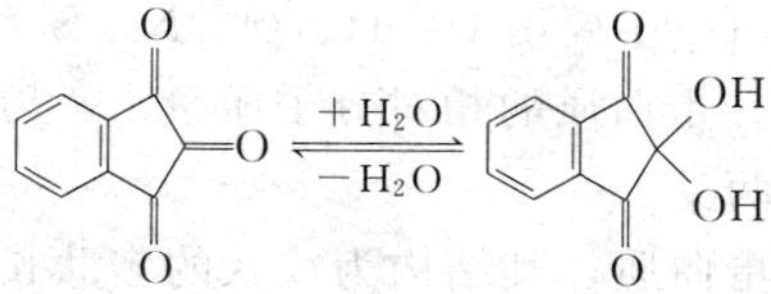

茚三酮　　　　水合茚三酮

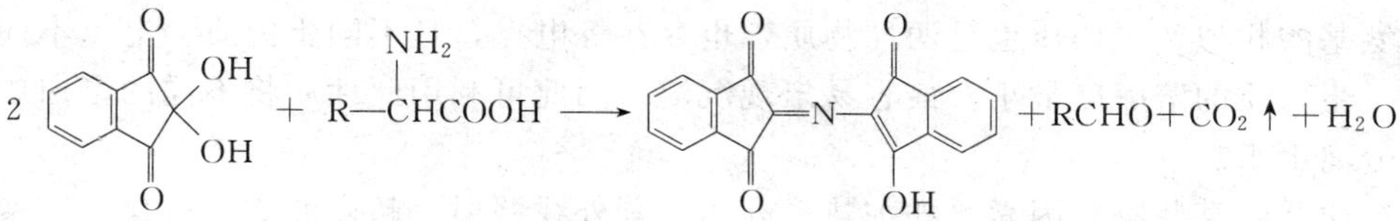

（蓝紫色）

反应非常灵敏，常用于α-氨基酸的鉴别。N-取代的α-氨基酸以及β-或γ-氨基酸都不能与水合茚三酮发生颜色反应。电泳、纸色谱及薄层色谱分析氨基酸时，常用水合茚三酮作为显色剂。

第二节　肽

α-氨基酸分子中的氨基与另一个α-氨基酸分子中的羧基，发生分子间脱水产生的以酰胺键（—$CONH_2$—）相连接的缩合产物，称为肽。肽分子中的酰胺键，称为肽键。由两个氨基酸缩合而成的，称为二肽；由三个氨基酸缩合而成的，称为三肽；由多个氨基酸分子缩合而成的，称为多肽。组成肽的氨基酸，可以相同，也可以不同。由两种不同的α-氨基酸分子间脱水可生成两种不同的二肽。例如：

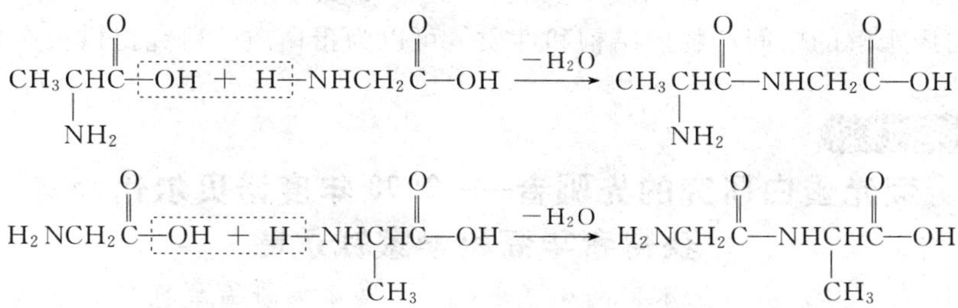

此外，两种不同的α-氨基酸分子自身也可以缩合生成另外两种二肽。参与缩合的α-氨基酸的数目越多，产物也越复杂。

天然多肽都是由不同的氨基酸组成的，相对分子质量一般在10000以下。它们在生物化学中是一类重要的化合物。

多肽是蛋白质部分水解的产物，因此多肽的研究是了解蛋白质的基础，只有了解多肽的结构才能了解蛋白质的结构。多肽的合成也是蛋白质合成的基础。

第三节　蛋　白　质

蛋白质也是由许多氨基酸单元通过肽键组成的。一般将少于50个α-氨基酸分子间脱水形成的聚酰胺，称为多肽。比多肽相对分子质量更高、所含氨基酸数目更多的聚酰胺，称为蛋白质。

蛋白质是一类很重要的生物高分子化合物，是生物体内一切组织的基础物质。不但种类繁多，而且结构极其复杂。蛋白质主要由 C、H、O、N、S 五种元素组成，有些还含有 P、Cu、Mn、Zn、Fe 等多种元素。蛋白质的相对分子质量由一万到数百万不等。

蛋白质按溶解度一般分为两类。

一类是不溶于水的纤维状蛋白质，其结构为线状的多肽长链分子，它是动物组织的主要材料；另一类是能溶于水、酸、碱或盐溶液的球状蛋白质，其分子形状为球形。

与氨基酸相似，蛋白质也是两性物质，也存在等电点，且不同蛋白质等电点不同。在等电点时，蛋白质的溶解度最小，最容易出现沉淀。因此可利用此性质将不同的蛋白质从混合溶液中分离出来。

蛋白质受到某些物理因素（如加热、高压、紫外线照射、超声波等）或化学因素（如强酸、强碱及乙醇、丙酮等有机溶剂）的影响，蛋白质的溶解度大为降低而凝结，其物理和化学性质都发生了改变，也失去了原来的生理功能和生物活性，这种现象称为蛋白质的变性。蛋白质的变性是不可逆的。这正是高温灭菌、酒精消毒的依据，因为在这些条件下，细菌（蛋白质）因变性而死亡。

蛋白质也能与水合茚三酮溶液发生生成蓝紫色化合物的颜色反应，可用于对蛋白质的鉴定。

当在蛋白质溶液中加入某些中性盐（如硫酸铵、硫酸钠、氯化钠）时，蛋白质可以从溶液中沉淀出来，这种作用称为盐析。这是一个可逆过程，盐析出来的蛋白质可以溶于水而不影响其生理功能和性质。不同蛋白质发生盐析所需盐溶液的最低浓度是不同的，利用这种性质可以分离不同的蛋白质。

此外，蛋白质容易水解，酸、碱、酶都能促进蛋白质的水解。如果完全水解，可得到多种 α-氨基酸的混合物。如果部分水解则得到相对分子质量较小的多肽。

$$\text{蛋白质} \rightarrow \text{多肽} \rightarrow \text{二肽} \rightarrow \alpha\text{-氨基酸}$$

研究蛋白质水解的中间产物的结构和性质，可以为蛋白质的研究提供很有价值的资料。

阅读材料

荧光蛋白研究的先驱者——2008 年度诺贝尔化学奖获得者华裔科学家钱永健

2008 年 10 月 8 日，瑞典皇家科学院宣布，为了感谢美籍华裔科学家钱永健、美国生物学家马丁·沙尔菲和日本有机化学家兼海洋生物学家下村修三人在绿色荧光蛋白研究领域的杰出贡献，他们三人将共同获得 2008 年度诺贝尔化学奖，均分 1000 万瑞典克朗（约合 140 万美元）奖金。

瑞典皇家科学院公报将绿色荧光蛋白的发现和改造与显微镜的发明相提并论："绿色荧光蛋白在过去的 10 年中成为生物化学家、生物学家、医学家和其他研究人员的引路明灯……成为当代生物科学研究中最重要的工具之一。"

由于绿色荧光蛋白用紫外线一照就发出鲜艳绿光，研究人员将绿色荧光蛋白基因插入动物、细菌或其他细胞的遗传信息之中，让其随着这些需要跟踪的细胞复制，可"照亮"不断长大的癌症肿瘤、跟踪阿尔茨海默症对大脑造成的损害、观察有害细菌的生长，或是探究老鼠胚胎中的胰腺如何产生分泌胰岛素的 β 细胞。打个比方，绿色荧光蛋白就仿佛是伊拉克战争中跟随美军做"嵌入"式报道的记者，让旁观生物学反应的研究人员像在电视旁追踪战争进程的观众一般，通过"现场直播"了解事件进展。绿色荧光蛋白基因也因此被归入"报道基因"范畴。

在获得化学奖的3人中，钱永健走出的可说是绿色荧光蛋白开发历程的“最后一步”，20世纪90年代初，水母身上的一种绿色荧光蛋白给了钱永健灵感。他通过改变绿色荧光蛋白中氨基酸排序，造出能吸收、发出不同颜色光的荧光蛋白，其中包括蓝色、黄色、橙色、红色、紫色等。科研人员使用光学显微镜，就可轻松确认基因或蛋白质活动的时间和位置。通过给两种不同蛋白打上不同颜色的荧光标记，钱永健还找到监测两种蛋白质相互作用的方法。

这一技术被称为“为细胞生物学和神经生物学发展带来一场革命。”而他对于自己的功绩却这样表示：“我只是将一本晦涩的小说变成了一部通俗的电影而已。”钱永健说：“整体而言，荧光蛋白对生物学许多领域产生巨大影响，因为它让科研人员把基因和他们所见到的细胞或器官内情况直接联系起来。”对于自己的创造性想法，钱永健把它归功于自己感性的一面，“我喜欢色彩”。钱永健相信，正是他艺术的感性与科学的直觉一起，才让他在细胞生物及神经生物方面做出了如此革命性的贡献。

获奖之后，钱永健谈到将来目标，表露出自己希望为攻克癌症贡献力量的愿望。“我一直想在临床方面做一些与我事业相关的事，”钱永健说，“如果可能的话，癌症就是终极挑战。”

钱永健简历：

钱永健祖籍浙江，1952年出生于美国纽约，在新泽西州利文斯顿长大。钱永健的家族可谓是“科学家之家”，除了堂叔是著名的导弹专家钱学森外，他的父亲是机械工程师，舅舅是麻省理工学院的工程学教授，哥哥钱永佑则是著名的神经生物学家，曾任斯坦福大学生理系主任，美国科学院院士。

钱永健1995年当选美国医学研究院院士，1998年当选美国国家科学院院士和美国艺术与科学院院士。钱永健获得的重要奖项有：1991年，帕萨诺基金青年科学家奖；1995年，比利时阿图瓦-巴耶-拉图尔健康奖；1995年，盖尔德纳基金国际奖；1995年，美国心脏学会基础研究奖；2002年，美国化学学会创新奖；2002年，荷兰皇家科学院海内生物化学与生物物理学奖；2004年，世界最高成就奖之一以色列沃尔夫医学奖。

本章小结

氨基酸的化学性质：

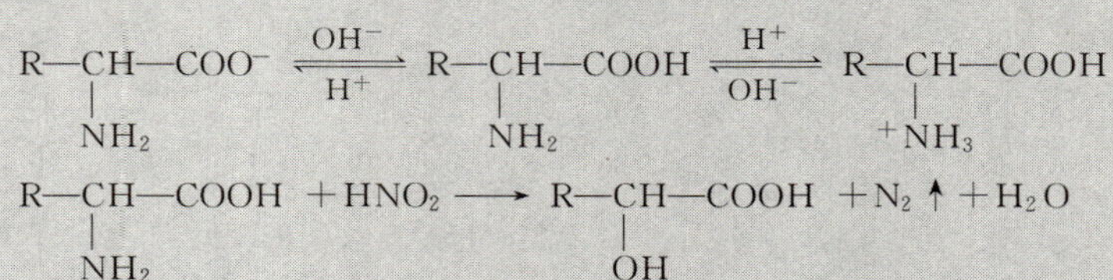

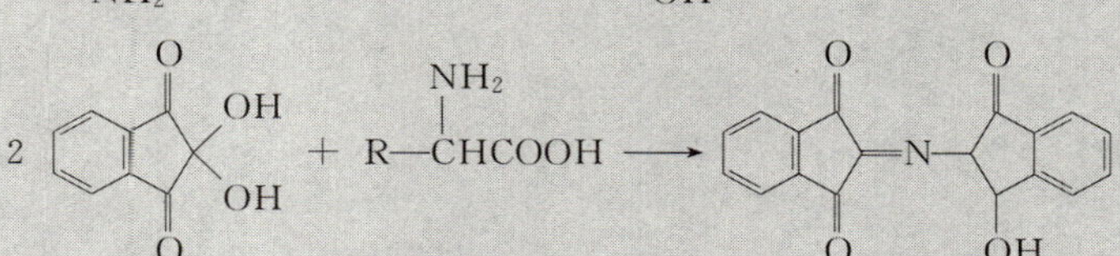

有色物质

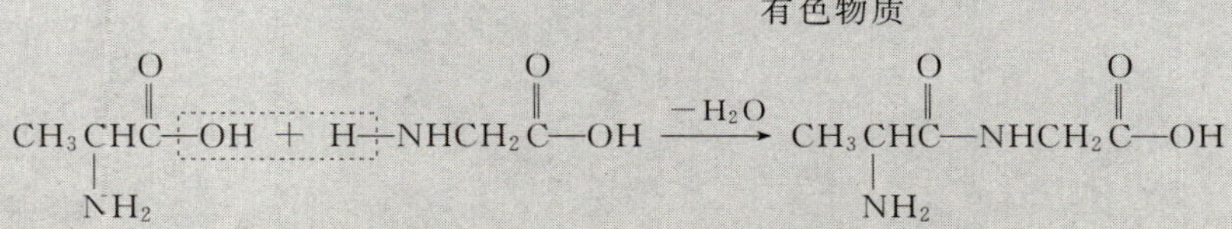

二肽

习　题

1. 名词解释。

（1）α-氨基酸　　（2）等电点　　（3）偶极离子　　（4）肽键

2. 氨基酸具有两性，既具有碱性又具有酸性，但它们的等电点都不等于 7，这是什么原因？

3. 用简单的方法区别下列各组化合物：

（1）$CH_3CH_2\underset{\underset{NH_2}{|}}{C}HCOOH$　　$CH_3\underset{\underset{NHCOCH_3}{|}}{C}HCOOH$

（2）$CH_3CH_2\underset{\underset{NH_2}{|}}{C}HCOOCH_2CH_3$　　$CH_3CH_2\underset{\underset{NH_2}{|}}{C}HCOOH$

4. 写出下列氨基酸在指定的 pH 溶液中的构造式：

（1）丙氨酸（等电点 6.00）pH＝12 时

（2）苯丙氨酸（等电点 5.48）pH＝2 时

5. 某化合物的分子式为 $C_3H_7O_2N$，有光学活性，能与氢氧化钠或盐酸成盐，并能与醇成酯，与亚硝酸作用放出氮气，写出此化合物的构造式。

6. 一个氨基酸的衍生物 A($C_5H_{10}O_3N_2$)，与 NaOH 水溶液共热放出氨，并生成 $C_3H_5(NH_2)(COOH)_2$ 的盐。若把 A 进行霍夫曼降解反应，则生成 α,γ-二氨基丁酸。推测 A 的构造式并写出反应式。

第十六章　有机化学学习指导

学习有机化学是一个逐渐积累的过程，不仅需要对基本知识和基本原理有较好的理解，而且要求能融会贯通，适时地对所学的内容进行阶段性总结。这样不但可以对所学内容从整体上统览，又可以取其精华，把书由厚变薄；既有利于相对完整、系统地学习、复习所学的内容，又有利于抓住重点，才能理论联系实际、开阔思路，达到真正掌握和巩固有机化学知识的目的。

第一节　有机化合物的命名

一、基的命名

1. 烷基

从烷烃分子中去掉一个氢原子后剩余基团，称为烷基。

$CH_3CH_2CH_2—$　正丙基　　$CH_3CH_2CH_2CH_2—$　正丁基

$CH_3CH—$　异丙基　　$CH_3CHCH_2—$　异丁基
$\quad\ \ |$　　　　　　　　$\quad\ \ |$
$\quad CH_3$　　　　　　　　$\quad CH_3$

$CH_3CH_2CH—$　仲丁基
$\qquad\quad |$
$\qquad CH_3$

$\quad\ CH_3$
$\quad\ \ |$
$CH_3C—$　叔丁基
$\quad\ \ |$
$\quad\ CH_3$

2. 烯基

从烯烃分子中去掉一个氢原子后的剩余基团，称为烯基。

$CH_2{=}CH—$　乙烯基　　$CH_3—CH{=}CH—$　丙烯基

$CH_2{=}CH—CH_2—$　烯丙基　　$CH_2{=}C—$　异丙烯基
$\qquad\ \ |$
$\qquad CH_3$

3. 环基

从单环脂环烃分子中去掉一个氢原子后的剩余基团，称为环基。

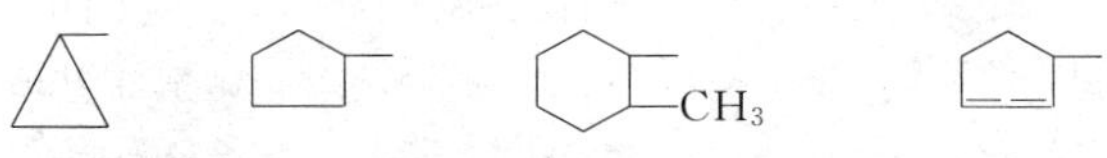

环丙基　　环戊基　　2-甲基环己基　　2-环戊烯基

4. 芳基

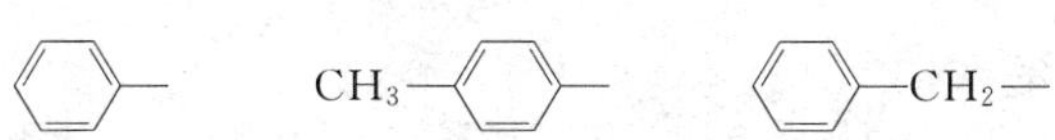

苯基　　对甲苯基　　苯甲基（苄基）

5. 烷氧基

$CH_3O—$　　$CH_3CH_2O—$　　$CH_3CHO—$
$\qquad\qquad\qquad\qquad\qquad\quad |$
$\qquad\qquad\qquad\qquad\qquad CH_3$

甲氧基　　乙氧基　　异丙氧基

6. 氨基

$CH_3NH—$ 甲氨基　　$CH_3CH_2NH—$ 乙氨基　　$(CH_3)_2N—$ 二甲氨基

$CH_3CH_2N(CH_3)—$ 甲乙氨基　　$H_2NCH_2—$ 氨甲基　　$H_2NCH_2CH_2—$ 氨乙基

7. 酰基

$H—C(=O)—$ 甲酰基（醛基）　　$CH_3—C(=O)—$ 乙酰基　　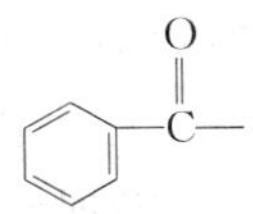 苯甲酰基

$H_2N—C(=O)—$ 氨基甲酰基　　$X—C(=O)—$ 卤代甲酰基　　$CH_3—C(=O)—NH—$ 乙酰氨基

二、普通命名法和系统命名法

有机化合物的命名法有俗名、普通命名法（或习惯命名法）、衍生物命名法及系统命名法等多种命名法，使用较多的是普通命名法和系统命名法。普通命名法仅适用于较简单的化合物，而系统命名法是一种普遍适用的命名法。

1. 普通命名法

按分子中所含碳原子数命名为“某烃”，再冠以表示碳链结构的正、异、新即可。“正”代表直链（即不带有支链）；“异”代表在链端第 2 位碳原子上连有一个甲基；“新”代表在链端第 2 位碳原子上连有两个甲基。例如：

$CH_3CH_2CH_2CH_2CH_3$ 正戊烷　　$CH_3CH(CH_3)CH_2CH_3$ 异戊烷

$CH_3—C(CH_3)_2—CH_3$ 新戊烷　　$CH_3—C(CH_3)=CH_2$ 异丁烯

卤代烃是按照烃基的名称加上卤素的名称而命名的。

$CH_3CH_2CH_2Br$ 正丙基溴　　$CH_3—CH(CH_3)—Cl$ 异丙基氯　　$CH_3—CH(CH_3)—CH_2Br$ 异丁基溴

$CH_3CH_2CH(Br)CH_3$ 仲丁基溴　　$CH_3—C(CH_3)(Cl)—CH_3$ 叔丁基氯　　$CH_2=CHCH_2—Cl$ 烯丙基氯

醇的命名是在烃基的名称后面加一个“醇”字。

$CH_3CH_2CH_2CH_2OH$ 正丁醇　　$CH_3—CH(OH)—CH_2—CH_3$ 仲丁醇　　$CH_3—C(CH_3)_2—OH$ 叔丁醇

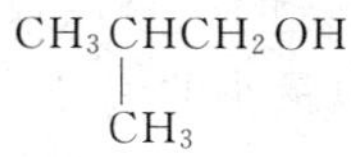

异丁醇

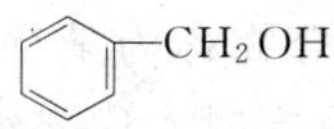

苯甲醇（苄醇）

$CH_2=CHCH_2OH$

烯丙醇（或丙烯醇）

醚是按氧原子所连接的两个烃基名称，再加上“醚”字命名。烃基为烷基时，往往把“二”字省略，不饱和醚及芳醚习惯上保留“二”字。混醚则将次序规则中较优的基团放在后面，但芳基要放在烷基前面。例如：

$CH_3CH_2OCH_2CH_3$

乙醚

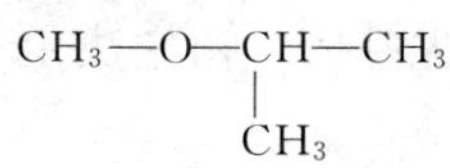

甲基异丙基醚

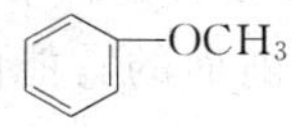

苯甲醚

2. 系统命名法

较复杂有机化合物的命名均采用系统命名法。其命名原则如下。

① 选取含官能团在内的最长碳链作为主链。烷烃无官能团，选最长碳链为主链。如果分子中存在着几条等长的碳链，要选择取代基数目最多的作为主链。

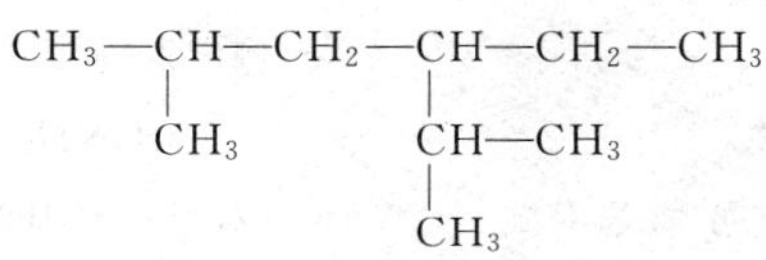

2,5-二甲基-3-乙基己烷

不是 2-甲基-4-异丙基己烷

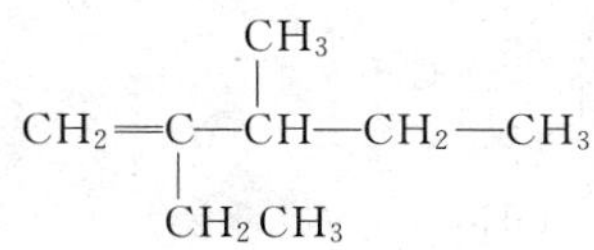

3-甲基-2-乙基-1-戊烯

② 从距离官能团最近的一端开始，对主链进行编号，或者说给官能团以最小的编号。若有两种以上的编号方法，则以取代基之和最小为原则。

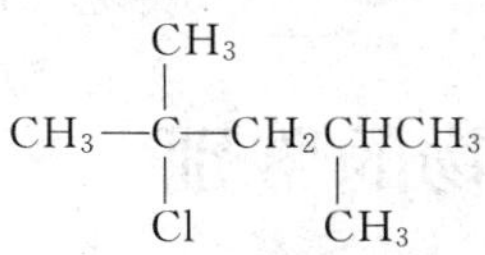

2,4-二甲基-2-氯戊烷

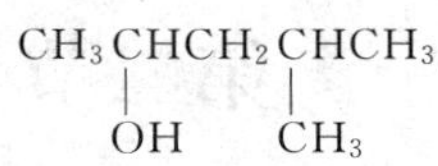

4-甲基-2-戊醇

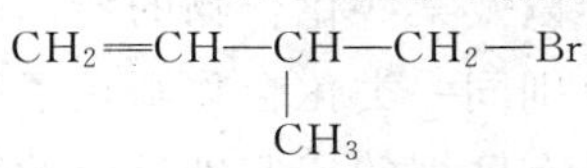

3-甲基-4-溴-1-丁烯

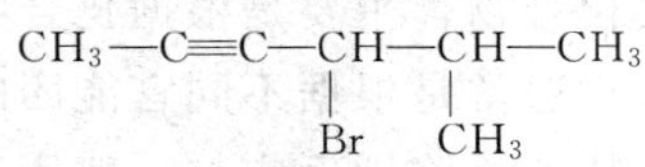

5-甲基-4-溴-2-己炔

③ 把每个取代基的位次和名称写在母体名称之前，位次号之间用逗号“,”隔开，数字和名称之间用短线“-”隔开。当含有几个不同的直链或取代基时，取代基的排列顺序按照“次序规则”进行排列，“较优”基团后列出。当含有几个相同的取代基时，相同基团合并，在名称前面标以数字“二、三、四……”，以表示它们的数目。

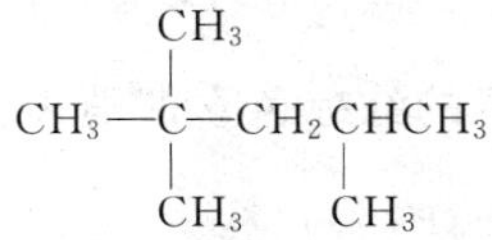

2,2,4-三甲基戊烷

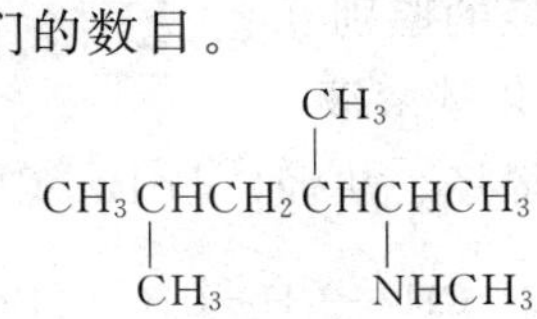

3,5-二甲基-2-甲氨基己烷

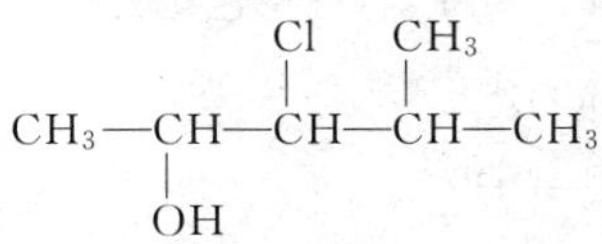

4-甲基-3-氯-2-戊醇

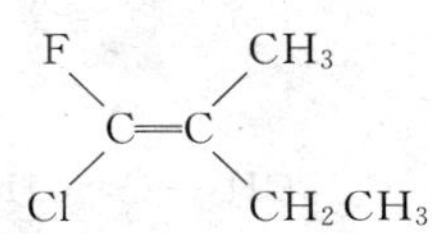

(Z)-2-甲基-1-氟-1-氯-1-丁烯

④ 分子中同时含有双键和三键的化合物称为某烯炔，碳链的编号以双键和三键的位次和最小为原则。当双键和三键处于同一位次时，优先给双键以最小的编号。

$CH_3CH{=}CHC{\equiv}CH$

3-戊烯-1-炔

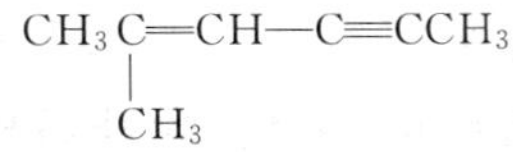

2-甲基-2-己烯-4-炔

⑤ 多官能团化合物命名时，一般是按照表 9-1 所列举官能团的优先次序来确定母体和取代基。处于最前面的官能团为优先基团，由它决定母体名称，其他官能团都作为取代基来命名。

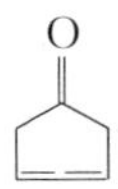

3-环戊烯酮

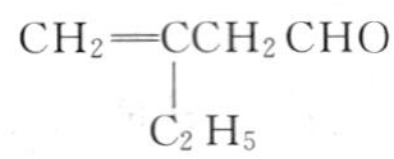

3-乙基-3-丁烯醛

4-戊烯-2-酮

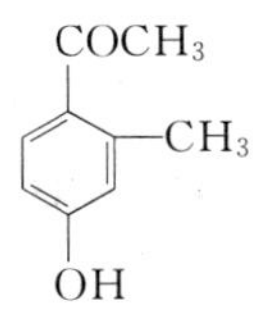

2-甲基-4-羟基苯乙酮

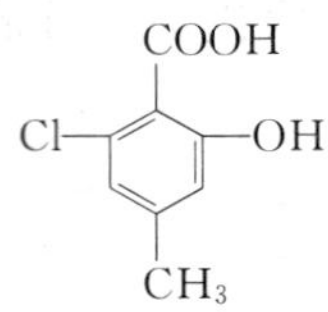

4-甲基-2-羟基-6-氯苯甲酸

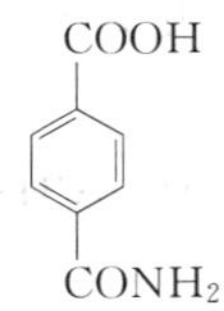

对氨甲酰基苯甲酸

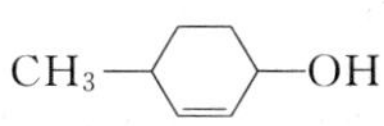

4-甲基-2-环己烯醇

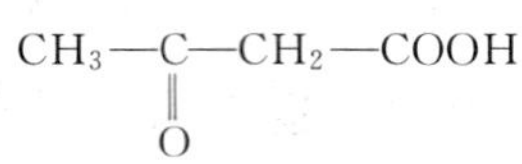

3-丁酮酸

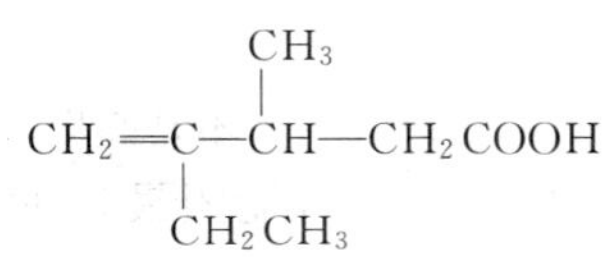

3-甲基-4-乙基-4-戊烯酸

第二节 有机化合物的鉴别

鉴别有机化合物，主要是根据化合物性质上的差异以及某些化合物的特征反应。鉴别不同类型的化合物通常是根据不同官能团的典型性质；鉴别同一类化合物则是根据化合物本身结构上的某些特点。鉴别反应与一般用于合成的反应是有区别的，鉴别反应的特点：一是反应的操作要简便易行，步骤较少；二是反应有明显的可观察到或可感觉到的现象产生，如颜色的变化、气体的产生、生成沉淀或出现浑浊、分层等。最好是该化合物的特征反应，以排除是别的物质的可能性。

一、不饱和烃的鉴别

1. 溴的四氯化碳溶液

不饱和烃（烯烃、炔烃）与 Br_2-CCl_4 溶液反应，溴的红棕色立即消失。

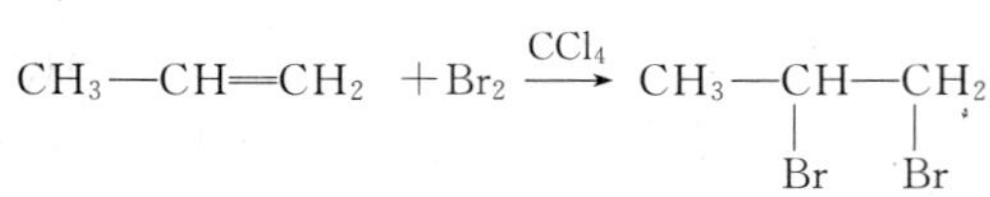

（红棕色褪去）

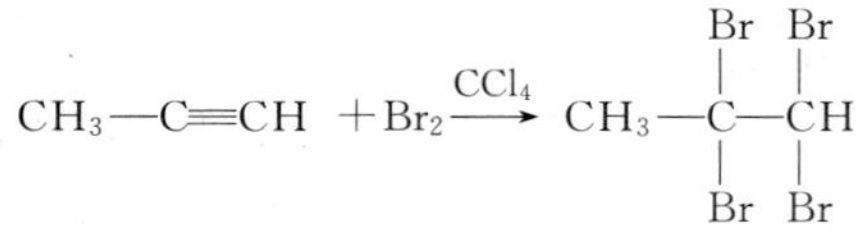

（红棕色褪去）

（红棕色褪去）

2. 高锰酸钾

不饱和烃（烯烃、炔烃）很容易被 $KMnO_4$ 氧化，使高锰酸钾的紫色褪去，生成棕色的二氧化锰沉淀。

$$CH_3CH{=}CH_2 + KMnO_4 + H_2O \longrightarrow \underset{\large OH}{CH_3{-}CH}{-}\underset{\large OH}{CH_2} + MnO_2\downarrow \text{（棕色）}$$

$$R{-}C{\equiv}CH \xrightarrow[H_2O]{KMnO_4} RCOOH + CO_2\uparrow + MnO_2\downarrow \text{（棕色）}$$

二、端部炔烃的鉴别

乙炔和三键在端部的炔烃与硝酸银的氨溶液或氯化亚铜的氨溶液中分别生成白色炔银和红棕色炔亚铜沉淀。非端部炔烃由于没有活泼氢而不反应。

$$R{-}C{\equiv}CH + Ag(NH_3)_2NO_3 \longrightarrow R{-}C{\equiv}CAg\downarrow \text{（白色）}$$

$$R{-}C{\equiv}CH + Cu(NH_3)_2Cl \longrightarrow R{-}C{\equiv}CCu\downarrow \text{（红棕色）}$$

三、脂环烃的鉴别

环丙烷很像烯烃，在常温下即与卤素发生加成反应，生成相应的卤代烃。环丁烷需要加热才能与卤素反应。例如：

利用这一反应可以区分小环烃与其他环烃。

常温下，即使较活泼的环丙烷与一般的氧化剂（如高锰酸钾水溶液）也不起反应，这与不饱和烃的性质不同，故可采用 $KMnO_4$ 水溶液来鉴别小环烃与不饱和烃。

四、卤代烃的鉴别

卤代烃与硝酸银的乙醇溶液作用，生成硝酸酯和卤化银沉淀：

$$R{-}X + AgONO_2 \xrightarrow{\text{乙醇}} R{-}ONO_2 + AgX\downarrow$$

反应速率：

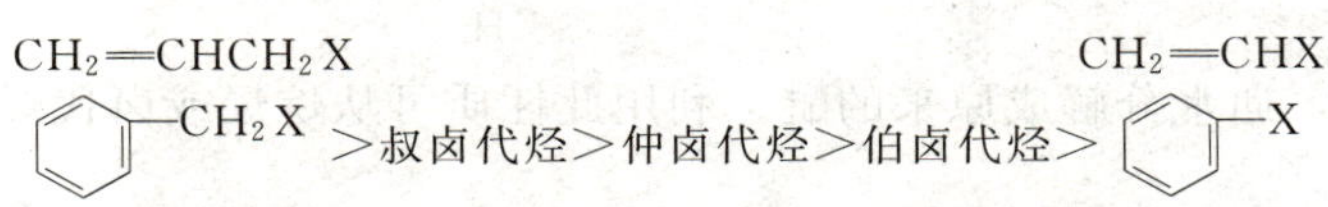

伯卤代烃需要加热才反应，乙烯型和苯型卤代烃加热也不反应。

五、醇的鉴别

醇与水相似，羟基上氢原子比较活泼，可与活泼金属（Na、K、Mg、Al）作用生成醇盐，并放出氢气。

$$RCH_2OH + Na \longrightarrow RCH_2ONa + H_2\uparrow$$

由于含活泼氢的有机化合物较多，因此该反应并不是醇所独有的特征反应。

浓盐酸与无水氯化锌配成的卢卡斯（Lucas）试剂可以鉴别伯、仲、叔醇。常温下，将卢卡斯试剂分别与伯、仲、叔醇作用，叔醇很快生成卤代烷，仲醇反应较慢，伯醇则无变化，加热后才反应。

$$(CH_3)_3C{-}OH + HCl \xrightarrow[20℃]{ZnCl_2} (CH_3)_3C{-}Cl + H_2O$$

（立即反应）

$$CH_3CH_2CHCH_3(OH) + HCl \xrightarrow[20℃]{ZnCl_2} CH_3CH_2CHCH_3(Cl) + H_2O$$

（10min 反应）

$$CH_3CH_2CH_2CH_2OH + HCl \xrightarrow[20℃]{ZnCl_2} CH_3CH_2CH_2CH_2Cl + H_2O$$

（不反应，加热后反应）

由于反应中生成的卤代烷不溶于水，使溶液发生浑浊或分层，观察这一现象出现的快慢，就可鉴别伯、仲、叔醇。

反应速率：

$CH_2{=}CHCH_2OH$

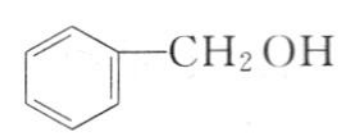 ＞叔醇＞仲醇＞伯醇

六、酚的鉴别

酚与 $FeCl_3$ 溶液发生颜色反应，酚的结构不同，颜色也不同，因此可利用该反应鉴别酚。

$$6ArOH + FeCl_3 \rightleftharpoons [Fe(OAr)_6]^{3-} + 3Cl^- + 6H^+$$

苯酚在常温下与溴水作用，不需催化剂就立即生成三溴苯酚白色沉淀。

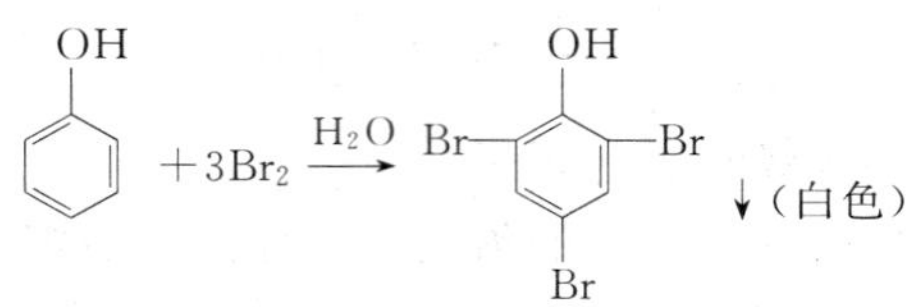

七、醚的鉴别

醚分子中氧原子上带有未共用电子对，能与强酸（如浓硫酸和浓盐酸）作用形成𬭩盐，而溶于浓酸中。

$$R{-}\ddot{O}{-}R + HCl \rightleftharpoons [R{-}\overset{..}{O}(H){-}R]^+ \cdot Cl^-$$

𬭩盐很不稳定，遇水分解成原来的醚。利用此性质可从烷烃或卤代烃混合物中鉴别和分离醚。

八、醛、酮的鉴别

1. 2,4-二硝基苯肼

醛、酮与 2,4-二硝基苯肼反应，生成 2,4-二硝基苯腙的黄色沉淀，现象明显、便于观察，是鉴定羰基化合物最常用的试剂。

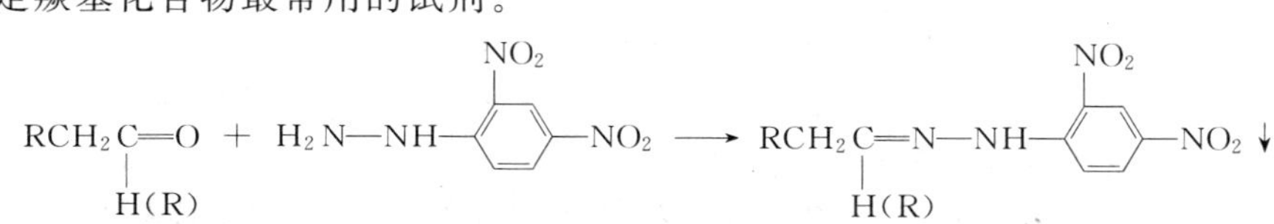

（黄色）

不同的醛、酮生成的腙都有固定的熔点，常用于醛、酮的鉴别。产物用稀酸加热后，水解得到原来的醛、酮，又可用于醛、酮的分离和提纯。

2. 托伦试剂

醛能与托伦试剂作用发生银镜反应，而酮不反应，故常用来鉴别醛、酮。

$$RCHO+2Ag(NH_3)_2^+ +2OH^- \xrightarrow[\triangle]{} RCOONH_4+2Ag\downarrow +3NH_3+H_2O$$

（白色）

3．斐林试剂

醛与斐林试剂作用，生成砖红色的氧化亚铜沉淀。

$$RCHO+2Cu^{2+}+NaOH+H_2O \xrightarrow[\triangle]{} RCOONa+Cu_2O\downarrow +4H^+$$

（砖红色）

4．碘仿反应

具有 $-\overset{\overset{\displaystyle O}{|}}{C}-CH_3$ 结构的醛、酮能够与次碘酸钠反应生成黄色的碘仿。

$$R(H)-\overset{\overset{\displaystyle O}{\|}}{C}-CH_3 \xrightarrow{NaOI} R(H)-\overset{\overset{\displaystyle O}{\|}}{C}-ONa + CHI_3\downarrow$$

（黄色）

具有 $-\overset{OH}{CH}-CH_3$ 结构的醇能够被次碘酸钠氧化成 $-\overset{\overset{\displaystyle O}{\|}}{C}-CH_3$ ，也能发生碘仿反应。

$$R-\overset{\overset{\displaystyle OH}{|}}{CH}-CH_3 \xrightarrow{NaOI} R-\overset{\overset{\displaystyle O}{\|}}{C}-ONa + CHI_3\downarrow$$

（黄色）

5．亚硫酸氢钠

醛、脂肪族甲基酮及 8 个碳原子以下的环酮，与饱和的亚硫酸氢钠（40%）溶液发生加成反应，生成白色的 α-羟基磺酸钠结晶。

$$\underset{\underset{\displaystyle H(CH_3)}{|}}{R-C{=}O} + NaHSO_3 \rightleftharpoons R-\overset{\overset{\displaystyle SO_3Na}{|}}{\underset{\underset{\displaystyle H(CH_3)}{|}}{C}}-OH\downarrow$$

（白色）

α-羟基磺酸钠

九、羧酸的鉴别

羧酸是比碳酸（$pK_a=6.37$）酸性强的有机酸。羧酸能与 Na_2CO_3 或 $NaHCO_3$ 反应放出 CO_2。

$$RCOOH+NaHCO_3 \longrightarrow RCOONa+CO_2\uparrow +H_2O$$

甲酸分子中由于含有醛基这个特殊的结构，使它具有还原性，不仅容易被高锰酸钾氧化，还能被托伦试剂氧化而发生银镜反应，也能与斐林试剂反应生成铜镜，这也是甲酸的鉴定反应。

$$HCOOH \xrightarrow{Ag(NH_3)_2OH} CO_2\uparrow +H_2O+Ag\downarrow$$

草酸也有还原性，易被高锰酸钾氧化生成二氧化碳和水，而且反应是定量进行的，所以常用草酸作为标定高锰酸钾溶液浓度的基准物质。

$$5\begin{array}{l}COOH\\ |\\ COOH\end{array} +2KMnO_4+3H_2SO_4 = K_2SO_4+2MnSO_4+10CO_2\uparrow +8H_2O$$

十、胺的鉴别

1．磺酰化反应

伯胺与苯磺酰氯反应的产物溶于强碱而成盐；仲胺与苯磺酰氯反应的产物不溶于碱，而是呈固体状态析出；叔胺不发生磺酰化反应。兴斯堡反应常用于伯、仲、叔胺的鉴别和分离。

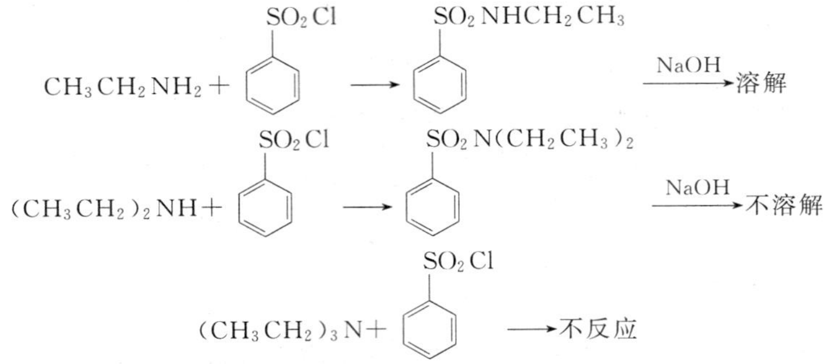

2. 与亚硝酸反应

由于伯、仲、叔胺与亚硝酸反应后产物的颜色和状态各不相同，可以用来鉴别三种胺。伯胺与亚硝酸反应，放出氮气。

$$RCH_2CH_2NH_2 \xrightarrow[HCl]{NaNO_2} N_2 \uparrow$$

仲胺与亚硝酸反应，生成不溶于水的黄色油状物——亚硝基胺。

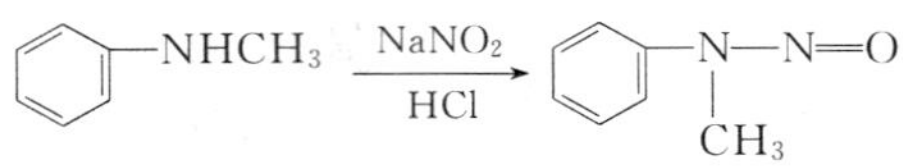

脂肪族叔胺一般不与亚硝酸反应。芳香族叔胺与亚硝酸作用，则是在芳环上发生亲电取代反应，生成有颜色的对亚硝基化合物。

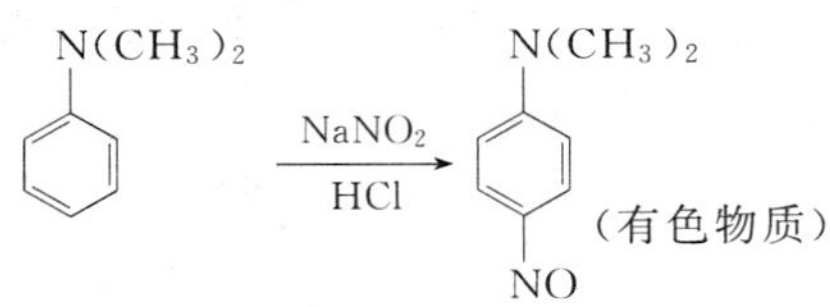

在常温下苯胺与溴水作用，立即生成不溶于水的三溴苯胺的白色沉淀。该反应是定量进行的，可用于苯胺的定性和定量分析。注意，苯酚也能与溴水生成白色沉淀。

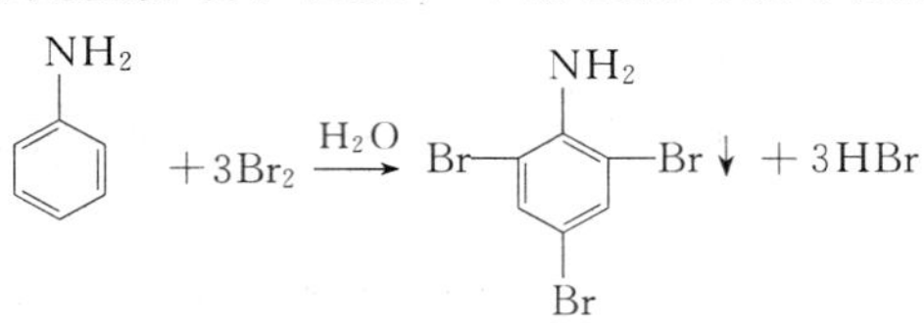

（白色）

第三节　有机化合物的制备方法

各类有机化合物的制备方法，除已经介绍过的，还有许多值得学习和讨论的方法，限于篇幅，下面仅就学习过的内容进行简单的总结。

一、烷烃的制备

1. 不饱和烃的催化氢化

$$RCH{=}CHR + H_2 \xrightarrow{Ni} RCH_2CH_2R$$

$$RC{\equiv}CR + 2H_2 \xrightarrow{Ni} RCH_2CH_2R$$

2. 醛、酮的还原

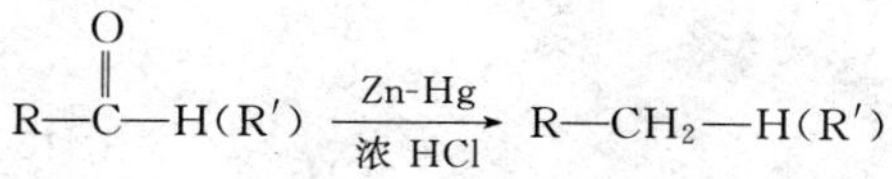

3. 格氏试剂的水解

$$RCH_2MgX + H_2O \xrightarrow{H^+} RCH_3 + Mg(OH)X$$

二、烯烃的制备

1. 炔烃的选择性还原

$$RC\equiv CR' + H_2 \xrightarrow{\text{Lindlar 催化剂}} RCH=CHR'$$

2. 醇脱水

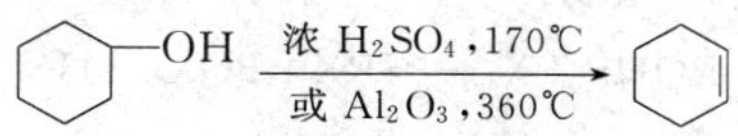

3. 卤代烷脱卤化氢

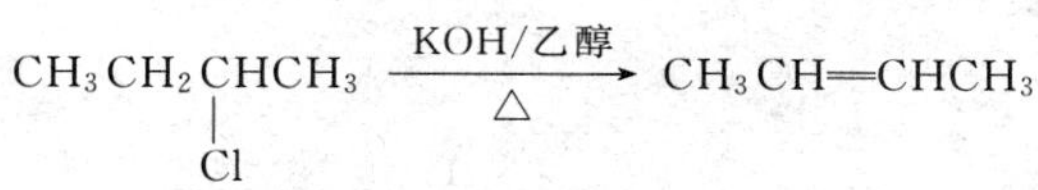

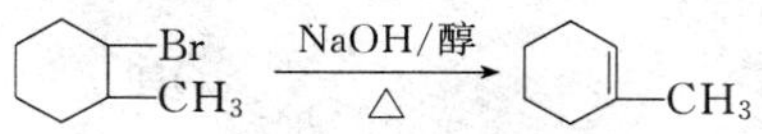

三、炔烃的制备

1. 由碳化钙制乙炔

$$CaC_2 + 2H_2O \longrightarrow HC\equiv CH + Ca(OH)_2$$

2. 炔钠与卤代烃反应

$$RC\equiv CNa + R'X \longrightarrow RC\equiv CR' + NaX$$

3. 二卤代烷脱卤化氢

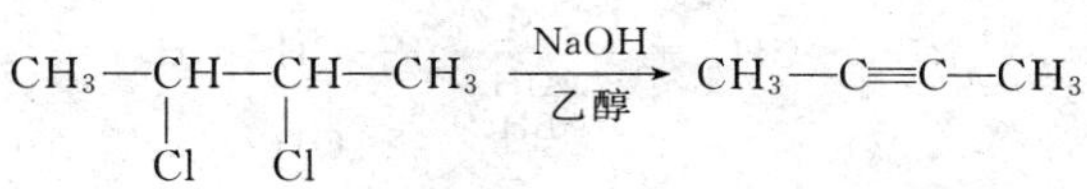

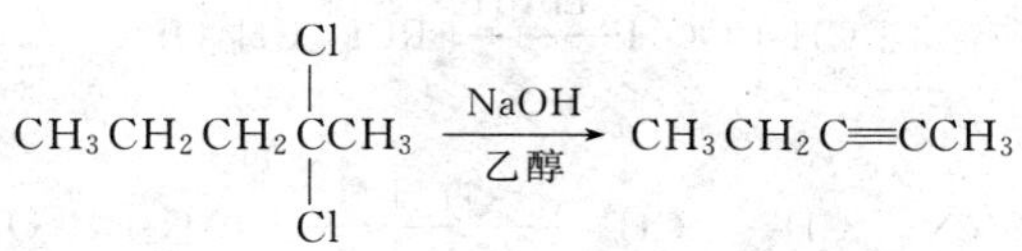

四、卤代烃的制备

1. 不饱和烃加卤素或卤化氢

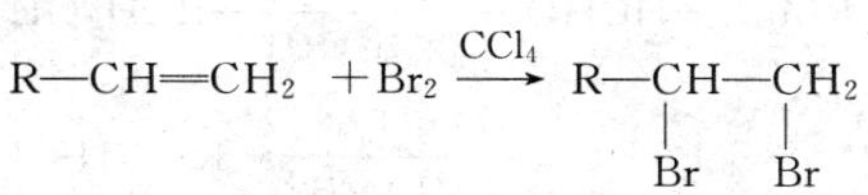

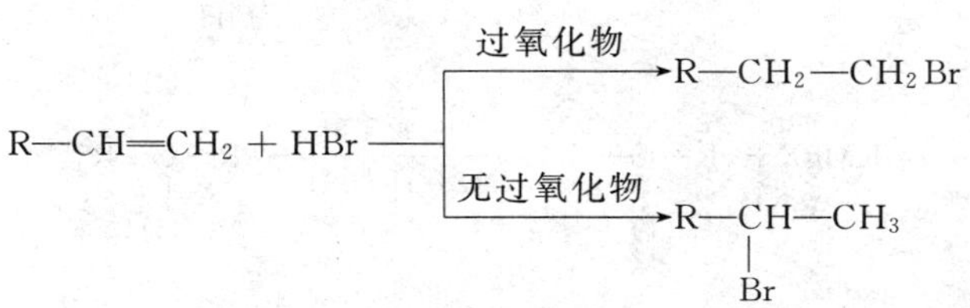

2. 烃的卤代

$$CH_3-CH=CH_2 + Cl_2 \xrightarrow{500℃} \underset{\displaystyle Cl}{\underset{|}{CH_2}}-CH=CH_2 + HCl$$

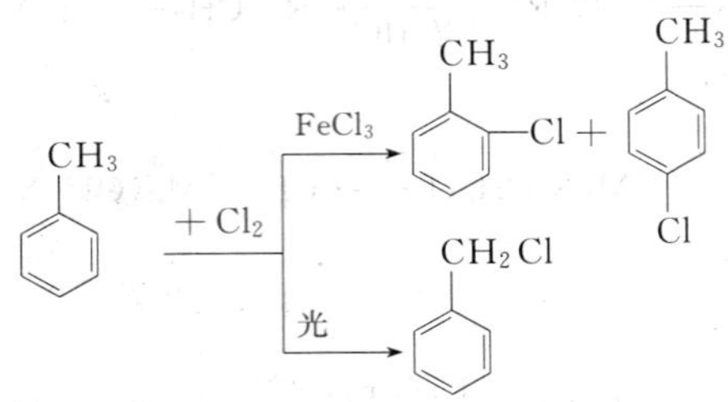

3. 醇与氢卤酸反应

$$ROH + HX \longrightarrow RX + H_2O$$

$$ROH + PX_5 \longrightarrow RX + POX_3 + HX$$

$$PX_3 \text{ 或 } SOCl_2$$

五、醇的制备

1. 烯烃的水合

$$RCH=CH_2 + H_2O \xrightarrow[\triangle]{H^+} R\underset{\displaystyle OH}{\underset{|}{CH}}-CH_3$$

2. 卤代烃水解

$$RCH_2CH_2Cl + H_2O \xrightarrow[\triangle]{OH^-} RCH_2CH_2OH$$

3. 羰基化合物的还原

$$RCH_2CHO \xrightarrow[\substack{\text{或 } LiAlH_4 \\ NaBH_4}]{H_2/Ni} RCH_2CH_2OH$$

$$R-\underset{\displaystyle O}{\underset{\|}{C}}-CH_3 \xrightarrow[\substack{\text{或 } LiAlH_4 \\ NaBH_4}]{H_2/Ni} R-\underset{\displaystyle OH}{\underset{|}{CH}}-CH_3$$

$$RCH_2COOH \xrightarrow{LiAlH_4} RCH_2CH_2OH$$

4. 由格氏试剂制备

$$RMgX + \underset{\diagdown\ O\ \diagup}{CH_2-CH_2} \xrightarrow[\text{(2) } H_2O/H^+]{\text{(1) 干醚}} RCH_2CH_2OH$$

$$RMgX + HCHO \xrightarrow[\text{(2) } H_2O/H^+]{\text{(1) 干醚}} RCH_2OH$$

$$RMgX + RCHO \xrightarrow[\text{(2) } H_2O/H^+]{\text{(1) 干醚}} R-\underset{\displaystyle OH}{\underset{|}{CH}}-R$$

$$RMgX + R-\underset{\displaystyle O}{\underset{\|}{C}}-CH_3 \xrightarrow[\text{(2) } H_2O/H^+]{\text{(1) 干醚}} R-\overset{\displaystyle CH_3}{\overset{|}{\underset{\displaystyle OH}{\underset{|}{C}}}}-R$$

六、酚的制备

1. 苯磺酸碱熔

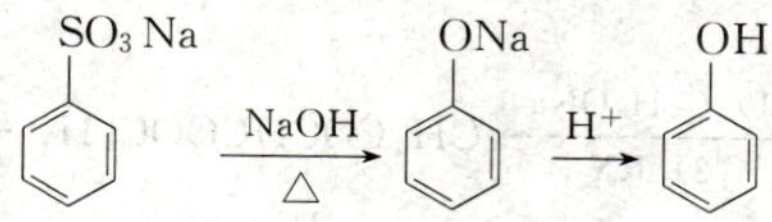

2. 氯苯水解

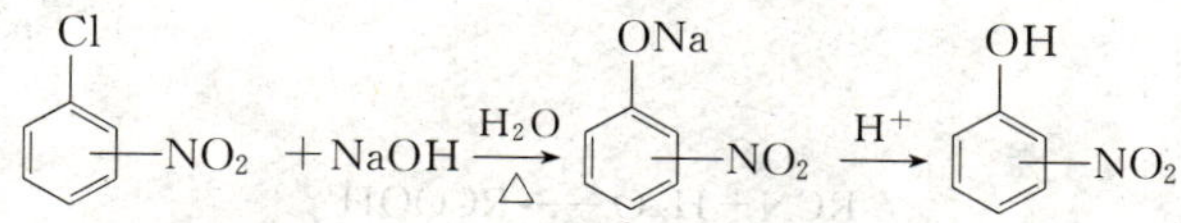

邻硝基或对硝基氯苯

3. 重氮盐水解

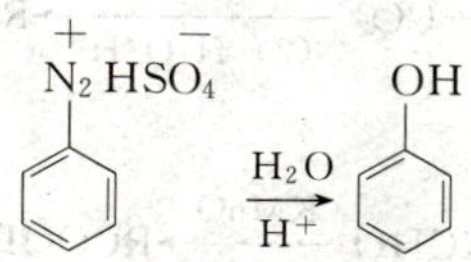

七、醚的制备

1. 醇分子间脱水

$$2RCH_2OH \xrightarrow[\triangle]{浓\ H_2SO_4} RCH_2OCH_2R + H_2O$$

2. 威廉森合成法

$$RCH_2X + R'ONa \longrightarrow RCH_2OR' + NaX$$（RX 不能为叔卤代烃）

八、醛的制备

1. 乙炔的水合

$$HC \equiv CH + H_2O \xrightarrow[H_2SO_4]{HgSO_4} CH_3CHO$$

2. 伯醇脱氢

$$RCH_2OH \xrightarrow[\triangle]{Cu\ 或\ Ag} RCHO$$

3. 羟醛缩合（制备 α-，β-不饱和醛）

$$2CH_2CHO \xrightarrow{稀\ OH^-} CH_3\underset{\displaystyle |\atop \displaystyle OH}{C}HCH_2CHO \xrightarrow[\triangle]{-H_2O} CH_3CH{=}CHCHO$$

九、酮的制备

1. 炔烃的水合

$$R{-}C \equiv CH + H_2O \xrightarrow[H_2SO_4]{HgSO_4} R{-}\overset{\displaystyle O \atop \displaystyle \|}{C}{-}CH_3$$

2. 仲醇氧化

$$R{-}\underset{\displaystyle |\atop \displaystyle OH}{CH}{-}CH_3 \xrightarrow[H^+]{KMnO_4} R{-}\underset{\displaystyle \|\atop \displaystyle O}{C}{-}CH_3$$

3. 芳烃的傅氏酰基化

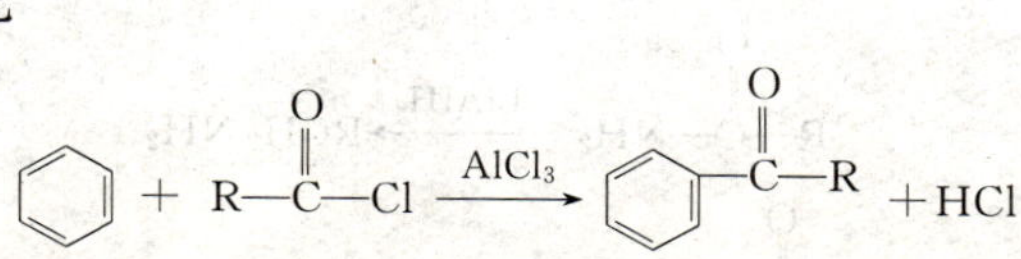

4. 乙酰乙酸乙酯法

$$CH_3COCH_2COOC_2H_5 \xrightarrow[(2)\ RX]{(1)\ C_2H_5ONa} CH_3CO\underset{\substack{|\\R}}{C}HCOOC_2H_5 \xrightarrow[\text{酮式分解}]{5\%NaOH} CH_3\overset{\substack{O\\ \|}}{C}CH_2R$$

十、羧酸的制备

1．腈的水解

$$RCN + H_2O \xrightarrow{H^+} RCOOH$$

2．格氏试剂法

$$RMgX + CO_2 \xrightarrow[(2)\ H_2O/H^+]{(1)\ \text{干醚}} RCOOH$$

3．氧化法

$$RCHO \xrightarrow[H^+]{KMnO_4} RCOOH$$

$$RCH_2OH \xrightarrow[H^+]{KMnO_4} RCOOH$$

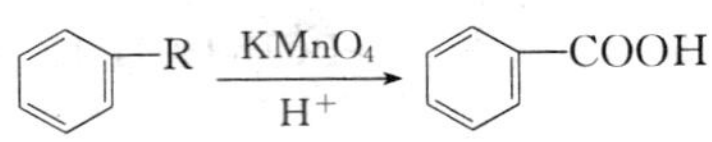

R≠叔丁基

4．甲基酮的卤仿反应

$$R-\overset{\substack{O\\ \|}}{C}-CH_3 \xrightarrow{NaOX} RCOONa + CHX_3 \xrightarrow{H^+} RCOOH$$

5．丙二酸二乙酯法

$$CH_2(COOC_2H_5)_2 \xrightarrow[(2)RX]{(1)C_2H_5ONa} RCH(COOC_2H_5)_2 \xrightarrow{H_2O/OH^-} \xrightarrow[\triangle]{-CO_2} RCH_2COOH$$

6．乙酰乙酸乙酯法

$$CH_3COCH_2COOC_2H_5 \xrightarrow[(2)\ RX]{(1)\ C_2H_5ONa} CH_3CO\underset{\substack{|\\R}}{C}HCOOC_2H_5 \xrightarrow{40\%NaOH} \xrightarrow[\triangle]{-CO_2} RCH_2COOH$$

十一、胺的制备

1．卤代烃氨解

$$RX + NH_3 \longrightarrow RCH_2NH_2$$

2．含氮化合物还原

$$RCN + H_2 \xrightarrow{Ni} RCH_2NH_2$$

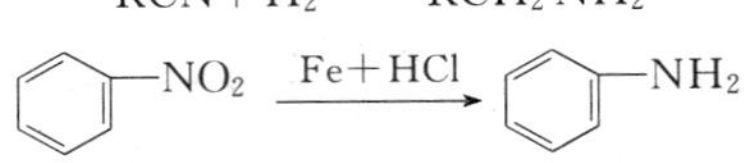

3．酰胺的还原和霍夫曼降级反应

$$R-\overset{\substack{O\\ \|}}{C}-NH_2 \xrightarrow{LiAlH_4} RCH_2NH_2$$

$$R-\overset{\substack{O\\ \|}}{C}-NH_2 + NaOBr \xrightarrow{NaOH} RNH_2$$

第四节　增长和缩短碳链的方法

一、增长碳链的方法

1. 炔烃的烷基化

$$RC\equiv CNa + R'X \longrightarrow RC\equiv C-R' + NaX$$

2. 芳烃的傅氏反应

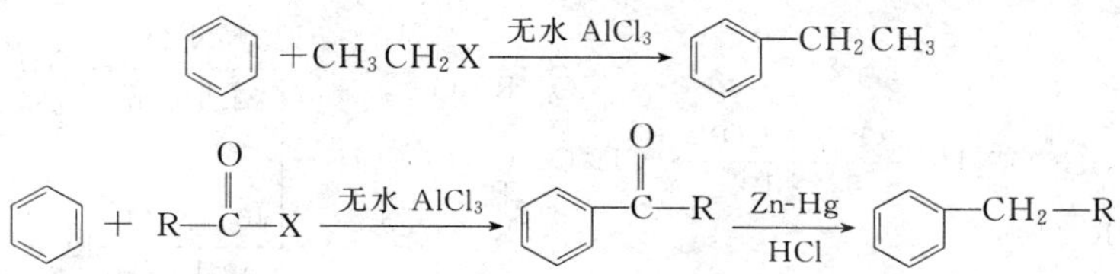

3. 卤代烷的氰解

$$RX + NaCN \longrightarrow RCN \xrightarrow{H_2O/H^+} RCOOH$$

$$RCN \xrightarrow{H_2/Ni} RCH_2NH_2$$

4. 与氢氰酸的加成

$$R-\underset{\substack{|\\R(H)}}{C}=O + HCN \longrightarrow R-\underset{\substack{|\\R(H)}}{\overset{\substack{CN\\|}}{C}}-OH$$

5. 格氏试剂法

$$RMgX + HCHO \xrightarrow[(2)\ H_2O/H^+]{(1)\ 干醚} RCH_2OH$$

$$RMgX + RCHO \xrightarrow[(2)\ H_2O/H^+]{(1)\ 干醚} R-\underset{\substack{|\\OH}}{CH}-R$$

$$RMgX + R-\underset{\substack{\|\\O}}{C}-CH_3 \xrightarrow[(2)\ H_2O/H^+]{(1)\ 干醚} R-\underset{\substack{|\\OH}}{\overset{\substack{CH_3\\|}}{C}}-R$$

$$RMgX + CO_2 \xrightarrow[(2)\ H_2O/H^+]{(1)\ 干醚} RCOOH$$

$$RMgX + \underset{\backslash\ O\ /}{CH_2-CH_2} \xrightarrow[(2)\ H_2O/H^+]{(1)\ 干醚} RCH_2CH_2OH$$

6. 羟醛缩合

$$2RCH_2CHO \xrightarrow{稀碱} RCH_2-\overset{\substack{OH\\|}}{CH}-\underset{\substack{|\\R}}{CH}-CHO \xrightarrow[\triangle]{-H_2O} RCH_2-CH=\underset{\substack{|\\R}}{C}-CHO$$

7. 酯缩合

$$2CH_3COOC_2H_5 \xrightarrow{C_2H_5ONa} CH_3-\overset{\substack{O\\\|}}{C}-CH_2-\overset{\substack{O\\\|}}{C}-OC_2H_5 + C_2H_5OH$$

8. 乙酰乙酸乙酯法

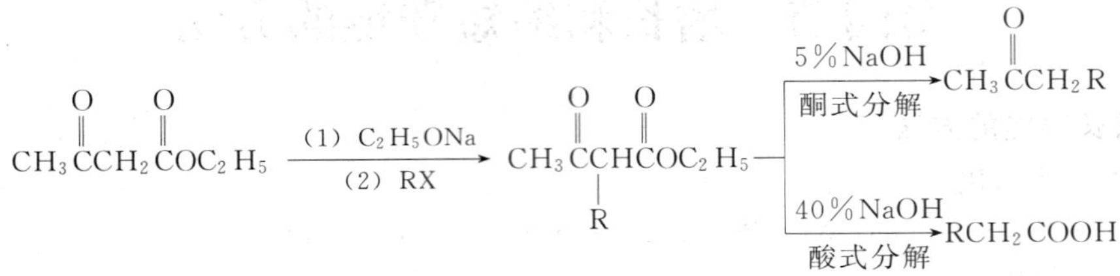

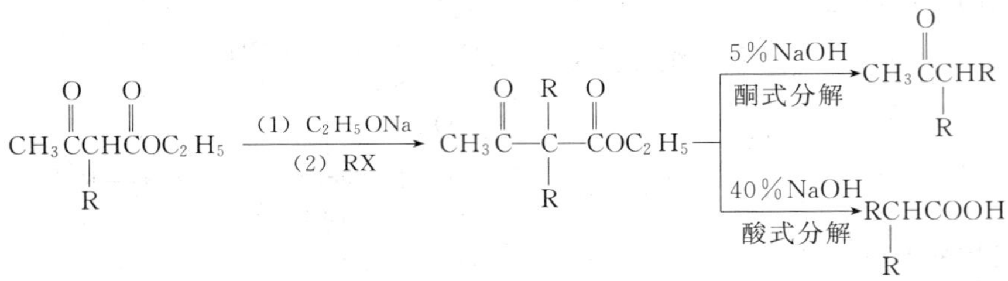

9. 丙二酸二乙酯法

$$CH_2(COOC_2H_5)_2 \xrightarrow{C_2H_5ONa} [CH(COOC_2H_5)_2]^- Na^+ \xrightarrow{RX} RCH(COOC_2H_5)_2 \xrightarrow[H^+/\triangle]{H_2O/OH^-} RCH_2COOH$$

二、缩短碳链的方法

1. 烃的氧化

$$RCH{=}CH_2 \xrightarrow{KMnO_4/H^+} RCOOH + CO_2\uparrow + H_2O$$

$$R{-}\underset{\displaystyle R}{\underset{|}{C}}{=}CH{-}R + KMnO_4 \xrightarrow{H^+} R{-}\underset{\displaystyle R}{\underset{|}{C}}{=}O + RCOOH$$

$$RC{\equiv}CH \xrightarrow{KMnO_4/H^+} RCOOH + CO_2 + H_2O$$

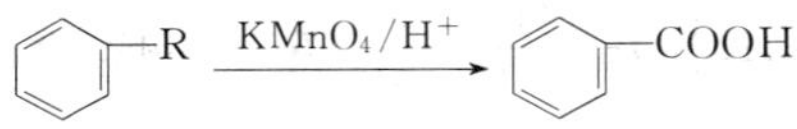

R ≠ 叔丁基

2. 甲基酮的卤仿反应

$$R\overset{\overset{\displaystyle O}{\|}}{C}CH_3 \xrightarrow{X_2/NaOH} RCOOH + CHX_3$$

3. 羧酸的脱羧

$$R\overset{\overset{\displaystyle O}{\|}}{C}CH_2COOH \xrightarrow[\triangle]{} R\overset{\overset{\displaystyle O}{\|}}{C}CH_3 + CO_2\uparrow$$

4. 酰胺的霍夫曼降级反应

$$R\overset{\overset{\displaystyle O}{\|}}{C}NH_2 + NaOBr \xrightarrow{NaOH} RNH_2$$

第五节　关于基团的占位、保护和导向

在有机化合物的合成过程中，有时为了防止化合物某一位置上引入不需要的基团，反应前要先用某一特定基团将此位置占据，反应后再把此基团去掉的方法，称为基团的占位。为了使某基团在反应过程中不被破坏，需要采取一定措施将它保护起来，反应之后再使其复原的方法，称为基团的保护。在合成芳香族化合物时，有时由于定位效应的影响，不能直接把所需基团引入指定的位置，可采取措施，先引入一个合适的基团，使其发挥定位作用，最后再把它去掉的方法，称为基团的导向。这些方法在有机化合物的合成中都是非常重要的。

【例 16-1】 以甲苯为原料合成 2,6-二溴甲苯。

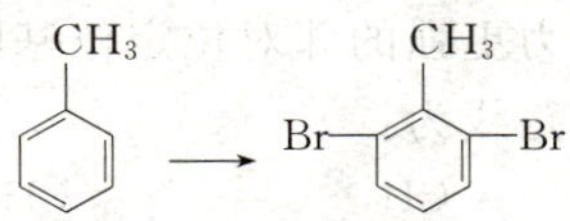

分析：两个溴原子在甲基的邻位，甲基是邻对位定位基，用甲苯直接溴化，溴原子既可以进入邻位，又可以进入对位。因此，在进行溴代之前必须先引入一个基团占据甲基的对位，溴化反应之后再把它去掉。根据所学知识，磺基能完成这个任务。因此，合成路线为：

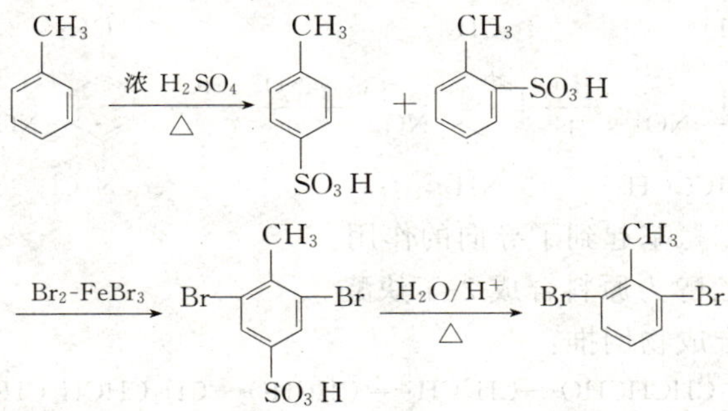

【例 16-2】 由间苯二酚制备 2-硝基-1,3-苯二酚。

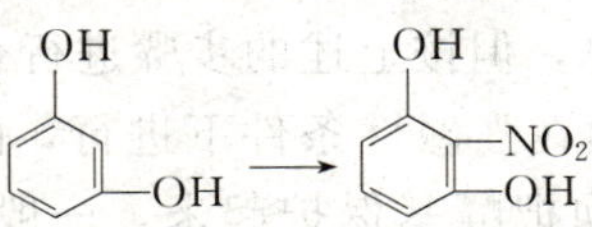

分析：羟基是邻对位定位基，若用间苯二酚直接硝化，一元硝化产物主要是

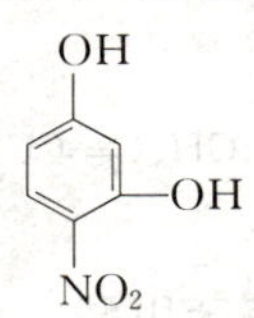

而且酚羟基还容易被氧化，使得产率较低。因此，必须首先把这个位置用磺基占位，再进行硝化，便可使硝基进入两个羟基中间的位置，达到预期目的。另外，由于磺基是致钝基团，引入后可使苯环钝化，在硝化过程中酚羟基不易被氧化，可提高产率，最后再把磺基去掉。合成路线为：

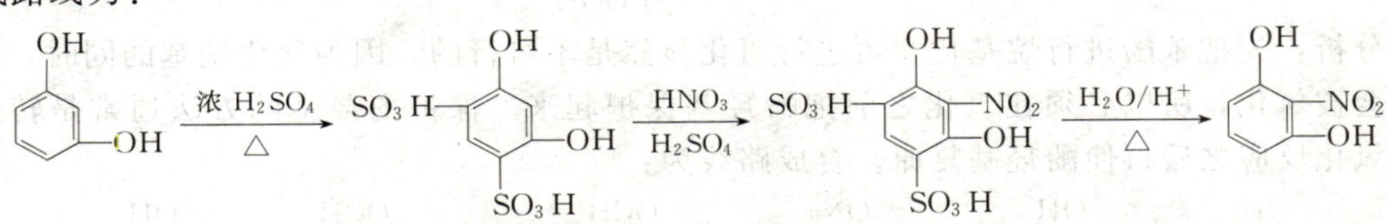

苯环上的占位基团，除了常用的磺基之外，还可以根据需要使用硝基，反应完后可通过氨基转变为重氮盐而去掉。

【例 16-3】 以苯为原料制备间硝基甲苯

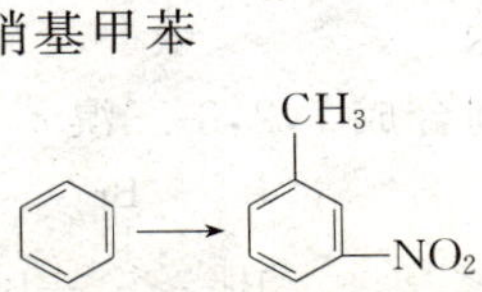

分析：甲基是邻对位定位基，用直接硝化的方法得到的是邻和对硝基甲苯，得不到间硝

基甲苯。硝基是间位定位基，但它又是强烈的致钝基团，不能发生傅氏烷基化反应。要合成此化合物，必须先引入一个使苯环活化又比甲基定位能力强的邻对位定位基，利用它的定位效应，在它的邻位上引入硝基，最后再把此基团去掉。

能使苯环致活又比溴的定位能力更强的邻对位定位基团有氨基、羟基等，考虑到最后容易去掉，则用氨基更为合适。合成路线为：

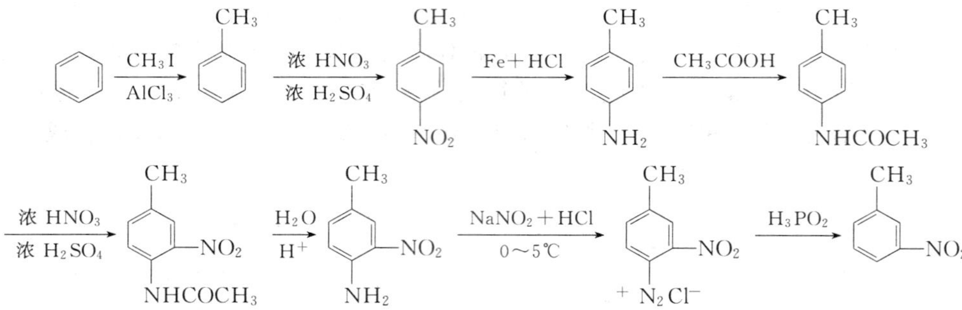

在上述反应中，氨基起到了导向的作用。

【例 16-4】 用乙醇为原料合成 2-丁炔醛。

分析：先从被合成物倒推：

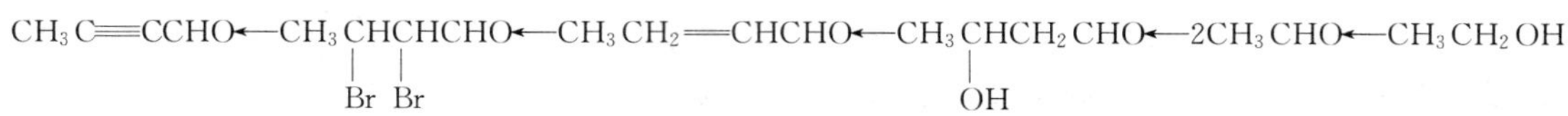

根据上面的分析，似乎很简单，但按上述的步骤进行合成却得不到被合成物。这是由于 2,3-二溴丁醛转变为 2-丁炔醛必须在强碱性条件下进行，醛基容易发生羟醛缩合而被破坏，因此，在进行消除溴化氢之前必须把醛基保护起来，一般采取使醛与醇反应生成缩醛的方法。因此合成路线为：

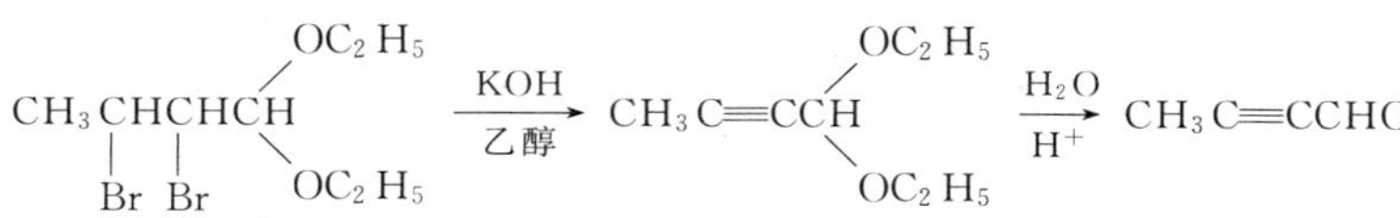

【例 16-5】 用苯酚为原料合成对羟基苯甲酸。

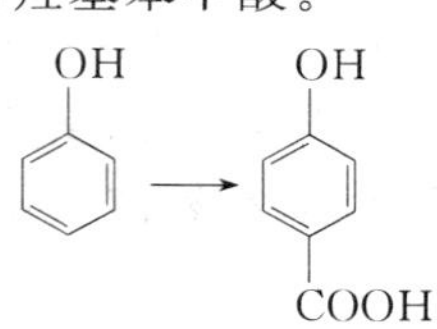

分析：先把苯酚进行烷基化，再进行氧化显然是不可行的，因为氧化烷基的同时，酚羟基也会被氧化，所以必须在氧化之前把酚羟基保护起来。保护酚羟基的方法通常是转化成醚，氧化反应之后再使酚羟基复原。合成路线为：

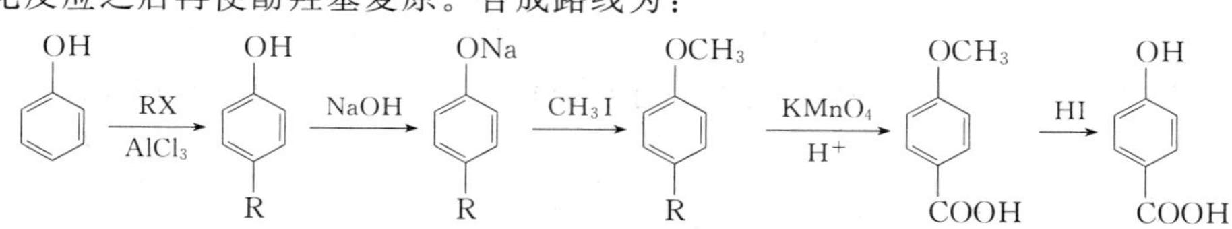

【例 16-6】 用苯及其他必要试剂合成 1,2,3-三溴苯。

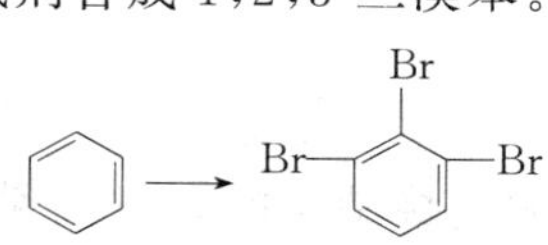

分析：从被合成物的结构看，三个溴原子不可能用直接溴化的方法引入。要合成此化合物，首先在苯环上引入一个强邻对位定位基，并在溴化前采取措施阻挡溴原子进入对位。然后设法使首先引进的邻对位定位基转变为溴原子。具体方法是：首先在苯环上引进氨基，使其发挥邻对位定位作用。并在对位上引入硝基，使其发挥占位作用。在硝化过程中，氨基会被氧化而破坏，因此，还要采取保护措施。保护氨基的方法是把氨基乙酰化，乙酰氨基仍然是邻对位定位基团，硝化时主要进入它的对位，完成保护任务之后再水解为氨基。然后溴化，在氨基的两个邻位上去两个溴原子，然后把引入的氨基在完成定位作用之后转变为重氮盐，再由重氮盐转换为溴原子。最后将硝基通过氨基再转变为重氮盐而去掉。

合成路线为：

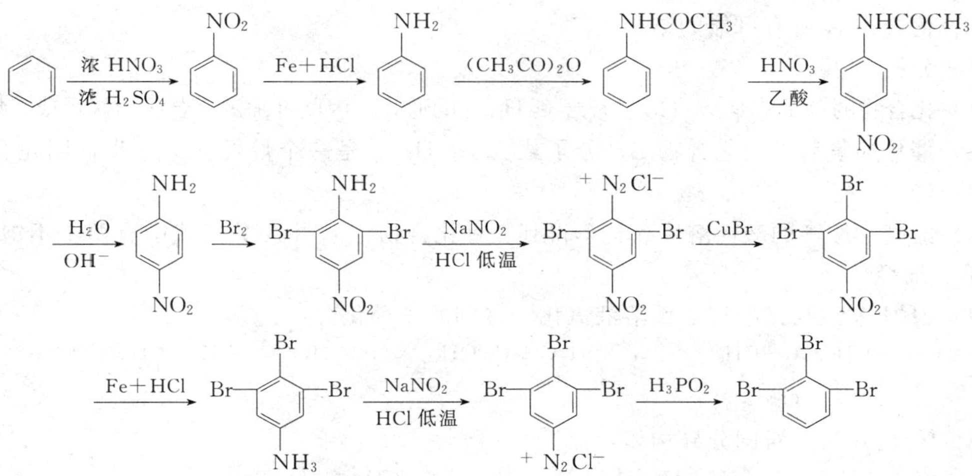

在上面化合物的合成过程中，既应用了基团的占位，又涉及对基团的保护，还有基团的转化，这些反应都必须熟练掌握。

从上面的例题可以看出，基团的保护在有机合成中是非常重要的。但并不是什么基团都可以作为保护基使用，它必须具备如下条件。

① 保护基容易引入到被保护的基团上。

② 保护基引入后的分子结构在反应过程中不发生变化。

③ 保护基在完成保护任务之后，能顺利地被复原。

以上一些例子，主要是用来说明合成题的解题方法和思路，不可能把合成题的所有类型都包括进去。要合成的化合物多种多样，所采用的方法也各不相同。只要反复练习、认真总结规律，就能掌握做合成题的方法。

第六节　有机化合物的结构推导

在有机化学中，推导有机化合物的结构是一类涉及知识面较广、综合性较强的问题，要根据给出的全部条件，如化合物所含元素、分子式、化学反应过程等，加以综合分析、论证。通过这类练习，可以帮助学生系统地掌握、熟练运用有机化学基本知识，培养逻辑推理的思维能力。推导有机化合物的结构，一般经过以下几个步骤。

① 了解题目的含义，掌握题中给出的各种条件；

② 根据化合物分子式中所含元素、不饱和程度，初步判断化合物的类型；

③ 通过反应前后化学式的比较，注意在每一步反应中原子是增加了还是减少了，通过化合物间的转化关系，逐步推出化合物的构造式；

④ 结构推导常常用“反推法”，即从最后的结果逐步向前推导；初步导出可能的结构后，再从前到后加以验证。

下面通过几个例题说明。

【例 16-7】 某化合物 A 的分子式是 $C_{12}H_{22}$，催化加氢后得到化合物 B($C_{12}H_{26}$)，A 经高锰酸钾的酸性溶液氧化，得到三种化合物：

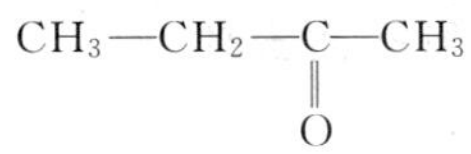　　CH_3CH_2COOH　　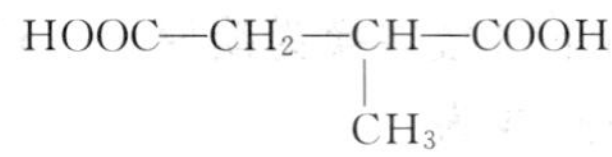

试写出该化合物 A 所有可能的结构式。

解题分析：

(1) 化合物的分子式是 $C_{12}H_{22}$，符合 C_nH_{2n-2}的通式，因此可确定化合物为炔烃或二烯烃。

(2) 催化加氢后得到化合物 B，分子式为 $C_{12}H_{26}$，是一个烷烃。进一步证明化合物 A 为不饱和烃。

(3) 经高锰酸钾的酸性溶液氧化，得到三种化合物，证明 A 分子式中有两个不饱和键，即 A 是二烯烃。

(4) 根据 A 经高锰酸钾酸性溶液氧化，得到的三种化合物：

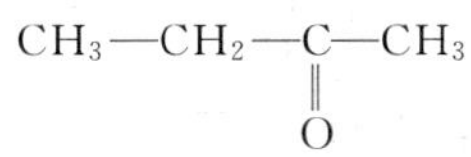　　CH_3CH_2COOH　　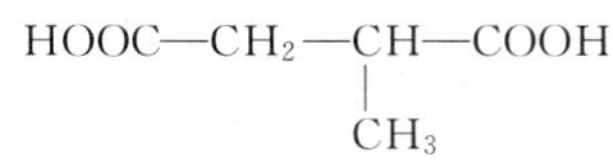

判断 A 的构造式为一对同分异构体：

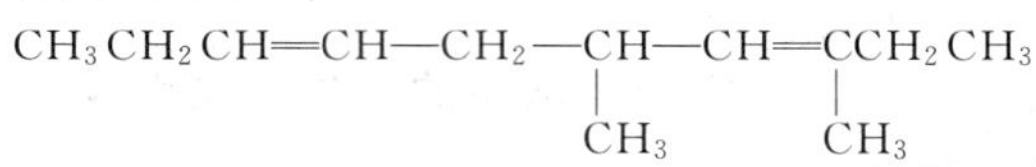

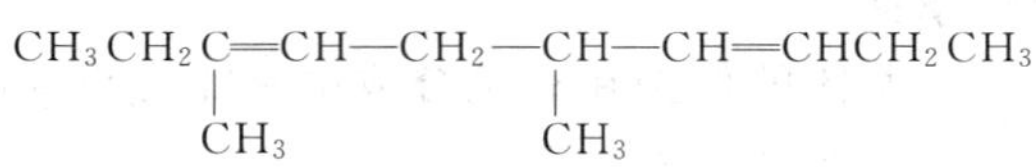

【例 16-8】 化合物 A 分子式为 C_6H_{10}，经催化加氢生成 3-甲基戊烷；A 与硝酸银的氨溶液反应生成白色沉淀；A 在林德拉催化剂作用下与氢反应生成 B；A 可以与丙烯酸反应生成 C。试推测 A、B、C 的构造式。

解题分析：

(1) 化合物的分子式 C_6H_{10}，符合 C_nH_{2n-2}的通式，初步确定化合物可能为炔烃或二烯烃。

(2) A 经催化加氢生成 3-甲基戊烷，确定了 A 的基本骨架为：

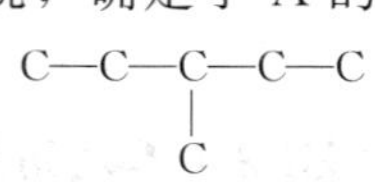

(3) A 与硝酸银的氨溶液反应生成白色沉淀，说明 A 为炔烃而且为端部炔烃。因此，A 的结构式为：

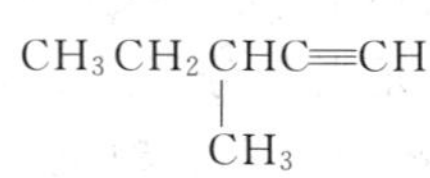

(4) A 在林德拉催化剂作用下与氢反应生成 B，则 B 的结构式为：

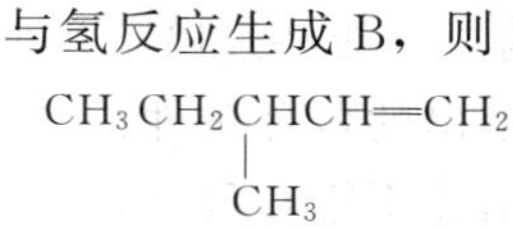

（5）A 可以与丙烯酸反应生成 C，则 C 的结构式为：

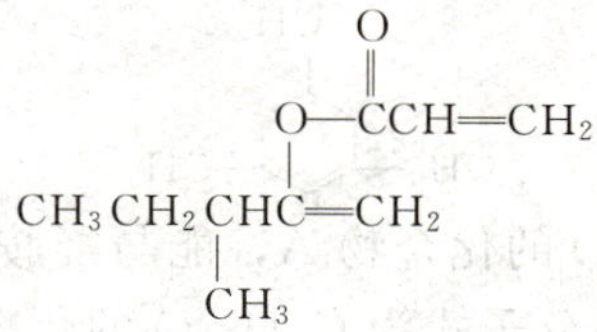

【例 16-9】　某化合物 A 的分子式为 C_5H_8，在液 NH_3 中与 $NaNH_2$ 作用后，再与 1-溴丙烷作用，生成分子式为 C_8H_{14} 的化合物 B；用 $KMnO_4$ 氧化 B 得到分子式为 $C_4H_8O_2$ 的两种不同的酸 C 和 D。A 在 $HgSO_4$ 存在下与 H_2SO_4 作用，可得到 E($C_5H_{10}O$)。试写出化合物 A～E 的构造式。

解题分析：

（1）化合物 A 的分子式 C_5H_8，符合 C_nH_{2n-2} 的通式，初步确定化合物可能为炔烃或二烯烃。

（2）A 在液 NH_3 中与 $NaNH_2$ 作用，说明 A 含有炔氢，为端部炔烃而不是二烯烃，而符合分子式 C_5H_8 的端部戊炔为：

$CH_3CH_2CH_2C\equiv CH$　　或　　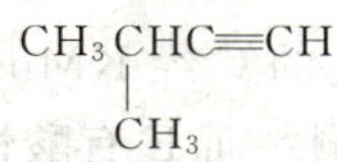

（3）与 1-溴丙烷作用，生成 C_8H_{14} 的化合物 B，则 B 的可能构造式为：

$CH_3CH_2CH_2C\equiv CCH_2CH_2CH_3$　　或　　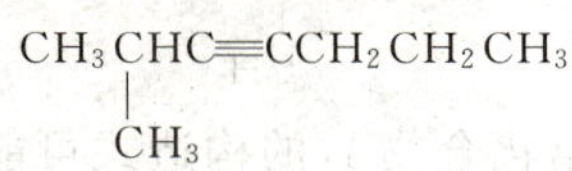

（4）氧化 B 得到分子式为 $C_4H_8O_2$ 的两种不同的酸 C 和 D，则 C 和 D 为：

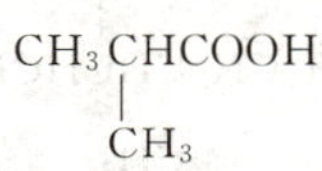　　和　　$CH_3CH_2CH_2COOH$

（5）这样可以倒推出化合物 A、B、E 的构造式为：

A. 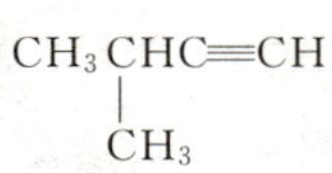　B. 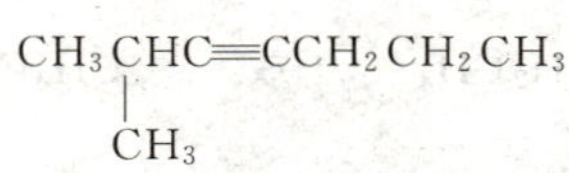　E. 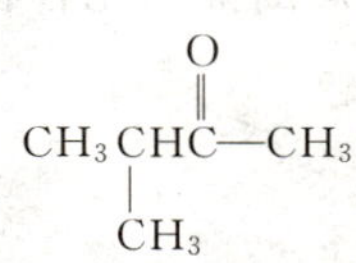

【例 16-10】　三种化合物分子式均为 C_9H_{12}，经酸性高锰酸钾氧化后，A 生成一元羧酸，B 生成二元羧酸，C 生成三元羧酸。但硝化后 A 主要得到两种一元硝化物，B 得到两种一元硝化物，而 C 只得到一种一元硝化物。试推测 A、B、C 的构造式。

解题分析：

（1）化合物的分子式 C_9H_{12}，说明分子中含有一个苯环，还有三个碳原子为取代基。

（2）高锰酸钾氧化后，A 生成一元羧酸，说明 A 的苯环上只有一个取代基，可以是丙基或异丙基；主要得到两种一元硝化产物，即邻位和对位取代。A 的构造式为：

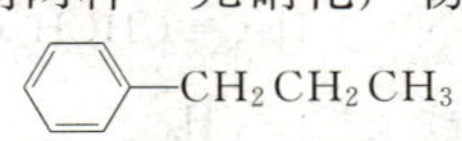　　或　　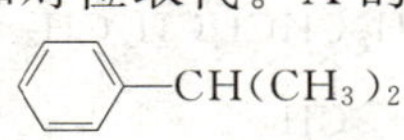

（3）B 经氧化生成二元羧酸，说明 B 的苯环上有两个取代基，即甲基和乙基；一元硝化物两种，即邻位和对位。B 的构造式为：

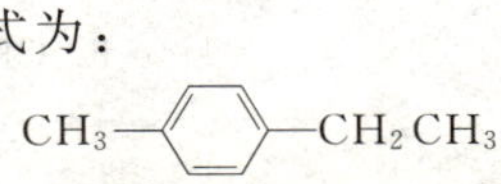

（4）C 经氧化生成三元羧酸，说明 C 的苯环上有三个取代基，即三个甲基；一元硝化物

只有一种，说明三甲苯为均三甲苯。C 的构造式为：

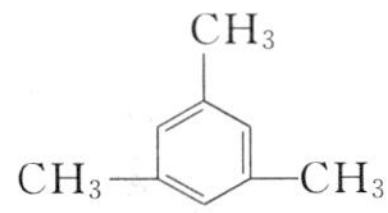

【例 16-11】 分子式为 $C_6H_{12}O$ 的化合物 A，能与羟胺反应，与托伦试剂或饱和亚硫酸氢钠均不起反应。A 经催化加氢得分子式为 $C_6H_{14}O$ 的化合物 B。B 和浓硫酸作用脱水生成分子式为 C_6H_{12} 的 C，C 经 $KMnO_4$ 氧化生成 D 和 E。D 有碘仿反应而无银镜反应，而 E 有酸性。推测 A～E 的结构。

解题分析：

（1）分子式为 $C_6H_{12}O$ 的化合物 A，符合 $C_nH_{2n}O$ 的通式，初步确定化合物为醛或酮。与托伦试剂或饱和亚硫酸氢钠均不起反应，则化合物 A 为酮。

（2）A 经催化加氢得分子式为 $C_6H_{14}O$ 的化合物 B，符合醇 $C_nH_{2n+2}O$ 的通式，则化合物 B 为醇。

（3）B 和浓硫酸作用脱水生成分子式为 C_6H_{12} 的 C，符合烯烃 C_nH_{2n} 的通式，则化合物 C 为烯烃。

（4）分子式为 C_6H_{12} 的 C 经 $KMnO_4$ 氧化生成 D 和 E。D 有碘仿反应而无银镜反应，则说明 D 为酮，且为甲基酮。而 E 有酸性，则说明 C 可能的构造式为：

（5）倒推出化合物 B 的构造式可能为：

（6）倒推出化合物 A 的构造式可能为：

（7）由于化合物 A 与饱和亚硫酸氢钠不起反应，因此化合物 A 的构造式为：

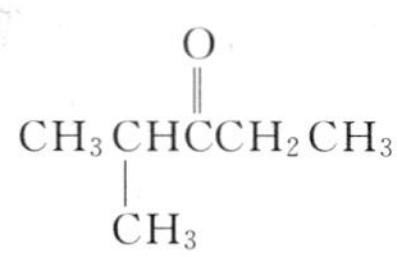

（8）倒推出化合物 B、C、D、E 的构造式分别为：

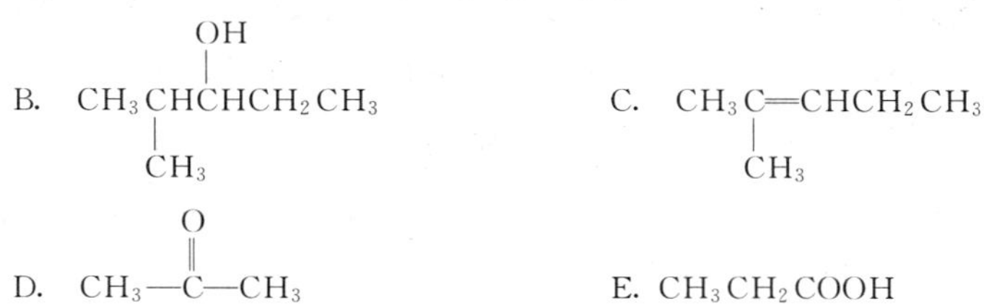

参 考 文 献

[1] 中国科学院化学学部，国家自然科学基金委化学科学部组织编写．展望 21 世纪的化学．北京：化学工业出版社，2000.
[2] 闵恩泽，吴巍等编著．绿色化学与化工．北京：化学工业出版社，2000.
[3] 高鸿宾主编．有机化学．第 3 版．北京：高等教育出版社，2000.
[4] 徐寿昌主编．有机化学．北京：高等教育出版社，1993.
[5] 王光信等著．有机电合成导论．北京：化学工业出版社，1997.
[6] 王积涛等编著．有机化学．天津：南开大学出版社，1993.
[7] 王箴主编．化工辞典．第 4 版．北京：化学工业出版社，2000.
[8] 袁履冰主编．有机化学．北京：高等教育出版社，1999.
[9] 倪培洲主编．有机化学．第 4 版．北京：人民卫生出版社，2001.
[10] 魏荣宝主编．有机化学．天津：天津大学出版社，2003.
[11] 姜文凤，陈友博编．有机化学学习指导．北京：化学工业出版社，1999.
[12] 李楠，胡世荣主编．有机化学习题集．北京：高等教育出版社，2003.